TRAITÉ ÉLÉMENTAIRE

DE

CHIMIE ORGANIQUE

TRAITÉ ÉLÉMENTAIRE

DE

CHIMIE ORGANIQUE

PAR

A. BERNTHSEN

Directeur scientifique de la Société « Badische Anilin und Soda Fabrik »

Ancien professeur à l'Université de Heidelberg

PREMIÈRE ÉDITION FRANÇAISE

TRADUITE DE L'ALLEMAND SUR LA SIXIÈME ÉDITION

PAR

M. CHOFFEL (Introduction et Série aromatique) | E. SUAIS (Série grasse)

Chimistes au laboratoire de recherches de l'usine Poirrier

PARIS

LIBRAIRIE POLYTECHNIQUE, CH. BÉRANGER, ÉDITEUR

Successeur de BAUDRY & Cie

15, Rue des Saints-Pères, 15

MÊME MAISON A LIÈGE, 21, RUE DE LA RÉGENCE

1900

PRÉFACE

Le « Lehrbuch der organischen Chemie » du Prof. A. Bernthsen a obtenu depuis son apparition un succès tel que, dans les pays de langue allemande, presque tous les étudiants l'ont entre les mains.

La renommée de ce livre s'est répandue rapidement ; des éditions anglaise, russe et italienne ont vu le jour en quelques années et ont bénéficié, auprès de leur public respectif, de la même faveur qui accueillit l'ouvrage original.

Nous avons donc pensé qu'une traduction française de ce traité de chimie organique trouverait bon accueil auprès des étudiants et des chimistes de notre nationalité et qu'elle pourrait leur rendre de réels services.

Nous nous sommes efforcés de conserver dans cette traduction, les particularités de l'édition allemande en même temps que la concision et la clarté de son texte ; pour cela, nous avons dû conserver certaines dénominations peu usitées en France et qui néanmoins répondent à un besoin réel, entre autres, celle d'*esters* appliquée aux *éthers acides*, composés si différents des oxydes des radicaux alcooliques avec lesquels la nomenclature ordinaire les confond sous la dénomination collective d' « éthers ».

Les indications bibliographiques ont été ramenées toutes les fois qu'il était possible aux publications françaises ; nous espérons que cette transposition rendra de grands services aux chimistes qui n'ont point entre les mains les collections des « Berichte » ou des « Annalen ».

Nous serons reconnaissants à ceux de nos lecteurs qui voudront bien s'intéresser au présent ouvrage en nous signalant les fautes diverses qui ont pu nous échapper lors de la correction des épreuves.

ABRÉVIATIONS

A. ou Ann. = Liebig's Annalen der Chemie.
A. Spl. = Supplement zu Liebig's Annalen.
Ann. chim. phys. = Annales de chimie et de physique, Paris.
B. = Berichte der Deutschen chemischen Gesellschaft, Berlin.
B..,R, = Berichte d. D. ch. Ges., Referatentheil.
B. A. = Brevet allemand.
Bull. soc. chim. } = Bulletin de la Société chimique, Paris.
B. s. c. }
Chem. News = The Chemical News, London.
Chem. Ztg. = Chemiker Zeitung, Cöthen.
J. Chem. Soc. = Journal of the Chemical Society, London.
J. pr. Ch. = Kolbe's Journal für praktische Chemie.
M. f. Ch. } Wiener Monatshefte für Chemie.
Monatsh. f. Ch. }
Mon. scient. Quesn. = Moniteur scientifique Quesneville. Paris.
« N. o. » = Nom officiel d'après la nomenclature internationale.
Proc. Ch. Soc. = Proceedings of the Chem. Society.
Rec. tr. ch. = Recueil des travaux chimiques des Pays-Bas.
Z. anal. Ch. = Zeitschrift für analytische Chemie.
Z. physical. = Zeitschrift für physicalische Chemie.
Z. physiolog. Ch. = Zeitschrift für physiologische Chemie
N = normal.
P. F. ou [...°] = point de fusion.
P. E. ou (...°) = point d'ébullition.

TABLE DES MATIÈRES

Introduction.

Classe I : Dérivés du méthane.

Classe II : Dérivés benzéniques.

INTRODUCTION

La chimie organique est la chimie des combinaisons du carbone; depuis *Lémery* (Cours de Chimie, 1675), on rangeait, autrefois, dans cette partie de la science chimique les composés d'origine organique, c'est-à-dire ceux qui tirent leur origine du règne végétal et du règne animal ; la chimie inorganique comprenait donc les substances appartenant au règne minéral. Quand on eut reconnu que tous les composés organiques contenaient du carbone, on admit qu'ils se différenciaient des composés inorganiques par ce fait que ces derniers seuls pouvaient être préparés par les moyens dont on disposait au laboratoire tandis que les premiers, au contraire, ne pouvaient prendre naissance que dans un organisme, sous l'influence d'une force particulière, la force vitale (vis vitalis) (*Berzélius*). Cette hypothèse fut infirmée par la préparation synthétique d'un produit de désassimilation de l'organisme animal, l'urée, $COAz^2H^4$ (*Wöhler*, 1828) bientôt suivie de celle de l'acide acétique au moyen du carbone, du soufre, du chlore, de l'eau et du zinc. La synthèse de l'urée fut réalisée au moyen de l'acide cyanique et de l'ammoniaque, composés abordables au laboratoire et qui étaient alors caractérisés comme des composés inorganiques.

Depuis ce temps, on a réalisé un si grand nombre de pareilles synthèses qu'il est maintenant hors de doute que ce soient les mêmes forces chimiques qui agissent dans le monde organique et dans le monde inorganisé ; pourtant, on a conservé la séparation des domaines de la chimie organique et de la chimie inorganique, mais cette séparation qui était basée à l'origine sur des définitions forcées, infirmées d'ailleurs dans la suite, n'est plus maintenue aujourd'hui que pour des considérations d'opportunité.

La grande facilité avec laquelle le carbone entre dans les combinaisons les plus variées rend le nombre des corps organiques extraordinairement élevé ; aussi est-il bon, pour leur complète intelligence, de pouvoir supposer connues les combinaisons des autres corps simples. Les relations qu'ont entre elles les différentes combinaisons du carbone sont beaucoup plus étroites que celles qui relient les composés des autres éléments ; un grand nombre de ces combinaisons et des plus importantes ne sont d'ailleurs formées que d'hydrogène et de carbone, ou de carbone, d'hydrogène et d'oxygène. Pour des raisons également didactiques, l'histoire du carbone et de quelques-uns de ses composés les plus importants comme l'acide carbonique si disséminé dans le règne minéral, a déjà été exposée dans la chimie inorganique.

L'étude des corps organiques ne doit pas être confondue avec celle des corps organisés (les feuilles, les nerfs, les muscles etc.), ces derniers, de même que les phénomènes vitaux qui se passent à l'intérieur des organismes, seront étudiés en physiologie ou en chimie physiologique.

Composés avec lesquels le carbone forme des combinaisons.

Un grand nombre de substances organiques : l'éthylène, le pétrole, l'essence minérale, la benzine, la naphtaline, l'essence de térébenthine, etc., etc., ne sont composées que de *carbone* et d'*hydrogène* ; on les désigne sous le nom de *carbures d'hydrogène* ou *hydrocarbures* ; d'autres, en nombre extraordinairement grand, ne renferment que du *carbone*, de l'*hydrogène* et de l'*oxygène*, tels sont : l'esprit de bois, l'alcool, la glycérine, l'aldéhyde, l'essence d'amandes amères ; les acides formique, acétique, stéarique, tartrique, benzoïque ; le tannin, l'alizarine, etc., etc. ; d'autres composés, surtout les composés basiques, contiennent le *carbone* allié à l'*hydrogène* et à l'*azote* ; l'acide cyanhydrique, l'aniline, la coniine, la nicotine font partie de cette classe ; d'autres enfin renferment quatre éléments le *carbone*, l'*hydrogène*, l'*oxygène* et l'*azote*, tels sont l'urée, l'acide urique, l'indigo, la morphine, la quinine, etc. On peut de plus introduire dans les combinaisons du carbone le *soufre*, le *chlore*, l'*iode*, le *brome*, le *phosphore* et, en général, la plupart des éléments les plus importants.

Analyse qualitative des composés organiques.

Un composé qui contient du **carbone** charbonne quand on le chauffe dans un tube de verre (sucre, amidon, par exemple), ou si on l'additionne d'acide sulfurique concentré ; les composés organiques qui distillent sans décomposition déposent du charbon quand on fait passer leur vapeur dans un tube fortement chauffé, mais la démonstration de l'existence du carbone dans un composé organique s'effectue le plus rigoureusement quand on provoque l'oxydation totale de ce composé en le chauffant avec de l'oxyde de cuivre (voir ci-dessous) ou en faisant passer sa vapeur sur de l'oxyde de cuivre chauffé au rouge ; on caractérise alors le carbone à l'état d'acide carbonique et l'hydrogène présent sous forme d'eau.

Un composé organique qui contient de **l'azote** :

a) dégage souvent, quand on le chauffe, une odeur analogue à celle des cheveux brûlés ;

b) détone souvent par la chaleur ou dégage des vapeurs rouges (composés nitrés, composés diazoïques) ;

c) chauffé avec de la chaux sodée, dégage presque toujours de l'ammoniaque (*Wöhler*) ;

d) chauffé avec du potassium métallique (du sodium suffit généralement) donne toujours naissance à un cyanure que l'on caractérise (voir composés cyanés) par dissolution dans l'eau de la masse fondue, addition d'alcali et de quelques gouttes de sulfate de fer et de chlorure ferrique, ébullition du liquide et sursaturation avec de l'acide chlorhydrique (formation de bleu de prusse), ou en le transformant en sulfocyanure que l'on reconnaît facilement par la coloration rouge sang qu'il donne avec le chlorure ferrique (voir *Lassaigne*, Recherche de l'acide cyanhydrique (1).

Recherche des **halogènes**.

La réaction directe avec le nitrate d'argent ne donne généralement aucun résultat : le nitrate d'argent chauffé à l'ébullition avec du chloroforme n'y décèle pas trace de chlore.

On reconnaît la présence des halogènes :

a) à la coloration que prend la flamme d'un bec *Bunsen* quand on y introduit un fil de platine imprégné d'un mélange de la substance et d'oxyde de cuivre, ou quand on projette cette substance dans une nacelle de fil de cuivre chauffée au rouge (avec le chlore, cette flamme est d'abord bleue, puis ensuite verte, elle est verte avec l'iode (*Beilstein*);

b) en provoquant une complète destruction de la substance en la chauffant au rouge avec de la chaux, l'halogène s'unit au calcium, on le caractérise par le nitrate d'argent;

c) en chauffant la substance en tube scellé avec de l'acide nitrique fumant et du nitrate d'argent, il se produit du chlorure d'argent (*Carius*).

Recherche du **soufre**.

a) On le recherche souvent en chauffant la substance (l'albumine par exemple) avec une solution alcaline d'oxyde de plomb, il se forme du sulfure de plomb de couleur brune.

b) La substance sulfurée, chauffée avec du sodium fournit du sulfure de sodium qui, humecté d'eau, donne une tache noire sur une pièce d'argent ou une coloration violet pourpre avec le nitroprussiate de soude (*Schönn*).

c) On peut pratiquer l'oxydation totale de la substance, soit par voie sèche (fusion avec la potasse caustique et le salpêtre, ou en la chauffant avec de l'oxyde de mercure et du carbonate de soude), soit par voie humide au moyen de l'acide nitrique fumant (*Carius*), puis, dans les deux cas, caractériser l'acide sulfurique avec le chlorure de baryum.

Pour déceler le **phosphore**, on peut chercher l'acide phosphorique après oxydation complète de la substance ou chauffer celle-ci avec du magnésium en poudre, humecter d'eau, et constater la formation d'hydrogène phosphoré (*Schönn*).

(1) Quand le composé considéré contient aussi du soufre, il faut ajouter de la limaille de fer.

On recherche les autres éléments par les méthodes usuelles après une oxydation complète de la substance (de préférence par le procédé *Carius*).

Analyse organique quantitative ou Analyse élémentaire.

A. Dosage du carbone et de l'hydrogène (Combustion). On oxyde la substance considérée en la chauffant au rouge dans un tube de verre difficilement fusible, fermé à une extrémité ou ouvert aux deux bouts, en présence d'oxyde de cuivre (*Liebig*) ou d'autres agents capables de lui céder de l'oxygène quand on les chauffe : le chromate de plomb, l'amiante platinée et l'oxygène (*Kopfer*), etc. etc.

L'eau provenant de l'oxydation de l'hydrogène est absorbée dans un tube en U garni de chlorure de calcium ; la potasse que contient un appareil approprié (*Liebig, Mohr, Mistcherlich, Winkler, Delisle,* etc.) absorbe l'acide carbonique provenant de la combustion du carbone ; ces deux substances peuvent donc être pesées. On brûle la matière (0 gr. 15 à 0 gr. 3) en tube ouvert, dans un courant d'oxygène ou d'air ; si elle est solide, on la mélange avec de l'oxyde de cuivre pulvérisé (*Liebig, Bunsen*) ou on la dépose dans une nacelle de platine ou de porcelaine ; pour les liquides on se sert d'une petite ampoule en verre mince que l'on remplit au préalable. Si la substance contient de l'azote, il est nécessaire, pour éviter la présence d'oxydes d'azote dans les gaz de la combustion, de placer à l'avant du tube une spirale de cuivre chauffée au rouge ; si elle renferme du soufre ou du chlore, on remplace l'oxyde de cuivre par du chromate de plomb afin que le chlore ou l'anhydride sulfureux ne puissent passer dans la solution de potasse, mais restent combinés à l'état de sulfate ou de chlorure de plomb ; si, enfin, elle ne contient que des halogènes, on la brûle avec l'oxyde de cuivre en plaçant à l'avant, pour retenir ceux-ci, une spirale de cuivre ou d'argent que l'on maintient à une température assez basse.

Si la substance contient des alcalis ou des terres alcalines susceptibles de retenir l'acide carbonique, on se sert de chromate de plomb additionné de 1/10 de bichromate de potassium, l'acide chromique déplacera l'acide carbonique. On brûle dans le vide les composés explosifs.

On déduit des quantités d'eau et d'acide carbonique trouvées :

$$C = {}^{3}/_{11}\ CO^2 ;\ H = {}^{1}/_{9}\ H^2O.$$

B. Dosage de l'azote. Ce dosage peut être relatif ou absolu.

Dans le premier cas, on détermine le rapport de l'azote dégagé à l'acide carbonique formé (*Liebig, Bunsen*) ; dans le second, on dose l'azote soit volumétriquement, soit à l'état d'ammoniaque.

La transformation en *ammoniaque* s'effectue soit en chauffant au rouge la substance mélangée à la chaux sodée (*Will. Warentrapp*), soit en la traitant par l'acide sulfurique concentré et chaud en présence de permanganate de potassium (*Kjeldahl*, Z. anal. Ch. **22**, 366 ; **24**, 455 ; B. **19**. R. 852 ; **24**, 3241 ; Bull. soc. chim. **1892**, **2**, 146. B. **27**, 1633 ; B. s. c. **1894**, **2**, 1157. On titre l'ammoniaque directement ou on la transforme en chloroplatinate que l'on pèse à cet état ou, après calcination, à l'état de platine métallique.

Pour doser l'azote en volume, on brûle comme d'habitude la substance mélangée à l'oxyde de cuivre dans un courant d'acide carbonique ; cet acide peut être préparé séparément ou produit dans le tube même par calcination de magnésite, etc. L'azote est recueilli sur le mercure en présence de potasse (*Dumas*) ou directement sur une lessive de potasse (*Zulkowsky*, *Schwarz*, *Schiff*, etc.).

Pour calculer l'azote, on emploie la formule :

$$Az \text{ en } {}^0/_0 = V \frac{273}{273+t} \frac{h-h'}{760} \, 0{,}001256 \, \frac{100}{p}$$

dans laquelle V représente le volume de l'azote recueilli, h la hauteur barométrique, t la température, h' la tension de la vapeur d'eau à cette température, p le poids de la substance et 0,001256 le poids d'un centimètre cube d'azote à 0° et à 760 mm.

La méthode volumétrique est une méthode générale, tandis que la première ne doit être employée qu'avec précaution, l'azote des composés nitrés, d'un grand nombre de bases aromatiques, etc., etc. n'étant pas intégralement transformé en ammoniaque par la chaux sodée.

Pour la détermination simultanée du carbone, de l'hydrogène et de l'azote, on brûle la substance dans un courant d'oxygène pur et on recueille le mélange gazeux sortant de l'appareil à potasse sur une solution de chlorure chromeux qui absorbe l'oxygène et laisse l'azote en liberté (A **233**, 375 : Bull. soc. chim. **1887**, **1**, 463).

C. Dosage du soufre et du phosphore. On dose le soufre à l'éta d'acide sulfurique ; on l'amène à cet état :

a) par voie humide, en chauffant la substance avec de l'acide nitrique fumant en tube scellé à 150-300° (*Carius*), ou en la chauffant dans un tube à combustion traversé par un courant d'oxygène et de bioxyde d'azote (*Claësson*), ou de vapeurs d'acide nitrique (*Klason*) ;

b) par voie sèche (cette méthode ne peut généralement s'employer qu'avec les composés peu volatils). On fond la substance avec potasse caustique et salpêtre ou avec carbonate de sodium et chlorate ou chromate de potassium ; on peut aussi la chauffer avec carbonate de sodium et oxyde de mercure, ou avec de la chaux dans un courant d'oxygène, etc. ;

c) en brûlant la substance dans un courant d'oxygène et recueillant l'acide sulfureux formé dans de l'acide chlorhydrique contenant du brome (*Sauer*) Zeit. f. anal. Ch. **12**. 32, 178.

Le dosage du **phosphore** s'exécute d'une manière analogue.

D. Dosage des halogènes. On provoque encore ici une destruction complète de la substance organique :

a) d'après *Carius*, par l'acide nitrique fumant en tube scellé en présence de nitrate d'argent; on obtient le sel d'argent correspondant à l'halogène contenu ;

b) en chauffant au rouge dans un tube de verre ou dans deux creusets renversés l'un sur l'autre le composé mélangé avec de la *chaux*, ou en le chauffant dans un tube avec du carbonate de sodium et du salpêtre. L'halogène formé peut être précipité et pesé à l'état de sel d'argent ;

c) on peut souvent, au moyen de l'hydrogène naissant (amalgame de sodium), enlever à l'état d'acide halogéné, l'halogène que contient une substance organique (*Kékulé*).

E. Les acides et les bases inorganiques contenus dans les sels organiques peuvent souvent être dosés directement par les méthodes usuelles.

F. L'oxygène est presque toujours évalué par différence ; *Baumhauer, Ladenbourg, Stromeyer*, etc., ont proposé des méthodes de dosage direct.

L'*erreur possible* est limitée entre 0,05 et 0,1 % pour la détermination du carbone, elle est positive et atteint 0,1 à 0,2 % pour l'hydrogène ; dans le dosage en volume de l'azote, on trouve facilement quelques dixièmes pour cent en trop.

Calcul de la formule.

Ce calcul s'opère d'après les mêmes principes qui ont servi pour les composés inorganiques : on divise les pour cent trouvés pour chaque élément par leurs points atomiques respectifs et on exprime en nombres entiers les rapports des quotients obtenus. Si on trouve, pour l'acide acétique, 40,11 % de carbone, 6,80 d'hydrogène et, par suite, 53,09 % d'oxygène, le rapport des quotients sera 3,34 : 6,80 : 3,32, sensiblement 1 : 2 : 1 ; la formule analytique la plus simple de l'acide acétique sera donc CH^2O. On pourra, parfois, établir des formules différentes, approchant également les nombres trouvés, parmi lesquelles il ne sera pas possible de choisir, tout d'abord, avec certitude.

Si on trouve pour la naphtaline : 93,7 % de carbone et 6,3 % d'hydrogène, le rapport des quotients sera 7,81 à 6,30 ou 1,239 : 1, ce qui correspond sensiblement à 5 : 4 ou 11 : 9. La formule C^5H^4 nécessiterait C : 93,75 %, H : 6,25 % ; la formule $C^{11}H^9$: C : 93,62 %, H : 6,38 %, chiffres dont la différence avec les nombres trouvés ne dépasse pas les erreurs admises ; on devra donc, pour décider entre ces formules, s'appuyer sur d'autres considérations.

Même dans les cas les plus simples, l'acide acétique, par exemple, la formule trouvée (CH^2O) ne sera pas suffisante comme formule moléculaire car elle n'exprime que le rapport du nombre des atomes ; la grandeur de la molécule nécessite des méthodes spéciales pour être évaluée.

Évaluation des poids moléculaires (1).

1. *Détermination des poids moléculaires par des moyens chimiques.*

Les formules chimiques n'indiquent pas seulement une simple composition centésimale, mais elles définissent aussi la plus petite portion du composé qui soit capable d'exister, c'est-à-dire la *molécule* de ce composé, considérée par l'esprit comme insécable mécaniquement et ne pouvant être partagée que par action chimique avec mise en liberté des atomes des éléments qui la constituent. Si CH^2O représentait la formule de l'acide acétique, les quantités d'oxygène et de carbone contenues dans une molécule de ce composé seraient insécables et la quantité d'hydrogène qu'elle renferme ne pourrait être divisée en plus de deux parties ; mais, si on remarque que le quart de l'hydrogène de l'acide acétique peut être remplacé (par un métal, par exemple, avec formation d'un sel) on en déduira que la quantité d'hydrogène contenue dans une molécule doit être divisible par 4, c'est-à-dire que la formule doit comprendre quatre atomes d'hydrogène et être figurée par $C^2H^4O^2$ ou un multiple de ces nombres, ce qui est d'ailleurs le cas en réalité. L'acétate d'argent contient 64,67 o/o d'argent et par conséquent 35,33 o/o du reste acétique ; à l'atome d'argent évalué à 108 correspondent donc en poids 59 parties de ce reste acétique, ce qui, en ajoutant l'atome d'hydrogène = 1, fixe le poids moléculaire de l'acide acétique à $60 = 2 \times 30 = 2 \times CH^2O = C^2H^4O^2$. Cette méthode permet donc de déterminer les *poids moléculaires par des moyens chimiques*. Ces déterminations s'exécutent pour la plupart des *acides* au moyen de leurs sels d'*argent* qui sont faciles à purifier, presque toujours exempts d'eau de cristallisation et d'une analyse commode ; elles exigent seulement la connaissance de la basicité de l'acide considéré ; s'il est di.tri... basique, le calcul ci-dessus devra être rapporté à 2, 3... atomes d'argent ; l'acide acétique n'ayant, comme acide monobasique, qu'un seul atome d'hydrogène remplaçable ne peut évidemment l'échanger que contre un seul atome d'argent ; cette monobasicité exclut donc la possibilité d'un multiple de $C^2H^4O^2$.

Pour déterminer les poids moléculaires des *bases*, on opère d'une manière analogue en employant leurs *chloroplatinates* dont la constitution est presque toujours identique à celle du chloroplatinate d'ammoniaque, c'est-à-dire qu'ils contiennent 2 molécules de base monacide (ou 1 de base diacide) pour 2 molécules d'acide chlorhydrique et 1 molécule de chlorure de platine.

Pour déterminer le poids moléculaire d'un composé *de fonction neutre*, il est nécessaire de préparer quelques-uns de ses dérivés ; on peut étudier par

(1) V. *Karl Windisch.* Bestimmung d. Moleculargewichte. Berlin, 1892. V. *A. Etard.* Les nouvelles théories chimiques.

exemple quelle est la fraction de son hydrogène total susceptible d'être remplacée par du chlore. Avec la naphtaline, l'action du chlore conduit tout d'abord à un composé de constitution C : 73,8 °/₀ ; H : 4,3 °/₀ ; Cl : 21,9 °/₀, ce qui correspond à la formule $C^{10}H^{7}Cl$. Dans les mêmes conditions, la benzine fournirait un composé $C^{6}H^{5}Cl$. Dans ces deux cas l'halogène agit en se substituant à l'hydrogène, cette substitution ne peut porter sur moins d'un atome, des fractions d'atome ne pouvant exister; la formule du composé produit sera donc $C^{10}H^{7}Cl$; $^{1}/_{8}$ de l'hydrogène primitif ayant été reemplacé par du chlore. La naphtaline devra donc posséder 8 atomes d'hydrogène (ou 8×2, 8×3..) et par conséquent 10 atomes de carbone ou un multiple de 10 ; cette possibilité d'un multiple de 8 et de 10 doit être écartée, car on n'a jamais pu observer dans aucun dérivé de la naphtaline, une substitution du $^{1}/_{16}$, par exemple, de l'hydrogène total. Ces faits conduisent donc à $C^{10}H^{8}$ pour la formule de ce carbure, l'autre formule $C^{11}H^{9}$ dont l'analyse admettait aussi la possibilité est donc écartée. Un raisonnement analogue conduirait pour la benzine à la formule $C^{6}H^{6}$.

2. *Détermination des poids moléculaires par des moyens physiques.*

a) *Par la détermination des densités de vapeur.*

D'après la loi d'*Avogadro* (1811) et d'*Ampère* (1814) : dans les mêmes conditions de température et de pression, les gaz contiennent, sous un même volume, le même nombre de molécules; les poids d'un même volume de différents gaz représentent donc les poids d'un même nombre de leurs molécules : les poids moléculaires des gaz sont proportionnels à leurs densités.

Si M_X est le poids moléculaire du gaz à étudier, d sa densité par rapport à l'air, M_H le poids moléculaire de l'hydrogène dont la densité est 0,006926, on aura la relation :

$$\frac{M_X}{M_H} = \frac{d}{0{,}06926},$$

et, comme le poids moléculaire de l'hydrogène est 2,

$$M_X = \frac{2\,d}{0{,}06926} = d \times 28{,}87.$$

Pour déterminer le poids moléculaire d'un composé, il suffit donc de prendre la densité de sa vapeur par rapport à l'air (ou la sienne s'il est gazeux), et de la multiplier par 28,87.

Si la mesure de la densité de l'acide acétique a donné $d = 2{,}078$.

$$M = 2{,}078 \times 28{,}87 = 60.$$

La formule moléculaire à choisir sera donc $C^{2}H^{4}O^{2} = 60$.

On déduira de même de la densité de la vapeur de naphtaline 4,43, son poids moléculaire 128 soit $C^{10}H^8$, de la densité de vapeur de la benzine 2,701 le nombre 78 correspondant à C^6H^6.

Il est nécessaire, dans l'emploi de cette méthode, de veiller à ce que la température de la vapeur soit suffisamment plus élevée que le point d'ébullition (afin que l'état gazeux soit pleinement obtenu), il faut aussi qu'à cette température, la substance ne subisse aucune décomposition.

Jusqu'à ces dernières années, la détermination des poids moléculaires au moyen des constantes physiques était circonscrite à cette méthode, elle ne pouvait donc s'employer que pour les composés gazeux ou gazéifiables sans décomposition. Les nouvelles recherches si importantes de *Van'tHoff*, *Raoult*, *Arrhénius*, *Ostwald*, etc. sur la nature des solutions et principalement l'extension à celles-ci des lois de *Mariotte*, de *Gay-Lussac* et d'*Avogadro* permettent maintenant de fixer d'une manière simple les poids moléculaires des substances qui, *n'étant pas volatiles sans décomposition*, sont *susceptibles de se dissoudre*.

b) *Par la mesure de l'abaissement du point de congélation des solutions* (*Cryoscopie*).

Pour un même solvant, les solutions équimoléculaires ont un même point de congélation (*Raoult*. Ann. Chim. Phys. 1883 et suiv.). Ces solutions sont celles pour lesquelles les poids des substances en dissolution, dans une égale quantité de solvant, sont proportionnels aux poids moléculaires respectifs de ces substances.

Si, dans un poids g (en gr.) du solvant, on dissout n fois le poids moléculaire (en gr.) du corps considéré et si Δ est l'abaissement du point de congélation du dissolvant, on aura la relation :

$$\Delta = r\frac{n}{g}.$$

dans laquelle r est une constante qui dépend du liquide employé.

On détermine d'abord cette constante en dissolvant dans ce liquide un corps de poids moléculaire connu et en mesurant l'abaissement du point de congélation correspondant :

$$r = \frac{\Delta g}{n}.$$

Pour déterminer ensuite le poids moléculaire d'un autre composé, on dissout p. gr. de ce composé dans g. gr. de solvant, on note le nouvel abaissement du point de congélation et on a, n devenant égal à $\frac{p}{m}$:

$$\Delta = \frac{rp}{mg}, \quad \text{et} \quad m = \frac{rp}{\Delta g}.$$

L'acide acétique est particulièrement employé comme dissolvant, on emploie aussi la naphtaline, etc.

Voir *V. Meyer*, B. **21**, 536 et suiv. ; Bull. soc. chim. **1888**, **1**, 916. *Beckmann*. Z. phys. Ch. II. 638, 715 ; VII, 323 ; VIII, 223. B. **25**, R. 265. CR, **1887**, **1**, 268.

On a quelquefois employé cette méthode pour étudier la marche d'une réaction. Voir B. **25**, 1347. Bull. soc. chim. **1892**, 2, 790.

c) *Par la mesure de la pression osmotique.*

A une température donnée, la pression osmotique est la même pour des solutions quelconques quand les quantités des corps en dissolution dans un même volume de dissolvant sont entre elles dans le rapport de leurs poids moléculaires respectifs, c'est-à-dire quand les solutions contiennent des quantités équimoléculaires de ces composés, (*Van't Hoff*, Z. phys. Chim. I, 481). On pourra donc, comme en *b* déduire le poids moléculaire d'un composé de la mesure de la pression osmotique de sa solution, *Ladenburg*, B. **22**, 1225; Bull. soc. chim. **1889**, 2, 491. *M. Planck*, Z. phys. Ch. VI, 187.

d) *Par la mesure de l'abaissement de la tension de vapeur.*

La dissolution dans un même solvant de quantités équimoléculaires de corps quelconques produit un abaissement égal et constant de la tension de vapeur de ce solvant (*Raoult*). Cette loi se déduit de la précédente *c*) et est aussi en relations théoriques avec *b*). Pour son emploi à la détermination des poids moléculaires. V. : Z. phys. Chim. II, 353, 602; III, 603; IV, 532; VI, 437; VIII, 223; XV, 656; B. **22**, 1084; Bull. soc. chim. **1889**, 2, 488.

e) *Par la mesure de la diminution de la solubilité*
(Nernst B. **23**, R. 619.)

Appendice : Mesure de la densité des gaz et des vapeurs.

A. Par évaluation du *poids* du gaz ou de la vapeur remplissant un *volume connu.*

Méthode de *Bunsen.*

On prend trois ballons de même volume et de même poids, on fait le vide dans le premier, le deuxième est plein d'air, le troisième est rempli du gaz considéré dans les mêmes conditions de température et de pression que le second; si les poids respectifs des ballons sont p^1 p^2 p^3 la densité d sera $d = \frac{p^3 - p^1}{p^2 - p^1}$.

2) Méthode de *Dumas.*

La substance (10 à 20 gr.) est chauffée à l'ébullition dans un ballon à col étroit suspendu dans un bain d'huile; quand la température est constante, on ferme le ballon à la lampe, on le pèse, puis on l'ouvre sur le mercure et on le pèse à nouveau.

Ces deux méthodes nécessitent une assez forte quantité de substance; si celle-ci n'est pas dans un état de complète pureté la seconde méthode est entachée d'inexactitude : la vapeur qui reste dans le ballon, étant de préférence, celle de la partie la moins volatile de la substance. Cette méthode, modifiée selon *Troost* et *Hautefeuille* (ballons de porcelaine), peut être employée pour les hautes températures.

B. Par la mesure du *volume* occupé à l'état de vapeur par un *poids de substance déterminé.*

1a) Méthode de *Gay-Lussac.*

La substance contenue dans une petite ampoule est introduite dans un cylindre de verre rempli de mercure entouré d'un manchon également en verre dont la partie inférieure plonge aussi dans le mercure; ce manchon est rempli d'un liquide chaud (eau, aniline, etc.). On chauffe l'ensemble à travers le mercure et on mesure, après volatilisation complète, le volume occupé par la substance à la température t.

1b) Méthode de *A. W. Hofmann.*

On introduit la substance dans un tube barométrique convenablement divisé entouré lui-même d'un manchon en verre dans lequel passe un courant de vapeur d'un liquide approprié (eau, aniline, diphénylamine) et qui pourrait, à l'occasion, fonctionner comme réfrigérant.

L'avantage de cette méthode réside dans ce que, la volatilisation du liquide se faisant dans l'air raréfié ou même dans le vide absolu, le point d'ébullition de la substance est considérablement abaissé, ce qui permet d'obtenir la densité de vapeur de corps qui ne bouilliraient pas sans décomposition sous la pression atmosphérique.

Méthode exacte, employée sous beaucoup de modifications.

2. Méthode de *V. Meyer* ; méthode par *déplacement d'air*.

Le petit tube contenant la substance tombe, par un tube de verre vertical, dans un épanouissement cylindrique soudé à ce tube et chauffé extérieurement à température constante, entouré qu'il est par un long manchon de verre contenant à sa base un liquide en ébullition dont les vapeurs sont condensées dans sa partie supérieure. L'air qui s'échappe est égal au volume de la vapeur formée ; on le recueille sur l'eau et on le mesure ; on n'a donc pas besoin de mesurer la température de la vapeur de la substance.

Dans ces deux méthodes, la quantité de substance à employer ne dépasse pas 0 gr. 1.

La densité est donnée dans tous les cas par la relation $d = \frac{p}{p'}$, p étant le poids de la vapeur, p' celui d'un égal volume d'air. On aura donc, pour la méthode à déplacement d'air :

$$d = \frac{p}{n\left(\frac{h - h'}{760}\right)\frac{273}{273 + t}\frac{1}{773}},$$

dans cette formule, n représente le nombre de centimètres cubes d'air recueilli ; $\frac{1}{773}$ gr. est, comme on sait, le poids de 1 cm³ d'air, les autres lettres ont la même signification que P. 5.

Si on remplit l'appareil de *Meyer* avec de l'hydrogène au lieu d'air, la plus grande vitesse moléculaire de ce gaz permet de vaporiser les substances à une température de 30 à 40° inférieure à leur point d'ébullition (*V. Meyer* et *Demuth*, B. 23, 311 ; Bull. soc. chim. **1890**, 2, 352).

Polymérie et isomérie.

La détermination de la grandeur moléculaire d'un composé est d'une extrême importance car il existe un très grand nombre de substances qui, tout en étant différentes, possèdent une composition centésimale identique et par conséquent, à l'analyse, une même formule empirique ; cette *différence est souvent due à une inégalité des grandeurs moléculaires*. La formaldéhyde CH^2O, l'acide acétique $C^2H^4O^2$, l'acide lactique $C^3H^6O^3$, le glucose $C^6H^{12}O^6$ possèdent une même composition centésimale ; l'éthylène C^2H^4, le propylène C^3H^6, le butylène C^4H^8 sont dans le même cas ; les substances qui sont entre elles dans de semblables rapports sont dites **polymères** les unes des autres.

Il existe aussi très souvent des *substances différentes dont la composition centésimale et le poids moléculaire sont les mêmes*, leur molécule est donc composée d'un même nombre des mêmes atomes ; de telles substances sont dites **isomères** les unes des autres, elles peuvent être aussi, mais plus rarement, en rapports de **métamérie** (Voir parmi les éthers) : ainsi, l'alcool ordinaire et l'éther méthylique (gazeux) qui s'obtient en chauffant l'alcool méthylique et l'acide sulfurique, possèdent tous deux une seule et même formule moléculaire C^2H^6O.

Ce phénomène surprenant de l'isomérie ne peut se comprendre qu'en admettant dans les deux cas un arrangement différent des atomes qui constituent la molécule ; cette différence dans l'arrangement des atomes se présente comme une différence dans leurs modes de liaison, indiquée d'ailleurs par la dissemblance des propriétés chimiques des isomères et qui trouvera son explication au moyen de la théorie des valences. Voir page 14.

Théories chimiques ; Théorie des valences.

La ruine des anciennes théories électrochimiques conduisit pour les composés organiques à l'emploi fréquent des formules *unitaires* (par opposition aux formules dualistiques), $C^4H^6O^2$ par exemple pour l'alcool (notation en équivalents). La nécessité de rapporter à des types plus simples les substances de composition complexe suscita de nouvelles théories destinées à donner une idée claire de la constitution des substances organiques (Théorie des types la plus ancienne, *Dumas*. Théorie des noyaux, *Laurent*).

Ces théories trouvèrent une base solide dans la *théorie des types* de *Gerhardt*, qui fut surtout appuyée par la préparation de l'éthylamine et des autres bases ammoniées (*Wurtz* (1849) et *Hoffmann* (1849 et 1850), par la rectification de la formule des éthers (*Williamson* (1850) et par la découverte des anhydrides d'acides de *Gerhardt* (1851) Toutes les substances composées, organiques comme inorganiques, furent rapportées aux corps inorganiques les plus simples pris comme **types**. *Gerhardt* en fixa quatre :

$$\left.\begin{matrix}H\\H\end{matrix}\right\} \qquad \left.\begin{matrix}H\\Cl\end{matrix}\right\} \qquad \left.\begin{matrix}H\\H\end{matrix}\right\}O \qquad \left.\begin{matrix}H\\H\\H\end{matrix}\right\}Az,$$

les deux premiers coïncidant d'ailleurs à proprement parler. Il en résultait les formules suivantes :

$\left.\begin{matrix}H\\Cl\end{matrix}\right\}$	$\left.\begin{matrix}K\\Cl\end{matrix}\right\}$ Chlorure de potassium		$\left.\begin{matrix}C^2H^5\\Cl\end{matrix}\right\}$ Chlorure d'éthyle	$\left.\begin{matrix}C^2H^3O\\Cl\end{matrix}\right\}$ Chlorure d'acétyle
$\left.\begin{matrix}H\\H\end{matrix}\right\}O$	$\left.\begin{matrix}K\\H\end{matrix}\right\}O$ Hydrate de potassium.	$\left.\begin{matrix}AzO^2\\H\end{matrix}\right\}O$ Ac. nitrique	$\left.\begin{matrix}C^2H^5\\H\end{matrix}\right\}O$ Alcool éthylique	$\left.\begin{matrix}C^2H^3O\\H\end{matrix}\right\}O$ Ac. acétique
	$\left.\begin{matrix}K\\K\end{matrix}\right\}O$ Oxyde de potassium	$\left.\begin{matrix}AzO^2\\AzO^2\end{matrix}\right\}O$ Anhydride azotique	$\left.\begin{matrix}C^2H^5\\C^2H^5\end{matrix}\right\}O$ Ether éthylique	$\left.\begin{matrix}C^2H^3O\\C^2H^3O\end{matrix}\right\}O$ Anhydride acétique
$\left.\begin{matrix}H\\H\\H\end{matrix}\right\}Az$			$\left.\begin{matrix}C^2H^5\\H\\H\end{matrix}\right\}Az$ Ethylamine	$\left.\begin{matrix}C^2H^3O\\H\\H\end{matrix}\right\}Az$ Acétamide, etc.

On pouvait donc, par ce moyen, rapporter, de la même manière, les composés organiques ou inorganiques à des types inorganiques en supposant, dans les premiers, l'existence de *radicaux* (éthyle C^2H^5, acétyle C^2H^3O), c'est-à-dire de groupes d'atomes susceptibles de jouer un rôle analogue à celui des éléments et de passer par double décomposition d'un composé dans un autre. Le chlorure d'éthyle C^2H^5Cl, l'alcool C^2H^6O, l'éthylamine C^2H^7Az, l'éther $C^4H^{10}O$ contenaient le même radical : C^2H^5, (éthyle), ce qui correspondait aux relations étroites existant entre deux quelconques de ces composés, relations qui étaient maintenant exprimées par la manière de les écrire.

L'acide sulfurique H^2SO^4 se déduisait du type eau doublé :

$$\left.\begin{matrix} H^2 \\ H^2 \end{matrix}\right\} O^2 \qquad \left.\begin{matrix} (SO^2)'' \\ H^2 \end{matrix}\right\} O^2 ;$$

La glycérine $C^3H^8O^3$ du même type triplé, le chloroforme $CHCl^3$ du type acide chlorhydrique triplé :

$$\left.\begin{matrix} H^3 \\ H^3 \end{matrix}\right\} O^3 \qquad \left.\begin{matrix} (C^3H^5)''' \\ H^3 \end{matrix}\right\} O^3 \qquad \left.\begin{matrix} H^3 \\ Cl^3 \end{matrix}\right\} \qquad \left.\begin{matrix} (CH)''' \\ Cl^3 \end{matrix}\right\} ;$$

on admettait pour les radicaux $(C^2H^5)'$ $(SO^2)''$ $(CH)'''$ $(C^3H^5)'''$ la possibilité de remplacer le nombre d'atomes d'hydrogène indiqué par le nombre des guillemets qui les accentuent, ces radicaux étaient donc mono .. di... triatomiques.

Kekulé joignit plus tard aux types ci-dessus un quatrième type d'importance spéciale pour les composés du carbone

$$\left.\begin{matrix} H \\ H \\ H \\ H \end{matrix}\right\} C \qquad \text{Gaz des marais.}$$

On put alors ramener un grand nombre de composés soit à l'un soit à l'autre de ces types ; la méthylamine CH^5Az, par exemple, peut être rapportée soit à CH^4, soit à AzH^3 :

$$\left.\begin{matrix} AzH^2 \\ H \\ H \\ H \end{matrix}\right\} C \qquad \text{ou} \qquad \left.\begin{matrix} CH^3 \\ H \\ H \end{matrix}\right\} Az.$$

L'hypothèse de ces groupes d'atomes qui entraient dans les types à la place de l'hydrogène conduisit à des recherches plus minutieuses sur la valeur chimique de ces groupes, c'est-à-dire sur leur valeur de substitution comparée à l'hydrogène ; on apprit à différencier les groupes mono... bi... trivalents et, en général, à préciser plus exactement les rapports d'équivalence.

En 1852, *Frankland*, à la suite de ses recherches sur les composés organométalliques, émit l'hypothèse que les éléments suivants, azote, phosphore, arsenic, antimoine, présentaient une tendance marquée à la formation de composés dans lesquels ils étaient unis à trois ou cinq équivalents d'autres éléments (Ann. **85**. 368).

Kekulé montra en 1857 et 1858 qu'une idée plus profonde, était la base même des types, il caractérisa comme *mono.... bi... tri.... valents* les éléments qui, par rapport à l'hydrogène, possédaient une valeur de substitution, une capacité de saturation égale, double ou triple etc. de celle de ce métal (Ann. **104**, 129 ; et **106**, 129). L'hydrogène était par conséquent monovalent, l'oxygène bivalent, l'azote trivalent, le carbone particulièrement tétravalent, etc.

Les grandes lignes de cette *théorie des valences* (Théorie des valeurs chimiques) ayant été exposées en chimie inorganique, seront supposées connues.

Les déductions que tira *Kolbe* (1855 et suiv.) de la constitution des dérivés organiques de l'acide carbonique obtenus en remplaçant l'oxygène de cet acide (C^2O^4 d'après *Kolbe* C=6 O=8) par des radicaux organiques concordèrent avec l'introduction du type CH^4 de *Kékulé* et la notion de la tétravalence du carbone qui s'y joignait (Ann. **113**, 293).

La question de la valence des différents éléments, qui n'est pas toujours suffisamment réglementée en chimie inorganique, l'est infiniment mieux pour les composés du *carbone*, ce corps possède en effet toujours la même *quadrivalence*, aussi bien par rapport à l'hydrogène que par rapport au chlore ou à l'oxygène ; comme l'*hydrogène*, en tant que base des valences, est toujours *monovalent*, que, de plus, la *bivalence* de l'*oxygène* n'a jamais été sérieusement discutée, les valences des trois éléments organiques C.H.O sont donc établies avec une certitude relative. Les conclusions tirées de ces rapports sont donc pleinement légitimes, la plupart des combinaisons importantes du carbone n'étant d'ailleurs composées que de ces trois éléments.

Explication de l'isomérie. Etude de la constitution des composés organiques.

Le phénomène de l'isomérie peut maintenant s'expliquer avec facilité au moyen de la théorie des valences; l'isomérie résulte d'un groupement différent ou d'une liaison diverse des atomes constituant la molécule des différents isomères, ceux-ci étant en effet susceptibles par des transformations chimiques de *séparer* ou *d'échanger* contre d'autres groupes des *atomes* ou des *assemblages d'atomes entièrement différents.*

Le problème ultérieur qui se présente consiste donc dans l'étude du mode de liaison des atomes dans la molécule, dans l'étude de la *constitution chimique*, de la *structure* des combinaisons du carbone ; cette étude n'est pas toujours possible, elle ne peut avoir lieu que pour les composés dont le caractère chimique a été défini dans les sens les plus divers.

Pour des considérations de ce genre, on doit d'abord envisager le *mode de liaison* des atomes dans la molécule accessible à l'expérience et reléguer à la suite la question de savoir comment la différence du groupement des atomes dans l'espace pourra entrer en considération. V. p. 18.

Les points décisifs auxquels on s'est adressé pour cette étude vont être exposés en quelques exemples.

Si on traite par le sodium l'*iodure de méthyle* CH^3I en solution éthérée, il se forme de l'iodure de sodium et le groupe méthyle CH^3 prend d'abord naissance, ce groupe possède une *affinité libre* *, le carbone étant tétravalent :

$$* - C\begin{cases} H \\ H \\ H \end{cases};$$

l'étude de la grandeur moléculaire du composé gazeux formé, l'*éthane*, qu'on appelait autrefois méthyle, montre cependant qu'il possède la formule C^2H^6 ($= 2 \times CH^3$); sa molécule est donc formé par *deux* groupes méthyle liés entre eux et il ne paraît pas douteux que cette liaison des deux groupes s'effectue par l'*affinité du carbone devenue libre dans chacun d'eux.* L'éthane possède donc la formule de constitution :

$$\begin{matrix} C \equiv H^3 \\ | \\ C \equiv H^3 \end{matrix} \quad \text{ou, par abréviation,} \quad \begin{matrix} CH^3 \\ | \\ CH^3 \end{matrix} = \begin{matrix} CH^3 \\ . \\ CH^3 \end{matrix} \quad \text{ou} \quad H^3C - CH^3.$$

On peut aussi préparer l'éthane en partant de l'alcool ordinaire C^2H^6O ; l'action de l'acide chlorhydrique sur ce composé y provoque en effet la substitution d'un atome de chlore à l'ensemble formé par un atome d'oxygène et un atome d'hydrogène en donnant ainsi le chlorure d'éthyle C^2H^5Cl qui, par l'hydrogène naissant, peut échanger son chlore contre un atome d'hydrogène :

$$C^2H^6O + HCl = C^2H^5Cl + HO^2 ;$$
$$C^2H^5Cl + 2H = C^2H^6 + HCl.$$

Inversement, on peut aussi obtenir le chlorure d'éthyle par l'action du chlore sur l'éthane, puis le transformer en alcool.

Dans cette réaction, il est donc entré un atome d'hydrogène et un atome d'oxygène à la place d'un atome de chlore monovalent ; il en résulte clairement que ces deux premiers atomes forment un reste monovalent —(O—H) qu'on appelle *hydroxyle*, cette conclusion découle aussi de ce qu'un atome d'hydrogène de l'alcool, se comportant autrement que les cinq autres, doit posséder une liaison différente de celles qui lient ceux-ci ; cet atome est d'ailleurs susceptible d'être remplacé par un métal, par un radical acide, etc. ; quand on enlève l'oxygène de la molécule, il accompagne ce dernier alors que les cinq autres atomes restent indépendants ; ce départ de l'oxygène n'altère pas non plus la liaison des deux atomes de carbone l'un avec l'autre.

Tous ces faits conduisent pour l'alcool à la formule de constitution suivante :

$$CH^3{-}CH^2(OH) = \begin{array}{l} C \equiv H^3 \\ | \\ C \left\langle \begin{array}{l} H \\ H \\ O{-}H. \end{array} \right. \end{array}$$

L'*éther méthylique* C^2H^6O qui, d'après la page 12, est isomère avec l'alcool possède six atomes d'hydrogène ne présentant *aucune différence* entre eux ; le départ de son oxygène (par l'action de IH, par exemple), *rompt*, contrairement au cas précédent, la liaison de ses *atomes de carbone*, il se forme des produits ne contenant plus chacun, dans leur molécule, qu'un seul atome de cet élément ; on obtient en effet, suivant les conditions, soit une molécule d'iodure de méthyle et une molécule d'alcool méthylique, soit deux molécules d'iodure de méthyle :

$$C^2H^6O + HI = CH^4O + CH^3I$$
$$C^2H^6O + 2HI = 2CH^3I + H^2O.$$

On déduit de ces faits que les deux atomes de carbone de l'éther méthylique ne sont pas liés directement l'un à l'autre, mais bien par l'intermédiaire de l'oxygène de telle sorte que le départ de leur lien impliquant la cessation de la raison d'être de leur liaison provoque leur séparation ; ces relations sont exprimées par la formule de constitution (ou de structure) suivante :

$$H^3C{-}O{-}CH^3 = \begin{array}{c} C \equiv H^3 \\ | \\ O \\ | \\ C \equiv H^3 \end{array}$$

On déduit d'une manière analogue la formule de constitution de l'*acide acétique*

$$\begin{array}{l} C \equiv H^3 \\ | \\ C \begin{array}{l} /\!\!/ O \\ \diagdown OH \end{array} \end{array} = \begin{array}{ccccc} & H & & & -O \\ & | & & | & | \\ H - & C & - & C & - \\ & | & & | & \\ & H & & O & - H \end{array}$$

des propriétés chimiques de ce composé. Les raisons qui ont motivé l'adoption de cette formule seront exposées plus tard, c'est elle qui correspond le mieux aux propriétés chimiques de l'acide acétique, elle explique en effet tous les faits suivants : a) un atome d'hydrogène de ce composé possède des propriétés différentes de celles des trois autres atomes, il est en effet facilement remplaçable par un métal ; b) les atomes d'oxygène se comportent différemment, ils ne sont pas remplacés par des éléments ou par des groupes d'atomes avec une égale facilité ; c) les deux atomes de carbone possèdent des fonctions diverses : le premier, qui est déjà lié aux deux atomes d'oxygène, donne aisément de l'acide carbonique, le second, qui est relié aux trois atomes d'hydrogène, est susceptible de se transformer facilement en méthane CH^4 ou en dérivés méthylés.

Les innombrables cas d'isomérie observés font qu'un composé organique n'est généralement pas défini d'une façon suffisante par une simple formule empirique, une formule de constitution est souvent nécessaire pour donner une idée nette de ses propriétés et de ses rapports avec les autres substances. Dans la dernière moitié de ce siècle, une étude plus approfondie des composés organiques a permis de fixer, pour la plupart d'entre eux, le mode de liaison des atomes dans leur molécule et a, par cela même, souvent ouvert de nouvelles voies pour leur préparation. Les formules de constitution ainsi établies sont parfois très simples, souvent aussi très compliquées (acide citrique, glucose).

Nature du carbone.

Les idées théoriques et les données expérimentales résultant des moyens d'investigation précédemment exposés ont conduit aux données suivantes sur la nature du carbone :

1. *Le carbone est tétravalent.*

2. Les quatre valences sont équivalentes ; il n'existe qu'un seul dérivé monosubstitué du méthane.

3. Les atomes ou groupes d'atomes liés aux quatre valences du carbone ne peuvent permuter indifféremment (*Loi de Le Bel et Van't Hoff, 1874*), il

existe en effet deux dérivés tétrasubstitués *C. a. b. c. d.* différents du méthane (V. p. 19).

4. Deux atomes de carbone peuvent être reliés entre eux par une, deux ou trois valences (V. p. 25) :

C—C   C=C   C≡C.

5. Trois atomes de carbone ou un nombre plus grand sont susceptibles d'être reliés entre eux d'une manière analogue avec formation de « chaînes d'atomes de carbone » (V. p. 24).

C—C—C—C   C—C—C=C—C—C   C≡C＼
                                                    ＞C—C.
                                                C／

Le nombre des atomes de carbone ainsi reliés peut être très grand, il peut être, par exemple, beaucoup plus grand que 30.

6. Les atomes de carbone des composés précédents peuvent être rangés en chaîne ouverte ou en chaîne fermée annulaire.

Les chaînes *ouvertes* sont celles qui présentent un terme de début et un terme final (celles du § 5 par exemple) ; dans les chaînes *fermées*, au contraire, ces deux termes sont aussi reliés entre eux (ce qui n'exclut pas la possibilité d'embranchements ultérieurs) ; par exemple :

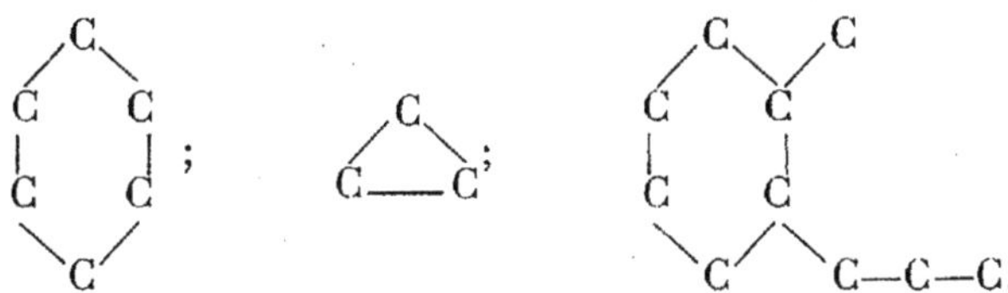

7. D'autres éléments polyvalents peuvent aussi concourir à la formation de pareilles chaînes, tant ouvertes que fermées, par exemple :

C—C＼   C—C＼   ／C—C＼
      ＞Az ; | ＞S ;   C   ＞Az.
C—C／   C—C／   ＼C—C／

Les figures spéciales utilisées pour la désignation de semblables chaînes (hexagone, etc.) ne doivent être considérées que comme schématiques et non géométriques ; l'arrangement dans l'espace reste avant tout indéterminé.

8. Quand un atome de carbone est relié à quatre atomes ou groupes d'atomes de même nature, on peut concevoir que ses quatre affinités se comportent dans l'espace comme les liaisons dirigées du centre d'un *tétraèdre régulier* à chacun de ses quatre sommets, on peut donc se figurer un tel système dans l'espace sous la forme d'un tétraèdre régulier dont le centre serait occupé par un atome de carbone et les sommets par les masses des différents substituants.

Si les quatre groupes ou les quatre éléments liés à l'atome de carbone sont différents, les sens des affinités subiront des perturbations correspondantes, les distances du carbone aux masses des quatre atomes ne seront plus identiques et le système entier offrira l'image d'un tétraèdre moins régulier (Voir « isométrie stéréochimique »).

9. Pour la répartition des valences dans l'espace et pour un essai d'explication des phénomènes de tension provoqués par les liaisons multiples entre les atomes de carbone (V. *Baeyer*, B. **18**, 2277 ; Bull. soc. chim., **1886**, 2, 63).

Isomérie stéréochimique.

La recherche de la constitution des composés organiques a, peu à peu, fait connaître une série de cas anormaux dans lesquels on était conduit à attribuer *à deux ou à plusieurs composés différents une même formule de constitution*, leurs propriétés chimiques étant soit identiques, soit concordantes en beaucoup de points; les propriétés physiques de semblables isomères sont souvent aussi très rapprochées les unes des autres et présentent, parfois, la plus grande analogie ; une des modifications peut en général être ramenée à l'autre par des moyens très simples, par exemple, l'influence d'une température élevée. Les hypothèses exposées dans la page précédente sur la configuration des composés du carbone dans l'espace, peuvent seules conduire à une explication de la nature d'une isomérie si délicate; celle-ci résulte de la place relative occupée dans l'espace par les atomes à l'intérieur de la molécule, de la **configuration de la molécule**, et est désignée pour cette raison sous le nom d'*isomérie stéréochimique* (isomérie géométrique ou dans l'espace).

Ces relations ont été exposées par *Van't Hoff*, elles ont été depuis particulièrement développées par *Wislicenus*.

Van't Hoff, Lagerung der atome in Raume, Braunschweig 1894; *J. Wislicenus*, Raümliche Anordnung der Atome, Leipzig, Hirzel, 1889 ; B. **20** R. 448. A. **248**, 281 et suiv. ; *Baeyer*, B. **18**, 2277. Bull. soc chim. **1886**. **2**, 63 ; A. **245**, 103, B. s. c., **1889**, **2**, 505 ; *Victor Meyer*, B. **21**, 265, 784, B. s. c., **1888**, **2**, 386, 258, etc.

Voici ces relations brièvement exposées :

1. Quand un *atome de carbone est relié à quatre atomes ou groupes d'atomes différents*, c'est-à-dire quand il est « *asymétrique* », une seule formule de constitution est possible, car on ne peut concevoir dans ce cas une isomérie basée sur une différence de constitution ; néanmoins, il existe (V. p. 16, § 3) dans ces conditions, deux dérivés tétrasubstitués différents ; si l'on représente ceux-ci sous la forme tétraédrique, les atomes de carbone étant au centre puisqu'on projette ces deux tétraèdres sur le plan du tableau, on obtiendra les deux figures suivantes (l'atome de carbone central n'est pas indiqué, les atomes reliés sont désignés par A. B. C. D., les sommets des

deux tétraèdres occupés par les masses du même atome A sont dirigés tous deux vers le lecteur) :

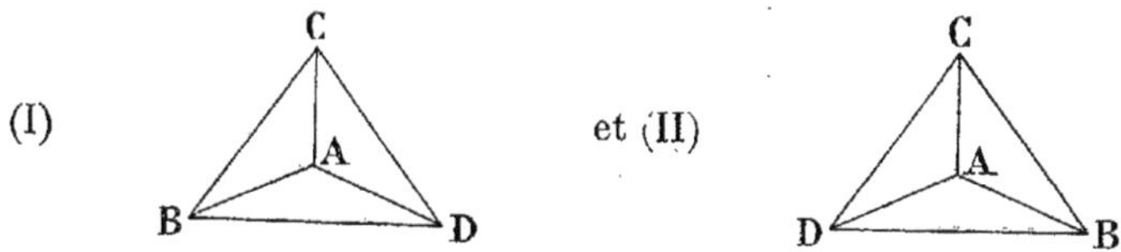

Les deux schémas ne sont point identiques, on ne peut les superposer, l'un d'eux au contraire est l'image de l'autre vu dans un miroir, ils sont entre eux comme la main droite et la main gauche ; le cycle B à C, C à D, est, dans le premier cas, de même sens que celui des aiguilles d'une montre ; dans le second cas, il affecte le sens contraire.

Certaines propriétés physiques, le pouvoir rotatoire par exemple, dépendent de l'arrangement dans l'espace des groupements B. C. D. ; cette action sur le plan de la lumière polarisée (V. p. 31) se manifeste en sens contraire dans les deux cas précités : si le composé I le dévie à droite, le composé II le déviera à gauche et vice versa.

Ces faits permettent d'expliquer très simplement l'existence de composés isomères se différenciant seulement par leurs propriétés optiques (*composés énantiomorphes*. V. Acide lactique).

2. Quand *deux* atomes de carbone asymétriques sont reliés l'un à l'autre par *une de leurs affinités*, les relations énumérées en 1 sont susceptibles de se renouveler dans leurs différentes formes (V. Acide tartrique).

Deux atomes de carbone liés par une de leurs affinités sont représentés dans l'espace par les schémas suivants :

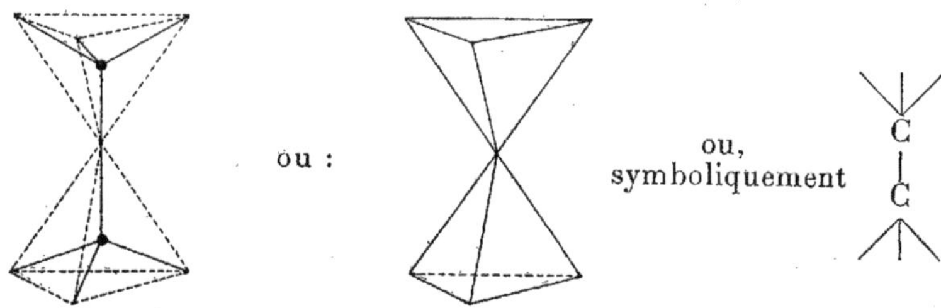

On doit admettre en général dans le cas ci-dessus que les deux atomes de carbone sont susceptibles de rotation indépendante autour de leur axe commun ; comme les groupements liés au premier atome exercent toujours une action orientante sur ceux liés au second, et cela en vertu de leur attraction réciproque, cette action favorisera une des positions possibles au détriment des autres. Si, par exemple, les groupements liés aux deux atomes sont, pour chacun d'eux, H, Cl et CO^2H comme c'est le cas pour l'acide succinique dichloré $CO^2H-CHCl-CHCl-CO^2H$, il existerait pour un ordre donné des substituants trois configurations possibles (abstraction faite des positions intermédiaires), savoir :

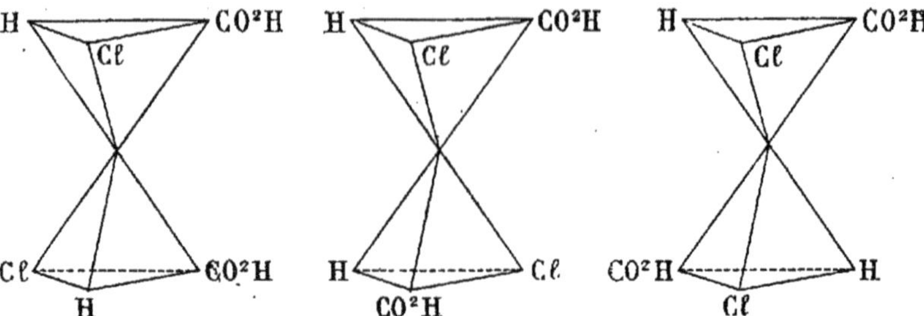

mais l'intense attraction réciproque de l'hydrogène et du chlore favorise la première position et la rend celle qui sera occupée le plus fréquemment.

Il paraît possible que, dans certains cas, les actions produites par les forces d'attraction mentionnées ci-dessus puissent entraver directement la libre rotation, néanmoins, de tels cas ne sont point connus jusqu'ici d'une façon certaine.

3. Le système formé par *deux* atomes de carbone reliés entre eux par *deux de leurs affinités* ne présente plus aucune mobilité ; si chacun d'eux est lié à deux atomes ou groupes d'atomes différents a et b, le composé formé se présentera à nouveau sous deux formes isomériques qui, tout en possédant des liens chimiques identiques et une même constitution, différeront comme l'indiquent les schemas suivants par une inégale répartition des atomes a et b (Dans les schemas 1 et 3, les arêtes des tétraèdres sont ponctuées, les sens des affinités sont au contraire en lignes pleines) :

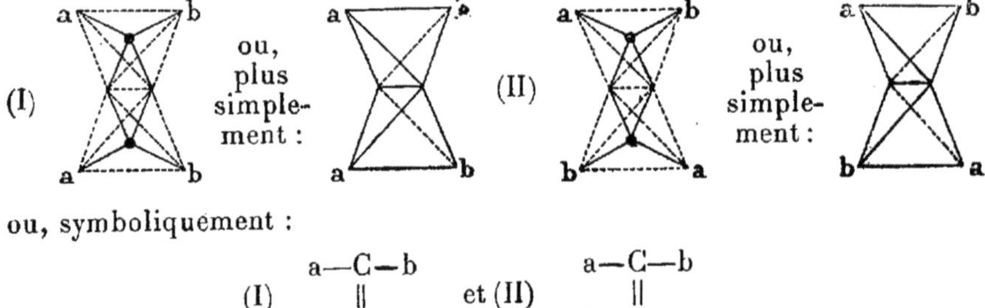

ou, symboliquement :

$$
(\mathrm{I})\quad \begin{array}{c} \mathrm{a—C—b} \\ \| \\ \mathrm{a—C—b} \end{array} \qquad \text{et}\ (\mathrm{II})\quad \begin{array}{c} \mathrm{a—C—b} \\ \| \\ \mathrm{b—C—a} \end{array}
$$

Dans le schema (I) les atomes a et a sont en positions « planosymétriques », dans la figure (II) en positions « centrosymétriques » ; la formule I dans laquelle ces atomes sont placés d'un même côté du plan déterminé par les droites représentant les affinités qui joignent les atomes de carbone à la double liaison contient ces atomes en position *cis*, par opposition à la position *trans* que représente la formule II.

On conçoit très aisément que les atomes a et b puissent s'influencer davantage dans un des cas que dans l'autre ; les isomères stéréochimiques ainsi obtenus auront entre eux des différences, tant physiques que chimiques, beaucoup plus grandes que celles accusées par les composés isomères d'après 1 et 2 ; l'un d'eux se distinguera souvent de l'autre en ce qu'il présentera une réaction intramoléculaire déterminée, la formation d'un anhydride par exemple, laquelle sera motivée par ce fait que la configuration de la molécule placera à proximité dans l'espace les groupements susceptibles de réagir.

Ces théories ont permis de donner une explication des plus claires de l'intéressante isomérie des acides *fumarique et maléique* (V. ceux-ci) ; elles ont de plus conduit à la découverte de nouveaux cas d'isomérie dans les composés incomplets (chloropropylène, acide chlorocrotonique, etc.), résultats qui ont encore grandi leur importance.

4. Un atome d'azote peut aussi donner naissance à des cas d'isomérie en considérant que ses trois affinités au lieu d'agir dans un plan agissent dans le sens des trois arêtes d'un tétraèdre partant de l'un de ses sommets ; on peut alors concevoir deux modes d'arrangement dans l'espace du composé :

$$\begin{matrix} a \\ b \end{matrix} \Big> C{=}Az{-}c,$$

savoir (pour la clarté de la représentation dans l'espace, on a ponctué les arêtes du tétraèdre) :

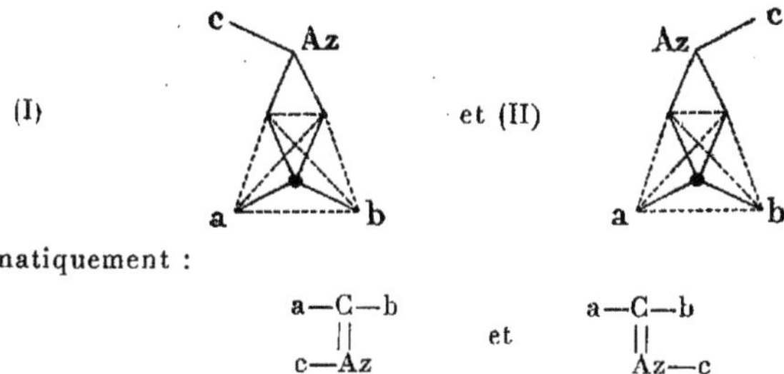

ou schématiquement :

a—C—b ‖ c—Az Série Syn	et	a—C—b ‖ Az—c Série Anti

On peut ici, comme en 3, concevoir très aisément que les groupes a et c sont susceptibles de s'influencer plus fortement dans un cas que dans l'autre et par cela même de pouvoir provoquer des dissemblances chimiques entre les substances représentées par les deux formules.

Cette conception a servi particulièrement à l'explication des isoméries observées dans les oximes. *Hantzsch* et *Werner*, B. **23**, 11 ; Bull. soc. chim. **1891**, **1**, 597 ; B. **24**, 3511 ; B.s. c. **1892**, **2**, 696 ; B. **25**, 2164 ; B. s. c. **1893**, **2**, 831. *V. Meyer*, B. **23**, 567 ; Bull. soc. chim. **1891**, **2**, 282 ; *v. Miller*, *Plöchl*, B. **27**, 1296 ; B. s. c. **1894**, **2**, 1228.

5. Pendant que ce mode d'isomérie de l'azote rappelle en beaucoup de points l'isomérie du carbone décrite en 3, il existe, pour les corps possédant un azote pentavalent, un autre mode d'isomérie assez analogue à celui du carbone exposé en 1 (Voir bases azotées. Propriétés, 7.). *Le Bel*, B. **24**, R. 441 ; CR. **1891**, **1**, 724.

6. On ne doit pas confondre le phénomène physique du dimorphisme avec les isoméries ci-dessus mentionnées, ce phénomène est présenté par un grand nombre de composés anorganiques et par certains composés organiques.

Inversement, on connaît aussi de nombreux cas dans lesquels on est également conduit à attribuer d'après ses réactions, à une seule et même substance, deux formules de constitution différentes ; ces deux formules sont dites *tautomères* (Voir Composés cyanés, chapitre F).

Formules rationnelles.

On peut, suivant les rapports que l'on veut faire ressortir, introduire des changements ou des abréviations dans la manière d'écrire les formules de constitution ; l'arrangement sur le papier n'a le plus souvent aucune importance et dépend simplement de la configuration qu'on veut donner à la formule.

On appelle formule *rationnelle* toute formule de constitution abrégée indiquant néanmoins plus de relations chimiques que n'en indique une simple formule empirique ; C^2H^5OH pour l'alcool, $(CH^3)^2O$ pour l'éther méthylique, sont des formules rationnelles.

On pourra par exemple substituer à la formule de constitution de l'acide acétique donnée p. 16 les formules rationnelles suivantes :

$$CH^3 - C\begin{matrix}\nearrow O \\ \searrow OH\end{matrix}, \; CH^3 - CO.OH, \; CH^3 - CO^2H, \; CH^3.CO^2H, \; (CH^3CO)OH,$$

$$C^2H^3O.OH, \; H(C^2H^3O^2) \text{ etc.}$$

Séries homologues.

La substitution de 1, 2, 3 ou 4 atomes de chlore à l'hydrogène du méthane donne lieu à la formation de produits de substitution halogénés de ce carbure CH^3Cl, CH^2Cl^2, $CHCl^3$, CCl^4 ; ces composés sont susceptibles d'échanger à nouveau leur chlore contre de l'oxygène (Cl contre OH, 2Cl contre O, 3Cl contre O et OH) en donnant les dérivés suivants :

$CH^3.OH$	CH^2O	$CHO.OH$ ou CH^2O^2
alcool méthylique	aldéhyde formique	acide formique.

On peut déduire de l'éthane C^2H^6, carbure se rapprochant beaucoup du méthane, des composés entièrement analogues qui rappelleront, chaque fois, dans leurs propriétés chimiques, les composés correspondants du méthane mais en différeront par CH^2 en plus dans leur constitution.

Ces mêmes faits se renouvellent pour les composés à trois, quatre, etc. atomes de carbone ; au méthane et à l'éthane correspondent le propane C^3H^8, le butane C^4H^{10}, etc. ; à l'alcool méthylique et à l'alcool éthylique, l'alcool propylique. C^3H^7OH, etc.

De telles substances qui, tout en jouissant de propriétés chimiques très voisines, ne diffèrent dans leur constitution que par CH^2 ou un multiple de CH^2 sont dites *homologues*, on peut les ordonner en *séries homologues*, par exemple :

CH^4 Méthane	CH^3Cl Chlorure de méthyle	CH^3OH Alcool méthylique	CH^2O Aldéhyde formique	CH^2O^2 Acide formique
C^2H^6 Éthane	C^2H^5Cl Chlorure d'éthyle	C^2H^5OH Alcool éthylique	C^2H^4O Aldéhyde acétique	$C^2H^4O^2$ Acide acétique
C^3H^8 Propane	C^3H^7Cl Chlorure de propyle	C^3H^7OH Alcool propylique	C^3H^6O Aldéhyde propionique	$C^3H^6O^2$ Acide propionique
C^4H^{10} Butane	C^4H^9Cl Chlorure de butyle	C^4H^9OH Alcool butylique	C^4H^8O Aldéhyde butyrique	$C^4H^8O^2$ Acide butyrique

et, en général, appliquer à ces séries les formules suivantes :

C^nH^{2n+2} | $C^nH^{2n+1}Cl$ | $C^nH^{2n+1}OH$ | $C^nH^{2n}O$ | $C^nH^{2n}O^2$.

La nouvelle *Nomenclature Internationale* (1892) est basée sur ce principe de l'obtention de tous les composés organiques par des substitutions diverses dans les carbures de même nombre d'atomes de carbone ; on forme ces *noms officiels* en ajontant des suffixes déterminés aux termes non altérés qui désignent les carbures : l'addition de la syllabe « *ol* » correspond à un groupe hydroxyle, celle de la syllabe « *al* » à un groupe aldéhyde, etc. ; ainsi, les dérivés du butane mentionnés à la quatrième ligne du tableau ci-dessus prendront les noms suivants : butane, chlorbutane, butanol, butanal, acide butanoïque, l'intercalation des particules *di, tri*, etc., avant ces syllabes, indiquera la présence de 2, 3, etc. substituants dont la place sera spécifiée par l'adjonction du numéro de l'atome de carbone auquel ils se rattachent (l'atome final étant numéroté 1) B. **26**, 1595 ; Bull. soc. chim., **1892**, I et suiv. Dans la partie descriptive, le nom officiel sera souvent ajouté entre parenthèses à côté du nom usuel du composé décrit.

Ces relations constituent une ressource de la plus haute importance pour l'étude de la chimie organique ; les composés appartenant à une série homologue présentent en effet, presque toujours, des *propriétés entièrement analogues* de telle sorte que l'étude d'un seul membre suffit souvent pour toute la série.

Si on compare les propriétés physiques des termes d'une même série, on constate que la volatilité des composés diminue et que leur tendance à prendre l'état solide augmente avec le nombre croissant des atomes de carbone ; si C^3H^8, par exemple, est encore gazeux à la température ordinaire, C^5H^{12} est déjà liquide, $C^{10}H^{22}$ encore liquide mais présente déjà un point d'ébullition élevé (173°), $C^{20}H^{42}$ est solide et ne bout plus qu'au-dessus de 300°. L'acide formique est liquide et bout à 99°, l'acide correspondant en C^{16} est solide et bout au-dessus de 300°.

Il est à remarquer que l'existence de ces séries homologues *résulte d'un principe plus général* ; en effet, les homologues du méthane CH^4 contiennent tous le maximum d'atomes d'hydrogène qui puisse être combiné au nombre d'atomes de carbone qu'ils renferment, c'est-à-dire $2n + 2$ atomes d'hydrogène pour n atomes de carbone.

Comme l'éthane dérive du méthane par substitution du groupe monovalent CH^3 à l'hydrogène, la différence CH^2 dans la constitution de ces carbures résulte donc nettement de la *tétratomicité du carbone*, les carbures plus élevés de la série se déduiront tous des carbures plus pauvres en carbone par un échange réitéré d'atomes d'hydrogène contre le groupe CH^3 de telle sorte que la formule de ces homologues plus élevés répondra à l'expression $CH^4 + (n - 1) \times CH^2 = C^nH^{2n+2}$. Le principe dont il a été parlé plus haut, qui est la *base même de l'existence des séries homologues*, n'est donc autre que la tétravalence du carbone.

L'enchaînement des atomes de carbone s'effectue toujours par leurs propres moyens, il ne peut jamais être provoqué par l'hydrogène, élément monovalent; ces atomes, dans tous les carbures plus élevés que le méthane, forment donc des *sortes de chaînes* comme l'indiquent les schémas suivants :

```
               C                                    C
     C         |                                    |
     |         C      C — C — C — C       ou        C — C, etc.
     C         |                                    |
               C                                    C
Carbure C²H⁶   C³H⁸              C⁴H¹⁰
```

La liaison de ces atomes de carbone peut s'effectuer de différentes manières, cette diversité est la cause de l'isomérie de structure (V. Carbures de la série méthanique).

Loi des nombres pairs d'atomes.

Le nombre des atomes d'hydrogène des carbures ci-dessus est toujours divisible par 2; si une partie d'entre eux est remplacée par d'autres éléments, la somme des atomes de valence impaire (Cl. Az. P) et des atomes d'hydrogène restants doit en vertu du principe de l'équivalence, toujours former un nombre pair.

Radicaux.

La notion des radicaux a plusieurs fois varié pendant le cours du développement des théories chimiques. *Liebig* désignait sous ce nom des groupes d'atomes susceptibles d'exister à l'état libre et de jouer le rôle d'éléments, c'est-à-dire susceptibles de s'unir à d'autres éléments, de se combiner entre eux et de passer par substitution d'un composé dans un autre.

On abandonna plus tard la condition de possibilité d'existence à l'état libre et on attribua souvent le nom de radicaux à tous les groupes qui, dans certaines décompositions, restaient franchement inattaqués.

On prend soin maintenant de ne désigner sous ce nom que les groupes d'atomes tels que CH^3 méthyle, C^2H^3O acétyle, qui se retrouvent dans un grand nombre de composés se déduisant les uns des autres où ils jouent, en quelque sorte, le rôle d'un simple élément; on ne considère donc plus la question de la possibilité de leur existence à l'état libre, ainsi, le radical méthyle n'est pas connu à l'état isolé, dans toutes les réactions où il devrait prendre naissance, il se double aussitôt en donnant l'éthane $CH^3 - CH^3$ (diméthyle). V. p. 14.

Les radicaux ainsi spécifiés peuvent être *mono... bi... ou trivalents* suivant le nombre des atomes monovalents qu'ils sont en état de remplacer ou le nombre de ceux auxquels ils sont susceptibles de s'unir pour former des composés saturés; ainsi, « l'éthylène » ou « éthène » $(C^2H^4)''$ est bivalent, le « glycéryle » $(C^3H^5)'''$ est trivalent comme le « méthényle » ou « méthine » $(CH)'''$ etc.

On désigne souvent sous le nom d'*alcoyles* les restes monovalents C^nH^{2n+1} (méthyle, éthyle, etc.) qui sont les radicaux des alcools monohydroxylés $C^nH^{2n+1}OH$; les restes bivalents C^nH^{2n} portent alors le nom d'*alcoylènes*.

Classification des hydrocarbures et de leurs dérivés.

Les composés (hydrocarbures, etc.) cités p. 23, sont dits saturés car ils sont dans l'impossibilité de fixer de l'hydrogène ; à côté d'eux viennent se placer des composés moins riches en hydrogène et par conséquent non saturés comme l'éthylène C^2H^4, l'acétylène C^2H^2, carbures auxquels correspondent de nouvelles séries homologues.

Comme on le verra plus tard, la constitution de ceux de ces corps dont les atomes de carbone sont rangés en chaîne ouverte s'explique par la présence d'une liaison multiple entre deux atomes de carbone voisins :

$$C^2H^4 = \begin{array}{c} CH^2 \\ \| \\ CH^2 \end{array} , \quad C^2H^2 = \begin{array}{c} CH \\ ||| \\ CH \end{array} ;$$

Par substitution des halogènes, de l'oxygène, de l'azote etc. à l'hydrogène de ces carbures, pris comme substances mères, on en déduit les composés les plus divers : produits substitués halogénés, alcools, aldéhydes, cétones, acides, etc.

C'est encore dans une autre classe de carbures qu'on doit ranger le benzène C^6H^6 dont la teneur en hydrogène est inférieure de 8 atomes à celle de l'hexane C^6H^{14} ; on a été conduit, pour la constitution de ce carbure particulièrement intéressant, à admettre qu'il renfermait une chaîne *fermée, annulaire* de six atomes de carbone; il est la substance mère d'une très grande série de carbures homologues ou analogues et de produits substitués de toutes sortes (composés halogénés, alcools, aldéhydes, acides, etc.) ; comme le méthane, il est donc le point de départ d'un grand nombre de substances organiques.

Les rapports observés pour le benzène se reproduisent pour un grand nombre de composés dont la nature chimique est caractérisée par ce fait qu'ils contiennent eux aussi une chaîne d'atomes fermée annulaire ; tels sont : (a) le triméthylène C^3H^6, le tétraméthylène C^4H^8, le pentaméthylène C^5H^{10} ; (b) des substances azotées comme la pyridine C^5H^5Az, composé fortement basique, mais très semblable au benzène dans beaucoup de ses relations : (c) le furane

C^4H^4O, le pyrrol, C^4H^5Az, le thophène C^4H^4S, le pyrazol $C^3H^4Az^2$, le thiazol C^3H^3AzS, etc. Quelques-uns de ces derniers composés ressemblent un peu au benzène, d'autres présentent des propriétés rappelant d'une façon frappante celles de la pyridine, tous d'ailleurs sont les *substances mères* de séries *de dérivés* souvent très étendues.

La *classification des composés organiques* usitée depuis la connaissance de ces faits est la suivante :

1. *Dérivés méthaniques* ou corps gras ou encore *composés aliphatiques* (de ἀλοιφή, gras). Cette classe renferme tous les composés du carbone à chaîne ouverte, elle porte le nom de série grasse parce que toutes les graisses et beaucoup de composés qui en dérivent en font partie.

2. *Dérivés benzéniques* ou composés aromatiques. Pour conserver la division en deux classes, on doit étudier à la fin de la classe I les composés mentionnés ci-dessus en a et en c, car ils forment, en quelque sorte, le terme de passage entre les composés gras et les composés aromatiques. Pour des raisons didactiques, on annexe aux dérivés benzéniques l'étude de la pyridine et de ses dérivés.

Propriétés physiques des composés organiques.

Les propriétés physiques des composés organiques possèdent souvent une grande importance pour leur caractérisation, elles sont fréquemment en relations, plus ou moins étroites, avec la constitution de ces composés.

Couleur.

La plupart des composés organiques sont incolores, toutefois les composés iodés (CI^4 par exemple) et les composés nitrés sont souvent colorés en jaune ou en rouge. L'introduction de groupes salifiables OH, AzH^2 dans un grand nombre de substances les transforment en matières colorantes ou en leucodérivés de celles-ci, ces substances portent le nom de substances « chromogènes » (*Witt*, B. 9, 522).

Solubilité.

Les carbures et leurs produits de substitution halogénés sont peu solubles ou même insolubles dans l'eau. Les alcools inférieurs de chacune des séries homologues sont en général facilement solubles dans l'eau (alcools méthylique et éthylique, glycérine), mais les homologues plus élevés deviennent bientôt peu solubles puis insolubles. Les alcools polyhydroxylés (la mannite, par exemple), se dissolvent facilement dans l'eau, mais, contrairement aux alcools monovalents, sont en général insolubles dans l'éther. Les aldéhydes, les cétones et les acides se comportent comme les alcools. — Les dérivés benzéniques sont, règle générale, moins solubles dans l'eau et dans l'alcool que les corps gras correspondants.

La plupart des composés organiques sont solubles dans l'alcool, ceux qui se dissolvent dans l'éther sont en très grande majorité.

Densités et volumes moléculaires.

Les densités des composés *isomères* sont *différentes*; celles des carbures normaux C^nH^{2n+2}, mesurées au point de fusion, se rapprochent, à mesure que la teneur en carbone augmente, d'une valeur limite déterminée (0,78) qui est déjà presque atteinte au carbure $C^{16}H^{34}$ (V. Paraffines).

Les densités des carbures normaux C^nH^{2n} et $C^nH^{2n-2}C$ (à partir de C^{12}), s'approchent également de cette limite mais plus lentement que ci-dessus ($C^{18}H^{36}$d=0,791; $C^{18}H^{34}$d=0,802). Les densités des acides gras monobasiques qui sont au début supérieures à l'unité décroissent à mesure que la teneur en carbone augmente en se rapprochant, elles aussi, de cette même valeur limite, beaucoup plus lentement d'ailleurs que cela n'a lieu pour les carbures.

On appelle *volume moléculaire* le quotient du poids moléculaire par la densité M/d.

H. Kopp, en comparant les volumes moléculaires des liquides mesurés dans les mêmes conditions, à leur température d'ébullition par exemple, déduisait déjà il y a longtemps (Ann. **46**, 212 ; **92**, 1 ; **94**, 269 ; **96**, 171, etc.), de l'étude des composés accessibles à cette époque, des lois sensiblement exactes qui sont comprises dans cette hypothèse : le volume moléculaire d'un composé est égal à la somme des volumes atomiques des éléments qui le constituent ; une augmentation de CH^2 dans les séries homologues correspondait, d'après lui, à une augmentation de 22 dans le volume moléculaire. Il semble donc possible qu'on puisse déterminer le volume atomique particulier des éléments qui constituent un composé au moyen de son propre volume moléculaire ; on obtient ainsi 11 pour le volume atomique du carbone et 5,5 pour celui de l'hydrogène, mais, pour les éléments polyvalents et, en particulier, pour l'oxygène et l'azote, les valeurs du volume atomique trouvées diffèrent avec le composé qui sert de base au calcul et paraissent dépendre du mode de liaison de ces éléments : l'oxygène relié au carbone par une liaison double entre dans un composé avec le volume atomique 12,2 ; s'il est relié par une liaison simple, ce volume est réduit à 7,8.

De nouvelles recherches étendues à un ensemble de corps considérablement augmenté par les nouvelles découvertes ont montré que ces lois n'étaient qu'approchées ; les corps isomères, par exemple, ont des volumes moléculaires un peu différents ; dans les corps non saturés, la présence de chaque double liaison élève le volume moléculaire, celui des composés à liaison annulaire est beaucoup plus faible que celui de leurs isomères à chaîne ouverte et à double liaison (*Horstmann*, B. **20**, 766 ; B. s. c., **1887**, **1**, 942) ; même avec des liaisons similaires entre les atomes, les volumes moléculaires des isomères sont différents, ainsi, ceux du chlorure d'éthylène et du chlorure d'éthylidène (*Städel*) diffèrent de 4 % de leur valeur.

Il résulte de cela que les volumes moléculaires des composés organiques paraissent être soumis à deux influences, la première est de nature additive, les volumes atomiques s'additionnant suivant la loi de *Kopp*, la seconde, de nature constitutive, dépend d'une cause stéréochimique : l'étendue occupée dans l'espace suivant le mode de liaison des différents éléments. *Thorpe*. Ch. soc. **37** (1880), 141 et suiv. *Lossen* et ses élèves Ann. **211** ; **214** ; **221** ; **233** ; **254** ; *Schiff*. Ann. **220** ; *Städel*. B. **15**. 2559 ; Bull. soc. chim. **1883**, **1**, 209. *Hortsmann*, B. **19**, 1579 ; B. s. c. **1886**, **2**, 309 ; *Kopp*. Ann. **250**, I, etc.

Règles des points d'ébullition.

1. Dans les composés *homologues*, le point d'ébullition s'élève à mesure que le poids moléculaire grandit : si la constitution est analogue, l'augmentation est constante au début (19 à 20° dans la série de l'alcool méthylique et de l'acide formique, 30° dans celle des dérivés benzéniques méthylés dans le noyau), mais décroît en grandeur à mesure que la teneur en carbone augmente (Voir série du méthane).

2. Les carbures normaux correspondants des séries C^nH^{2n+2}, C^nH^{2n}, C^nH^{2n-2}, ont des points d'ébullition voisins (Ex : $C^{18}H^{38}$, 181°5; $C^{18}H^{36}$, 179°; $C^{18}H^{34}$ 184°).

Pour les rapports entre la température d'ébullition et la constitution chimique V. B. **23**, 1468 ; Bull. soc. chim. **1890**, **2**, 350, etc.

3. Dans la série grasse, le composé *normal* est de tous les *isomères* correspondants celui qui présente le *point d'ébullition le plus élevé* ; plus la chaîne de carbone est ramifiée, moins le point d'ébullition est élevé (Voir les carbures C^5H^{12} et les acides $C^5H^{10}O^2$).

4. Dans la plupart des cas, l'entrée des *halogènes* élève considérablement le point d'ébullition ; il peut s'élever de 60° par exemple par l'entrée du premier atome de chlore, de nouvelles substitutions produisent une élévation moindre (Voir, par exemple, méthanes chlorés et acides acétiques chlorés).

5. Si on compare les composés *hydroxylés* et les substances dont ils dérivent, on constate que l'entrée du groupe hydroxyle a considérablement élevé le point d'ébullition et que, fréquemment, les dérivés hydroxylés ne sont plus susceptibles de distiller sans décomposition alors que leurs substances mères jouissaient de cette propriété. L'acide propionique, par exemple, est volatil alors que l'acide oxypropionique (lactique) ne l'est plus.

6. Les points d'ébullition des éthers sont situés considérablement plus bas que ceux des alcools qui leur sont isomères (éther éthylique P. E. 35°, alcool butylique P. E. 117°) et plus bas aussi que ceux des alcools correspondants (alcool éthylique P. E. 78°). Les mêmes rapports se retrouvent entre les composés obtenus par échange de l'hydroxyle des alcools contre SH ou AzH^2 et ces alcools eux-mêmes (mercaptan $C^2H^5.SH$, P E. 36° ; éthylamine $C^2H^5.AzH^2$, P. E. 18°) : entre les éthers inférieurs des glycols et ces composés (glycol, P. E. 197°, oxyde d'éthylène, P. E. 13°).

7. Les dérivés benzéniques disubstitués ortho sont plus facilement volatils que leurs isomères para.

8. Un grand nombre de substances qui ne sont pas volatiles sans décomposition sous la pression atmosphérique peuvent être distillées dans le vide, ce qui abaisse leur point d'ébullition de 100° et même davantage. Pour les variations du point d'ébullition avec la diminution de la pression, voir B. **23**, 1254 ; Bull. soc. chim. **1890**, **2**, 350 ; B. **24**, 736 ; Bull. soc. chim. **1891**, **2**, 36.

Pour la correction des points d'ébullition V. **B**. **26**, 233, Anm. ; B. s. c. **1893**, **2**, 591.

Distillation fractionnée.

La séparation par distillation de deux substances qui présentent des points d'ébullition inégaux ne s'effectue avec facilité que si ces points d'ébullition sont très différents ; si cette différence n'est que de 10 à 30°, par exemple, la tension de vapeur du composé bouillant le plus haut est déjà si considérable à la température d'ébullition du corps bouillant le plus bas qu'*il distille partiellement avec ce dernier*. Le thermomètre monte continuellement sans rester stationnaire à un point d'ébullition déterminé et la *composition du distillatum* ne varie pas brusquement mais bien *graduellement*.

On doit en pareils cas *fractionner la distillation*, c'est-à-dire partager le distillatum en fractions recueillies séparément correspondantes à des augmentations de point d'ébullition déterminées (5 en 5° par exemple), puis redistiller à nouveau chacune de ces fractions d'après le même procédé en réunissant ensemble les fractions de même nature. On renouvelle cette opération jusqu'à ce que les fractions moyennes soient scindées en leurs deux composants de points d'ébullition différents, c'est-à-dire jusqu'à ce que la séparation de ceux-ci soit effectuée.

Pour rendre cette opération moins pénible, on emploie des appareils spéciaux (*Wurtz*, *Linnemann*, *Glinsky*, *Henninger*, *Le Bel*, *Hempel*, *Warren*), dans lesquels on provoque une condensation partielle des vapeurs ; celle du composé qui bout le plus haut se condense le plus aisément. Les appareils employés en grand (appareils à colonnes, déphlegmateurs), pour la séparation des carbures benzéniques ou la purification de l'alcool sont basés sur un principe analogue.

La séparation par distillation fractionnée de liquides ayant des points d'ébullition même relativement éloignés peut parfois, quand ils sont dans de certaines proportions, être rendue très difficile ou même impossible ; comme exemple de ce dernier cas, on peut citer le mélange de 2 volumes d'eau et de 1 volume d'alcool amylique (P. E. 135°) qui bout à une température constante (96°), celui de sulfure de carbone et d'eau qui passe à 43°.

Quand deux substances qui ne se mélangent pas ou dont le mélange n'altère pas les tensions de vapeur distillent ensemble, les quantités de chacune d'elles qui passent à la distillation sont entre elles comme les produits de la densité de leur vapeur par sa tension à la température d'ébullition du mélange ($G : g = MP : mp$; g étant le poids de l'un des composants contenu dans le distillatum, m son poids moléculaire, p la tension de sa vapeur à la température d'ébullition du mélange, G, M, P, les valeurs correspondantes pour l'autre composant) (Loi de *Wanklyn* confirmée par *Berthelot* et *Thorpe*). Comme les poids moléculaires des gaz et des vapeurs sont proportionnels à leurs densités, on peut, d'après cette loi, en notant le rapport des quantités des substances qui distillent, évaluer le poids moléculaire d'un des composants si celui de l'autre est connu (*Naumann*).

Règles des points de fusion.

1. On remarque à différentes reprises, dans les séries homologues, que le point de fusion des termes qui se suivent s'élève et s'abaisse alternativement, les points de fusion des membres de la série possédant un nombre d'atomes de carbone impair étant moins élevés que ceux des termes immédiatement inférieurs. Les points de fusion des composés à nombre d'atomes de carbone pair ou impair, chacune des séries prise isolément, tantôt vont en s'élevant comme dans la série de l'acide formique, tantôt s'abaissent en partie (série de l'acide succinique).

2. Les dérivés para sont ceux des isomères bisubstitués du benzène qui présentent le point de fusion le plus élevé, ils sont souvent solides alors que les dérivés ortho et méta sont encore liquides. L'extension des chaînes latérales produit un abaissement du point de fusion.

3. Les points de fusion des esters méthyliques des acides sont fréquemment plus élevés que ceux des esters éthyliques correspondants dont les points de fusion sont eux-mêmes supérieurs à ceux des esters propyliques etc. L'ester méthylique de l'acide oxalique est solide, l'ester éthylique est liquide.

4. Le point de fusion d'un *mélange* de deux substances varie avec leurs proportions relatives, le minimum par lequel il passe est toujours *inférieur* au point de fusion de celle des substances qui fond le plus bas.

On peut donner comme exemple de ce fait le mélange des acides stéarique et palmitique qui, à cause de son point de fusion peu élevé, fut pris autrefois pour un acide particulier, l'acide margarique ; le mélange des acides p, et m, oxybenzoïque (P. F. 210 et 280), qui, quand les composants sont en parties égales, fond de 143 à 152°.

La présence d'une quantité très faible d'une substance étrangère peut abaisser considérablement le point de fusion d'un composé, la constance du point de fusion d'une substance après des cristallisations réitérées est donc un critérium de grande valeur pour son état de pureté. Deux substances ne seront pleinement identiques que si leur mélange possède le même point de fusion que chacune d'elles.

5. Pour les lois des points de fusion des composés organiques, V. B. **23**, 2239.

Propriétés électriques.

L'étude de la conductibilité des acides organiques en solutions progressivement étendues permet, d'après *Ostwald*, de déterminer la mesure de leur affinité chimique. La méthode s'applique aux acides inorganiques. Voir *Ostwald*. « Grundriss der allgemeinen Chemie » Leipzig, 1890.

Chaleur de neutralisation.

La chaleur de neutralisation des acides carboxylés, c'est-à-dire des acides qui contiennent un groupe carboxyle, évaluée pour la soude en solution aqueuse, peut être considérée, lorsque leurs sels ne sont point décomposés par l'eau, comme sensiblement constante et légèrement supérieure à 12.000 calories. La chaleur de neutralisation des phénols est environ moitié moins grande ; celle des alcools ordinaires, évaluée dans les mêmes conditions, est extrêmement faible. Ces relations peuvent être utilisées pour définir la fonction de l'hydroxyle d'un composé donné. L'entrée dans le phénol de radicaux négatifs (AzO^2 par exemple), ce qui le transforme en un véritable acide, est accompagnée d'une élévation de la chaleur de neutralisation (*Berthelot*).

Chaleur de combustion et chaleur de formation.

La comparaison des chaleurs de combustion rapportées à une molécule de substance permet de déduire certaines règles : on constate, par exemple, que la chaleur moléculaire de combustion s'élève, dans la plupart des séries homologues, de 150.000 à 160 000 calories par chaque atome de carbone.

Les composés isomères de même nature chimique, comme l'acétate de méthyle et le formiate d'éthyle par exemple, présentent des chaleurs de combustion identiques ; ces valeurs sont différentes quand la constitution n'est pas la même, ainsi, la chaleur de combustion de l'alcool allylique est plus élevée que celle de l'acétone, celle du dipropargyle considérablement plus grande que celle du benzène. V. B. **24**. 650 ; B. s. c., **1891**, **2**, 33.

On calcule la chaleur de formation d'une substance au moyen de sa chaleur de combustion, cette nouvelle valeur paraît être en rapports étroits avec sa constitution chimique mais les lois qui régissent ces relations n'ont pas encore été clairement exprimées. V. *Thomsen*, Thermochemische Untersuchungen, Bd. 4, Leipzig et *Brühl*. J. pr. C. **35**. 181, 209.

Propriétés optiques.

I. Réfraction moléculaire.

La réfraction moléculaire d'un composé est définie par l'expression $\left(\frac{n^2-1}{n^2+2}\right)\frac{P}{d}$ (n étant l'indice de réfraction de ce composé, P son poids moléculaire, d sa densité). Cette valeur paraît être à peu près indépendante de la température, elle varie de quantités sensiblement égales pour des différences de constitution similaires, elle est presque identique chez les isomères de position comme les alcools propylique et isopropylique, et diffère pour les isomères de saturation comme l'acétone et l'alcool allylique. La réfraction moléculaire d'un composé est approximativement la somme des réfractions atomiques de ses éléments. Les éléments monovalents présentent des réfractions atomiques constantes tandis que les éléments polyvalents, comme le carbone et l'oxygène, possèdent des réfractions atomiques variant avec leur mode de liaison et s'élevant d'une quantité presque constante quand la liaison de ces éléments devient double ou triple La mesure de la réfraction moléculaire d'un composé permet donc de tirer des conséquences sur sa constitution ; on peut, par ce moyen, savoir, avec assez de certitude, s'il existe des doubles liaisons ou des liaisons annulaires dans un composé non saturé C^xH^{2y} et combien il en renferme de chaque espèce (*Brühl* Ann. **200**, 139 ; **203**, 1, 255, 363 ; **211**, 121, 371 ; **235**, 1 ; Z. phys. Chem. **1**, 307 ; 7, 1, 140 ; B. **24**, 1815 ; B. s. c., **1891**, **2**, 712).

Action des corps sur la lumière polarisée.

II. Polarisation rotatoire (1)

Un grand nombre de composés organiques dévient le plan de polarisation de la lumière, ils sont *optiquement actifs* ; quelques substances particulières, le benzyle, $C^{14}H^{10}O^2$, par exemple, ne sont actives qu'à l'état cristallin et sont

(1) V. *Pasteur*. Bull. Soc. Chim. **1860**. *Landolt*. « Das optische Drehungsvermögen organischer substanzen », Braunschweig, Vieweg).

inactives à l'état amorphe (fondues ou en dissolution), l'action qu'ils exercent n'est donc due qu'à leur structure cristalline ; un composé, le sulfate de strychnine, est actif sous les deux formes, mais, en général, les substances organiques ne sont actives qu'à l'état amorphe, c'est-à-dire liquides ou en dissolution (sucre de canne, acide tartrique, etc.). L'essence de térébenthine et le camphre conservent leur activité à l'état gazeux, elle est donc bien due chez eux, comme chez les liquides, non pas à l'état physique de la molécule, mais bien à l'arrangement des atomes.

La déviation du plan de polarisation est proportionnelle : 1° à la longueur l de la couche traversée ; 2° à la richesse en o/o p de la solution considérée. En ramenant l'angle observé α à une longueur traversée de 1 décimètre pour une concentration de 1 gramme de substance active dans 1 cc. de solution c'est-à-dire dans $1 \times d$ grammes de cette solution, d étant sa densité, on obtiendra le *pouvoir rotatoire spécifique* de la substance :

$$[\alpha] = \frac{100\,\alpha}{l.p.d.}$$; l étant exprimé en décimètres.

La rotation définie par cet angle peut se produire soit à droite (+) soit à gauche (—).

Ce pouvoir rotatoire spécifique, évalué dans un même solvant, est constant et caractéristique pour une substance dissoute dans une concentration et à une température données, il diminue en règle générale avec la température et augmente avec la dilution, il dépend en outre de la nature du dissolvant, etc.

Ainsi l'asparagine et l'acide aspartique qui dévient à gauche en solution alcaline dévient à droite en solution acide, l'acide tartrique droit présente une déviation droite de moins en moins forte à mesure que la concentration de la solution augmente, à 100 o/o c'est-à-dire à l'état fondu, il dévie à gauche.

Par une élimination de l'influence du solvant au moyen d'un calcul approprié (*Landolt*), on obtient la rotation spécifique vraie qu'on donne généralement pour la lumière jaune du sodium (Raie D de *Fraunhofer*), on la désigne par le symbole $[\alpha]_D$.

Les phénomènes optiques sont souvent sujets à une complication du fait d'une augmentation ou d'une diminution incidente du pouvoir rotatoire (birotation ou plutôt multirotation). Voir glucose et lactose.

Un grand nombre de substances optiquement actives existent en différentes modifications, l'une d'elles *dévie à droite*, une deuxième *dévie à gauche* d'une quantité égale, une autre est *inactive* et constituée par des parties égales des deux modifications d'action contraire, cette dernière, la forme « racémique » peut d'ailleurs être scindée en ses deux composants ; certains composés actifs comme l'acide tartrique existent encore sous une quatrième forme insécable. La préparation synthétique des substances optiquement actives conduit généralement à la forme racémique (Exceptions. A. **270**, 69 ; B.

29, 133; B. s. c., **1896**, **2**, 817), la scission de cette modification en ses deux composants a été souvent réalisée.

On peut fréquemment scinder les acides racémiques en se basant sur les différences de solubilité présentées par les sels que forment leurs composants avec des bases actives comme la strychnine et la cinchonine; les bases racémiques sont séparées au moyen des sels qu'elles forment avec les acides actifs (acide tartrique); parfois aussi, cette séparation peut être effectuée sur d'autres sels, ainsi, l'acide tartrique inactif peut être scindé en acide droit et en acide gauche par la cristallisation de son sel double de Na et de AzH^4 (*Pasteur* 1848). L'ensemencement du composé racémique avec certains champignons comme le penicillium glaucum ou les schizomycètes conduit souvent au but désiré; l'assimilation par ces microorganismes provoque la destruction exclusive ou prépondérante de l'un des composants ce qui permet d'isoler l'autre. Dans quelques cas aussi, la solution aqueuse de la modification racémique laisse cristalliser les deux composants actifs directement séparés (B. **28**, 3000; B. s. c., **1896**, **2**, 739).

Les modifications optiquement actives ne présentant aucune différence au point de vue chimique, chauffées avec de l'eau, de la pyridine ou de la quinoléine à 140-170°, se transforment habituellement l'une dans l'autre en donnant partiellement la modification inactive.

Le Bel et *Van't Hoff* ont démontré que l'activité optique d'un composé était due à la présence dans sa molécule d'un ou de plusieurs **atomes de carbone asymétriques**, c'est-à-dire d'atomes de carbone liés par leurs affinités à quatre atomes ou quatre groupes d'atomes différents. L'alcool amylique actif (I) contient un atome de carbone asymétrique, l'acide tartrique (II) en contient deux :

```
        CH³                      OH   OH
        |                        |    |
(I.) H—C—C²H⁵          (II.)  HC————CH
        |                        |    |
        CH²OH                    CO²H CO²H.
```

On a déjà montré p. 19 comment la présence d'atomes de carbone asymétriques expliquait l'existence de modifications douées de propriétés optiques différentes. Le sommet *A* du tétraèdre de la p. 19 étant celui occupé par l'atome d'hydrogène de (I.) si on attribue successivement les groupes CH^3, C^2H^5, CH^2OH aux sommets *B*. *C* et *D*, on concevra facilement que, si la succession de ces groupes dans le sens des aiguilles d'une montre provoque la déviation à droite, la succession d'ordre inverse doit être la cause d'une déviation à gauche égale en grandeur.

En fait, toutes les substances optiquement actives contiennent des atomes de carbone asymétriques (à moins qu'elles ne renferment des atomes d'azote asymétriques. B. **24**, R. 441. CR, **1891**, **1**, 724).

Mais, réciproquement, la présence d'atomes de carbone asymétriques dans un composé n'entraîne pas fatalement l'activité optique et cela pour deux raisons : 1° parce que cette activité peut dépendre de la nature des groupes *B*, *C*, *D* ; 2° parce que, en général, au cas où les molécules de ce composé seraient actives, il contiendrait une quantité égale de molécules déviant à droite et de molécules déviant à gauche dont les actions réciproques se détruiraient. Sur l'explication de l'activité optique V. B. **24**, 101 ; B. s. c. **1891**, **1**, 946. Voir en outre : acide tartrique et hydrates de carbone.

PARTIE SPÉCIALE.

I. DÉRIVÉS DU MÉTHANE.

I. — Hydrocarbures.

A. Hydrocarbures saturés ou carbures limites C^nH^{2n+2}.

Tableau d'ensemble :

		P. F.	P. E.			P. F.	P. E.
CH^4	Méthane.	— 186°	— 164°	$C^{16}H^{34}$	Hexadécane . . .	+ 18°	288°
C^2H^6	Ethane		— 93°	$C^{17}H^{36}$	Heptadécane. . .	+ 23°	303°
C^3H^8	Propane		— 45°	$C^{18}H^{38}$	Octadécane . . .	+ 28°	317°
	Butanes :			$C^{19}H^{40}$	Nonadécane . . .	+ 32°	330°
C^4H^{10}	1. Butane normal.		+ 1°	$C^{20}H^{42}$	Eicosane.	+ 37°	* 205° (2)
	2. Isobutane. . .		— 17°	$C^{21}H^{44}$	Heneicosane. . .	+ 40°	* 215°
	Pentanes :			$C^{22}H^{46}$	Docosane	+ 44°	* 225°
	1. Pentane normal		+ 38°	$C^{23}H^{48}$	Tricosane	+ 48°	* 234°
C^5H^{12}	2. Isopentane . .		+ 30°	$C^{24}H^{50}$	Tétracosane . . .	51°	* 243°
	3. Pentane tertiaire. . . .	— 20°	+ 9°	—	—	—	—
C^6H^{14}	Hexane (1). . . .		69°	$C^{27}H^{56}$	Heptacosane. . .	60°	270
C^7H^{16}	Heptane		98°	—	—	—	—
C^8H^{18}	Octane.		124°	$C^{31}H^{64}$	Hentriacontane .	68°	* 302°
C^9H^{20}	Nonane	— 51°	150°	$C^{32}H^{66}$	Dicetyle.	70°	* 310°
$C^{10}H^{22}$	Décane.	— 32°	173°	—	—	—	—
$C^{11}H^{24}$	Undécane	— 26°	195°	$C^{35}H^{72}$	Pentatriacontane.	75°	* 331°
$C^{12}H^{26}$	Dodécane	— 12°	214°	—	—	—	—
$C^{13}H^{28}$	Tridécane	— 6°	234°				
$C^{14}H^{30}$	Tédradécane. . .	+ 5°	253°				
$C^{15}H^{32}$	Pentadécane. . .	+ 10°	271°	$C^{60}H^{122}$	Hexacontane. . .	101°	—

(1) A partir de l'hexane, tous les chiffres se rapportent à des carbures normaux.
(2) Le signe * indique le point d'ébullition sous une pression de 15 mm.

Les quatre premiers termes de cette série sont des gaz ; ils sont d'autant plus facilement liquéfiables qu'ils renferment plus d'atomes de carbone. Les termes qui suivent sont liquides à la température ordinaire ; leur point d'ébullition s'élève en même temps que le nombre d'atomes de carbone. Les homologues supérieurs, à partir de $C^{16}H^{34}$, sont solides à la température ordinaire ; les plus élevés ne bouillent sans se décomposer que sous pression réduite et à haute température ; leur point de fusion s'élève peu à peu, d'un terme au suivant, jusqu'aux environs de 100°. Les homologues du méthane sont très peu solubles ou presque entièrement insolubles dans l'eau ; les carbures gazeux sont un peu solubles dans l'alcool, les carbures liquides y sont facilement solubles et les carbures solides se dissolvent de plus en plus difficilement, dans le même solvant, à mesure qu'on s'élève dans la série.

Leur densité, à la température de fusion, s'élève avec le nombre croissant d'atomes de carbone et varie de 0,4 à 0,78. Ce dernier chiffre maximum est déjà presque atteint par le carbure $C^{11}H^{24}$, de sorte que pour les termes les plus élevés nous pouvons formuler la loi suivante : les volumes moléculaires sont proportionnels aux poids moléculaires (*Krafft*) (V. p. 27).

Les carbures de cette classe ne peuvent fixer en aucun cas ni des halogènes ni de l'hydrogène (V. p. 23) ; ils ne sont absorbés ni par le brome ni par l'acide sulfurique ; aussi les désigne-t-on sous le nom de *carbures saturés* ou *carbures limites*. L'acide nitrique n'agit que très peu ou même pas du tout sur eux ; ainsi, le méthane n'est pas attaqué, même à 150°, par un mélange d'acide sulfurique et d'acide nitrique fumant. Ils résistent également à l'action, à froid, de l'acide chromique ou du permanganate de potasse ; une oxydation éventuelle conduit le plus souvent, directement à l'acide carbonique. Le nom de *paraffines* (de parum affinis) primitivement appliqué exclusivement aux carbures solides a été étendu à toute la série homologue.

Les halogènes (chlore, brome) agissant sur les paraffines donnent des produits de substitution ; l'hydrogène remplacé se combine à une quantité d'halogène égale à celle qui se substitue à lui-même ; la substitution est donc accompagnée de production d'un acide halogène (V. produits de substitution des carbures).

$$CH^3 \vert H + \vert Cl \vert\ Cl = CH^3Cl + HCl$$

En même temps que le nombre d'atomes de carbone augmente dans ces carbures, leur composition centésimale se rapproche de celle des carbures $C^nH^{2n} = CH^2$ qui est une limite ainsi que le montre le tableau suivant :

°/₀ en	CH^4	C^2H^6	C^3H^8	C^6H^{14}	$C^{16}H^{34}$	$C^{22}H^{46}$	$C^{24}H^{50}$	$C^{35}H^{72}$	Valeur limite C^nH^{2n}
C	75,00	80,00	81,82	83,72	84,60	85,16	85,21	85,36	85,71
H	25,00	20,00	18,18	16,28	15,40	14,84	14,79	14,64	14,29

On voit qu'il n'est pas possible de distinguer par l'analyse élémentaire deux membres supérieurs voisins (par exemple C^{22} et C^{24}) ; leur préparation au moyen de composés dont le nombre d'atomes de carbone est connu et leur point de fusion permettent seuls de décider de leur formule.

Isoméries. On ne connaît qu'un représentant pour chacune des formules CH^4,C^2H^6,C^3H^8 ; on en connaît deux pour la formule C^4H^{10}, trois pour C^5H^{12} ; il y en a déjà cinq pour C^6H^{14} et presque tous les carbures supérieurs existent sous différentes formes isomériques. On en conclut que dans ces divers isomères les atomes de carbone sont liés de différentes façons. Dans les uns, ces atomes sont liés les uns aux autres, *sans ramifications, sur une seule rangée,* comme les anneaux d'une chaîne (1) ; dans les autres, ils sont unis en formant une *chaîne ramifiée,* par exemple :

C—C—C—C—C, ou (C)(C)>C<(C)(C) ou C—C—C<(C)(C),

Ceux dont la chaîne n'est pas ramifiée sont appelés *carbures normaux,* les autres sont dénommés *isocarbures* (V. p. 41). Les principes de la fixation de ces formules de constitution seront exposés à propos du butane et du pentane.

Les carbures homologues ne sont comparables que lorsque leurs constitutions sont semblables, il en est ainsi, en particulier, pour les carbures normaux.

Etats naturels. Les hydrocarbures de la série des paraffines sont abondamment répandus dans la nature. Ainsi, le méthane se trouve dans certains produits gazeux qui se dégagent du sol, il forme la presque totalité des gaz qui accompagnent le pétrole, il constitue le grisou et le gaz des marais.

Les homologues les plus voisins existent en dissolution dans le pétrole en même temps qu'une quantité abondante de carbures plus élevés ; on trouve encore des carbures à l'état solide, l'ozokérite (cire minérale) par exemple. La distillation fractionnée permet d'isoler du pétrole un grand nombre de carbures saturés. L'heptane et l'hexadécane se trouvent dans le règne végétal.

Modes de formation. A. *La distillation du lignite,* du bog-head, du cannel-coal, du bois, des schistes bitumineux et aussi de la houille (mais en moindre quantité) fournit les carbures solides, liquides et gazeux de cette série. L'attaque du carbure de fer par les acides produit également des paraffines. On en obtient encore en chauffant le bois, la houille, le charbon de bois (mais non le graphite) avec de l'acide iodhydrique.

La destruction de certains corps gras (huile de baleine) par la chaleur, sous pression fournit un mélange de paraffines de composition très analogue à celle du pétrole (*C Engler* B. **21**, 1816 ; **26**, 1449) ; Bull. soc. chim. **1889**, **1**, 74 ; **1893**, **2**, 1200.

(1) Ils ne sont pas nécessairement en ligne droite dans l'espace (V. p. 17).

B. Au moyen de substances contenant un même nombre d'atomes de carbone.

1. Les composés halogènés C^nH^{2n+1} X (1) et, en général, les produits de substitution des carbures peuvent échanger leur halogène contre l'hydrogène (substitution rétrograde). On réalise cet échange à l'aide de l'amalgame de sodium, du sodium et de l'alcool absolu, du zinc et de l'acide chlorhydrique, du zinc et de l'eau à 160° (*Frankland*), ou encore en chauffant le composé halogèné avec de l'acide iodhydrique fumant (réducteur énergique surtout en présence de phosphore rouge), etc. :

$$C^2H^5 \mid I + \mid H \mid H = C^2H^6 + IH$$

$$CH^3 \mid I + \mid H \mid OH + Zn = CH^4 + Zn(OH)I \text{ (Iodure basique de zinc)}$$

$$C^2H^5 \mid I + \mid H \mid I = C^2H^6 + I^2.$$

Le chlorure d'aluminium à chaud et sous pression agit d'une manière analogue.

2. Au moyen des *alcools* monovalents C^nH^{2n+1} OH : a) on transforme ces alcools en dérivés halogènés (au moyen d'un hydracide, par exemple) et de ceux-ci (v. ci-dessus) on passe aux paraffines.

Krafft a préparé les paraffines normales supérieures au moyen des alcoylhalogènes : en perdant les éléments qui constituent un acide halogèné, les alcoylhalogènes se transforment en carbures C^nH^{2n} et ceux ci, chauffés avec l'acide iodhydrique, produisent des paraffines (v. 5) B. **16**, 1714. Bull. soc. chim. **1884**, **2**, 23.

b) En chauffant les alcools directement avec de l'acide iodhydrique.

$$C^2H^5.OH + 2HI = C^2H^5I + H^2O + HI = C^2H^6 + H^2O + I^2$$

Les alcools polyvalents (la *glycérine* par exemple) fournissent également des paraffines, sous l'action de l'acide iodhydrique à haute température.

3. Les composés oxygénés (*aldéhydes, cétones, acides*) chauffés à haute température (280°) avec une solution aqueuse d'acide iodhydrique saturée à 0°, en présence de phosphore amorphe, fournissent des paraffines. On transforme souvent, au préalable, ces composés oxygénés en composés chlorés au moyen du pentachlorure de phosphore.

4. En décomposant par l'eau les composés *zinco-alcooliques*. Le zincéthyle par exemple donne de l'éthane (*Frankland*).

$$Zn\begin{cases} C^2H^5 \mid HO \mid H \\ C^2H^5 \mid +HO \mid H \end{cases} = Zn(OH)^2 + 2C^2H^6.$$

5. Par addition d'hydrogène aux *hydrocarbures moins riches en hydrogène* (carbures incomplets). L'éthane se forme par exemple par addition

(1) V. p. 57 et suivantes.

d'hydrogène à l'éthylène ou à l'acétylène en présence de noir de platine ou en chauffant le mélange des gaz vers 400—500°. On arrive au même but en chauffant ces carbures incomplets avec HI (v. plus haut 2 b) ou en leur fixant un halogène ou un acide halogéné puis en remplaçant l'halogène par de l'hydrogène :

$$C^2H^4+H^2 = C^2H^6 ; C^5H^{10}+2HI = C^5H^{12}+I^2 ; \text{ou}$$
$$C^2H^4+HBr = C^2H^5Br ; C^2H^5Br+2H = C^2H^6+HBr.$$

C. *Au moyen d'acides plus riches en carbone* par élimination d'acide carbonique. L'acide acétique, par exemple, chauffé avec de la chaux sodée donne du méthane :

$$CH^3 \; CO^2Na + H \; ONa = CH^4+CO^3Na^2.$$

Pour les acides de poids moléculaire élevé on réalise l'élimination de l'acide carbonique au moyen de l'alcoolate de sodium, à chaud.

D. Par l'union de deux radicaux moins riches en carbone.

1. On fait agir le sodium sur un *iodure alcoolique* (alcoylhalogène) en solution éthérée (*Wurtz*, V. p. 14) ou bien on chauffe cet iodure avec du zinc en tube scellé (*Frankland*) :

$$\begin{matrix} CH^3I & & Na & & & CH^3 \\ & + & & = & 2\,NaI+ & | \\ CH^3I & & Na & & & CH^3 \end{matrix} .$$

Cette méthode permet la réunion de deux radicaux alcooliques différents. Avec C^2H^5I et C^4H^9I on obtient $C^2H^5C^4H^9 = C^6H^{14}$ l'éthylbutyle (*Wurtz* « radicaux mixtes »).

2. On fait agir les alcoylhalogènes sur les composés zinco-alcooliques :

$$\begin{matrix} CH^3I & & & CH^3 & & & CH^3-CH^3 \\ & + & Zn & & = & ZnI^2+ & \\ CH^3I & & & CH^3 & & & CH^3-CH^3 \end{matrix} .$$

Ici encore deux radicaux différents peuvent être réunis.

3. L'électrolyse de l'acide acétique donne de l'éthane (*Kolbe* 1848) :

$$\begin{matrix} CH^3 & CO^2 & H & & CH^3 \\ & & & = & | & +2CO^2+H^2. \\ CH^3 & CO^2 & H & & CH^3 \end{matrix}$$

L'hydrogène se porte au pôle négatif, le carbure et l'acide carbonique au pôle positif.

Méthane, CH^4 (*Volta*, 1778). *Etats naturels.* Le méthane sort de la terre en certaines localités : sur les bords de la mer Caspienne à Bakou (feux sacrés de Bakou), dans la presqu'île d'Apschéron (où on l'utilise pour le chauffage dans le village de Balachana), dans l'Amérique du Nord (à Pittsburg, importantes sources de méthane presque pur) ; en Italie ; à Glascow ; à Bulganak (Crimée); dans les produits gazeux des volcans de boue (*Bunsen*), etc... On le trouve encore dans les mines (grisou) où il occasionne de violentes explosions et aussi comme gaz des marais (méthane, CO^2 et Az). Ce dernier résulte de la putréfaction des matières organiques dans l'eau et principalement de la fermentation de la cellulose sous l'influence de schizomycètes.

Le méthane existe également emprisonné dans les masses cristallines de sel gemme (sel crépitant de Wieliczka), dans les gaz intestinaux de l'homme où une alimentation légumineuse peut lui faire atteindre la proportion de 57 o/o.

Le gaz d'éclairage obtenu par la distillation sèche de la houille contient environ 40 o/o de méthane.

Modes de formation. 1. Le méthane s'obtient indirectement par l'union du carbone et de l'hydrogène sous l'influence de l'arc électrique : il se forme d'abord de l'acétylène qui se transforme en éthane et ce dernier sous l'action de la chaleur rouge produit du méthane :

$$C^2H^2+4H = C^2H^6 ; C^2H^6 = CH^4+C+H^2 \text{ (\textit{Berthelot})}.$$

2. Au moyen de l'oxyde de carbone et de l'hydrogène sous l'influence de l'électricité :

$$CO+6H = CH^4+H^2O$$

3. En faisant passer un mélange d'hydrogène sulfuré et de sulfure de carbone sur du cuivre chauffé au rouge ($8Cu+2H^2S+CS^2 = CH^4+4Cu^2S$) ou en chauffant un mélange de sulfure de carbone et d'iodure de phosphonium.

4. *Préparation* au moyen de l'*acide acétique* (*Bunsen*). On chauffe l'acétate de soude avec la baryte, de préférence à la chaux sodée (V. plus haut mode de formation C). Dans cette réaction il se forme aussi un peu d'éthylène et d'hydrogène (jusqu'à 8 o/o). L'acide acétique peut aussi donner du méthane par fermentation (B. **21**. Ref. 62).

5. On obtient le méthane chimiquement pur en décomposant le zinc-méthyle par l'eau, ou en réduisant (V. mode de formation, B. 1.) l'iodure de méthyle CH^3I en solution alcoolique par le zinc en présence de cuivre précipité (couple zinc-cuivre, Gladstone-Tribe) (1) et encore au moyen du chloroforme $CHCl^3$ ou du tétrachlorure de carbone CCl^4 par substitution rétrograde.

Propriétés. Gaz. Densité 0.559 ($= \frac{16}{28.87}$ V. p. 8), liquéfiable à — 82° sous une pression de 55 atmosphères, P. E. — 164°; se solidifie à — 186°. Coefficient de solubilité, pour l'eau 0,05, pour l'alcool 0,5. Il brûle avec une flamme pâle peu éclairante ; l'étincelle électrique le décompose en carbone et hydrogène. Si on le fait passer dans un tube fortement chauffé, il se

(1) Ce couple est formé par du zinc recouvert de cuivre précipité, par voie humide (sulfate de cuivre), il agit beaucoup plus énergiquement que le zinc seul (B. **17**, Ref. 520, Bull. soc. chim. **1885**, **1**, 330).

décompose en grande partie, en ses éléments ; en outre il se produit C^2H^6, C^2H^4,C^2H^2, et en petite quantité de la benzine C^6H^6, de la naphtaline $C^{10}H^8$ et d'autres substances. Les premiers carbures de la série se comportent de la même façon.

Ethane, C^2H^6. *Etat naturel.* Il existe dans le pétrole brut. Il forme les sources de gaz Delamater de Pittsburg (Amérique du Nord) et y est employé pour des besoins industriels.

Préparation. Par électrolyse de l'acide acétique (*Kolbe*, 1848) ; fut d'abord nommé méthyle ; *Frankland* qui l'obtint au moyen de l'iodure d'éthyle, de l'alcool et de la poudre de zinc ou du zinc-éthyle, le nomma hydrure d'éthyle. *Schorlemmer* établit en 1863 l'identité du méthyle de *Kolbe* et de l'hydrure d'éthyle de *Frankland* en montrant que l'action du chlore sur les deux composés produit le même chlorure d'éthyle C^2H^5Cl.

Propriétés. Gaz liquéfiable à 4° sous une pression de 46 atmosphères ; est un peu plus soluble dans l'eau et l'alcool que le méthane ; brûle avec une flamme peu éclairante.

Propane. C^3H^8. *Etat naturel.* Il existe dans le pétrole brut. *Préparation* : en faisant agir l'acide iodhydrique sur l'acétone ou la glycérine (*Berthelot*) :

$$\underset{\text{Acétone}}{C^3H^6O}+4H = C^3H^8+H^2O \; ; \qquad \underset{\text{Glycérine}}{C^3H^8O^3}+6H = C^3H^8+3H^2O$$

ou en traitant l'iodure d'isopropyle par le zinc et l'acide chlorhydrique.

Propriétés : gaz. P. E. — 38° ; analogue à l'éthane.

Butanes, C^4H^{10}. Il existe *deux butanes isomères* : le butane normal : densité = 0,60 à 0°, liquéfiable à + 1° et l'isobutane liquéfiable à — 17°.

Le **butane normal** est contenu aussi dans le pétrole ; il s'obtient par l'action de l'amalgame de sodium ou du zinc sur l'iodure d'éthyle C^2H^5I (*Frankland*, 1849) :

$$CH^3.CH^2I+2Na+ICH^2.CH^3 = 2NaI+CH^3.CH^2.CH^2.CH^3.$$

L'isobutane s'obtient au moyen de l'iodure d'isobutyle C^4H^9I (*Wurtz*) d'après le mode de formation indiqué plus haut (B. 1) et au moyen de l'iodure de butyle tertiaire par l'action de l'eau et du zinc à la température ordinaire (*Butlerow*).

Isomérie, nomenclature, constitution.

Le mode de formation du butane normal, au moyen de l'iodure d'éthyle et du sodium montre qu'il est formé par l'union de deux groupes éthyle $H^3C—CH^2$ et qu'il possède par suite la constitution :

$$CH^3.CH^2.CH^2.CH^3,$$

c'est-à-dire que ses atomes de carbone sont unis comme les anneaux d'une chaîne continue, sans ramifications. Son *isomérie* avec l'*isobutane* s'explique en admettant que, dans ce dernier, les atomes de carbone sont unis en formant, non pas une chaîne continue, mais une chaîne « arborescente » suivant la forme :

$$\begin{array}{l} CH^3 \\ | \\ CH - CH^3 = CH(CH^3)^3, \\ | \\ CH^3 \end{array}$$

qui correspond à la dénomination de triméthylméthane. La démonstration repose sur l'établissement de la constitution de l'iodure de butyle tertiaire (V. celui-ci et p. 43). Ces deux butanes sont les seuls carbures de formule C^4H^{10} théoriquement possibles.

Les *carbures à chaîne continue, non ramifiée,* sont dits carbures **normaux** (p. 37) ; on les désigne brièvement sous le nom de carbures « — n. ».

Tous les carbures qui suivent le butane peuvent théoriquement exister sous diverses modifications isomériques. Ainsi, l'expérience a confirmé l'existence des trois pentanes exigés par la théorie. La théorie prévoit l'existence de cinq carbures à six atomes de carbone et cinq sont en effet connus ; sur les neuf heptanes possibles, cinq ont été caractérisés, etc.

Le nombre des isomères théoriquement possibles s'élève très vite en même temps que le nombre d'atomes de carbone, de telle sorte que, suivant *Cayley*, 802 isomères répondraient à la formule $C^{13}H^{28}$.

Parmi tous ces isomères, il ne peut y avoir qu'un seul *carbure normal,* carbure dans lequel les deux carbones extrêmes sont liés chacun à trois atomes d'hydrogène et chacun des atomes de carbone intermédiaires à deux atomes d'hydrogène seulement, comme l'indique la formule :

$$CH^3.(CH^2)^n.CH^3.$$

Une nomenclature commode des paraffines compliquées consiste à les *ramener au méthane* en considérant l'atome de carbone auquel les ramifications de la chaîne sont attachées comme étant celui d'un méthane CH^4 dont les atomes d'hydrogène ont été remplacés, tout ou partie, par des restes de carbures ; par exemple :

$$CH \begin{cases} CH^3 \\ CH^3 \\ C^2H^5 \end{cases} \text{ est le diméthyl-éthyl-méthane.}$$

Souvent aussi, on se base sur les noms de restes très connus de carbures inférieurs (alcoyles). Ainsi, le groupe $(CH^3)^2CH$ — étant connu sous le nom d'isopropyle (V. alcool isopropylique), on appellera :

$$\begin{matrix} CH^3 \searrow \\ CH^3 \nearrow \end{matrix} CH—CH^2—CH^3, \quad \text{éthyl-isopropyle.}$$

$$\text{et} \quad \begin{matrix} CH^3 \searrow \\ CH^3 \nearrow \end{matrix} CH—CH \begin{matrix} \nearrow CH^3, \\ \searrow CH^3 \end{matrix} \quad \text{diisopropyle.}$$

Les noms des carbures normaux usités jusqu'ici seront conservés comme noms officiels (*N. O*) ; les hydrocarbures à chaîne arborescente seront regardés comme des carbures normaux et on rapportera leur nom à la chaîne normale la plus longue que l'on puisse établir dans leur formule en y ajoutant la désignation des chaînes latérales. La position des chaînes latérales sera déterminée par des chiffres indiquant celui des atomes de carbone de la chaîne principale auquel elles sont attachées. Le numérotage partira de l'extrémité la plus voisine de la chaîne latérale. Le chiffre sera placé après le nom du substituant. Le triméthylméthane s'appellera donc méthylpropane ; le diméthyléthylméthane, méthyle 2-butane ; le triéthylméthane, éthyle-3-pentane.

Schorlemmer range les paraffines en quatre *classes* :

1. Les *paraffines normales*.
2. Les *isoparaffines* qui ne possèdent qu'une branche latérale.
3. Les *mésoparaffines* qui en possèdent plusieurs.
4. Les *néoparaffines* qui contiennent un atome de carbone lié à quatre autres atomes de carbone.

Les points d'ébullition des carbures normaux sont toujours plus hauts que ceux des isomères, et, en effet, l'addition de chaînes latérales, c'est-à-dire l'accumulation dans la molécule de groupes méthyle, abaisse toujours le point d'ébullition.

La *constitution* des paraffines supérieures se déduit le plus souvent de leur préparation synthétique (butane-n. hexane-n. etc.) ou de leurs rapports chimiques avec des dérivés oxygénés dont la constitution est connue et plus spécialement de leurs relations avec les acides et les cétones.

Ainsi l'acétone $CH^3.CO.CH^3$ (dont la constitution est démontrée) traitée par le perchlorure de phosphore donne le corps $CH^3.CCl^2.CH^3$ (chlorure d'acétone), et celui-ci traité par le zinc-méthyle fournit un carbure (un pentane) qui aura la constitution $(CH^3)^4C$:

$$\begin{matrix} CH^3 \searrow \\ CH^3 \nearrow \end{matrix} C \begin{matrix} \nearrow Cl \\ \searrow Cl \end{matrix} + Zn \begin{matrix} \nearrow CH^3 \\ \searrow CH^3 \end{matrix} = ZnCl^2 + \begin{matrix} CH^3 \searrow \\ CH^3 \nearrow \end{matrix} C \begin{matrix} \nearrow CH^3 \\ \searrow CH^3 \end{matrix} .$$

Le même carbure, le tétraméthylméthane se formant aussi au moyen de l'iodure de butyle tertiaire (*Lwow*) et du zinc-méthyle, il en résulte pour cet iodure la constitution $(CH^3)^3C.I.$

$$\begin{matrix} CH^3 \\ CH^3 \\ CH^3 \end{matrix} \rangle CI + znCH^3 = \begin{matrix} CH^3 \\ CH^3 \\ CH^3 \end{matrix} \rangle C.CH^3 + znI. \text{ (1)}$$

(1) zn $= {}^1/_2$ Zn.

Cette constitution de l'iodure de butyle tertiaire se déduit également de celle de l'alcool butylique tertiaire (V. celui-ci).

En outre, l'iodure de butyle tertiaire se transformant sous l'action de l'hydrogène naissant en isobutane, il s'ensuit que la constitution de ce dernier est, sans aucun doute, $(CH^3)^3CH$.

Pentanes. La théorie fait prévoir trois pentanes isomères qui existent effectivement :

1). Le **pentane normal**, $CH^3.CH^2.CH^2.CH^2.CH^3$;

2). L'**isopentane** (méthyle-2-butane) $(CH^3)^2:CH.CH^2.CH^3$ ou éthylisopropyle, obtenu à l'aide de l'iodure d'isoamyle ;

3). Le **tétraméthylméthane** (diméthyle-2-propane) $C(CH^3)^4$.

Les deux premiers sont contenus dans le pétrole

Les parties du pétrole distillant un peu au-dessus de 0° sont employées comme anesthésiques et pour la fabrication de la glace, sous le nom de *rhigolène* ou de *cymogène*.

L'isopentane s'obtient au moyen de l'iodure d'amyle d'après le mode de formation B. 1 ; le tétraméthylméthane au moyen du chlorure d'acétone ou de l'iodure de butyle tertiaire (V. ci-dessus).

Hexanes, C^6H^{14}. Les cinq hexanes connus bouillent entre 69 et 46°.

L'hexane normal peut être obtenu au moyen de la mannite $C^6H^{14}O^6$, ou au moyen de l'aniline C^6H^7Az par l'action de l'acide iodhydrique. Sa constitution résulte de sa formation par l'action du sodium sur l'iodure de propyle normal $CH^3.CH^2.CH^2I$. ; dans cette réaction les deux groupes propyle, mis en liberté, s'unissent pour former la chaîne continue $CH^3.CH^2.CH^2.CH^2.CH^2.CH^3$.

L'heptane—n. C^7H^{16}, P.E. 98°, se trouve dans l'huile essentielle du Pinus sabiniana (noix de pin de Californie). Il sent fortement l'orange et provoque l'insensibilité quand on le respire.

Les deux premiers pentanes cités, l'hexane-n., un de ses isomères et aussi l'heptane-n. sont contenus dans le pétrole et spécialement dans le distillatum appelé « gazoline » employé comme solvant.

L'octane—n (1), le **nonane—n**, le **décane—n** et quelques isomères ont été retirés du pétrole et des produits de distillation du cannel-coal et du boghead (*Cahours*, *Pelouze*, *Warren*, *Schorlemmer*).

On a encore obtenu, en fait, un grand nombre de carbures plus élevés; cependant, il est très probable qu'ils ne représentent pas des individualités chimiques définies mais qu'ils sont plutôt des mélanges inextri-

(1) L'éther de pétrole et la *ligroïne* du commerce sont principalement formés des carbures C^6H^{14}, C^7H^{16}, C^8H^{18}.

cables d'homologues et d'isomères très voisins, ainsi que le montre la comparaison avec les carbures normaux préparés artificiellement (V. plus bas).

Les carbures **normaux**, depuis $C^{11}H^{24}$ jusqu'à $C^{35}H^{72}$ cités dans la table, p. 35, ont été préparés par *F. Krafft* au moyen des acides en C^{12},C^{14},C^{16},C^{18} de la série acétique $C^nH^{2n}O^2$ (V. ceux-ci) dont la constitution normale (chaîne continue) est prouvée, et au moyen des cétones $C^nH^{2n}O$ obtenues par la distillation sèche des sels barytiques de ces acides, en présence ou non, d'acétate ou d'heptylate de chaux. Ces carbures possèdent donc, par suite de leur mode de formation, une constitution normale. *Krafft* a en outre isolé les carbures normaux depuis C^{17} jusqu'à C^{23}, puis $C^{24}H^{50}$, $C^{26}H^{54}$, et $C^{28}H^{58}$, en distillant), dans le vide, les paraffines de lignite.

A partir de $C^{16}H^{34}$ (P.F. 18°), ces carbures sont solides à la température ordinaire. Distillés à la pression atmosphérique ils se scindent en carbures C^nH^{2n+2} et C^nH^{2n} (1) renfermant moins d'atomes de carbone. Par contre, on peut les distiller sans décomposition dans le vide, car, par ce moyen, le point d'ébullition est souvent abaissé de plus de 100° (V. le tableau).

L'hexacontane $C^{60}H^{122}$ a été obtenu suivant la méthode D. 1. p. 39 par l'action du sodium sur l'iodure de myricyle (obtenu au moyen de l'alcool myricique). Il est intéressant à cause de la longueur peu commune de la chaîne d'atomes qu'il contient et par son mode de formation qui montre l'extension que peuvent recevoir les méthodes synthétiques.

Le **pétrole** (*huile minérale*) se forme dans la décomposition des organismes animaux ou végétaux (B. **21**, 1816; **28**, 250) (Bull. soc. chim. **1889**, **1**, 74).

On le trouve : en Amérique, entre Pittsbourg et le lac Erié (Pensylvanie) ; au Canada entre le lac Erié et la baie d'Hudson, etc ; en Allemagne : au Hanovre, en Holstein, en Alsace : en Galicie : à Boryslaw (près de Drohobycz) ; en Crimée, dans le Caucase, etc.

La densité des huiles pensylvaniennes purifiées par distillation et par lavages à la soude et à l'acide sulfurique varie de 0,79 à 0,81, le point d'ébullition de 200 à 300°. L'huile canadienne a un poids spécifique plus élevé et contient des produits doués d'une odeur désagréable. La valeur industrielle du pétrole date de 1848.

Il faut bien remarquer que tous les pétroles n'offrent pas une composition semblable ; en effet, tandis que le pétrole américain contient presque exclusivement des paraffines, les huiles d'autres origines (surtout celles du Caucase et de Galicie) sont d'après des recherches récentes, composées principalement d'autres carbures, les « *naphtènes* » (C^nH^{2n}, V. p. 47) (J. pr. ch. **43**, 561. *Schutzenberger* CR. t. **XCI**, p. 813).

Les pétroles bruts contiennent en outre des substances sulfurées qui leur communiquent une odeur désagréable (B. **22**, 3303) et des acides organiques (B. **23**, 867, Bull. soc. chim. **1891**, **1**, 965, etc.).

(1) Ils subissent une décomposition semblable en présence de bromure d'aluminium + HBr. Ainsi, C^6H^{14} donne C^4H^8 et C^2H^5Br. Le chlorure d'aluminium + IH provoque également une scission, mais il ne se forme que des paraffines à côté de combinaisons contenant de l'aluminium.

La distillation des huiles de pétrole brutes américaines donne : la gazoline (V. plus haut) ; la benzine ou naphte (employée comme solvant, comme combustible, pour la fabrication d'un gaz d'éclairage, pour augmenter le pouvoir éclairant du gaz à l'eau) ; le cérosène (huile lampante) ; l'huile légère de paraffine ; l'huile de paraffine (graisse minérale) ; des produits cireux et enfin le coke comme résidu.

La **paraffine** (*Reichenbach*, en 1830, l'extrait du goudron de bois) est obtenue par la distillation du lignite ou de la tourbe ou par la congélation des huiles de paraffine (V. ci-dessus). C'est un mélange d'un grand nombre de carbures ; elle renferme environ 40 o/o des composés $C^{22}H^{46}$, $C^{24}H^{50}$, $C^{26}H^{54}$, et $C^{28}H^{58}$.

La **paraffine liquide** (*Eupione* de *Reichenbach*) est un produit de point d'ébullition très élevé qu'on trouve aussi dans les produits de distillation du lignite.

La **vaseline** est un produit de consistance butyreuse obtenu par l'évaporation, à l'air, du pétrole blanc de Pensylvanie.

L'**ozokérite** est une paraffine naturelle qu'on trouve en Galicie (Boryslaw), près de la mer Caspienne (Tscheleken), près de Bakou. Elle est verte, brune ou rouge ; de consistance cireuse ; P.F. de 60 à 80°. On la trouve *blanchie*, dans le commerce, sous le nom de *céresine*. On en a extrait un carbure en C^{24} le « lékène ».

L'**asphalte** (poix minérale) (Indes, Trinité, Java, Cuba) se produit par la transformation d'huiles minérales à point d'ébullition élevé, sous l'action de l'oxygène de l'air, tout comme la paraffine chauffée très longtemps à l'air se transforme en corps bruns. L'asphalte est employée comme mastic, comme onguent ; on l'emploie également pour asphalter et aussi en photolithographie, etc...

B. Oléfines ou carbures de la série éthylénique.

C^nH^{2n}

Il y a *deux séries de carbures de formule* C^nH^{2n} ; ces carbures se distinguent des paraffines par deux atomes d'hydrogène en moins : l'une des séries est celle des oléfines dont le premier terme est l'éthylène C^2H^4, l'autre série comprend le *triméthylène*, le *tétraméthylène*, l' *hexaméthylène*, etc...

Les carbures de ces deux séries ont des propriétés tellement différentes qu'on ne peut leur attribuer la même constitution. Les oléfines donnent des produits d'addition avec une très grande facilité et se transforment aisément en paraffines ou en leurs dérivés. On en conclut que les oléfines contiennent, comme les paraffines, une chaîne ouverte d'atomes de carbone. Le triméthylène, l'examéthylène, etc., au contraire, ne possèdent que faiblement, ou même absolument pas, la faculté de se transformer en paraffines ou en leurs dérivés par fixation d'hydrogène ou d'halogènes. Leur molécule est très stable ; il sera démontré plus loin qu'elle n'est pas constituée par une chaîne ouverte mais bien par une chaîne fermée annulaire, par exemple :

$$\begin{array}{c} CH^2 \\ / \quad \backslash \\ CH^2 - CH^2 \end{array} \qquad\qquad H^2C \begin{array}{l} / CH^2 - CH^2 \backslash \\ \backslash CH^2 - CH^2 / \end{array} CH^2,$$

Triméthylène
N. o : cyclopropane

Hexaméthylène
N. o : cyclohexane

Dans ces carbures tous les atomes de carbone sont liés semblablement et par suite, il n'existe dans la chaîne ni premier ni dernier membre. Ces carbures sont plus ou moins analogues aux dérivés benzéniques et seront étudiés soit en même temps que ceux-ci, soit comme termes de transition entre la série grasse et la série aromatique. Les naphtènes mentionnés plus haut appartiennent aussi à la même classe.

Tableau d'ensemble des oléfines

		P. F.	P. E.			P. F.	P. E.
Ethylène. . . .	C^2H^4	-160^0	-103^0	Dodécylène. . .	$C^{12}H^{24}$	-31^0	* 91^0 (2)
Propylène . . .	C^3H^6		Gaz	Tridécylène. . .	$C^{13}H^{26}$		233^0
Butylènes (3) . α	C^4H^8		-5^0	Tétradécylène .	$C^{14}H^{28}$	-12^0	*127^0
β			$+1^0$	Pentadécylène .	$C^{15}H^{30}$		247^0
γ			-6^0	Hexadécylène. (Cétène)	$C^{16}H^{32}$	$+4^0$	274^0 *155^0
Amylènes (5). .	C^5H^{10} (1)		$+35^0$	Octadécylène. .	$C^{18}H^{36}$	$+18^0$	*179^0
Hexylène. . . .	C^7H^{12}		68^0	Eicosène	$C^{20}H^{40}$		
Heptylène . . .	C^7H^{14}		98^0	Cérotène	$C^{27}H^{54}$	$+58^0$	
Octylène. . . .	C^8H^{16}		124^0	Mélène.	$C^{30}H^{60}$	$+62^0$	
Nonylène . . .	C^9H^{18}		153^0				
Décylène. . . .	$C^{10}H^{20}$		172^0				
Undécylène . .	$C^{11}H^{22}$		195^0				

Il n'existe pas de *méthylène* ($CH^2 =$).

Les carbures de cette série, appelés aussi « alcoylènes », ont des propriétés physiques très voisines de celles des homologues du méthane. Depuis C^2H^4 jusqu'à C^4H^8 ils sont gazeux ; C^5H^{10} est facilement liquéfiable ; les termes supérieurs sont des liquides peu mobiles, de point d'ébullition élevé ; les derniers termes sont solides et ressemblent à la paraffine. Les points d'ébullition des carbures de même rang et de constitution comparable, dans les deux séries, sont très voisins ; les points de fusion des oléfines sont un peu inférieurs à ceux des paraffines ; par exemple $C^{16}H^{34}$, P.F. 21^0 ; P.E. * 157^0 et $C^{16}H^{32}$. P.F. $+ 4^0$; P.E. * 155^0 (1).

La plupart des oléfines sont facilement solubles dans l'alcool et dans l'éther et insolubles dans l'eau (les termes inférieurs y sont un peu solubles). Les densités prises à la température de fusion partent de 0,63 environ et croissent en même temps que la teneur en carbone pour arriver aux environs de 0,79 qui est une limite.

Au point de vue chimique les oléfines se distinguent essentiellement des paraffines :

a) Par des *réactions d'addition*. Elles fixent facilement l'hydrogène naissant, l'acide chlorhydrique, l'acide bromhydrique, l'acide iodhydrique,

(1) Comparez avec les notes de la page 35.

(2) * Signifie P.E. sous 15 mm. de pression.

le chlore, le brome, l'iode, l'acide sulfurique, l'acide hypochloreux, l'acide nitreux, etc... propriété qui leur a fait donner le nom de *carbures non saturés*. Il ne se fixe, au maximum, que deux atomes ou deux groupes monovalents et les produits obtenus sont, ou des carbures saturés, ou des dérivés de ceux-ci :

$$C^2H^4 + H^2 = C^2H^6$$
$$C^2H^4 + Cl^2 = C^2H^4Cl^2 \text{ chlorure d'éthylène.}$$
$$C^2H^4 + HI = C^2H^5I$$
$$C^5H^{10} + SO^4H^2 = C^5H^{11}(SO^4H) \text{ acide amylsulfurique.}$$

La fixation de l'hydrogène s'obtient, soit, dans quelques cas (éthylène par exemple), à la température ordinaire en présence de noir de platine, soit sous l'influence de la chaleur rouge, ou, plus généralement, en chauffant les oléfines, ou leurs produits de substitution (dichlorés, etc...), avec de l'acide iodhydrique fumant en présence de phosphore (modes de formation, B. 1. et B. 5. des carbures saturés).

Le chlorure d'éthylène $C^2H^4Cl^2$ formé par addition de chlore est encore appelé *huile des Hollandais* : cette dénomination est l'origine du nom oléfines donné à toute la classe des carbures C^nH^{2n} (*Guthrie*).

Le chlore se fixe aux oléfines plus facilement que l'iode mais l'acide chlorhydrique s'y combine plus difficilement que l'acide iodhydrique ; le brome et l'acide bromhydrique ont des affinités intermédiaires.

Lorsqu'un *acide halogéné* s'unit à une oléfine, l'halogène se fixe à l'atome de carbone le moins chargé d'hydrogène ; Voir : « produits de substitution. »

Quelques oléfines s'unissent lentement à l'eau, sous l'action des acides étendus en formant des alcools (isobutylène, par exemple).

L'éthylène se combine avec l'acide sulfurique fumant, même à la température ordinaire ; avec l'acide sulfurique anglais il est nécessaire de chauffer à 160-170°. Le résultat de cette combinaison est l'acide *éthylsulfurique* $C^2H^5.O.SO^3H$ (V. ce mot).

L'amylène s'unit au tétroxyde d'azote Az^2O en formant le *nitrosate d'amylène*. (Ann. **248**, 161. Bull. soc. chim. **1889**, **2**, 618) ; le trioxyde d'azote et le chlorure de nitrosyle se combinent également aux oléfines (V. tétraméthylène et B. **27**, 442).

b) *Par leur tendance à se polymériser*, surtout en présence d'acide sulfurique ou de chlorure de zinc.

Ainsi, avec l'amylène C^5H^{10}, on obtient les polymères $C^{10}H^{20}$, $C^{15}H^{30}$, $C^{20}H^{40}$. De même, en chauffant l'alcool butylique tertiaire avec de l'acide sulfurique d'une concentration déterminée, on forme le diisobutylène.

La polymérisation se produit par l'union des groupes d'atomes en présence, au moyen de nouvelles liaisons que les carbones échangent entre eux (A. **189**, 44).

c) *Par l'action des oxydants*. Les oléfines sont *facilement oxydables* (par le permanganate de potasse ou l'acide chomique, mais non par l'acide nitrique froid).

Le résultat de l'oxydation est variable ; ou bien le carbure est scindé à la double liaison (V. p. 50 et A. **197**, 243) et les fragments s'oxydent en donnant des acides de faible teneur en carbone ; ou bien, par l'emploi circonspect du permanganate de potasse, il n'y a pas séparation d'atomes de carbone mais formation d'un alcool bivalent par addition de deux groupes hydroxyles (V. glycols et B. **21**, 1230 Bull. soc. chim. **1888**, **1**, 248).

On forme le *N.o.* (p. 23) des oléfines, en remplaçant la syllabe finale *ane* des paraffines, par la terminaison *ène*. La position des doubles liaisons est indiquée par le numéro de l'atome de carbone d'où elles partent. Dans le cas des chaînes ramifiées, le numérotage est le même que celui des carbures saturés correspondants ; dans les chaînes continues le numérotage commence à l'atome de carbone extrême le plus proche de la double liaison.

Modes de formation. a) Les oléfines se produisent à côté de paraffines par la distillation sèche de beaucoup de substances comme le bois, le lignite, la houille ; elles se forment aussi par la distillation de la paraffine V. p. 37 et p. 44. Ces conditions de formation expliquent la présence des oléfines C^2H^4, C^3H^6, C^4H^8 etc. dans le gaz d'éclairage.

b) Au moyen des *alcools* C^nH^{2n+1} OH par élimination d'eau sous l'action de la chaleur en présence d'acide sulfurique, ou de pentoxyde de phosphore, de chlorure de zinc, etc. Lorsqu'on emploie l'acide sulfurique, il se forme comme produit intermédiaire un acide acoylsulfurique (l'acide éthylsulfurique par exemple) qui, sous l'action d'une température plus élevée, se décompose en alcoylène et acide sulfurique. Ce procédé est particulièrement applicable à la préparation des homologues inférieurs. Quelques alcools se dédoublent en oléfines et eau sous la seule influence de la chaleur ; l'alcool butylique secondaire par exemple subit ce dédoublement à 240°.

Les éthers palmitiques des alcools supérieurs se décomposent, par distillation sous pression réduite, en oléfines correspondantes et en acide palmitique. Ce procédé est commode pour la préparation des oléfines supérieures.

c) Au moyen des *combinaisons halogènées* $C^nH^{2n+1}X$. On chauffe celles-ci avec une solution alcoolique de potasse, ou bien, on les distille sur des oxydes métalliques chauffés (chaux, oxyde de plomb, etc.) ; parfois, il suffit de les distiller simplement :

$$C^5H^{11}I + KOH = C^5H^{10} + KI + H^2O$$

Les dérivés bromés donnent les meilleurs résultats.

d) On peut, dans quelques cas, préparer les oléfines au moyen des combinaisons halogénées $C^nH^{2n}X^2$ par simple soustraction d'halogène : le bromure d'éthylène, par exemple, traité par le zinc métallique, en milieu alcoolique, donne de l'éthylène :

$$C^2H^4Br^2 + Zn = Zn\,Br^2 + C^2H^4.$$

e) On les obtient encore par électrolyse des acides bibasiques de la série succinique ; l'acide succinique, par exemple, donne de l'éthylène :

$$C^2H^4 (COOH)^2 = C^2H^4 + 2CO^2 + H^2$$

Quelques autres modes d'obtention correspondent aux modes D. 1. et 2. relatifs aux paraffines.

Constitution des oléfines. L'éthylène dérivant de l'éthane par soustraction de deux atomes d'hydrogène, il y a lieu d'envisager pour ce carbure les trois formules suivantes :

$$\text{I)}\ \begin{matrix} CH^3 \\ | \\ CH= \end{matrix} \qquad \text{II)}\ \begin{matrix} CH^2- \\ | \\ CH^2- \end{matrix} \qquad \text{III)}\ \begin{matrix} CH^2 \\ \| \\ CH^2 \end{matrix}$$

Les formules I et II supposent qu'il existe deux affinités libres dans la molécule de l'éthylène ; la formule III admet que les atomes de carbone échangent entre eux les affinités devenues libres par le départ de l'hydrogène et qu'il se forme ainsi une « double liaison. »

Lorsque deux atomes d'hydrogène ou d'halogène se fixeront sur l'éthylène ce sera, d'après I) et II), au moyen des affinités libres existantes que cette fixation se produira ; tandis qu'il faudra, d'après la formule III, que la double liaison se transforme d'abord en une liaison simple afin que les deux affinités nécessaires deviennent libres.

L'étude du bromure d'éthylène, obtenu par addition de brome à l'éthylène, montre qu'il a la constitution $CH^2Br—CH^2Br$; l'étude de la chlorhydrine du glycol qui s'obtient par addition de Cl.OH à l'éthylène conduit à la constitution CH^2Cl-CH^2OH. Or, conformément à la formule I, ces composés devraient être CH^3CHBr^2 et $CH^3CH(Cl)(OH)$ et, puisqu'il en est autrement, cette formule doit être rejetée.

Restent les formules II et III. La formule III est rendue plus probable que la formule II par les considérations suivantes :

a) Il n'a pas encore été possible d'obtenir le méthylène $CH^2 =$; tous les essais pour obtenir ce carbure conduisent à C^2H^4 : il est donc vraisemblable que, dans un carbure, des affinités libres ne peuvent exister. b) La formule II fait concevoir l'existence de deux éthylènes isomères (I et II) alors qu'on n'a jamais pu en préparer qu'un seul ; cette formule ferait aussi prévoir, pour le propylène et le butylène, homologues immédiatement supérieurs de l'éthylène, un nombre d'isomères beaucoup plus grand que celui qu'on en a pu obtenir. c) Enfin, l'étude des composés d'addition montre que les affinités libres des carbures, comme celles qu'on admet dans la formule II, ne sont jamais isolées mais toujours par paires et qu'elles appartiennent toujours à deux atomes de carbone voisins.

Toutes ces observations concordant avec la formule III, on admet donc que l'éthylène et ses homologues contiennent une *double liaison.*

Cette double liaison ne doit pas cependant donner l'idée d'une union plus *intime* ou plus *solide* entre les atomes de carbone car on sait, au contraire, que les oléfines sont plus facilement oxydables que les paraffines et qu'elles sont scindées pendant l'oxydation, précisément à l'endroit où se trouve la double liaison. D'autres propriétés (surtout physiques) ont montré également qu'une double liaison entre deux atomes de carbone est moins stable qu'une simple liaison (V. *Brühl*. Ann. **211**. 162).

---

1. Le **Méthylène** (Méthène) CH^2, ainsi qu'on l'a déjà dit, n'existe pas ; toutes les tentatives pour le préparer, par exemple par soustraction d'hydrogène et de chlore au chlorure de méthyle CH^3Cl, ont toujours conduit à l'éthylène C^2H^4 (*Perrot, Butlerow*) :

$$2CH^3Cl - 2HCl = C^2H^4,$$

les deux restes CH^2 mis en liberté, s'unissant de la même manière que les deux groupes méthyle (V. p. 38) dans la formation de l'éthane C^2H^6.

2. **Ethylène** (Ethène) *Elayle, gaz des huiles*, $C^2H^4 = CH^2{-}CH^2$. Fut découvert en 1795 par quatre chimistes hollandais. Sa formule fut établie par *Dalton*.

Modes de formation : voyez plus haut. Le gaz d'éclairage contient souvent de 4 à 5 o/o d'éthylène.

Préparation. On chauffe un mélange d'alcool et d'acide sulfurique auquel on ajoute du sable ; il se forme des produits accessoires, entre autres, un peu d'acide sulfureux. On prépare commodément de petites quantités d'éthylène par l'action du zinc sur le bromure d'éthylène. Il s'en produit encore lorsqu'on chauffe le chlorure d'éthylidène avec du sodium (cette réaction devrait donner l'isomère hypothétique dont il est question plus haut).

Propriétés. Liquide à 0° sous une pression de 44 atmosphères, P.E. — 103°, P. F. — 160°. Très peu soluble dans l'eau et dans l'alcool. Brûle avec une flamme éclairante ; forme avec l'oxygène un mélange détonant. Mélangé au chlore (2 vol.) et enflammé aussitôt, il brûle avec une flamme rouge sombre en produisant de l'acide chlorhydrique et du noir de fumée en abondance. Sous l'influence de la chaleur rouge, il se transforme, en perdant du carbone, en méthane CH^4, éthane C^2H^6, acétylène C^2H^2, etc. Il s'unit à l'hydrogène, en présence de mousse de platine, en donnant de l'éthane.

3. **Propylène** (Propène) $CH^2{=}CH{-}CH^3$. On ne connaît qu'un propylène dans la série des oléfines ; la théorie d'ailleurs n'en prévoit qu'un seul : le méthyl-éthylène (V. p. 46). L'hypothèse de deux affinités libres, au lieu d'une double liaison, ferait conclure à l'existence de quatre propylènes isomères. — On peut le préparer par l'action de la potasse caustique sur l'iodure d'isopropyle ou en chauffant la glycérine avec de la poudre de zinc. A — 40° il est encore gazeux. Le triméthylène (V. chap. XV) lui est isomérique.

4. **Butylènes** C^4H^8. Trois sont prévus par la théorie et sont connus (V. ci-dessous). Tous trois sont gazeux ; leurs points d'ébullition sont compris entre — 6° et + 3°.

Le **Butylène** et le **Pseudobutylène** dérivent du butane normal ; l'**Isobutylène** dérive de l'isobutane car, en fixant de l'hydrogène, les deux premiers donnent du butane normal et le troisième donne de l'isobutane. Le premier (α butylène) s'obtient par l'action de la potasse caustique sur l'iodure de butyle normal, le deuxième (β-butylène) en soumettant à la même action l'iodure de butyle secondaire et enfin le troisième γ-butylène) en traitant de la même manière l'iodure de butyle tertiaire ou bien en traitant l'alcool isobutylique par l'acide sulfurique.

L'isomérie des deux butylènes dérivant du butane-n s'explique en admettant que dans ces carbures la double liaison n'est pas au même endroit :

$CH^2 = CH — CH^2—CH^3$ α-Butylène (Butène-1) $CH^3 — CH = CH — CH^3$ β-Butylène (Butène-2).

L'isobutylène a la formule $(CH^3)^2{=}C{=}CH^2$ (Méthylpropène). Ces constitutions sont en harmonie avec les résultats que donne l'oxydation, laquelle, comme on sait, scinde les carbures aux doubles liaisons.

Ces carbures sont isomères du tétraméthylène (cyclobutane) (V. chap. XV).

5. **Amylènes** C^5H^{10}. Il existe un grand nombre d'isomères de cette formule ; parmi eux l'**Amylène** proprement dit qui se produit en même temps qu'un isomère, l'isoamylène, lorsqu'on chauffe l'alcool amylique ordinaire avec du chlorure de zinc, il bout à 38° et porte, à l'état pur, le nom de « Pental ». Constitution : $(CH^3)^2—C{=}CH—CH^3$, = Triméthyléthylène.

Le pentaméthylène est isomérique avec les amylènes (V. Chap. XV).

6. **Tétraméthyléthylène** $(CH^3)^2{:}C{=}C{:}(CH^3)^2$, P. E. 73°, s'obtient, par une méthode compliquée, au moyen de la pinacone ; il fixe le chlorure de nitrosyle en donnant le **nitroso-chloro-tétraméthyléthylène**, $(CH^3)^2{=}C—(Cl) - C(AzO){=}(CH^3)^2$ cristaux bleus, P. F. 121° (B. **27**, 454 ; Bull soc. chim. **1894**, **2**, 90).

7. **Diisobutylène** C^8H^{16}. Formation (V. ci-dessus) P. E. 102°.

8. Les **Oléfines plus élevées** contenant 12, 14, 16, 18 atomes de carbone et de constitution normale, ont été préparées par *Krafft* d'après le mode b).

Le Cérotène et le Mélène (P. F. 62°) ont été obtenus par distillation de la cire de Chine ou de la cire d'abeilles. Peu solubles dans l'alcool ; ressemblent à la paraffine.

C. Carbures C^nH^{2n-2} : Série acétylénique

Tableau d'ensemble.

		P. E.			P. F.	P. E.
C^2H^2	Acétylène.	Gaz	$C^{12}H^{22}$	Dodécylidène, norm.	— 9°	*105°(2)
C^3H^4	Allylène . . . . . / Allène	» / »	$C^{14}H^{26}$	Tétradécylidène »	+ 6°	*134°
C^4H^6	Crotonylène, etc. . (Butines).	18°(1)	$C^{16}H^{30}$	Hexadécylidène » (Cétine)	20°	*160°
C^5H^8	Valérylène, etc. . (Pentines).	51°	$C^{18}H^{34}$	Octadécylidène »	30°	*184°
C^6H^{10}	Diallyle (Hexines).	59° / 80°	$C^{20}H^{38}$	Eicosylidène »	liquide	314°
C^7H^{12}	Heptines . . . . . etc.	108°				

(1) A partir de C^4, P. E. des combinaisons normales.

(2) P. E. à 15 mm. de pression.

Propriétés. Les carbures de cette série se différencient de ceux de la précédente par deux atomes d'hydrogène en moins. Au point de vue des *propriétés physiques*, ils sont très analogues aux carbures des deux premières séries : les termes inférieurs jusqu'à C^4H^6 sont gazeux, les suivants sont liquides et les plus élevés sont solides. Les points de fusion et les points d'ébullition des carbures de même nombre d'atomes de carbone, dans les trois séries, ne présentent pas de différences notables. Les densités des carbures acétyléniques normaux C^{12},C^{14},C^{16},C^{18}, mesurées à la température de fusion, se rapprochent, avec le nombre croissant d'atomes de carbone, de la limite 0,80 ; en général, ces densités sont un peu plus élevées que celles des carbures des séries précédentes.

Au point de vue chimique, les carbures acétyléniques sont plus voisins des oléfines que des paraffines car ce sont comme les premières des carbures *non saturés* capables par conséquent de donner des réactions d'addition.

1. Ils s'unissent soit avec *deux* atomes d'hydrogène ou d'halogène, ou avec une molécule d'un acide halogéné pour former des oléfines ou des dérivés de celles-ci, par exemple :

$$C^2H^2+2H = C^2H^4$$
$$C^2H^2+HBr = C^2H^3Br \text{ (bromure de vinyle)};$$

soit avec *quatre* atomes d'hydrogène ou d'halogène ou deux molécules d'acide halogéné pour former des paraffines ou des dérivés de celles-ci :

$$C^2H^2+4H = C^2H^6$$
$$C^2H^2+2HBr = C^2H^4Br^2$$
$$C^2H^2+4Br = C^2H^2Br^4$$

De même que quelques oléfines, plusieurs carbures acétyléniques fixent les éléments de l'eau sous l'influence des acides dilués ; ainsi, l'allylène C^3H^4 donne l'acétone C^3H^6O, l'acétylène C^2H^2 donne la crotonaldéhyde C^4H^6O (en passant par l'acétaldéhyde C^2H^4O). Comme dans le cas des oléfines, on doit admettre ici la formation intermédiaire d'éthers sulfuriques. Le chlorure de mercure et d'autres sels mercuriques agissent également comme agents d'hydratation :

$$C^2H^2+H^2O = C^2H^4O \text{ (aldéhyde)};$$
$$C^3H^4+H^2O = C^3H^6O \text{ (acétone)};$$

2. La *tendance à se polymériser* existe chez quelques carbures acétyléniques ; ainsi, l'*acétylène* chauffé à la température où le verre commence à se ramollir se transforme en benzine (synthèse importante de ce carbure) :

$$3C^2H^2 = C^6H^6 ;$$

il se forme en même temps C^8H^8,$C^{10}H^8$, etc. ; l'*allylène*, C^3H^4, se polymérise d'une manière analogue sous l'action de l'acide sulfurique légèrement dilué en donnant le mésitylène C^9H^{12} (V. dérivés de la benzine).

3. L'acétylène et quelques-uns de ses homologues possèdent la propriété,

qui leur est particulière, de donner avec la solution ammoniacale d'oxydule de cuivre ou avec la solution alcoolique de nitrate d'argent des précipités (brun-rouge dans le premier cas, blanc-jaune dans le second) de composition C^2Cu^2; C^2Ag^2; C^3H^3Ag; $C^2HAg.AzO^3Hg$, par exemple. Ces produits sont détonants et, sous l'action des acides, se décomposent en régénérant le carbure.

On connaît également les composés C^2HNa et C^2Na^2 (obtenus en chauffant l'acétylène en présence de sodium) et les composés correspondants du potassium. Ces dérivés traités par l'eau ou les acides régénèrent l'acétylène.

Tous les carbures C^nH^{2n-2} ne donnent pas de combinaisons métalliques, cette propriété appartient uniquement aux homologues véritables de l'acétylène (contenant une triple liaison, v. ci-dessous).

Constitution. Pour les mêmes raisons que celles indiquées à propos de l'éthylène, on donne à l'acétylène la constitution suivante :

$$CH \equiv CH$$

d'après laquelle les deux atomes de carbone sont réunis par une *triple liaison.*

Le carbure C^3H^4, à chaîne ouverte, peut avoir les deux formes suivantes :

$$\underset{\text{(Allylène)}}{CH \equiv C - CH^3} \qquad \text{et} \qquad \underset{\text{(Allène)}}{CH^2 = C = CH^2}.$$

On connaît effectivement deux carbures C^3H^4. De ces deux carbures, l'allylène donne seul des combinaisons métalliques, on le considère comme le véritable homologue de l'acétylène et on lui donne la première des deux formules ci-dessus ; la formule avec deux doubles liaisons est attribuée à l'allène. La constitution des propanes tétrabromés obtenus par l'action du brome sur ces deux carbures correspond d'ailleurs à cette conception. La faculté de donner des combinaisons métalliques est donc provoquée par la présence du groupement $-C \equiv CH$; elle disparaît lorsque le groupe $-C \equiv C-$ est uni à des atomes de carbone.

Dans les homologues supérieurs, l'isomérie peut résulter des places variables que peut occuper la triple liaison et aussi de l'existence de deux doubles liaisons et de leur situation. Pour la détermination de la constitution, on se base sur la production éventuelle de combinaisons métalliques et sur les résultats de l'oxydation (V. p. 48 et : oxydation du butylène).

Le *N.o.* (p. 23) des homologues véritables de l'acétylène, avec triple liaison, se termine en « *ine* » ; celui des carbures à deux doubles liaisons se termine en *diène.*

Modes de formation. 1. Par *distillation sèche* du *bois*, du lignite, de la houille, etc., à côté des carbures décrits précédemment; le gaz d'éclairage, par exemple, contient de l'acétylène, de l'allylène et du crotonylène.

2. En chauffant les combinaisons halogénées $C^nH^{2n}X^2$ et $C^nH^{2n-1}X$ avec de la potasse alcoolique (réussit le mieux avec les dérivés bromés) :

$$C^2H^4Br^2 = C^2H^3Br + HBr\,;\; C^2H^3Br = C^2H^2 + HBr,$$

et aussi, au moyen des alcools non saturés $C^nH^{2n}O$, par soustraction d'eau.

3. Au moyen des acides de la série fumarique, par électrolyse (*Kékulé*).

4. Certains carbures acétyléniques, R—C≡C—CH^3, chauffés avec du sodium fournissent en la combinaison sodique de leurs isomères R—CH^2—C≡CH ; la potasse alcoolique produit la réaction inverse (*Faworsky*, B. **20**, R. 781 ; B. **25**, R. 81. B. **25**, 2244. Bull. soc. chim., **1893**, **2**, 22.

L'acétylène, en particulier, s'obtient en outre :

5. Au moyen de ses *éléments* lorsqu'on fait passer l'arc électrique entre deux pointes de charbon disposées dans une atmosphère d'hydrogène (*Berthelot* v. B. **23**. 1638, Ann. Phys. Chim., **67**, 65-68).

6. En décomposant par l'eau le carbure de calcium C^2Ca ou le carbure de potassium C^2K^2.

7. Dans la combustion incomplète de beaucoup de substances carbonées (par ex : bec *Bunsen* brûlant intérieurement).

8. En soumettant le chloroforme à l'action du sodium ou du cuivre chauffé au rouge :

$$2\ CHCl^3 + 6\ Na = CH{\equiv}CH + 6\ NaCl.$$

9. Au moyen de l'*éthane*, de l'éthylène, du méthane sous l'influence de la chaleur rouge ou de l'étincelle d'induction (V. p. 41 et 51).

10. Au moyen de l'acide acétylènedicarbonique (v. celui-ci et A. **272**, 127, Bull. soc. chim. **1893**, **2**, 968).

Acétylène (Ethine) C^2H^2. Fut obtenu d'abord à l'état impur, par *Davy* en 1839, au moyen du carbure de calcium C^2Ca ; en 1859, il fut préparé à l'état de pureté par *Berthelot*. On en trouve dans le gaz d'éclairage, 0,06 °/₀ — Se prépare au moyen du carbure de calcium et de l'eau. Gaz liquéfiable à 0° sous une pression de 26 atmosphères, doué d'une odeur spéciale désagréable. Se dissout dans son volume d'eau et dans $^1/_6$ de son volume d'alcool. Il est vénéreux. L'explosion d'une capsule de fulminate, ou l'étincelle électrique le décompose avec détonation en ses éléments.

Il s'unit à l'hydrogène sous l'influence de la chaleur, en présence de noir de platine, en donnant de l'éthane ; il fixe également de l'hydrogène quand on traite sa combinaison cuprique par le zinc et l'ammoniaque et donne alors de l'éthylène. Un mélange d'acétylène et d'oxygène, enflammé, détone violemment. L'acide chromique le transforme en acide acétique, le permanganate de potasse, en acide oxalique. Il s'unit à l'azote, sous l'influence de l'étincelle d'induction, en produisant de l'acide cyanhydrique (V. celui-ci). Mélangé au chlore, il détone ; cependant, il peut former des produits d'addition comme $C^2H^2Cl^2$ par exemple. Sa combinaison cuprique C^2Cu^2, rouge foncé, permet d'en déceler 1/200 milligramme. Cette combinaison cuprique explode par le choc, ou lorsqu'on la chauffe un peu au-dessus de 100°.

Carbure de calcium. CaC^2 (*Wohler*, 1862). S'obtient en chauffant au rouge un mélange de chaux et de charbon, particulièrement dans le « four électrique » (*Moissan* ; *Willson* ; 1894, B. **27**, R. 238. Monit. Scient. Ques. **1896**, 674 ; **1897**, 276 ; C. R. **1894**, **1**, 501) ; il est préparé industriellement par ce procédé. C'est une masse grise cristalline qui se transforme rapidement sous l'action de l'eau en acétylène et hydrate de calcium.

Allylène (Propine) C^3H^4, $= CH^3—C\equiv CH$; se prépare au moyen du bromure de propylène $CH^3—CHBr-CH^2Br$. Très analogue à l'acétylène.

Allène (Propadiène) C^3H^4, $= CH^2{:}C{:}CH^2$; se prépare, par exemple, au moyen de l'acide itaconique. Gaz. Ne donne pas de combinaison métallique.

Crotonylène, C^4H^6 ; est contenu dans le gaz d'éclairage ; peut être obtenu par l'action de l'acide iodhydrique sur l'érythrite. Est isomérique ou identique avec le :

Pyrrolylène (Butadiène 1.3) C^4H^6, $= CH^2=CH-CH=CH^2$ peut être obtenu au moyen de la pyrrolidine (V. celle-ci et B. **18**, 2077).

Pipérylène (Pentadiène 1.4) C^5H^8, $= CH^2=CH-CH^2-CH=CH^2$ obtenu au moyen de la pipéridine (B. **16**, 2059).

Isoprène, *Hémiterpène*, C^5H^8, $CH^2=C(CH^3)—CH=CH^2$, P.E. 37°, très voisin des terpènes au moyen desquels on peut l'obtenir par pyrogénation et dans lesquels il se transforme par polymérisation.

Diallyle, C^6H^{10}, $= CH^2=CH-CH^2—CH^2-CH=CH^2$. Obtenu au moyen de l'iodure d'allyle et du sodium métallique. P. E. 59°. Odeur pénétrante éthérée de raifort. Ne donne pas de composés métalliques.

Conylène, C^8H^{14} (Isopropylpipérylène), P. E. 125°, s'obtient au moyen de la coniine (B. **14**, 710).

Les carbures **plus élevés** de cette série, contenant 12, 14, 16, 18 atomes de carbone ont été préparés par *Krafft*, au moyen des oléfines correspondantes, d'après le mode de formation 2.

Certains hydrures de carbures aromatiques sont isomères avec les hydrocarbures de cette série, tels sont par exemple, le tétrahydroxylène C^8H^{14} et la décahydronaphtaline $C^{10}H^{18}$ (V. Combinaisons aromatiques).

D. Hydrocarbures C^nH^{2n-4} et C^nH^{2n-6}.

Ces carbures contiennent encore moins d'hydrogène que les précédents.

1. **Diacétylène** (Butadiine) C^4H^2, $= CH\equiv C-C\equiv CH$. On obtient sa combinaison cuprique en chauffant le sel ammoniacal de l'acide acétylènedicarbonique avec la solution cupro-ammoniacale. Gaz d'une odeur particulière ; donne une combinaison argentique jaune qui, même humide, détone par le frottement (*Baeyer*, B. **18**, 2269. Bull. soc. chim. **1886**, **2**, 63.

2. **Dipropargyle** C^6H^6, $= CH\equiv C-CH^2—CH^2-C\equiv CH$ (Hexadiine 1.5). Se prépare au moyen du diallyle, C^6H^{10}, par addition de 4 Br puis élimination de 4HBr. P. E. 85°. Donne des combinaisons cuprique et argentique ; fixe huit atomes de brome, etc... Est particulièrement intéressant par son isomérie avec la benzine.

3. L'**hydrocarbure** C^6H^6 de constitution $CH^3—C\equiv C—C\equiv C—CH^3$ (Hexadiine 2,4) est également un isomère de la benzine (B. **20**. Ref. 564).

II. — Produits de substitution halogénés des carbures d'hydrogène

(Voir le tableau de la page suivante).

A. Dérivés halogénés des carbures saturés.

Propriétés générales. Il n'y a que quelques combinaisons de cette classe qui soient gazeuses à la température ordinaire (CH^3Cl, C^2H^5Cl, CH^3Br par exemple), presque toutes les autres sont liquides. Celles qui contiennent un nombre élevé d'atomes de carbone sont solides ; il en est de même pour celles qui contiennent plusieurs atomes d'halogène, CI^4,C^2Cl^6 par exemple, et surtout pour celles qui contiennent plusieurs atomes d'iode. Pour des combinaisons analogues, le point d'ébullition des dérivés iodés est plus élevé que celui des dérivés bromés et le point d'ébullition de ceux-ci est supérieur à celui des dérivés chlorés ; ex : C^2H^5I, P.E. 72° ; C^2H^5Br, P.E. 39° ; C^2H^5Cl, P.E. 12°. Dans des conditions comparables, si dans une combinaison un atome de chlore est remplacé par un atome de brome, le P. E. montera de 22° environ (20 à 24°) ; s'il est remplacé par un atome d'iode, le P. E. s'élèvera de 50° environ (40 à 60°).

Les premiers termes ont, à l'état liquide, une densité supérieure à celle de l'eau, ex : pour CH^3I, d = 2,2 ; pour C^2H^5Br, d = 1.47. Lorsque le nombre d'atomes de carbone augmente, l'influence de l'élément halogène s'atténue, les combinaisons deviennent plus semblables aux paraffines et leur poids spécifique devient inférieur à celui de l'eau.

Les produits de substitution des carbures d'hydrogène sont (presque ou totalement) insolubles dans l'eau, ils sont facilement solubles dans l'alcool ou dans l'éther, souvent miscibles en toute proportion avec ces solvants, et sont solubles dans l'acide acétique cristallisable. Ils possèdent une odeur doucereuse et éthérée. Ils sont généralement inflammables : le chlorure de méthyle et le chlorure d'éthyle brûlent avec une flamme bordée de vert ; l'iodure d'éthyle et le chloroforme brûlent difficilement.

Quelques représentants de la série, à un ou deux atomes de carbone, comme $CHCl^3$, CH^2Cl^2, $C^2H^3Cl^3$, C^2H^5Br et C^2HCl^5 provoquent l'insensibilité ou la syncope lorsqu'on les respire.

Dans toutes ces combinaisons, l'halogène est plus solidement lié que dans les sels inorganiques, si bien que, en ajoutant du nitrate d'argent à une solution alcoolique d'un composé chloré (chloroforme, par exemple) on ne précipite pas de chlorure d'argent. Néanmoins, les halogènes peuvent y être remplacés, le plus souvent avec facilité, par d'autres éléments ou d'autres groupes ; les combinaisons halogénées ont par suite un rôle considérable dans les réactions organiques et, en première ligne, les combinaisons bromées

Produits de substitution halogènés des carbures.

Série du Méthane.					*Série de l'éthylène.*	P. E.
Monodérivés.	P. E.	Bidérivés.	P. F.	P. E.		
CH^3Cl, chlorure de méthyle	— 22°	CH^2Cl^2 chlorure de méthylène		42°	C^2H^3Cl chlorure de vinyle (éthylène chloré)	— 18°
CH^3Br, bromure de méthyle	+ 4°	CH^2Br^2, bromure de »		97°		
CH^3I, iodure de méthyle	44°	CH^2I^2, iodure de »	+ 4°	180°	C^2H^3Br, brom. de vinyle	23°
		$C^2H^4Cl^2$, Br^2,-I^2, (deux isomères)				
C^2H^5Cl, chlorure d'éthyle	12°	chlorure d'éthylène		84°	C^2H^3I, iodure de vinyle	56°
C^2H^5Br, bromure d'éthyle	39°	» d'éthylidène		57°	C^3H^5Cl, chlorure d'allyle	46°
C^2H^5I, iodure d'éthyle	72°	bromure d'éthylène	+ 9°	131°	C^3H^5Br, bromure d'allyle	70°
		» d'éthylidène		108°	C^3H^5I, iodure d'allyle	101°
C^3H^7Cl, -Br,-I, 2 isomères, par exemp.		Tridérivés.				
iodure de propyle-n.	102°					
» d'isopropyle	89°					
C^4H^9Cl, -Br,-I, 4 isomères, par exempl.		$CHCl^3$, chloroforme	— 70°	61°	$C^2H^2Cl^2$, éthylène dichloré	55°
1. iodure de butyle-n-primaire	130°	$CHBr^3$, bromoforme	+ 2°	151°	C^2HCl^3, éthylène trichloré	88°
2. » d'isobutyle »	120°	CHI^3, iodoforme	119°	sublimable	C^2Cl^4, éthylène tétrachloré	121°
3. » de butyle second.	117°	$C^2H^3Cl^3$, méthylchloroforme		74°		
4. » » tertiaire	98°	$C^3H^5Cl^3$, trichlorhydrine		158°		
		Tétra....etc., dérivés.			*Série de l'acétylène*	
$C^5H^{11}Cl$, chlorure d'isoamyle	101°	CCl^4, tétrachlorure de carbone		77°	C^2HCl, acétylène monochloré	gaz.
I, iodure »	147°	CI^4, tétraiodure de carbone	solide	se décompos.	C^2HBr » monobromé	gaz.
$C^6H^{13}Cl$, chlorure d'hexyle	126°	C^2Cl^6, éthane perchloré	185°	185°		
etc.						

ou iodées parce qu'elles réagissent plus facilement que les combinaisons chlorées (le bromure d'éthyle réagit à chaud et l'iodure d'éthyle réagit à froid sur le nitrate d'argent) et que leur moindre volatilité les rend plus maniables.

Dans tous les dérivés halogénés, l'halogène peut être remplacé par de l'hydrogène (*substitution rétrograde*), soit au moyen de l'amalgame de sodium, soit au moyen du zinc et de l'acide chlorhydrique ou de l'acide acétique, soit par l'action de l'acide iodhydrique (mode de formation, B. 1. p. 38).

Modes de formation 1 Par *substitution*.

En général, le chlore et le brome se substituent directement (V. p. 36) et leur action sur les carbures gazeux est déjà très énergique à froid; ainsi, le chlore réagit sur le méthane avec explosion et il est nécessaire pour modérer la réaction de diluer le gaz avec de l'acide carbonique. Pour les carbures de poids moléculaire élevé, les réactions ne se réalisent qu'avec le concours de la chaleur.

L'introduction du premier atome d'halogène est celle qui a lieu le plus facilement; la difficulté augmente en même temps que le nombre d'atomes d'halogènes déjà présents devient plus grand. L'action de l'halogène est facilitée par la lumière solaire ou la présence d'iode. Les carbures élevés donnent généralement deux monosubstitués isomères. L'iode sert au transport du chlore en le transformant d'abord en trichlorure d'iode lequel se décompose en donnant $ICl + Cl^2$. On emploie aussi, comme agent de transport du chlore, le pentachlorure d'antimoine ou le fer (ce dernier est employé aussi dans le cas du brome ou de l'iode. B. **18**. 2017 ; Ann. **231**, 195 ; B. **24**, 4249 ; Bull. Soc. chim. **1892**, **2**. 723). Lorsqu'on veut chlorer à fond, on sature par le chlore, en présence d'iode, et on chauffe à plusieurs reprises, en tube scellé, à haute température. Pour les règles de substitution V. B. **26**, 2432 ; Bull. soc. chim. **1894**, **2**, 314.

Le méthane donne toute la série des substitués jusqu'à CCl^4.

L'éthane donne d'abord le chlorure d'éthyle C^2H^5Cl, puis le chlorure d'éthylène $C^2H^4Cl^2$ (B. **24**, 4247 ; Bull. soc. chim. **1892**, **2**, 723) etc. et finalement C^2Cl^6.

Le propane fournit en premier lieu le chlorure de propyle normal C^3H^7Cl et comme dernier terme C^3Cl^8. Ce dernier se décompose par une chloruration à outrance, en C^2Cl^6 et CCl^4 ; dans les mêmes conditions, l'éthane perchloré donne deux molécules de CCl^4. Une semblable scission de la molécule se produit toujours lorsqu'on veut chlorer à fond le butane ou les carbures plus élevés ; il se forme en même temps de la benzine hexachlorée.

L'iode agit rarement comme substituant direct car une substitution éventuelle produirait de l'acide iodhydrique, agent de substitution rétrograde (p. 38); on est obligé d'opérer en présence d'acide iodique ou d'oxyde de mercure qui absorbent l'acide iodhydrique formé. Les dérivés iodés des carbures sont le plus souvent préparés indirectement (d'après 2 ou 3).

2. Au moyen des *carbures non saturés*.

Ces carbures se combinent facilement (p. 48) avec les halogènes ou les acides halogénés.

Il est évident que ce procédé ne permet pas d'obtenir les dérivés halogènés du *méthane*.

L'*éthylène* se combine aux acides chlorhydrique, bromhydrique, iodhydrique en donnant le chlorure, le bromure ou l'iodure d'éthylène, c'est-à-dire des produits de substitution de l'éthane. Avec le chlore, etc., il donne des produits bisubstitués.

La combinaison $C^2H^4Cl^2$ obtenue par l'action du chlore sur l'éthylène est nommée *chlorure d'éthylène*, elle est isomérique avec le chlorure d'éthylidène, produit obtenu par l'action du chlorure de phosphore sur l'aldéhyde. Pour l'explication de cette isomérie, V. p. 65.

Le *propylène* s'unit avec l'acide iodhydrique en formant l'iodure d'isopropyle C^3H^7I qui, par soustraction d'acide iodhydrique, régénère le propylène. On obtient le même propylène en partant de l'iodure de propyle normal (isomère de l'iodure d'isopropyle) par soustraction d'acide iodhydrique, de sorte que l'iodure de propyle normal est transformable indirectement en iodure d'isopropyle. Ces réactions s'appliquent naturellement aussi aux chlorures. De même, les trois butylènes donnent deux iodures de butyle : l'iodure de butyle secondaire et l'iodure de butyle tertiaire; ceux-ci fournissent, lorsqu'on les traite par la potasse alcoolique, des butylènes identiques à ceux que donnent les deux autres iodures de butyle existant d'autre part (V. p. 64), de sorte que ces deux derniers iodures de butyle peuvent être ramenés aux deux premiers (V. p. 64).

L'étude de la constitution des combinaisons halogènées montre que lorsqu'un acide halogèné s'unit à un carbure non saturé, l'halogène se fixe au carbone le moins chargé d'hydrogène, par exemple :

$$CH^3—CH{=}CH^2 + HI = CH^3—CHI—CH^3$$

(et non pas $CH^3—CH^2—CH^2I$).

Par conséquent, un dérivé C^3H^7X obtenu de cette manière ne pourra produire dans la suite que des combinaisons secondaires et tertiaires.

Les dénominations de combinaisons primaires, secondaires et tertiaires se rapportent à celles des alcools (primaires, secondaires, tertiaires), au moyen desquels on peut les obtenir (Mode de formation 3, a).

3. Au moyen de *combinaisons oxygénées*.

a) Au moyen des *alcools* $C^nH^{2n+1}OH$. Dans ces derniers, l'hydroxyle OH (V. p. 15 et p. 72) peut être facilement remplacé par le chlore, le brome ou l'iode par l'action des acides halogènés ; par exemple :

$$C^2H^5 \mid OH \mid + Br \mid H = C^2H^5Br + H^2O.$$

Dans cette réaction, l'halogène prend la place même de l'hydroxyle et, par suite, la constitution du dérivé halogèné correspond à celle de l'alcool employé.

L'action de ces acides est cependant limitée, car l'eau formée peut produire une réaction inverse ; il faut, pour détruire l'état d'équilibre, employer un grand excès d'acide halogéné (par exemple en saturant d'acide gazeux et chauffant en tube scellé) ou opérer en présence de corps avides d'eau comme l'acide sulfurique ou le chlorure de zinc.

Le chlorure de méthyle et le chlorure d'éthyle s'obtiennent par la distillation des alcools correspondants en présence de sel marin et d'acide sulfurique, ou encore en faisant passer un courant d'acide chlorhydrique gazeux dans les alcools chauffés et tenant en dissolution la moitié de leurs poids de chlorure de zinc (*Groves*).

Pour remplacer l'hydroxyle par le chlore, on peut encore employer les combinaisons chlorées du phosphore qui se décomposent en présence des alcools comme en présence de l'eau :

$$P\,|\,Cl^3 + 3\,H\,|\,OH = P\,(OH)^3 + 3\,HCl\,;$$
$$P\,|\,Cl^3 + 3\,C^2H^5\,|\,OH = P\,(OH)^3 + 3C^2H^5Cl.$$

On emploie le plus souvent, dans ce but, le pentachlorure de phosphore qui, généralement, se transforme en oxychlorure :

$$PCl^5 + C^2H^5OH = C^2H^5Cl + HCl + POCl^3.$$

L'oxychlorure de phosphore est aussi quelquefois employé.

L'emploi des combinaisons halogénées du phosphore est particulièrement important pour la préparation des combinaisons bromées et iodées. Il n'est pas nécessaire de préparer au préalable les dérivés halogénés du phosphore, il suffit de mettre en présence, en observant certaines précautions, le phosphore, l'halogène et l'alcool :

$$3\,CH^3.\,OH + P + 3I = 3\,CH^3I + PO^3H^3.$$

b) Au moyen des *alcools polyvalents*. La glycérine $C^3H^5(OH)^3$ et le pentachlorure de phosphore donnent la trichlorhydrine $C^3H^5Cl^3$; avec le phosphore et l'iode, la glycérine donne selon les conditions (V. p. 64) de l'iodure d'isopropyle C^3H^7I ou de l'iodure d'allyle C^3H^5I. La mannite $C^6H^8(OH)^6$ traitée par l'acide iodhydrique donne de l'iodure d'hexyle $C^6H^{13}I$, l'acide iodhydrique agissant en même temps comme réducteur.

c) Au moyen des *aldéhydes* et des *cétones* et du pentachlorure de phosphore ; on obtient ainsi des produits de substitution dichlorés, c'est ainsi que le chlorure d'éthylidène $C^2H^4Cl^2$ s'obtient au moyen de l'aldéhyde C^2H^4O et le chlorure d'acétone $C^3H^6Cl^2$ au moyen de l'acétone C^3H^6O.

d) Au moyen des *acides* ; on a aussi préparé des dérivés halogénés par substitution de 3 atomes de chlore au groupe O. OH.

4. On prépare souvent les combinaisons chlorées en traitant par le chlore les combinaisons bromées ou iodées ; on peut obtenir aussi d'une manière analogue les combinaisons bromées en soumettant les combinaisons iodées

à l'action du brome ; dans ces réactions, l'halogène le plus fort se substitue au plus faible. On obtient ainsi, par exemple, le bromure d'isopropyle au moyen de l'iodure d'isopropyle et CH^2Br^2 au moyen de $C^2H^2I^2$; on peut obtenir aussi des combinaisons chlorées en traitant les combinaisons bromées ou iodées correspondantes par le chlorure de mercure ou le chlorure d'étain ou même par l'acide chlorhydrique fumant : dans ces réactions, il y a double décomposition. Inversement, on peut transformer des combinaisons chlorées ou bromées en combinaisons iodées en les traitant, à chaud, par l'iodure de sodium, en solution alcoolique par exemple (B. **18**. 519) ; on peut employer aussi l'iodure de potassium ou l'iodure de calcium sec (B. **16**. 392) ; enfin, on réalise la même substitution en chauffant les composés chlorés ou bromés avec de l'acide iodhydrique fumant.

Les composés fluorés s'obtiennent au moyen du fluorure d'argent qu'on fait agir sur le tétrachlorure de carbone, le chloroforme, le chlorure de méthylène ou les iodures alcooliques.

5. On peut obtenir le fluorure de carbone CF^4, par union directe de ses éléments.

6. *Modes de formation spéciaux*. V. CH^3Cl, $CHCl^3$, CHI^3.

1. Produits monosubstitués.

1. *Dérivés du méthyle* CH^3X. **Chlorure de méthyle** (méthane chloré) CH^3Cl (*Dumas* et *Péligot* au moyen de CH^4O, 1836). Se prépare au moyen de l'alcool méthylique, du chlorure de zinc et de l'acide chlorhydrique (V. p. 60) et, de plus, en chauffant à 360° le chlorhydrate de triméthylamine $Az(CH^3)^3.HCl$ (*Vincent*), obtenu par distillation des vinasses de betteraves. Gaz incolore d'une odeur éthérée ; P.E. — 22°. Peu soluble dans l'eau (4 vol. dans 1 vol.), plus facilement soluble dans l'alcool. Est employé pour la production du froid, pour l'extraction du parfum des fleurs, dans l'industrie des matières colorantes comme agent de méthylation. Brûle en donnant une flamme bordée de vert.

Bromure de méthyle CH^3Br (*Bunsen*, 1844, au moyen de dérivés du cacodyle). Se prépare au moyen de l'alcool méthylique, du phosphore et du brome. P.E. + 4,5° ; densité à 0°, 1,73. Odeur éthérée agréable rappelant le chloroforme ; saveur irritante. Ne brûle que difficilement.

Iodure de méthyle CH^3I (*Dumas* et *Péligot*). Se prépare au moyen de l'alcool méthylique, du phosphore, et de l'iode. P.E. 44° ; densité à 25° 2,27. Chauffé avec 16 fois son poids d'eau, à 100°, il se transforme en acide iodhydrique et alcool méthylique. S'enflamme difficilement.

2. *Dérivés de l'éthyle.* C^2H^5X. **Chloru e d'éthyle** (éthane chloré) C^2H^5Cl (*Basile Valentin* : « Spiritus salis et vini » ou « esprit de vin édulcoré ».) Se forme par l'action du chlore sur l'éthane (*Schorlemmer*) (V. p. 41 et 59). Préparation : par la méthode de *Groves* 1874 (v. p. 61). S'ob-

tient dans la fabrication du chloral comme produit secondaire. Gaz facilement liquéfiable (P.E. + 12°) brûlant avec une flamme bordée de vert. Agit comme anesthésique local, employé seul ou mélangé avec le chlorure de méthyle (« *Chloryle* »).

Bromure d'éthyle, C^2H^5Br (*Serullas*, 1827). Se prépare au moyen de l'alcool, du phosphore et du brome, ou bien au moyen de l'alcool, du bromure de potassium et de l'acide sulfurique. Brûle avec une belle flamme verte non fuligineuse, en produisant de l'acide bromhydrique. Agit comme anesthésique à la manière de l'éther.

Iodure d'éthyle, C^2H^5I (*Gay-Lussac*, 1815). Se prépare au moyen de l'alcool à 90 o/o, du phosphore et de l'iode Liquide incolore, fortement réfringent, d'une odeur spéciale éthérée un peu alliacée. P.E. 72°; densité 1,94. Presque insoluble dans l'eau, miscible avec l'alcool et l'éther, difficilement enflammable. L'eau le décompose à 100° en acide iodhydrique et alcool. Le chlore le transforme en chlorure d'éthyle, le brome en bromure d'éthyle. A la lumière, il dépose de l'iode. Est employé en inhalations contre l'asthme.

Fluorure d'éthyle, C^2H^5F. Gaz se liquéfiant à — 48°; odeur éthérée; brûle avec une flamme bleue; n'attaque pas le verre.

3. *Dérivés du propyle et de l'isopropyle*, C^3H^7X. Il existe deux classes de combinaisons C^3H^7X : les unes dérivent du propyle normal et les autres de l'isopropyle; les premières bouillent un peu plus haut que les dernières. Les combinaisons normales ont la constitution $CH^3 - CH^2—CH^2X$, car on peut les obtenir au moyen de l'alcool propylique normal (p. 81); les combinaisons *iso* ont pour formule $CH^3—CHX - CH^3$, car elles se dérivent de l'alcool isopropylique (p. 81) ou de l'acétone, composés dont il est facile de déterminer la constitution.

D'ailleurs, la *théorie ne prévoit que ces deux cas*, car le propane $CH^3—CH^2—CH^3$ ne contient que deux sortes d'atomes d'hydrogène qu'il puisse échanger contre les halogènes : 1) six atomes unis aux deux carbones extrêmes 2) deux atomes unis au carbone central.

Pour la transformation des combinaisons normales en combinaisons iso (V. p. 60).

Chlorure de propyle normal V. p. 60 et tableau p. 58.

Bromure de propyle normal; se transforme incomplètement à 280° en **bromure d'isopropyle**; ce dernier s'obtient aussi lorsqu'on chauffe le précédent avec du bromure d'aluminium; il se produit intermédiairement une combinaison aluminique (*Kekulé-Schrötter*).

Iodure de propyle normal. S'obtient au moyen de l'alcool correspondant.

Pour les P.E. ou les P.F. des combinaisons précédentes, voir le tableau de la page 58.

Iodure d'isopropyle (*N. o.* : iode-2. propane). S'obtient au moyen de la glycérine, du phosphore et de l'iode (l'iodure d'allyle mentionné p. 61 est un produit intermédiaire de cette réaction qui donne aussi naissance au propylène).

$$C^3H^5(OH)^3 + 3\ HI - 3\ H^2O = (C^3H^5I^3) = C^3H^5I + I^2\ ;$$
$$C^3H^5I + HI = C^3H^6 + I^2\ ;$$
$$C^3H^6I + 2\ HI = C^3H^7I + I^2.$$

4. *Dérivés halogénés du butyle.* C^4H^9X. Ces dérivés existent déjà sous quatre formes isomériques dont les points d'ébullition sont parfois notablement différents (jusqu'à 30° de différence).

La théorie, prévoit, du reste, l'existence de quatre iodures de butyle : deux dérivent du butane normal.

a) $CH^3 - CH^2 - CH^2 - CH^2I$ et b) $CH^3 - CH^2 - CHI - CH^3$

Iodure de butyle normal (*Linnemann*) (Iode. 1. butane)

Iodure de butyle secondaire (Iode. 2. butane)

car le butane contient en effet deux sortes d'atomes d'hydrogène a) ceux des extrémités de la chaîne ; b) ceux des carbures médians.

Deux autres iodures dérivent du triméthylméthane $CH \equiv (CH^3)^3$.

c) $\begin{matrix} CH^3 \\ CH^3 \end{matrix} > CH - CH^2I$ et d) $\begin{matrix} CH^3 \\ CH^3 \end{matrix} > CI - CH^3$

Iodure d'isobutyle (*Wurtz*) (Méthyle 2. iode. 3. propane)

Iodure de butyle tertiaire (*Butlerow*) (Méthyle 2. Iode. 2. propane.)

La constitution de ces quatre combinaisons se déduit de celle des quatre alcools butyliques au moyen desquels on peut les obtenir par l'action des acides halogénés (HI).

Relativement à la transformation de a) en b) et de c) en d) (V. p. 60). Le bromure d'isobutyle se transforme sous la seule influence de la chaleur, à 230° 240°, en bromure tertiaire ; cette transformation s'explique par la production intermédiaire de butylène.

Les dérivés de l'isobutyle sont ceux qu'on obtient le plus facilement et cela en partant de l'alcool isobutylique. Les dérivés tertiaires sont facilement décomposés par l'eau, en alcool correspondant et acide halogène ; l'iodure subit cette décomposition, même à froid. Pour la constitution de l'iodure de butyle tertiaire V. p. 43.

5. Sur les huit *chlorures d'amyle* $C^5H^{11}Cl$ que la théorie prévoit, six sont actuellement connus. Parmi les combinaisons $C^5H^{11}X$, il faut signaler le chlorure d'isoamyle, le bromure d'isoamyle, etc., qu'on obtient au moyen de l'alcool isoamylique et qui, par suite, ont la constitution $(CH^3)^2 = CH - CH^2 - CH^2X$ (Méthyle 2. halogène. 4. butane).

6. On connaît encore des combinaisons analogues contenant de 6 à 12 atomes de carbone et d'autres en contenant 16 et même 30.

On obtient un **iodure d'hexyle secondaire** (Iode. 2.-hexane) $CH^3 - (CH^2)^3 - CHI.\ CH^3$ en traitant la mannite ou la dulcite par l'acide iodhydrique et le phosphore.

Le **bromure** et l'**iodure de cétyle** $C^{16}H^{33}Br$ et $C^{16}H^{33}I$ sont des liquides se solidifiant le premier à 15° et le second à 22°.

2. Produits bisubstitués.

1. *Dérivés du méthylène*, CH^2X^2. Le **chlorure de méthylène** (méthane dichloré), CH^2Cl^2, le **bromure de méthylène**, CH^2Br^2, l'**iodure de méthylène**, CH^2I^2, sont des liquides incolores qu'on obtient au moyen des dérivés trihalogénés par rétrogradation partielle ou au moyen des dérivés monosubstitués par une nouvelle introduction d'halogène (V. tableau p. 58).

2. *Dérivés de l'éthylène et de l'éthylidène*, $C^2H^4X^2$.

Les combinaisons $C^2H^4X^2$ sont connues sous deux formes qui correspondent aux constitutions suivantes :

$CH^2X—CH^2X$		$CH^3—CHX^2$
dérivé de l'éthylidène	et	dérivé de l'éthylène

Les dérivés de l'éthylène s'obtiennent soit par addition d'halogène à l'éthylène, soit au moyen du glycol $C^2H^4(OH)^2$ (V. ce mot), par l'action des acides halogénés ou des composés halogénés du phosphore.

Chlorure d'éthylène (dichlore 1. 2. éthane), $C^2H^4Cl^2$ (huile des Hollandais, 1795), s'obtient aussi en chlorant le chlorure d'éthyle. P. E. 84°.

Bromure d'éthylène (dibrome. 1. 2. éthane), $C^2H^4Br^2$ (*Balard*). Se prépare en faisant passer de l'éthylène dans du brome refroidi. Odeur rappelant le chloroforme. P. F. + 9°, P. E. 131° ; densité > 2. Chauffé très longtemps en présence de beaucoup d'eau, à 100°, ou avec du carbonate de potasse, il se transforme en glycol, $C^2H^4(OH)^2$.

Iodure d'éthylène, $C^2H^4I^2$; corps solide, facilement décomposable.

Ces combinaisons, traitées par la potasse alcoolique, donnent de l'acétylène et se transforment en glycol par échange de leur halogène contre un hydroxyle ; or, la constitution de ce composé, qui se déduit de ses rapports avec la chlorhydrine du glycol et avec l'acide monochloracétique, répond à la formule : $HO.CH^2—CH^2.OH$; par suite, dans le chlorure d'éthylène, les deux atomes d'halogène sont unis aux deux atomes de carbone.

Démonstration plus spéciale : dans le chlorure d'éthylène, on peut remplacer un atome de chlore par un groupe hydroxyle et arriver ainsi à la chlorhydrine du glycol $C^2H^4(OH)Cl$, qui peut être aussi obtenue au moyen de l'acide chlorhydrique et du glycol ; cette chlorhydrine donne par oxydation l'acide monochloracétique :

$$C^2H^3ClO^2 = CH^2Cl-CO.OH$$ (V. ce mot).

Or, dans ce dernier, l'hydroxyle et le chlore étant fixés à deux atomes de carbone différents, il en est de même, par conséquent, pour l'hydroxyle et le chlore de la chlorhydrine du glycol et aussi pour les deux atomes de chlore du chlorure d'éthylène.

Les *dérivés de l'éthylidène*, nommés aussi *dérivés de l'éthidène*, s'obtiennent, au moyen de l'aldéhyde (paraldéhyde), en substituant l'halogène à l'oxygène par l'action des composés halogènés du phosphore.

Chlorure d'éthylidène, *chlorure d'éthidène* (dichlore 1. éthane), CH^3CHCl^2; se prépare le plus commodément au moyen de l'aldéhyde (p. 61) et du phosgène, $COCl^2$: ($CH^3CHO + COCl^2 = CH^3CHCl^2 + CO^2$). On l'obtient comme produit accessoire dans la préparation du chloral. Son P.E. (57°) est un peu inférieur à celui du chlorure d'éthylène (84°); c'est un anesthésique.

3. *Dérivés du propylène*, $C^3H^6X^2$. S'obtiennent par addition d'halogène au propylène et ont par suite une constitution asymétrique; le **chlorure de propylène** (dichlore 1. 2. propane), par exemple, a pour formule : $CH^3—CHCl—CH^2Cl$ (V. le tableau).

Ils sont isomères des *dérivés* dits du *triméthylène* (qui, malgré leur nom, ne sont pas des dérivés du triméthylène annulaire) parmi lesquels le **bromure de triméthylène** (dibrome 1. 3. propane), $CH^2Br.—CH^2.CH^2Br$, s'obtient synthétiquement au moyen du bromure d'allyle par addition d'acide bromhydrique (*Erlenmeyer*).

$$CH^2{=}CH—CH^2Br + HBr = CH^2Br—CH^2—CH^2Br.$$

4. **Bromure de tétraméthylène**, $CH^2Br—CH^2—CH^2—CH^2Br$. P. E. 189°.

5. **Bromure de pentaméthylène**, $CH^2Br—(CH^2)^3—CH^2Br$, P. E. 205° B. **22**, Ref. 489.

6. **Bromure d'hexaméthylène** (B. **27**, 216).

3. Produits trisubstitués.

Chloroforme (méthane trichloré), $CHCl^3$ (1831, *Liebig* et *Soubeiran*, formule établie par *Dumas*, 1835).

Formation. Au moyen du méthane ou du chlorure de méthyle (p. 59).

Préparation. 1. En chauffant l'alcool ou l'acétone avec du chlorure de chaux et de l'eau; dans le cas de l'alcool, il doit y avoir formation intermédiaire de chloral, sous l'action du chlore.

2. En chauffant le chloral ou l'hydrate de chloral avec les alcalis en milieu aqueux; il y a formation concomitante d'un formiate :

$$CCl^3—CHO + NaOH = CHCl^3 + HCO^2Na$$

Ce procédé donne le chloroforme le plus pur.

Propriétés. Liquide incolore, d'une odeur éthérée spéciale, de saveur douceâtre, à peine soluble dans l'eau ; se solidifie à — 70° ; P.E. 61°,2 ; densité 1.527. Il dissout les graisses, les résines, le caoutchouc, l'iode (coloration purpurine), etc. C'est un anesthésique important (*Simpson*, Edimbourg, 1848).

L'acide chromique le transforme en phosgène ; l'amalgame de potassium en acétylène. La potasse le décompose en acide formique et acide chlorhydrique :

$$CHCl^3 + 4KOH = HCO^2K + 3KCl + 2H^2O.$$

L'ammoniaque, à la température de la chaleur rouge, le transforme en acide cyanhydrique et en acide chlorhydrique :

$$CHCl^3 + AzH^3 = CHAz + 3HCl.$$

Une *réaction sensible* du chloroforme repose sur sa transformation en carbylamine (V. isonitriles).

Bromoforme, $CHBr^3$; est quelquefois contenu dans le brome commercial.

Iodoforme (méthane triiodé), CHI^3 (*Serullas*, 1822 ; formule établie par *Dumas*). Se prépare en chauffant l'alcool avec de l'iode en présence d'un alcali ou d'un carbonate alcalin :

$$C^2H^5OH + 8I + 6KOH = CHI^3 + \underset{\text{formiate de K.}}{HCO^2K} + 5KI + 5H^2O,$$

ou par électrolyse d'une solution alcoolique d'iode ; on l'obtient encore en traitant par l'iode, en présence d'un alcali, l'acétone, l'aldéhyde, l'acide lactique et principalement les composés contenant les groupes $CH^3—CH(OH)—C$ ou $CH^3—CO—C$ (*Lieben*).

Propriétés. Tables jaunes hexagonales ; P. F. 119°. Contient seulement 0.25 o/o d'hydrogène, ce qui explique pourquoi cet élément passa autrefois inaperçu. Odeur particulière. Distillable à la vapeur d'eau. Antiseptique important.

Fluoroforme, CHF^3 ; gaz ; (Formation, v. p. 62).

Méthylchloroforme (trichlore 1. éthane), $CH^3—CCl^3$, trichlorure de l'acide acétique ; agit comme anesthétique.

Chlorure de glycéryle (trichlore 1.2.3. propane), $C^3H^5Cl^3$, trichlorhydrine ; s'obtient au moyen de la glycérine et du chlorure de phosphore ou en faisant agir le chlore sur le chlorure d'allyle. P. E. 158°.

a. **La tribromhydrine**, $C^3H^5Br^3$, est également connue ; mais le dérivé correspondant iodé, $C^3H^5I^3$, ne peut être obtenu, car il se décompose à l'état naissant en iodure d'allyle et iode (V. p. 62 et 64) quand on cherche à le préparer, par l'action de l'iode et du phosphore sur la glycérine, par exemple.

4. Produits de substitution supérieurs.

Tétrachlorure de carbone, CCl^4, P. E. 77°. Liquide incolore. Se prépare au moyen du chloroforme ou du sulfure de carbone et du chlore.

Tétrabromure de carbone, CBr^4. Tables. Bout sans se décomposer.

Tétraiodure de carbone, CI^4. Cristaux ressemblant au rubis.

Tétrafluorure de carbone, CF^4. Peut être obtenu synthétiquement au moyen du noir de fumée et du fluor. Gaz incolore, liquéfiable sous une pression modérée.

Ethane perchloré (éthane hexachloré), C^2Cl^6; tables rhombiques d'une odeur de camphre. Fond et bout à 185°.

B. Dérivés halogènés des carbures non saturés.

Ces dérivés sont obtenus :

1) Au moyen des dérivés halogènés des carbures saturés, par soustraction partielle d'acide halogèné :

$$C^2H^4Br^2 - HBr = C^2H^3Br.$$

2) En saturant incomplètement, par les halogènes ou les acides halogènés, des carbures d'hydrogène plus pauvres en hydrogène, par exemple :

$$C^2H^2 + HBr = C^2H^3Br.$$

3) En traitant par le carbonate de potasse les produits d'addition halogènés de certains acides non saturés :

$$\underset{\text{Bichlorure de l'acide crotonique.}}{C^4H^6Cl^2O^2} = C^3H^5Cl + HCl + CO^2.$$

4) Les dérivés de l'allyle C^3H^5X s'obtiennent en traitant l'alcool allylique par les acides halogènés ou les composés halogènés du phosphore.

Ces produits de substitution non saturés ont beaucoup d'analogie avec les produits de substitution saturés, mais, en qualité de produits non saturés, ils peuvent fixer les éléments halogènes ou les acides halogènés ; ils peuvent exister sous différentes modifications géométriquement isomériques. Sont à mentionner :

Etylène (éthène) **bromé,** *bromure de vinyle*, C^2H^3Br, $CH^2{=}CHBr$.

Chlorure, bromure, iodure d'allyle (halogène 3. propène 1), $CH^2{=}CH{-}CH^2X$. Ces combinaisons sont importantes à cause de leurs relations avec certains dérivés naturels de l'allyle comme l'essence de moutarde ou l'essence d'ail. L'iodure se prépare au moyen de la glycérine, de l'iode et du phosphore (V. plus haut) ; le chlorure avec la glycérine et le bichlorure de mercure.

Ces composés sont isomères avec les **dérivés du propylène** tels que **le propylène chloré** α (chlore 1. propène, 1), $CHCl{=}CH{-}CH^3$, qu'on obtient au moyen du dichlorure de l'acide crotonique, d'après le mode de formation 3. Dans ce cas, on obtient les deux isomères stéréochimiques prévus par la théorie (*Wislicenus* A. **248**, 281) :

$$\begin{array}{c} H - C - Cl \\ \| \\ H - C - CH^3 \end{array} \quad \text{et} \quad \begin{array}{c} H - C - Cl \\ \| \\ CH^3 - C - H \end{array}$$

Propylène chloré α — Iso-propylène chloré α

qu'on distingue par leurs capacités de réaction différentes et aussi par leurs points d'ébullition.

Il en est de même des combinaisons *homologues*.

Ethylène perchloré, C^2Cl^4, liquide incolore; P. E. 121°;

Acétylène chloré, (chloréthine) C^2HCl, gaz spontanément inflammable.

Acétylène bromé, C^2HBr, gaz inflammable à l'air, brûle avec une flamme pourprée fortement fuligineuse.

On connaît également des dérivés halogènés qui contiennent plusieurs halogènes différents.

III. Alcools monovalents.

On désigne sous le nom d'alcools des combinaisons oxygénées de réaction neutre, capables, comme les bases, de se combiner aux acides, avec élimination d'eau, en donnant des composés, analogues aux sels, qu'on appelle esters ou éthers composés.

$$C^2H^5.OH + AzO^2.OH = C^2H^5\,(O.AzO^2) + H^2O.$$

Les alcools sont, de plus, facilement transformables par oxydation en combinaisons plus riches en oxygène ou plus pauvres en hydrogène (aldéhydes, cétones, acides) ; sous l'action des halogènes, ils sont oxydés mais ne donnent pas de dérivés substitués, etc...

Théoriquement, les alcools dérivent des carbures d'hydrogène par la substitution de l'hydroxyle à l'hydrogène (V. p. 22 et 72), et, de même qu'on connaît des bases mono ou polyvalentes, on connaît des alcools qui sont mono, di, tri, etc... valents selon le nombre de molécules d'acide monobasique qui peuvent s'y combiner.

Les alcools polyvalents : le glycol, $C^2H^4\,(OH)^2$, la glycérine, $C^3H^5(OH)^3$, la mannite, $C^6H^8\,(OH)^6$, par exemple, seront étudiés ultérieurement.

Les alcools monovalents peuvent être *saturés*, ou *non saturés* comme les carbures dont ils dérivent. Les alcools non saturés sont tout à fait semblables aux alcools saturés, ils ne s'en différencient que parce qu'ils peuvent donner des réactions d'addition.

A. Alcools saturés monovalents, $C^nH^{2n+1}\,OH$.

(Consulter le tableau de la page suivante)

Les premiers représentants de cette série sont des liquides inco-

Alcools monovalents saturés, $C^nH^{2n+1}OH$.

		possibles	connus	P.F.	P.E.
Alcool méthylique	$CH^3.OH$	1	1		66°
éthylique	$C^2H^5.OH$	1	1	— 130°	78°
Alcools propyliques	$C^3H^7.OH$	2	2		
1) normal	C — C — C* 1)				97°
2) iso	(C, C)>C*				83°
Alcools butyliques :	$C^4H^9.OH$	4	4		
1) normal primaire	C — C — C — C*				117°
2) iso	(C, C)>C — C*				108°
3) méthyléthylcarbinol	(C — C, C)>C*				99°
4) triméthylcarbinol	(C, C, C)>C*			+ 25°	83°
Alcools amyliques :	$C^5H^{11}.OH$	8	8		
1) normal	C — C — C — C — C*				137°
2) de fermentation	(C, C)>C — C — C*				131°
3) méthylpropylcarbinol	(C — C — C, C)>C*				118°
etc.					

		P.F.	P.E.
Alcool hexylique	$C^6H^{13}OH$		157°
« heptylique	$C^7H^{15}OH$		175°
« octylique	$C^8H^{17}OH$		191°
« nonylique	$C^9H^{19}OH$	—5°	213°
« décylique	$C^{10}H^{21}OH$	7°	! 119° 2)
« dodécylique	$C^{12}H^{25}OH$	24°	! 143°
« tétradécylique	$C^{14}H^{29}OH$	38°	! 167°
« hexadécylique (cétylique)	$C^{16}H^{33}OH$	49°	! 189°
« octadécylique	$C^{18}H^{37}OH$	59°	! 210°
« cérylique	$C^{27}H^{55}OH$	79°	
« myricylique	$C^{30}H^{61}OH$(?)	85°	

1) L'* donne la position de l'hydroxyle.
2) ! = sous 15 millimètres de pression ; à partir de C^6, le point d'ébullition donné est celui de l'acool normal primaire.

lores, facilement mobiles ; les termes médians sont plus huileux ; les derniers, depuis l'alcool dodécylique, $C^{12}H^{25}OH$, sont solides à la température ordinaire et ressemblent à la paraffine. On ne connaît pas d'alcool gazeux. Pour les alcools de constitution analogue, le point d'ébullition s'élève assez régulièrement, d'un terme au suivant, d'environ 19° au début de la série, et d'un nombre de degrés un peu plus faible pour les termes plus élevés.

Les alcools inférieurs sont miscibles avec l'eau, mais la solubilité dans ce dissolvant diminue rapidement quand on avance dans la série : ainsi, il faut 12 parties d'eau pour dissoudre 1 partie d'alcool butylique et 40 parties d'eau ne dissolvent déjà plus qu'une partie d'alcool amylique ; enfin, les termes supérieurs ne sont plus solubles dans l'eau. Les alcools solubles peuvent être séparés de leur solution aqueuse au moyen de certains sels, tels que le carbonate de potassium ou le chlorure de calcium, par exemple.

La densité est toujours < 1. Les alcools les plus élevés (au-dessus de C^{16}) ne sont plus distillables que sous pression réduite ; à la pression ordinaire, la distillation les dédouble en oléfines et en eau. Les alcools inférieurs ont une odeur « d'alcool bon goût », à partir de C^5, ils sentent l' « eau-de-vie de mauvais goût », ou *fusel* ; les termes les plus élevés sont inodores et insipides et ressemblent à la paraffine.

Constitution et isoméries ; classification des alcools.

A partir de C^3H^8O, les alcools existent le plus souvent sous différentes modifications *isomériques* ; il y a, par exemple, deux alcools propyliques, quatre alcools butyliques, huit alcools amyliques, etc...

Parmi ces alcools, une partie seulement se transforment, par oxydation, en *acides*, $C^nH^{2n}O^2$, *de même nombre d'atomes de carbone* ; cette transformation s'effectue en passant par les *aldéhydes*, $C^nH^{2n}O$, produits intermédiaires. Ces alcools sont appelés alcools **primaires** : ex : alcool propylique primaire, alcool butylique, alcool isobutylique primaires, etc...

D'autres alcools *ne sont pas* transformables *en acides* de même nombre d'atomes de carbone ; par oxydation, ils donnent d'abord des *cétones*, $C^nH^{2n}O$, par perte de deux atomes d'hydrogène ; ainsi, l'alcool isopropylique donne l'acétone C^3H^6O ; ces alcools sont dits **secondaires** : ex : alcool butylique secondaire. Par une oxydation plus avancée, les cétones donnent, il est vrai, des acides ; mais ceux-ci contiennent un nombre d'atomes de carbone *inférieur* au leur et leur formation est, par conséquent, subséquente d'une scission de la chaîne de carbone.

Enfin, une troisième classe d'alcools comprend ceux qui, par oxydation, ne peuvent donner ni aldéhydes, ni cétones, ni acides d'un même nombre d'atomes de carbone. Ce sont les alcools **tertiaires**, tels que l'alcool butylique tertiaire par exemple. Ces alcools peuvent bien être tranformés par oxydation en cétones ou en acides, mais ceux-ci contiennent toujours un nombre d'atomes de carbone plus faible que celui de l'alcool primitif.

Constitution des alcools. Dans les alcools monovalents, **un** atome d'hydrogène joue un rôle absolument particulier : il est remplaçable par des métaux (K. Na) et des radicaux acides ; sous l'action des acides halogènés, il s'élimine en même temps que l'atome d'oxygène, à l'état d'eau, tandis que les autres atomes d'hydrogène restent inattaqués, etc.. Cet atome d'hydrogène, qu'on a déjà différencié dans la théorie des types (V. p. 12), est nommé hydrogène *typique* ou *extra radical* : il n'*est pas lié directement* au carbone, mais immédiatement par l'*intermédiaire de l'oxygène* ; ceci ressort de la possibilité de préparer les alcools au moyen des dérivés monohalogènés des carbures saturés (V. p. 15). Ce point a été étudié déjà (p. 73) à propos de l'alcool éthylique.

Les alcools contiennent donc un *hydroxyle,* OH, et ont, par suite, la formule de constitution générale, $C^nH^{2n+1}OH$.

D'après la théorie, cet hydroxyle peut remplacer, dans un carbure d'hydrogène, soit un atome d'hydrogène d'un groupe méthyle, avec formation d'un alcool contenant le complexe $—CH^2.OH$ (dont l'atome de carbone n'est lié qu'à un seul autre carbone, comme dans $CH^3.CH^2.OH$, par exemple) ; soit un hydrogène du groupe méthylène $=CH^2$, l'alcool produit contenant alors le groupement $=CH.OH$ (carbone lié à deux autres carbones) ; soit, enfin, un atome d'hydrogène du groupe méthine $\equiv CH$ et alors le composé résultant contient le complexe $\equiv C.OH$, dans lequel le carbone est uni à d'autres atomes de carbone par trois affinités.

On conçoit facilement qu'un groupe $— C\begin{matrix} / H^2 \\ \backslash OH \end{matrix}$ puisse se transformer en $— C\begin{matrix} /\!/ O \\ \backslash OH \end{matrix}$ sous l'action de l'oxygène ; or, ce dernier groupement, appelé *carboxyle,* est contenu dans les acides $C^nH^{2n}O^2 = C^{n-1}H^{2n-1}.CO^2H$ résultant de l'oxydation des alcools primaires ; par suite, les **alcools primaires** sont ceux qui contiennent le groupe **$—CH^2OH$.**

Le groupe — CH.OH peut être transformé par oxydation en $=C=O$ $(=C\begin{matrix} / OH \\ \backslash OH \end{matrix}$ moins $H^2O)$ groupe caractéristique des cétones. Une nouvelle introduction d'oxygène ou d'hydroxyle, qui conduirait à la formation d'un acide (groupe — COOH), est impossible à cause de la tétravalence du carbone ; elle ne peut se produire ici qu'après rupture des liaisons et séparation des atomes de carbone. Or, comme ce sont les alcools secondaires qui donnent des cétones par oxydation et que ces alcools ne fournissent jamais d'acides de même nombre d'atomes de carbone, on en déduit qu'ils contiennent le groupe **— CH.OH.**

Enfin, le groupe $\equiv$C. OH contient le maximum d'oxygène qui puisse être lié à un atome de carbone déjà en rapport avec trois autres atomes semblables ; une combinaison contenant ce groupe ne pourra donner, par oxydation, ni aldéhyde, ni cétone, ni acide du même nombre d'atomes de carbone ; une fixation éventuelle d'oxygène sur le groupe $\equiv$C. OH ne peut se produire en effet que si la liaison entre le carbone de ce groupe et un autre carbone est rompue ; si donc l'oxydation se produit, la chaîne sera fragmentée et les acides ou les cétones formés ne pourront contenir le même nombre d'atomes de carbone que la combinaison primitive. Les alcools tertiaires se comportant ainsi à l'oxydation, on en conclut qu'ils contiennent le groupe $\equiv$ **C.OH** :

La théorie explique donc, de la manière la plus satisfaisante, l'existence de trois classes d'alcools.

Les alcools secondaires et tertiaires avaient été prévus par *Kolbe* en 1864 (Ann. **132.** 102).

Parmi les alcools isomères, les primaires sont ceux qui possèdent les points d'ébullition les plus élevés, et les alcools tertiaires ceux dont les points d'ébullition sont les plus bas ; cette règle s'applique à leurs esters. Les alcools tertiaires fondent à des températures plus élevées que leurs isomères et sont solides presque au début de la série.

Etats naturels. Quelques alcools se trouvent dans la nature unis à des acides organiques, c'est-à-dire à l'état d'esters contenus dans les huiles essentielles et dans les cires ; tels sont : l'alcool méthylique, l'alcool éthylique (qui existe aussi à l'état libre), l'alcool butylique, l'alcool hexylique, l'alcool octylique et certains alcools à 16, 17 et 30 atomes de carbone.

Modes de formation. I. *Modes généraux.* 1. Au moyen des *esters*, par ébullition avec les alcalis ou les acides ou même avec l'eau (V. « esters ») ex :

$$CH^3.O.(C^7H^5O^2) + KOH = CH^3.OH + C^7H^5O^2.OK$$

ester méthylsalicylique — alcool méthylique — salicylate de potasse.

Cette réaction est appelée *saponification* ou hydrolyse.

L'ester éthylsulfurique et quelques autres, se décomposent lorsqu'on les chauffe avec l'eau seule :

$$C^2H^5.O.SO^3H + H^2O = C^2H^5.OH + SO^4H^2.$$

2. Au moyen des dérivés halogénés $C^nH^{2n+1}X$.

a) En chauffant ceux-ci (particulièrement les iodures) avec un excès d'eau à 100^0

$$C^2H^5I + H.OH = C^2H^5.OH + HI.$$

Les iodures tertiaires se décomposent ainsi, même à froid.

Lorsqu'on emploie peu d'eau, la réaction est limitée par un certain état d'équilibre (V. p. 61).

b) En les traitant par l'oxyde d'argent humide, qui réagit comme l'hydrate inconnu AgOH, ou par l'eau à l'ébullition en présence d'oxyde de plomb, ex. :

$$C^2H^5I + Ag.\,OH = C^2H^5.\,OH + AgI.$$

Les combinaisons halogènées, $C^nH^{n2+1}X$, peuvent aussi être considérées comme des esters dérivés des hydracides et des alcools et le mode de formation 2 coïncide avec le mode 1.

c) Chauffés avec de l'acétate d'argent ou de l'acétate de potasse, ils se transforment d'abord en ester acétique de l'alcool correspondant (par double décomposition) et celui-ci, par saponification, donne l'alcool :

$$C^2H^5I + AgO\,(C^2H^3O) = C^2H^5.\,O.\,C^2H^3O + AgI.$$
$$C^2H^5.\,O.\,C^2H^3O + KOK = C^2H^5.\,OH + C^2H^3O.\,OK.$$

3. Au moyen des *oléfines* et des *paraffines* que l'on transforme d'abord en combinaisons halogènées $C^nH^{2n+1}X$ (V. 2).

Comme, dans les combinaisons halogènées des oléfines, l'halogène est toujours uni à l'atome de carbone qui était le moins chargé d'hydrogène, les alcools qui résulteront de ces combinaisons halogènées ne pourront, à partir des termes en C^3, être que secondaires ou tertiaires.

4. Au moyen des *hydrates de carbone* (glucose), par fermentation sous l'influence de la levure ; il se forme ainsi des alcools contenant 2, 3, 4, 5 et, dans quelques circonstances, 6 atomes de carbone (V. p. 78).

4. a. De la même manière, la glycérine donne, par fermentation sous l'action des schizomycètes, des alcools à 2, 3 et 4 atomes de carbone (*Fitz*).

5. En traitant les *amines primaires* par l'acide nitreux[1] ; on obtient les esters nitreux des alcools :

$$\begin{array}{l|c|l} C^2H^5 & Az & H^2 \\ + HO & Az & O \end{array} = C^2H^5OH + Az^2 + H^2O.$$

6. Au moyen des alcools polyvalents, par l'action ménagée des acides halogènés puis substitution rétrograde sur les produits halogènés formés :

$$C^3H^5(OH)^3 \text{ (glycérine)} + 2HCl = C^3H^5(OH)\,Cl^2 \text{ (dichlorhydrine)} + 2H^2O\,;$$
$$C^3H^5(OH)\,Cl^2 + 2H^2 = C^3H^7.\,OH \text{ (alcool isopropylique)} + 2HCl.$$

II. Modes spéciaux. — 1. On obtient les alcools primaires par réduction des *aldéhydes* $C^nH^{2n}O$ au moyen de l'amalgame de sodium et de l'acide sulfurique très étendu (*Wurtz*) ou au moyen de l'acide acétique et de la poudre de zinc (dans ce cas, on obtient l'ester acétique de l'alcool) ; ainsi : $C^2H^4O + H^2 = C^2H^6O$.

(1) Pour la commodité, on emploie au lieu de $Az^2O^3 + H^2O$, la formule de l'hydrate nitreux hypothétique, $AzO^2H = AzO.\,OH$.

1 a. On obtient également les alcools primaires au moyen des acides, en traitant, par l'hydrogène naissant, soit leurs anhydrides (V. ceux-ci) soit un mélange d'anhydride et de chlorure d'acide (V. ces mots) (ces réactions donnent les esters des alcools).

Dans certains cas (V. acide gluconique), les acides peuvent être directement transformés en alcools par réduction au moyen de l'amalgame de sodium (*E. Fischer*).

Comme de leur côté, les acides (V. ceux-ci) peuvent être préparés synthétiquement au moyen d'alcools contenant un atome de carbone en moins, il en résulte qu'on peut, au moyen de ces alcools, en préparer synthétiquement d'autres plus riches en atomes de carbone (*Lieben* et *Rossi*).

2. Les alcools *secondaires* s'obtiennent au moyen des *cétones* $C^nH^{2n}O$, par réduction (amalgame de sodium) :

$$\underset{\text{acétone}}{CH^3{-}CO{-}CH^3} + H^2 = \underset{\text{alcool isopropylique}}{CH^3{-}CH(OH){-}CH^3}$$

Comme produits secondaires, il se forme des pinacones (V. cétones).

3. On obtient encore des alcools secondaires en faisant réagir des aldéhydes sur le zinc-méthyle ou le zinc-éthyle.

3 a. En traitant l'éther éthylformique par des combinaisons zinco-alcooliques, il se forme également des alcools secondaires.

4. On obtient des alcools tertiaires par l'action prolongée du zinc-méthyle ou du zinc-éthyle (2 molécules) sur les chlorures d'acides et décomposition ultérieure, par l'eau, des composés ainsi formés (*Butlerow*). Une action de peu de durée ne conduirait pas aux alcools, mais aux cétones.

5. Par fixation d'eau sur les oléfines, on obtient parfois directement des alcools secondaires ou tertiaires (dans certains cas, on fait intervenir le chlorure de zinc B. **25**, R. 864, Bull. soc. chim. **1892**, **1**. 576-586); on obtient, par exemple, $(CH^3)^3.C.OH$, au moyen de l'isobutylène.

La **nomenclature** des alcools, et surtout celle des alcools secondaires et tertiaires, est basée sur leur comparaison avec l'alcool méthylique qu'on appelle aussi *carbinol* : on considère les alcools comme dérivant du carbinol, $CH^3.OH$, par substitution de radicaux alcooliques aux atomes d'hydrogène du méthyle, ex. : alcool butylique tertiaire, $(CH^3)^3.C.OH$ = triméthylcarbinol ; alcool butylique secondaire, $CH^3{-}CH^2{-}CH^2(OH){-}CH^3$ = méthyléthylcarbinol.

Le *N. o* (p. 23) des alcools se termine en « *ol.* »

Propriétés des alcools. 1. L'hydrogène typique des alcools est remplaçable par les métaux : le potassium ou le sodium, par exemple, agissent directement et fournissent, avec dégagement d'hydrogène, des composés qu'on nomme *méthylates* etc. (alcoolates).

$$C^2H^5O\ \boxed{H + \ Na} = \underset{\text{éthylate de sodium.}}{C^2H^5ONa} + H$$

Ces composés se décomposent sous l'action de l'eau en alcool et en alcali (V. p. 81).

Les alcools primaires et les alcools secondaires, mais non les alcools tertiaires, s'unissent à 130° avec la baryte ou la chaux en formant des alcoolates décomposables par l'eau. Le chlorure de calcium formant avec les alcools des combinaisons cristallines ne peut être employé pour les dessécher.

2. Les alcools entrent dans la composition de beaucoup de substances à titre d' « alcool de cristallisation » (V. p. 75 et 81).

3. Sous l'action des acides, ils donnent des *esters*.

$$C^2H^5OH + \underset{\text{acide acétique}}{(C^2H^3O)(OH)} = \underset{\text{ester éthylacétique}}{C^2H^5.O.(C^2H^3O)} + H^2O$$

(V. p. 69 et 73).

Parmi ces esters, ceux de l'acide benzoïque sont particulièrement propres à la séparation et à la caractérisation des alcools.

4. Traités par les déshydratants, ils donnent des *oléfines*.

5 Les acides halogènés ou les composés halogènés du phosphore les transforment en carbures d'hydrogène monohalogènés (V. p. 61).

6. Les produits d'oxydation des alcools primaires, secondaires et tertiaires ont été mentionnés plus haut (p. 72).

Lorsqu'on oxyde l'alcool méthylique, on obtient le plus souvent de l'acide carbonique au lieu d'acide formique parce que ce dernier est lui-même très facilement oxydable.

6 a. Les alcools primaires supérieurs, chauffés avec de la chaux sodée, se transforment en acides correspondants.

7. Les *halogènes* n'agissent pas comme substituants, mais comme oxydants.

On pourrait considérer, comme alcools monovalents substitués, certains éthers d'alcools polyvalents tels que, $CH^2Cl-CH^2.OH$, chlorhydrine du glycol = alcool éthylique monochloré; $Cl-CH^2.OH$ = alcool méthylique chloré (V. formaldéhyde).

8. Les alcools primaires, secondaires et tertiaires peuvent être différenciés par leurs dérivés nitrés; on obtient ceux-ci par l'action du nitrite d'argent sur les iodures alcooliques (V. *Meyer*).

Ils peuvent encore être caractérisés, au moyen de l'acide acétique par exemple, par la valeur limite de l'éthérification et sa rapidité de début.

Alcool méthylique.

Alcool méthylique (méthanol) *esprit de bois*, $CH^3.OH$.

Découvert dans le goudron de bois par *Boyle* 1661 ; reconnu différent de l'alcool en 1812 par *Philips Taylor*. Sa composition a été établie en 1834 par *Dumas* et *Péligot*. Son nom est formé de μέθυ (vin) et de ὕλη (bois).

Etats naturels. On le trouve sous forme d'éther salicylique dans le *Gaul-*

theria procumbens (essence de Wintergreen, Canada) et, à l'état d'éther butyrique, dans les semences vertes de l'*Heracleum giganteum*.

Formation : 1. En chlorant le méthane et saponifiant le chlorure de méthyle formé (*Berthelot*).

2. En décomposant l'iodure de méthyle par l'eau (V. plus haut).

3. Par la distillation sèche du bois.

Dans cette opération, il se forme, en dehors du charbon de bois :

a) des gaz : CH^4, C^2H^6, C^2H^4, C^2H^2, C^3H^6, C^4H^8, CO, CO^2, H^2, etc...

b) un liquide aqueux appelé « acide pyroligneux » contenant : CH^4O, acide acétique, acétone, éther méthylacétique, alcool allylique, etc...

c) du goudron de bois contenant : paraffine, naphtaline, phénol, gaïacol, etc.

4. Par la distillation sèche des vinasses.

Préparation. Par distillation fractionnée de l'acide pyroligneux après neutralisation. On le purifie au moyen de la combinaison qu'il forme avec le chlorure de calcium, combinaison stable à 100°, ou, mieux, en le transformant en éther oxalique ou benzoïque faciles à purifier et à saponifier.

Propriétés. Liquide incolore, P. E. 66°, densité environ 0,8. Le produit commercial contient ordinairement de l'acétone. Brûle avec une flamme non éclairante, dissout les graisses, les huiles, etc. ; provoque l'ivresse comme l'alcool éthylique ; entre comme ce dernier, à l'état d'alcool de cristallisation, dans la composition de certaines combinaisons telles que : $BaO + 2CH^4O$; $MgCl^2 + 6CH^4O$; $CaCl^2 + 4CH^4O$ (tables hexagonales). S'oxyde facilement en donnant de la formaldéhyde et de l'acide formique ; ce dernier acide se forme aussi sous l'action de la chaux sodée. Forme avec le potassium métallique une combinaison cristalline $CH^3OK + CH^3.OH$. L'alcool méthylique anhydre dissout le sulfate de cuivre calciné, en se colorant en vert-bleu ; distillé sur de la poudre de zinc chauffée, il se scinde assez facilement en oxyde de carbone et en eau.

Emplois. — Dans l'industrie des colorants dérivés du goudron (CH^3I, CH^3Cl) ; entre dans la composition des vernis, du liquide de Wickersheimer (agent de conservation), est employé à « dénaturer » l'alcool, etc.

Méthylate de potassium, $HC^3.OK$. Poudre cristalline blanche.

Alcool éthylique.

Alcool éthylique (éthanol) esprit de vin, $C^2H^5.OH$. Dans l'antiquité, on connaissait déjà des liquides alcooliques et on sut de bonne heure les enrichir en alcool en leur enlevant de l'eau au moyen du carbonate de potasse ou par distillation. Il est déjà nommé « alcool » au XVIe siècle. *Lavoisier* détermina sa composition qualitative, *Saussure* (1808) en fixa la composition centésimale.

Etats naturels. L'alcool est peu répandu dans le règne végétal, on l'y trouve quelquefois à l'état d'éther butyrique ; il est plus répandu dans le règne animal, il existe, par exemple, dans l'urine diabétique ; le goudron de houille, les huiles animales, l'esprit de bois, le pain, etc. en contiennent de petites quantités.

Formation. 1. On transforme l'éthane en chlorure d'éthyle et on saponifie celui-ci.

2. L'éthylène se combine à l'acide sulfurique en donnant de l'acide éthylsulfurique ; ce dernier, par saponification, donne de l'acide sulfurique et de l'alcool (V. p. 48 et 73 ; *Faraday* et confirmation de *Berthelot* 1855).

3. Par réduction de l'aldéhyde (*Wurtz*, A 123).

4. On le *prépare* par fermentation alcoolique du sucre.

Le glucose, le fructose, $C^6H^{12}O^6$ et le maltose donnent directement de l'alcool par fermentation ; le sucre de canne, $C^{12}A^{22}O^{11}$, ou l'amidon, $(C^6H^{10}O^5)^x$ (V. plus loin) doivent subir d'abord une hydratation.

Les *fermentations* sont des décompositions lentes des substances organiques provoquées par des microorganismes ; elles se produisent généralement avec dégagement gazeux et élévation de température. La fermentation alcoolique du sucre, c'est-à-dire celle dans laquelle ce dernier est transformé en alcool, est produite par les saccharomyces, levure microscopique, oblongue, se reproduisant par bourgeonnement. Certains sels inorganiques sont nécessaires à son développement, tout comme à celui des végétaux supérieurs mais, par contre, l'acide carbonique n'est pas, comme pour ces derniers, un élément utile.

La fermentation alcoolique décompose 94 à 95 °/₀ du sucre en alcool et en acide carbonique :

$$C^6H^{12}O^6 = 2\ C^2H^6O + 2\ CO^2$$

Comme *produits accessoires* constants, il se forme de la glycérine, $C^3H^8O^3$, 2,5 à 3,6 °/₀ et de l'acide succinique, $C^4H^6O^4$, 0,4 à 0,7 °/₀, ainsi qu'un mélange d'homologues supérieurs de l'alcool appelé « fusel » ou « eau-de-vie de mauvais goût » dont la formation est attribuée à des levures étrangères.

La partie essentielle de l'eau-de-vie de mauvais goût est formée d'alcool amylique de fermentation, $C^5H^{11}.OH$ (isobutylcarbinol) ; on y a trouvé de plus : les deux alcools propyliques (surtout l'iso), les alcools butyliques (normal-iso et tertiaire), l'alcool amylique actif (méthyléthylcarbincarbinol) et, accidentellement, des homologues et des éthers supérieurs. Les séparations ont été effectuées au moyen des éthers bromhydriques.

Conditions de la fermentation. La fermentation ne peut avoir lieu qu'entre certaines limites de température, de 3° à 35°, elle s'effectue le mieux entre 25 et 30°. Elle n'a pas lieu si la solution de sucre est trop concentrée ou si on y ajoute de petites quantités d'acide salicylique, de phénol, de bichlorure de mercure, etc. ; la présence de l'air n'est pas nécessiare, mais elle est favorable. La levure perd son activité quand on la chauffe à 60° ou lorsqu'elle se trouve en présence d'alcool, d'acide ou d'alcali.

Comme matières premières pour la préparation de l'alcool ou de liquides alcooliques, on emploie :

a) Le glucose, le fructose, c'est-à-dire le raisin, les fruits mûrs, qui donnent le vin, etc.) ; b) le sucre de canne ou de betteraves dont on fait des eaux-de-vie, la mélasse (V. sucre) ; de plus, le lactose (le lait de jument donne le kéfir) ; c) l'amidon de grains (bière, eau-de-vie de grains) et la pomme de terre (eau-de vie de pommes de terre). L'amidon est d'abord transformé en maltose et dextrine sous l'influence de la diastase (V. ce mot) (une enzyme) ou en glucose et dextrine par ébullition avec l'acide sulfurique dilué. Ces différents sucres sont ensuite soumis à la fermentation.

Un vin moyen contient 8 1/2 à 10 % d'alcool ; le Porto en contient 15 %, le Sherry jusqu'à 21 %. Le vin de champagne renferme de 8 à 9 % d'alcool, la bière, en moyenne, de 3 1/2 à 4 %.

Les diverses sortes d'eaux-de-vie, obtenues en brûlant, c'est-à-dire en distillant les liquides fermentés, contiennent de 30 à 40 % d'alcool (le cognac en contient même plus de 50 %).

Purification. Il est difficile de séparer complètement l'eau de l'alcool par simple distillation, car les points d'ébullition de ces deux liquides ne sont distants que de 22° ; même après des rectifications réitérées, le distillatum est encore aqueux. Il est également difficile de séparer, par ce moyen, les homologues supérieurs (eau-de-vie de mauvais goût).

Dans l'industrie, on réalise une séparation excellente au moyen de « déflegmateurs » et de « rectificateurs » (appareils à colonnes). Le fonctionnement de ces appareils est basé sur le principe de la vaporisation partielle et du refroidissement partiel des vapeurs (*Adam* et *Bérard* ; perfectionnements de *Savalle, Pistorius, Coffrey* et autres). On obtient un alcool à 98-99 %.

On peut débarrasser un alcool de la plus grande partie de son eau soit au moyen du carbonate de potassium calciné ou du sulfate de cuivre anhydre, soit en le distillant sur de la chaux vive ; pour enlever les derniers centièmes d'eau, on distille sur de la baryte caustique ou sur de l'amalgame d'aluminium, ou bien on distille plusieurs fois de suite sur du sodium métallique. Lorsqu'un alcool contient de l'eau, il se trouble par addition de benzine ou de sulfure de carbone ou de paraffine liquide et il donne un précipité blanc d'hydroxyde de baryum quand on y ajoute une solution de baryte dans l'alcool absolu. On appelle alcool absolu, l'alcool complètement exempt d'eau.

Un alcool « mauvais goût » étendu d'eau de façon qu'il titre 30 % peut être débarrassé, par extraction au chloroforme, des homologues « mauvais goût » qu'il contient.

Il y a contraction lorsqu'on mélange de l'eau avec de l'alcool, 53,9 parties d'alcool + 49,8 parties d'eau donnent 100 parties du mélange au lieu de 103,7 parties. On peut obtenir la richesse d'un alcool aqueux, soit par le poids spécifique au moyen de tables spéciales, soit au moyen d'aréomètres construits spécialement dans ce but (alcoomètres), soit encore en déterminant sa tension de vapeur (vaporimètre de *Geissler*).

Propriétés. Liquide incolore, facilement mobile, d'une odeur faible mais agréable. P. E. 78°,3 ou 13° à 21 mm. de pression. Se solidifie à — 130°,5. Densité à 15°, 0,79. Brûle avec une flamme à peine éclairante. Est excessivement hygroscopique et se mêle à l'eau en toute proportion comme aussi à l'éther. Forme avec l'eau plusieurs hydrates. C'est un dissolvant excellent pour beaucoup de substances : résines, huiles, etc., et, pour cette raison, il est très employé dans les laboratoires; il dissout aussi le soufre, le phosphore etc. Avec l'acide sulfurique concentré, il donne, selon les conditions, de l'acide éthylsulfurique, de l'éther ou de l'éthylène. Action de l'acide chlorhydrique, etc. (V. p. 60). Se diffuse au travers des membranes poreuses plus rapidement que l'eau ; coagule l'albumine; est employé pour la conservation des préparations anatomiques.

L'alcool s'oxyde facilement sous l'action de l'oxygène de l'air, en présence de platine très divisé, ou, en solutions diluées, sous l'action de certains micodermes, en donnant de l'aldéhyde, puis de l'ac. acétique ; la présence de ces microorganismes rend acides la bière et le vin, mais est sans action sur l'alcool. Le bichromate de potasse ou le bioxyde de manganèse et l'acide sulfurique l'oxydent d'abord à l'état d'aldéhyde. L'acide nitrique rouge et fumant agit énergiquement avec production de vapeurs rutilantes, d'aldéhyde, de nitrite d'éthyle, d'acide formique, d'acide oxalique, d'acide cyanhydrique ; l'acide nitrique étendu d'eau le transforme en acide glycolique ; l'acide nitrique concentré et incolore le transforme en nitrate d'éthyle sans oxydation concomitante. L'air agit aussi comme oxydant en présence des alcalis ; ainsi, les solutions alcooliques de potasse ou de soude brunissent rapidement en abandonnant des résines qui résultent de l'action de l'alcali sur l'aldéhyde formée en premier lieu. La potasse alcoolique est, par suite, souvent employée comme agent de réduction, pour les combinaisons nitrées aromatiques, par exemple. Sous l'action du chlore, l'alcool se transforme, avec production intermédiaire probable d'alcool monochloré $CH^3.CHCl(OH)$, en acétaldéhyde et en produits de substitution chlorés de l'éther éthylique et de l'acétal puis, finalement, en hydrate de chloral, alcoolate de chloral et trichloracétal. Les alcools chlorés ne peuvent être préparés directement (V. p. 76); le brome agit comme le chlore. Quand on fait passer des vapeurs d'alcool dans un tube chauffé au rouge, il se forme H, CH^4, C^2H^4, C^2H^2, C^6H^6, $C^{10}H^8$, CO, C^2H^4O, $C^2H^4O^2$, etc.

Absorbé en petite quantité, l'alcool est un excitant et active la digestion ; de fortes doses provoquent l'ivresse. L'alcool absolu est toxique ; injecté dans les veines, il détermine rapidement la mort.

Recherche de l'alcool. 1. Par la production d'iodoforme (V. ce mot) qui permet de reconnaître 1 partie d'alcool dans 2000 parties d'eau.

2. Par le chlorure de benzoyle, $C^6H^5.CO.Cl$, qui forme avec l'alcool l'ester éthylbenzoïque, d'odeur caractéristique.

Parmi les combinaisons contenant de l'alcool de cristallisation, on peut citer : $KOH+2C^2H^6O$; $LiCl+4C^2H^6O$; $CaCl^2+4C^2H^6O$; $MgCl^2+6C^2H^6O$, etc.

Ethylate de sodium, $C^2H^5.ONa$, s'obtient par l'action du sodium sur l'alcool absolu ; les cristaux formés, $C^2H^5.ONa+2C^2H^6O$, perdent leur alcool de cristallisation à 200° et se transforment en une poudre blanche $C^2H^5.ONa$. L'éthylate de sodium joue un *rôle important dans les synthèses* ; on l'emploie souvent en solution alcoolique.

Alcools propyliques, C^3H^7OH.

1. **Alcool propylique normal** (propanol. 1) *éthylcarbinol*, $CH^3—CH^2—CH^2—OH$ (*Chancel*, 1853) ; on peut le retirer des eaux-de-vie de mauvais goût au moyen de son éther bromhydrique ou par distillation fractionnée. On l'a obtenu par réduction de l'aldéhyde propionique et de l'anhydride propionique au moyen de l'amalgame de sodium (*Rossi*). Liquide doué d'une odeur alcoolique agréable, bouillant 19° plus haut que l'alcool éthylique et miscible à l'eau en toutes proportions. Le chlorure de calcium etc... permettent de le séparer de l'eau. L'oxydation le transforme en acide propionique. Sa constitution se déduit de celle de l'acide propionique (V. celui-ci) et de l'obtention de ce dernier au moyen de l'alcool éthylique.

2. **Alcool propylique secondaire** (propanol. 2) *alcool isopropylique, diméthylcarbinol*, $(CH^3)^2{=}CH.OH$ (*Berthelot*, 1855). Fut d'abord considéré comme un alcool primaire. On l'obtient au moyen de l'iodure d'isopropyle et, par conséquent, au moyen de la glycérine, d'après les modes de formation I, 2, a) et I, 2, b) et aussi par réduction de l'acétone (amalgame de sodium) selon II, 2 (*Friedel*, 1862). On l'obtient encore, au moyen de la propylamine normale au lieu de l'alcool normal, par suite de formation intermédiaire de propylène, d'après I. 5. Liquide incolore. Bout environ 15° plus bas que son isomère et peut être, comme lui, séparé de l'eau par addition de sels. L'oxydation le transforme en acétone ; sa constitution se déduit de sa formation au moyen de l'acétone dont la constitution est $CH^3—CO—CH^3$.

Alcools butyliques, $C^4H^9.OH$.

Les quatre isomères prévus par la théorie sont connus.

1. **Alcool butylique normal**, $CH^3—CH^2—CH^2—CH^2.OH$ (butanol. 1.) Est contenu dans les eaux-de-vie de mauvais goût ; on peut l'obtenir, avec une facilité relative, par fermentation de la glycérine (schi-

zomycètes) (*Fitz*). Il a été préparé synthétiquement au moyen de l'aldéhyde butylique, de l'acide butyrique ou du chlorure de butyryle, d'après II, 1. et 1a (*Lieben* et *Rossi*, 1869). Il bout 19° plus haut que l'alcool propylique normal; son odeur est spéciale; il provoque la toux. Ne se mêle pas à l'eau en toutes proportions ; 1 volume se dissout dans 12 volumes d'eau à 22° ; la séparation de l'eau est possible par addition de sels. S'oxyde en donnant de l'acide butyrique normal. Sa constitution résulte de ses relations avec cet acide et de la préparation de ce dernier au moyen de l'alcool propylique normal.

2. **Alcool butylique secondaire** (butanol.2), *éthylméthylcarbinol, hydrate de butylène*, $\begin{matrix} C^2H^5 \\ CH^3 \end{matrix}\!\!>CH.OH = CH^3-CH^2-CH(OH)-CH^3$. S'obtient au moyen de l'érythrite $C^4H^6(OH)^4$ et de l'acide iodhydrique; on peut aussi l'obtenir en saponifiant l'éther iodhydrique obtenu par l'action de l'acide iodhydrique sur le butylène normal (*de Luynes*) mode I. 2, ou d'après II, 3, au moyen de l'aldéhyde et du zinc-éthyle, ou encore d'après II. 3. a) au moyen de l'éther formique (*Saytzeff*). C'est un liquide d'odeur forte; son point d'ébullition est inférieur de 18° à celui de l'alcool normal. Il donne par oxydation de l'éthylméthylcétone, $C^2H^5.CO.CH^3$, ce qui établit sa constitution.

3. **Alcool isobutylique** (méthylpropanol. 1.) *alcool butylique de fermentation*, $(CH^3)^2{=}CH-CH^2.OH$; c'est le plus important des alcools butyliques; il est contenu dans l'alcool mauvais goût (*Wurtz* 1852) et surtout dans l'alcool de pommes de terre (fermentation par la levûre de bière); on l'en isole le mieux à l'état d'iodure. Liquide incolore, ayant une odeur d'alcool mauvais goût rappelant celle du jasmin sauvage. Bout environ 8° plus bas que l'alcool normal. Par oxydation, il donne de l'acide isobutyrique $C^4H^8O^2$, ce qui fixe sa constitution.

4. **Triméthylcarbinol** (méthylpropanol. 2) *alcool butylique tertiaire*, $(CH^3)^3{\equiv}C.OH$ (*Butlerow*, 1863). Est contenu en petite quantité dans l'« alcool mauvais goût ». Se forme, par exemple, d'après II, 4 ; ou, plus simplement, au moyen de l'isobutylène (dérivé de l'alcool isobutylique), par fixation des éléments de l'eau sous l'action de l'acide sulfurique à 75 o/o, v. II, 5. Prismes rhombiques ou tables d'une odeur alcoolique et camphrée. P. F. 25,5° ; P. E. 33° plus bas que celui de l'alcool normal. Par oxydation, il donne de l'acétone, de l'acide acétique et de l'acide carbonique. Sa constitution résulte de son mode de formation II, 4, par exemple, et de la constitution de l'iodure de butyle tertiaire (p. 43 et 64)

Alcools amyliques, $C^5H^{11}.OH$.

La théorie fait prévoir huit alcools amyliques isomères : quatre primaires, trois secondaires et un tertiaire; tous les huit sont connus.

Alcool amylique normal primaire (pentanol 1), $CH^3-CH^2-CH^2-CH^2-CH^2OH$. A été préparé au moyen de l'aldéhyde valérique normale (*Lieben*, *Rossi*) et au moyen du pentane normal, par transformation en $C^5H^{11}Cl$ etc.

Isobutylcarbinol (méthyle. 3. butanol. 1) (*Erlenmeyer*), $(CH^3)^2{=}CH{-}CH^2{-}CH^2.OH$; est contenu dans l'huile de camomille romaine et constitue la partie essentielle de *l'alcool amylique de fermentation* que *Scheele* connaissait déjà. Il a été préparé synthétiquement, en 1876, au moyen de l'alcool isobutylique, par la méthode *Lieben-Rossi*. P. E. 131° ; P. F. — 134°. Odeur d'alcool mauvais goût, saveur brûlante ; est vénéneux et provoque les effets les plus graves de l'ivresse alcoolique.

Méthyléthylcarbinol (méthyle. 2. butanol. 1), *alcool amylique actif*, $\begin{matrix} CH^3 \\ C^2H^5 \end{matrix} \!\!>\! \overset{(2)}{C}H{-}\overset{(1)}{C}H^2.OH$ (*Pasteur* 1855) ; est contenu dans l'alcool amylique de fermentation. Dévie à gauche le plan de la lumière polarisée. Le chlorure, le bromure, l'iodure correspondants ainsi que l'acide valérianique, qui en dérive par oxydation, sont aussi optiquement actifs (dévient à droite).

L'action sur la lumière polarisée est subordonnée à la présence d'un « atome de carbone asymétrique » (v. p. 33). Il existe aussi un alcool amylique déviant à droite la lumière polarisée ; on l'obtient par fermentation de l'alcool gauche ; son iodure dévie à droite le plan de polarisation.

Hydrate d'amylène (méthyle. 2. butanol. 2), *alcool amylique tertiaire*, $\begin{matrix} CH^3 \\ CH^3 \end{matrix} \!\!>\! C(OH){-}CH^2{-}CH^3$, s'obtient au moyen de l'amylène, par fixation indirecte des éléments de l'eau (on forme d'abord l'acide amylsulfurique). Liquide huileux, d'une odeur pénétrante rappelant celle de la menthe poivrée. Agit comme hypnotique.

Alcools hexyliques, alcools capryliques, $C^6H^{13}.OH$.

17 sont possibles, 11 sont connus jusqu'à présent.

L'alcool hexylique normal primaire qu'on obtient au moyen de l'hexane ou de l'acide caproïque, $C^6H^{12}O^2$, existe à l'état naturel sous forme d'éther butyrique dans l'huile volatile d'Heracleum sphondylium.

L'alcool **hexylique de fermentation** (primaire) contenu dans les alcools lourds du marc de vin est isomérique avec le précédent.

Alcools supérieurs.

Alcool **heptylique**, *alcool œnanthylique*, $C^7H^{15}OH$. 38 isomères sont possibles, on en connaît 13 ou 14.

L'alcool **octylique normal**, $C^8H^{17}.OH$, est contenu, à l'état d'éther acétique, dans les variétés d'Heracleum, etc., à côté d'alcool hexylique.

L'alcool **décylique normal** $C^{10}H^{22}O$, l'alcool **dodécylique** $C^{12}H^{26}O$, l'alcool **tétradécylique** $C^{14}H^{30}O$, l'alcool **hexadécylique** $C^{16}H^{34}O$, l'alcool **octodécylique** $C^{18}H^{38}O$, ont été préparés par *Krafft* en 1881 au moyen des aldéhydes des acides correspondants par réduction à l'aide de la poudre de zinc et de l'acide acétique ; ils sont solides et ressemblent à la paraffine.

L'alcool **hexadécylique** normal (*alcool acétylique, éthal*) constitue, à l'état d'ester cétylpalmitique, la partie essentielle du blanc de baleine. L'alcool cétylique commercial contient un alcool homologue $C^{18}H^{38}O$.

Alcool **cérylique** (*cérotine*), $C^{27}H^{55}OH$; — Son ester cérotinique constitue la cire de Chine.

Alcool mélissique (*alcool miricique*), $C^{30}H^{61}.OH$ ou $C^{31}H^{63}.OH$, est contenu à l'état d'ester palmitique dans la cire d'abeilles et dans la cire de Carnauba au moyen de laquelle on le prépare le plus commodément. Pour séparer l'alcool de ces éthers (cires), on les saponifie au moyen d'une solution bouillante de potasse alcoolique.

B. Alcools non saturés monovalents, $C^nH^{2n-1}OH$.

Les alcools de ce groupe ressemblent beaucoup aux alcools saturés, tant au point de vue des propriétés chimiques qu'à celui des propriétés physiques, ils s'en différencient cependant parce qu'ils peuvent fixer deux atomes d'hydrogène ou d'halogène ou une molécule d'un acide halogéné pour former des alcools saturés ou des dérivés mono ou dihalogénés de ces alcools. Cette propriété les rend comparables aux oléfines, C^nH^{2n}, et fait admettre que, comme ces carbures incomplets, ils contiennent une double liaison. On les considère comme dérivant des oléfines par substitution de l'hydroxyle à un atome d'hydrogène.

Par oxydation ménagée, ils peuvent être transformés (à partir de $C^3H^5.OH$) en alcools trivalents (B. **21**, 3347 ; Bull. soc. chim. **1888**, **1**, 790).

Théoriquement, on peut prévoir l'existence d'alcools contenant le *groupe oxyméthylène* CH(OH) lié doublement à un atome de carbone. L'**alcool vinylique** (éthénol), $CH^2{=}CH(OH)$, est un alcool de cette catégorie ; il doit exister dans l'éther commercial mais n'a pas encore pu être isolé (B. **22**, 2863 ; B. soc. chim. **1890**, **1**, 880) ; cependant, on connaît quelques-uns de ses dérivés. Dans les réactions où il devrait se former, on obtient, à sa place, l'acétaldéhyde, $CH^3{-}CHO$, qui lui est isomérique car le groupe $=C=CH.OH$ est le plus souvent instable et se transforme en $=CH{-}CHO$ qui est plus stable ; on explique cette transformation en admettant qu'il y a fixation des éléments de l'eau H-OH, puis élimination d'éléments identiques. D'une manière analogue, on obtient, au lieu de $CH^2{=}C(OH){-}CH^3$, **alcool β-allylique**, l'acétone, $CH^3{-}CO{-}CH^3$. Inversement, on a obtenu au moyen de l'acétone et du sodium, la combinaison sodée de l'alcool β-allylique inconnu à l'état libre. A. **278**, 116. Bull. soc. chim. **1894**, **2**, 465).

Alcool allylique (propénol), $C^3H^5.OH$, $= CH^2{=}CH{-}CH^2OH$ (*Cahours* et *Hofmann* (1856). Existe dans l'esprit de bois brut (0,1 à 0,2 %). Se forme : 1) au moyen de l'iodure d'allyle ; 2) par réduction de l'acroléïne qui est l'aldéhyde correspondante ; 3) en chauffant la glycérine, $C^3H^5(OH)^3$, avec de l'acide oxalique à 260° en présence d'un peu de chlorure d'ammonium. La réaction paraît se poursuivre suivant le processus :

$$C^3H^8O^3 - H^2O - O = C^3H^6O,$$

pourtant, il se forme, comme produit intermédiaire, un éther formique de la glycérine (V. monoformine).

L'alcool allylique est un liquide mobile, d'une odeur piquante, dont le point d'ébullition (97°) est très voisin de celui de l'alcool propylique-n. ; il est, comme ce dernier, miscible avec l'eau. L'hydrogène naissant ne s'y fixe pas directement ; par contre, le chlore, le brome, le cyanogène, l'acide hypochloreux, etc., donnent des produits d'addition. Une oxydation ménagée le transforme en glycérine :

$$CH^2{=}CH{-}CH^2(OH){+}H^2O{+}O = CH^2OH{-}CH.OH{-}CH^2OH \text{ (glycérine)};$$

dans d'autres conditions, il peut se transformer par oxydation en une aldéhyde (acroléïne) ou en un acide (ac. acrylique), qui possèdent tous deux le même nombre d'atomes de carbone : c'est donc un alcool primaire (V. sa formule de constitution).

Alcool allylique monobromé, $CH^2{=}CBr{-}CH^2.OH$; s'obtient au moyen de la tribromhydrine, par des traitements successifs à la potasse caustique et au carbonate de potasse. Liquide, P. E. 155°.

On connaît plusieurs homologues supérieurs.

C. Alcools monovalents non saturés, $C^nH^{2n-3}.OH$.

Ces alcools sont des dérivés de l'acétylène ou de ses homologues véritables ou non ; ils possèdent, par suite, les propriétés générales des alcools et celles des carbures non saturés ; ils peuvent fixer 4 atomes d'hydrogène, de chlore, de brome ou 2 molécules d'acide chlorhydrique, d'acide bromhydrique, etc. Tous ceux qui contiennent le groupe $-C{\equiv}CH$ (V. p. 54) donnent avec la solution ammoniacale d'oxydule de cuivre ou d'oxyde d'argent des précipités détonants (jaunes avec le cuivre, blancs avec l'argent), comme $C^3H^2Ag(OH)$, qui sont décomposables par les acides en leurs constituants.

Alcool propargylique (propinol), $CH{\equiv}C-CH^2OH, = C^3H^3OH$; s'obtient au moyen de l'alcool allylique monobromé, par soustraction d'acide bromhydrique sous l'action de la potasse caustique. Liquide mobile, d'une odeur agréable, plus léger que l'eau, bouillant à 114° c'est-à-dire un peu plus haut que l'alcool propylique normal. Il fixe directement 4 atomes de brome.

Géraniol, $C^{10}H^{18}O, = (CH^3)^2C{=}CH.CH^2{-}CH^2.C.(CH^3){=}CH.CH^2OH$(?), huile d'une odeur agréable, P. E. 121° (17* mm.) ; peut s'extraire de l'essence de géranium et donne du citral par oxydation.

Le **Rhodinol**, extrait de l'essence de roses, est identique (?) au précédent.

Les linalols, d. et l., sont des isomères très analogues mais ne sont pas des alcools primaires.

IV. Dérivés des Alcools.

Ces dérivés sont divisés en six groupes : 1. Ethers ; 2. Thiodérivés ; 3. Dérivés acides ; 4. Bases azotées ; 5. Bases phosphorées, etc. ; 6. Composés organométalliques.

A. Ethers véritables (éthers alcooliques).

Les éthers des alcools monovalents sont des combinaisons de caractère neutre qui dérivent des alcools par soustraction d'eau (2 molécules d'alcool moins 1 molécule d'eau). On les obtient souvent en chauffant les alcools avec de l'acide sulfurique. Les éthers se différencient des alcools en ce qu'ils ne s'unissent pas aux acides, qu'ils donnent des dérivés de substitution avec les halogènes, qu'ils ne sont pas oxydables, etc. Seul, le premier terme inférieur de la série est gazeux, la plupart sont liquides, ceux dont le poids moléculaire est élevé sont solides. Les éthers liquides se distinguent par une odeur caractéristique « éthérée » qu'on ne trouve plus chez ceux dont le poids moléculaire est élevé.

Dans les éthers, *aucun atome d'hydrogène ne joue de rôle spécial* ; le sodium métallique est, par suite, sans action sur eux (V. p. 15).

Constitution. On peut considérer les éthers comme des *anhydrides* des *alcools* monovalents, comparables aux anhydrides des bases monovalentes :

$$\begin{matrix} K \mid OH \\ KO \mid H \end{matrix} = \begin{matrix} K \\ K \end{matrix}\!\!>\!O + H^2O \,; \qquad \begin{matrix} C^2H^5 \mid OH \\ C^2H^5.O \mid H \end{matrix} = \begin{matrix} C^2H^5 \\ C^2H^5 \end{matrix}\!\!>\!O + H^2O.$$

Conformément à cette conception, ils peuvent être retransformés en alcools (V. plus loin). — On peut aussi les envisager comme des *oxydes* des *radicaux alcooliques*, $(C^2H^5)^2O$, étant, par exemple, l'oxyde d'éthyle. Enfin, on peut admettre qu'ils dérivent des alcools par *substitution d'un radical alcoolique à l'hydrogène typique* :

$C^2H^5.OH$	$C^2H^5.OC^2H^5$	$C^2H^5.O(CH^3)$.
alcool	éther	éther méthyl-éthylique

Les radicaux alcooliques d'un éther peuvent être soit semblables (ex. : $(C^2H^5)^2O$ éther ordinaire) et, alors, l'éther est appelé **éther simple**, soit différents (éther méthyl-éthylique) et l'éther reçoit le nom d'**éther mixte** ou **intermédiaire**.

On désigne souvent les combinaisons des acides et des alcools sous le nom d'« éthers » ; ainsi, l'acétate d'éthyle, par exemple, est appelé aussi éther acétique, mais, pour les dérivés de ce genre, le nom d'« esters » est préférable.

On ne connaît pas d'éthers dérivant des alcools tertiaires.

Modes de formation. 1. On chauffe les *alcools* $C^nH^{2n+1}OH$ avec de l'acide *sulfurique*. La réaction se poursuit en deux phases ; dans le cas de l'éther éthylique, par exemple, on a :

I. $C^2H^5. \mid OH + \mid SO^4H \mid H = C^2H^5.(SO^4H) + H^2O$;

II. $C^2H^5. \mid SO^4H + \mid C^2H^5.O \mid H = C^2H^5.O.C^2H^5 + H^2SO^4$.

D'après I, il se forme un éther sulfurique (V. ce mot) qui, chauffé avec de l'alcool, donne, d'après II, l'éther éthylique avec régénération d'acide sulfurique. Ce dernier peut agir de nouveau et transformer, par conséquent, une nouvelle quantité d'alcool en éther et en eau.

Théoriquement, ce processus est continu, mais, pratiquement, il est limité par la formation de produits accessoires (acide sulfureux, etc.).

La méthode n'est applicable qu'aux alcools primaires, les alcools secondaires et tertiaires se transformant trop facilement en oléfines.

Les acides halogènés, etc., agissent comme l'acide sulfurique ; ainsi, on obtient de l'éther en chauffant l'alcool avec de l'acide chlorhydrique étendu, en vase clos, à 180°. Dans cette réaction, il y a formation intermédiaire de chlorure d'éthyle, qui réagit sur l'alcool selon le mode de formation (2). — Lorsqu'on chauffe l'alcool avec de l'acide chlorhydrique, il s'établit entre l'alcool, l'éther, le chlorure d'éthyle, l'acide chlorhydrique et l'eau, un état d'équilibre dans lequel, pour chaque unité de temps, chacun des produits se forme et se détruit en quantités équimoléculaires.

2. On fait agir les *alcoyl-halogènes* sur l'*éthylate* (*alcoylate*) *de sodium* ou sur la potasse alcoolique :

$$C^2H^5 \mid \overline{I +} \mid \underline{C^2H^5O.} \mid Na = C^2H^5.O.C^2H^5 + NaI.$$

3. On obtient aussi des éthers au moyen des alcoylhalogènes et de l'*oxyde d'argent* sec, Ag^2O (ou HgO, Na^2O) : $2C^2H^5I + Ag^2O = C^2H^5.O.C^2H^5 + 2AgI$.

Les modes de formation 1 et 2 permettent d'obtenir des éthers simples et des éthers mixtes, par exemple :

$$C^2H^5. \mid \overline{SO^4H +} \mid \underline{CH^3.O} \mid H = C^2H^5.O.CH^3 + H^2SO^4 ;$$

$$C^5H^{11} \mid \overline{I +} \mid \underline{CH^3.O} \mid Na = C^5H^{11}.O.CH^3 + NaI.$$

Propriétés. 1. Les éthers sont très stables : l'ammoniaque, les alcalis, les acides étendus, le sodium et même le pentachlorure de phosphore à froid sont sans action sur eux.

2. Lorsqu'on les surchauffe en présence d'eau acidulée au moyen de l'acide sulfurique, par exemple, ils fixent les éléments de l'eau et se transforment en alcools.

Cette réaction se produit aussi à froid, mais elle est alors extrêmement lente.

3. Chauffés avec de l'acide sulfurique concentré, ils donnent un alcool et un éther sulfurique :

$$C^2H^5.O. \mid \overline{C^2H^5 +} \mid \underline{H.} \mid SO^4H = C^2H^5.OH + C^2H^5.(SO^4H).$$

4. Saturés à 0° par de l'acide iodhydrique gazeux, les éthers se décomposent en alcool et iodure alcoolique :

$$C^2H^5.O. \mid \overline{C^2H^5 +} \mid \underline{H} \mid I = C^2H^5.OH + C^2H^5.I.$$

Dans le cas d'éthers mixtes, l'iode se fixe au radical le plus pauvre en carbone. Une action plus profonde donnerait naturellement deux molécules d'iodure alcoolique (V. B. 28. R. 718).

5. Les composés halogénés du phosphore, remplacent, à chaud, l'atome d'oxygène par deux atomes de chlore et produisent deux molécules d'alcoylhalogènes.

6. Les éthers sont oxydables par l'acide nitrique, etc... comme le sont les alcools ; mais les halogènes agissent comme substituants et non comme oxydants. Sous ce dernier rapport, les éthers sont donc analogues aux carbures d'hydrogène.

Ether éthylique (éthane-oxy-éthane) « *éther* », $(C^2H^5)^2O$.

A été découvert par *Valerius Cordus* vers 1544 ou peut-être déjà par *Raymond Lulle*. On l'appelle encore éther sulfurique ou éther de vitriol, dénominations vicieuses, données à une époque où il était supposé contenir les éléments de l'acide sulfurique. Sa composition a été déterminée par *Saussure* (1807) et *Gay-Lussac* (1815).

On le *prépare* d'après le procédé de *Boullay* dit « procédé continu » qui consiste à faire couler lentement de l'alcool dans de l'acide sulfurique à 140°. On débarrasse l'éther formé de l'alcool qu'il contient en l'agitant avec de l'eau ; on le sèche en le distillant sur de la chaux ou du chlorure de calcium et finalement sur du sodium ou de l'amalgame d'aluminium.

Théorie de l'éthérification. 1. Au début, on croyait que l'acide sulfurique agissait comme déshydratant, ce qui est erroné puisqu'il distille de l'eau dans l'opération.

2. Plus tard, on admit que l'acide sulfurique agissait simplement par contact (*Mitscherlich*, *Berzélius*), ce qui fut démontré inexact par *Liebig* qui reconnut la formation d'acide éthyl-sulfurique.

3. *Liebig* admettait que, sous l'action de la chaleur, l'acide éthylsulfurique se décompose en éther et en anhydride sulfurique, conception fausse, car l'acide éthylsulfurique chauffé seul à 140°, ne donne pas d'éther et qu'il est nécessaire, pour produire ce dernier, de faire intervenir l'alcool (*Graham*).

4. Finalement, *Williamson* donna la théorie, acceptée aujourd'hui, qui est basée sur l'hypothèse de *Laurent* et *Gerhardt* d'après laquelle l'éther contient deux radicaux éthyliques. Cette théorie est d'accord avec le mode de formation 2, et avec la possibilité de préparer des éthers mixtes. La préparation de ces derniers éthers *démontre en même temps la bivalence de l'oxygène.*

Propriétés. Liquide facilement mobile, d'une odeur fortement éthérée P.E. 34°,9 P.F. — 129° ; densité 0,72. à 17,4° A 120°, la tension de sa vapeur est déjà de 10 atmosphères. Son évaporation produit un froid intense. Il est facilement inflammable et ses vapeurs, à cause de leur poids spécifique élevé, propagent rapidement l'incendie ; mélangé à l'oxygène ou même à l'air, il forme un mélange détonant. L'eau dissout 1/10 d'éther ; l'éther dissout 1/36 d'eau. On reconnaît que l'éther contient de l'eau en y ajoutant du sulfure de carbone qui produit alors un trouble. L'éther est miscible avec l'acide chlorhydrique concentré. C'est un excellent dissolvant pour beaucoup de matières organiques. Il forme avec quelques substances, telles que les chlorures d'étain, d'aluminium, de phosphore, d'antimoine, de titane, des combinaisons cristallines dans lesquelles il joue le rôle d'éther de cristallisation.

Versé goutte à goutte sur du noir de platine, il s'enflamme ; introduit dans une atmosphère de chlore gazeux, il provoque une explosion avec production d'acide chlorhydrique ; cette opération, pratiquée à l'obscurité et à froid, permet cependant d'obtenir des produits de substitution dont le terme ultime est l'éther perchloré.

L'éther est un anesthésique (*Faraday ; Simpson*, 1848).

Emploi : Sous forme de « gouttes d'Hoffmann » en mélange avec 1 à 3 volumes d'alcool ; comme solvant dans l'industrie des colorants, etc., pour la production de la glace ; pour la préparation du collodion, etc.

Ether dichloré, $C^4H^8Cl^2O$. Deux modifications isomériques : l'une, asymétrique, se produit dans l'action du chlore sur l'éther ; l'autre, symétrique, est obtenue par l'action de l'acide chlorhydrique sur l'aldéhyde. Toutes deux sont liquides.

Ether perchloré, $C^4Cl^{10}O$ (V. plus haut), cristaux incolores, d'odeur camphrée.

Ether méthylique, $(CH^3)^2O$ (*Dumas, Péligot*) est gazeux à la température ordinaire ; se liquéfie au-dessous de — 20° ; très analogue à l'éther éthylique.

Ether méthylique chloré, $CH^2.Cl—O—CH^3$, se prépare en faisant agir l'acide chlorhydrique sur un mélange de formaldéhyde et d'alcool méthylique (V. aldéhydes, réactions d'addition. 2.). Liquide, P. E. 60°.

Ethers éthylcétylique et **dicétylique**, solides à la température ordinaire.

On connaît encore quelques éthers dérivant d'alcools à radicaux incomplets, tels que l'**éther allylique**, $(C^3H^5)^2O$ et l'**éther vinyléthylique** $C^2H^3—O—C^2H^5$ (même P. E. que l'éther). Ces éthers fixent le brome.

Isoméries. La formule générale des éthers saturés est $C^nH^{2n+2}O$; à chaque éther correspond un alcool saturé, $C^nH^{2n+2}O$, qui lui est isomérique ; ex. :

C^2H^6O = éther méthylique ou alcool éthylique ;
$C^4H^{10}O$ = éther diéthylique ou alcool butylique, etc.

A partir de $C^4H^{10}O$, on peut, de plus, prévoir des éthers isomères dont plusieurs sont connus ; tels sont :

$(C^2H^5)^2O$ et son isomère $CH^3.O.C^3H^7$ (= $C^4H^{10}O$) ;

L'éther méthylamylique, $CH^3.O.C^5H^{11}$, l'éther éthylbutylique. $C^2H^5.O.C^4H^9$ et l'éther dipropylique, $C^3H^7.O.C^3H^7$ ont la même formule brute $C^6H^{14}O$. Ces isoméries résultent de ce que les radicaux alcooliques constituant ces éthers étant des homologues d'une même série, l'égalité de la somme des atomes de carbone entraîne l'égalité de la somme des atomes d'hydrogène.

Cette isomérie particulière porte le nom de **métamérie** ; elle résulte de la réunion, au moyen d'un même élément polyvalent, de radicaux alcooliques qui sont différents, d'un composé à un autre, mais tels cependant qu'en totalisant leurs éléments dans chaque composé, on obtient une même somme. L'un des radicaux alcooliques peut aussi être remplacé par un atome d'hydrogène. La détermination de la constitution des éthers se déduit a) de leur préparation synthétique d'après 1 ou 2 ; b) de leurs produits de décomposition sous l'action de l'acide iodhydrique (V. p. 87).

Les alcools et les éthers de même nombre d'atomes de carbone sont aussi des « métamères » : les alcools sont des combinaisons contenant un atome d'hydrogène et un radical alcoolique fixés à un atome d'oxygène tandis que les éthers sont constitués par deux radicaux alcooliques réunis par un atome d'oxygène.

Il va de soi que les éthers peuvent présenter tous les cas d'isomérie que présentent les alcools et les radicaux alcooliques.

Variétés de l'isomérie de structure. Les isoméries dont il a été question jusqu'ici (abstraction faite de la stéréoisomérie) sont de trois sortes. La première, dont il a été fait mention à propos des paraffines supérieures, est appelée **isomérie de chaîne,** parce qu'elle est due à la différence que présentent les chaînes d'atomes de carbones. On a signalé ensuite le mode d'isomérie existant, par exemple, entre le chlorure d'éthylène et le chlorure d'éthylidène et entre les alcools propyliques primaire et secondaire, cette isomérie, qui résulte de la position différente de l'halogène ou de l'hydroxyle dans des chaînes semblables, est appelée **isomérie de position.** Enfin, le troisième mode d'isomérie consiste dans la métamérie citée plus haut. — Il existe d'autres sortes d'isoméries dont on parlera à propos des cétones et des dérivés du benzène.

B. Alcools et éthers sulfurés.

On obtient des composés sulfurés dérivant des alcools et des éthers en substituant un atome de soufre à l'atome d'oxygène qu'ils contiennent. Ce sont des liquides légers, très volatils au début de la série, incolores, presque insolubles dans l'eau, doués d'une odeur alliacée pénétrante et persistante : cette odeur est éthérée quand les produits sont absolument purs ; elle diminue d'intensité à mesure qu'on s'élève dans la série, proportionnellement à l'élévation du point d'ébullition. Les homologues élevés sont encore moins solubles dans l'eau que les premiers termes, mais ils sont solubles dans l'alcool et dans l'éther. Tous sont facilement inflammables.

Les *thioalcools*, $C^nH^{2n+1}SH$, appelés aussi mercaptans (*N. o.* thiols) ou alcoylsulfhydrates, ex : $C^2H^5.SH$, mercaptan (éthanethiol), ont le caractère d'acides faibles ; ils peuvent former des sels (surtout avec l'oxyde de mercure) qu'on appelle mercaptides ; ils se dissolvent dans la potasse caustique concentrée ; leurs points d'ébullition sont inférieurs à ceux des alcools correspondants.

Les *thioéthers*, $C^nH^{2n+1})^2S$, appelés aussi sulfures alcooliques, le sulfure d'éthyle, $(C^2H^5)^2S$, (éthane-thio-éthane) par exemple, sont des liquides volatils, neutres, sans caractère acide.

Les combinaisons des deux classes dérivent de l'hydrogène sulfuré, de la même manière que les alcools et les éthers dérivent de l'eau, par substitution de un ou de deux radicaux alcooliques à un ou à deux atomes d'hydrogène :

$$\left.\begin{matrix} H \\ H \end{matrix}\right\} S \qquad \left.\begin{matrix} C^2H^5 \\ H \end{matrix}\right\} S \qquad \left.\begin{matrix} C^2H^5 \\ C^2H^5 \end{matrix}\right\} S$$

Lorsque, dans l'hydrogène sulfuré, un seul atome d'hydrogène est remplacé par un alcoyle, celui qui reste conserve son caractère primitif et est facilement remplaçable par un métal ; il s'ensuit que les mercaptans sont des combinaisons monovalentes ayant le caractère d'acides faibles.

La **constitution** de ces combinaisons résulte immédiatement de leurs modes de formation.

Modes de formation. Les *mercaptans* s'obtiennent :

1. En chauffant les alcoylhalogènes avec le sulfhydrate de potassium en solution alcoolique ou en chauffant les alcoylsulfates (V. p. 100) avec le sulfhydrate de potassium en solution aqueuse :

$$C^2H^5 \,|\, Br + K \,|\, SH = C^2H^5.SH + KBr.$$

2. En chauffant les alcools avec le sulfure de phosphore (substitution du soufre à l'oxygène, *Kékulé*).

Les *thioéthers* s'obtiennent : 1) En traitant les alcoylhalogènes ou les alcoylsulfates par le sulfure neutre de potassium :

$$2C^2H^5.SO^4K + K^2S = (C^2H^5)^2S^2 + 2KSO^4 ;$$

2) En traitant les éthers par le pentasulfure de phosphore ;

3) Au moyen des alcoylhalogènes et des mercaptides de sodium ;

4) Par la distillation des mercaptides de mercure, avec production concomitante de sulfure de mercure.

5) Dans certaines combinaisons complexes, particulièrement dans quelques combinaisons aromatiques, le soufre peut être substitué directement à l'hydrogène sous l'influence de la chaleur ; les paraffines, par contre, ne se prêtent pas à cette réaction.

On peut aussi préparer des « *sulfures mixtes* » (V. éthers mixtes) tels que le sulfure éthylméthylique, $C^2H^5.S.CH^3$.

Propriétés chimiques A. des mercaptans. 1. Les sels alcalins s'obtiennent par l'action du potassium ou du sodium métallique; les sels de mercure se préparent en chauffant la solution alcoolique du mercaptan avec de l'oxyde de mercure (« mercaptan » = « mercurio aptum ») ; le bichlorure de mercure produit des combinaisons doubles peu solubles. Les sels de plomb se préparent au moyen des mercaptans et de l'acétate de plomb en solution alcoolique ; ils sont pour la plupart de couleur jaune.

2. L'acide nitrique transforme les mercaptans en acides alcoylsulfoniques, ex. :

$$C^2H^5.SH+3O = C^2H^5.SO^3H \text{ (acide éthylsulfonique).}$$

3. Les mercaptans, à l'état de sel de sodium, s'oxydent soit par l'iode, soit par le chlorure de sulfuryle SO^2Cl^2 (B. **18**, 3178 ; Bull. soc. chim. **1886** **2**, 535), en se transformant en *disulfures*, tels que le *disulfure d'éthyle* $(C^2H^5)^2S^2$:

$$2C^2H^5SNa + I^2 = (C^2H^5)^2S^2 + 2NaI\ ;$$

ils subissent souvent la même transformation, en solution ammoniacale, au contact de l'air.

Ces disulfures peuvent être de nouveau réduits par l'hydrogène naissant ; ils peuvent aussi être oxydés par l'acide nitrique et donnent alors des *disulfoxydes* tels que l'éthyldisulfoxyde, $(C^2H^5)^2S^2O^2$.

4 L'acide sulfurique concentré ne les transforme pas en produits analogues aux éthers sulfuriques, mais en disulfures, en se réduisant à l'état d'acide sulfureux.

B. Propriétés des *thioéthers*. 1. Ils donnent, avec les sels métalliques, des combinaisons doubles telles que $(C^2H^5)^2S.HgCl^2$.

2. Ils ont la faculté de fixer les *halogènes* ou *l'oxygène*.

Ainsi, le sulfure d'éthyle donne avec le brome un dibromure $(C^2H^5)^2S.Br^2$ et, sous l'action oxydante de l'acide nitrique, le diéthylsulfoxyde :

$$(C^2H^5)^2S+O = (C^2H^5)^2.SO.$$

Une oxydation plus profonde transforme les sulfures et les sulfoxydes en *sulfones*, c'est ainsi que le sulfure d'éthyle donne la diéthylsulfone, $(C^2H^5)S^2O^2$, et le sulfure d'éthyle-méthyle, la méthyléthylsulfone, $(CH^3)(C^2H^5)SO^2$. *Les sulfoxydes sont réduits par l'hydrogène naissant à l'état de sulfures ; les sulfones (les plus simples) ne subissent pas cette transformation.*

3. L'action des sulfures sur les alcoylhalogènes est très intéressante. Le sulfure de méthyle et l'iodure de méthyle, par exemple, s'unissent, à froid, en donnant l'iodure de triméthylsufonium, $(CH^3)^3SI$; ce produit, sous l'action de la chaleur, se scinde en régénérant les composés primitifs ; il se comporte comme un iodure et donne avec l'oxyde d'argent humide (mais non avec les alcalis) une base : l'hydroxyde de triméthylsulfonium, $(CH^3)^3S.OH$, qui, au point de vue de la basicité, ne le cède en rien à la potasse caustique, à laquelle d'ailleurs elle ressemble extraordinairement.

Sulfhydrate de méthyle (méthane-thiol.), $CH^3.SH$ (*Dumas* et *Peligot*), contenu dans les produits gazeux de la fermentation à l'abri de l'air, du blanc d'œuf, etc., et, par suite, dans les gaz intestinaux de l'homme Liquide d'une odeur repoussante bouillant à +6° et plus léger que l'eau.

Sulfure de méthyle (méthane-thio-méthane), $(CH^3)^2S$ (*Regnault*). Liquide d'une odeur désagréable, P. E. 37°.

Sulfhydrate d'éthyle (éthane-thiol), *éthylmercaptan*, *mercaptan*, $C^2H^5—SH = CH^3.CH^2.SH$ (*Zeise* 1833). Liquide doué d'une odeur extraordinairement repoussante, P. E. 36°. Est employé industriellement pour la préparation du sulfonal. Le sodium ou l'éthylate de sodium le transforme en :

Mercaptide de sodium, $C^2H^5.S.Na$. Masse blanche cristalline.

Mercaptide de mercure, $(C^2H^5S)^2Hg$ (V. plus haut), cristallise dans l'alcool en tablettes blanches. Traité par le bichlorure de mercure, le mercaptan donne un précipité blanc de $C^2H^5.S.HgCl$.

Sulfure d'éthyle, $(C^2H^5)^2S$. Liquide, P. E. 92 ; insoluble dans l'eau. Son dibromure, $(C^2H^5)^2SBr^2$, forme des octaèdres jaunes.

Disulfure d'éthyle (éthane-dithio-éthane), $(C^2H^5)^2S^2$. Se prépare au moyen du mercaptan et de l'iode. Liquide, P. E. 151°, d'une odeur désagréable.

Ethylsulfoxyde (éthane-sulfoxy-éthane), *diéthylsulfoxyde*, $(C^2H^5)^2SO^2$. Liquide épais, soluble dans l'eau ; peut s'unir à 1 molécule d'acide nitrique. Facilement réductible à l'état de sulfure.

Ethylsulfone (éthane-sulfone-éthane), *diéthylsulfone*, $(C^2H^5)^2SO^2$, cristallisable ; bout sans se décomposer, n'est pas réductible.

Iodure de triméthylsulfonium, $(CH^3)^3.SI$ (V. plus haut), s'obtient encore en chauffant l'iodure de méthyle avec du soufre. Cristaux blancs, solubles dans l'eau.

Hydroxyde de triméthylsulfonium, $(CH^3)^3.S.OH$, (*Œfele*, 1833, *Cahours*). Se prépare au moyen de l'iodure et de l'oxyde d'argent humide (V. plus haut).

Très analogue à la potasse hydratée, ne distille pas sans décomposition, attire l'acide carbonique de l'air, corrode l'épiderme, déplace l'ammoniaque, se combine aux acides avec dégagement de chaleur, etc.

Les combinaisons précédentes ont un intérêt particulier pour la question de la **valence du soufre.**

Puisque, dans le sulfure d'éthyle, les deux radicaux alcooliques sont liés au soufre, il doit en être de même dans l'éthylsulfone ; d'ailleurs, s'il en était autrement, il est probable que les sulfones seraient facilement saponifiables (V. acide éthylsulfureux) ; le soufre, dans ces dérivés, est donc probablement hexavalent comme l'indique la formule $\begin{matrix} C^2H^5 \\ C^2H^5 \end{matrix} > S \begin{matrix} {/\!\!/} O \\ {\backslash\!\!\backslash} O \end{matrix}$.

(On a découvert récemment des isomères des sulfones facilement saponifiables, *Otto* B. **18**, 2500 ; Bull. soc. chim. **1886**, **2**, 19, B. **26**, 430 ; Bull. soc. chim. **1893**, **2**, 537). De plus, la formule des hydroxydes de sulfonium ne peut s'établir que d'une manière peu satisfaisante lorsqu'on suppose le soufre bivalent, car il faudrait admettre que ces substances sont des combinaisons d'addition et la formule $(CH^3)^2S+CH^3OH$, qui serait, dans cette hypothèse, celle de l'hydroxyde de triméthylsulfonium ne rend pas compte de la forte basicité de ce produit ; on ne peut comprendre, en effet, que cette forte basicité puisse être provoquée par la réunion de deux composés neutres comme l'alcool méthylique et le sulfure de méthyle et l'une des deux formules suivantes est plus probable, alors même qu'elle ne lève pas toutes les difficultés :

$$(CH^3)^3 \equiv \overset{IV}{S} - OH \quad ou \quad (CH^3)^3 \equiv \overset{IV}{\underset{\|}{S}} - OH$$

Relativement aux **isoméries** des combinaisons sulfurées, on ne peut que répéter les observations faites au sujet des combinaisons oxygénées correspondantes.

Il existe également des sulfures de radicaux alcooliques non saturés, par exemple :

Sulfure de vinyle (éthène-thio-éthène) $(C^2H^3)^2S$, a été trouvé dans l'*Allium ursinum*. P. E. 101°.

Sulfure d'allyle (propène-thio-propène) $(C^3H^5)^2S$ (*Wertheim* 1844), est contenu dans les essences d'Allium sativum, d'ail, de Thlaspi arvense, etc. On peut le préparer au moyen de l'iodure d'allyle et du sulfure de potassium (*Hoffmann, Cahours*) P. E. 140° (V. B. **25**, R. 910).

Les combinaisons de radicaux alcooliques avec le **Sélénium** et le **Tellure** possèdent une odeur repoussante, écœurante et persistante.

C. Esters des alcools (avec les acides inorganiques) et isomères.

On peut admettre que les esters dérivent des acides par substitution d'un radical alcoolique à l'hydrogène remplaçable que contiennent ces acides, tout comme les sels en dérivent par substitution d'un métal à ce même hydrogène :

$$HAzO^3 \qquad KAzO^3 \qquad (C^2H^5)AzO^3.$$

On peut supposer également qu'ils dérivent des alcools par substitution d'un radical acide à l'hydrogène typique :

$$C^2H^5.O.H \qquad C^2H^5.O.(AzO^2) \qquad C^2H^5.O.(SO^3H),$$

et les différentes manières d'écrire les esters : $C^2H^5(AzO^3)$, $AzO^3(C^2H^5)$, $C^2H^5.O.(AzO^2)$ sont absolument légitimes.

Les acides monobasiques ne donnent qu'une seule catégorie d'esters, correspondant aux sels neutres : ce sont les *esters neutres*.

Les acides bibasiques donnent deux séries d'esters : 1) des esters acides, analogues aux sels acides et 2) des éthers neutres, analogues aux sels neutres, ex :

$(C^2H^5)HSO^4$ ester acide,
$(C^2H^5)^2.SO^4$ ester neutre de l'acide sulfurique.

Les acides tribasiques donnent trois séries d'esters, comme ils donnent trois séries de sels, etc.

La composition des esters est donc tout à fait analogue à celle des sels et, pour caractériser les acides polybasiques, on peut tenir compte de leur aptitude à former plusieurs séries d'esters.

Les esters neutres sont généralement liquides, de réaction neutre ; ils possèdent souvent une odeur agréable ; leurs P. E. sont relativement bas ; ils peuvent être distillés sans décomposition (au besoin dans le vide) et sont généralement presque ou complètement insolubles dans l'eau.

Les esters acides, au contraire, ne peuvent être distillés sans décomposition, ils sont ordinairement très solubles dans l'eau, ils fonctionnent comme des acides et forment des sels et des esters. Ils sont inodores.

Tous les esters se scindent en leurs composants sous l'action des alcalis ou des acides à l'ébullition, ou sous l'action de la vapeur d'eau surchauffée (150°-180°), ou quelquefois même à la température ordinaire au contact de l'eau. On dit alors qu'ils sont **saponifiés**.

Modes de formation. 1. Les esters s'obtiennent souvent directement au moyen de leurs éléments constituants, par élimination d'eau (équation p. 76). Cette réaction ne se produit que si l'eau formée est absorbée, par exemple, par l'acide employé (acide sulfurique), car, sans cette condition, il se produit une réaction inverse de celle indiquée par l'équation.

La formation directe des esters ne peut être quantitative à cause de l'action contraire de l'eau produite dans la réaction ; lorsqu'on mélange des quantités équivalentes d'alcool et d'acide, il se produit un état d'équilibre que l'action prolongée de la chaleur même ne peut détruire ; un excès d'acide ou d'alcool provoque une augmentation de rendement. Le plus souvent, on fait agir l'acide à l'état naissant, condition qu'on réalise en distillant un mélange d'alcool, d'un sel de l'acide qui doit entrer en réaction et d'acide sulfurique concentré, ou bien en laissant couler goutte à goutte le mélange de l'alcool et de l'acide dans de l'acide sulfurique chauffé à 130°, ou bien enfin, en saturant le même mélange par de l'acide chlorhydrique gazeux. Ce dernier procédé est très employé (V. p. 86, 1.).

2. On traite l'alcool par le chlorure de l'acide, par exemple :

$$SOCl^2+2C^2H^5.OH = SO(OC^2H^5)^2+2HCl.$$

3. On chauffe le sel d'argent de l'acide avec l'iodure alcoolique :

$$2C^2H^5I+SO^4Ag^2 = SO^4(C^2H^5)^2+2AgI.$$

Cette méthode est très souvent applicable, elle est basée, comme on voit, sur une double décomposition ; il importe de remarquer qu'elle conduit souvent, non pas aux esters présumés, mais bien à des isomères de ceux-ci (V. plus loin).

En dehors des esters acides véritables, on traitera, dans ce chapitre, quelques classes de dérivés acides qui leur sont isomériques et s'en différencient surtout parce qu'ils *ne peuvent être saponifiés*, c'est-à-dire par une stabilité *plus grande* ; telles sont les combinaisons nitrées, les acides sulfoniques, phosphiniques, etc. ; on traitera également, dans ce chapitre, les dérivés cyanhydriques des alcools ; ces dérivés ne subissent pas la saponification normale des esters mais se décomposent, d'une tout autre manière, sous l'action des agents de saponification.

1. Esters de l'acide nitrique.

On les prépare directement au moyen des composants, en ajoutant au mélange un peu d'urée, pour éviter toute oxydation.

Ce sont des liquides mobiles, d'odeur agréable et de saveur sucrée mais laissant un arrière-goût amer. Ils sont presque insolubles dans l'eau.

Les éthers nitriques contiennent une quantité considérable d'oxygène qui peut facilement être mis en liberté, aussi détonent-ils lorsqu'on les soumet brusquement à une forte élévation de température. Ils sont aisément saponifiés par les alcalis à l'ébullition. L'étain et l'acide chlorhydrique les réduisent avec production d'hydroxylamine :

$$C^2H^5(AzO^3)+3Sn+6HCl = C^2H^5OH+AzH^3O+3SnCl^2+H^2O\ ;$$

dans cette réaction, l'azote est séparé du radical alcoolique tout comme dans la saponification.

Ester méthylnitrique, $CH^3.(AzO^2) = CH^3.O(AzO^2)$, liquide incolore ; P. E. 66°.

Ester éthylnitrique, $C^2H^5.O.(AzO^2)$ (*Millon*), P. E. 86° ; il brûle avec une flamme blanche.

2. Dérivés de l'acide nitreux. (Nitrites et combinaisons nitrées isomériques.)

α. Esters de l'acide nitreux, $HAzO^2$.

Ces produits s'obtiennent soit par l'action du trioxyde d'azote sur les alcools, soit en faisant agir sur ceux-ci un nitrite alcalin en présence d'acide sulfurique. Liquides doués d'une odeur d'épices, de réaction neutre, de points d'ébullition très bas, pouvant *facilement être saponifiés* ; sous l'action de l'hydrogène naissant, ils fournissent de l'ammoniaque et l'*alcool* est régénéré.

Constitution : voir combinaisons nitrées.

Nitrite d'éthyle, $C^2H^5.O(AzO)$ (*Kunkel*, 1681, appelé autrefois « esprit de vin adouci » ou éther de salpêtre). Préparation : *Wallach*. A. **253**, 261. Bull. soc. chim. **1890**, **1**, 757.

Liquide mobile, d'une saveur spéciale, piquante, dont l'odeur éthérée, pénétrante, rappelle celle de la pomme de reinette. P. E. + 18°. Brûle avec une flamme blanche claire. Sa solution alcoolique est employée en médecine sous le nom de « Spiritus etheris nitrosi » pour corriger la saveur de certaines préparations.

Les nitrites d'éthyle et d'amyle sont employés pour la préparation de nitrosates (V. p. 48) et de combinaisons diazoïques (V. ce mot).

Nitrite de méthyle, $CH^3.O.AzO$. Gaz.

Nitrite d'amyle, $C^5H^{11}O.AzO$. P. E. 96°. Liquide faiblement jaunâtre, employé en médecine ; il provoque la dilatation des vaisseaux sanguins et le relâchement des muscles contractiles.

β. *Dérivés nitrés des carbures d'hydrogène.*

Ces dérivés sont des liquides, le plus souvent incolores, d'une odeur éthérée, à peine ou pas du tout solubles dans l'eau, dont les points d'ébullition sont plus élevés que ceux des esters nitreux, leurs isomères. Comme ces derniers, ils distillent sans se décomposer ; quelques-uns détonent lorsqu'on les chauffe brusquement. Ils se distinguent essentiellement des éthers nitreux par deux différences fondamentales : ils ne sont pas saponifiables et se réduisent en formant des combinaisons amidées ou amines (V ce mot), c'est-à-dire sans que l'azote se détache du radical alcoolique :

$$CH^3AzO^2 + 3H^2 = CH^3.AzH^2 + 2H^2O.$$

Nitrométhane, CH^3AzO^2 (*Kolbe*, *V. Meyer*, 1873). Liquide plus dense que l'eau et bouillant à 99-101°.

Nitroéthane, $C^2H^5AzO^2$ (*V. Meyer* et *Stüber*, 1872). Liquide, bouillant à 113-114°, dont la vapeur n'explose pas, même à une température beaucoup plus élevée. Brûle avec une flamme claire.

Modes de formation. Les combinaisons nitrées s'obtiennent : 1. en traitant les iodures alcooliques par le nitrate d'argent (*V. Meyer*) :

$$CH^3I + AgAzO^2 = CH^3.AzO^2 + AgI.$$

Ce procédé permet d'obtenir le nitrométhane avec l'iodure de méthyle ; l'iodure d'éthyle, par contre, donne, en même temps que du nitroéthane, une quantité à peu près égale de son isomère. Les iodures alcooliques supérieurs donnent surtout les esters nitreux, ils ne fournissent les dérivés nitrés qu'en petite quantité ; ces derniers peuvent être isolés facilement du mélange par distillation fractionnée.

2. Le nitrométhane se forme encore dans l'action du monochloracétate de potassium sur le nitrite de potassium, par échange du chlore contre le groupe nitro et séparation d'acide carbonique (*Kolbe*).

3. On peut obtenir des homologues du nitrométhane et du nitroéthane en faisant agir les dérivés halogénés de ceux-ci sur les composés zinco-alcooliques (B. **26**. 129 ; Bull. soc. chim. **1893**, **2**, 783).

4. Par l'action de l'acide nitrique chaud et dilué ($d = 1.075$), sous pression, sur les paraffines (B. **25**. R. 108 ; C. R. **1892**, **1**, 26-28 ; B. **26**. R. 879, **27**. 1853 ; par exemple :

$$C^6H^{14} + HAzO^3 = C^6H^{13}.AzO^2 \text{ (nitrohexane) } + H^2O.$$

L'acide nitrique concentré n'agirait pas dans ce sens : il ne nitrerait pas ces carbures comme cela a lieu pour les carbures benzéniques.

La **constitution** des combinaisons nitrées se déduit de ce qu'elles ne sont pas saponifiables, et du fait que, par réduction, l'azote n'est pas éliminé mais demeure, dans l'amine produite, directement lié au carbone ; ceci permet de conclure, en effet, que l'azote des dérivés nitrés est lié directement au carbone et que leur formule de constitution est : $R.AzO^2$, soit, par exemple, $CH^3.AzO^2$, pour le nitrométhane, c'est-à-dire (selon que l'on admet l'azote comme penta ou trivalent) :

$$H^3C-Az\begin{matrix}\diagup O\\ \diagdown O\end{matrix} \quad \text{ou} \quad H^3C-Az\begin{matrix}\diagup O\\ |\\ \diagdown O\end{matrix}$$

Ainsi, un atome d'azote lié directement à un radical alcoolique ne peut en être séparé par saponification.

D'autre part, comme l'azote des esters nitreux se détache du radical alcoolique par saponification ou par réduction, on en déduit qu'il n'est pas lié au carbone directement, mais bien par l'entremise de l'oxygène. Les esters nitreux admettront donc pour formule de constitution $R.O.(AzO)$, le nitrite de méthyle sera $CH^3.O.(AzO)$, c'est-à-dire (l'azote étant trivalent) :

$$CH^3-O-Az=O.$$

Il résulte, en outre, de ce qui précède que l'hydrate hypothétique de l'acide nitreux a la formule $H.O.Az:O$ et que l'anhydride nitreux est $(AzO^2)O$; on peut, en même temps, déduire de ces faits la *constitution de l'acide nitrique* ; en effet, les carbures aromatiques, le benzène par exemple, donnant, sous l'action de l'acide nitrique, des combinaisons nitrées, d'après le schéma suivant :

$$C^6H^5.H+HAzO^3=C^6H^5.AzO^2+H^2O,$$

l'acide nitrique devra par conséquent contenir un groupe nitro (de constitution indiquée plus haut) lié à un hydroxyle et répondre à la formule

$$H.O.AzO^2.$$

Propriétés. 1. Les inducteurs, comme le fer et l'acide acétique ou l'étain et l'acide chlorhydrique, les transforment en amines (V. plus haut).

Comme produits intermédiaires, il se forme des alcoylhydroxylamines (p. 113). B. **25**, 1714, Bull. soc. chim. **1892**, **2**, 1172 ; B. **27**, 1350, Bull. soc. chim. **1894**, **2**, 1038.

2. Lorsque les combinaisons nitrées sont primaires ou secondaires, c'est-à-dire lorsqu'elles dérivent d'alcools primaires ou secondaires, elles contiennent les groupes $-CH^2.AzO^2$ ou $=CH.AzO^2$ dans lesquels l'hydrogène est remplaçable par des métaux ; ces combinaisons possèdent donc le caractère d'acides.

Ainsi, le nitrométhane, par exemple, donne avec la soude alcoolique le sel $CH^2.Na.AzO^2$, explosif, cristallisable en fines aiguilles (B. **28**, 202 ; Bull. soc. chim. **1895**, **2**, 782).

Les combinaisons nitrées dérivant des alcools tertiaires se comportent autrement ; dans ces combinaisons, le carbone auquel est fixé le groupe nitro n'est plus lié à aucun atome d'hydrogène et, comme l'influence acidifiante du groupe nitro ne s'étend pas aux atomes d'hydrogène liés à d'autres atomes de carbone, le caractère acide n'existe pas.

Dans les dérivés nitrés primaires et secondaires, l'hydrogène lié au même atome de carbone que le groupe nitro peut aussi être remplacé par du brome ; s'il reste de l'hydrogène fixé à ce même atome de carbone à côté du brome et du groupe nitro, cet hydrogène possède un caractère fortement acide ; si, enfin, tout l'hydrogène est remplacé par du brome, la combinaison ainsi obtenue est de fonction neutre, tel est le cas du nitroéthane dibromé, $CH^3.CBr^2.AzO^2$.

3. Les combinaisons nitrées primaires, traitées à 140° par l'acide chlorhydrique concentré, se transforment en hydroxylamine et en acide du même nombre d'atomes de carbone de la série acétique.

4. Les nitroalcoyles se comportent très différemment sous l'action de l'acide nitreux : les primaires donnent des acides nitroliques, les secondaires des pseudonitrols, les tertiaires ne réagissent pas. Ainsi, le nitroéthane, $CH^2{-}C\begin{cases}H^2\\AzO^2\end{cases}$, donne l'acide **éthylnitrolique**, $CH^3{-}C\begin{cases}Az.OH\\AzO^2\end{cases}$, corps cristallisable, jaune clair, dont les sels alcalins sont rouge intense ; le nitropropane normal se comporte pareillement. Le nitropropane secondaire, $(CH^3)^2{=}CH(AzO^2)$, au contraire, donne le **propylpseudonitrol**, $(CH^3)^2{=}C(AzO)(AzO^2)$ (?), substance blanche, cristallisable, indifférente, qui est bleue à l'état fondu ou en dissolution.

Ces réactions ne sont applicables qu'aux dérivés de poids moléculaire peu élevé (composés primaires jusqu'aux termes en C^8, composés secondaires jusqu'à C^5) ; (pour les combinaisons nitrées de haut poids moléculaire, V. B. **28**, 1850. Bull. soc. chim. **1896**, 2, 384) ; elles permettent de différencier les alcools primaires, secondaires et tertiaires (V. p. 76) : pour cela, on dissout le carbure nitré (préparé facilement au moyen de l'iodure de l'alcool) dans de la potasse caustique, on ajoute du nitrite de sodium, on acidifie avec de l'acide sulfurique puis on alcalinise et on observe la coloration de la solution : la coloration rouge correspond au dérivé primaire, la coloration bleue, au dérivé secondaire et l'absence de coloration, au dérivé tertiaire.

Appendice aux combinaisons nitrées.

Chloropicrine, CCl^3AzO^2. Liquide lourd, d'une odeur extrêmement piquante, bouillant à 112°, qui prend naissance, aux dépens de beaucoup de dérivés, par l'action simultanée de l'acide nitrique et du chlore ; l'acide picrique, traité par le chlorure de chaux, en donne des quantités abondantes.

On connaît aussi des dérivés di, tri et tétranitrés des carbures saturés, tels sont : le **dinitrométhane**, $CH^2(AzO^2)^2$, corps huileux, jaune, très instable, donnant des sels métalliques (B. **26**, 3003; Bull. soc. chim. **1894**, 2, 315), le **nitroforme**, $CH(AzO^2)^3$, de constitution comparable à celle du chloroforme, corps jaune, cristallisable ; le **tétranitrométhane**, $C(AzO^2)^4$, qui forme des cristaux blancs et bout sans se décomposer.

3. Dérivés de l'acide hyponitreux.

L'acide hyponitreux, HAzO ou $H^2Az^2O^2$, peut donner un ester de formule $(C^2H^5)^2Az^2O^2$, le **diazoéthoxane** (*Zorn*), composé huileux qui explode déjà à 40°.

Au sujet des *nitrosochlorures* R''Cl(AzO), V. p. 52 et B. **26**, R. 496.

4. Esters des acides du chlore.

Parmi ces esters, on connaît l'**ester éthylhypochloreux**, $C^2H^5.O.Cl$, et l'ester

éthylperchlorique, $C^2H^5.O.ClO^3$; tous deux sont des liquides détonant facilement ; le premier s'obtient en faisant passer un courant de chlore dans un mélange de soude caustique et d'alcool, il bout à 36°.

5. Esters de l'acide sulfurique.

Les esters neutres s'obtiennent : a) au moyen de l'acide sulfurique fumant et des alcools ; b) au moyen du sulfate d'argent et des iodures alcooliques ; c) par l'action du chlorure de sulfuryle sur les alcools :

$$SO^2Cl^2+2C^2H^5.OH= SO^2(O\ C^2H^5)^2+2HCl.$$

Les esters acides des alcools primaires (éthers sulfuriques) s'obtiennent directement au moyen des composants. Les alcools tertiaires ne donnent pas d'éthers sulfuriques.

a) **Ester éthylsulfurique**, $(C^2H^5)^2SO^4$; liquide huileux, incolore, insoluble dans l'eau, d'une odeur agréable de menthe poivrée, se solidifiant à très basse température ; P. E. 208°.

Il est saponifié facilement par l'alcool à chaud (formation d'éther) ou par l'eau à l'ébullition ; à froid, la saponification s'effectue aussi, mais elle est plus lente.

b) **Acide éthylsulfurique**, $C^2H^5.SO^4H^3 = C^2H^5.O.SO^3H$ (*Dabit* 1802), s'obtient par l'action de l'acide sulfurique sur l'alcool (V. p. 95) ; ses sels de baryum, de calcium, de plomb sont solubles dans l'eau, on peut donc le séparer facilement de l'acide sulfurique au moyen du carbonate de baryum, etc...

Il se forme encore au moyen de l'éthylène et de l'acide sulfurique à haute température. Ses sels cristallisent bien ; par ébullition de leur solution aqueuse concentrée, ils se scindent lentement en alcool et en sulfate, surtout en présence d'un excès d'alcali. On les emploie souvent à la place de l'iodure d'éthyle, etc., pour la préparation d'autres dérivés éthylés.

L'acide libre se prépare en ajoutant à la solution du sel de baryum la quantité calculée d'acide sulfurique ; c'est un liquide huileux, n'adhérant pas au verre ; en dissolution, il s'altère, lentement par évaporation ou même par le temps seul et rapidement à l'ébullition, en donnant de l'alcool et de l'acide sulfurique.

Les combinaisons **méthylées, amylées**, etc., sont analogues.

6. Dérivés de l'acide sulfureux (esters sulfureux et acides sulfoniques isomères).

α. Esters de l'acide sulfureux.

a) **Ester éthylsulfureux**, $SO^3(C^2H^5)^2$, liquide d'une odeur éthérée rappelant la menthe poivrée ; se prépare au moyen du chlorure de thionyle, $SOCl^2$, et de l'alcool ; l'eau le saponifie rapidement.

b) **Acide éthylsulfureux**, $SO^3.H(C^2H^5)$. On obtient son sel de potassium par saponification partielle de l'ester éthylsulfureux, au moyen d'une molécule de potasse caustique :

$$SO^3(C^2H^5)^2+KOH = SO^3K(C^2H^5) + C^2H^5.OH.$$

L'acide libre n'existe pas ; il se décompose immédiatement en ses composants, c'est-à-dire qu'il se saponifie.

On connaît des esters analogues dérivant d'autres alcools.

β. Acides sulfoniques et leurs esters.

Modes de formation. 1. Au moyen des iodures alcooliques et du sulfite de sodium ou d'ammonium ; on obtient ainsi des alcoylsulfonates :

$$C^2H^5 \mid I + Na \mid SO^3Na \mid = C^2H^5.SO^3Na + NaI.$$

On peut, au lieu des iodures alcooliques, employer les sels des alcoylsulfates (B. **23**, 608; Bull. soc. chim. **1891**, **1**, 895. B. **24**, R. 431).

2. On obtient des acides sulfoniques par oxydation des thioalcools au moyen de l'acide nitrique ou, plutôt, du permanganate :

$$C^2H^5.SH+3O = C^2H^5.SO^3H.$$

3. On prépare des esters sulfoniques par l'action des iodures alcooliques sur le sulfite d'argent :

$$2C^2H^5I+Ag^2SO^3 = (C^2H^5)^2SO^3+2AgI.$$

a) **Acide éthylsulfonique**, *acide éthanesulfonique*, $C^2H^5.SO^3H$, (*Löwig* 1839, H. *Kopp* 1840) ; c'est un acide fort, monobasique, très soluble dans l'eau, hygroscopique. Il se distingue nettement de son isomère, l'acide éthylsulfureux, par sa stabilité : on peut faire bouillir ses solutions aqueuses en présence d'alcali ou d'acide sans qu'il soit saponifié. L'acide nitrique concentré et bouillant ne l'attaque pas, le chlore est sans action sur lui ; il n'est décomposé que par la potasse fondante. Sa saveur est fort acide et désagréable en second lieu. Il forme des sels cristallisables, tels que : $C^2H^5.SO^3K + H^2O$, qui est hygroscopique ; de plus :

$$C^2H^5SO^3Na+H^2O \; ; \; (C^2H^5SO^3)^2Ba+2H^2O, \text{ etc.}$$

Le pentachlorure de phosphore transforme les acides sulfoniques en chlorures ; l'acide éthylsulfonique, par exemple, donne $C^2H^5.SO^2Cl$, liquide bouillant sans se décomposer à 177°, fumant à l'air et décomposable par l'eau en acide éthylsulfonique et acide chlorhydrique ; l'hydrogène naissant le transforme en mercaptan.

La poudre de zinc transforme le sulfochlorure d'éthyle en acide **éthylslufinique**, $C^2H^5.SO^2H$, liquide sirupeux, facilement soluble dans l'eau qui, par réduction, est ramené au mercaptan ; son sel de sodium, traité par le bromure d'éthyle, donne l'éthylsulfone, $(C^2H^5)^2SO^2$; il forme un ester instable, isomère de cette sulfone (V. p. 93).

L'acide **méthylsulfonique**, CH^3SO^3H, a été préparé par *Kolbe*, en 1845 au moyen du **sulfochlorure de méthyle trichloré**, $CCl^3.SO^2Cl$, composé obtenu par l'action réciproque du sulfure de carbone, du chlore et de l'eau ; corps sirupeux. On peut encore citer :

Acide méthane disulfonique, $CH^2(SO^3H)^2$ (V. dérivés des glycols).

Acide méthane trisulfonique, $CH(SO^3H)^3$, composé cristallin ; etc...

b) **Ester éthylsulfoéthylique**, $C^2H^5.SO^3.C^2H^5$, isomère de l'ester éthylsulfureux ; en qualité d'ester de l'acide éthylsulfonique (stable), il n'est saponifiable qu'à moitié. On le prépare au moyen du sulfite d'argent et de l'iodure d'éthyle. P. E. 213°.

Les esters sulfoniques ont des points d'ébullition notablement plus élevés que ceux des esters sulfureux, leurs isomères.

Pour séparer les alcoylsulfonates des alcoylsulfates, on chauffe le mélange avec de l'aniline, à 170° ; les alcoylsulfates, seuls, sont alors décomposés en oléfines et acide sulfurique.

Constitution. La formation des acides sulfoniques par oxydation des thioalcools et le retour possible, quoique indirect (V. acide éthylsulfinique), des acides sulfoniques aux thioalcools montrent que, dans ces acides, le soufre est directement lié au radical alcoolique. L'acide éthylsulfonique a donc la constitution $C^2H^5.SO^3H$, c'est-à-dire, en considérant le soufre comme hexavalent :

$$\begin{matrix} C^2H^5 \\ HO \end{matrix} \!\!> S \!\! \begin{matrix} \nearrow O \\ \searrow O \end{matrix} .$$

Il en résulte que le sulfite de sodium est $Na-(SO^3Na)$, l'hydrate sulfureux hypothétique $H-(SO^3H)$ et l'acide sulfurique $H-O-(SO^3H)$.

Par suite, dans les éthers sulfureux, composés facilement saponifiables, le soufre n'est évidemment pas lié au carbone directement, mais bien par l'entremise de l'oxygène :

acide éthylsulfureux, $C^2H^5.O.SO^2.H$;

ester éthylsulfureux, $C^2H^5.O.SO.O.C^2H^5$ ou $SO(OC^2H^5)^2$.

7. Esters des acides tri et polybasiques.

Les esters de l'*acide phosphorique* de la forme : $PO(OR)^3, PO(OR)^2(OH)$ et $PO(OR)(OH)^2$ (R=alcoyle) sont connus ; on connaît aussi des esters dérivant des acides phosphoreux et hypophosphoreux, esters qu'on peut ranger auprès des acides phosphiniques, etc. (V. phosphines). Enfin, il existe des esters de l'acide borique et de l'acide silicique.

8. Dérivés alcooliques de l'acide cyanhydrique (nitriles et isonitriles).

L'acide cyanhydrique, AzCH (V. combinaisons du cyanogène), donne, par substitution de radicaux alcooliques à son atome d'hydrogène, deux classes de dérivés qu'on ne peut considérer comme des esters, car leur saponification conduit à un tout autre résultat que le retour à l'alcool et à l'acide cyanhydrique.

a. *Cyanures des radicaux alcooliques, nitriles.*

Ces composés sont des liquides incolores, distillables sans décomposition, ou bien des corps solides ; leur odeur faiblement éthérée et alliacée n'est pas désagréable ; ils sont plus légers que l'eau et relativement stables sous l'action de celle-ci. Les premiers termes de la série sont miscibles à l'eau ; les termes supérieurs y sont insolubles. Leurs points d'ébullition sont à peu près les mêmes que ceux des alcools correspondants.

Formation. 1. En chauffant les iodures alcooliques avec le cyanure de potassium ou les alcoylsulfates de potasse avec le ferrocyanure de potassium :

$$CH^3I + KCAz = KI + CH^3.CAz$$

(cyanure de méthyle).

2. Au moyen des acides monobasiques, en transformant leur sel ammoniacal en amide, par distillation, puis l'amide en cyanure par l'action d'un agent déshydratant, comme, par exemple, l'anhydride phosphorique (*Hofmann*), le pentachlorure ou le pentasulfure de phosphore :

$$a)\ CH^3.COOH + AzH^3 = H^2O + CH^3.CO.AzH^2$$

acétamide.

$$b)\ CH^3.CO.AzH^2 - H^2O = CH^3CAz.$$

Par suite de ce mode de formation, ces composés sont aussi appelés *nitriles* des acides monobasiques, ex : $CH^3.CAz$ = cyanure de méthyle = acétonitrile ; $C^2H^5.CAz$ = propionitrile, etc.

3. Les nitriles supérieurs ($C>5$) s'obtiennent au moyen des amides de la série acétique plus riches d'un atome de carbone ou au moyen des amines primaires du même nombre d'atomes de carbone, par l'action du brome et de la soude caustique (*Hofmann*). V. amides.

4. Au moyen des oximes dérivées des aldéhydes (V. ce mot), par l'action de l'anhydride acétique, à chaud.

Propriétés. Les nitriles se prêtent facilement à des réactions variées : les acides, les alcalis, à l'ébullition, la vapeur d'eau surchauffée les décomposent avec régénération de l'acide dont ils dérivent et avec production d'ammoniaque (il peut y avoir formation intermédiaire de l'amide) :

$$a)\ CH^3.CAz + 2H^2O = CH^3.COOH + AzH^3 ;$$
$$b)\ CH^3.CAz + H^2O = CH^3.CO.AzH^2.$$

Cette réaction est très importante, car elle permet, au moyen des alcools $C^nH^{2n+1}OH$, d'obtenir des acides $C^nH^{2n+1}COOH$ plus riches d'un atome de carbone (*Dumas*, *Malaguti*, *Le Blanc*, *Frankland* et *Kolbe*, 1847).

2. De même qu'on obtient l'acétamide en fixant les éléments de l'eau sur le cyanure de méthyle, on obtient la thioacétamide en fixant les éléments de l'hydrogène sulfuré sur ce même composé.

3. Les nitriles fixent l'acide chlorhydrique en donnant des chlorures d'amides ou des chlorures d'imides, ils s'unissent aux bases ammoniées en donnant des amidines (V. ce mot) ; ils forment avec les halogènes des combinaisons aisément décomposables (V. dérivés des acides).

4. L'addition d'hydrogène conduit aux amines (p. 108) :

$$CH^3.CAz + 2H^2 = CH^3.CH^2.AzH^2 \text{ (éthylamine).}$$

5. Le potassium métallique et l'acide chlorhydrique gazeux provoquent souvent la polymérisation des nitriles ; c'est ainsi que le cyanure de méthyle se transforme en cyanométhine (V. ce mot), corps monobasique cristallisant en prismes monocliniques.

Le *N.o.* des nitriles se forme par l'addition de « — nitrile » au nom du carbure d'hydrogène de même nombre d'atomes de carbone.

Constitution : (V. isonitriles).

Acétonitrile (éthane-nitrile), $CH^3.CAz$, se trouve dans les produits de distillation des vinasses de betterave et dans le goudron de houille. P. E. 82°. Combustible. Miscible à l'eau.

Propionitrile (propane-nitrile), $C^2H^5.CAz$, **butyronitrile**, C^3H^7CAz, **valéronitrile**, $C^4H^9.CAz$, liquides dont l'odeur agréable rappelle celle des amandes amères ; **palmitonitrile**, $C^{15}H^{31}CAz$, ressemble à la paraffine.

Il existe également des dérivés cyanés des carbures non saturés, tel est le **cyanure d'allyle**, $C^3H^5.CAz$, (V. acide crotonique).

Acide fulminique. Quand on chauffe un mélange d'alcool, d'acide nitrique et de nitrate de mercure, il se forme du **fulminate de mercure**, $C^2HgAz^2O^2$, prismes soyeux, détonant avec une intensité extraordinaire sous l'action de la chaleur ou du choc ; ce composé est employé pour la fabrication des capsules fulminantes des cartouches de dynamite, etc. ; l'acide chlorhydrique concentré le décompose en acide formique et hydroxylamine avec formation intermédiaire de l'oxime du chlorure de formyle, $CHCl{=}AzOH$ (V. ce mot; *Scholl* B. **27**, 2816; Bull. soc. chim. **1895**, **2**, 783, *Nef.* A. **280**, 303, Bull. soc. chim. **1895**, **2**, 385). Le **fulminate d'argent** est encore plus explosif. L'acide fulminique libre est extrêmement instable.

La constitution de l'acide fulminique est encore incertaine. La formule d'un nitroacétonitrile, $CH^2(AzO^2)C.Az$, admise par Kekulé, n'explique pas la scission que produit l'acide chlorhydrique (V. ci-dessus). L'acide fulminique est peut-être une oxime de l'oxyde de carbone, la carbyloxime, $C{=}A.OH$ ou $[:C{=}Az.OH]^2$ (Littérature, V. ci-dessus) ; comparez : B. **26**, 1403 ; Bull. soc. chim. **1894**, **2**, 11, Journ. chem. soc. **45**, 15.

β. *Isocyanures, isonitriles ou carbylamines.*

Liquides incolores, insolubles ou difficilement solubles dans l'eau, facilement solubles dans l'alcool ou dans l'éther, présentant une réaction faiblement alcaline ; ces composés possèdent une odeur insupportable, ils sont toxiques et bouillent un peu plus bas que les nitriles correspondants.

Formation. 1. En chauffant les iodures alcooliques avec du cyanure d'argent (*Gautier*) ; il se forme d'abord une combinaison double d'isocyanure et de cyanure d'argent :

$$CAzAg+C^2H^5I \quad || \quad AgI+C^2H^5AzC.$$

isocyanure d'éthyle

Le cyanure de potassium, dans les mêmes conditions, donnerait des nitriles. (p. 103).

2. En petite quantité, à côté des nitriles, par la distillation des alcoylsulfates de potasse en présence de cyanure de potassium.

3. Au moyen des amines primaires (V. ce mot), par l'action du chloroforme et de la potasse alcoolique (*Hofmann* 1869) :

$$CH^3.AzH^2+CHCl^3+3KOH = CH^3.AzC+3KCl+3H^2O.$$

Propriétés. 1. Les isonitriles se comportent autrement que les nitriles sous l'action de l'eau ou des acides dilués ; la différence est fondamentale : chauffés avec de l'eau, ou laissés en contact, à froid, avec les acides dilués, ils se dédoublent en acide formique et en amines dont le nombre d'atomes de carbone est inférieur au leur d'une unité ; ces amines permettent d'ailleurs le retour aux nitriles :

$$CH^3.AzC+2H^2O = CH^3.AzH^2+H.CO^2H.$$

Ils sont très stables vis-à-vis des alcalis.

2. Les isonitriles peuvent fixer les halogènes, l'acide chlorhydrique, l'hydrogène sulfuré, etc. ; ils conduisent alors à des composés différents de ceux que donnent les nitriles dans les mêmes conditions ; avec l'acide chlorhydrique, par exemple, il se forme des substances cristallines qui sont vivement décomposées par l'eau en amines et en acide formique.

3. Quelques isonitriles, chauffés à haute température, sont ramenés au *nitrile* qui leur est *isomère*.

Isocyanure de méthyle, $CH^3.AzC$. P. E. 58°.
Isocyanure d'éthyle, $C^2H^5.AzC$. P. E. 82°.

Constitution. La constitution des nitriles se déduit de leurs rapports étroits avec les acides ; l'atome de carbone du groupe cyanogène, —CAz, restant lié, après saponification, au radical alcoolique, il se trouve par suite en relation directe avec le carbone de ce radical ; l'azote étant, au contraire, éliminé à l'état d'ammoniaque n'est pas lié directement à ce même radical ; l'acétonitrile, par exemple, aura donc la constitution $CH^3—C\equiv Az$.

Dans les isonitriles, ainsi que l'indiquent leurs relations avec les amines, l'azote doit être lié directement au radical alcoolique : les isonitriles, en effet, se transforment facilement en amines et celles-ci peuvent être aisément ramenées au point de départ ; d'autre part, l'atome de carbone du groupe cyanogène s'éliminant sous l'action décomposante des acides, n'est pas lié directement au carbone du radical alcoolique, mais bien par l'intermédiaire de l'azote. La formule de constitution des isonitriles est donc R — AzC, c'est-à-dire R.Az ≡ C (ex : méthylcarbylamine, CH^3.Az ≡ C ou bien R—Az=C=, l'atome de carbone du groupe cyanogène restant non saturé) (V. *Nef*, A. **270**, 269. Bull. soc. chim. **1893**, **2**, 774)

Pour distinguer, par l'écriture, les nitriles des isonitriles, on se contente ordinairement des formules CH^3.CAz et CH^3.AzC.

D. Bases azotées des radicaux alcooliques.

Par substitution de radicaux alcooliques à l'hydrogène de l'ammoniaque ou de ses sels, on obtient les *amines* ou *ammoniaques composées* et les *bases-ammoniums*.

Les amines contenant des radicaux alcooliques inférieurs ressemblent extraordinairement à l'ammoniaque et sont même plus fortement basiques ; elles possèdent une odeur ammoniacale, forment avec les acides volatils des fumées blanches, s'unissent à l'acide chlorhydrique avec dégagement de chaleur, donnent des sels doubles avec les chlorures de platine et d'or. Elles précipitent beaucoup d'oxydes métalliques et en redissolvent quelques-uns quand elles sont en excès.

Les premiers termes de la série sont des gaz combustibles ; les termes suivants sont des liquides bouillant à basse température. Les termes gazeux et les premiers termes liquides sont solubles dans l'eau, mais la solubilité dans l'eau et la volatilité décroissent à mesure que le nombre d'atomes de carbone devient plus grand ; aussi, les termes supérieurs sont-ils sans odeur et insolubles dans l'eau ; ils sont solubles dans l'alcool et dans l'éther, ont un caractère basique, et possèdent des points d'ébullition élevés.

Toutes les amines sont notablement plus légères que l'eau.

Les *bases-ammoniums* sont solides, déliquescentes ; leurs propriétés sont très comparables à celles de la potasse caustique.

Classification. Les bases azotées des radicaux alcooliques sont classées, suivant qu'elles contiennent un, deux, trois ou quatre radicaux alcooliques, en bases primaires ou amines, bases secondaires ou imides, bases tertiaires ou bases nitriles et bases quaternaires. Les bases des trois premières catégories dérivent de l'ammoniac, AzH^3, celles de la dernière dérivent de l'hydroxyde d'ammonium hypothétique, AzH^4.OH.

Amines ou ammoniaques composées			Bases ammonium
primaires	secondaires	tertiaires	quaternaires
$AzH^2(CH^3)$ Méthylamine Gaz(P.E. —6°)	$AzH(CH^3)^2$ Diméthylamine (P.E. 7°)	$Az(CH^3)^3$ Triméthylamine (P.E. 3°)	$Az(CH^3)^4I$ Iodure de tétramé-thylammonium
$AzH^2(C^2H^5)$ Ethylamine (P.E. 19°)	$AzH(C^2H^5)^2$ Diéthylamine (P.E. 56°)	$Az(C^2H^5)^3$ Triéthylamine (P.E. 89°)	$Az(C^2H^5)^4OH$ Hydroxyde de tétra-éthylammonium
etc.	etc.	etc.	etc.

Les radicaux alcooliques peuvent être saturés ou non.

États naturels. Quelques composés de cette série se trouvent dans la nature; il en est ainsi pour la méthylamine et la triméthylamine (V. plus loin).

Modes de formation. 1. Au moyen des *esters de l'acide isocyanique*, par l'action de la potasse caustique (*Wurtz* 1848) :

$$CO.Az(C^2H^5)+2KOH = C^2H^5AzH^2+K^2CO^3.$$

ester éthylisocyanique — éthylamine.

Ce mode de formation conduit aux amines primaires.

1a. Les éthers de l'acide isosulfocyanique, les sénévols (V. ce mot), chauffés avec les acides concentrés, donnent aussi ces amines.

2. En introduisant directement le radical alcoolique dans l'ammoniaque, réaction qui s'effectue en chauffant la solution concentrée d'ammoniaque avec de l'iodure de méthyle, du chlorure d'éthyle, du nitrate de méthyle, etc. Il y a d'abord substitution d'un atome d'hydrogène par un radical alcoolique et la base formée se combine avec l'hydracide qui prend naissance dans la réaction :

(I) $$AzH^2H+CH^3I = AzH^2.CH^3.HI.$$

iodhydrate de méthylamine

La méthylamine libre peut être obtenue en distillant l'iodhydrate en présence de potasse :

$$AzH^2.CH^3.HI+KOH = AzH^2.CH^3+KI+H^2O.$$

En faisant agir de nouveau l'iodure de méthyle sur la méthylamine, on obtient l'iodhydrate de diméthylamine :

(II) $$AzH^2CH^3+CH^3I = AzH(CH^3)^2HI,$$

qui, traité par la potasse, donne la base libre ; celle-ci sous l'action de l'iodure de méthyle, donne l'iodhydrate de triméthylamine :

(III) $$AzH(CH^3)^2+CH^3I = Az(CH^3)^3HI,$$

d'où l'on peut mettre en liberté la triméthylamine par distillation en présence d'hydrate de potasse.

Enfin, la triméthylamine peut encore s'unir à l'iodure de méthyle :

(IV) $$Az(CH^3)^3+CH^3I = Az(CH^3)^4I\ ;$$

l'iodure de tétraméthylammonium qu'on obtient ainsi n'est plus un sel d'amine, mais bien un sel d'ammonium et n'est plus décomposable par la potasse caustique.

En employant des iodures alcooliques différents, au lieu de l'iodure de méthyle seul, on arrive à des bases qui contiennent des radicaux alcooliques différents, c'est-à-dire à des amines mixtes, telles que la méthyléthylpropylamine : Az $(CH^3)(C^2H^5)$ (C^3H^7).

En réalité, les équations I à IV ne se produisent jamais isolément, mais bien simultanément, de telle sorte qu'on obtient toujours un mélange de trois bases qu'on ne peut séparer par distillation fractionnée. On effectue leur séparation au moyen de l'oxalate d'éthyle ; ce réactif, en effet, donne avec la méthylamine 1) la diméthyloxamide, C^2O^2 $(AzH.CH^3)^2$ (solide) et 2) un peu du dérivé intermédiaire, C^2O^2 $(OC^2H^5)(AzHCH^3)$ (liquide) ; avec la diméthylamine, il donne l'ester éthylique de l'acide diméthyloxaminique, C^2O^2 $(OC^2H^5)Az$ $(CH^3)^2$ (liquide) ; il ne réagit pas sur la triméthylamine ; cette dernière amine distille donc seule lorsqu'on chauffe le mélange des amines en présence d'oxalate d'éthyle au bain-marie ; les combinaisons constituant le résidu sont séparées (V. B. **3**, 776 ; **8**, 760) et décomposées isolément par distillation en présence de potasse caustique : 1) et 2) donnent la méthylamine, 3) donne la diméthylamine.

D'autres méthodes de séparation des amines des trois classes reposent sur l'emploi de benzène sulfochlorure (V. ce mot) ; (B. **23**, 2962), ou sur l'emploi de l'acide métaphosphorique (B. **26**, 1020 ; Bull. soc. chim. **1894**, 2, 859).

Les bases primaires et secondaires peuvent aussi être transformées en bases secondaires et tertiaires au moyen des alcoylsulfates (B. **24**, 1678).

3. Les *dérivés nitrés* se transforment par réduction en amines primaires :

$$CH^3.AzO^2+6H = CH^3AzH^2+2H^2O.$$

4. L'hydrogène naissant transforme les *nitriles* (et aussi *l'acide cyanhydrique*) en amines primaires (*Mendius* 1862) :

$$CH^3.CAz+4H = CH^3.CH^2.AzH^2 = C^2H^5AzH^2.$$

4ª. Les isonitriles sont décomposés par l'acide chlorhydrique avec production d'amines primaires, au moyen desquelles ils peuvent être obtenus (p. 105).

5. D'après *Hofmann*, on obtient les amines primaires $(C < 6)$ par l'action du brome et de la soude caustique sur les amides des acides contenant un atome de carbone de plus (V. amides).

6. Au moyen des *aldéhydes* et des *cétones*. Les *oximes* (p. 131) ou les *hydrazones* (p. 127 et 135) dérivant de ces combinaisons peuvent, en effet, être réduites à l'état d'amines primaires (*H. Goldschmidt* ; *J. Tafel*) :

$$CH^3-CH : Az.OH+4H = CH^3-CH^2.AzH^2+H^2O.$$

Aldoxime

7. La triméthylamine se prépare commodément en chauffant la formaldéhyde avec une solution de chlorure d'ammonium ; la méthylamine, en réduisant l'hexaméthylènetétramine obtenue au moyen de la formaldéhyde et de l'ammoniaque (Bull. soc. chim. **1895**, **1**, 135, 533).

Isomérie. Ainsi que le montre le tableau suivant, les isomères sont nombreux dans la classe des amines :

	C^2H^7Az	C^3H^9Az	$C^4H^{11}Az$
Isomères	$AzH^2\ (C^2H^5)$ $AzH\ (CH^3)^2$	$AzH^2\ (C^3H^7)$ $AzH\ (CH^3)\ (C^2H^5)$ $Az\ (CH^3)^3$	$AzH^2\ C^4H^9$ $AzH\ (CH^3)\ (C^3H^7)$ et $AzH\ (C^2H^5)^2$ $Az\ (CH^3)^2\ (C^2H^5)$

Cette isomérie, du même genre que celle des éthers (p. 89), porte le nom de métamérie. A partir de C^3H^7, l'isomérie des radicaux alcooliques augmente encore le nombre des isomères possibles. La théorie prévoit autant d'amines en C^n que d'alcools en C^{n+1}.

Propriétés. 1. Propriétés générales (Voir plus haut). Quant à la formation des sels, les amines se comportent exactement comme l'ammoniaque et les bases ammonium comme l'hydrate de potasse :

$$CH^3AzH^2+HCl=CH^3AzH^2.HCl=(CH^3)AzH^3Cl\ ;$$
$$[Az(CH^3)^4]OH+HCl=[Az(CH^3)^4]Cl+H^2O.$$

Les sels produits sont blancs, cristallins, solubles dans l'eau, souvent déliquescents ; les chlorhydrates donnent avec le chlorure de platine des sels doubles, généralement cristallisables, dont la composition correspond à celle du chloroplatinate d'ammonium, $2AzH^4Cl,\ PtCl^4$; tel est, par exemple, le chloroplatinate de méthylamine, $2AzH^2(CH^3).HCl+PtCl^4$. Avec le chlorure d'or, on obtient de même :

$$AzH^2(C^2H^5)HCl,\ AuCl^3.$$

2. Les *agents de saponification* (alcalis ou acides) *ne modifient pas* les bases azotées des radicaux alcooliques ; elles sont, de plus, difficilement attaquées par les oxydants.

3. La distinction entre les différentes classes d'amines repose sur ce que les amines primaires contiennent encore deux atomes d'hydrogène remplaçables par des radicaux alcooliques, tandis que les amines secondaires n'en contiennent qu'un et que les amines tertiaires n'en contiennent plus. L'hydrogène des amines primaires et secondaires peut aussi être remplacé par des radicaux acides tels que l'acétyle, par exemple, C^2H^3O (V. amides) ; cette substitution, qui peut être double dans les amines primaires, ne peut évidemment être que simple dans les amines secondaires. Les produits de sub-

stitution des amines isomères peuvent être, à l'inverse de celles-ci, différenciés par l'analyse ; ainsi, la propylamine donne, avec l'iodure de méthyle, la base $C^3H^7Az(CH^3)^2 = C^5H^{13}Az$; son isomère, l'éthylamine, dans les mêmes conditions, donne la base $(CH^3)(C^2H^5)Az(CH^3) = C^4H^{11}Az$; un autre isomère, la triméthylamine, $(CH^3)^3Az = C^3H^9Az$, ne serait pas modifié.

Les amines primaires se distinguent encore des autres amines par l'action du chloroforme, du sulfure de carbone, de l'acide nitreux, de l'acide métaphosphorique (V. plus haut).

4. Seules, les amines primaires réagissent avec le *chloroforme* en produisant des isonitriles (p. 105).

5. Les amines primaires et les amines secondaires, chauffées en solution alcoolique avec du *sulfure de carbone*, se transforment en dérivés de l'acide dithiocarbamique (V. ce mot) ; les bases primaires, seules, peuvent être transformées en sénévols (V. ce mot).

6. L'*acide nitreux* transforme les amines primaires en alcools ;

$$CH^3.\,|\,AzH^2 + \,|\, H.O \,|\, .AzO = CH^3.OH + Az^2 + H^2O.$$

Quelquefois, il se produit en même temps une transposition ; ainsi, la propylamine-n. donne l'alcool isopropylique.

Les bases *secondaires*, sous l'action de l'acide nitreux, donnent des *dérivés nitrosés*, tels que la diméthylnitrosamine, par exemple :

$$(CH^3)^2AzH + AzO.OH = (CH^3)^2Az.AzO + H^2O.$$

Les nitrosamines sont des liquides jaunâtres, bouillant sans se décomposer, de réaction neutre, possédant une odeur d'épices (*Geuther*). Traitées par les réducteurs énergiques, ou chauffées en solution alcoolique en présence d'acide chlorhydrique, elles régénèrent les bases secondaires ; par contre, les réducteurs faibles les transforment en hydrazines (p. 113). Elles sont souvent utilisées pour la purification des amines secondaires.

L'acide nitreux n'agit pas sur les amines *tertiaires*.

6 a. On a obtenu indirectement des *nitramines* (B. 22. R. 295 ; B. 28, 403), c'est-à-dire des amines dans lesquelles un atome d'hydrogène est remplacé par le groupe nitro :

$CH^3.AzH.AzO^2$, méthylnitramine.

On a obtenu également, d'une manière indirecte, la substitution d'un hydrogène par un groupe amino

$CH^3.AzH.AzH^2$, méthylhydrazine (V. p. 113).

7. Les amines peuvent être mises en liberté par décomposition de leurs sels au moyen des alcalis. Au contraire, lorsqu'on traite les sels quaternaires par la potasse hydratée, les bases, étant de basicité égale sinon supérieure à celle de la potasse, ne sont pas déplacées par celle ci ; ces sels quaternaires se comportent comme les sels haloïdes vis-à-vis du nitrate d'argent et les bases comme $Az(CH^3)^4OH$ peuvent en être séparées au moyen de

l'oxyde d'argent humide ; ces bases sont *extraordinairement analogues à la potasse hydratée* ; elles ne peuvent être distillées sans décomposition ; dans cette opération, en effet, les bases tétraméthylées se transforment en amines tertiaires et en alcools :

$$Az(CH^3)^4OH = Az(CH^3)^3 + CH^3.OH,$$

et les bases homologues supérieures en amines tertiaires, oléfines et eau.

Les bases quaternaires ont une grande importance pour la détermination de la valence de l'azote ; leurs propriétés s'expliquent en effet beaucoup moins bien par l'hypothèse de l'azote trivalent que par celle de l'azote pentavalent (V. hydroxyde de triméthylsulfonium) ; cette dernière hypothèse concorde en outre avec l'identité des composés : $Az(CH^3)^2(C^2H^5) + C^2H^5Cl$ et $Az(CH^3)(C^2H^5)^2 + CH^3Cl$. (*V. Meyer et Lecco*) ; enfin, l'activité optique de certains sels d'ammoniums s'explique, le plus simplement, par l'asymétrie de l'azote pentavalent (V. p. 21).

8. Les iodures *quaternaires* se scindent sous l'action de la chaleur en *base tertiaire* et *iodure alcoolique* ; ils s'unissent avec deux ou quatre atomes de brome ou d'iode en formant des dérivés *tri* ou *pentabromés* ou *iodés* comme $Az(CH^3)^4I.I^4$ (aiguilles) et $Az(C^2H^5)^4I.I^2$ (aiguilles bleu-azur) qui doivent être considérés comme des produits d'addition, car l'halogène supplémentaire en est facilement éliminé. Il existe même des hepta et des ennéaiodures.

9. Les amines primaires et secondaires donnent, sous l'action de l'acide hypochloreux par substitution du chlore à l'hydrogène aminique ou imidique, les *chloramines*, combinaisons instables d'une odeur piquante.

10. Un grand nombre d'amines forment des *hydrates* relativement stables (Ber. **27**, R. 579).

Méthylamine, CH^3AzH^2, *existe* dans les mercurialis perennis et annua (« mercurialine ») ; dans les produits de distillation des os, du bois ; dans la saumure de harengs. Elle prend naissance dans un grand nombre de décompositions organiques, elle se produit, par exemple, en traitant par l'eau de baryte, à l'ébullition, les alcaloïdes (caféine) ou en chauffant le chlorhydrate de triméthylamine.

On la *prépare* au moyen de l'acétamide, du brome et de la soude caustique (B. **18**, 2737 ; Bull. soc. chim. **1886**, **2**, 359) ou par réduction de la triméthylènediamine (B. **26**, R. 932 ; **C. R. 117**, 628 630). Gaz semblable à l'ammoniac mais plus fortement basique et plus facilement soluble dans l'eau ; son odeur est ammoniacale et rappelle celle de la marée. Se liquéfie à — 6°. Brûle avec une flamme jaunâtre. Sa solution aqueuse précipite beaucoup de sels métalliques et redissout quelques hydroxydes.

A l'inverse de l'ammoniaque, elle ne dissout pas les hydroxydes de nickel et de cobalt. Le chlorhydrate, $AzH^2(CH^3)HCl$, forme de grosses tables déliquescentes, facilement solubles dans l'alcool ; le sel de platine forme des écailles jaune d'or ou des tables hexagonales. Le sulfate forme un alun avec $Al^2(SO^4)^3 + 24H^2O$. Il existe un carbonate,

Méthylchloramine, $CH^3.AzHCl$, s'obtient au moyen de la méthylamine (V. plus haut).

Méthylnitramine, $CH^3-AzH-AzO^2$, a été préparée au moyen du méthyluréthane (B. **22**, Ref. 295). Corps solide, fusible à 38°, de caractère acide : l'hydrogène imidique est remplaçable par les métaux. Par réduction, donne la méthylhydrazine (V. isonitramines. B. **28**, 2299 ; Bull. soc. chim. **1896**, **2**, 679).

Diméthylamine, $(CH^3)^2AzH$. *Etat naturel.* On la trouve dans le guano du Pérou, dans l'acide pyroligneux. On l'*obtient* en décomposant la nitrosodiméthylaniline (V. ce mot) au moyen de la soude caustique. Gaz, liquéfiable à + 7°.

Triméthylamine, $(CH^3)^3Az$. Est assez répandue dans la *nature* ; on la trouve dans le Chenopodium vulvaria, dans l'Arnica montana, dans les fleurs du Crategus oxyacantha, dans celles du poirier, etc , et encore dans la saumure de harengs (*Werthein*). On l'*obtient* comme produit de décomposition de la bétaïne des betteraves, elle est donc contenue dans les produits de distillation des vinasses à côté d'ammoniaque, de diméthylamine, d'alcool méthylique, d'acétonitrile, etc.

Préparation. (A. **267**. 254). Gaz d'une odeur ammoniacale rappelant celle de la marée, liquéfiable au-dessous de + 3°.

Iodure de tétraméthylammonium, $Az(CH^3)^4I$. S'obtient directement au moyen de l'ammoniaque et de l'iodure de méthyle. Gros prismes ou aiguilles blanches, de saveur amère.

Hydroxyde de tétraméthylammonium, $Az(CH^3)^4OH$. Fines aiguilles, facilement déliquescentes. Forme beaucoup de sels (vénéneux) : sels doubles de platine, sulfure et polysulfure, cyanure, etc.

Ethylamine, $C^2H^5AzH^2$. Pour la préparer, d'après le procédé *Hofmann*, on emploie le chlorure d'éthyle, produit secondaire de la préparation du chloral. Liquide, P.E. + 19° ; plus fortement basique que l'ammoniaque ; son odeur est fortement ammoniacale ; elle est miscible à l'eau en toutes proportions et avec dégagement de chaleur. Brûle avec une flamme jaune.

Elle dissout l'alumine, difficilement l'hydrate d'oxyde de cuivre, pas du tout les hydrates d'oxyde de cuivre et de cadmium.

Chlorure d'azote-éthyle, $C^2H^5.AzCl^2$, s'obtient au moyen de l'éthylamine et du chlorure de chaux ; huile jaune, d'une odeur extrêmement piquante.

Diéthylamine, $(C^2H^5)^2AzH$. P.E. 56°. Sa solution aqueuse ne dissout pas l'hydrate d'oxyde de zinc.

Triéthylamine, $(C^2H^5)^3Az$. Liquide huileux, peu soluble dans l'eau, fortement alcalin. P.E. 89°. Les précipités que la triéthylamine forme dans les solutions des sels métalliques ne sont généralement pas solubles dans un excès de cette base.

Propylamine-n, $C^3H^7AzH^2$. P. E. 49°.

Isopropylamine, $C^3H^7.AzH^2$. P. E. 31°,5.

Méthyléthylamine, $(C^2H^5)AzH.CH^3)$. P. E. (34-35°).

Vinylamine, $(C^2H^3)AzH^2$. P. E. 55°. Base facilement décomposable.

Hexadécylamine, $(C^{16}H^{33})AzH^2$. Base inodore, cristallisant en tablettes, ressemblant à la paraffine, P. F. 45°.

Tricétylamine, $(C^{16}H^{33})^3Az$. Masse solide.

Appendice : hydroxylamines, hydrazines et combinaisons diazoïques.

Les **alcoylhydroxylamines**, qui dérivent de l'hydroxylamine, $AzH^2.OH$, de la même manière que les amines dérivent de l'ammoniaque, peuvent être rangées dans deux classes différentes dont les représentants appartiennent à l'un des deux types suivants :

$AzH^2.OCH^3$	ou	$CH^3.AzH.OH$
α-méthylhydroxylamine		β-méthylhydroxylamine

Les corps de la première catégorie, qu'on obtient au moyen des éthers d'oximes (p. 131), sont assez stables et ne réduisent pas la liqueur de *Fehling* ; les corps de la deuxième classe, qu'on obtient également au moyen de certains dérivés d'oximes ainsi que par réduction des carbures nitrés (p. 97) ou par alcoylation de l'hydroxylamine libre, réduisent la liqueur de *Fehling*, même à froid, et peuvent être transformés, par réduction, en amines primaires (B. **23**. 3597 ; Bull. soc. chim **1891, 2**, 292 ; B. **24**, 3528 ; Bull. soc. chim. **1892**, **2**, 574 ; B. **25**, 1714 ; Bull. soc. chim. **1892**, **2**, 1172 ; B. **27**, 1350; Bull. soc. chim. **1894**, **2**, 1038).

β-méthylhydroxylamine, P. E. 42°; **β-éthylhydroxylamine,** P. F. 58° ; prismes incolores. (B. **26**, 2514 ; Bull. soc. chim. **1894**, **2**, 215).

Sous le nom d'**hydrazines**, on désigne, d'après *E. Fischer* (Ann. **190**, 67 ; **199**, 281, 294), une série de bases, généralement liquides, analogues aux amines et contenant 2 atomes d'azote, qui dérivent de la *diamide* ou *hydrazine*, $H^2Az—AzH^2$ (*Curtius* et *Jay* J. p. Ch. (2) **39**, 27).

Les hydrazines se distinguent particulièrement des amines par leur action sur la liqueur de Fehling, qu'elles réduisent le plus souvent à froid, et par leur faible résistance à l'oxydation ; elles sont très stables en présence des réducteurs ; on les obtient, par exemple, en faisant agir l'hydrogène naissant sur les nitrosamines (p. 110) :

$$(CH^3)^2Az.AzO + 4H = (CH^3)^2.Az.AzH^2 + H^2O.$$

Suivant que l'on remplace, dans la diamide, un, deux, etc., atomes d'hydrogène par des radicaux alcooliques, on obtient des hydrazines primaires, $R—AzH—AzH^2$, ou des hydrazines secondaires, ces dernières pouvant être symétriques, $R.AzH—AzH.R$, ou asymétriques, $R^2.Az.AzH^2$. Les hydrazines secondaires symétriques sont appelées *hydrazoïques.*

Méthylhydrazine, $CH^3AzH.AzH^2$. P. E. 87° (A **253**, 5).

Ethylhydrazine, $C^2H^5AzH.AzH^2$. Lorsqu'on traite la diéthylurée (V. ce mot) par l'acide nitreux, on obtient une combinaison nitrosée qui, par réduction au moyen de la poudre de zinc et de l'acide acétique, se transforme en « diéthylsemicarbohydrazide » ; celle-ci, chauffée avec l'acide chlorhydrique, se décompose en acide carbonique, éthylamine et éthylhydrazine :

$$CO\begin{cases} AzH-C^2H^5 \\ AzH-C^2H^5 \end{cases} \qquad CO\begin{cases} AzH - C^2H^5 \\ Az(AzO)C^2H^5 \end{cases} \qquad CO\begin{cases} AzH - C^2H^5 \\ Az(AzH^2)C^2H^5 \end{cases}$$

diéthylurée — combinaison nitrosée — diéthylsemicarbohydrazide

$$CO(AzHC^2H^5)(Az[AzH^2]C^2H^5)+H^2O = CO^2+AzH^2C^2H^5+AzH.AzH^2C^2H^5.$$

L'éthylhydrazine est un liquide incolore, mobile, d'une odeur éthérée faiblement ammoniacale, bouillant à 100°, très hygroscopique ; elle donne des fumées blanches à l'air humide et se dissout dans l'eau et dans l'alcool avec dégagement de chaleur ; elle altère le caoutchouc et le liège.

Diéthylhydrazine, $(C^2H^5)^2Az—AzH^2$; elle s'obtient au moyen de la diéthylnitrosamine (V. plus haut). Elle ressemble beaucoup à l'éthylhydrazine. L'oxyde de mercure la transforme, par oxydation, en :

Tétraéthyltétrazone, $(C^2H^5)^2{=}Az—Az{=}Az—Az{=}(C^2H^5)^2$, huile incolore, fortement basique, distillable avec la vapeur d'eau.

Pour l'action des *aldéhydes* et des *cétones* sur les hydrazines (V. ces mots). Pour d'autres détails sur les dérivés hydraziniques (V. ester diazoacétique et aminoguanidine).

La **constitution** des hydrazines ressort de leurs modes de formation dans la diéthylnitrosamine, $(C^2H^5)^2Az—AzO$, en effet, le groupe nitroso n'est pas lié au carbone car il s'élimine très facilement, il ne peut alors être lié qu'à l'azote ; l'hydrazine, s'obtenant par réduction de ce dérivé nitrosé, doit présenter le même mode d'union des atomes.

Les **combinaisons diazoïques** de la série grasse dérivent des carbures d'hydrogène par substitution du groupe —Az=Az— à deux atomes d'hydrogène à *un même* atome de carbone (Comparez : diazoïques de la série benzénique). Leur constitution est du même type que celle de l'ester diazoacétique (V. ce mot), premier représentant de cette classe de composés (*Curtius*) J. pr. Chem. (2) **38**, 396.

Diazométhane, CH^2Az^2, gaz jaune, extrêmement vénéneux ; réagit avec une facilité extraordinaire ; a été obtenu par une méthode compliquée (*Pechmann*, B. **28**, 855 ; Bull. soc. chim. **1895**, **2**, 1288).

E. Combinaisons phosphorées, arséniées, etc.

1. *Dérivés phosphorés des radicaux alcooliques.*

La substitution de radicaux alcooliques aux atomes d'hydrogène de l'hydrogène phosphoré donne naissance, comme pour l'ammoniaque, à des bases alcoylées, les phosphines, qui peuvent être primaires, secondaires ou tertiaires ; à ces bases correspondent, comme aux amines, des composés quaternaires, les bases phosphoniums.

Les phosphines correspondent aux amines quant à leur composition et à quelques propriétés, c'est ainsi que, par exemple, *elles ne sont pas saponifiables* ; elles s'en différencient sous d'autres rapports, savoir :

1. L'hydrogène phosphoré étant lui-même à peine basique, les phosphines qui en dérivent ne sont que des *bases faibles*, elles n'agissent pas sur le tournesol.

Les sels de la monoéthylphosphine sont décomposés par l'eau, mais les sels des phosphines secondaires et tertiaires ne le sont pas car les radicaux alcooliques exaltent faiblement la basicité.

2. Les phosphines conservent en partie le caractère de leur substance-mère, le phosphure d'hydrogène, elles s'oxydent énergiquement à l'air et s'enflamment spontanément.

3. L'oxygène employé avec circonscription transforme les phosphines en acides ou en oxydes qui dérivent de l'acide phosphorique ; elles peuvent, dans certains cas, se combiner au soufre ou aux halogènes.

Les phosphines ont une odeur extrêmement forte et étourdissante, celle de l'éthylphosphine, par exemple, est véritablement stupéfiante ; cette substance provoque, par le seul contact avec la langue, une sensation d'amertume intense qui se répand jusque dans l'arrière-bouche.

Phosphines			Bases phosphoniums
primaires	secondaires	tertiaires	quaternaires
$(CH^3)PH^2$ Méthylphosphine Gaz. P. E. — 14°	$(CH^3)^2PH$ Diméthylphosphine Liq. P. E. 25°	$(CH^3)^3P$ Triméthylphosphine Liq. P. E. 41° fume à l'air	$(CH^3)^4P.I$ $(CH^3)^4P.OH$ Iodure et hydroxyde de tétraméthylphosphonium.
spontanément inflammable.			
donnent par oxydation avec l'acide nitrique fumant :		à l'air :	Analogue à la potasse ; sous l'action de la chaleur, donne CH^4 et
$(CH^3)PO(OH)^2$ acide méthylphosphoïque	$(CH^3)^2PO(OH)$ acide diméthylphosphinique	$(CH^3)^3PO$ Oxyde de triméthylphosphine	←
ressemblent à la paraffine			
P. F. 105°	P. F. 76°	P. F. 240°	

Formation. 1) *Les phosphines tertiaires* s'obtiennent directement au moyen de l'hydrogène phosphoré et des iodures alcooliques, avec production concomitante de composés quaternaires (Voir mode 2 de formation des amines) :

$$PH^3 + 3C^2H^5I = P(C^2H^5)^3 + 3HI.$$

2) D'après *A. W. Hofmann* (1871), on obtient un mélange de phosphines primaires et secondaires en chauffant l'iodure de phosphonium avec les iodures alcooliques en présence d'oxyde de zinc :

$$2C^2H^5I + 2PH^4I + ZnO = 2P(C^2H^5)H^2.HI + ZnI^2 + H^2O\ ;$$

on peut les séparer à l'aide de l'eau qui ne décompose que les sels des phosphines primaires (V. p. 115).

3) Les phosphines tertiaires se forment (*Thenard*, 1846) au moyen du phosphure de calcium et des iodures alcooliques ou au moyen du trichlorure de phosphore et du zinc-méthyle.

4) Les dérivés phosphoniums s'obtiennent par l'union des composés tertiaires avec les alcoylhalogènes, ils ont beaucoup d'analogie avec les composés ammoniums.

Méthylphosphine, $CH^3.PH^2$ (*Hofmann*), gaz spontanément inflammable, facilement soluble dans l'alcool et dans l'éther, de réaction neutre, d'odeur infecte.

Triméthylphosphine, $P(CH^3)^3$, se transforme à l'air en **oxyde de triméthylphosphine** (V. tableau précédent), composé stable, distillant sans décomposition. La triméthylphosphine donne aussi un sulfure analogue à l'oxyde et un dichlorure, $P(CH^3)^3Cl^2$; elle s'unit au sulfure de carbone en formant une combinaison qui cristallise en tablettes rouges caractéristiques (réaction sensible ; *Hofmann*).

Hydroxyde de tétraméthylphosphonium, $P(CH^3)^4OH$, ce produit, à l'inverse de la combinaison ammonium correspondante, se décompose, sous l'action de la chaleur, en oxyde de triméthylphosphine et méthane :

$$P(CH^3)^4OH = P(CH^3)^3O + CH^4.$$

Le dérivé tétraéthylé donnerait de l'éthane, etc.

La **triéthylphosphine**, $P(C^2H^5)^3$, n'a pas de réaction alcaline ; à l'état concentré, son odeur est étourdissante ; en petite quantité, elle rappelle celle de la jacinthe.

La tendance du phosphore à jouer le rôle d'élément pentavalent se manifeste, d'une manière caractéristique, dans ces combinaisons : Le groupe $P(CH^3)^4$ est monovalent et fortement électropositif ; le groupe $P(CH^3)^3$ est bivalent et aussi électropositif ; le premier est comparable aux métaux alcalins, le second au calcium.

Les acides *phosphoïques*, *phosphiniques* et les *oxydes de phosphines* peuvent être considérés comme dérivant de l'acide phosphorique par substitution d'alcoyles aux hydroxyles :

$PO\begin{matrix}OH\\OH\\OH\end{matrix}$	$PO\begin{matrix}C^2H^5\\OH\\OH\end{matrix}$	$PO\begin{matrix}C^2H^5\\C^2H^5\\OH\end{matrix}$	$PO\begin{matrix}C^2H^5\\C^2H^5\\C^2H^5\end{matrix}$
acide phosphorique	acide éthylphosphoïque	acide diéthylphosphinique	oxyde de triéthylphosphine ;

les premiers peuvent encore être envisagés comme des dérivés de l'acide phosphoreux ou de l'acide hypophosphoreux, mais non comme des esters de ces acides, car ils ne sont pas saponifiables.

2. Dérivés arséniés des radicaux alcooliques.

L'analogie de l'arsenic avec le phosphore et l'azote se manifeste encore dans la possibilité d'obtenir des dérivés alcoylés de cet élément ; toutefois, à cause de son caractère métallique, l'arsenic fixe moins aisément de l'hydrogène à côté des radicaux alcooliques qu'il ne fixe des éléments électronégatifs, tels que le chlore et l'oxygène, à côté de ces mêmes radicaux ; aussi, n'existe-t-il que de rares analogues de la monométhylamine et de la diméthylamine ; la triméthylarsine, par contre, comparable à la triméthylamine et à la triméthylphosphine, se prépare facilement. Comme combinaisons primaires et secondaires, on connaît le dichlorure d'arsène-méthyle, $CH^3—AsCl^2$, le chlorure d'arsène-diméthyle, $(CH^3)^2AsCl$, le diméthylarsine, $(CH^3)^2AsH$, et des substances analogues.

	Type	*Arsines*			Bases arsoniums
		primaires	secondaires	tertiaires	quaternaires
I	$AsCl^3$	$AsCl^2(CH^3)$ dichlorure d'arsé-ne-méthyle. Liquide, P. E. 133°	$AsCl(CH^3)^2$ Chlorure de cacodyle Liquide, P. E. 100°	$As(CH^3)^3$ Triméthylarsine Liquide, P E. 70°	$As(CH^3)^4.OH$ Hydroxyde de tétraméthylarsonium, analogue à la potasse
		Produits d'addition chlorés :			
II	$AsCl^5$	$AsCl^4(CH^3)$ tétrachlorure d'arsène-méthyle	$AsCl^3(CH^3)^2$ Trichlorure de cacodyle	$AsCl^2(CH^3)^3$ dichlorure de triméthylarsène	$As(CH^3)^4I$ (Tables) $AsCl(CH^3)^4$ chlorure de tétraméthylarsonium
		Oxydes correspondants :			
III	As^2O^3	$As(CH^3)^3O$ oxyde d'arsène-méthyle Prismes, P. F. 95°	$[As(CH^3)^2]^2O$ oxyde de cacodyle Liquide, P. E. 150°		
IV	$AsO(OH)^3$	$(CH^3)AsO(OH)^2$ acide méthylarsinique (Tables.)	$(CH^3)^2AsO(OH)$ acide cacodylique prismes, P. F. 200°	$(CH^3)^3AsO$ oxyde de triméthylarsine cristaux.	

Ces combinaisons sont des liquides incolores, d'odeur étourdissante, produisant quelquefois une irritation insupportable sur les muqueuses ; elles n'ont *aucune propriété basique*. Il existe aussi des combinaisons arséniées quaternaires tout à fait analogues aux bases phosphoniums.

L'halogène des dérivés chlorés est facilement remplaçable par la quantité équivalente d'oxygène ; ainsi, les dérivés chlorés de la série I du tableau peuvent produire les oxydes de la série III ; ces derniers sont des composés solides ou liquides, d'odeur étourdissante, qui se comportent comme des oxydes basiques ; l'acide chlorhydrique les transforme de nouveau en composés chlorés de la série I.

Ces combinaisons montrent, d'une manière frappante, la tendance de l'arsenic à passer de l'état trivalent (apparent) à l'état pentavalent ; ainsi, les chlorures mentionnés ci-dessus et, aussi, la triméthylarsine, s'unissent avec deux atomes de chlore pour former des composés du type AsX^5 (V. tableau ; série II) ; l'oxydation des combinaisons oxygénées du type AsX^3 (série III) et de la triméthylarsine conduit à des combinaisons plus riches d'un atome d'oxygène (ou de deux OH), qui constituent les acides ou les oxydes de la série IV (l'oxyde de cacodyle, $(R^2As)^2O$, par exemple, donne l'acide cacodylique $R^2As.O.OH$), ces acides ou ces oxydes peuvent aussi être obtenus au moyen des chlorures de la série II, par échange de l'halogène contre de l'oxygène ou contre le groupe hydroxyle, ils sont complètement analogues aux acides phosphoïque ou phosphinique ou aux oxydes de phosphines dont il a été question plus haut.

Les combinaisons $As(CH^3)^xCl^{5-x}$ du type AsX^5 (série II) sont scindées (*Baeyer*), sous l'action de la chaleur, en chlorure de méthyle et en dérivés de la forme $As(Ch^3)^{x-1}Cl^{4-x}$(type AsX^3) :

$$As(CH^3)^2Cl^3 = As(CH^3)Cl^2 + CH^3Cl.$$

Le départ du chlorure de méthyle se produit d'autant plus aisément qu'il y a moins de groupes méthyle dans la molécule ; ainsi, dans le cas du composé $As(CH^3)^3Cl^2$, il faut chauffer fortement tandis que $As(CH^3)^2Cl^3$ se décompose à 50° et que $As(CH^3)Cl^4$ se scinde déjà à 0°. Il s'ensuit que, si l'on fait agir le chlore sur $As(CH^3)Cl^2$ à la température ordinaire, la réaction se présentera comme une substitution directe du chlore au groupe CH^3 (alcoyle) :

$$As(CH^3)Cl^2 + Cl^2 = AsCl^3 + CH^3Cl.$$

Si l'on veut considérer l'arsenic comme un élément trivalent, on trouve un argument, pour cette conception, dans l'incertitude de l'existence de $As(CH^3)^5$ et de $AsCl^5$; on considère alors les composés du type AsX^5 comme des combinaisons moléculaires de $AsX^3 + Cl^2$. Dans ces composés, l'addition du chlore serait causée par l'affinité latente du chlore pour l'arsenic et les alcoyles, affinité qui, en fait, se manifeste à haute température par le départ de chlorure d'alcoyle.

Il est intéressant de remarquer que le radical $—As(CH^3)^2$, pas plus d'ailleurs que le « méthyle », ne peut exister à l'état libre et que le cacodyle possède la formule doublée $As^2(CH^3)^4$ (diarsène-diméthyle).

A. Les *arsines tertiaires* s'obtiennent : 1. Au moyen de l'arséniure de sodium et des iodures alcooliques (*Cahours* et *Riche*) : $AsNa^3 + 3C^2H^5I = As(C^2H^5)^3 + 3NaI$.

2. Au moyen des zinco-alcoyles et du trichlorure d'arsenic (*Hofmann*).

Triméthylarsine, $As(CH^3)^3$ et **triéthylarsine**, $As(C^2H^5)^3$. Liquides difficilement solubles dans l'eau, fumant à l'air et s'oxydant, sous l'action de l'air et de la chaleur, en donnant les oxydes de triméthyle ou de triéthyle-arsine.

B. Les *arsines secondaires* s'obtiennent par distillation d'un mélange d'acétate de potassium et de trioxyde d'arsenic (*Cadet*, 1760) :

$$O\begin{cases}AsO\\AsO\end{cases} + 4CH^3.CO^2K = O\begin{cases}As(CH^3)^2\\As(CH^3)^2\end{cases} + 2CO^2 + 2CO^3K^2.$$

oxyde de cacodyle

Le distillatum obtenu, composé d'oxyde de cacodyle et de cacodyle, est appelé « alkarsine » ; il fume à l'air et est spontanément inflammable (liquide fumant arsenical de *Cadet*). Traité par l'acide chlorhydrique, il donne le chlorure de cacodyle qui se transforme, sous l'action de la potasse caustique, en oxyde de cacodyle.

Oxyde de cacodyle. Liquide de réaction neutre, bouillant sans décomposition, d'une odeur étourdissante, provoquant la nausée ; irrite d'une manière insupportable la muqueuse nasale ; est insoluble dans l'eau. Forme des sels avec les acides : avec HCl, on obtient le **chlorure de cacodyle** :

$$[(CH^3)^2As]^2O + 2HCl = 2(CH^3)^2As.Cl + H^2O.$$

Ce chlorure est un liquide dont l'odeur est encore plus étourdissante et l'action plus irritante que celle de l'oxyde de cacodyle ; sa vapeur est spontanément inflammable ; il donne, par réduction, selon les conditions, la **diméthylarsine**, $As(CH^3)^2H$, P. E. 36° ou le cacodyle.

Cacodyle, $As^2(CH^3)^4$ (de κακώδης, « puant »). Liquide mobile, incolore, bouillant sans se décomposer à 170°, insoluble dans l'eau. Son odeur est excessivement repoussante et provoque le vomissement. Il est aussi inflammable à l'air que la vapeur de phosphore ; lorsqu'on le soumet avec ménagement à l'action de l'air, il se transforme en oxyde ; il se combine directement avec le chlore, le soufre, etc. Le cacodyle joue donc, même dans les plus petites particularités, le rôle d'un élément simple, électro-positif : c'est un véritable « élément organique » (*Bunsen*).

Acide cacodylique, $(CH^3)^2AsO.OH$. Corps cristallisable, sans saveur, vénéneux, soluble dans l'eau. Donne des sels cristallins

C. *Arsines primaires*, (*Baeyer*, 1858) ; s'obtiennent au moyen des **dichlorures d'arsène-alcoyles**, $(CH^3)AsCl^2$, par exemple ; (ce dernier s'obtient au moyen du trichlorure de cacodyle, par élimination de chlorure de méthyle sous l'influence de la chaleur). Liquides lourds, solubles dans l'eau sans altération, volatils sans décomposition, dont la vapeur est extrêmement irritante.

Acide méthylarsinique, $(CH^3)AsO^3H^2$. S'obtient, à l'état de sel de sodium, lorsqu'on fait agir l'iodure de méthyle sur l'arsénite de sodium.

3. Dérivés de l'antimoine, du bore et du silicium.

Triméthylstibine, $Sb(CH^3)^3$ (*Landolt*). Liquide spontanément inflammable, d'une odeur fort désagréable, rappelant celle de l'oignon.

Pentaméthylantimoine, $Sb(CH^3)^5$. Liquide peu odorant, huileux, distillable, ne s'enflammant pas spontanément (*Buckton*).

Hydroxyde de tétraméthylstibonium, $Sb(CH^3)^4OH$, très analogue à la potasse.

Boretriéthyle, $Bo(C^2H^5)^3$ (*Frankland*). Liquide spontanément inflammable, brûlant avec une flamme verte, très fuligineuse.

Boretiméthyle, $Bo(CH^3)^3$. Gaz analogue au précédent, d'une odeur piquante insupportable.

Les dérivés alcoylés du silicium (*Friedel* et *Crafts*), à l'opposé des combinaisons précédentes et de l'hydrure de silicium, ne sont pas spontanément inflammables à l'air; ils sont analogues au méthane et aux paraffines.

Silicium tètraméthyle, $Si(CH^3)^4$; liquide plus léger que l'eau, très mobile, comparable au pentane.

F. Dérivés métalliques des radicaux alcooliques.

On a pu combiner les radicaux alcooliques avec presque tous les métaux les plus importants. La composition de ces combinaisons, appelées organo-métalliques ou métallo-organiques, correspond presque toujours à celle des chlorures métalliques desquels elles dérivent par susbtitution d'alcoyles à l'halogène. Ce sont des substances incolores, facilement mobiles, bouillant sans se décomposer à des températures relativement basses. Quelques-unes sont décomposées vivement par l'eau et s'enflamment à l'air avec explosion, d'autres sont stables en présence de l'eau ou de l'air. Parmi les premières, on peut citer les magnésium -, zinc -, et aluminium alcoyles et, parmi les secondes, les dérivés alcooliques du mercure, du plomb et de l'étain.

On connaît également des substances où un élément halogène est lié au métal à côté d'un radical alcoolique, tel est le chlorure de mercure-éthyle, $Hg(C^2H^5)Cl$; ces composés se comportent comme des sels ; on peut y remplacer l'halogène par l'hydroxyle ; il se forme alors des combinaisons basiques (ex. : $Hg(C^2H^5)OH$, oxyde de mercure-éthyle) qui, à cause du caractère électro-positif des radicaux alcooliques, sont souvent plus basiques que les hydroxydes métalliques correspondants et, sous ce rapport, peuvent être comparées à la potasse. Ces hydroxydes (ou oxydes) ne sont pas volatils sans décomposition.

Modes de formation. 1. En traitant les alcoylhalogènes par les métaux. On peut obtenir de cette manière les dérivés du zinc, du magnésium et du mercure :

$$2Mg + 2CH^3I = Mg(CH^3)^2 + MgI^2.$$

2. En traitant les zinc-alcoyles ou les mercure-alcoyles par les métaux. On peut obtenir ainsi le cadmium-méthyle et le potassium-méthyle.

$$Hg(CH^3)^2 + Cd = Cd(CH^3)^2 + Hg.$$

3. Par double décomposition entre le zinc-alcoyle et le chlorure du métal :

$$2Zn(C^2H^5)^2 + SnCl^4 = Sn(C^2H^5)^4 + 2ZnCl^2.$$

Le **potassium** et le **sodium-méthyle**, $K(CH^3)$ et $Na(CH^3)$, le **potassium** et le **sodium**

éthyle, $K(C^2H^5)$ et $Na(C^2H^5)$, ne sont pas connus à l'état libre. Lorsqu'on introduit du sodium métallique dans du zinc-éthyle, il se sépare du zinc et on obtient une combinaison cristalline de sodium-éthyle et de zinc-éthyle. Si on cherche à séparer ces deux composés, par distillation dans un courant d'acide carbonique par exemple, le sodium-méthyle absorbe l'acide carbonique et se transforme en acétate de sodium.

Zinc-méthyle, $Zn(CH^3)^2$ (*Frankland*, 1849). Ce corps important a été obtenu d'après le mode de formation 1) ; la réaction se poursuit en deux phases :

I. $CH^3I + Zn = Zn(CH^3)I$ (V. plus bas) ;

II. $2\,Zn(CH^3)I = Zn(CH^3)^2 + ZnI^2$.

La première phase se produit sous l'action de la chaleur, la seconde a lieu lorsqu'on distille le mélange. Le zinc s'emploie sous forme de « couple zinc-cuivre » (V. p. 40). La réaction est facilitée par addition d'éther acétique dont le rôle est inconnu.

Liquide incolore, facilement mobile, très réfringent. P. E. 46°, densité 1,39. Son odeur est pénétrante et désagréable ; il s'enflamme à l'air et brûle avec une flamme brillante bleu-rougeâtre (flamme du zinc), avec production d'oxyde de zinc.

L'eau le décompose vivement en le transformant en méthane et hydroxyde de zinc ; l'iodure de méthyle le change en éthane. Il est employé, par exemple, pour la préparation d'alcools secondaires et tertiaires et pour celle de l'acétone.

Sous l'action de l'iode, il se transforme en **iodure de zinc-méthyle**, $Zn(CH^3)I$, tablettes blanches (voir plus haut) et en iodure de méthyle.

Zinc-éthyle, $Zn(C^2H^5)^2$, tout à fait analogue au zinc-méthyle ; P. E. 118° ; densité 1,18.

Mercure-méthyle, $Hg(CH^3)^2$ (*Frankland*) ; **Mercure-éthyle**, $Hg(C^2H^5)^2$ (*Buckton*) (V. modes de formation 1 et 3). Liquides incolores, d'une odeur spéciale, d'abord doucereuse puis écœurante. Le dérivé méthylé bout à 95°, l'éthylé à 159°. Densités >3. Ces deux produits sont stables à l'air mais inflammables ; tous deux (surtout le dérivé méthylé) sont très vénéneux. L'acide chlorhydrique transforme le premier en **chlorure de mercure-méthyle**, $Hg(CH^3)Cl$, $[Hg(CH^3)^2 + HCl = Hg(CH^3)Cl + CH^4]$, sel incolore auquel correspond l'hydroxyde, $Hg(CH^3).OH$, de réaction fortement alcaline.

Aluminium-méthyle, $Al(CH^3)^3$. Spontanément inflammable, se décompose vivement au contact de l'eau. P. E. 130°. Densité de vapeur : B. 22, 551 ; Bull. soc. chim. 1889, 2, 255.

On connaît aussi le **cadmium-méthyle** et le **magnésium-méthyle**.

Plomb-méthyle, $Pb(CH^3)^4$, et **Plomb-éthyle**, $Pb(C^2H^5)^4$ (*Cahours*). Ces dérivés s'obtiennent d'après le mode de formation 3) ; il se sépare du plomb, dans la réaction : $2PbCl^2 + 2Zn(CH^3)^2 = Pb(CH^3)^4 + Pb + 2ZnCl^2$. Ils ne s'altèrent pas à l'air et sont intéressants parce qu'ils contiennent le plomb à l'état tétravalent. L'hydroxyde, $Pb(CH^3)^3.OH$, forme des prismes allongés, son odeur rappelle la moutarde ; c'est une base forte.

On connaît aussi des *dérivés de l'étain* (*Ladenburg*, *Frankland*) : **étain-tétraméthyle**, $Sn(CH^3)^4$, **étain-tétraéthyle**, $Sn(C^2H^5)^4$, **étain-triéthyle**, $Sn^2(C^2H^5)^6$, **étain-diméthyle**, $Sn^2(CH^3)^4$, etc., dérivés intéressants parce qu'ils prouvent la tétravalence de l'étain.

V. Aldéhydes et cétones, $C^nH^{2n}O$.

Les aldéhydes et les cétones sont des substances qui s'obtiennent, les premières, au moyen des alcools primaires, les secondes, au moyen des alcools secondaires, par soustraction de deux atomes d'hydrogène sous l'action d'un agent oxydant.

Les *aldéhydes* peuvent fixer un atome d'oxygène et se transformer en *acides* du *même nombre d'atomes de carbone* ; elles possèdent, par suite, des propriétés réductrices.

Les *cétones* sont plus difficilement oxydables et ne fonctionnent pas comme agents réducteurs. *L'oxydation ne les transforme pas en acides d'un égal nombre d'atomes de carbone*, mais donne, par suite d'une rupture de la chaîne, des acides moins riches en atomes de carbone.

Les premiers termes de ces deux classes sont des liquides neutres (la formaldéhyde seule est gazeuse), d'une odeur spéciale, aisément solubles dans l'eau et facilement volatils ; en s'élevant dans les séries, la solubilité dans l'eau disparaît rapidement et l'odeur diminue d'intensité en même temps que le point d'ébullition s'élève. Les membres supérieurs sont solides, inodores, ressemblent à la paraffine et ne peuvent être distillés sans décomposition que sous pression très réduite.

Les aldéhydes et les cétones présentent entre elles une grande analogie, dans certains modes de formation et quant à plusieurs propriétés.

A. Aldéhydes.

La série homologue des aldéhydes $C^nH^{2n}O$ correspond entièrement à celle des acides $C^nH^{n2}O^2$ (V. ces acides).

Les points d'ébullition sont beaucoup plus bas que ceux des alcools correspondants ; au début, chez les aldéhydes normales, ils s'élèvent d'environ 27° pour une différence de CH^2 ; plus tard, l'élévation devient moindre pour cette même différence.

Modes de formation. 1) Au moyen des *alcools primaires*, $C^nH^{2n+1}.OH$, par oxydation ménagée au moyen du bichromate de potasse ou du bioxyde de manganèse et de l'acide sulfurique. Cette oxydation peut souvent se réaliser au moyen de l'*air*, surtout en présence de noir animal ou de noir de platine :

$$\underset{\text{alcool}}{CH^3.CH^2OH}+O = \underset{\text{acétaldéhyde}}{CH^3.CHO}+H^2O$$

Certaines substances de nature complexe (blanc d'œuf), donnent aussi des aldéhydes par oxydation.

2. En soumettant à la distillation sèche les sels de baryum ou de calcium des acides de la série acétique mélangés au formiate de baryum ou de calcium (*Limpricht*) ; dans cette réaction, l'acide formique agit comme réduc-

teur et se transforme en carbonate de calcium, d'après le schéma suivant (dans lequel, ca = 1/2 Ca) :

$$\begin{array}{r|l} CH^3.CO & Oca \\ +H. & COOca \end{array} = CH^3.CHO + CO^3Ca.$$

Les autres réducteurs sont généralement sans action. (V. p. 75 II, 1a).

3. Au moyen des dérivés dihalogénés des carbures d'hydrogène contenant le groupe — CHX^2, par l'action de la vapeur d'eau surchauffée ou de l'eau à l'ébullition en présence d'oxyde de plomb :

$$\underset{\text{chlorure d'éthylidène}}{CH^3—CHCl^2} + H^2O = \underset{\text{aldéhyde}}{CH^3—CHO} + 2HCl.$$

Constitution. Par oxydation, les alcools primaires, R — $C^2H.OH$, se transforment en *acides* correspondants dont la constitution est R — CO.OH ; l'oxygène se fixe donc à l'atome de carbone déjà lié à un hydroxyle et le *radical R n'est pas modifié*. Ce radical doit donc se retrouver sans modification dans les aldéhydes qui sont des *produits intermédiaires* de l'oxydation et ces combinaisons doivent répondre à la constitution R—CHO ; ex. :

$$\underset{\text{alcool}}{CH^3-CH^2OH} \qquad \underset{\text{aldéhyde}}{CH^3—CHO} \qquad \underset{\text{acide acétique}}{CH^3-CO.OH}$$

Les aldéhydes contiennent donc le groupe d'atomes—CHO$\left(=C\begin{matrix}/\!/H \\ \diagdown O\end{matrix}\right)$, uni à l'hydrogène dans la formaldéhyde (H—CHO), ou à un radical alcoolique dans toutes les autres aldéhydes.

Isoméries. Les isoméries des aldéhydes sont uniquement provoquées par les isoméries des radicaux alcooliques R qui sont unis au groupe —CHO et qui contiennent, par conséquent, un atome de carbone de moins que les aldéhydes elles-mêmes Les aldéhydes sont isomériques avec les cétones, avec les oxydes des oléfines (ex. : aldéhyde et oxyde d'éthylène =C^2H^4O, V. glycol éthylénique) et avec les alcools de la série allylique.

Le *N. o.* (p. 23) des aldéhydes se termine par la syllabe « *al* ».

Propriétés. Les aldéhydes se distinguent par une très grande aptitude à réagir.

1. *Oxydation* (V. plus haut). Les aldéhydes sont facilement oxydables ; à l'air, déjà, elles s'oxydent lentement ; l'acide chromique, les sels des métaux nobles, etc., les oxydent rapidement ; *elles réduisent les solutions ammoniacales d'oxyde d'argent* et souvent celles d'oxyde de cuivre (réaction caractéristique, particulièrement sensible en présence d'un peu de soude caustique).

Les aldéhydes sont facilement *réductibles*, par l'hydrogène naissant, en donnant des alcools primaires au moyen desquels on peut, inversement, les obtenir par oxydation : ex. : $CH^3—CHO+H^2 = CH^3.CH^2OH$.

Il se forme quelquefois des glycols comme produits secondaires; ainsi, l'aldéhyde fournit du glycol butylique, $C^4H^8(OH)^2$ (V. ce mot).

3. Le *chlorure de phosphore* transforme les aldéhydes en dérivés dichlorés des carbures d'hydrogène analogues au chlorure d'éthylidène.

4. *Réactions d'addition.*

Lorsqu'on traite le chlorure d'éthylidène ou les chlorures analogues par l'eau et l'oxyde de plomb, par exemple, on pourrait s'attendre à remplacer les deux atomes de chlore par deux hydroxyles et à obtenir une combinaison de la forme $CH^3 — CH\langle{}^{OH}_{OH}$ (glycol éthylidénique) qui serait un alcool bivalent; cependant il n'en est pas ainsi ; à la place d'un glycol de cette forme, on obtient une aldéhyde qui prend naissance par soustraction d'eau aux dépens du glycol engendré d'abord dans la réaction :

$$CH^3—CH\langle{}^{OH}_{O\,H} = CH^3.CHO+H^2O.$$

Ceci permet de conclure que, généralement, deux groupes hydroxyles ne peuvent être fixés à un même atome de carbone; dans ce cas, une molécule d'eau s'élimine et c'est un atome d'oxygène qui se trouve être fixé par ses deux affinités à l'atome de carbone. On ne connaît que quelques rares combinaisons où deux hydroxyles sont attachés au même carbone; elles s'obtiennent au moyen des aldéhydes correspondantes, par addition des éléments de l'eau.

Le bisulfite de sodium, l'ammoniaque, l'acide cyanhydrique, etc., s'ajoutent directement aux aldéhydes ; cette addition s'explique ainsi : en premier lieu, l'une des deux liaisons qui relient l'atome d'oxygène et l'atome de carbone se rompt et, comme le montre le schéma suivant, une affinité de chacun de ces atomes devient disponible :

$$CH^3—CH\langle{}^{O\,—}_{} \quad \text{ou, plus généralement, } R — CH\langle{}^{O\,—}_{} ;$$

puis, un atome d'hydrogène du composé additionnel se fixe sur l'oxygène en formant un groupe hydroxyle et ce qui reste de ce composé s'unit au carbone :

$$R — CH\langle{}^{OH}_{X}$$

Les substances ainsi obtenues peuvent donc être considérées comme des dérivés (éthers, esters, amines) du glycol éthylidénique hypothétique $CH^3—CH(OH)^2$ ou de ses homologues.

Les réactions d'addition des aldéhydes sont les suivantes :

a) Addition d'eau. Elle conduirait éventuellement à un alcool bivalent ; on a vu que, généralement, elle n'a pas lieu ; elle se produit cependant lorsque le radical alcoolique renferme plusieurs atomes électro-négatifs (chlore, par exemple) ; c'est ainsi qu'on peut obtenir l'hydrate de chloral :

$$CCl^3.CHO + H^2O = CCl^2 - CH(OH)^2.$$

Ces hydrates ont, d'ailleurs, une telle tendance à perdre les éléments de l'eau, qu'au lieu de se comporter comme des alcools bivalents, ils fonctionnent le plus souvent comme des aldéhydes. (V. acides pyruvique et mésoxalique).

b) Addition d'alcools, d'acide acétique, etc. Ces combinaisons n'existent qu'en petit nombre, elles constituent des alcoolates et des acétates susceptibles d'être facilement scindés ; tels sont, l'*alcoolate de chloral*, $C.Cl^3-CH(OH).OC^2H^5$, et l'*acétate de chloral*, $C.Cl^3-CH(O^2H).O(CH^3O)$. Chauffées avec 2 molécules d'alcool ou avec 1 molécule d'anhydride acétique, les aldéhydes forment, par contre, des éthers ou des esters stables du glycol hypothétique :

$$CH^3-CHO + 2C^2H^5.OH = CH^3-CH(OC^2H^5)^2 + H^2O.$$
$$CH^3-CHO + (C^2H^3O)^2O = CH^3-CH(OC^2H^3O)^2.$$

Les combinaisons alcooliques se produisent aussi dans l'oxydation partielle des alcools primaires, elles sont scindées en leurs constituants sous l'action de l'acide sulfurique ; celles qui dérivent de l'aldéhyde ordinaire sont appelées *acétals* et le composé $CH^3-CH(OC^2H^5)^2$ est l'acétal proprement dit.

D'une manière analogue, la formaldéhyde donne, avec l'acide chlorhydrique et l'alcool méthylique, l'éther méthylique chloré, $CH^2Cl(OCH^3)$.

Les thioalcools substitués aux alcools, dans ces réactions, conduisent à des dérivés sulfurés appelés **mercaptals**.

c) Les aldéhydes se combinent aux bisulfites de sodium, d'ammonium, etc., en formant des composés cristallisables, solubles dans l'eau, difficilement solubles dans l'alcool, tels que : $C^2H^4O + NaHSO^3 + 1/2\ H^2O$, que l'on considère comme des sels des acides sulfoniques des glycols éthylidéniques ($CH^3-CH(OH)(SO^3Na)$ par exemple). Ces composés se scindent presque toujours facilement en régénérant l'aldéhyde : il suffit de les chauffer en présence d'un acide ou d'une solution de carbonate de soude ; ils sont très importants, car ils permettent d'extraire les aldéhydes de mélanges complexes.

d) Les aldéhydes se combinent à l'ammoniaque, en donnant les *aldéhydes-ammoniaques*, $CH^3-CH(OH)(AzH^2)$, par exemple, combinaisons cristallisables, généralement solubles dans l'eau, difficilement solubles dans l'alcool, insolubles dans l'éther et qui, chauffées avec les acides dilués, régénèrent les aldéhydes correspondantes.

Elles sont employées également, avec avantage, pour la purification des aldéhydes (V. p. 129).

Il existe aussi des aldéhydes-amines (B. **28**, R. 881).

Théoriquement, on conçoit que les aldéhydes puissent réagir avec l'ammoniaque ou les amines primaires pour donner, par élimination d'eau, des composés imidés, tels que R—CH=AzH (ou R—CH=AzR′), ou des composés nitrilés de la forme $(R-CH=)^3Az^2$; on ne connaît cependant que de rares représentants de ces séries ; telles sont la *chloralimide*, $CCl^3-CH=AzH$ et l'*hydracétamide*, $(CH^3-CH)^3Az^2$; le plus souvent, et surtout avec la formaldéhyde, on obtient des polymères de ces dérivés au lieu de ces dérivés eux-mêmes ; ainsi, cette aldéhyde donne, avec l'ammoniaque, l'*hexaméthylènetétramine*, $(CH^2)^6Az^4$, et, avec la méthylamine, la *triméthyltriméthylèneamine*, $(CH^2)(^3Az.CH^3)^3$. Les aldéhydes réagissent souvent sur les amines aromatiques primaires pour donner des corps du type $R-CH(AzHR')^2$.

Ces composés sont généralement scindés avec facilité, par les acides, avec régénération des aldéhydes.

e) Les aldéhydes se combinent à l'acide cyanhydrique en formant des *cyanhydrines* qu'on peut considérer comme des *nitriles* d'acides plus élevés ; ainsi, l'acétaldéhyde donne la combinaison $CH^3-CH\begin{matrix}\diagup OH \\ \diagdown CAz\end{matrix}$, *éthylidènecyanhydrine*, composé liquide, facile à scinder en ses constituants (V. série lactique).

5. Les aldéhydes se *polymérisent* avec la plus grande facilité (V. p. 11 et 48). La formaldéhyde CH^2O, par exemple, se polymérise spontanément à la température ordinaire ; pour la polymérisation de l'acétaldéhyde, il suffit de très faibles quantités d'acide chlorhydrique ou d'acide sulfurique, de chlorure de zinc ou d'acide sulfureux, etc. ; à la température ordinaire, on obtient la paraldéhyde, $C^6H^{12}O^3 = (C^2H^4O)^3$ (p. 129) ; au-dessous de 0°, la métaldéhyde, $(C^2H^4O)^x$. L'aldéhyde propionique se comporte d'une manière analogue.

6. Sous l'action des *alcalis*, les aldéhydes se comportent de différentes façons : les aldéhydes les plus simples de la série grasse subissent une décomposition rapide ; ainsi, l'acétaldéhyde, chauffée avec de la soude caustique, dégage une odeur spéciale et se transforme en une résine, brun-rouge, soluble dans l'alcool et insoluble dans l'eau (réaction caractéristique). D'autres aldéhydes sont transformées, par les alcalis, en un *mélange* équimoléculaire d'*alcool* et d'*acide*, une moitié de l'aldéhyde s'oxydant aux dépens de l'autre moitié :

$$2HCOH + H^2O = CH^3OH + H.CO^2H \text{ (acide formique).}$$

7. Les aldéhydes ont une grande tendance à se condenser sur elles-mêmes ; la condensation a lieu entre deux molécules d'aldéhyde : un atome d'hydrogène de l'une se fixe sur l'oxygène de l'autre en formant un hydroxyle (OH) et la soudure des deux molécules s'effectue par les deux atomes de carbone qui contiennent alors une affinité libre.

Ainsi, l'aldéhyde ordinaire, soumise à un contact prolongé avec l'acide chlorhydrique dilué ou avec une solution de carbonate de soude, donne la β *oxybutyraldéhyde* (V. *aldol*) :

$$CH^3—CHO + CH^2 | H | —CHO = CH^3—CH(OH)—CH^2—CHO.$$

Cette condensation est dite *aldolique* ; elle se produit aussi en présence d'acide sulfurique, d'acétate de soude en solution aqueuse ou d'un alcali dilué.

La condensation aldolique s'explique en admettant une hydratation préalable de l'aldéhyde (1 molécule), suivie de la séparation d'une molécule d'eau aux dépens de l'un des deux hydroxyles de l'hydrate et d'un atome d'hydrogène d'une deuxième molécule d'aldéhyde. Condensations des aldéhydes avec les cétones (V. ce mot).

7ª. Les aldéhydes réagissent avec l'acétate de sodium ou l'anhydride acétique en produisant des acides incomplets. V., par exemple, acide cinnamique.

8. Le *chlore* et le *brome* donnent des produits de *substitution* ; c'est ainsi que l'aldéhyde ordinaire se transforme en chloral, sous l'action du chlore : (p. 130).

$$CH^3.CHO + 3Cl^2 = CCl^3.CHO + 3HCl.$$

9. Sous l'action de l'hydrogène sulfuré, les aldéhydes donnent d'abord des produits d'addition, R–CH(OH)(SH) (oxymercaptans), qui, soit par élimination d'eau, soit par une action plus profonde de l'hydrogène sulfuré, se transforment en dérivés sulfurés complexes d'une odeur épicée désagréable. B. **23**, 60, 1869 ; Bull. soc. chim. **1891**, **1**, 605 ; Bull. soc. chim. **1890**, **2**, 676. Ces dérivés, et aussi les oxymercaptans, peuvent être transformés, par les agents de condensation, en *trithioaldéhydes* (B. **24**, 1419, 3591 ; Bull. soc. chim. **1892**, **2**, 260 ; Bull. soc. chim. **1892**, **2**, 950).

La **thioaldéhyde** (éthane-thial), C^2H^4S, a été préparée par une méthode compliquée ; c'est une huile d'odeur forte, bouillant à 40° et se polymérisant rapidement.

10. L'*hydroxylamine* forme avec les aldéhydes, par élimination d'eau, des **aldoximes**, telles que l'aldoxime, $CH^3.CH{=}AzOH$ (V. *Meyer*, B. **15**, 2778 ; Bull. soc. chim. **1883**, **1**, 523) :

$$CH^3.CHO + AzH^2.OH = CH^3.CH{=}Az.OH + H^2O.$$

Les aldoximes sont, généralement, des liquides distillables sans décomposition que les acides, à l'ébullition, scindent en leurs composants (Voir encore p. 131).

Pour les conditions de formation des oximes : voir B. **23**, 2769 ; Bull. soc. chim. **1891**, **1**, 603.

11. Avec les *hydrazines*, les aldéhydes donnent, par élimination d'eau, des **hydrazones** (*E. Fischer*), par exemple :

$$CH^3—CH : Az^2HC^2H^5, \text{ acétaldéhyde-éthylhydrazone.}$$

Les hydrazones dérivant de la *phénylhydrazine*, $C^6H^5.AzH.AzH^2 = C^6H^5.Az^2H^3$ (V. ce mot), sont particulièrement abordables :

$$CH^3—CHO + Az^2H^3.C^6H^5 = CH^3—CH{=}Az^2H—C^6H^5 + H^2O.$$

aldéhyde phénylhydrazone
(éthane-phénylhydrazone)

Par *réduction*, les hydrazones sont scindées avec formation d'*amines primaires*, par exemple :

$$CH^3-CH=Az^2H.C^6H^5 + 4H = CH^2-CH^2.AzH^2 + AzH^2-C^6H^5.$$

Voir phénylhydrazine et benzalazine.

Réactions caractéristiques des aldéhydes. 1) Action de la solution ammoniacale d'oxyde d'argent (V. p. 123 et B. **15**, 1629). 2. Action des bisulfites alcalins (V. p 125). 3. Actions de l'hydroxylamine et de la phénylhydrazine (V. p. 127); B. **27**, 1918; Bull. soc. chim. **1894**, **2**, 1241.

4. Une solution de fuchsine, décolorée par la quantité exactement nécessaire d'acide sulfureux, devient rouge-violet intense par addition d'une aldéhyde (le chloral donne aussi cette réaction, mais non l'hydrate de chloral) : *Schiff*, *Caro* (B. **13**, 2343; Bull. soc. chim. **1894**, **1**, 692).

---

1. **Formaldéhyde** (méthanal), H.CHO ; peut aussi être considérée comme l'oxyde du méthylène, ($CH^2=$), radical bivalent. On l'obtient, en dissolution dans l'alcool méthylique, lorsqu'on fait passer les vapeurs de cet alcool, mélangées à de l'air, sur une spirale de platine (*Hofmann*, *1866*) ou de cuivre (B. **19**, 2133) chauffée au rouge. Les autres procédés d'oxydation conduisent immédiatement à l'acide formique. — Gaz, se transformant, sous l'action d'un froid intense, en un liquide facilement mobile, analogue à l'eau et bouillant à — 21°. Elle est employée dans diverses synthèses et aussi comme antiseptique. Le produit commercial est une solution aqueuse à 40 o/o environ, dans laquelle elle paraît être à l'état d'hydrate, $CH^2(OH)^2$.

Elle se polymérise très facilement en donnant, suivant les conditions : soit de la *paraformaldéhyde*, de formule probable $(CH^2O)^2$, masse blanche, soluble dans l'eau, soit du *trioxyméthylène*, $(CH^2O)^3$, combinaison cristallisable, qui, par volatilisation, reproduit la formaldéhyde, soit enfin de la *formose* (V. ce mot), constituée par un mélange de combinaisons analogues aux sucres.

La formaldéhyde, par suite de cette aptitude à se polymériser, joue peut-être un rôle important dans l'assimilation des plantes.

En se combinant avec l'acide chlorhydrique, elle forme :

L'alcool méthylique chloré (chlorméthanol), $CH^2Cl(OH)$, et l'**éther oxychlorométhylique**, (chlorméthane-oxyméthanol), $CH^2Cl-O-CH^2OH$.

Ces deux composés sont des liquides incolores qui, dans plusieurs circonstances, se comportent comme la formaldéhyde.

Méthylal, $CH^2(OCH^3)^2$ (*N. o.* : méthane-dioxyméthane), P. E. 42° (V. p. 125), s'emploie souvent dans les condensations à la place de la formaldéhyde. C'est un soporifique. Il est employé pour extraire le parfum des corps odorants.

Triméthyl-triméthylène-amine (V. plus haut) : liquide incolore, P. E. 166°.

Hexaméthylène-tétramine (V. plus haut et A. **288**, 218) : rhomboèdres blancs.

2. **Acétaldéhyde** (éthanal), *aldéhyde*, $CH^3.CHO$, appelée autrefois « hydrure d'acétyle » ($C^2H^3O.H$).

(*Fourcroy* et *Vauquelin* 1800 ; sa composition a été établie par *Liebig* en 1835 ; son nom vient de « alcool dehydrogenatum »).

Préparation. On fait passer un courant de gaz ammoniac dans la solution éthérée, desséchée sur du chlorure de calcium, de l'aldéhyde brute obtenue par oxydation de l'alcool au moyen du bichromate de potasse et de l'acide sulfurique ; il se précipite de l'aldéhyde-ammoniaque qu'on purifie par des lavages à l'éther, et qu'on décompose ensuite par distillation en présence d'acide sulfurique dilué.

Les produits secondaires de la fabrication de l'alcool (produits de tête) renferment de l'aldéhyde ; l'éther commercial en contient aussi.

On l'obtient, à la place de l'alcool vinylique, au moyen de l'acétylène (V. p. 53).

Propriétés. Liquide incolore, facilement mobile, P. E. + 21, densité 0,8 environ. Son odeur est particulière, étouffante et épicée ; ses vapeurs, respirées, provoquent une sorte de crampe d'estomac. L'acétaldéhyde est facilement soluble dans l'eau, l'alcool, l'éther ; elle brûle avec une flamme éclairante et dissout le soufre, le phosphore, l'iode. Le chlore la transforme en chlorure d'acétyle.

Paraldéhyde, $C^6H^{12}O^3$, liquide difficilement soluble dans l'eau, P. F. + 10° ; P. E. 124°, c'est-à-dire 100° plus haut que celui de l'aldéhyde, employé comme soporifique. La **métaldéhyde**, $(C^2H^4O)^x$, forme des prismes blancs, insolubles dans l'eau, qui se subliment un peu au-dessus de 100° en se décomposant partiellement en aldéhyde ordinaire (V. B. **14**, 2271 ; C. R. **1893**, 463. B. **26**, R. 775 ; Bull. soc. chim. **1893**, **1**, 384).

La métaldéhyde et la paraldéhyde, distillées en présence d'un peu d'acide sulfurique, se transforment en aldéhyde ordinaire ; la métaldéhyde subit la même transformation lorsqu'on la chauffe longtemps, à 115°, en vase clos. Toutes deux se comportent de la même manière sous l'action du pentachlorure de phosphore, mais différemment sous l'action de l'ammoniaque, du bisulfite de soude, du nitrate d'argent ou de l'hydroxylamine. La *constitution* de la paraldéhyde se représente ainsi (*Kékulé* et *Zincke*) :

$$CH^3.CH \lt \begin{matrix} O-CH.CH^3 \\ \\ O-CH.CH^3 \end{matrix} \gt O \ .$$

On ne peut admettre que l'union des trois molécules d'aldéhyde s'effectue par leurs atomes de carbone, à cause de la facilité avec laquelle l'aldéhyde est régénérée. La métaldéhyde et la paraldéhyde paraissent être stéréoisomères.

On peut donner comme règle générale que, dans les composés polymères, aldéhydiques et autres, de constitution analogue, celui dont la composition est la plus simple, fond, se volatilise et se dissout le plus facilement.

Acétal, $C^2H^4(OC^2H^5)^2$, P. E. 104°, est employé dans certaines réactions à la place de l'aldéhyde (V. p. 127).

Acétals chlorés ; s'obtiennent au moyen de l'alcool et du chlore. Huiles de points d'ébullition élevés.

Aldéhyde-ammoniaque (éthanolamine), $CH^3.CH(OH)(AzH^2)$ (V. p. 125 et 129). Cristaux blancs).

3. **Aldéhyde propionique**, $C^2H^5.CHO$, contenue dans le goudron de bois.
4. **Aldéhyde valérique**, $C^4H^9.CHO$, P. E. 92°; peu soluble dans l'eau.
5. **Aldéhyde heptylique** normale, **œnanthol**, $C^7H^{14}O$, s'obtient au moyen de l'huile de ricin, par distillation sous pression réduite.
6. Les **aldéhydes** normales en C^{12}, C^{14}, C^{16} et C^{18} sont connues.

Aldéhyde mono et dichlorée, $CH^2Cl.CHO$ et $CHCl^2.CHO$; liquides, P. E. 85° et 89°.

Chloral (2-trichloréthanal), $CCl^3—CHO$ (*Liebig*). Lorsqu'on fait passer un courant de chlore dans de l'alcool, en refroidissant au début puis, ensuite, en chauffant, il se forme (à côté de chlorure d'éthyle) un mélange d'hydrate de chloral, d'alcoolate de chloral et de trichloracétal (V. ci-dessous) ; ces produits résultent de l'action de l'eau ou de l'alcool sur le chloral (V. p. 125 b ; v. aussi A. **279**, 289 ; Bull. soc. chim. **1895**, **2**, 102), ils sont transformés en chloral par distillation en présence d'acide sulfurique.

Le chloral est un liquide huileux, d'une odeur caractéristique, bouillant à 98°. Il se combine avec le bisulfite de soude, l'ammoniaque, l'acide cyanhydrique, l'anhydride acétique ; il réduit la solution ammoniacale d'argent. Par oxydation, il donne facilement l'acide trichloracétique ; les alcalis le scindent en chloroforme et acide formique :

$$\begin{array}{c:c} CCl^3 & CHO \\ +H & KO \end{array} = CCl^3H + HCO^2K.$$

Le **métachloral** est un corps solide, polymère du chloral.

Hydrate de chloral. S'obtient par combinaison du chloral avec l'eau, il est cristallisable et facilement soluble dans l'eau, fond à 57° et bout, en se dissociant, à 97°. C'est un soporifique et un antiseptique. L'acide sulfurique le transforme en chloral.

Alcoolate de chloral, $CCl^3—CH(OH)(OC^2H^5)$. Cristaux incolores (V. plus haut).

Acétaltrichloré, $CCl^3—CH(OC^2H^5)^2$. Cristaux blancs (V. plus haut).

Aldéhydes non saturées.

Acroléïne (propénal), *aldéhyde acrylique*, *aldéhyde allylique*, $CH^2=CH—CHO$, s'obtient par oxydation de l'alcool allylique, par distillation des graisses et en chauffant la glycérine avec du sulfate de potasse. *Préparation* : B. **20**, 3388 ; Bull. soc. chim. **1888**, **1**, 972. Liquide bouillant à 52°, d'une odeur piquante insupportable.

En qualité d'aldéhyde, l'acroléine se combine à l'ammoniaque ; en tant que dérivé d'un carbure incomplet (oléfine), elle se combine au brome en formant le **dibromure d'acroléïne**, $CH^2Br—CHBr—CHO$, et fixe l'acide bromhydrique en donnant l'**aldéhyde propionique bromée**, $CH^2Br—CH^2—CHO$.

Acroléïne-ammoniaque ; se transforme en *picoline* par distillation (V. ce mot).

Aldéhyde crotonique, C^3H^5CHO. Elle s'obtient par l'action du chlorure de zinc ou, mieux, de l'acétate de soude (B. **25**, R 732) sur l'aldéhyde (V. p. 126) ainsi que par distillation de l'aldol. Liquide incolore, d'une odeur piquante, P. E. 104°.

Citral, géranial, $(CH^3)^2C{=}CH.CH^2—CH^2—C(CH^3){=}CH.CHO^3{=}C^{10}H^{16}O$; huile parfumée que l'on extrait de l'essence de citron au moyen du bisulfite ou que l'on obtient par oxydation de l'essence de géranium. P. E. 226° ; se transforme en cymène (V. ce mot) sous l'action du bisulfate de potasse.

Citronellal, $C^{10}H^{18}O$, forme, avec le citral, la partie principale de l'essence de citron.

Aldoximes.

Aldoxime (éthane-oxime), $CH^3—CH : Az\text{-}OH$. S'obtient au moyen de l'aldéhyde et du chlorhydrate d'hydroxylamine en solution aqueuse, en présence de carbonate de soude, P. F. 47°. Bout sans se décomposer à 115°.

La constitution des aldoximes se déduit des réactions suivantes (V. aussi p. 127) :

1) Elles se transforment par réduction en amines primaires. B. **20**, 728 ; Bull. soc. chim. **1887**, **2**, 519.

2) L'hydroxyle du groupe « oxime », $=Az.OH$, permet la formation de dérivés alcoylés (éthers) et de dérivés acidylés (esters) ; les dérivés alcoylés sont scindés par l'acide chlorhydrique en aldéhyde et alcoylhydroxylamine, $AzH^2.OR$ (V. p. 113), l'hydroxyle de l'oxime est donc lié à l'azote.

3. Toutes les aldoximes, chauffées avec de l'anhydride acétique, se décomposent en nitrile et en eau :

$$CH^3—CH : Az.OH = CH^3.CAz + H^2O.$$

4. Les oximes de la série grasse et les cétoximes (V. ce mot) peuvent fixer l'acide cyanhydrique : celui-ci se fixe sur le groupe $=C=Az—$, analogue au groupement $=C=O$ des aldéhydes (V. p. 126).

Les aldoximes sont isomères de structure avec les amides et peuvent fournir celles-ci par transposition (*Beckmann*) (V. tolylphénylcétoxime).

Quelques aldoximes existent sous deux modifications isomériques, facilement transformables l'une dans l'autre, et qui sont *identiques de structure* (*H. Goldschmidt*) ; leur isomérie est attribuable à des *causes stéréochimiques* ; voir, pour plus de développement, aux cétoximes : p. 137.

B. Cétones.

Le premier terme de la série, l'*acétone*, contient trois atomes de carbone.

Les termes supérieurs sont solides à partir de C^{12}. Ils sont tous plus légers que l'eau.

Etats naturels. On trouve de l'acétone dans l'urine, de la méthylnonyl cétone dans l'essence de Rue (Ruta graveolens).

Modes de formation. 1. En enlevant, par oxydation, deux atomes d'hydrogène aux alcools secondaires :

$$CH^3.CH.OH.CH^3 + O = CH^3.CO.CH^3 + H^2O$$

alcool isopropylique acétone

Beaucoup d'autres combinaisons contenant le radical secondaire CH.OH donnent des cétones par oxydation et scission simultanées ; tel est, par exemple, l'acide isobutyrique.

2. Au moyen des *acides*, par la distillation sèche de leur sel de chaux ou de baryte :

$$\begin{matrix} CH^3.CO \\ CH^3 \end{matrix} \begin{vmatrix} Oca \\ CO.O.ca \end{vmatrix} = \begin{matrix} CH^3 \\ CH^3 \end{matrix} \rangle CO + CO^3Ca \quad (ca = {}^1/_2\, Ca).$$

Les acides gras de poids moléculaire élevé donnent cette réaction sous l'action de la chaleur, en présence d'anhydride phosphorique (B. 23, R. 502).

L'emploi de deux acides différents conduit à des *cétones mixtes*, c'est-à-dire contenant des radicaux alcooliques différents (V. mode de formation 4) :

$$\begin{matrix} CH^3.CO. \\ CH^3.CH^2. \end{matrix} \begin{vmatrix} Oca \\ CO.Oca \end{vmatrix} = \begin{matrix} CH^3 \\ C^2H^5 \end{matrix} \rangle CO + CO^3Ca.$$

acétate et propionate de chaux. méthyléthylcétone.

Un acide en C^n donne donc une cétone en C^{2n-1} et un mélange de deux acides, l'un en C^n, l'autre en C^m, donne une cétone mixte en C^{n+m-1}. L'acide formique conduit à la formaldéhyde.

3. Au moyen des dichlorures où le groupe $= CCl^2$ est uni à deux atomes de carbone :

$$(CH^3)^2CCl^2 + H^2O = (CH^3)^2CO + 2HCl.$$

Dans cette réaction, on pourrait s'attendre à effectuer la substitution de deux hydroxyles aux deux atomes de chlore et à produire un composé ayant le caractère d'un alcool bivalent qui, dans l'exemple donné, serait l'acétonylglycol, $(CH^3)^2C=(OH)^2$. La non-formation de ce dérivé confirme la règle déjà énoncée à propos des aldéhydes *que, ordinairement, plusieurs hydroxyles ne peuvent être liés à un seul et même atome de carbone.*

Cependant, des *dérivés* d'un glycol de cette forme peuvent être préparés.

4. Par l'action de composés zinco-alcooliques sur les *chlorures d'acides* comme, par exemple, le chlorure d'acétyle :

$$\begin{matrix} CH^3.CO|Cl \\ +CH^3|zn \end{matrix} = \begin{matrix} CH^3 \\ CH^3 \end{matrix}\!\!>CO+Clzn \quad (zn = {}^1/_2Zn).$$

Dans cette réaction, il y a formation intermédiaire d'un produit d'addition décomposable par l'eau. Dans certains cas, on obtient un alcool tertiaire (V. ce mot).

Ce mode de formation, découvert par *Freund* en 1861, permet la préparation de n'importe quelle cétone par l'emploi de composés zinco-alcooliques et de chlorures d'acides appropriés ; par exemple :

$$C^3H^7.CO.Cl+C^2H^5zn = C^3H^7.CO.C^2H^5+Clzn.$$

chlorure de butyryle — éthylpropyl cétone

5. Au moyen des *acides cétoniques* (V. ce mot) ou de leurs esters, comme l'ester acétylacétique, $CH^3.CO.CH^2.CO.OC^2H^5$, par exemple, par l'action, à chaud, des acides ou des alcalis modérément dilués. Cette importante réaction sera expliquée à propos de l'ester acétylacétique.

6. Au moyen des carbures acétyléniques, par l'action des sels de mercure ou de l'acide sulfurique dilué (V. p. 53).

L'acétone et quelques homologues (éthylméthyl—, méthylpropylcétone) se produisent dans la distillation sèche du bois et sont contenus, par suite, dans l'esprit de bois brut (V. p. 77).

La **constitution** des cétones résulte des modes de formation 4 et 2 et de la constitution des acides monobasiques. Théoriquement, les cétones sont donc des combinaisons contenant le groupe carbonyle, CO, uni à deux radicaux alcooliques : R.CO.R'. Si les deux radicaux sont identiques, la cétone est dite *simple* ; s'ils sont différents, elle est dite *mixte*.

On peut admettre que les cétones dérivent des acides monobasiques par échange de l'hydroxyle contre un alcoyle (modes de formation 2 et 4) ou des aldéhydes par substitution d'un alcoyle à l'hydrogène aldéhydique.

Il ne peut exister de cétone contenant moins de trois atomes de carbone.

Isoméries. Les cétones présentent entre elles les mêmes cas d'isomérie que les alcools secondaires ; ces isoméries sont causées soit par celles des radicaux alcooliques unis au groupe CO (chaînes d'atomes de carbone différentes), soit, dans le cas de chaînes égales, par la position de l'atome d'oxygène (isomérie de position) ; ainsi, $C^4H^9.CO.CH^3$ est isomérique avec $C^3H^7COC^2H^5$.

Les cétones et les aldéhydes de même nombre d'atomes de carbone sont isomères, car elles dérivent d'alcools isomères, par soustraction de deux atomes d'hydrogène.

Cette sorte d'isomérie peut se comparer à la métamérie que présentent l'éther méthylbutylique et l'éther éthylpropylique par exemple. De plus, l'acétone est isomère de l'alcool allylique ; cette isomérie entre un composé saturé et un composé non saturé est nommée *isomérie de saturation.*

Nomenclature. On fait suivre les noms des radicaux alcooliques de la finale *cétone* ; ex. : diéthylcétone $(C^2H^5)^2CO$, méthyléthylcétone, $CH^3.CO.C^2H^5$.

L'acétone est, alors, la diméthylcétone. Parfois, on désigne aussi les cétones simples par des noms dérivant de ceux des acides qui servent à les préparer; ainsi, la cétone $(C^4H^9)^2CO$ est appelée « valérone » parce qu'on l'obtient au moyen de l'acide valérianique.

Baeyer (B **19**, 160) dénomme les cétones *produits de substitution céto* des carbures d'hydrogène ; l'acétone porte alors le nom de *cétopropane*.
Le *N. o.* (p. 23) des cétones se termine par « *one* », par ex. : propanone, etc.

Propriétés. 1. Les cétones se transforment par *réduction* en *alcools secondaires* : $(CH^3)^2CO+H^2 = (CH^3)^2CH.OH$.

Il se forme, en même temps, en petite quantité, des *pinacones* (V. glycols).

2. Les agents oxydants (bichromate de potasse et acide sulfurique, par exemple) agissent sur les cétones autrement que sur les aldéhydes : ils les scindent et les transforment en acides contenant moins d'atomes de carbone :

$$CH^3.CO.CH^3+4O = CH^3.CO.OH+CO^2+H^2O.$$

Un groupe CO lié à deux radicaux alcooliques ne peut en effet se transformer, à cause de la tétravalence du carbone, en un groupe CO.OH, que si l'un des deux radicaux alcooliques vient à se séparer. Pour les règles suivant lesquelles l'oxydation se produit v. B. 25, R. 121. *Les cétones ne possèdent aucune propriété réductrice* parce que les acides résultant de leur oxydation ne permettent point le retour, par réduction, aux composés cétoniques et que le processus de l'oxydation des cétones est compliqué, plus compliqué, par exemple, que celui des aldéhydes.

3. Sous l'action du pentachlorure de phosphore, les cétones se transforment en *dichlorures* correspondants ; l'acétone, par exemple, donne le dichlorure d'acétone.

4. *Réactions d'addition*. a) Les cétones ne s'unissent généralement ni à l'eau ni à l'alcool, pour les raisons exposées à propos des aldéhydes et p. 132.

Elles s'unissent aux mercaptans en donnant des composés, analogues à l'acétal (p. 129), appelés *mercaptols* ; ex. : $(CH^3)^2C(S.C^2H^5)^2$ (B. **18**, 883).

b) Elles se combinent à l'ammoniaque en formant des composés basiques, les *acétonamines* (diacétonamine $C^6H^{13}AzO$; triacétonamine $C^9H^{17}AzO$; *Heintz*) dont le mode de formation est plus compliqué que celui des aldéhydes ammoniaques ; ces produits se forment, en effet, par l'union de deux ou de trois molécules d'acétone à une molécule d'ammoniaque, avec élimination d'eau.

c) Les cétones qui contiennent le groupe CH^3CO, ainsi que quelques autres, se combinent au bisulfite de soude en donnant des combinaisons cristallines. L'acétone, par exemple, donne $(CH^3)^2.C\begin{cases}OH\\SO^3Na\end{cases}+H^2O$, l'acétone-sulfite de sodium. Le carbonate de soude décompose ordinairement ces combinaisons en régénérant la cétone ; aussi, cette réaction est-elle très importante pour la séparation et la purification des cétones.

d) L'acide cyanhydrique se fixe sur les cétones, comme sur les aldéhydes, en les transformant en nitriles d'acides supérieurs tels que l'acétone-cyanhydrine ;

$$(CH^3)^2{=}C\begin{cases}OH\\CAz\end{cases}.$$

5. Les cétones ne possèdent pas la propriété de se polymériser, mais elles possèdent, par contre, celle de *se condenser*. De même que l'aldéhyde se transforme en crotonaldéhyde, l'acétone, en présence de divers agents comme la chaux, la potasse, l'acide chlorhydrique, l'acide sulfurique, se transforme, selon les conditions, en oxyde de mésityle, $C^6H^{10}O$, en phorone, $C^9H^{14}O$ ou en mésitylène, C^9H^{12}, par élimination d'eau (V. dérivés de la benzine).

$$2C^3H^6O = C^6H^{10}O + H^2O\ ;$$
$$3C^3H^6O = C^9H^{14}O + 2H^2O\ ;$$
$$3C^3H^6O = C^9H^{12} + 3H^2O.$$

Des condensations cétoniques analogues se produisent aussi avec d'autres cétones ou d'autres aldéhydes sous l'influence de la soude caustique diluée et, quelquefois, de l'éthylate de sodium (B. **20**, 655 ; Bull. soc. chim. **1887**, **2**, 393. A. **218**, 121).

6. L'hydrogène sulfuré, employé seul, ne modifie pas les cétones comme il modifie les aldéhydes ; mais, en présence d'agents de condensation (HCl, etc.), il les transforme en trithiocétones (B. **28**, 895) qui, sous l'action de la chaleur, donnent les thiocétones simples, composés peu stables et d'odeur repoussante (B. **22**, 2592).

7. Les halogènes donnent des produits de substitution.

8. L'*hydroxylamine* transforme nettement les cétones, même celles en C^{35}, en oximes (V. p. 127) qu'on appelle **cétoximes** ou **acétoximes**. *V. Meyer*, B. **15**, 1324 ; 2778, Bull. soc. chim. **1883**, **1**, 523 ; B. **16**, 823, 1784, etc. :

$$(CH^3)^2CO + AzH^2.OH = H^2O + (CH^3)^2C{=}Az.OH \text{ (acétoxime)}.$$

Ce sont des substances généralement solides, facilement volatiles, dont les réactions et la constitution sont complètement analogues à celles des aldoximes (p. 131 et 137).

9. Les *hydrazines* se combinent aux cétones, exactement comme aux aldéhydes, en donnant des **hydrazones** (*E. Fischer* B. **17**, 572 ; Bull. soc. chim. **1885**, **1**, 574 ; V. p. 127) :

$$\underset{\text{phénylhydrazine}}{(CH^3)^2CO + Az^2H^3.C^6H} = \underset{\text{acétone-phénylhydrazone.}}{(CH^3)^2C : Az^2H.C^6H^5} + H^2O$$

La semicarbazide et l'amidoguanidine agissent de la même manière (B. **27**, 1918 ; Bull. soc. chim. **1894**, 2, 1241). L'hydrate d'hydrazine conduit à des produits variés (V. J. pr. ch. (2) **44**, 535, 544) ; avec l'acétone, par exemple, on obtient la kétazine, $(CH^3)^2C{=}Az.Az{=}C.(CH^3)^2$.

La phénylhydrazine et l'hydroxylamine permettent de reconnaître le caractère aldéhydique ou cétonique d'une substance.

10. L'acide nitreux (un ester nitreux et l'éthylate de sodium, par exemple) transforme les cétones en « *isonitrosocétones* », ex. :

$$CH^3.CO.CH^3 + AzO^2H = CH^3.CO.CH{=}Az.OH + H^2O$$

isonitrosoacétone.

Ces dérivés isonitrosés contiennent, comme les oximes, le groupe Az.OH qui peut être remplacé par de l'oxygène avec formation de céto-aldéhydes ou de dicétones (V. ce mot).

---

1. **Acétone** (propanone), $CH^3.CO.CH^3 = C^3H^6O$.

Connue depuis longtemps ; sa formule a été déterminée par *Liebig* et *Dumas*, 1832.

Existe, en très petite quantité, dans l'urine normale, dans le sang, dans la sueur, etc. ; elle apparaît en quantité beaucoup plus abondante (acétonurie) dans certains cas pathologiques comme le Diabetes mellitus. On en *obtient* par la distillation du sucre, de la gomme, de la cellulose, etc., elle est contenue, par suite, dans l'esprit de bois brut ; elle se forme, en outre, par l'action du chlorure de mercure sur l'allylène C^3H^4 (p. 53). On la *prépare* en soumettant l'acétate de chaux à la distillation sèche.

Propriétés (V. plus haut propriétés générales des cétones). Liquide bouillant à 56°, doué d'une odeur spéciale éthérée et rafraîchissante. Densité 0,81 à 0°. Se sépare de ses solutions aqueuses par addition de sels, est miscible avec l'alcool et l'éther. Le permanganate de potasse, à froid, n'oxyde pas l'acétone ; l'acide chromique la transforme en acide acétique et acide carbonique.

L'action du sodium métallique conduit à l'**acétone-sodium**, $CH^3.C(ONa){=}CH^2$, qui est le dérivé sodé de l'alcool β-allylique (V. ce mot).

On caractérise l'acétone en la transformant, par exemple, en indigo, au moyen de l'o-nitrobenzaldéhyde en présence d'une petite quantité de soude caustique.

Acétone monochlorée, $CH^3.COCH^2Cl$, est appelée aussi chlorure de métacyle ; liquide irritant, provoque le larmoiement, P. E. 119°.

Acétone perbromée, C^3Br^6O (V. scission des composés aromatiques).

Acétone cyanée (3. butanone-nitrile), $CH^3.CO.CH^2.CAz$; liquide incolore facilement polymérisable ; donne un dérivé sodé.

Isonitrosoacétone, $CH^3.CO.CH{=}Az.OH$. (B. **15**, 3070 ; Bull. soc. chim. **1883**, **1**, 449. V. plus haut). S'obtient par l'action de l'acide nitreux sur l'ester acétylacétique. Tablettes argentées ; P. F. 65°. Se transforme, par réduction, en aminoacétone (V. ce mot).

Sulfonal, $(CH^3)^2C{=}(SO^2C^2H^5)^2$; lorsqu'on traite un mélange d'acétone et d'éthylmercaptan par l'acide chlorhydrique, on obtient le **mercaptol**, $(CH^3)^2C{=}(S.C^2H^5)^2$, (dérivé de l'acétone-glycol hypothétique, $(CH^3)^2{=}C{=}(OH^2)$; celui-ci, oxydé par le permanganate de potasse, fournit la sulfone correspondante qui est le sulfonal. Prismes ; P. F. 125° ; c'est un soporifique, comme le *trional*, composé de la même famille.

Oxyde de mésityle, $C^6H^{10}O = CH^3.CO.CH{:}C(CH^3)^2$ (*Kane* 1838, *Baeyer*) ; liquide bouillant à 132°, d'une odeur d'épices.

Phorone, $C^9H^{14}O = [(CH^3)^2{:}C{:}CH]^2CO$; cristaux jaunes, facilement fusibles ; elle s'obtient, ainsi que l'oxyde de mésityle, en saturant l'acétone par l'acide chlorhydrique gazeux (A. **180**, 1). Constitution : V. B. **26**, 3052 ; Bull. soc. chim. **1894**, **2**, 565.

2. **Méthyléthylcétone** (butanone), $CH^3.CO.C^2H^5$; est contenue dans l'esprit de bois brut ; s'obtient par oxydation de l'alcool butylique secondaire ; P. E. 81°.

Isonitrosométhylcétone, $CH^3.CO.C(Az.OH)\,CH^3$ (butanone 2-oxime-3). Dérivé de la méthyléthylcétone, analogue à l'isonitrosoacétone ; s'obtient, d'une manière semblable, au moyen de l'ester méthylacétylacétique et de l'acide nitreux (B. **20**, 531 ; Bull. soc. chim. **1887**, **1**, 964). Transformation en diacétyle : (V. ce mot).

3. **Diéthylcétone** (3-pentanone), *propione*, $(C^2H^5)^2CO$; P. E. 104°.

4. **Dipropylcétone** (4-peptanone), *butyrone* ; P. E. 144°.

5. **Pinacoline** (diméthyl-2-butanone-3), *méthyl-tertiairebutyl-cétone*,

$(CH^3)^3{\equiv}C{-}CO.CH^3$. Résulte d'une transposition particulière de la pinacone (V. ce mot) sous l'action de l'acide sulfurique dilué ; P. E. 106°

6. **Méthylhepténone**, $CH^3.CO.C^7H^{13}$; est contenue dans certaines essences ; s'obtient par oxydation du citral.

7. On connaît encore des cétones à 11, 12, 13, 14, 15, 16, 17, 18, 19 atomes de carbone et d'autres en contenant davantage.

Laurone, $C^{23}H^{46}O = C^{11}H^{23}.CO.C^{11}H^{23}$; s'obtient au moyen du laurate de chaux.

Myristone, $C^{27}H^{54}O$, au moyen du myristate de chaux.

Palmitone, $C^{31}H^{62}O$, au moyen du palmitate de chaux.

Stéarone, $C^{35}H^{70}O$, au moyen du stéarate de chaux.

Enfin, les cétones en C^{20},C^{22} et C^{24} s'obtiennent par distillation d'un mélange d'heptylate normal de chaux et de myristate, de palmitate ou de stéarate de chaux. Toutes ces cétones ont été transformées par *Krafft* en paraffines correspondantes, en soumettant les chlorures intermédiaires, $C^nH^{2n}Cl^2$, à l'action de l'acide iodhydrique et du phosphore.

Cétoximes.

Acétoxime (2-propanoxime), $(CH^3)^2C{=}Az.OH$. Cristaux fusibles à 60°, volatils sans décomposition à 135°, facilement solubles dans l'eau, l'alcool, l'éther.

Oximes stéréoisomères. Parmi les cétoximes, comme parmi les aldoximes (p.131), on a observé un grand nombre d'isomères, de structure identique, dont l'isomérie repose sur la configuration de la molécule et, particulièrement, sur la position de l'hydroxyle lié à l'azote (V. isomérie de l'azote p. 21). Les isomères, qui peuvent être d'ailleurs transformés l'un dans l'autre, montrent au point de vue chimique certaines différences provoquées par la proximité de groupes susceptibles de réagir éventuellement ; ainsi, certaines aldoximes, traitées par l'anhydride acétique, perdent les éléments de l'eau, même à froid, et se transforment en nitriles tandis que d'autres ne subissent pas cette transformation, dans les mêmes conditions. On en conclut que, dans les premières, l'hydroxyle et l'hydrogène aldéhydique sont plus rapprochés que dans les secondes et on les nomme, respectivement, *syn* aldoximes et *anti* aldoximes :

(I)	(II)	(III)
R—C—H ‖ Az.OH *syn*-aldoxime	R—C—H ‖ HO.Az *anti*-aldoxime	R—C—R′ ‖ Az.OH cétoxime

Parmi les cétoximes asymétriques (où R et R′ sont différents), on distingue également des syn-dérivés et des anti-dérivés. Ils se différencient par la transformation qu'ils subissent lorsqu'on les soumet au « mode de transposition de *Beckmann* » V. phényltolylcétoxime et B. **24**, 23 ; Bull. soc. chim. **1892**, **2**, 70.

Littérature : *Beckmann*, B. **22**, 431 ; Bull. soc. chim. **1889**, **2**, 268. B. **27**, 300 ; Bull. soc. chim. **1894**, **2**, 597, *Hantzsch et Werner*, B. **23**, 11 ; Bull. soc. chim. **1891**, **1**, 597. B. **24**, 13 ; Bull. soc. chim. **1892**, **2**, 70. B. **24**, 3479 ; Bull. soc. chim. **1892**, **2**, 693. B. **24**, 4018 ; B. s. c. **1892**, **2**, 699. B. **25**, 1908 ; Bull. soc. chim. **1893**, **2**, 33. B. **25**, 2164.

Combinaisons normales.

Krafft a démontré que les combinaisons appelées normales (paraffines, etc.) contiennent une chaîne d'une seule rangée d'atomes de carbone en se basant sur la possibilité de préparer, sans ramification de la chaîne, les cétones en C^{n+1} au moyen des acides en C^{n}, (distillation des sels de baryum mélangés à l'acétate de baryum : dans cette réaction, le méthyle qui se substitue à l'hydroxyle du carboxyle ne peut se placer qu'à l'extrémité de la chaîne, le carboxyle lui-même occupant déjà une position extrême) et en s'appuyant, de plus, sur la possibilité d'oxyder ces cétones en acides C^{n-1} et, enfin, sur celle de transformer les acides C^{n}, les cétones C^{n+1} et les acides C^{n-1}, en paraffines correspondantes.

Les paraffines du même nombre d'atomes de carbone sont toujours identiques, même si elles sont d'origines différentes. Or, la paraffine C^{n-1} peut s'obtenir, d'après ce qui précède, au moyen de l'acide C^{n-2} et, si l'acide C^{n-2} est normal, la paraffine C^{n-1}, l'acide C^{n}, etc. le seront aussi. La constitution d'une paraffine peut alors se déduire de la constitution d'une paraffine contenant deux atomes de carbone en moins ou de celle de l'acide correspondant. En appliquant les relations précédentes aux acides C^{18}, C^{16}, C^{14} et C^{12}, qu'on trouve dans la nature, mais en inversant l'ordre des transformations, on arrive finalement à un acide nonylique qui, d'après son mode de synthèse, est indubitablement normal et, par suite, les acides énumérés et les paraffines, les cétones, etc. qui en dérivent sont également de constitution normale.

On a, par exemple, les relations suivantes :

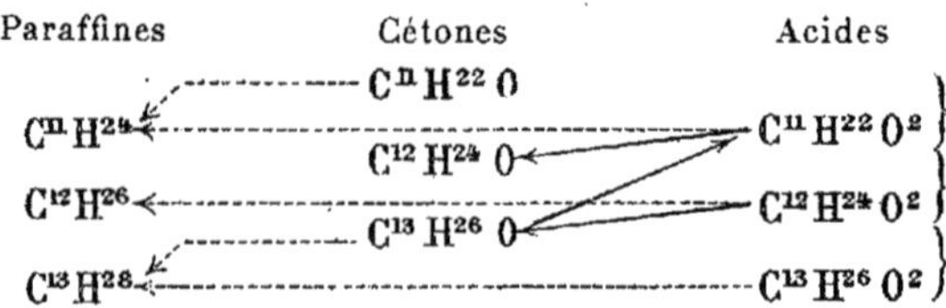

Voir, page 139, la comparaison des aldéhydes et des cétones.

Comparaison des aldéhydes et des cétones.

Aldéhydes, X.CHO.	Cétones, $\begin{matrix}X\\X\end{matrix}>CO$,
Modes de formation.	*Modes de formation.*
1. Oxydation des alcools primaires C^n (1) (et d'autres substances).	1. Oxydation des alcools secondaires C^n (et d'autres combinaisons).
2. Réduction des acides C^n (Distillation du sel de chaux mélangé au formiate de chaux).	2. Distillation du mélange des sels de chaux de deux acides.
3. Au moyen des dichlorures $X.CHCl^2$.	3. Au moyen des dichlorures $X^2{=}C{=}Cl^2$.
	4. Au moyen des chlorures d'acides et des composés zinco-alcooliques.
	5. Au moyen des acides cétoniques, par perte d'acide carbonique.
Propriétés.	*Propriétés.*
1. Par réduction, se transforment en alcools primaires.	1. Par réduction, se transforment en alcools secondaires.
2. S'oxydent en donnant des acides C^n ; sont fortement réductrices.	2. S'oxydent en donnant des acides C^{n-x} ; ne sont pas réductrices.
3. PCl^5 les transforme en dichlorures $-CHCl^2$	3. PCl^5 les transforme en dichlorures $>CCl^2$.
4. Produits d'addition avec a) H^2O ; b) alcool, rarement acide acétique ; c) ammoniaque : aldéhyde ammoniaque ; d) $NaH.SO^3$: combinaisons cristallines ; e) HCAz : nitriles d'acides supérieurs.	4. Produits d'addition avec : a) rarement H^2O ou b) alcool ; c) AzH^3 : acétonamines, avec élimination d'eau ; d) $NaHSO^3$: combinaisons cristallines ; e) HCAz : nitriles d'acides supérieurs.
5. Polymérisables ; avec KOH se résinifient souvent.	5. —
6. Condensables ; par exemple, aldol, $C^4H^8O^2$ et crotonaldéhyde.	6. Condensables : $C^6H^{10}O$, $C^9H^{14}O$, C^9H^{12} (mésitylène).
7. Donnent des produits de substitution ex. : $CCl^3.CHO$, chloral.	7. Donnent des produits de substitution, ex. : $CH^3.CO.CH^2Cl$, acétonemonochlorée.
8. H^2S donne produits d'addition, du genre des mercaptans, condensables en trithioaldéhydes.	8. H^2S ne donne pas de produits d'addition ; avec agents de condensation ; trithiocétones.
9. Avec l'hydroxylamine : aldoximes, $R-CH{=}AzOH$.	9. Avec l'hydroxylamine : cétoximes, $R^2>C$: Az.OH.
10. Avec les hydrazines : hydrazones.	10. Avec les hydrazines : hydrazones.

(1) C^n = du même nombre d'atomes de carbone.

VI. Acides gras monobasiques.

A. Acides saturés, $C^nH^{2n}O^2$.

Voir le tableau de la page 141.

Par oxydation des alcools primaires ou des aldéhydes correspondantes, on arrive aux acides gras monobasiques. Si les alcools sont saturés, les acides obtenus le sont aussi et appartiennent à la série dite « aliphatique » ; à ces acides correspondent également des acides non saturés.

Ces acides sont *monobasiques*, car ils ne forment qu'une seule série de sels ou d'esters ; ils ne possèdent, par suite, qu'un seul atome d'hydrogène remplaçable. Ils sont appelés *gras* parce que quelques-uns sont contenus dans les graisses et que d'autres s'obtiennent par oxydation de ces substances.

Les premiers termes de la série sont des liquides bouillant sans se décomposer, d'une odeur piquante et irritante ; ils sont facilement solubles dans l'eau en donnant des solutions de réaction fortement acide. Les acides acétique, propionique et butyrique exempts d'eau ne rougissent pas le papier bleu de tournesol. Les termes moyens ont une odeur désagréable rappelant le beurre rance ou la sueur ; ils sont huileux et peu solubles dans l'eau. La mobilité, l'odeur, la solubilité diminuent à mesure que croît le nombre d'atomes de carbone. Les termes supérieurs, à partir de C^{10}, sont solides, ressemblent à la paraffine, sont insolubles dans l'eau et ne distillent sans décomposition que sous pression réduite ; leur caractère acide ne se manifeste pas par leur action sur le tournesol, mais par leur faculté de s'unir aux bases en formant des sels. Comme les précédents, ils sont facilement solubles dans l'alcool et surtout dans l'éther.

Les lois de variation des points de fusion et des points d'ébullition ont été indiquées p. 30 et 28. La densité des acides liquides est d'abord > 1, puis, à partir de C^3, < 1 et diminue continuellement jusqu'aux environs de 0,8, l'influence du caractère oléfinique du radical alcoolique devenant prépondérante.

Etats naturels. On trouve quelques acides de cette série, dans la nature, à l'état libre ou à l'état d'esters dérivant soit d'alcools monovalents (*cires*), soit de la glycérine (*glycérides*) dans les graisses ou les huiles (V. p. 154).

Formation. 1. Par *oxydation* des alcools primaires, $C^nH^{2n+1}OH$, ou des aldéhydes correspondantes, $C^nH^{2n}O$.

1. Beaucoup d'autres combinaisons donnent aussi des acides par oxydation et scission simultanées de la chaîne d'atomes de carbone ; tels sont les cétones, les alcools secondaires et tertiaires, les homologues élevés de la série primaire, etc.

2. On a obtenu quelques acides au moyen des combinaisons halogénées, $C^nH^{2n-1}X^3$, contenant le groupe $-CX^3$, ainsi :

$$HC.Cl^3 + 4KOH = H.CO^2K + 3KCl + 2H^2O.$$

Tableau des acides $C^nH^{2n}O^2$.

		P. F.	P. E.			P. F.	P. E.
Acide formique	CH^2O^2	9°	99°	Acide undécylique	$C^{11}H^{22}O^2$	28°	*213°
« acétique	$C^2H^4O^2$	17°	118°	« laurique	$C^{12}H^{24}O^2$	43°	*226°
« propionique	$C^3H^6O^2$	— 36°	141°	« tridécylique	$C^{13}H^{26}O^2$	40°	*236°
« butyrique normal	$C^4H^8O^2$	0°	163°	« myristique	$C^{14}H^{28}O^2$	54°	*248°
« butyrique iso	$C^4H^8O^2$	— 79°	154°	« pentadécylique	$C^{15}H^{30}O^2$	51°	*257°
Acides valérianiques :				« palmitique	$C^{16}H^{32}O^2$	62°	*269°
1. normal	$C^5H^{10}O^2$	— 58	186°	« margarique	$C^{17}H^{34}O^2$	60°	*277°
2. ordinaire	$C^5H^{10}O^2$	— 51	175°	« stéarique	$C^{18}H^{36}O^2$	69°	*287°
3. acide triméthylacétique	$C^5H^{10}O^2$	+ 35	164°	« nondécylique	$C^{19}H^{38}O^2$	66°	*298°
4. acide méthyléthylacétique	$C^5H^{10}O^2$	liq.	175°	« arachique	$C^{20}H^{40}O^2$	77°	
Acide caproïque	$C^6H^{12}O^2$	— 2°	205°	« béhénique	$C^{22}H^{44}O^2$	76°	
« heptylique (2)	$C^7H^{14}O^2$	— 10°	224°	« lignocérique	$C^{24}H^{48}O^2$	80°	
« caprylique(2)	$C^8H^{16}O^2$	+ 16°	236°	« cérotique	$C^{27}H^{54}O^2$	78°	
« nonylique(2)	$C^9H^{18}O^2$	+ 12°	254°	« mélissique	$C^{30}H^{60}O^2$ (?)	90°	
« caprinique	$C^{10}H^{20}O^2$	+ 31°	269° (1) / *202°				

(1) *Signifie : P. E. sous 100 mm. de pression. A partir de C^6, les points d'ébullition indiqués sont ceux des combinaisons normales.
(2) Ces acides sont encore appelés heptoxylique, octoxylique, nonoxylique, etc.

On aurait pu s'attendre à effectuer, dans cette réaction, la substitution de trois hydroxyles aux trois atomes de chlore et à obtenir une combinaison de la forme $HC\equiv(OH)^3$ ou $R.C\equiv(OH)^3$. Mais, comme il a déjà été dit à propos des aldéhydes et des cétones, de telles combinaisons ne semblent pas pouvoir exister : lorsque plusieurs hydroxyles sont liés à un même atome de carbone, il y a élimination d'eau formée à leurs dépens, ce qui, dans le cas présent, conduit à la production d'un acide :

$$R.C(OH)^3 = R.COOH + H^2O.$$

Cependant, si ces combinaisons hydroxylées, qu'on peut considérer comme des alcools trivalents et qu'on appelle « *acides ortho* », n'ont pu être obtenues, on a pu, par contre, en préparer des dérivés : ainsi, au moyen du chloroforme et de l'éthylate de sodium, on obtient l'**ester éthylorthoformique**, $HC(OC^2H^5)^3$, liquide neutre, d'une odeur aromatique, insoluble dans l'eau, bouillant à 146°.

3. Au moyen des *cyanures alcooliques*, $C^nH^{2n+1}CAz$.

Les cyanures alcooliques (nitriles), préparés en chauffant les iodures alcooliques avec le cyanure de potassium, se transforment par saponification en acides gras et en ammoniaque :

$$CH^3.CAz + 2H^2O = CH^3.CO^2H + AzH^3.$$

La saponification se réalise, à chaud, au moyen de la potasse, de l'acide chlorhydrique ou de l'acide sulfurique à 66-85 o/o.

L'acide cyanhydrique se transformant, par ce procédé, en acide formique et ammoniaque, peut être considéré comme le nitrile de l'acide formique. Dans ces saponifications, il y a formation intermédiaire d'amides (V. p. 103 et 168).

On a déjà mentionné l'importance de cette réaction qui permet de passer d'un alcool en C^n à un acide en C^{n+1} (V. p. 103) ; comme il est possible, quoique peu simple, de transformer, par réduction, les acides en alcools correspondants, on voit qu'on peut, en plusieurs phases, passer d'un alcool à un autre plus riche en carbone ; ce mode de synthèse est surtout important pour les alcools normaux (*Lieben* et *Rossi*) (V. p. 75).

4. On peut se représenter les acides comme résultant de l'union des paraffines $C^{n-1}H^{2(n-1)+2}$ et de l'acide carbonique ; l'acide acétique, par exemple, comme formé de CH^4+CO^2, l'acide formique de H^2+CO^2. Cette union peut être réalisée indirectement, ainsi, l'acide carbonique s'ajoute, à chaud, aux sodium-ou potassiumalcoyle (*Wanklyn*, p. 121) :

$$CH^3Na + CO^2 = CH^3.CO^2Na.$$

L'acide formique s'obtient, d'une manière analogue, au moyen de l'hydrogène et de l'acide carbonique, dans des conditions particulières (p. 146) :

$$H^2 + CO^2 = H.CO^2H ;$$

enfin, on peut obtenir l'acide propionique en faisant agir l'acide carbonique liquide sur le zinc-éthyle, sous pression, à 160°.

5. En faisant agir l'oxyde de carbone sur les alcalis caustiques ou les alcoolates alcalins, à une température élevée :

$$CH^3.ONa + CO = CH^3.CO^2Na \text{ (à 160°)};$$
$$H.ONa + CO = H.CO^2Na.$$

6. L'action du *phosgène*, $COCl^2$, sur les zinc-alcoyles donne des chlorures d'acides (p. 165) :

$COCl^2 + znCH^3 = CH^3.COCl$ (chlorure d'acétyle) $+ znCl$; ces chlorures peuvent être transformés en acides par l'action de l'eau :

$$CH^3.COCl + H^2O = CH^3.CO.OH + CHl.$$

7. Au moyen des acides incomplets ($n>2$) par fixation, directe ou non, d'hydrogène ; l'acide propionique, $C^3H^6O^2$, par exemple, peut s'obtenir au moyen de l'acide acrylique, $C^3H^4O^2$.

On peut réaliser cette addition d'hydrogène soit, directement, à l'aide de l'acide iodhydrique et du phosphore, soit, indirectement, en fixant d'abord de l'acide bromhydrique puis remplaçant le brome par de l'hydrogène. Les acides non saturés, fondus avec les alcalis caustiques, donnent aussi des acides saturés ; ainsi, l'acide crotonique, $C^4H^6O^2$, donne par ce procédé deux molécules d'acide acétique, $C^2H^4O^2$.

8. En chauffant les *oxyacides* avec de l'acide iodhydrique.

$$\underset{\text{ac. lactique}}{C^3H^6O^3} + 2HI = \underset{\text{ac. propionique}}{C^3H^6O^2} + I^2 + H^2O$$

9. Beaucoup d'acides polybasiques peuvent être transformés en acides monobasiques par élimination partielle d'acide carbonique ; l'acide oxalique, par exemple, donne de l'acide formique (V. p. 147) :

$$C^2O^4H^2 = CO^2 + H.CO^2H.$$

18. *Synthèses au moyen de l'ester acétylacétique.*[1] On peut obtenir des homologues de l'acide acétique tels que $R.CH^2.COOH$ et $\begin{matrix}R\\R'\end{matrix}\!\!>CH.COOH$ en transformant d'abord cet acide en ester acétylacétique, $CH^3.CO.CH^2.COO.C^2H^5$, puis en introduisant, dans ce composé, un ou deux radicaux alcooliques et scindant le dérivé obtenu au moyen de la potasse alcoolique concentrée (V. ester acétylacétique).

10ª. Un autre procédé, analogue au précédent, est basé sur l'emploi de l'ester malonique (V. ce mot).

11. Par électrolyse, suivant un processus compliqué (B. 28, 2429).

Séparation. Les graisses naturelles étant, presque toujours, des mélanges de glycérides d'acides différents, elles donnent, par saponification, des mélanges d'acides. La séparation de ceux-ci s'effectue :

a) par distillation fractionnée sous pression très réduite ; b) par précipitation fractionnée de leur solution alcoolique soit au moyen de l'acétate de magnésie qui précipite d'abord les acides les plus riches en carbone, soit à l'aide du chlorure de calcium, etc. ; c) par dissolution fractionnée : la solubilité, dans l'alcool, des sels de baryum secs des acides formique, acétique, propionique et butyrique croît rapidement du premier au dernier ; d) par saturation partielle et distillation de l'acide non combiné.

Propriétés. 1. *Sels.* Les acides monobasiques forment des sels neutres : $(C^2H^3O^2)Na$, par exemple.

Cependant, il existe aussi des *sels acides* qui pourraient faire douter de la monobasicité des acides dont ils dérivent, ce sont les sels *peracides*. Ils se cristallisent qu'au sein de solutions fortement acides, sont décomposables par l'eau et perdent leur excès d'acide sous l'influence de la chaleur. On peut admettre, par conséquent, que ces composés sont des combinaisons moléculaires des sels neutres avec les acides et que ceux-ci jouent, dans ces combinaisons, le même rôle que l'eau dite de cristallisation. Dans tous les autres cas, le caractère chimique de ces acides prouve leur monobasicité.

2. Les acides monobasiques et leurs produits de substitution peuvent aussi fournir, de la même manière que les alcools monovalents, des dérivés autres que des sels ; l'hydrogène typique peut être remplacé, par exemple, soit par un radical alcoolique et on obtient un *ester*, soit par un radical acide et il se forme un *anhydride* ; de plus, l'hydroxyle peut être remplacé par un halogène, surtout par le chlore, avec formation d'un *chlorure* ou chloranhydride de l'acide (V. dérivés des acides, p. 163).

En remplaçant l'hydroxyle par SH, on obtient les *thioacides*, par AzH^2, les *amides*, etc. Le chlorure de l'acide acétique est le *chlorure d'acétyle*, CH^3 CO.Cl, qui, traité par l'eau, régénère l'acide acétique. L'amide du même acide est l'*acétamide*, CH^3.CO.AzH^2, qui permet aussi de revenir facilement à l'acide acétique (V. plus bas).

3. Les halogènes, agissant sur les acides, donnent des produits de substitution.

4. Les sels alcalins, chauffés en présence de chaux sodée ou, souvent, les sels d'argent sous la seule influence de la chaleur, perdent de l'acide carbonique (décarboxylation) et se transforment en paraffines (V. p. 39 C). L'électrolyse des sels alcalins conduit également aux paraffines (p. 39 D. 3.).

5. En général, les oxydants n'attaquent les acides que lentement. Il faut excepter cependant l'acide formique qui se transforme facilement en acide carbonique par oxydation et peut agir par conséquent comme réducteur.

6. En chauffant les sels de chaux des acides en présence de formiate de chaux, ils sont réduits à l'état d'aldéhydes. Une action prolongée de la chaleur en présence d'acide iodhydrique et de phosphore *réduit* les acides avec formation de paraffines.

6ª On transforme les acides en cétones $(C^{n-1}H^{2n-1})^2CO$ en soumettant leurs sels de chaux à la distillation sèche ou en les chauffant en présence d'anhydride phosphorique.

7. Les acides peuvent être transformés en amines C^{n-1} : (V. p. 170).

8. Scission des acides supérieurs : a) par l'intermédiaire des cétones p. 132 ; b) par l'intermédiaire des amides, p. 171.

Constitution. Il résulte des modes de formation des acides (et surtout des modes 3, 4 et 6) ainsi que de leurs propriétés, que l'acide acétique et ses homologues supérieurs contiennent des radicaux alcooliques ; la transformation des alcools en acides contenant un atome de carbone de plus, par l'intermédiaire des cyanures, confirme également cette conclusion. Dans ces derniers, le radical alcoolique est lié au groupe cyanogène—C≡Az ; au moment de la saponification, ce radical n'est pas modifié, l'azote trivalent est remplacé par O″ et (OH)′ qui se fixent au carbone du groupe cyanogène et il en résulte le complexe — $CO^2H = -C\begin{cases} {}^{\nearrow}O \\ {}_{\searrow}OH \end{cases}$; tout l'oxygène d'un acide est donc lié à un atome unique de carbone, le groupe CO^2H, formé est appelé **carboxyle** et c'est à sa présence que le caractère acide doit être attribué. *On peut donc considérer les acides monobasiques comme résultant de l'union d'un radical alcoolique avec le groupe carboxyle* :

$$C^nH^{2n+1}CO^2H = C^{n+1}H^{2n+2}O^2 = C^mH^{2m}O^2.$$

Conformément à cette conception, l'acide formique, $H.CO^2H$, résulte de la combinaison de l'hydrogène avec le carboxyle.

Selon que le radical alcoolique est primaire, secondaire ou tertiaire, les acides sont respectivement primaires, secondaires ou tertiaires.

On peut aussi considérer les acides monobasiques comme dérivant de l'hydrate carbonique hypothétique, $CO(OH)^2$, par substitution d'un alcoyle ou d'un hydrogène à un hydroxyle :

$$CO\begin{cases} C^3H^7 \\ OH \end{cases} = \text{acide butyrique} ; \quad CO\begin{cases} H \\ OH \end{cases} = \text{acide formique}.$$

Enfin, on peut les considérer comme dérivant des paraffines par échange d'un hydrogène contre le groupe carboxyle, conception qui les fait dénommer *acides carboniques organiques ;* l'acide acétique, par exemple, est l'acide méthane carbonique, etc.

Il est tout à fait hors de doute que l'hydrogène remplacé par le métal au moment de la salification soit l'hydrogène du groupe carboxyle (hydrogène typique), car ces acides étant tous monobasiques, quel que soit le radical alcoolique, l'hydrogène de celui-ci n'intervient pas dans la salification. Et, dans les acides bi ou polybasiques, on doit admettre l'existence de deux ou de plusieurs carboxyles.

Si l'on compare la composition des alcools primaires, $R.CH^2OH$, avec celle des acides correspondants, $R.COOH$(R = alcoyle ou H), ces derniers apparaissent comme dérivant des alcools par substitution d'un atome d'oxygène à deux atomes d'hydrogène et l'on voit que l'introduction de l'oxygène électro-négatif (acidifiant) dans la molécule en modifie complètement le caractère.

Rappelons ici qu'*on déduit, de la constitution des acides, celles des aldhéydes et des cétones, des alcools primaires et secondaires, du glycol, de l'éthylène et du bromure d'éthylène.*

Les **formules rationnelles** des acides peuvent être *écrites de différentes manières* selon les transformations qu'on veut représenter (V. p. 22)

Le groupe C^2H^3O ou $CH^3.CO$, appelé acétyle (éthanoyle), que contiennent la plupart des dérivés de l'acide acétique et qui peut, tout comme un élément, être introduit par substitution dans différentes combinaisons, est le *radical* de l'acide acétique (V. p. 24).

Les radicaux des acides homologues sont analogues : H.CO, formyle; C^3H^5O, propionyle ; C^4H^7O butyryle, etc.

Ces radicaux acides sont souvent dénommés collectivement « *acyles* » (*Liebermann*).

Les aldéhydes peuvent être envisagées comme des hydrures des radicaux acides et les cétones comme des combinaisons des radicaux acides avec des radicaux alcooliques :

$(CH^3\,CO)H$, aldéhyde ; $(CH^3.CO)CH^3$, acétone.

Le *N. o.* des acides gras se forme en ajoutant la terminaison *oïque* aux noms des paraffines du même nombre d'atomes de carbone ; le C du groupe carboxyle est donc compris dans ce nombre.

Isoméries. Les acides de la série acétique présentent les mêmes cas d'isomérie que les alcools dont la molécule contient un atome de carbone en moins car ils dérivent des cyanures de ces alcools Il existe ainsi : un acide propionique, deux acides butyriques correspondant aux deux alcools propyliques ; quatre acides valérianiques dérivant des quatre alcools butyliques, etc. La formule $C^{10}H^{20}O^2$ permet de prévoir déjà 211 isomères ; mais, parmi tous les acides isomères possibles, il n'y en a toujours qu'un seul de normal.

D'autre part, les acides isomères et les alcools primaires isomères contenant le même nombre d'atomes de carbone présentent le même nombre de cas d'isomérie.

Acide formique (acide méthanoïque), acidum formicicum, CH^2O^2 (*Samuel Fischer et John Ray, 1670 ; Marggraf*). *Etats naturels.* Il existe à l'état libre dans les fourmis et surtout dans la Formica rufa, dans les chenilles processionnaires (Bombyx processionea), dans les soies des orties, dans le tamarin, dans les aiguilles de pin ; on le trouve en petite quantité dans différents liquides animaux : sueur, urine, jus de viande.

Formation. Au moyen de l'acide cyanhydrique, du chloroforme, de l'alcool méthylique, etc. (V. modes de formation généraux).

L'union de l'hydrogène et de l'acide carbonique (V. p. 142) se réalise en soumettant leur mélange à l'action de l'effluve électrique, ou en faisant agir l'acide carbonique humide sur le potassium (*Kolbe* et *Schmidt*, 1861) ou encore lorsqu'on traite les bicarbonates alcalins, etc., par l'amalgame de sodium (B. **28**, R. 458).

De plus, on obtient de l'acide formique par la distillation sèche ou l'oxydation de diverses substances organiques, comme l'amidon, par exemple (*Scheele*), ou par leur décomposition au moyen de l'acide sulfurique concentré (sucre).

Préparation. 1. La chaux sodée absorbe l'oxyde de carbone à 210°, avec production de formiate de soude (*Merz*).

2. L'acide oxalique, sous l'influence de la chaleur, donne de petites quantités d'acide formique à côté d'oxyde de carbone, d'acide carbonique et d'eau ; il s'en forme aussi lorsqu'on soumet la solution aqueuse d'acide oxalique à l'action directe de la lumière solaire en présence d'oxyde d'urane :

$$C^2H^2O^4 = CO^2 + CH^2O^2.$$

Cette décomposition de l'acide oxalique s'effectue particulièrement bien en présence de glycérine, à 100-110° (*Berthelot-Lorin*) ; dans ce cas, l'acide formique formé s'unit à la glycérine en donnant un ester qu'on appelle **monoformine** (V. p. 187) :

$$C^3H^5(OH)^3 + H.COOH = C^3H^5\begin{cases}(OH)^2 \\ O.HCO\end{cases} + H^2O.$$

La monoformine peut être saponifiée soit par ébullition en présence d'une grande quantité d'eau, soit par addition d'une nouvelle quantité d'acide oxalique qui agit par son eau de cristallisation ; dans ce dernier cas, il se forme, avec élimination d'acide carbonique, une nouvelle quantité de monoformine qui peut être saponifiée par une addition ultérieure d'acide oxalique et ainsi de suite, de sorte qu'une très petite dose de glycérine permet de transformer une quantité considérable d'acide oxalique en acide formique, B, **15**, 928 ; Bull. soc. chim., **1882**, **1**. 104.

L'acide formique exempt d'eau s'obtient en décomposant les formiates de plomb ou de cuivre par l'hydrogène sulfuré sec.

Propriétés. Liquide incolore, fumant faiblement à l'air, se solidifiant par refroidissement ; P. F. + 9° ; P. E. 99° ; densité 1,22 ; son odeur, acide et pénétrante, est analogue à celle des fourmis ; l'acide formique est caustique et produit sur les parties délicates de la peau une éruption douloureuse. Il est plus fort que l'acide acétique. C'est un antiseptique puissant. L'acide sulfurique concentré et chaud le dédouble nettement en oxyde de carbone pur et en eau :

$$CH^2O^2 = CO + H^2O.$$

L'acide formique est un réducteur énergique :

$$H.COOH = CO^2 + H^2.$$

Aussi, se décompose-t-il, à 160° ou par simple contact avec le rhodium, en acide carbonique et hydrogène. Cette *propriété réductrice* que possède l'acide formique et qui le *distingue de tous les homologues supérieurs*, peut s'expliquer par sa relation étroite avec l'acide carbonique et aussi par son caractère en quelque sorte aldéhydique que l'on rend apparent en écrivant sa formule de constitution : HO.CHO.

Sels. Les sels de potassium, de sodium et d'ammonium forment des cristaux déliquescents à l'air. Les deux premiers, chauffés fortement, se transforment avec dégagement d'hydrogène en oxalates acides ; le sel d'ammonium se transforme à 180° en formamide et en eau :

$$H.CO^2AzH^4 = H.CO.AzH^2 + H^2O.$$

Sel de plomb, $Pb(H.CO^2)^2$; aiguilles brillantes, difficilement solubles.

Sel de cuivre, $Cu(H.CO^2)^2$; cristaux bleus monocliniques.

Le **sel d'argent** forme des cristaux blancs ; sa solution chauffée dépose de l'argent. La solution de nitrate d'argent est réduite lorsqu'on la chauffe avec de l'acide formique.

Sels de mercure. Le sel au maximum, facilement soluble, se transforme, par une légère élévation de température de sa solution, d'abord en sel d'oxydule (tablettes blanches) difficilement soluble, puis en mercure métallique (réaction caractéristique).

Le bichlorure de mercure, en solution aqueuse, est réduit à l'état de protochlorure par l'acide formique.

Acide acétique (acide éthanoïque), *acidum aceticum*, $C^2H^4O^2$.

Connu déjà dans l'antiquité, en solution étendue, sous forme de vinaigre de vin. *Stahl*, vers 1700, en prépara des solutions concentrées ; *Glauber* (1648) le mentionne comme vinaigre de bois. Sa composition a été déterminée par *Berzélius* en 1814.

Etats naturels. On trouve des acétates dans quelques liquides végétaux, dans la sueur, dans la rate, dans les muscles, dans les excréments des animaux ; il existe aussi, dans la nature, des esters de l'acide acétique, par exemple la triacétine dans l'huile de croton.

Formation (V. p. 140 et suiv.). L'acide acétique est le résultat ultime de l'oxydation de beaucoup de substances, il se produit également aux dépens d'un grand nombre de composés lorsqu'on les chauffe avec les alcalis.

La synthèse suivante est intéressante au point de vue historique : l'éthylène perchloré, C^2Cl^4, que l'on prépare au moyen du tétrachlorure de carbone, CCl^4, ou au moyen du sulfure de carbone et du chlore, se transforme, en présence de chlore et d'eau, sous l'action de la lumière solaire, en acide acétique trichloré qui résulte sans doute de la décomposition, par l'eau, de l'éthane perchloré formé en premier lien (*Kolbe* 1843) :

$$CCl^3.CCl^3 + 2H^2O = CCl^3.CO^2H + 3HCl ;$$

l'acide acétique trichloré se transforme en acide acétique sous l'action de l'hydrogène naissant (*Melsens*).

Préparation. 1 *Au moyen de l'alcool.* Une solution aqueuse d'alcool en contenant moins de 15 o/o, se transforme lentement en acide acétique, à l'air, sous l'influence de la mère du vinaigre, sorte de membrane formée par des microorganismes et principalement par le *bacterium aceti.*

Cette « fermentation acétique » a lieu quand le vin ou la bière deviennent aigres ; elle transforme ces boissons en vinaigre de vin ou de bière.

Le *vinaigre* est une solution aqueuse d'acide acétique à 3—5 o/o contenant, en outre, de petites quantités d'alcool et d'acides supérieurs comme l'acide tartrique, l'acide succinique, des esters éthyliques, un peu d'albumine, etc. — *Préparation* : d'après l'ancien procédé (France) qui consiste à exposer, à l'air, le liquide alcoolique dans des tonneaux de chêne à moitié pleins ou d'après le procédé rapide de *Schützenbach*, dans lequel l'aération du liquide est beaucoup plus active.

2. *Au moyen du bois.* La *distillation sèche du bois*, effectuée dans des cornues de fonte, donne un mélange contenant : eau, 15 o/o ; méthane, 11 o/o ; acide carbonique, 26 o/o ; oxyde de carbone, 41 o/o ; carbures compliqués, 7 o/o et, de plus, du « vinaigre de bois » ou « acide pyroligneux » contenant de l'acide acétique, de l'alcool méthylique, de l'acétone, des homologues de l'acide acétique et des produits empyreumatiques d'odeur forte et brûlante ; il se produit en outre du goudron de bois renfermant des analogues de l'acide carbolique.

Pour isoler l'acide acétique du vinaigre de bois, on le transforme d'abord en sel de sodium ou de calcium ; on débarrasse ces sels des produits accessoires en les chauffant, le premier jusqu'à fusion, le second à 200°, puis on distille en présence d'acide sulfurique.

Propriétés. L'acide acétique est un liquide doué d'une odeur pénétrante de vinaigre, et qui, par refroidissement, se prend en grosses tables, fusibles à 17°, constituant l'acide *acétique glacial*. P. E. 118° ; densité à 15°, 1.055. Sa vapeur brûle avec une flamme bleue. Lorsqu'on ajoute de l'eau à de l'acide acétique, il se produit une contraction et une élévation de la densité qui atteint son maximum pour l'hydrate $CH^3.CO^2H + H^2O = CH^3.C(OH)^3$ (acide orthoacétique) ; la densité est alors 1.075 à 15°.5 et le mélange contient 77 o/o d'acide ; la densité diminue ensuite, de telle sorte que l'acide à 50 o/o possède à peu près la même densité que l'acide à 100 o/o. On détermine la richesse d'un acide au moyen d'aréomètres, en tenant compte de la contraction possible, ou par titration. La densité de vapeur, prise aux environs du point d'ébullition, est beaucoup plus élevée que ne l'exige la théorie, mais elle est conforme à celle-ci au-dessus de 250°. L'acide acétique est hygroscopique ; il n'est attaqué, ni par l'acide chromique, ni par le permanganate de potasse froid ; il dissout le phosphore, le soufre, et beaucoup de combinaisons organiques. Il est caustique et attaque douloureusement les parties délicates de la peau.

Transformation en méthane et éthane (V. p. 39).

Sels. Les acétates sont solubles dans l'eau.

Acétate de potassium, $(C^2H^3O^2)K$, tablettes blanches déliquescentes. *Sel peracide*, $(C^2H^3O^2)K + C^2H^4O^2$, cristallise au sein de l'acide acétique glacial en tablettes nacrées. Il existe aussi un sel $(C^2H^3O^2)K + 2C^2H^4O^2$.

Acétate de sodium, $(C^2H^3O^2)Na + 3H^2O$, prismes rhombiques, facilement solubles (terra foliata tartari crystallisabilis).

Acétate d'ammonium, $(C^2H^3O^2)AzH^4$, sel semblable au sel de potassium et employé comme sudorifique (liquor ammonii acetici). Sa solution perd de l'ammoniaque par évaporation. L'acétate d'ammonium se transforme par distillation en acétamide (V. ce mot).

Acétate ferreux, $Fe^2(C^2H^3O^2)^4$. Très employé en teinture comme « mordant de fer » (V. sels d'aluminium).

Acétate ferrique, $Fe^2(C^2H^3O^2)^6$. Employé également comme mordant. On le prépare en mélangeant un sel ferrique soluble avec de l'acétate de soude. Sa solution aqueuse est rouge-brun foncé ; chauffée après avoir été diluée fortement, elle laisse déposer un sel basique :

$$Fe^2(C^2H^3O^2)^6 + 4H^2O = Fe^2{(OH)^4 \atop (C^2H^3O^2)^2} + 4(C^2H^4O^2);$$

Elle est employée en médecine sous le nom de liquor ferri acetici.

L'**acétate d'aluminium** neutre, connu seulement en solution, est employé, en grandes quantités, comme « mordant pour rouge » en teinture et en impression. Son emploi repose sur la décomposition qu'il subit sous l'action de l'eau (en particulier sous l'action de la vapeur d'eau) et sur l'affinité de la combinaison aluminique résiduelle pour les matières colorantes. Il trouve aussi un emploi restreint comme astringent contre la dysenterie, etc.

Sels de plomb. 1) *Acétate neutre* ou sucre de plomb, $Pb(C^2H^3O^2)+3H^2O$; on le prépare au moyen de la litharge et de l'acide acétique ; il forme des prismes quadrangulaires, incolores, brillants ; il est vénéneux et doué d'une saveur sucrée désagréable.

2) *Acétates basiques*. L'acétate neutre s'unit à l'oxyde de plomb en formant des sels basiques de réaction alcaline. Le plus simple possède la composition :

$$Pb\begin{cases}OH\\(C^2H^3O^2)\end{cases}: \quad \text{on connaît aussi} \quad \begin{matrix}Pb\langle^{OH}\\ \quad\rangle O\\ Pb\langle_{(C^2H^3O^2)}\end{matrix} \quad \text{etc.}$$

On peut fixer jusqu'à cinq molécules d'oxyde de plomb sur deux molécules d'acide acétique. Ces acétates basiques sont employés, en médecine, sous le nom d'eau blanche ou eau de *Goulard*, et, dans l'industrie, pour la préparation du blanc de plomb, etc.

Acétate de cuivre, $Cu(C^2H^3O^2)^2+2H^2O$, forme des cristaux vert foncé, facilement solubles, et donne des sels basiques (vert de gris) et des sels doubles ; tel est, par exemple, le vert de Schweinfurt qu'il forme avec l'arsenite de cuivre.

Acétate d'argent, $Ag(C^2H^3O^2)$, sel très caractéristique de l'acide acétique. Aiguilles brillantes.

Recherche de l'acide acétique : 1) Lorsqu'on chauffe un acétate avec de l'alcool et de l'acide sulfurique, il se forme de l'éther acétique d'odeur agréable, facile à reconnaître ; on peut aussi le caractériser 2) par le sel d'argent ; 3) par la production de cacodyle, d'odeur caractéristique, en chauffant le sel de sodium avec l'acide arsénieux.

Acide propionique, $C^3H^6O^2 = CH^3.CH^2.CO^2H$ (*Gottlieb*, 1844).

Formation. Au moyen de l'acide acrylique et de l'acide lactique (V. p. 143) ; ou par la fermentation du lactate de chaux (schizomycètes) (*Fitz*).

Préparation. Par saponification du cyanure d'éthyle (1847 ; V. p. 103 et 142).

L'acide propionique est un liquide analogue à l'acide acétique et bouillant à 141°. Le chlorure de calcium, ajouté à sa solution aqueuse, l'en sépare sous forme d'huile, c'est de là que lui vient son nom : πρῶτος, première et πίων, graisse : premier acide huileux.

Acides butyriques, $C^4H^8O^2$.

1) **Acide butyrique normal** (butanoïque), *acide butyrique de fermentation, acide propylcarbonique*, $CH^3.CH^2.CH^2.CO^2H$.

Etats naturels. Il existe, à l'état libre, dans la sueur, dans les excréments solides ; à l'état d'ester hexylique, dans l'huile du fruit de l'Heracleum giganteum, à l'état d'ester octylique dans la Pastinaca sativa et d'ester glycérique dans le beurre (2 o/o) (*Chevreul*, 1822).

Formation (V. aussi modes de formation généraux). Il s'en produit dans la putréfaction de la fibrine humide ou du fromage, dans la fermentation (schizomycètes) de la glycérine et des hydrates de carbone (*Pelouze* et *Gélis* ; *Fitz* ; v. plus bas). On en obtient encore par oxydation des albuminates au moyen de l'acide chromique ou des graisses par l'acide nitrique, etc., et aussi par la distillation sèche du bois.

Préparation. Par « *fermentation butyrique* » du sucre ou de l'amidon, sous l'influence de certains champignons (Bacillus butyricus), en présence de carbonate de chaux ou d'oxyde de zinc qui s'unissent à l'acide libre formé.

En général, lorsque la fermentation est provoquée par un ensemencement impur, fromage pourri, etc., il se produit d'abord, sous l'influence de microorganismes, de l'acide lactique qui est transformé ensuite par le bacille butyrique en acide butyrique.

Liquide épais, d'une odeur désagréable de rance qui, en présence d'ammoniaque, rappelle celle de la sueur ; miscible à l'eau, peut être séparé de ses solutions aqueuses par addition de sels. P. E. 163°. Difficilement oxydable.

Le **sel de calcium**, $Ca(C^4H^7O^2)^2 + H^2O$, forme des tablettes brillantes et est moins soluble dans l'eau chaude que dans l'eau froide (caractéristique). Lorsqu'on le soumet à une action prolongée de la chaleur, en solution aqueuse saturée, il se transforme en sel de calcium de l'acide isobutyrique.

Sel d'argent, $Ag(C^4H^7O^2)$, tablettes brillantes, difficilement solubles dans l'eau.

2. **Acide isobutyrique** (2. méthylpropanoïque), *acide diméthylacétique*, $(CH^3)^2{=}CH.CO^2H$. Se trouve à l'état libre dans le fruit du caroubier (*Redtenbacher*), dans la racine de l'Arnica montana ; à l'état d'ester, dans la Pastinaca sativa et dans l'huile de camomille romaine. On l'obtient à l'aide du cyanure d'isopropyle (*Erlenmeyer*) ou par oxydation de l'alcool isobutylique ou encore au moyen de l'ester acétylacétique (V. ce mot), etc.

Cet acide est très analogue à l'acide de fermentation, il se dissout plus difficilement dans l'eau (1 : 5) et bout 9° plus bas (154°). L'acide chromique l'oxyde facilement en acétone ou acide acétique et acide carbonique, ce qui le différencie de l'acide normal.

L'existence de l'acide isobutyrique avait été prévue théoriquement par *Kolbe* (1864). Son sel de calcium, $Ca(C^4H^7O^2)^2$, à l'inverse de celui de son isomère, est plus soluble dans l'eau chaude que dans l'eau froide.

Acides valérianiques, $C^5H^{10}O^2$.

Les quatre modifications théoriquement possibles sont connues.

1) Acide valérianique normal (acide pentanoïque), $CH^3{-}(CH^2)^3.CO^2H$, *acide propylacétique*. Préparé au moyen du cyanure de butyle normal (*Lieben et Rossi*, 1871). P. E. 186°. S'obtient le plus commodément au moyen de l'acide propylmalonique (V. synthèses avec l'acide malonique), par soustraction d'acide carbonique (B. 21, R. 649). Est difficilement soluble dans l'eau (1 : 27).

2. **Acide isovalérianique** (acide méthyl-3-butanoïque), *acide valérianique ordinaire, acide isopropylacétique*, $(CH^3)^2{=}CH{-}CH^2.CO^2H$; s'obtient au moyen du cyanure d'isobutyle. Il existe à l'état libre et sous forme d'esters dans le règne animal et dans beaucoup de plantes ; en particulier, à l'état libre, dans les racines de la Valeriana officinalis et de l'Angelica archangelica d'où on peut l'extraire par ébullition avec du carbonate de soude ; on le trouve encore dans l'huile de dauphin (*Chevreul*, 1817), dans les graines du Viburnum opulus, dans la sueur des pieds, etc. L'acide naturel est optiquement actif parce qu'il contient le plus souvent de l'acide valérianique actif (V. plus bas). L'oxydation de l'alcool amylique de fermentation par le mélange chromique conduit à un mélange analogue à l'acide naturel. A l'état pur, l'acide isovalérianique est optiquement inactif et bout à 175° ; son odeur est piquante, désagréable et rappelle celle du vieux fromage ; il est caustique. Il est quelque peu employé en médecine.

3) **Acide méthyléthylacétique** (acide méthyl-2-butanoïque), *acide valérianique actif*, $\begin{matrix}CH^3\\C^2H^5\end{matrix}\!\!>\!CH{-}CO^2H$; P. E. 175°, existe dans la nature (V. plus haut) et peut être obtenu par oxydation de l'alcool amylique gauche, dans ce cas, il dévie à droite le plan de polarisation, tandis qu'il est inactif lorsqu'on le prépare au moyen de l'ester acétylacétique. L'acide inactif peut être dédoublé en composés actifs à l'aide du sel de brucine.

4) **Acide triméthylacétique**, *acide pivalique*, $(CH^3)^3{\equiv}C-CO^2H$. Peut être préparé au moyen du cyanure de butyle tertiaire (*Butlerow*, 1873). Est solide à la température ordinaire (P. F 35°, P E. 164°). Son odeur est semblable à celle de l'acide acétique.

Acides hexyliques, $C^6H^{12}O^2$.

La théorie prévoit 8 acides hexyliques isomères ; on en connaît déjà sept, parmi lesquels le plus important est l'**acide caproïque normal**, $CH^3-(CH^2)^4-CO^2H$ (Chevreul, 1822). Cet acide existe dans l'huile de coco, dans le fromage de Limbourg et, à l'état d'ester glycérique, dans le beurre de chèvre. On l'obtient soit par la fermentation butyrique du sucre, soit par oxydation des albuminoïdes ou des acides gras supérieurs, etc. ; il peut aussi être obtenu par réduction indirecte de quelques sucres. Son odeur est désagréable, persistante et rappelle la sueur ou le beurre rance. P. E. 205°.

Acides gras supérieurs.

Les acides supérieurs existant dans la nature sont des acides normaux et contiennent le plus souvent un nombre pair d'atomes de carbone. Comme il a déjà été dit p. 140, on les rencontre le plus souvent combinés à des alcools monovalents ou à la glycérine, un alcool trivalent ; ils constituent, dans le premier cas, les cires et, dans le second cas, les graisses et les huiles (V. plus bas). On les obtient par saponification de ces substances, au moyen de la potasse alcoolique bouillante, par exemple :

$$\underset{\text{ester mélissyl-palmitique}}{C^{30}H^{61}(O.C^{16}H^{31}O)} + H^2O = \underset{\text{alcool mélissique}}{C^{30}H^{62}O} + \underset{\text{acide palmitique}}{C^{16}H^{32}O^2} ;$$

$$\underset{\text{ester glycérine stéarique}}{C^3H^5(O.C^{18}H^{35}O)^3} + 3H^2O = \underset{\text{glycérine}}{C^3H^5(OH)^3} + \underset{\text{acide stéarique}}{3C^{18}H^{36}O^2}.$$

Les acides supérieurs contenant un nombre impair d'atomes de carbone, C^{11}, C^{13}, C^{15} et C^{17}, ont été obtenus synthétiquement au moyen des acides plus riches d'un atome de carbone, en transformant ces acides en cétones $C^{n-1}H^{2n-1}CO.CH^3$, puis en oxydant ces dernières (*Krafft*), V. p. 138.

Acide heptylique, $C^7H^{14}O^2$. L'acide normal, *acide œnanthylique* (acide heptanoïque), s'obtient par oxydation de l'aldéhyde correspondante, l'œnanthol (p. 123) ou de l'huile de ricin. Il possède une faible odeur de graisse.

Acide caprylique-n, $C^8H^{16}O^2$, existe à l'état d'éther glycérique dans le beurre de chèvre ou de vache, dans l'huile de coco, etc. Se solidifie au-dessous de +16°.

Acide nonylique-n (*acide pélargonique*), existe dans l'essence de Pelargonium roseum ; peut être préparé au moyen du cyanure de l'alcool octylique normal ou par oxydation de l'acide oléique ou de l'essence de Ruta graveolens.

Acide caprique, $C^{10}H^{20}O^2$, existe dans le beurre de chèvre et dans l'huile de coco ; peut être préparé synthétiquement. Solide, P. F. 13°.

Acide undécylique s'obtient par réduction de l'acide undécylénique, $C^{11}H^{20}O^2$, qu'on prépare en distillant l'huile de ricin dans le vide.

Acide laurique, $C^{12}H^{24}O^2$, existe à l'état d'ester glycérique dans l'huile de laurier ; aiguilles.

Acide myristique. $C^{14}H^{28}O^2$; a été trouvé dans le beurre de muscade (Myristica moschata) et dans la bile de bœuf.

Acide palmitique (acide hexadécanoïque), $C^{16}H^{32}O^2$. Etats naturels : V. ci-dessous « palmitine ». On l'extrait le plus avantageusement de la cire végétale du Japon ou de l'huile de palme (mélange de palmitine et d'oléine); on peut l'obtenir aussi par fusion de l'acide oléique ou de l'alcool cétylique avec l'hydrate de potasse. P. F. 60°.

Acide margarique, $C^{17}H^{34}O^2$; on croyait l'avoir trouvé dans les graisses ; en réalité, on avait eu en mains un mélange des acides C^{16} et C^{18} (V. p. 30). Le véritable acide margarique a été obtenu synthétiquement au moyen du cyanure de cétyle, $C^{16}H^{33}.CAz$.

Acide stéarique, $C^{18}H^{36}O^2$. Etats naturels : V. plus bas « stéarine ». On peut l'obtenir, par exemple, en hydrogénant l'acide oléique ; on le prépare au moyen du suif de mouton. P. E. 69°.

Le gypse, mélangé à l'acide stéarique liquide, donne une masse imitant l'ivoire.

Acide arachique. $C^{20}H^{40}O^2$; est contenu dans l'huile d'arachide, des semences de l'Arachis hypogea.

Acide béhénique, $C^{22}H^{44}O^2$; dans les noix de Moringa nux Behen.

Acide lignocérique, $C^{24}H^{48}O^2$; dans le goudron de hêtre.

Acide cérotique, $C^{27}H^{54}O^2$; constitue, à l'état libre, la partie essentielle de la cire d'abeilles et, à l'état d'ester cérylique, celle de la cire de Chine. On l'obtient aussi, comme presque tous les acides élevés, au moyen de l'alcool primaire correspondant, par fusion avec l'hydrate de potasse (oxydation).

Acide mélissique. $C^{30}H^{60}O^2$ ou $C^{31}H^{62}O^2$. Dans la cire d'abeilles.

Graisses et huiles ; cires.

La plupart des graisses et des huiles animales ou végétales (suif, saindoux, beurre, huile de palme, huile d'olives, huile de phoque, etc.) sont presque exclusivement constituées par un mélange d'esters glycériques des acides palmitique, stéarique et oléique, esters qu'on désigne brièvement par la finale « ine » ajoutée au radical du nom de l'acide :

$C^3H^5(O.C^{16}H^{31}O)^3$, **palmitine** ;
$C^3H^5(O.C^{18}H^{35}O)^3$, **stéarine** ;
$C^3H^5(O.C^{18}H^{33}O)^3$, **oléine** ;

La palmitine et la stéarine sont solides, l'oléïne est liquide ; il en résulte que la consistance du mélange dépend de la quantité d'oléine qu'il contient.

C'est à *Chevreul* (1811) que l'on doit de connaître la constitution des corps gras.
Beaucoup de graisses deviennent rances à la suite d'une saponification partielle qui met en liberté des acides gras odorants.

La plupart des *cires* sont des esters d'alcools monovalents ; ainsi, la *cire d'abeilles* est constituée par un mélange d'ester mélissique de l'acide palmitique, $C^{30}H^{61}(O.C^{16}H^{36}O)$, et d'acide cérotique ; la *cire de Chine* (Croton sebiferum) contient l'ester cérylique de l'acide cérotique, $C^{27}H^{55}(O.C^{27}H^{53}O)$, et le *blanc de baleine* (Cetaceum, dans la tête du Physeter macrocephalus) est l'ester cétylique de l'acide palmitique, $C^{16}H^{33}(O.C^{16}H^{31}O)$.

La *séparation* des acides s'effectue soit par cristallisation fractionnée, soit par précipitation fractionnée avec l'acétate de magnésie, soit par distillation fractionnée, dans le vide, des acides eux-mêmes ou de leur ester éthylique, etc. On peut séparer l'acide oléique de l'acide palmitique et de l'acide stéarique en se basant sur la solubilité de son sel de plomb dans l'éther.

Bougies ; savons ; emplâtres.

Les *bougies de stéarine* du commerce sont formées par un mélange d'acide palmitique et d'acide stéarique où ce dernier domine ; ordinairement, elles contiennent en outre un peu de paraffine ou de cire ajoutée au mélange pour éviter qu'il ne prenne la structure cristalline.

La fabrication des bougies repose sur la saponification de graisses solides, comme le suif de bœuf ou de mouton, au moyen de l'eau et de la chaux, ou de l'acide sulfurique concentré. Saponification : (V. p. 185.).

Les *savons* sont les sels alcalins des trois acides palmitique, stéarique et oléique ; les savons *durs* sont les sels de soude de mélanges d'acides où dominent les acides solides, les savons *mous* sont les sels de potasse et contiennent surtout de l'acide oléique. Le sel marin transforme les savons de potasse en savons de soude insolubles dans l'eau salée ; les sels alcalins de l'acide oléique donnent avec peu d'eau des solutions limpides ; ceux des acides gras solides sont dissociés par un excès d'eau en alcali libre et, suivant les conditions, en acides gras ou en sels acides (analogues au peracétate de potassium). L'action du savon est due à la propriété que possède sa solution d'émulsionner les graisses. Les sels de *calcium*, de *magnésium*, de *baryum*, sont insolubles dans l'eau mais sont, en partie, cristallisables dans l'alcool. Les sels de plomb s'obtiennent en faisant bouillir un mélange d'eau, d'oxyde de plomb et de graisse et constituent les **emplâtres** (emplâtres de plomb).

B. Acides non saturés, $C^nH^{2n-2}O^2$.

	P. F.	P. F.		P. F.	P. E.
acide acrylique, $C^3H^4O^2$ . .	7°	140°	acide angélique $C^5H^8O^2$	45°	185°
			acide tiglique $C^5H^8O^2$.	65°	198°
acides crotoniques, $C^4H^6O^2$ 1a	72°	182°	acide pyrotérébique, $C^6H^{10}O^2$		
1b	liq.	172°			
2	16°	160°	acide oléïque, $C^{18}H^{34}O^2$. . .	14°	

Ces acides sont appelés aussi acides de la série oléique. Au point de vue physique, à part quelques différences dans les points de fusion, ils sont très analogues aux acides saturés ; leurs propriétés générales sont également très comparables à celles de ces acides, mais ils s'en distinguent nettement par leur faculté de donner des *produits d'addition* : ils peuvent fixer, par exemple, deux atomes d'hydrogène (au moyen de l'acide iodhydrique, à chaud) ou une molécule d'hydracide ou d'halogène, en donnant respectivement des acides saturés ou des dérivés de ces acides. L'acide oléique, $C^{18}H^{34}O^{2}$, par exemple, donne l'acide stéarique, $C^{18}H^{36}O^{2}$, ou l'acide stéarique dibromé, $C^{18}H^{34}Br^{2}O^{2}$. Ils se différencient encore des acides saturés parce qu'ils sont facilement oxydables.

Ils possèdent donc les caractères des dérivés des carbures incomplets de la série éthylénique, carbures dont on peut supposer qu'ils dérivent par substitution du carboxyle à un atome d'hydrogène : le nom d'acides *oléfinecarboniques* peut donc aussi leur être attribué.

Lorsqu'un hydracide s'unit à ces acides, l'halogène ne se fixe pas régulièrement à l'atome de carbone le moins chargé d'hydrogène.

Modes de formation. 1) Par *oxydation* des alcools ou des *aldéhydes incomplets* correspondants ; c'est ainsi que l'acide acrylique, par exemple, s'obtient au moyen de l'alcool allylique ou de l'acroléïne.

2) Au moyen des alcools incomplets ou de leurs iodures, par transformation en cyanures et saponification subséquente ; l'acide crotonique, par exemple, s'obtient, de cette manière, au moyen de l'iodure d'allyle (V. p. 157).

Ces deux méthodes sont appliquées pour l'obtention des acides saturés.

3) Les *acides gras saturés monohalogènés*, chauffés avec la potasse alcoolique ou, quelquefois, avec l'eau seule, se transforment en acides incomplets.

Cette réaction est analogue à celle qui permet de transformer les alcoylhalogènes en oléfines ; elle est applicable aux acides substitués contenant l'halogène en position β par rapport au carboxyle (V. p. 160 et suiv.).

3a. Au moyen de leurs produits de substitution chlorés, etc., par substitution rétrograde, de même qu'on obtient l'éthane au moyen du chlorure d'éthyle.

4. Au moyen des acides de la *série lactique*, par soustraction d'eau :

$$\underset{\text{acide éthylène lactique}}{CH^{2}(OH)—CH^{2}—COOH} = \underset{\text{acide acrylique}}{CH^{2}{=}CH-CO^{2}H} + H^{2}O.$$

Cette réaction correspond à la production des oléfines au moyen des alcools monovalents.

Constitution et isoméries. La constitution des acides incomplets, $C^{n}H^{2n-2}O^{2}$, résulte de leur assimilation aux acides oléfinecarboniques. On peut prévoir autant d'acides isomères qu'il y a d'alcools non saturés de n—1 atomes de carbone (V. mode de formation 2). Le lieu de la double liaison se détermine ordinairement par le résultat de l'oxydation qu'on réalise par fusion avec les acalis ; la molécule se scinde, en effet, à l'endroit même où se trouve la double liaison et il se forme deux acides monobasiques, par exemple :

$$CH^{3}.CH{=}CH.COOH + 2KOH + O = 2CH^{3}.CO^{2}K + H^{2}O.$$

Les autres agents oxydants produisent également la scission, mais déterminent une oxydation plus profonde.

Cependant, par une oxydation circonspecte, on peut arriver à fixer simplement les éléments de l'eau oxygénée et à produire un dioxyacide du même nombre d'atomes de carbone ; avec l'acide oléique, par exemple, on obtient l'acide dioxystéarique, $C^{18}H^{34}(OH)^2O^2$.

Certains acides non saturés subissent par la fusion alcaline, et même par ébullition avec la soude caustique, une *transposition* intéressante dans laquelle la double liaison se déplace en se rapprochant du carboxyle ; l'acide hydrosorbique, par exemple :

$$CH^3-CH^2-CH{=}CH-CH^2.CO^2H,$$

se transforme en majeure partie, dans ces conditions, en :

$$CH^3-CH^2-CH^2-CH{=}CH-CO^2H,$$

(V. p. 55 et acides hydrophtaliques). Ces *transpositions* s'expliquent par une fixation d'atomes ou de groupes d'atomes suivie d'une séparation d'atomes ou de groupes d'atomes identiques. Dans l'exemple donné, ce sont les éléments de l'eau qui se fixent puis s'éliminent ensuite. V. *Fittig*, B. **27**, 2676 ; Bull. soc. chim. **1895, 2**, 365.

Acide acrylique (acide propénoïque), $C^3H^4O^2 = CH^2 : CH.CO^2H$ (*Reddenbacher*). Se prépare soit au moyen de l'acroléïne, par oxydation à l'aide de l'oxyde d'argent, soit en chauffant l'acide propionique β chloré avec un alcali (V. mode de formation 3.). Analogue à l'acide propionique (P. F. +7° P. E. 139-140°), miscible avec l'eau. Polymérisable. Le zinc et l'acide sulfurique le transforment, par réduction, en acide propionique ; la fusion alcaline le scinde en acides acétique et formique.

Acides crotoniques $C^4H^6CO^2$. 1a) **Acide ordinaire** ou **acide solide** (acide 2 buténoïque), $CH^3.CH : CH.CO^2H$. Etat naturel : à côté de 1b dans le vinaigre de bois. Préparation : au moyen de l'iodure d'allyle, par l'intermédiaire du cyanure qui, au lieu de la constitution présumée : $CH^2 : CH.CH^2.CAz$, possède la suivante, $CH^3.CH : CH.CAz$, par suite d'une *transposition* qui s'effectue au moment de sa formation. On peut aussi préparer l'acide crotonique en chauffant l'acide malonique (V. ce mot) avec la paraldéhyde et l'acide acétique. Il forme des aiguilles fines, laineuses ou de gros prismes. P. F. 72°, P. E. 184°. Son odeur est semblable à celle de l'acide butyrique ; il est assez soluble dans l'eau. La potasse fondante le transforme en deux molécules d'acide acétique.

1b) **Acide isocrotonique**, *acide « liquide »*, s'obtient par l'action de l'amalgame de sodium sur l'acide isocrotonique chloré. Se liquéfie facilement (P. F. 15°), P. E. 172° ; à 180°, il se transforme en acide crotonique solide.

On a d'abord écrit la formule de l'acide isocrotonique $CH^2 : CH.CH^2.CO^2H$. Cependant, au point de vue chimique, il est presque identique à l'acide crotonique, il se comporte, par exemple, comme celui-ci sous l'action de la potasse en fusion ; ces deux acides sont des *isomères stéréochimiques* (V. p. 18). D'après *Wislicenus* (Ann. **248**, 281), leurs constitutions répondent aux formules :

$$\begin{array}{ccc} H.C-CH^3 & & CH^3.C.H \\ \| & \text{et} & \| \\ H.C-CO^2H & & H.C.CO^2H \\ \text{acide crotonique} & & \text{acide isocrotonique} \end{array}$$

(V. acide crotonique chloré).

2) **Acide méthacrylique** (acide méthylpropénoïque) $CH^2{=}C\begin{cases}CH^3\\CO^2H\end{cases}$, existe dans l'huile de camomille romaine. P. F. 15°. Odeur de champignon pourri. Donne, par fusion avec la potasse, de l'acide propionique et de l'acide formique.

Acides penténiques. On en connaît quatre : acides pentène -2-,-3- et -4-oïques (B. **26**, 2081) et l'acide β diméthylacrylique, B. **27**, 1225 ; Bull. soc. chim. **1894**, **2**, 1463.

Acide angélique, $CH^3{-}CH{=}C(CH^3){-}CO^2H$, existe dans la racine d'angélique et, à côté de l'acide tiglique, son stéréoisomère, dans l'huile de camomille romaine (V. A. **283**, 105), P. F. 45°.

Acide pyrotérébique, $C^6H^{10}O^2 = (CH^3)^2 : C : CH.CH^2.CO^2H$, s'obtient par distillation de l'acide térébique (V. ce mot).

Acide hydrosorbique, $C^6H^{10}O^2$, s'obtient par réduction de l'acide sorbique (p. 159), liq. bouillant à 208°.

Recherches concernant ces acides non saturés : *Fittig*, A. **188**, **195**, **255**, 1, 275 ; **283**, 47 ; Bull. soc. chim. **1895**, **2**, 622. B. **27**, 2658 ; Bull. soc. chim., **1895**, **2**, 365. *Wislicenus*, loc. cit.

Acide undécylénique, $C^{11}H^{20}O^2$, au moyen de l'huile de ricin (V. acide undécylique).

L'acide **oléique**, $C^{18}H^{34}O^2$) (*Chevreul*), existe à l'état d'oléïne dans les huiles d'olives, d'amandes, de poisson. Il est incolore et se prend par refroidissement en aiguilles blanches fondant à 14°. Il ne distille pas sans décomposition. Il est inodore et insipide et sans action sur le tournesol ; à l'air, il devient rapidement jaune, par oxydation, et prend l'odeur de rance. Son sel de plomb est soluble dans l'éther. L'acide oléïque donne, par réduction, de l'acide stéarique (acide saturé) ; par fusion avec la potasse, il fournit les acides $C^{16}H^{32}O^2$ et $C^2H^4O^2$; l'acide nitreux le transforme en acide élaïdique (P. F. 51°), qui lui est probablement stéréoisomère.

Sa constitution correspond probablement à la formule :
$CH^3(CH^2)^7{-}CH{=}CH{-}(CH^2)^7.COOH$ (Ber. **27**. 173 ; Bull. soc. chim. **1894**, **2**, 831).

Acide érucique, $C^{22}H^{42}O^2$, dans l'huile de rave (Brassica campestris). P. F. 33°.

L'acide linolique, $C^{18}H^{32}O^2$, appartenant à la série suivante est analogue à l'acide précédent, on le trouve à l'état d'ester glycérique dans les huiles siccatives : huiles de lin, de chanvre, de noix. Il en est de même de l'**acide ricinique** (V. ce mot).

C. Acides de la série propiolique, $C^nH^{2n-4}O^2$.

Les acides de cette série contiennent deux atomes d'hydrogène de moins que ceux de la précédente et doivent être considérés comme les acides carboniques des carbures acétyléniques ; ex. : acide propiolique : $CH{\equiv}C.CO^2H$: acide acétylènecarbonique. Conformément à cette conception, ils peuvent être obtenus au moyen des dérivés sodés de l'acétylène, par addition d'acide carbonique (V. mode de formation 4 des acides saturés, p. 142).

Ces acides ressemblent beaucoup aux acides non saturés précédemment décrits, mais ils s'en distinguent par la faculté de fixer deux ou quatre atomes monovalents : hydrogène ou halogène ; de plus, quelques-uns d'entre eux donnent avec la solution ammoniacale d'argent ou de cuivre des combinaisons explosives (V. p. 53 et 85).

Acide propiolique (acide propinoïque), *acide propargylique*, $C^3H^2O^2 = CH{\equiv}C.CO^2H$; correspond à l'alcool propargylique et s'obtient en chauffant, en solution aqueuse, le sel de potassium de l'acide acétylènedicarbonique (V. ce mot.) B. **18**. 677 ; Bull. soc. chim. **1886, 1**, 751. Au point de vue physique, il est analogue à l'acide propionique; il forme au-dessous de 6° des cristaux soyeux ; P. E. 144°. Facilement soluble dans l'eau et l'alcool. Brunit à l'air. Donne un composé argentique explosif, caractéristique.

Acide tétrolique, $C^4H^4O^2$. S'obtient en traitant l'acide crotonique β chloré par la potasse caustique. Tables incolores, P. F. 76°.

Acide sorbique, $CH^3.CH{:}CH.CH{:}CH.CO^2H$, existe dans les sorbes vertes ; il est déliquescent.

Acide undécolique, $C^{11}H^{18}O^2$, **acide palmitolique**, $C^{16}H^{28}O^2$, **acide stéarolique** $C^{18}H^{32}O^2$, **acide béhénolique**, $C^{22}H^{40}O^2$; s'obtiennent au moyen des acides *non saturés* correspondants, $C^nH^{2n-2}O^2$.

Appendice. Un acide *diacétylènemonocarbonique* (acide pentadiinoïque), $CH{\equiv}C{-}C{\equiv}C.CO^2H$, semble exister (B. **18**, 681 ; Bull. soc. chim. **1886, 1**, 751).

D. Produits de substitution halogènés des acides monobasiques.

Les acides monobasiques saturés donnent, sous l'action du chlore ou du brome, des produits de substitution, par exemple :

	P.F.	P. E.		P. F.	P. E.
CH^3 CO^2H acide acétique	17°	118°	$CH^3-CH^2-CO^2H$ acide propionique	liq.	140°
$CH^2.Cl-CO^2H$ acide acétique monochloré	62°	186°	$CH^3-CHCl-CO^2H$ acide propionique α chloré	liq.	186°
$CHCl^2-CO^2H$ acide acétique dichloré	liq.	191°	$CH^2Cl-CH^2-CO^2H$ acide propionique β chloré	40°	
CCl^3 CO^2H acide acétique trichloré	52°	195°	$C^2H^3Br^2-CO^2H$ acides propioniques dibromés, etc.		

Les acides non saturés donnent aussi des produits de substitution (V. p. 160).

Le caractère monobasique persiste dans ces dérivés ; ils ont souvent une grande analogie avec leurs substances mères et sont plus fortement acides; ils contiennent donc encore le groupe carboxyle et résultent, par conséquent, de la substitution de l'halogène à l'hydrogène du radical hydrocarboné ; ils peuvent être considérés comme des produits de substitution halogènés des carbures d'hydrogène dans lesquels un atome d'hydrogène a été remplacé par le groupe carboxyle :

CH^3Cl, chlorure de méthyle ; $CH^2Cl(CO^2H)$, acide acétique monochloré.

Les modes de formation et les propriétés de ces acides substitués correspondent à cette conception. En qualité d'acides, ils sont complètement analogues aux acides non substitués : ils forment des sels, des esters, des chlorures, des anhydrides et des amides ; en qualité de dérivés halogènés, ils se prêtent aux mêmes réactions que les carbures d'hydrogène halogènés (V. p. 57).

Isoméries et constitution. Tandis qu'il n'existe qu'un acide acétique mono, di ou trihalogéné, on connaît deux acides propioniques monohalogènés (V. le tableau). Dans l'acide propionique,

$$\underset{\beta}{CH^3}—\underset{\alpha}{CH^2}—CO^2H,$$

en effet, les deux hydrogènes α et les trois hydrogènes β sont dans des conditions différentes puisque les premiers sont fixés au carbone lié immédiatement au carboxyle, tandis que les seconds sont unis au carbone le plus éloigné de ce groupe. Par suite, la théorie fait prévoir les deux isomères suivants qui sont d'ailleurs connus :

$$CH^3—CHX—CO^2H \quad \text{et} \quad CH^2X—CH^2—CO^2H.$$

Ces deux acides se transforment par échange de l'halogène contre l'hydroxyle en deux acides lactiques isomères (V. ce mot) :

$$CH^3—CHOH—CO^2H \quad \text{et} \quad CH^2.OH—CH^2—CO^2H.$$

l'acide α est l'acide lactique ordinaire, l'acide β est l'acide éthylène lactique ; la *constitution* de ces deux acides lactiques étant donnée par leurs modes de formation (V. p. 198), il en résulte que la position de l'halogène dans les acides propioniques substitués est déterminée.

Généralement, on désigne sous le nom d'acides α ceux où l'halogène est fixé au carbone le plus voisin du carboxyle les autres acides sont appelés, selon la position de l'halogène, acides β-,γ , etc., les atomes de carbone de la chaîne, celui du carboxyle exclu, étant désignés par les lettres α, β, γ, etc.

On distingue ainsi, par exemple, les acides butyriques α-,β-, γ- chlorés ; les acides propioniques $\alpha\alpha$-, $\alpha\beta$-, $\beta\beta$- dibromés, etc., les acides crotoniques α chloré, $CH^3—CH{=}CCl-CO^2H$, et β chloré, $CH^3—CCl{=}CH—CO^2H$, et ainsi de suite.

Les acides crotoniques chlorés et bromés existent, pour chaque cas, sous deux formes stéréoisomériques dérivant de l'acide crotonique et de l'acide isocrotonique (A. **248**, 281).

L'acide formique chloré, $Cl-CO^2H$, ne peut pas exister, mais on en connaît des dérivés (V. acide chlorocarbonique).

Formation. a) Les acides substitués *saturés* s'obtiennent :

1) Par substitution directe du chlore ou du brome, en présence de phosphore (ou de soufre). Dans ce cas, l'halogène entre en position α.

L'acide triméthylacétique, $(CH^3)^3{\equiv}C-CO^2H$, qui ne contient pas d'hydrogène en α, ne peut être substitué par le brome. B. **23**, 1594; Bull. soc. chim. **1891**, **1**, 686.

2) Au moyen des *oxyacides* (série glycolique), par l'action du pentachlorure de phosphore ou de l'acide bromhydrique, etc.

3) Par addition d'halogène ou d'hydracide aux acides non saturés.

b) Les acides substitués *non saturés* s'obtiennent, par exemple, par soustraction d'hydracide aux acides di ou polysubstitués :

$$CH^3.CHCl.CHCl.CO^2H - HCl = CH^3.CCl{:}CH.CO^2H.$$

ac. butyrique α-β-dichloré — ac. crotonique β-chloré

Propriétés. 1) Les acides α halogènés échangent facilement leur halogène contre l'hydroxyle (V. p. 192). Cet échange se produit plus difficilement dans les acides monochlorés que dans les dérivés bromés ou iodés correspondants, mais il s'effectue, dans tous les cas, plus facilement que dans les chlorures alcooliques ; on le réalise au moyen de l'oxyde d'argent humide ou souvent même par ébullition avec l'eau (A. **200**. 75) :

$$\begin{matrix} CH^2.Cl \\ | \\ CO^2H \end{matrix} + H^2O = \begin{matrix} CH^2.OH \\ | \\ CO^2H \end{matrix} + HCl.$$

ac. acétique monochloré — ac. glycolique

Par contre, les acides β halogènés, sous l'action de l'eau bouillante, perdent les éléments d'un hydracide et se transforment en donnant, à côté des oxyacides (V. ce mot), des acides non saturés et, ce qui est caractéristique, de l'acide carbonique et des oléfines C^{n-1}. Les acides γ se décomposent, dans les mêmes conditions (et même par le carbonate de soude, à froid), en acide chlorhydrique et en lactone (anhydride de l'oxyacide γ. V. ce mot). *Fittig*, B. **27**, 2658 ; Bull. soc. chim. **1895**, **2**, 365.

2. Les acides monohalogènés, chauffés avec le cyanure de potassium, se transforment en *acides cyanés* :

$$CH^2Cl.CO^2K + KCAz = CH^2\begin{matrix} \diagup CAz \\ \diagdown CO^2K \end{matrix} + KCl.$$

cyanacétate de potassium

Ces dérivés étant à la fois des acides monovalents et des cyanures, c'est-à-dire des nitriles d'acides, peuvent, par saponification, se transformer en acides bibasiques (V. ce mot) ; dans l'exemple donné, on arriverait ainsi à l'acide malonique, $CH^2\begin{matrix} \diagup CO^2H \\ \diagdown CO^2H \end{matrix}$.

3. Le sulfite de sodium les transforme en *acides sulfoniques*, par exemple :

$$CH^2Cl-CO^2Na+Na.SO^3.Na=CH^2\begin{matrix}\diagup SO^3Na\\ \diagdown CO^2Na\end{matrix}+NaCl.$$

sulfoacétate de sodium

Ces combinaisons, qui sont de véritables acides sulfoniques (comme l'acide éthylsulfonique) et qui contiennent le groupe carboxyle, sont en somme des acides bibasiques. Le groupe sulfo y est remplaçable par l'hydroxyle; cette substitution se produit sous l'action des alcalis à l'ébullition.

4) Le nitrite d'argent, dans des conditions spéciales, les transforme en *dérivés nitrés* qui, par réduction, conduisent aux acides aminés (p. 197).

4a) On connaît aussi des dérivés isonitrosés des acides gras tels que l'acide isonitroso propionique, $CH^3.C(Az.OH).CO^2H$; on les obtient au moyen des acides cétoniques (de l'acide pyruvique, $CH^3.CO.CO^2H$, dans le cas actuel) et de l'hydroxylamine ; ces dérivés isonitrosés se changent en acides aminés par réduction.

Les combinaisons traitées dans les paragraphes 2) à 4) peuvent être considérées comme des dérivés des acides-alcools de même que les nitroalcoyles, les cyanalcoyles, les sulfoalcoyles sont des dérivés des alcools.

Les *acides acétiques chlorés* se forment, par substitution directe, au moyen de l'acide acétique ou mieux du chlorure d'acétyle (dans ce cas, on obtient d'abord des dérivés chlorés de ce chlorure). On les sépare par distillation.

L'acide acétique monochloré (acide chloréthanoïque) se prépare en faisant passer un courant de chlore dans de l'acide acétique cristallisable, chaud, en présence d'anhydride acétique, de soufre ou de phosphore. Prismes ou tables rhombiques, fusibles à 62°. Attaque l'épiderme.

Acide acétique dichloré ; se prépare le plus commodément en chauffant l'hydrate de chloral avec le cyanure de potassium (B. **10**, 2120).

La potasse caustique aqueuse le transforme, à l'ébullition, en acides oxalique et acétique.

Acide acétique trichloré ; s'obtient par oxydation de l'hydrate de chloral au moyen de l'acide nitrique. Sous l'action des alcalis bouillants, il se dédouble en chloroforme et acide carbonique.

Par substitution rétrograde, ces trois acides régénèrent l'acide acétique (*Melsens* 1842).

Acide propionique α-chloré, $CH^3.CHCl.CO^2H$; s'obtient en traitant l'acide lactique par le pentachlorure de phosphore et décomposant par l'eau le chlorure formé ($CH^3.CHCl.COCl$). Liquide.

Acide propionique β-chloré ; obtenu en traitant, par l'acide nitrique, l'aldéhyde propionique β chlorée (obtenue à l'aide de l'acroléine et de l'acide chlorhydrique). P. F. 41°.

Ac de propionique β-iodé, $CH^2I-CH^2-CO^2H$; se prépare au moyen de l'acide glycérique, $CH^2OH-CH.OH-CO^2H$ (V. ce mot) et de l'iodure de phosphore (échange de 2OH contre 2I et de I contre H) ; ou, encore, au moyen de l'acide acrylique et de l'acide iodhydrique. Incolore ; cristallise en tablettes hexagonales ; odeur spéciale ; P. F. 82°.

Acide sulfoacétique, $(CH^2(SO^3H)—CO^2H(+1\ ^1/_2\ H^2O)$, prismes déliquescents, forme des sels bien cristallisés.

Acide acétique cyané, $CH^2(CAz).CO^2H$; cristallisable, P.F. 70° ; soluble dans l'eau ; par saponification, se change en acide malonique (V. plus haut).

Les deux **acides propioniques cyanés** donnent les deux acides succiniques (normal et iso) par saponification.

Acides crotoniques chloré et bromé. Formation et isoméries : V. p. 160 et suiv. L'acide **crotonique β-chloré** (acide 3 chlore-2-buténoïque), P.F. 94°, s'obtient par addition d'acide chlorhydrique à l'acide tétrolique ; il doit, d'après *Wislicenus*, avoir la configuration :

$$\begin{array}{c} Cl-C-CH^3 \\ \| \\ H-C-CO^2H \end{array},$$

car la fixation d'acide chlorhydrique aux carbones liés triplement ne peut conduire qu'à un dérivé contenant une double liaison et dans lequel les atomes ajoutés se trouvent en position planosymétrique (V. p. 20). La position β du chlore est facile à démontrer. De plus, comme la substitution de l'hydrogène au chlore conduit à l'acide crotonique solide, il en résulte que ce dernier possède la configuration donnée p. 157. L'acide **isocrotonique** β chloré s'obtient en faisant agir le pentachlorure de phosphore sur l'ester acétylacétique et décomposant par l'eau le chlorure formé. P. F. 59°.

VII. Dérivés des acides.

Résumé

$C^2H^5.OH$	Alcool	$C^2H^3O.OH$	Acide acétique
$C^2H^5.ONa$	éthylate de sodium	$C^2H^3O.ONa$	acétate de sodium
$C^2H^5.O.C^2H^5$ ou $\begin{matrix}C^2H^5\\C^2H^5\end{matrix}>O$	éther éthylique	$C^2H^3O.O(C^2H^5)$	ester éthylacétique
		$\begin{matrix}C^2H^3O\\C^2H^3O\end{matrix}>O$	anhydride acétique
$C^2H^5.Cl$	chlorure d'éthyle	$C^2H^3O.Cl$	chlorure d'acétyle
$C^2H^5.SH$	mercaptan	$C^2H^3O.SH$	acide thioacétique
$C^2H^5.AzH^2$	éthylamine	$C^2H^3O.AzH^2$	acétamide

Ces dérivés s'obtiennent par des procédés, en partie, complètement analogues à ceux employés pour les dérivés correspondants des alcools ; ils se distinguent de ceux-ci par leur moins grande stabilité vis-à-vis des agents de saponification (V. plus bas).

Il existe de plus un certain nombre de dérivés spéciaux des acides :

$CH^3—CCl^2—AzHR$	chlorure d'amide	$CH^3—C(AzH)(AzH^2)$	amidine
$CH^3.CCl=AzR$	chlorure d'imide	$CH^3—C(AzOH)Cl$	chloroxime
$CH^3CS—AzH^2$	thiamide	$CH^3.C(AzOH)OH$	acide hydroxamique
$CH^3.C(AzH)OH$	imidohydrate	$CH^3—C(AzOH)AzH^2$	amidoxime
$CH^3.C(AzH)SR$	comb. thioimidée		

R représente un radical alcoolique ou un groupe analogue comme le phényle, C^6H^5 (V. combinaisons aromatiques).

Tous ces dérivés sont également caractérisés par leur faible saponification.

A. Esters des acides gras.

En remplaçant l'hydrogène typique des acides gras par un radical alcoolique, on obtient des esters dont les propriétés et les modes de formation sont analogues à ceux des esters des acides minéraux. Ces esters, étant comparables aux sels, sont souvent désignés par des noms analogues ; ainsi, l'ester éthylacétique est encore appelé acétate d'éthyle.

Modes de formation. 1) Par action *directe* de l'acide sur l'alcool :

$$C^2H^5.OH + C^2H^3O.OH = C^2H^5.O.C^2H^3O + H^2O.$$

ester éthylacétique.

Il n'y a qu'un petit nombre d'acides qui donnent cette réaction simple avec un rendement important ; les observations faites p. 95 à propos des acides minéraux sont également valables dans le cas présent.

Dans la *préparation* des esters, il faut donc éviter la saponification de l'ester déjà formé (V. p. 95). A cet effet, on dirige, par exemple, un courant d'acide chlorhydrique gazeux dans le mélange chaud de l'alcool et de l'acide ou bien on traite ce mélange par une petite quantité d'acide chlorhydrique gazeux (1 à 3 o/o. B. **28**, 3252, 3201 ; Bull. soc. chim. **1896**, **2**, 1338, 598) ou d'acide sulfurique. On peut obtenir directement aussi les esters au moyen des nitriles d'acides, en faisant passer un courant d'acide chlorhydrique dans leur solution alcoolique chaude.

La limite de l'éthérification est conforme à la loi d'action de masses de *Guldberg-Waage* (*Berthelot, Menschutkin*).

2. Par l'action des *chlorures d'acides* sur les *alcools* ou leur combinaison sodée (V. p. 95) :

$$C^2H^3OCl + C^2H^5OH = C^2H^3O.O.(C^2H^5) + HCl.$$

3. Par l'action des *alcoylhalogènes* sur les sels des *acides* (V. p. 95) :

$$C^2H^5Cl + C^2H^3O.ONa = C^2H^5.O(C^2H^3O) + NaCl.$$

On obtient également les esters en chauffant les sels des acides gras avec les alcoylsulfates.

Propriétés. Les esters des acides gras monobasiques distillent généralement sans décomposition ; ce sont des liquides neutres ; ceux-là seuls sont solubles dans l'eau qui contiennent un petit nombre d'atomes de carbone (éther acétique 1 : 14). Chauffés, ou plutôt surchauffés, en présence d'*eau* ou traités à l'*ébullition par les alcalis ou les acides*, les esters sont *saponifiés* ($AlCl^3$ agit de même)

Il suffit souvent, pour saponifier un ester, de le mêler à une solution alcoolique de potasse, ou de le laisser longtemps en présence de l'eau.

Les esters réagissent avec facilité, le groupe (OR) pouvant s'échanger contre un autre groupe. Avec l'ammoniaque, par exemple, ils donnent des amides (p. 168); le pentachlorure de phosphore les scinde avec production des chlorures de l'alcool et de l'acide, l'oxygène de l'hydroxyle étant remplacé par deux atomes de chlore.

L'industrie prépare un grand nombre d'esters qui, grâce à leur arôme agréable, sont employés comme éthers ou essences de fruits.

L'éthylate de sodium est susceptible de s'ajouter aux esters en formant des produits instables : $R.C\begin{cases}ONa \\ OCH^3 \\ OR\end{cases}$, B. 20, 646 ; Bull. soc. chim. **1887**, 2, 377.

Certains esters peuvent échanger entre eux leur radical alcoolique par double décomposition (B. 23, R. 468, 26, 1493; Bull. soc. chim. **1894**, 2, 1151).

Ester éthylformique, $H.CO.OC^2H^5$. P. E. 55°. Est employé dans la fabrication du rhum artificiel.

Ester éthylacétique, $C^2H^3O.OC^2H^5$, éther acétique ; liquide bouillant à 75°, employé comme médicament pour l'usage interne.

Ester amylacétique, $C^2H^3O.OC^5H^{11}$.P.E. 148° ; sa solution alcoolique est employée comme essence de poires.

Ester éthylbutyrique, essence d'ananas.

Ester amylisovalérianique, P. E. 196°, on l'emploie comme essence de pommes.

Ester cétylpalmitique, $C^{16}H^{31}O^2(C^{16}H^{33})$, **ester cérylcérotique**, $C^{27}H^{53}O^2(C^{27}H^{55})$, **ester mélissylpalmitique**, $C^{16}H^{31}O^2.C^{30}H^{61}$) : V. cires, p. 154

Ester éthylacétique monochloré, $CH^2Cl-CO^2(C^2H^5)$, P. E. 145°.

Lorsqu'on distille les esters de haut poids moléculaire à la pression ordinaire, ils se décomposent en oléfines et en acides gras (p. 49).

Isoméries. Les *esters* des différents alcools et acides monovalents saturés sont isomères lorsqu'ils possèdent, dans leur molécule entière, le même nombre d'atomes de carbone. L'ester méthylbutyrique, par exemple, est aussi bien isomère de l'ester éthylpropionique que des esters propylacétique et butylformique. En outre, tous les *esters sont isomères acides* des *monobasiques* du même nombre d'atomes de carbone ; ainsi, les esters cités plus haut sont isomères de l'acide valérianique (métamérie, p. 89). Enfin, de deux esters isomères, l'un peut contenir un radical acide non saturé et l'autre un radical alcoolique non saturé ; tels sont l'acrylate de propyle et le propionate d'allyle.

B. Chlorures des radicaux acides.

Parmi les combinaisons halogènées des radicaux acides, les plus importantes sont celles du chlore, appelées chlorures d'acides ou chloranhydrides,

Formation. 1) Au moyen des acides et de l'acide chlorhydrique, en présence d'anhydride phosphorique (important seulement au point de vue théorique) :

$$C^2H^3O.OH+HCl = C^2H^3O.Cl+H^2O.$$

2) Par l'action du chlore sur les aldéhydes (même remarque) :

$$CH^3.CHO+Cl^2 = CH^3COCl+HCl.$$

3) Par l'action des chlorures de *phosphore* sur les *acides* ou leurs sels :

$$C^4H^7O.OH+PCl^5 = C^4H^7O.Cl+POCl^3+HCl.$$

On sépare le chlorure d'acide de l'oxychlorure de phosphore par distillation fractionnée. Dans le cas de l'acide acétique, on emploie, de préférence, le trichlorure de phosphore qu'on chauffe avec l'acide libre au bain-marie :

$$3C^2H^3O.OH+PCl^3 = 3C^2H^3O.Cl+PO^3H^3.$$

On peut aussi faire agir l'oxychlorure de phosphore sur les sels alcalins des acides ; lorsque ces sels sont employés en excès, on obtient les anhydrides des acides (p. 167).

4. Quelques *bromures d'acides* s'obtiennent au moyen des dérivés bromés des oléfines, par oxydation au contact de l'air ; on obtient ainsi $CH^2Br-COBr$, le bromure d'acétyle bromé, au moyen de $CBr^2=CH^2$.

5. Au moyen du phosgène, $COCl^2$, et des composés zincoalcooliques (V. p. 143).

Propriétés. Les chlorures d'acides sont des liquides fumant à l'air, d'une odeur piquante, distillables sans décomposition. L'eau les décompose, même à la température ordinaire, en acide correspondant et acide chlorhydrique :

$$C^2H^3O.Cl+H^2O = C^2H^3O.OH+HCl.$$

L'alcool et les alcoolates les transforment en esters (V. p. 164) ; les sels des acides organiques en anhydrides et l'ammoniaque en amides. L'almalgame de sodium les réduit à l'état d'aldéhydes. Ils se transforment, selon les conditions, en cétones ou en alcools tertiaires, en présence des composés zincoalcooliques.

Traités par le cyanure d'argent, ils donnent les *cyanures des radicaux acides* (le chlorure d'acétyle, par exemple, fournit le **cyanure d'acétyle,** $CH^3.CO.CAz$). Ces cyanures sont importants pour la synthèse des acides cétoniques (V. ce mot), le groupe CAz se transformant en COOH sous l'action de l'acide chlorhydrique concentré (Cette saponification est analogue à celle des cyanures alcooliques). L'acide chlorhydrique dilué, par contre, scinde ces cyanures en acide et acide cyanhydrique.

Chlorure d'acétyle (chlorure d'éthanoyle), $CH^3.COCl$. Liquide incolore, facilement mobile, d'une odeur piquante ; P. E. 55° ; densité à 0° 1,13. L'eau et l'ammoniaque concentrée le décomposent violemment. C'est un réactif extrêmement important, car il sert à transformer les alcools et les amines primaires et secondaires en leurs dérivés acétiques et permet ainsi de déterminer le caractère chimique d'une substance (V. p. 109).

On connaît des homologues du chlorure d'acétyle : **chlorures de propionyle'**

$C^2H^5.COCl$, de **butyryle**, $C^3H^7.COCl$, d'**isovaléryle**, $C^4H^9.COCl$, de **palmityle**, $C^{15}H^{31}COCl$, etc. On connaît également le **bromure d'acétyle** (P. E. 81°) et l'**iodure d'acétyle**. Par contre, le *chlorure de l'acide formique*, $H-COCl$, n'a pu être obtenu, car il se décompose, à l'état naissant, en oxyde de carbone et acide chlorhydrique.

On a préparé aussi des *chlorures d'acides substitués* : **chlorure d'acétyle monochloré**, $CH^2Cl-COCl$ (P. E. 160°) et **chlorure de lactyle monochloré**, $CH^3-CHCl-COCl$.

C. Anhydrides acides.

Aux acides gras monobasiques, correspondent des anhydrides qui dérivent de deux molécules d'acide, par soustraction d'une molécule d'eau, ex. :

$$\begin{matrix} CH^3.CO. & OH \\ CH^3.CO. & OH \end{matrix} = \begin{matrix} CH^3.CO \\ CH^3.CO \end{matrix} > O + H^2O.$$

Ces anhydrides peuvent être considérés comme les oxydes des radicaux acides $(C^2H^3O)^2O$, par exemple, = oxyde d'acétyle.

Préparation. 1) Ils s'obtiennent au moyen des acides, non pas, généralement, par soustraction directe des éléments de l'eau, mais par l'action du chlorure sur un sel alcalin de l'acide :

$$\begin{matrix} C^2H^3O. & Cl \\ C^2H^3O. & O \mid Na \end{matrix} = \begin{matrix} C^2H^3O \\ C^2H^3O \end{matrix} > O + NaCl.$$

1[a]) Par action directe de l'oxychlorure de phosphore sur les sels alcalins des acides ; cette réaction engendre d'abord le chlorure de l'acide (V. p. 166).

2. Par l'action du *phosgène* sur les acides (B. **17**, 1286 ; Bull. soc. chim. **1885**, **2**, 336) :

$$2CH^3.CO.OH + COCl^2 = (CH^3.CO)^2O + CO^2 + 2HCl.$$

2[a]) Les anhydrides des acides supérieurs s'obtiennent commodément en traitant ces acides par le chlorure d'acétyle (B. **10**, 1881) :

$$2R.COOH + CH^3COCl = (R.CO)^2O + CH^3COOH + HCl.$$

Propriétés. Les anhydrides d'acides sont des liquides ou, quand leur poids moléculaire est élevé, des solides, de réaction neutre, solubles dans l'alcool et l'éther. Ils sont insolubles dans l'eau qui les change peu à peu en hydrates. Chauffés avec l'alcool, ils donnent des esters ; l'ammoniaque les transforme en amides ; l'acide chlorhydrique les dédouble en chlorure et acide libre :

$$(CH^3O)^2O + HCl = C^2H^3O.Cl + C^2H^3O.OH.$$

Anhydride acétique (anhydride éthanoïque), $(C^2H^3O)^2O$. Liquide mobile, d'une odeur irritante ; densité à 20°, 1.073 ; P. E. 137°. Comme le chlorure d'acétyle, l'anhydride acétique constitue un réactif très important, car il permet de transformer les alcools et les amines primaires et secondaires en leurs dérivés acétiques.

Les *anhydrides mixtes*, c'est-à-dire ceux qui contiennent deux radicaux acides différents, par exemple $\begin{matrix} C^2H^3O \\ C^5H^9O \end{matrix} > O$ (*Gerhardt, Williamson*, semblent, d'après des recherches récentes, ne pas pouvoir exister ; B. **28**, R. 1009 ; Bull. soc. chim. **1895**, **1**, 330.

Par contre, on connaît des *hyperoxydes* de radicaux acides tels que l'hyperoxyde d'acétyle, $(C^2H^3O)^2O^2$, liquide épais, insoluble dans l'eau, d'action oxydante énergique et détonant sous l'influence de la chaleur ; on l'obtient en faisant agir le bioxyde de baryum sur l'anhydride acétique.

D. Thioacides et thioanhydrides.

Dans les acides et les anhydrides, de même que dans les alcools et les éthers, l'oxygène peut être remplacé par le soufre.

Théoriquement, on prévoit l'existence : 1) de *thioacides* (acides thioloïques) acide thioacétique, $CH^3.CO.SH$, par exemple, et d'isomères de ces composés (acides thionoïques) : $CH^3.CS.OH$ (inconnu jusqu'à présent) ; 2) de thioanhydrides comme le sulfure d'acétyle $(C^2H^3O)^2S$; 3) d'acides dithioniques, tels que $CH^3.CS.SH$, acide éthanethionthioloïque.

Acide thioacétique (acide éthanethioloïque), $C^2H^3O.SH$.

Liquide incolore, bouillant au-dessous de 100°, doué d'une odeur rappelant l'acide acétique et l'hydrogène sulfuré ; il est décomposé par l'eau en ces deux produits. On l'obtient au moyen de l'acide acétique et du pentasulfure de phosphore. Les autres thiodérivés sont, comme lui, facilement saponifiables.

On connaît des esters de l'acide thioacétique, par exemple, l'**ester éthylthioacétique**, $CH^3.CO.S.C^2H^5$, qu'on obtient au moyen du chlorure d'acétyle et du mercaptide de sodium ; ces esters sont des liquides distillant sans décomposition, facilement saponifiables en acide et en mercaptan.

E. Amides.

Les *amides* dérivent de l'ammoniac par substitution de radicaux acides à l'hydrogène ; elles sont primaires, secondaires ou tertiaires selon le nombre d'atomes d'hydrogène substitués :

$AzH^2C^2H^3O$	$AzH(C^2H^3O)^2$	$Az(C^2H^3O)^3$
acétamide	diacétamide	triacétamide

Les amides primaires sont les plus importantes ; elles sont le plus souvent solides et cristallisables. Celles qui dérivent des acides inférieurs sont solubles dans l'eau, celles qui contiennent des radicaux acides élevés y sont insolubles mais se dissolvent, par contre, dans l'alcool et l'éther. Elles distillent sans décomposition à la pression ordinaire ou, en tous cas, sous pression réduite. *Elles se distinguent des amines en ce qu'elles sont facilement saponifiables.* Sous l'action de la chaleur, en présence de l'eau, des alcalis ou des acides, elles se dédoublent en acide et ammoniaque.

Amides alcoylées. Ces combinaisons résultent de l'introduction, dans la même molécule d'ammoniaque, de radicaux alcooliques et de radicaux acides ; telles sont l'éthylacétamide. $(C^2H^3OAz)H(C^2H^5)$, la diméthylacétamide, $(CH^3)^2Az(C^2H^3O)$. On peut donc les considérer comme des dérivés acides des amines ; l'éthylacétamide, par exemple, comme étant l'acétyl-éthylamine, $C^2H^5.AzH(C^2H^3O)$.

Modes de formation. 1) En distillant les sels ammoniacaux des acides gras ou, mieux, en les chauffant à 230° en vase clos (*Hofmann*. B. **15**. 977) :

$$CH^3.CO.OAzH^4 = CH^3.CO.AzH^2+H^2O.$$

2) Par fixation d'eau sur les cyanures des radicaux alcooliques contenant un atome de carbone en moins :

$$CH^3.CAz+H^2O = CH^3.COAzH^2.$$

On réalise cette fixation d'eau soit en dissolvant le nitrile dans l'acide sulfurique concentré ou dans un mélange d'acide acétique glacial et d'acide sulfurique, soit par agitation dans de l'acide chlorhydrique concentré froid, soit, enfin, au moyen de l'eau oxygénée.

3) Par l'action des chlorures d'acides sur l'ammoniaque aqueuse ou sur le carbonate d'ammoniaque solide :

$$CH^3.COCl+2AzH^3 = CH^3.COAzH^2+AzH^4Cl \text{ ;}$$

en employant une amine, au lieu d'ammoniaque, on forme une amide alcoylée :

$$\underset{\text{éthylamine}}{CH^3.COCl+2AzH^2(C^2H^5)} = \underset{\text{éthylacétamide}}{CH^3.CO.AzH(C^2H^5)}+AzH^2C^2H^5.HCl.$$

Dans cette réaction, la moitié de l'amine se trouve immobilisée par l'acide chlorhydrique mis en liberté, ce qui peut être évité par une addition de carbonate de soude sec.

3a) Dans ce mode de préparation, les chlorures d'acides peuvent être remplacés par les anhydrides :

$$(C^2H^3O)^2O+2AzH^3 = C^2H^3O.AzH^2+C^2H^3O.OAzH^4.$$

4) En traitant les esters par l'ammoniaque, à chaud, ou quelquefois par simple agitation, à froid :

$$CH^3.CO.OC^2H^5+AzH^3 = CH^3.CO.AzH^2+C^2H^5.OH.$$

5. Les amides secondaires et tertiaires s'obtiennent en chauffant les acides ou les anhydrides avec leurs nitriles.

Propriétés. 1) Les amides, quoique dérivant de l'ammoniaque, sont à peine basiques ; le caractère fortement positif de l'hydrogène ammoniacal est donc compensé par la présence du radical acide négatif. Cependant, les amides primaires sont encore capables de former des combinaisons d'addition, d'ailleurs instables, avec quelques acides ; tel est, par exemple, le chlorhydrate d'acétamide, décomposable par l'eau. D'autre part, l'hydrogène du groupe amide peut être remplacé par certains métaux, surtout par le mercure ou le sodium (B. **23**, 3037 ; **28**, 2353 ; Bull. soc. chim. **1896**, **2**, 389) ; dans ces combinaisons métalliques (acétamide-mercure, par exemple, $(CH^3.COAz)^2Hg$), l'amide joue donc le rôle d'un acide faible.

2) Les amides sont pour la plupart facilement *saponifiables* (p. 169). Lorsqu'elles sont alcoylées, la saponification les scinde en acides et amines :

$$\underset{\text{éthylacétamide}}{C^2H^3O.AzHC^2H^5} + NaOH = \underset{\text{acétate de sodium}}{C^2H^3O.ONa} + \underset{\text{éthylamine}}{C^2H^5.AzH^2}.$$

3. L'acide nitreux transforme les amides primaires en acides correspondants, avec dégagement d'azote :

$$C^2H^3O.AzH^2 + AzO^2H = C^2H^3O + Az^2 + H^2O.$$

Cette réaction est tout à fait générale et correspond à l'action de l'acide nitreux sur les amines primaires.

4) En chauffant les amides primaires avec de l'anhydride phosphorique, on obtient les cyanures des radicaux alcooliques (p. 103). Elles subissent la même transformation lorsqu'on les chauffe avec le pentasulfure ou le pentachlorure de phosphore (V. p. 172 et 173).

5) Lorsqu'on fait agir le brome, en présence d'un alcali, sur une amide primaire, l'halogène se subtitue d'abord à l'hydrogène amidique et il se forme un produit intermédiaire, l'acétobromamide, $CH^3.CO.AzHBr$, par exemple :

$$CH^3-CO.AzH^2 + Br^2 = CH^3.CO.AzHBr + BrH,$$

qui se décompose ensuite en donnant de l'acide carbonique, un bromure alcalin et une amine primaire contenant un atome de carbone de moins que l'amide employée :

$$\begin{array}{c|c|c|c}CH^3 & CO & AzH & Br\\ + & O & H & K\end{array} \;=\; CH^3.AzH^2 \;\begin{array}{l}+\,CO^2\\+\,KBr\end{array}.$$

Si la réaction est effectuée en présence de moins de brome, il se forme d'abord des dérivés spéciaux de l'urée (tels que la méthylacétylurée, $CO\begin{matrix}AzH.COCH^3\\AzH.CH^3\end{matrix}$) qui, sous l'action de l'alcali, se scindent à la manière ordinaire des urées, avec formation d'amines primaires (dans l'exemple donné, CH^3AzH^2). On peut préparer avantageusement, par ce procédé, les amines de C^1 à C^5. Dans le cas de combinaisons de haut poids moléculaire, la production d'amine devient secondaire, le brome agissant plus profondément ; on obtient alors des *nitriles*. De tels nitriles C^n(n, étant > 5), peuvent aussi être obtenus au moyen des amines, directement, par l'action du brome et d'un alcali :

$$C^7H^{15}.CH^2.AzH^2 + 2Br^2 - 2HBr = C^7H^{15}.CH^2.AzBr^2 = C^7H^{15}.CAz + 2HBr.$$

Cette réaction est l'inversé de celle de *Mendius* (p. 108 sub. 4) ; V. *Hofmann*, B. **15**, 407, 752 ; **17**, 1407, 1920 ; **18**, 2737 ; Bull. soc. chim. **1885**, **2**, 251 ; **1886**, **2**, 376, 359.

Les nitriles ainsi obtenus donnent, par saponification, des acides qui contiennent un atome de carbone de moins que l'amide employée, la réaction précédente permet donc le démembrement successif des acides supérieurs (p. 144 et 138). Elle a été appliquée aux acides normaux de C^{14} à C^1 et a confirmé leur constitution normale.

Constitution. Les propriétés et les modes de formation des amides montrent qu'elles ont la constitution :

$$R—C\begin{matrix}\nearrow O \\ \searrow AzH^2\end{matrix}.$$

Cependant, à côté de cette formule, la suivante est également possible :

$$R—C\begin{matrix}\nearrow OH \\ \searrow\!\!\searrow AzH\end{matrix},$$

et, récemment, on a fait valoir des arguments spéciaux en sa faveur (B. **23**, 103; Bull. soc chim. **1890**, **2**, 36. B. **25**, 1435 ; Bull. soc. chim. **1892**, **2**, 1318) On voit qu'elle peut se transformer facilement en la première par déplacement d'un atome d'hydrogène. La plupart des réactions peuvent s'expliquer presque aussi bien par l'une que par l'autre de ces deux formules.

Il en est autrement des amides alcoylées. En effet, les combinaisons :

$$R-C\begin{matrix}\nearrow OR' \\ \searrow\!\!\searrow AzH\end{matrix}\ (I) \quad \text{et} \quad R-C\begin{matrix}\nearrow\!\!\nearrow O \\ \searrow AzHR'\end{matrix}\ (II),$$

sont isomères de structure et la transformation de l'une dans l'autre ne pourrait s'effectuer que par une séparation de l'alcoyle R' de l'oxygène ou de l'azote, séparation qui, d'après l'expérience, ne se produit pas. Les combinaisons I sont par conséquent essentiellement différentes des combinaisons du type II. Les premières sont appelées « *imidoéthers* » (V. p. 173 et aussi « *tautomérie* »).

Le « *N. o.* » (p. 23) des amides se forme par addition de la finale « amide » aux noms des carbures d'hydrogène.

Formamide (méthanamide), $HCO.AzH^2$. Liquide facilement soluble dans l'eau et l'alcool, bouillant vers 200° avec décomposition partielle. La formamide, chauffée brusquement, se décompose en oxyde de carbone et ammoniaque ; elle est transformée en acide cyanhydrique par le pentoxyde de phosphore.

Elle forme avec le chloral une combinaison moléculaire, la **chloralamide**, employée comme désinfectant, comme agent de conservation ou comme hypnotique.

Acétamide (éthanamide), $C^2H^3O.AzH^2$; longues aiguilles facilement solubles dans l'eau et l'alcool ; P. F. 82° ; P. E. 222°.

Acétbromamide, $C^2H^3O.AzHBr$; taches blanches rectangulaires.

Diacétamide, $(C^2H^3O)^2AzH$. S'obtient par ébullition de l'acétamide avec l'anhydride acétique. Masse blanche. P. F. 78° ; P. E. 223°.

Triacétamide, $(C^2H^3O)^3Az$. V. B. **23**, 2394 ; Bull. soc. chim. **1881**, **1**, 688.

Les points d'ébullition élevés des amides sont dignes d'attention : ils offrent un contraste frappant avec les points d'ébullition peu élevés des amines du même nombre d'atomes de carbone.

Les **hydrazides** dérivent des acides par échange de l'hydroxyle contre le reste —AzH.AzH² (V. phénylhydrazine et B. **29**, 779 ; Bull. soc. chim. **1896**, **1**, 237), les *azides* en dérivent par échange de l'hydroxyle contre le radical Az³ de l'acide azothydrique (V. benzazide) *Curtius*.

Les hydrazides s'obtiennent, par exemple, au moyen des esters ou des chlorures d'acides, par l'action de l'hydrate d'hydrazine, Az^2H^4,H^2O ; elles ont à la fois les propriétés des amides et des hydrazines ; l'acide nitreux les transforme en azides.

Imidoéthers. Ces dérivés, $R-C\begin{matrix}\diagup\!\!\diagup AzH\\ \diagdown OR\end{matrix}$ (*Klein* et *Pinner*), isomères des amides alcoylées, dérivent des hydrates d'imides tels que $CH^3.C\begin{matrix}\diagup\!\!\diagup AzH\\ \diagdown OH\end{matrix}$ (hydrate d'acétimide), isomères hypothétiques des amides simples (p. 171).

On obtient les imidoéthers par union d'un nitrile et d'un alcool sous l'influence de l'acide chlorhydrique gazeux et, dans quelques cas, par alcoylation des amides ; ce sont des liquides distillables parfois sans décomposition ; quelques-uns ne sont connus qu'à l'état de sels.

Théoriquement, on prévoit des diamidoéthers, $R—C\begin{matrix}\diagup\!\!\diagup (AzH^2)^2\\ \diagdown OR\end{matrix}$, et des *amidodiéthers*, $R—C\begin{matrix}\diagup AzH^2\\ \diagdown\!\!\diagdown (OR)^2\end{matrix}$. On ne connaît que quelques représentants de ces classes de composés. B. **28**, 60 ; Bull. soc. chim. **1895**, **2**, 787.

F. Chlorures d'amides et d'imides.

Par substitution du chlore à l'oxygène des amides primaires, au moyen du pentachlorure de phosphore, on obtient d'abord les *chlorures d'amides* (ex. : $CH^3—CCl^2.AzH^2$, *chlorure d'acétamide*), combinaisons très facilement décomposables qui, sous l'action de l'eau, se changent en amides et acide chlorhydrique et perdent facilement une molécule d'acide chlorhydrique en se transformant en *chlorures d'imides* (ex. : $CH^3.CCl : AzH$, chlorure d'acétimide). Ceux-ci sont, en général, très facilement décomposables : traités par l'eau, ils régénèrent l'amide avec production d'acide chlorhydrique ; l'action de la chaleur seule les décompose en nitriles et acide chlorhydrique.

Les amides alcoylées (p. 169) forment aussi des chlorures ; ainsi, $CH^3.CO.AzH.C^2H^5$ donne $CH^3.CCl^2.AzH.C^2H^5$, le chlorure d'ethylacétamide ; $CH^3CO.AzR^2$ donne $CH^3.CCl^2$ AzR^2. Lorsque ces chlorures contiennent encore un hydrogène amidique, ils se transforment facilement en chlorures d'imides analogues au chlorure d'éthylacétimide, $CH^3.CCl : Az.C^2H^5$.

Dans ces dérivés, le chlore est très mobile, il peut être remplacé, sous l'action de l'hydrogène sulfuré, par du soufre, sous l'action de l'ammoniaque ou des amines, par des restes ammoniacaux ; il se forme dans le premier cas des *thiamides*, dans le second cas des *amidines*, par exemple :

$$CH^3.CCl^2.AzHR + H^2S = CH^3.CS.AzHR + 2HCl ;$$
$$CH^3.CCl : AzR + AzH^3 = CH^3.C(AzH^2) : AzR, \text{ etc.}$$

La plupart des chlorures d'amides ou d'imides connus (*O. Wallach* 1875) contiennent des radicaux aromatiques R, comme C^6H^5, le phényle. La même remarque est applicable aux classes de corps suivantes.

G. Thiamides et imidothioéthers.

Les *thiamides* dérivent des amides par substitution du soufre à l'oxygène, etc. :

$CH^3.CS.AzH^2$, acétothiamide, thioacétamide (éthanethionamide) ;
$CH^3.CS.AzHC^6H^5$, thioacétanilide.

Ce sont, en général, des combinaisons bien cristallisées. On les obtient soit par addition d'hydrogène sulfuré aux nitriles :

$$CH^3.CAz + H^2S = CH^3.CS.AzH^2,$$

soit en traitant les amides par le pentasulfure de phosphore qui substitue le soufre à l'oxygène, soit au moyen des chlorures d'amides, etc. (V. plus haut) et de l'hydrogène sulfuré, soit, enfin, par l'action de l'hydrogène sulfuré ou du sulfure de carbone sur les amidines (V. p. 174).

Il existe aussi des thiamides alcoylées.

Les thiamides alcoylées de l'acide formique s'obtiennent encore par addition d'hydrogène sulfuré aux isonitriles :

$$CAz.R + H^2S = H.CS.AzHR.$$

Sous l'action de la chaleur, les thiamides se décomposent en nitrile et hydrogène sulfuré ; les alcalis les saponifient avec production de l'acide correspondant, d'ammoniaque ou d'amine et d'hydrogène sulfuré :

$$R.CS.AzHR' + 2H^2O = R.CO.OH + H^2S + AzH^2R'.$$

Leur caractère est un peu plus acide que celui des amides, aussi, se dissolvent-elles souvent dans les alcalis et forment-elles des combinaisons métalliques. On peut aussi envisager, pour ces composés, une formule de constitution analogue à la seconde forme des amides (p. 171) :

$$R.C\begin{cases} SH \\ AzH \end{cases}$$

(v. plus bas et p. 209 « tautomérie »). On connaît, en effet, une série de composés, les *imidothioéthers*, qui dérivent de cette pseudoforme de l'acétothiamide, $CH^3C(AzH)(SH)$ (qui devrait alors être appelée *acétimidothiohydrate*), par substitution de radicaux alcooliques à l'hydrogène sulfhydrique ou amidique, telle est, par exemple, la *méthylthioacétimide*, $CH^3.C(AzH)(S.CH^3)$. Ces imidothioéthers, qui sont les analogues sulfurés des imidoéthers (V. plus haut), sont décomposés par l'acide chlorhydrique avec formation d'esters de l'acide thioacétique :

$$CH^3.C(AzH).S.CH^3 + H^2O = CH^3-CO.S.CH^3 + AzH^3.$$

Ils s'obtiennent par l'action des thioalcools sur les nitriles en présence d'acide chlorhydrique gazeux (*Pinner*) et au moyen des thiamides et des iodures alcooliques (*Wallach, Bernthsen*) :

$$R.C.S.AzH^2 + C^2H^5I = R.C(AzH)(S.C^2H^5) + HI.$$

H. Amidines.

Les amidines ou amimides dérivent des amides $R-COAzH^2, R-COAzHR', R-COAzR'^2$, par substitution du reste imide AzH [ou $(AzR)''$] à l'oxygène :

$$CH^3-C\begin{cases}\!\!/\!\!/AzH \\ \diagdown AzH^2\end{cases} \qquad CH^3-H\begin{cases}\!\!/\!\!/AzC^6H^5 \\ \diagdown AzH.C^6H^5\end{cases}$$

acétamidine (éthanamidine) — éthényldiphénylamidine.

Ce sont des bases bien caractérisées, en partie cristallisables. Elles se distinguent des amides en ce qu'elles sont facilement saponifiables.

Les *orthoamides*, $R.C(AzH^2)^3$, théoriquement possibles, sont inconnues.

Formation. On obtient des amidines :

1) En chauffant les amides en présence d'amines et de PCl^3 (*Hofmann*) :

$$R.CO.AzHR' + AzH^2.R' = R-C(AzR')(AzHR') + H^2O.$$

2) Au moyen des chlorures d'imides (V. p. 172), des thiamides et des isothiamides, par l'action de l'ammoniaque ou des amines primaires ou secondaires (*Wallach ; Bernthsen*) :

$$R-CS.AzH^2 + AzH^2R' = R-C(AzH)(AzHR') + H^2S;$$
$$R-C(AzH)(SR) + AzH^3 = R-C(AzH)(AzH^2) + RSH.$$

3) En chauffant les nitriles avec un chlorhydrate d'amine primaire ou secondaire (*Bernthsen*) :

$$CH^3.CAz + AzH^2.R = CH^3-C(AzH)(AzHR).$$

Les amines aromatiques réagissent facilement dans ce sens mais le chlorure d'ammonium ne réagit pas.

4) Au moyen des imidoéthers et des amines ou de l'ammoniaque.

Propriétés. 1) Les amidines se décomposent par ébullition avec les acides ou les alcalis en ammoniaque (ou amines) et en acide (V. plus haut) et, par ébullition avec l'eau, en amides et ammoniaque (ou amines).

2) Les amidines dont l'hydrogène imidique n'est pas remplacé par un alcoyle se scindent, lorsqu'on les chauffe à l'état sec, en ammoniaque (ou amines) et en nitriles d'acides.

3) Chauffées en présence d'hydrogène sulfuré, elles donnent les thiamides. Dans cette réaction, il se produit d'abord un composé d'addition :

$$R-C\begin{cases}\!\!/\!\!/AzH \\ \diagdown AzH.R'\end{cases} + H^2S = R-C\begin{cases}/AzH^2 \\ -SH \\ \diagdown AzH.R'\end{cases},$$

qui se décompose ensuite de deux manières : 1) en donnant $R.CS.AzH^2 + AzH^2R'$ et 2) en donnant $R.CS.AzHR' + AzH^3$. Dans beaucoup de réactions analogues (transformation des chlorures d'imides en amides, par exemple), on admet une phase transitoire semblable à cette fixation de l'hydrogène sulfuré ;

4) Le sulfure de carbone transforme les amidines en thiamides avec formation concomitante d'acide sulfocyanique ou d'un sulfocyanate (sénévol) (V. ce mot).

La plupart des thiamides qui ont été préparées appartiennent à la série aromatique. V. Ann. **184**, 129 ; **192**, 1 ; B. **12**, 1061.

Au sujet de la tautomérie des amidines, V. B **28**, 2362 ; Bull. soc chim. **1896**, **2**, 359.

I. Dérivés des acides et de l'hydroxylamine.

De même qu'on peut introduire un reste d'ammoniaque dans les acides, on peut y introduire aussi un reste d'hydroxylamine, AzH^2OH, et on obtient alors des combinaisons telles que :

les *chlorures d'oximes*, R—C.(Az.OH)Cl, correspondant aux chlorures d'imides ;
les *acides hydroximiques*, R—C. (Az.OH)OH, correspondant aux hydrates d'imides ;
les *amidoximes*, R—C(Az.OH)AzH^2, correspondant aux amidines.

Les acides hydroximiques ou hydroxamiques, par exemple l'*acide éthylhydroxamique*, CH^3.C(Az.OH)(OH) (crist. P. F. 59°), sont obtenus par l'action de l'hydroxylamine sur les amides avec élimination d'ammoniaque. Ce sont des combinaisons cristallines, de caractère acide et dont certains représentants, de composition compliquée, présentent des cas d'isomérie intéressants. V. B. **24**, 3447 ; Bull. soc. chim. **1892**, **2**, 567. B. **25**, 433 ; Bull. soc. chim. **1892**, **2**, 868. B. **27**, 1254, 2193 ; Bull. soc. chim. **1894**, **1**, 165, **2**, 1395. A. **161**, 347 et suiv. ; **281**, 169 ; Bull. soc. chim. **1895**, **2**, 154. Parmi les chlorures d'oximes ou chlorures des acides hydroxamiques, on connaît, par exemple, le **chlorure de formyloxime**, H.C(AzOH)Cl, qu'on obtient en traitant le fulminate de mercure par l'acide chlorhydrique froid (B. **27**, 3816 : Bull. soc. chim. **1895**, **2**, 783), aiguilles, facilement décomposables, solubles dans l'éther, facilement volatiles ; l'acide chlorhydrique transforme ce composé en chlorhydrate d'hgydroxylamine ; il peut être changé de nouveau en fulminate. D'autres chlorures d'oximes ont été obtenus en chlorant des aldoximes.

Les amidoximes sont à considérer, d'après leur mode de formation et leurs propriétés, comme des amidines dans lesquelles un hydrogène imidique a été remplacé par un hydroxyle. On les obtient par addition d'hydroxylamine aux nitriles :

$$R—CAz + AzH^2OH = R—C\begin{cases}\!\!/\!\!/ Az.OH \\ \diagdown AzH^2\end{cases}.$$

Isuret (méthanamidoxime), *méthénylamidoxime*, $H—C\begin{cases}\!\!/\!\!/ Az.OH \\ \diagdown AzH^2\end{cases}$. Ce corps est un isomère de l'urée, on l'obtient au moyen de l'hydroxylamine et de l'acide cyanhydrique. V. *Tiemann*, B. **17**, 129 et suiv. ; Bull. soc. chim. **1885**, **1**, 282. *Lossen*, B. **17**, **2**, 1587 ; Bull. soc. chim. **1886**, **1**, 824.

VIII. Alcools polyvalents.

A. Alcools bivalents ou glycols.

$$C^nH^{2n+}O^2 = C^nH^{n2}(OH)^2.$$

Entre les alcools bivalents et les alcools monovalents, il y a la même différence qu'entre les bases bivalentes et les bases monovalentes. De même que les bases bivalentes forment, avec les acides *monobasiques*, deux séries de sels : des sels acides et des sels neutres alors que les bases monovalentes ne donnent que des sels neutres, les alcools bivalents fournissent avec les acides *monobasiques* deux séries d'esters, avec l'ammoniaque deux sortes d'amines, etc. Parmi ces combinaisons, les unes correspondent aux sels neutres et ont exclusivement le caractère d'un ester, d'une amine, etc., tandis que d'autres possèdent, en même temps, le caractère alcoolique et correspondent aux sels basiques :

$Pb\begin{matrix}OH\\OH\end{matrix}$	$Pb\begin{matrix}OH\\Cl\end{matrix}$	$Pb\begin{matrix}Cl\\Cl\end{matrix}$
hydroxyde de plomb	chlorure de plomb basique	chlorure de plomb neutre

$C^2H^4\begin{matrix}OH\\OH\end{matrix}$ glycol	$C^2H^4\begin{matrix}OH\\Cl\end{matrix}$ chlorhydrine du glycol	$C^2H^4\begin{matrix}Cl\\Cl\end{matrix}$ dichlorhydrine du glycol
	$C^2H^4\begin{matrix}OH\\O.C^2H^3O\end{matrix}$ monoacétate de glycol	$C^2H^4\begin{matrix}O.C^2H^3O\\O.C^2H^3O\end{matrix}$ diacétate de glycol
	$C^2H^4\begin{matrix}OH\\AzH^2\end{matrix}$ oxyéthylamine	$C^2H^4\begin{matrix}AzH^2\\AzH^2\end{matrix}$ éthylènediamine

Ces combinaisons sont donc des alcools au même titre que les alcools monovalents et peuvent, comme ceux-ci, fournir tous les dérivés alcooliques (éthers, esters, amines, etc.). Mais, un ester obtenu par combinaison d'un alcool bivalent avec une molécule d'un acide monobasique pourra fonctionner encore comme alcool monovalent (*ester-alcool*) et fournir, par exemple, un nouvel ester par combinaison avec une deuxième molécule d'acide.

Les deux groupes se substituant à l'hydrogène ou à l'hydroxyle ne sont pas nécessairement de même nature; on connaît, en effet, des dérivés mixtes, comme $C^2H^4\begin{matrix}AzH^2\\SO^3H\end{matrix}$ 7 p., par exemple, qui possèdent à la fois le caractère d'une amine et celui d'un acide sulfonique.

Les glycols sont des liquides épais, de saveur sucrée, facilement solubles dans l'eau et l'alcool, mais insolubles dans l'éther. Leurs points d'ébullition sont considérablement plus élevés (de plus de 100°) que ceux des alcools monovalents correspondants, différence que l'on trouve également entre les alcools monovalents et les carbures dont ils dérivent.

Constitution. Les alcools bivalents sont caractérisés par la présence de deux hydroxyles liés à un reste de carbure; et, de même qu'on peut considérer les alcools monovalents comme des oxycarbures, on peut envisager les alcools bivalents comme des dioxycarbures, c'est-à-dire comme des composés dérivant des carbures par la substitution de deux hydroxyles à deux atomes d'hydrogène.

Des glycols où les deux hydroxyles seraient liés au même atome de carbone ne peuvent exister à l'état libre, mais seulement sous des formes dérivées (V. p. 124 et 132). Le glycol proprement dit possède la constitution $CH^2(OH)—CH^2(OH)$. Cette constitution se déduit de la transformation du glycol en chlorhydrine du glycol, $CH^2Cl—CH^2OH$, au moyen de l'acide chlorhydrique (V. p. 179), et de l'oxydation de ce produit en acide acétique monochloré, $CH^2Cl—CO.OH$. Dans ce dernier, en effet, le chlore et l'hydroxyle étant unis à deux atomes de carbone différents, il en est de même pour le chlore et l'hydroxyle de la glycolchlorhydrine et aussi pour les deux hydroxyles du glycol (V. p. 65).

Les alcools monovalents pouvant être primaires, secondaires ou tertiaires, les glycols seront *diprimaires* s'ils contiennent deux fois le groupe $CH^2.OH$ (tel est le glycol proprement dit), *primaires-secondaires* s'ils contiennent à la fois les groupes $CH^2.OH$ et $CH.OH$ (glycol propylénique, $CH^3.CH.OH.CHOH$, par exemple), *disecondaires*, *primaires-tertiaires*, *secondaires-tertiaires* ou *ditertiaires*. Dans chaque cas, les produits qu'on obtient par oxydation permettent d'établir la constitution du composé (V. p. 191).

Modes de formation. 1) Au moyen des *produits de substitution dibromés* des carbures d'hydrogène,

a) par transformation en ester diacétique à l'aide de l'acétate de potassium ou d'argent et saponification de l'ester formé par la potasse ou l'eau de baryte :

$$\underset{\text{bromure d'éthylène}}{C^2H^4Br^2} + 2AgC^2H^3O^2 = \underset{\text{diacétate de glycol}}{C^2H^4(C^2H^3O^2)^2} + 2AgBr;$$

$$C^2H^4(C^2H^3O^2)^2 + 2KOH = C^2H^4(OH)^2 + 2C^2H^3O^2K.$$

Dans la préparation pratique du glycol au moyen du bromure d'éthylène, de l'acétate de potasse et de l'alcool fort (*Demole*), on effectue la saponification par l'ébullition prolongée du mélange.

b) par ébullition avec l'eau et l'oxyde de plomb ou le carbonate de potasse; dans ce procédé, l'acide mis en liberté étant saturé au fur et à mesure, la réaction est accélérée :

$$C^2H^4Br^2 + 2HOH = C^2H^4(OH)^2 + 2HBr.$$

2) Dans la réduction des cétones en alcools secondaires, il se forme, comme produits accessoires, des *pinacones* ou glycols ditertiaires (V. pinacone, p. 179) :

$$(CH^3)^2CO + CO(CH^3)^2 + H^2 = (CH^3)^2:C(OH).C(OH):(CH^3)^2.$$

3) L'union des oléfines avec l'eau oxygénée et leur oxydation par le permanganate de potasse conduisent directement aux glycols :

$$C^2H^4 + H^2O + O = C^2H^4(OH)^2.$$

L'acide hypochloreux conduit, d'une manière analogue, aux glycolchlorhydrines :

$$C^2H^4 + ClOH = C^2H^4Cl(OH).$$

4) En faisant agir la formaldéhyde en solution aqueuse sur des cétones et des aldéhydes en présence de chaux, on obtient, par élimination d'eau, des alcools polyvalents (*Tollens*, B. **27**, 1087; Bull. soc. chim. **1894**, 2, 1160) :

Propriétés chimiques. 1) Les glycols fournissent, comme les alcools monovalents, des *alcoolates*; par l'action du potassium ou du sodium, on obtient ainsi :

$$C^2H^3\begin{cases}OH\\ONa\end{cases} \quad \text{et} \quad C^2H^4\begin{cases}ONa\\ONa\end{cases} \quad \text{glycols mono et disodé.}$$

2) Ces combinaisons, traitées par les iodures alcooliques, donnent des éthers du glycol par substitution d'un radical alcoolique au métal :

$$C^2H^4(ONa)^2 + 2C^2H^5I = 2NaI + C^2H^4(O.C^2H^5)^2.$$
éther diéthylique du glycol.

Ces éthers ne sont pas saponifiables.

3) Les acides donnent, avec les glycols, des esters neutres ou des esters alcools (V. p. 176).

Les esters obtenus au moyen des hydracides sont appelés chlorhydrines, bromhydrines ou iodhydrines ; ainsi, $C^2H^4Cl(OH)$ est la glycolchlorhydrine, $C^2H^4Cl^2$, la glycoldichlorhydrine, etc. Les esters-alcools dérivant des hydracides peuvent aussi être considérés comme des *alcools monovalents monosubstitués*, composés qu'on ne peut préparer directement [$C^2H^4Cl(OH)$, par exemple, comme étant l'alcool éthylique monochloré] et les esters neutres dérivant des mêmes acides comme $C^2H^4Cl^2$, etc., sont identiques aux dérivés disubstitués des paraffines.

4) Les chlorhydrines, bromhydrines, iodhydrines constituent, comme les alcoylhalogènes, les termes de transition qui permettent d'arriver à presque tous les autres dérivés glycoliques ; c'est ainsi que, traitées par le sulfhydrate de potassium, elles fournissent les glycols sulfurés ; par l'ammoniaque, les amines des glycols ; par le sulfite de soude, les acides sulfoniques des glycols ; et ainsi de suite (V. plus loin).

5) Par soustraction d'acide chlorhydrique, au moyen d'un alcali, la glycol monochlorhydrine donne un anhydride intérieur (éther intérieur) du glycol, l'oxyde d'éthylène, $\begin{matrix}CH^2\\|\\CH^2\end{matrix}\!\!>O$ (V. p. 180), dont on a préparé aussi des homologues.

6) Par perte des éléments de l'eau, les glycols se transforment souvent en aldéhydes ou en cétones ; ainsi, le glycol éthylènique, chauffé avec du chlorure de zinc ou avec de l'eau à 230°, se change en aldéhyde. Cette réaction s'explique en admettant la formation intermédiaire d'un alcool non saturé, comme $CH^2{=}CH(OH)$ (p. 84), qui se transpose ensuite en donnant l'aldéhyde isomère.

7) Produits d'oxydation des glycols (V. plus haut et p. 191).

Glycols méthylènique et **éthylidènique** : V. aldéhyde.

Glycol éthylènique (1, 2-éthanediol). $C^2H^4(OH)^2$ (*Wurtz* A. **100**, 110).

On le prépare au moyen du bromure d'éthylène et de l'acétate de potasse en solution alcoolique (*Demole*) ou du carbonate de potasse en solution aqueuse (A. **192**, 250) (V. plus haut). Propriétés : v. plus haut. La densité de sa vapeur confirme sa formule. Les oxydants le transforment en acide glycolique et acide oxalique.

Glycols propylèniques, $C^3H^6(OH)^2$; on en connaît deux isomères :

a) **Glycol triméthylènique** (1, 3-propanediol), glycol propylènique β, $CH^2(OH)—CH^2—CH^2(OH)$. C'est un glycol diprimaire ; on peut le préparer au moyen du bromure de triméthylène. P. E. 216°. Il se forme aussi par fermentation de la glycérine (schizomycètes) (B. **14**, 2270).

b) **Glycol propylènique-α**, $CH^3—CH(OH)—CH^2(OH)$ (1, 2-propanediol). Peut être préparé soit au moyen du bromure de propylène, soit, plus facilement, par distillation de la glycérine en présence de soude. P. E. 188°. Devient optiquement actif (—) par fermentation.

On connaît de plus quatre **glycols butylèniques**, divers **glycols amylèniques** parmi lesquels le **glycol pentaméthylènique**, $CH^2(OH)-(C^2H)^3—CH^2OH$ (B. **22**, R. 489), ces **glycol hexylèniques**, etc. Parmi ces glycols, les γ glycols, c'est-à-dire ceux qui contiennent le groupe

$$\underset{\alpha}{—C(OH)}-\underset{\beta}{C}—\underset{\gamma}{C}—C(OH)—,$$

donnent, par anhydrisation, des dérivés du furfurane (B. **22**, 2567 ; Bull. soc. chim. **1890**, **1**, 536) et sont en relation étroite avec le thiophène et le pyrrol.

La **pinacone** $(CH^3)^2 : C(OH).C(OH) : (CH^3)^2$, est un **glycol tétraméthyléthylènique** (2.3-diméthyl-2. 3-butanediol), (V. formation p. 177). Exempte d'eau, elle forme une masse cristalline ; P. F. 38° ; P. E. 172°. Son hydrate ($6H^2O$) forme de grosses tables quadrangulaires. Chauffée avec l'acide sulfurique dilué, elle se transforme en **pinacoline**, $CH^3—CO—C{\equiv}(CH^3)^3$ (V. p. 137).

Le glycol hexadécylènique, $C^{16}H^{34}O^2$, est semblable à la paraffine.

Dérivés des glycols.

Ethers éthyliques. **Ether éthylique du glycol**, $C^2H^4\begin{matrix}OH\\OC^2H^5\end{matrix}$, **éther diéthylique du glycol**, $C^2H^4(OC^2H^5)^2$. Tous deux sont des liquides d'une odeur éthérée agréable ; ils bouillent environ 70° plus bas que le glycol.

Dérivés acides, esters. **Monoacétate de glycol**, $C^2H^4\begin{matrix}/OH\\ \backslash O.C^2H^3O\end{matrix}$, **diacétate de glycol**, $C^2H^4(OC^2H^3O)^2$. Ces deux produits sont facilement solubles dans l'eau ; ils bouillent un peu plus bas que le glycol. Le premier est transformé par l'acide chlorhydrique en *glycolchloracétine*, $C^2H^4\begin{matrix}OC^2H^3O\\Cl\end{matrix}$, qu'on peut considérer comme le dérivé monochloré de l'ester éthylacétique.

Glycolchlorhydrine, *chlorhydrine du glycol, alcool éthylique monochloré*, $CH^2Cl.CH^2OH$. Se forme lorsqu'on fait passer un courant d'acide chlorhydrique dans du glycol chauffé (B. **16**, 1407) ou d'après le mode de formation 3. C'est un liquide miscible à l'eau. Son P. E (130°) diffère de celui de l'alcool correspondant dans le même sens que le P. E. du chlorure d'éthyle diffère de celui de l'alcool ordinaire.

Glycolbromhydrine, $C^2H^4.Br.OH$, **Glycoliodhydrine**, $C^2H^4.I.OH$. Ces deux dérivés sont analogues ; le dernier se décompose par la distillation.

Acide glycolsulfurique, $C^2H^4\begin{matrix}/OH\\ \backslash O.SO^3H\end{matrix}$; ester sulfurique du glycol, comparable à l'acide éthylsulfurique.

Dinitrate de glycol, $C^2H^4(AzO^3)^2$; ester nitrique du glycol. On l'obtient en faisant agir, sur le glycol, un mélange d'acide nitrique et d'acide sulfurique :

$$C^2H^4(OH)^2 + 2AzO^2OH = C^2H^4(O.AzO^2)^2 + 2H^2O.$$

C'est un liquide jaune, insoluble dans l'eau, détonant sous l'action de la chaleur et saponifiable par les alcalis. La production d'esters nitriques de ce genre est caractéristique pour les alcools polyvalents (V. glycérine).

Cyanure d'éthylène, $C^2H^4(CAz)^2$. On l'obtient en traitant le bromure d'éthylène par le cyanure de potassium. Il forme une masse cristalline. La saponification le transformant en acide succinique, $C^2H^4(CO^2H)^2$, il peut, par suite, être considéré comme le nitrile de cet acide. L'hydrogène naissant change le cyanure d'éthylène en butylènediamine, $C^4H^8(AzH^2)^2$ (V. p. 182).

Glycol-cyanhydrine, $CH^2OH—CH^2CAz$ (3-propanol nitrile). Ce dérivé résulte de l'action de la glycolchlorhydrine sur le cyanure de potassium ; il possède les propriétés d'un nitrile d'acide (V. acide lactique). *La cyanhydrine du glycol éthylidènique*, $CH^3—CH(OH)—CAz$, lui est isomérique, elle s'obtient par l'union de l'acide cyanhydrique avec l'aldéhyde (V. p. 126).

Acétone-cyanhydrine, $(CH^3)^2{=}C(OH)—CAz$ (V. p. 135).

Anhydrides. **Oxyde d'éthylène**, C^2H^4O (*Wurtz*). On l'obtient par distillation de la glycolchlorhydrine en présence de potasse caustique aqueuse. C'est un liquide mobile, d'une odeur éthérée, bouillant à 13°5, de densité < 1 ; il est miscible à l'eau qui s'y combine et le transforme peu à peu en glycol éthylènique, et s'unit aux acides en formant des chlorhydrines ou des mono-esters du glycol. Cette affinité pour les acides est si forte qu'il peut fonctionner comme base et précipiter les hydrates des métaux lourds. L'acétaldéhyde lui est isomérique.

L'oxyde d'éthylène se combine aux glycols en formant des *polyglycols* tels que le **glycol diéthylènique**, $C^2H^4(OH)—O—C^2H^4(OH)$. Il existe aussi des thioalcools et des sulfures de la série glycolique ; tels sont :

Le **glycolmercaptan** (1-2 éthanedithiol), $C^2H^4(SH)^2$, et le **monothiohydrate d'éthylène**, $C^2H^4(OH)(SH)$. Le **chlorure de thiodiglycol**, $S(C^2H^4Cl)^2$, est un liquide extrêmement vénéneux.

Amines dérivées des alcools bivalents.

Ces amines dérivent des glycols par substitution simple ou double du groupe amide à l'hydroxyle :

$$C^2H^4\begin{matrix}OH\\AzH^2\end{matrix} \qquad\qquad C^2H^4\begin{matrix}AzH^2\\AzH^2\end{matrix}$$

oxyéthylamine — éthylènediamine

Dans le premier cas, on obtient des amines primaires oxygénées, monovalentes et possédant en même temps le caractère d'alcools ; dans le second cas, on obtient des diamines primaires bivalentes, ne contenant pas d'oxygène et complètement analogues à l'éthylamine. Ces combinaisons peuvent naturellement être considérées aussi comme dérivant d'une ou de deux molécules d'ammoniaque, par échange de l'hydrogène contre $(C^2H^4OH)'$, l'oxyéthyle, ou contre $(C^2H^4)''$:

$$Az\begin{cases}H\\H\\(C^2H^4.OH)'\end{cases} \qquad Az^2\begin{cases}H^2\\H^2\\(C^2H^4)''\end{cases}$$

Cette dernière conception permet de prévoir l'existence de bases secondaires et tertiaires telles que :

$$Az\begin{cases}H\\(C^2H^4.OH)^2\end{cases} \quad \text{et} \quad Az(C^2H^4.OH)^3,$$

di et trioxyéthylamines

$$Az^2\begin{cases}H^2\\(C^2H^4)''^2\end{cases} \quad \text{et} \quad Az^2(C^2H^4)''^3,$$

di et triéthylènediamines

et aussi celle de bases ammoniums quaternaires contenant même un reste d'alcool monovalent comme :

$$Az\begin{cases}(CH^3)^3\\(C^2H^4.OH)\\OH\end{cases} \quad \text{(choline).}$$

De telles bases sont connues, elles possèdent, suivant leur constitution, les propriétés des amines primaires, secondaires, etc., ou celles des bases ammoniums ; ainsi, l'éthylènediamine, par exemple, réagit aussi bien avec les dérivés halogénés des alcools monovalents qu'avec le bromure d'éthylène (V. plus loin).

Les bases oxygénées, comme l'oxyéthylamine, etc., sont dénommées *bases alcoylées* ou *hydramines*. *Ladenburg* (B. **22**, 2583 ; Bull. soc. chim. **1890**, **1**. 937), les appelle *alkines*, le groupe carbinal $\equiv C(OH)$ étant le groupe alkine ; ainsi, la combinaison $Az(C^2H^5)^2.CH^2.CH^2OH$ est nommée diéthylméthylinalkine.

Enfin, si, dans une molécule d'ammoniaque, deux atomes d'hydrogène sont remplacés par un radical alcoolique bivalent, on obtient une *imine* telle que $(C^5H^{10})''AzH$, la pentaméthylènimine (V. pipéridine).

Les **modes de formation** de ces composés sont, en général, analogues à ceux des bases dérivées des alcools monovalents :

1) On chauffe le bromure d'éthylène, etc., avec l'ammoniaque alcoolique à 100° (*Hofmann*) :

$$C^2H^4Br^2 + 2AzH^3 = C^2H^4(AzH^2)^2 + 2HBr ;$$
$$C^2H^4(AzH^2)^2 + C^2H^4Br^2 = Az^2H^2.(C^2H^4)^2 + 2HBr, \text{ etc.}$$

Les bases primaires, secondaires et tertiaires, formées simultanément dans cette réaction, sont séparées par la distillation fractionnée.

Les bases oxyalcoylées s'obtiennent, d'une manière analogue, par l'emploi de la glycol-chlorhydrine, etc. (V. plus haut) :

$$C^2H^4(OH)Cl + AzH^3 = C^2H^4(OH)(AzH^2) + HCl.$$

C'est ainsi qu'on obtient la choline, à l'état de chlorhydrate, au moyen de la triméthylamine et de la chlorhydrine du glycol.

2) Les *nitriles* $C^nH^{2n}(CAz)^2$ se changent en diamines primaires *par réduction* ; cette transformation s'effectue le mieux au moyen du sodium métallique, en solution alcoolique chaude :

$$C^2H^4(CAz)^2 + 8H = C^2H^4(CH^2.AzH^2)^2 = C^4H^8(AzH^2)^2.$$

cyanure d'éthylène — butylènediamine

3) L'ammoniaque s'unit directement à 1, 2 ou 3 molécules d'oxyde d'éthylène en formant des hydramines (*Wurtz*), par exemple :

$$C^2H^4O + AzH^3 = C^2H^4(OH)(AzH^2).$$

La triméthylamine et l'oxyde d'éthylène s'unissent en donnant la choline :

$$C^2H^4O + H^2O + Az(CH^3)^3 = C^2H^4(OH)[Az(CH^3)^3.OH].$$

Ethylènediamine (1, 2-éthanediamine), $C^2H^4(AzH^2)^2$, liquide incolore, distillant sans décomposition, doué d'une odeur ammoniacale ; P. E. 123°.

Triméthylènediamine, $C^3H^6(AzH^2)^2$. V. B. **17**, 1799, par soustraction d'ammoniaque cette base donne la **triméthylènimine**, $C^3H^6{:}(AzH)$ (propane-imine), liquide dont l'odeur rappelle la pipéridine ; P. E. environ 70° (B. **23**, 2727 ; Bull. soc. chim. **1891**, **2**, 340).

Tétraméthylènediamine (1,4-butanediamine) *putrescine, butylènediamine*, $CH^2(AzH^2)—CH^2—CH^2.CH^2(AzH^2)$; s'obtient, d'après le mode de formation 2), au moyen du cyanure d'éthylène ; on peut encore l'obtenir soit par la putréfaction de la viande, soit au moyen du pyrrol. En qualité de γ diamine (diamine dérivant d'un γ glycol, p. 179), elle est en relation étroite avec le pyrrol et peut être obtenue au moyen de ce corps, par l'action de l'hydroxylamine et réduction subséquente de la dioxime formée. B. **22**, 1968 ; B. s. c. **1890**, **1**, 844.

Pentaméthylènediamine, $CH^2(AzH^2)—(CH^2)^3—CH^2(AzH^2)$, *cadavérine* ; s'obtient par réduction du cyanure de triméthylène, $CAz—(CH^2)^3.CAz$, préparé lui-même au moyen du bromure de triméthylène et du cyanure de potassium (*Ladenburg*). C'est un liquide sirupeux, cristallisant par refroidissement, d'une odeur très prononcée de sperme et de pipéridine ; P. E. 178-179°. La pentaméthylènediamine offre un intérêt particulier car, en qualité de δ diamine, elle permet, par soustraction d'ammoniaque, d'obtenir synthétiquement la pipéridine $C^5H^{11}Az$.

Diéthylènediamine, $C^4H^{10}Az^2$. Cristaux déliquescents ; P. F. 104°, P. E. 146°. Est identique avec la *pipérazine* (V. ce mot) et possède par conséquent la constitution

$$C^2H^4 \begin{matrix} \diagup AzH \diagdown \\ \diagdown AzH \diagup \end{matrix} C^2H^4$$

; ses atomes sont unis en formant une chaîne fermée (*Hofmann*, B. **23**, 3297 ; Bull. soc. chim. **1891**, **1**, 678).

Oxyéthylamine (1, 2-éthanolamine), **dioxyéthylamine** (V. *Knorr*, B. **22**, 2081 ; Bull. soc. chim. **1890**, **1**, 845). Ces dérivés, ainsi que les autres hydramines, sont des bases incolores se décomposant à la distillation.

Ethylamine bromée, $CH^2Br-CH^2AzH^2$; bromhydrine de l'oxyéthylamine ; est employée dans diverses synthèses (B. **21**, 566 ; Bull. soc. chim. **1888**, **2**, 381. B. **22**, 1139 ; Bull. soc. chim. **1890**, **1**, 102).

Butylamine δ **chlorée, amylamine** ε **chlorée** : B. **24**, 3231 ; Bull. soc. chim. **1892**, **2**, 159. B. **25**, 415 ; Bull. soc. chim. **1892**, **2**, 1067.

Choline (éthyloltriméthylammoniumhydroxyde) *bilineurine*,

$$Az(CH^3)^3.(C^2H^4OH)(OH) = C^2H^4 \begin{cases} OH \\ Az(CH^3)^3.OH \end{cases}$$

(*Strecker*) ; existe dans la bile (χολή, bile), dans la matière cérébrale, dans le jaune d'œuf, etc., où elle est, à l'état de lécithine, combinée à des acides gras et à l'acide glycérophosphorique. On peut l'obtenir au moyen de la sinapine (V. ce mot), par ébullition avec les alcalis (« sincaline »). On la trouve encore dans la saumure de harengs, dans le houblon et la bière, dans beaucoup de champignons, etc. C'est une base forte, déliquescente, absorbant l'acide carbonique de l'air ; elle cristallise difficilement. Son chlorhydrate possède la formule $Az(CH^3)^3(C^2H^4OH)Cl$. Elle n'est pas vénéneuse.

Muscarine, $C^5H^{15}AzO^3$, on lui attribuait autrefois la formule $CH(OH)^2—CH^2—Az(CH^3)^3(OH)$; B. **27**, 166 ; s'obtient par oxydation de la choline au moyen de l'acide nitrique ; c'est une base extrêmement vénéneuse ; elle est contenue dans un champignon, l'Agaricus muscarius.

Neurine, *hydroxyde de triméthylvinylammonium*, $Az(CH^3)^3(C^2H^3)OH$ (*Hofmann*) (νεῦρον, nerf) ; s'obtient en transformant la choline en iodure $Az(CH^3)^3(C^2H^4I)I$ au moyen de l'acide iodhydrique, et traitant cet iodure par l'oxyde d'argent humide ; on peut encore l'obtenir par putréfaction de la choline ou l'extraire de la substance cérébrale. Elle contient le radical « vinyle », C^2H^3, non saturé, et ressemble beaucoup à la choline. On ne la connaît qu'en dissolution. Elle est très vénéneuse. On peut la transformer en choline : à ce sujet et pour ses dérivés, v. A. **267**, 249 ; **268**.

Beaucoup de ces bases polyvalentes ont été trouvées dans le blanc d'œuf en putréfaction et dans les cadavres ; on les appelle *toxines* ou *ptomaïnes*. (V. B. **19**, 2585 ; Bull. soc. chim. **1887**, **1**, 654 et matières albuminoïdes).

Dérivés sulfuriques et sulfureux du glycol.

Acide méthylènedisulfonique, *acide méthionique*, $CH^2(SO^3H)^2$ (aiguilles).

Acide oxyméthylsulfonique, $CH^2(OH)(SO^3H)$, difficilement cristallisable.

Acide éthylènedisulfonique, $C^2H^4(SO^3H)^2$, liquide épais.

Acide oxyéthylsulfonique, *acide iséthionique*, $CH^2OH-CH^2SO^3H$. Lorsqu'on fait agir l'anhydride sulfurique sur l'alcool ou qu'on unit directement cet anhydride avec l'éthylène, on obtient le *sulfate de carbyle*, $C^2H^4S^2O^6$, masse cristalline, déliquescente, qui, en présence de l'eau, donne immédiatement l'acide éthionique (V. p. 184). Ce dernier se change, dans l'eau bouillante, en acide sulfurique et acide iséthionique.

L'acide iséthionique est isomère de l'acide éthylsulfurique, mais il s'en différencie nettement parce qu'il n'est pas saponifiable ; c'est bien un acide sulfonique, car on peut l'obtenir par oxydation du glycol monothioéthylènique, $CH^2(OH).CH^2.SH$, au moyen de l'acide nitrique (V. p. 101). L'acide iséthionique se présente sous la forme d'un liquide épais, pouvant se solidifier en une masse cristalline. Il forme des sels stables, un ester éthylique, etc. Lorsqu'on le traite par le pentachlorure de phosphore, on obtient le chlorure $C^2H^4Cl.SO^2Cl$, transformable par l'eau en **acide éthylsulfonique chloré**, $CH^2Cl-CH^2(SO^3H)$, et par l'ammoniaque en taurine (*Kolbe*).

Taurine, $C^2H^7AzSO^3$ (*Gmelin*), existe, dans la bile de bœuf et de beaucoup d'autres animaux, unie à l'acide cholique sous forme d'*acide taurocholique* ; on la trouve encore dans les reins, les poumons, etc. Gros prismes monocliniques, insolubles dans l'alcool, facilement solubles dans l'eau chaude. Se décompose à haute température. D'après son mode de formation, elle possède la constitution $AzH^2.CH^2—CH^2.SO^3H$ (acide aminoéthanesulfonique) et doit donc réunir les propriétés d'une amine et celles d'un acide sulfonique. Elle forme des sels, d'ailleurs instables, avec les alcalis mais n'en donne pas avec les acides ; les groupes amide et sulfo se neutralisant dans une certaine mesure, la taurine est de réaction neutre. Traitée par l'acide nitreux, elle se transforme en acide iséthionique, se comportant, dans ce cas, comme une amine primaire ; en qualité d'acide sulfonique d'un alcool, l'ébullition avec les alcalis ou les acides ne la modifie pas.

On a préparé synthétiquement des *homologues* de la taurine.

Acide éthionique, $CH^2(O.SO^3H)-CH^2(SO^3H)$ (V. plus haut). Ester sulfurique de l'acide iséthionique où ce dernier fonctionne comme alcool. Son anhydride est le sulfate de carbyle mentionné plus haut.

B. Alcools trivalents.

Sont trivalents les alcools capables de former trois séries d'esters avec un acide monobasique, trois molécules d'un tel acide étant nécessaires pour la production d'un ester neutre. Les alcools trivalents contiennent trois hydroxyles ; dans les diverses réactions, un hydroxyle seulement, ou deux à la fois ou les trois ensemble peuvent entrer en jeu et il y a formation d'éthers, d'esters, d'amines, etc.

Il existe, par exemple, trois esters acétiques de la glycérine :

$$C^3H^5\left\{\begin{matrix}(OH)^2\\(O.C^2H^3O)\end{matrix}\right. \qquad C^3H^5\left\{\begin{matrix}OH\\(O.C^2H^3O)^2\end{matrix}\right. \qquad C^3H^5(O.C^2H^3O)^3.$$

monoacétine — diacétine — triacétine.

On connaît également des combinaisons résultant de la substitution, aux hydroxyles, de radicaux différents.

Les alcools trivalents sont des liquides épais, incolores, en général facilement solubles dans l'eau, de saveur sucrée et de point d'ébullition élevé. En dehors de la glycérine, on connaît, dans cette classe, plusieurs alcools contenant un plus grand nombre d'atomes de carbone comme la **pentaglycérine**, CH^3—$C(CH^2.OH)^3$, et même l'**hendécaglycérine**, $C^{16}H^{34}O^3$. Par contre, on ne connaît pas d'alcool trivalent ne contenant qu'un ou deux atomes de carbone, ce qui atteste la règle donnée p. 124 et 176, qu'un atome de carbone ne peut fixer qu'un seul groupe hydroxyle.

La combinaison $CH(OH)^3$ ne peut exister; cependant, on en connaît des dérivés, tels sont l'**ester orthoformique** (p. 142) et l'**ester orthoacétique**, $CH^3.C(O^2H^5)^3$ (liquide P. E. 142°).

Glycérine (propanetriol), *principe doux des huiles*, $C^3H^5(OH)^3$ (*Scheele*, 1779, formule établie par *Pelouze*, constitution déterminée par *Berthelot* et *Würtz*).

Synthèse : Action de l'eau à 170° sur le trichlorure de glycéryle, $C^3H^5Cl^3$ (V. p. 67) :

$$CH^2.Cl—CH.Cl-CH^2.Cl + 3H^2O = CH^2.OH.—CH.OH-CH^2OH + 3HCl.$$

Le trichlorure de glycéryle est obtenu au moyen de l'iodure d'isopropyle préparé synthétiquement. A cet effet, on transforme cet iodure en propylène sur lequel on fixe du chlore, puis on chauffe le chlorure de propylène formé avec du chlorure d'iode (*Friedel* et *Silva*. C. R. 1873, 1, 1594) :

$$C^3H^6Cl^2 + Cl^2 = C^3H^5Cl^3 + HCl.$$

La constitution de la glycérine résulte de cette synthèse et aussi de ses relations avec l'acide tartronique ; les trois hydroxyles sont répartis sur les trois atomes de carbone.

La glycérine peut encore être obtenue par oxydation de l'alcool allylique au moyen du permanganate de potasse.

Préparation. On prépare la glycérine en saponifiant les huiles ou les graisses naturelles, et notamment l'huile d'olives, au moyen de la vapeur d'eau surchauffée, ou en les chauffant soit avec de l'eau et de la chaux (*Milly*) soit avec de l'acide sulfurique (p 73 et 155). La glycérine est ensuite distillée par la vapeur d'eau surchauffée et décolorée au moyen du noir animal.

Propriétés physiques. Sirop épais, incolore, densité 1,27. Soumise à l'action d'un froid intense, elle se prend en cristaux analogues au sucre candi ; P. F. 20° ; P. E. 290° ; lorsqu'elle est impure, elle ne distille sans décomposition que sous pression réduite. Elle est très hygroscopique et miscible à l'eau ou à l'alcool en toute proportion. Elle est insoluble dans l'éther.

Emplois. On l'emploie dans la fabrication des liqueurs, des conserves de fruits, du vin artificiel, etc., des encres à timbres humides, des savons ; elle entre dans la composition de l'encre d'imprimerie ; on l'emploie aussi comme médicament et surtout dans la préparation de la nitroglycérine et dans l'application des colorants.

Propriétés chimiques. 1) La glycérine forme avec les alcalis et les autres hydroxydes métalliques solubles des alcoolates peu stables.

2) Par substitution d'alcoyles aux hydrogènes typiques, on obtient des éthers tels

que la *monoéthyline*, $C^3H^5(OH)^2(O.C^2H^5)$, et la *triéthyline*, $C^3H^5(O.C^2H^5)^3$, liquides bouillant sans décomposition.

3) En qualité d'alcool, elle peut fournir toutes les variétés d'esters : ainsi, avec l'acide sulfurique, elle donne l'acide glycérinesulfurique, $C^3H^5(OH)^2(O.SO^3H)$, ester facilement saponifiable ; avec l'acide phosphorique, l'acide glycérophosphorique, $C^3H^5(OH)^2(O.PO^3.H^2)$; avec l'acide nitrique, la nitroglycérine (V. plus bas) ; avec l'acide chlorhydrique, les chlorhydrines ; avec les acides gras supérieurs, les graisses (V. p. 154).

Action du phosphore et de l'iode (V. p. 64).

4) En remplaçant OH par SH ou AzH^2, on obtient des combinaisons ayant le caractère des mercaptans ou des amines.

5) Par perte de deux molécules d'eau, elle se change en acroléïne (V. p. 130) ; par perte (indirecte) d'une seule molécule d'eau, elle fournit l'alcool glycide (glycide), $C^3H^6O^2$ (V. plus bas).

6) Par oxydation, elle se transforme, suivant les conditions, en aldéhyde glycérique, acide glycérique, acide tartronique, acide mésoxalique, acide oxalique, acide tartrique, acide acétique, acide formique. Les halogènes agissent comme oxydants mais non comme substituants.

7) Elle peut être transformée par fermentation en alcool butylique normal et acide butyrique. B. **16**, 844.

Dérivés de la glycérine

Chlorhydrines (esters chlorhydriques). Par l'action de l'acide chlorhydrique, on obtient la **mono** et la **dichlorhydrine** ; celles-ci, traitées par le pentachlorure de phosphore, fournissent la **trichlorhydrine**. Les deux premières existent chacune sous deux formes isomériques.

L'*α-monochlorhydrine*, $CH^2.OH—CH.OH—CH^2Cl$ (3 chlore, 1, 2-propanediol), s'obtient aussi au moyen de l'épichlorhydrine (V. plus bas) et de l'eau ; l'*α-dichlorhydrine*, $CH^2Cl—CH.OH—CH^2Cl$, au moyen de l'épichlorhydrine et de l'acide chlorhydrique ; la *β-monochlorhydrine*, $CH^2.OH—CH.Cl—CH^2.OH$, et la *β-dichlorhydrine*, $CH^2.OH—CH.Cl—CH^2Cl$, s'obtiennent au moyen de l'alcool allylique, par addition d'acide hypochloreux ou de chlore.

Les chlorhydrines sont des liquides plus ou moins facilement solubles dans l'eau, facilement solubles dans l'alcool et l'éther, bouillant plus bas que la glycérine. On peut les considérer comme des dérivés chlorés des glycols propyléniques ou de l'alcool propylique (la trichlorhydrine, $C^3H^5Cl^3$, comme un propane trichloré, v. p. 67) ; conformément à cette conception, elles peuvent être transformées en alcools non chlorés correspondants ou en propane.

Glycide. Par soustraction d'une molécule d'eau, la glycérine fournit un composé qui possède à la fois les propriétés de l'oxyde d'éthylène et celles d'un alcool monovalent, ce composé est le glycide,

$$CH^2\overset{O}{\diagup\!\!\diagdown}CH—CH^2.OH = C^3H^5O.OH.$$

On l'obtient, par exemple, en enlevant une molécule d'acide chlorhydrique à l'α-monochlorhydrine, au moyen de la baryte (procédé calqué sur celui qui donne l'oxyde d'éthylène à l'aide de la chlorhydrine du glycol). C'est un liquide miscible à l'eau, l'alcool et l'éther, bouillant à 162° et qui s'unit à l'eau en régénérant la glycérine, à l'acide chlorhydrique en se transformant en chlorhydrine. En qualité d'alcool, le glycide peut former des éthers, des esters, etc. Il réduit la solution ammoniacale d'oxyde d'argent. Il est isomère de l'acide propionique. Son ester chlorhydrique est l'épichlorhydrine.

Epichlorhydrine, $C^3H^5O.Cl$, composé liquide, isomère de l'acétone monochloré et du chlorure de propionyle (p. 167), facilement mobile, insoluble dans l'eau et dont l'odeur rappelle le chloroforme ; P. E. 117°. On l'obtient au moyen des deux dichlorhydrines, par soustraction d'acide chlorhydrique. Elle peut fixer de nouveau de l'acide chlorhydrique, etc.

Ester nitrique. **Nitroglycérine**, *trinitrine*, $C^3H^5(O.AzO^2)^3$. On prépare ce composé en traitant la glycérine par un mélange refroidi d'acide nitrique concentré et d'acide sulfurique. C'est une huile incolore, insoluble dans l'eau, douée d'une saveur à la fois sucrée, brûlante et épicée, se solidifiant par refroidissement (P. F. 13°), densité = 1,6. Elle brûle sans détoner, mais explode, par une brusque élévation de température ou sous le choc, avec une violence considérable (huile explosive de *Nobel*). Mélangée à de la silice (3 : 1), elle constitue la *dynamite* (*Nobel*, 1867), insensible au choc (B. **9**, 1802), mais détonant violemment, dans les mêmes conditions, en présence du fulminate de mercure. La nitroglycérine est saponifiée par les alcalis ou le sulfure d'ammonium.

Esters phosphoriques. Les glycérophosphates (Ca, Fe) paraissent agir favorablement dans les phénomènes généraux de nutrition.

Esters des acides organiques. **Monoformine**, $C^3H^5(OH)^2(O.CHO)$ (V. p. 147). Liquide huileux, soluble dans l'eau, facilement saponifiable qui, sous l'action de la chaleur, fournit de l'alcool allylique (V. p. 84). Les *acétines* (p. 184), la **diacétine**, $C^3H^5(OH)(O.C^2H^3O)^2$, par exemple, sont des liquides de points d'ébullition élevés, solubles dans l'eau et l'éther. On peut les préparer synthétiquement ; elles sont employées, en impression, comme solvant des colorants basiques.

Mono-, di- et **tripalmitine**, $C^3H^5(OH)^2(O.C^{16}H^{31}O)$ etc. Ont été préparées synthétiquement ; toutes trois fondent presque à la même température, 58°, 59°, 66°. La tripalmitine peut être préparée avec l'huile de palme (V. p. 172) ; elle forme, comme la **tristéarine**, P. F. 72°, des tablettes nacrées. La **trioléine**, $C^3H^5(O.C^{18}H^{33}O)^3$, est la partie essentielle de l'huile d'olives, elle ne se solidifie qu'à — 6°.

A propos des graisses et des huiles animales ou végétales v. aussi p. 154.

C. Alcools tétra-, penta-, etc.-valents.

Les alcools tétra-, penta-, hexavalents sont ceux qui, pour former un éther neutre, exigent 4, 5 ou 6 molécules d'un acide monobasique, c'est-à-dire ceux dont la molécule contient 4, 5 et 6 hydroxyles alcooliques.

On détermine la valence d'un alcool par le nombre de groupes acétyles qu'il fixe lorsqu'on le chauffe avec l'anhydride acétique et l'acétate de soude, par exemple :

$$C^6H^8(OH)^6 + 6(C^2H^3O)^2O = C^6H^8(O.C^2H^3O)^6 + 6C^2H^4O^2.$$

On peut aussi employer un acide substitué halogéné (et particulièrement l'acide benzoïque bromé) et déterminer la teneur en halogène de l'ester produit : chaque atome de brome correspond à un radical acide et par suite à un hydroxyle.

Les alcools de valence élevée sont le plus souvent des combinaisons solides, cristallisables, ne distillant pas sans décomposition et de saveur sucrée. Ils sont en relation étroite avec les hydrates de carbone, mais s'en distinguent en ce qu'ils ne réduisent pas la liqueur cuproammoniacale (la dulcite exceptée). Leurs dérivés sont tout à fait analogues à ceux du glycol et de la glycérine. Ces alcools se trouvent en partie dans la nature ; ils s'obtiennent par réduction des sucres ou des aldéhydes correspondantes analogues aux sucres, ou par réduction des oxyacides monobasiques correspondants au moyen de l'amalgame de sodium (*E. Fischer*, B. **22**, 2204; Bull. soc. chim. **1890**, **1**, 888).

Inversement, les alcools polyvalents peuvent être transformés par oxydation ménagée, d'abord en sucres puis en acides.

Ils forment avec la benzaldéhyde des combinaisons qui permettent de les isoler (B. **24**, R. 151).

Leur **constitution** résulte de la règle indiquée p. 124, 176 etc., d'après laquelle il ne peut y avoir plus d'un seul groupe hydroxyle lié à un atome de carbone sans, qu'aussitôt, une élimination d'eau se produise. D'après cette règle, un alcool tétravalent doit donc contenir au moins quatre atomes de carbone, un alcool hexavalent doit en contenir au moins six, etc., et l'érythrite, $C^4H^{10}O^4 = C^4H^6(OH)^4$, l'alcool tétravalent le plus important, doit avoir la formule :

$$CH^2(OH)—CH(OH)—CH(OH)—CH^2(OH),$$

la mannite, l'alcool hexavalent le moins élevé, $C^6H^{14}O^6 = C^6H^8(OH)^6$, doit être $CH^2OH.(CH.OH)^4.CH^2OH$. Ces alcools, les moins élevés, sont les seuls qui aient une grande importance.

1. **Alcools tétravalents.** Comme ester de l'*alcool hypothétique*, $C(OH)^4$, que l'on peut considérer comme l'hydrate normal de l'acide carbonique (acide orthocarbonique), on connaît **l'ester éthylorthocarbonique** ou éther carbonique de *Basset*, $C(OC^2H^5)^4$; liquide doué d'une odeur éthérée, P. E. 159°.

Erythrite (butanetétrol), *phycite*, $C^4H^6(OH)^4$ (*Stenhouse*). Se trouve à l'état libre dans le Protococcus vulgaris et à l'état d'ester orsellique (érythrine) dans beaucoup de lichens et dans quelques algues. On l'obtient synthétiquement au moyen du crotonylène, de la même manière que le glycol au moyen de l'éthylène. Gros cristaux quadrangulaires, difficilement solubles dans l'alcool, insolubles dans l'éther. P. F. 112° ; P. E. environ 330°. Chauffée avec l'acide iodhydrique, elle donne l'iodure de butyle secondaire (V. p. 82 et p. 61 3b).

Pentaérythrite, $C(CH^2OH)^4$, a été obtenue synthétiquement (A. **276**, 58 ; Bull. soc chim. **1894**, **2**, 128).

2. Alcools pentavalents.

Pentaoxypentane, *arabite,* $C^5H^7(OH)^5$; s'obtient au moyen de l'arabinose, par réduction avec l'amalgame de sodium. Aiguilles ou prismes déliés de saveur sucrée, fusibles à 102°.

Xylite, adonite. Isomères du composé précédent ; s'obtiennent d'une manière semblable, le premier au moyen du xylose, le second à l'aide du ribose. L'adonite se trouve dans l'Adonis vernalis.

Rhamnite, $C^5H^6 OH.^5CH^3$. Homologue des précédents, s'obtient au moyen du rhamnose ; P. F. 121°.

3. Alcools hexavalents. *Hexites.* **Mannite** (hexanehexol), $C^6H^{14}O^6 = C^6H^8(OH)^6$ (*Proust*, 1800). Se trouve fréquemment dans le règne végétal : dans le mélèze, le Viburnum opulus, le céleri, les feuilles du Syringa vulgaris, dans la canne à sucre, l'Agaricus integer, dans le pain de seigle et surtout dans les frênes à manne (Fraxinus ornus), dont le suc desséché constitue la manne. On peut l'obtenir au moyen des sucres de raisin ou de fruits, desquels elle ne se différencie que par deux atomes d'hydrogène en plus, par réduction à l'aide de l'amalgame de sodium :

$$C^6H^{12}O^6 + H^2 = C^6H^{14}O^6.$$

Fines aiguilles ou prismes rhombiques facilement solubles dans l'eau froide et dans l'alcool bouillant. Dévie à droite le plan de polarisation, « **mannite-d** » (on connaît aussi une modification gauche : la *mannite-l* et une modification inactive : la *mannite-i*. V. acide mannonique). P. F. 166°. Sous l'action de la chaleur, la mannite se transforme en anhydrides, la mannitane, $C^6H^{12}O^5$, et la mannide, $C^6H^{10}O^4$, mais on peut la distiller sans altération dans le vide. Une oxydation ménagée conduit d'abord à la modification optique correspondante du fructose (B. **19**, 911) et du mannose (V. ce mot) ; l'acide nitrique l'oxyde à l'état d'acide saccharique (V. ce mot) ; l'acide iodhydrique la réduit en iodure d'hexyle secondaire (p. 64).

Son ester nitrique, la **nitromannite,** $C^6H^8(O.AzO^2)^6$, forme des aiguilles brillantes et est explosif. L'acétate, $C^6H^8(O.C^2H^3O)^6$, s'obtient au moyen de l'anhydride acétique.

Dulcite, *mélampyrine,* $C^6H^8(OH)^6$, est stéréoisomérique avec la mannite, on la trouve très répandue dans la nature, par exemple dans le Melampyrum nemorosum, dans l'Evonymus europeus, dans la manne de Madagascar, etc. On l'obtient au moyen du sucre de lait ou des galactoses et de l'amalgame de sodium. Gros prismes monocliniques. L'acide nitrique la transforme en acide mucique (V. ce mot). L'acide iodhydrique réduit la dulcite, comme la mannite, en iodure d'hexyle. Elle n'a pas de pouvoir rotatoire, par suite de la construction symétrique de sa molécule [il en est de même pour l'acide tartrique inactif (V. ce mot)]. B. **24**, 528 ; Bull. soc. chim. **1892**, **2**, 108. B. **25**, 1248 ; Bull. soc. chim. **1892**, **2**, 966. B. **25**, 2564 ; Bull. soc. chim. **1892**, **2**, 120.

Sorbite, $C^6H^8(OH)^6 + {}^1/_2H^2O$; stéréoisomère de la mannite. On la trouve dans les baies de sorbier. On l'obtient par réduction du glucose-d (à côté de la mannite-d et du fructose-d). Cristaux incolores. Par oxydation ménagée, elle donne le glucose-d. En présence de borax, elle est faiblement dextrogyre. On a obtenu aussi la sorbite-l au moyen du gulcose-l.

Autres isomères : *Talite,* B. **27**, 1524 ; Bull. soc. chim. **1894**, **2**, 1473. *Idite,* B. **28**,

1793 ; Bull. soc. chim. **1896**, 2, 834. On isole généralement les hexites au moyen de la benzaldéhyde (B. **27**, 3205; Bull. soc. chim. **1895**, **2**, 767).

La **rhamnohexite**, $C^6H^7(OH)^5CH^3$, est un homologue de la sorbite. B. **23**, 3102; Bull. soc. chim. **1891**, **1**, 711.

4. Alcools hepta, octo et nonavalents.

Perséïte, *mannoheptite*, $C^7H^{16}O^7$, s'extrait de la graine du Laurus persea, forme de fines aiguilles. Elle a été préparée synthétiquement, *E. Fischer*, B. **23**, 930; Bull. soc. chim. **1891**, **1**, 699.

Glucoheptite, **volémite**, toutes deux de formule $C^7H^{16}O^7$; **mannooctite** et **glucooctite**, $C^8H^{18}O^8$; **gluconpremonite**, $C^9H^{20}O^9$.

Produits d'oxydation des alcools polyvalents

De même que, par oxydation, les alcools primaires se transforment en aldéhydes ou en acides et les alcools secondaires en cétones d'un même nombre d'atomes de carbone, les alcools polyvalents se changent, par oxydation, soit en aldéhydes ou en cétones polyvalentes, soit en acides polybasiques. Ainsi, CHO—CHO, le glyoxal, est une aldéhyde bivalente qu'on peut appeler *dialdéhyde* ; CH^3—CO—CO—CH^3 est une cétone bivalente, la *dicétone* ou diacétyle (V. plus bas) ; COOH—COOH est un acide bibasique, l'acide oxalique. Ces combinaisons bi ou polyvalentes sont, par rapport aux combinaisons monovalentes correspondantes, ce que les alcools bi ou polyvalents sont aux alcools monovalents.

Par oxydation des alcools polyvalents, on peut obtenir ou prévoir, en dehors des aldéhydes, des cétones et des acides, d'autres combinaisons qui *possèdent simultanément les propriétés des composés de ces classes différentes*. Tels sont, les *aldéhydes-alcools*, combinaisons à la fois alcools et aldéhydes, les *cétones-alcools* (à la fois cétones et alcools), les *acides-alcools* (à la fois acides et alcools), les *acides-aldéhydes*, les *cétones-acides*, les *cétones-aldéhydes*.

Un aldéhyde-acide, par exemple, formera, en qualité d'acide, des sels, des esters, des amides qui posséderont les propriétés typiques des esters, etc. ; en qualité d'aldéhyde, il réduira la solution ammoniacale d'argent, se combinera au bisulfite de soude, réagira avec l'hydroxylamine, etc.

Tableau des produits d'oxydation

a) *des alcools diprimaires bivalents :*

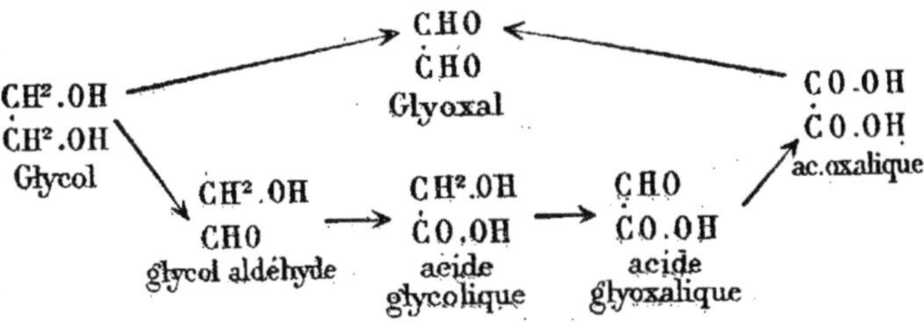

Produits possibles : aldéhydes bivalentes, acides bibasiques, alcools-aldéhydes, acides-alcools, acides-aldéhydes.

b) *des alcools primaires secondaires bivalents :*

$CH^3 \cdot CO \cdot CH^2.OH$ (acétone-alcool) → $CH^3 \cdot CO \cdot CHO$ (Méthylglyoxal) → $CH^3 \cdot CO \cdot CO\ OH$ (ac. pyruvique)

$CH^3 \cdot CH.OH \cdot CH^2\ OH$ (α-Propylène glycol) → $CH^3 \cdot CH.OH \cdot CH.O$ (aldéhyde lactique (inconnu)) → $CH^3 \cdot CH.OH \cdot CO.OH$ (ac. lactique) → $CH^3 \cdot CO \cdot CO\ OH$ (ac. pyruvique)

Pas d'acide bibasique C^n ni d'aldéhyde bivalente C^n

Produits possibles : alcools-aldéhydes, alcools-cétones, aldéhydes cétones, acides-alcools, acides-cétones.

c) *des alcools disecondaires bivalents :* alcools-cétones, dicétones (pas d'acides bibasiques ni d'acides alcools C^n) :

$CH^3—CH.OH$ $\mid$ $CH^3—CH.OH$	→	$CH^3—CH.OH$ $\mid$ $CH^3—CO$	→	$CH^3—CO$ $\mid$ CH^3-CO
glycol butylénique disecondaire		diméthylcétol		diacétyle

d) *des autres alcools bivalents :* sont faciles à déduire.

e) les alcools tri, etc., valents donnent, par oxydation, les produits les plus variés, mais surtout des alcools-cétones, des acides-alcools, des acides-cétones, et des acides polybasiques.

D'après ce qui précède, on aura donc à traiter dans la suite : les alcools-aldéhydes, les alcools-cétones, les aldéhydes et les cétones polyvalentes et les acides polybasiques.

Parmi ces combinaisons, les plus importantes sont les acides polybasiques, les acides cétoniques et les acides-alcools.

IX. Acides monobasiques polyvalents et combinaisons analogues.

A. Acides monobasiques bivalents.

Acide glycolique, $CH^2(OH)(CO^2H)$.
Acides oxypropioniques, $C^2H^4(OH)(CO^2H)$.
Acides oxybutyriques, $C^3H^6(OH)(CO^2H)$.
Acides oxyvalérianiques, $C^4H^8(OH)(CO^2H)$.
Acides oxycaproïques, $C^5H^{10}(OH)(CO^2H)$, etc.

Les acides-alcools bivalents ou acides monobasiques bivalents (ou diatomiques) sont des combinaisons possédant à la fois les *propriétés des alcools et des acides* et, par suite, *capables de fonctionner soit comme alcools, soit comme acides, soit simultanément comme alcools et comme acides.*

Parmi les dérivés qu'ils forment, les uns sont facilement saponifiables et correspondent alors aux dérivés des acides : esters, chlorures, amides ; les autres résistent (relativement) aux agents de saponification et correspondent aux dérivés alcooliques : éthers, amines, etc. (V. tableau, p. 196).

Les premiers termes de la série des acides monobasiques bivalents sont les plus importants : l'acide glycolique et les acides lactiques sont des liquides sirupeux, cristallisant peu à peu dans l'exsiccateur ; ils sont facilement transformables en anhydrides, distillent sans décomposition et se dissolvant facilement dans l'eau, l'alcool et l'éther.

Ces acides sont nommés bivalents parce qu'ils peuvent être obtenus au moyen des alcools bivalents et que, selon la théorie, ils contiennent deux hydroxyles. Comme acides, ils sont monobasiques. On les nomme souvent *oxyacides, oxyacides gras,* car ils dérivent des acides gras par échange d'un atome d'hydrogène contre un hydroxyle, de la même manière que les alcools dérivent des carbures d'hydrogène :

$CH^3—CO^2H$, acide acétique ; $CH^2(OH)—CO^2H$, acide oxyacétique.

On peut aussi les considérer comme des *acides carboniques des alcools monovalents;* on peut envisager, par exemple, l'acide lactique, $C^2H^4(OH)(CO^2H)$, comme l'acide carbonique de l'alcool éthylique.

Formation. 1. Par *oxydation* ménagée des glycols.

2. Au moyen des acides gras monohalogénés, par substitution de l'hydroxyle à l'halogène. On obtient, par ce procédé, l'acide glycolique au moyen de l'acide acétique monochloré :

$$CH^2Cl.CO^2H + H^2O = CH^2(OH).CO^2H + HCl.$$

Cette réaction a lieu dans un sens différent selon la position de l'halogène par rapport au carboxyle (V. p. 161).

On a obtenu des oxyacides en fixant les éléments de l'eau sur des *acides non saturés*, par ébullition avec de la soude caustique.

3. Au moyen des *aldéhydes* et des *cétones* plus pauvres d'un atome de carbone, par saponification de leur combinaison *cyanhydrique* (p. 126 et 135). On obtient ainsi l'acide lactique au moyen de l'aldéhyde, par l'intermédiaire de la cyanhydrine du glycol éthylidènique :

$$CH^3.CH(OH)(CAz) + 2H^2O = CH^3.CH(OH).CO^2H + AzH^3.$$

Les aldéhydes et les cétones s'obtenant, avec facilité, au moyen des alcools correspondants, on voit que cette réaction donne le moyen de transformer les alcools $C^nH^{2n+1}(OH)$ en acides $C^nH^{2n}(OH)CO^2H$, c'est-à-dire qu'elle permet de remplacer un hydrogène par un groupe carboxyle (synthèse importante).

4. Au moyen des glycolcyanhydrines, par saponification ; on obtient, par exemple, l'acide éthylènelactique au moyen de la cyanhydrine du glycol (p. 180) :

$$CH^2(OH)—CH^2.CAz + 2H^2O = CH^2(OH)—CH^2—CO^2H + Az^3H.$$

Les cyanhydrines pouvant être obtenues facilement au moyen des glycols, cette réaction permet de substituer un carboxyle à un hydroxyle des glycols et est analogue à la formation de l'acide acétique au moyen de l'alcool méthylique.

5. Par réduction des *acides-aldéhydes* et des *acides-cétones* (ex. : acide lactique au moyen de l'acide pyruvique). Cette réaction correspond à la formation des alcools par réduction des aldéhydes ou des cétones.

6. Par l'action de l'acide nitreux sur les *acides aminés* (V. glycocolle), réaction correspondant à la transformation des amines en alcools.

7. L'*oxydation directe* (hydroxylation) transforme en oxyacides de même nombre d'atomes de carbone les acides gras qui contiennent un groupe CH, c'est-à-dire un atome d'hydrogène tertiaire :

$$(CH^3)^2:CH—CO^2H + O = (CH^3)^2:C(OH)—CO^2H.$$

acide isobutyrique — acide α-oxyisobutyrique

Constitution et isoméries. Les acides de cette série, étant des dérivés hydroxylés des acides gras, peuvent toujours présenter le même nombre de formes isomères que les produits de substitution halogénés des acides. Ainsi, il n'y a qu'un seul acide glycolique comme il n'y a qu'un acide acétique monochloré, il y a deux acides lactiques de même qu'il y a deux acides propioniques chlorés, l'α et le β (p. 160).

$CH^3—CHCl—CO^2H$	$CH^3—CH(OH)—CO^2H$
acide propionique α-chloré	acide α-oxypropionique (acide lactique ordinaire)
$CH^2Cl-CH^2.CO^2H$	$CH^2(OH)—CH^2—CO^2H$
acide propionique β-chloré	acide β-oxypropionique (acide éthylènelactique)

La théorie prévoit comme dérivés des acides butyriques :

a) de l'acide normal, $\overset{\gamma}{CH^3}—\overset{\beta}{CH^2}—\overset{\alpha}{CH^2}—CO^2H$: les acides α, β et γ oxybutyriques.

b) de l'acide isobutyrique, $\begin{matrix}\beta CH^3\\ \beta CH^3\end{matrix}>\underset{\alpha}{CH}—CO^2H$: un acide α et un acide β oxybutyrique.

La constitution de ces oxyacides se déduit souvent de leur mode de formation. Ainsi, la production de l'acide lactique ordinaire, d'après 3., au moyen de l'aldéhyde, $CH^3.CHO$, montre que cet acide contient le groupe CH^3—CH=, appelé éthylidène, d'où le nom d'acide éthylidènelactique ; d'autre part, l'obtention de l'acide β-oxypropionique, d'après 4, au moyen de la cyanhydrine du glycol, est une preuve que cet acide contient le groupe éthylène, — CH^2—CH^2, ce qui justifie sa dénomination d'acide *éthylènelactique*.

Les propriétés chimiques des oxyacides permettent aussi, en général, d'établir leur constitution. Lorsqu'ils s'oxydent, par exemple, en formant des acides bibasiques, c'est-à-dire contenant deux carboxyles, on en déduit qu'ils contiennent un groupe $CH^2.OH$ car ce groupe est seul capable de se transformer en carboxyle par oxydation. On démontre de cette manière que l'acide éthylènelactique est un acide-alcool primaire, que son isomère l'acide éthylidènelactique est un acide-alcool secondaire, tandis que l'acide α-oxyisobutyrique (V. plus haut) est un acide-alcool tertiaire.

Propriétés chimiques. 1. Le double caractère chimique des oxyacides sera étudié en détail à propos de l'acide glycolique. En qualité d'acides, les oxyacides forment des sels, des esters, des amides ; en qualité d'alcools, ils forment des éthers, des amines, etc. Parmi ces dérivés, les amines (aminoacides ou acides amidés) offrent un intérêt particulier (V. glycocolle p. 196).

2. Les oxyacides peuvent former des anhydrides qui sont différents selon que l'eau éliminée se forme aux dépens : a) des deux hydroxyles alcooliques de deux molécules, b) d'un hydroxyle alcoolique d'une molécule et d'un hydroxyleacide d'une autre molécule (formation d'un ester) ; c) d'une molécule d'oxyacide et d'un ester produit selon b) ; d) de l'hydroxyle alcoolique et de l'hydroxyle acide de la même molécule ; dans ce cas, l'anhydride intérieur formé est appelé *lactone* (V. p. 202).

3. Produits d'oxydation (V. p. 191) et dans la partie spéciale.

4. De même qu'on obtient les oléfines au moyen des alcools par soustraction d'eau, on peut obtenir, de la même manière, des acides monobasiques au moyen de quelques oxyacides et notamment des β-oxyacides (V. acide hydracrylique, p. 201).

5. Les halogènes agissent comme oxydants et non comme substituants.

6. L'acide iodhydrique, à chaud, les transforme en acides gras, de même qu'il transforme les alcools en carbures d'hydrogène.

7. Les α-oxyacides, chauffés avec l'acide sulfurique, se transforment, avec élimination d'acide formique, en aldéhydes ou en cétones.

Les β-oxyacides, par contre, soumis à la même action ou sous l'influence de la chaleur seule, se transforment en eau et en acides de la série acrylique. Les oxyacides α-β-γ-, etc. se distinguent aussi par la facilité avec laquelle ils forment des anhydrides (lactones).

Acide glycolique, acide oxyacétique.

Acide glycolique (acide éthanoloïque), $CH^2.OH—CO^2H$ (*Strecker*, 1848).

Etats naturels : dans le raisin non mûr, dans les feuilles de la vigne sauvage, etc.

Formation (V. p. 192). 1. Par oxydation du glycol au moyen de l'acide nitrique dilué (*Wurtz*).

2. Par oxydation de l'alcool au moyen de l'acide nitrique dilué (*Debus*) ; il se forme en même temps du glyoxal et de l'acide glyoxalique ; on obtient aussi de l'acide glycolique par oxydation des glucoses au moyen de l'oxyde d'argent. Ann. **205**, 193.

3. Par réduction de l'acide oxalique au moyen du zinc et de l'acide sulfurique.

4. Au moyen de la formaldéhyde, d'après le mode de formation 3, p. 193.

5. On *prépare* l'acide glycolique en traitant l'acide acétique monochloré (p. 192) par l'eau à l'ébullition (A. **200**, 76 ; B. **26**, R. 606).

Propriétés. L'acide glycolique forme des aiguilles ou des feuillets incolores, inaltérables à l'air, très facilement solubles dans l'eau, dans l'alcool et dans l'éther, fusibles à 80°. L'acide nitrique l'oxyde à l'état d'acide oxalique. Ses sels alcalins sont déliquescents, le sel de calcium et le sel de cuivre sont difficilement solubles dans l'eau.

Dérivés (V. tableau, p. 196). L'acide glycolique, en qualité d'acide, peut donner des sels, des esters, un chlorure, une amide (*glycolamide*), composés qui sont tous facilement saponifiables, parfois même sous la seule action de l'eau et de la chaleur ; ces dérivés possèdent encore le caractère alcoolique. Si, d'autre part, l'acide glycolique fonctionne comme alcool, les dérivés obtenus auront toutes les propriétés des dérivés alcooliques, mais ils posséderont de plus celles des acides, car les transformations auront été subies par le groupe $CH^2—OH$ tandis que le carboxyle sera resté intact. Ces dérivés sont, soit des éthers comme l'éther éthylglycolique (V. tableau) ou des amines comme le glycocolle et résistent à la saponification, soit des esters comme, par exemple, l'acide acétylglycolique, $CH^2(O.C^2H^3O)—CO^2H$, ou l'acide acétique monochloré (ester chlorhydrique de l'acide glycolique) et alors ils sont saponifiables. Ces dernières combinaisons ont encore le caractère acide et peuvent, par suite, former des esters, des chlorures, des amides permettant toujours de revenir au point de départ par saponification.

Le tableau suivant est un résumé concernant les dérivés les plus importants de l'acide glycolique.

Dérivés acides	Dérivés alcooliques	Dérivés mixtes
$CH^2OH—CO.ONa$, glycolate de sodium.		$CH^2ONa—CO.ONa$, glycolate disodique, décomp. par l'eau en glycolate de sodium et soude caustique.
$CH^2(OH)—CO.OC^2H^5$, ester éthylglycolique. Liq. P. E. 160°.	$CH^2(OC^2H^5)—CO.OH$ acide éthylglycolique. Liq. P. E. 206°.	$CH^2(OC^2H^5)—CO.OC^2H^5$, ester éthyl-éthylglycolique. Liq. P. E. 152°.
$CH^2(OH).CO—Cl$, chlorure glycolique : huile, ne distille pas sans décomposition	$CH^2Cl—CO.OH$, acide acétique monochloré	$CH^2Cl—CO.Cl$, chlorure d'acétyle monochloré. Liq. P. E. 120°, odeur piquante.
$CH^2(OH)—CO.AzH^2$, glycolamide. Crist. P. F. 120°. Ne donne pas de sels avec les bases.	$CH^2(AzH^2)—CO.OH$, glycocolle. (V. plus bas), crist. P. F. 236°. Donne des sels avec les acides et les bases.	$CH^2(AzH^2)—CO.AzH^2$, glycocolamide. Crist.

Dans les combinaisons de la deuxième colonne verticale, on peut ranger aussi **l'acide thioglycolique** (1-éthanethiol-2-oïque), $CH^2(SH)—CO.OH$, qui est en même temps acide et mercaptan ; parmi les combinaisons mixtes, on peut ranger les dérivés tels que $CH^2(AzH^2)—CO(OC^2H^5)$. Comme il est facile de le voir, les dérivés de la première et de la deuxième colonne, appartenant à la même rangée horizontale, sont toujours isomères.

Anhydrides de l'acide glycolique. 1. **Acide diglycolique**, $C^4H^6O^5 = O(CH^2—CO.OH)^2$, anhydride-alcool. On l'obtient, au moyen de l'acide acétique monochloré, par ébullition avec la chaux. Gros prismes rhombiques. N'est pas saponifié par les alcalis bouillants, mais l'est, par contre, sous l'action de l'acide chlorhydrique, à 120°. C'est un acide bibasique et, comme tel, il peut donner un nouvel anhydride, l'anhydride diglycolique.

2. **Anhydride diglycolique**, $C^4H^4O^4 = O(CH^2 — CO)^2O$, composé à la fois anhydride-alcool et anhydride-acide ; il est isomérique avec 4.

3. **Anhydride glycolique**, $C^4H^6O^5 = CH^2(OH)—CO.O(CH^2—CO.OH)$, ester-anhydride, s'obtient en chauffant l'acide glycolique à 100°. L'eau à l'ébullition l'hydrate de nouveau.

4. **Glycolide**, $C^4H^4O^4 = \underbrace{CH^2.CO.O.CH^2.CO.O}$ (deuxième anhydride-acide d'ester), est isomérique avec 2 (et avec l'acide fumarique). Se produit dans la distillation du bromacétate de sodium dans le vide. Tablettes brillantes. P. F. 87°, peut être hydraté ; se polymérise en **polyglycolide**.

Glycocolle (acide aminoéthanoïque), *glycine*, *acide amidoacétique*,

$CH^2(AzH^2)—CO.OH$ (*Braconnot*, 1820). C'est le représentant le plus simple de la classe importante des *acides aminés* (appelés autrefois *acides amidés*), ainsi dénommés parce qu'ils dérivent des acides gras, par substitution du groupe amino (amido) à un atome d'hydrogène du radical hydrocarboné :

$CH^3.CO^2H$, acide acétique ; $CH^2(AzH^2)(CO^2H)$, acide aminoacétique.

Les modes de formation du glycocolle sont aussi ceux des autres acides aminés.

Formation. 1. Au moyen de l'acide acétique monochloré et de l'ammoniaque concentrée (*Heintz*, A. **122**, 261 ; *Kraut*, A. **266**, 292) :

$$CH^2Cl—CO^2H + 2AzH^3 = CH^2(AzH^2)—CO^2H + AzH^4Cl.$$

Cette réatction donne également naissance aux acides di et triglycolamidiques $AzH(CH^2.CO^2H)^2$ et $Az(CH^2,CO^2H)^3$.

2. En faisant bouillir la gélatine avec les alcalis ou les acides.

3. Par scission de l'acide hippurique (benzoylglycocolle, V. ce mot), au moyen de l'acide chlorhydrique ; il se forme en même temps de l'acide benzoïque.

4. Par scission analogue de l'acide glycocholique (formation concomitante d'acide cholique).

5. Par réduction de l'éther cyanocarbonique au moyen de l'hydrogène naissant, ou par réduction du cyanogène au moyen de l'acide iodhydrique :

$$CAz—CAz + 2H^2 + 2H^2O = CH^2(AzH^2)—CO.OH + AzH^3.$$

6. Par réduction des dérivés isonitrosés des acides gras (V. p. 162).

7. On obtient des homologues du glycocolle en traitant la cyanhydrine du glycol par l'ammoniaque ou en traitant les aldéhydes-ammoniaques par l'acide cyanhydrique ; les aminocyanures, $CH^3—CH(AzH^2)(CAz)$, par exemple, qui se produisent en premier lieu, sont saponifiés par ébullition avec l'acide chlorhydrique avec formation d'acides aminés.

Propriétés physiques. Le glycocolle forme de gros prismes rhombiques incolores, facilement solubles dans l'eau, insolubles dans l'alcool et l'éther. Le glycocolle possède une saveur sucrée (d'où son nom γλυκύς, sucré ; κόλλα, colle) ; il fond à 236° ; sa fusion est accompagnée d'une décomposition profonde.

Propriétés chimiques. Le glycocolle, comme tous les acides aminés, possède à la fois les propriétés d'une amine alcoolique (non saponifiable) et celles d'un acide. On peut le considérer comme étant la méthylamine carboxylée, $AzH^2.CH^2.CO^2H$. Il forme des sels avec les acides et avec les bases. Le sel de cuivre, $(AzH^2.CH^2.CO^2)^2Cu + H^2O$, forme des aiguilles bleues caractéristiques ; on l'obtient en dissolvant de l'oxyde de cuivre dans une solution aqueuse de glycocolle. La plupart des aminoacides forment des sels de cuivre analogues, également caractéristiques et qui servent à les isoler. Le glycocolle forme aussi des combinaisons avec les sels. Fonctionnant comme acide, il forme un ester éthylique (susceptible de donner un chlorhydrate par suite de la présence du groupe amino), une amide (V. tableau, p. 196), etc. Chauffé avec la baryte, il se transforme en méthylamine et acide carbonique ; l'acide nitreux le change en acide glycolique. Traité par le chlorure ferrique, il donne une coloration rouge intense.

Constitution. Le glycocolle libre pourrait exister sous la forme d'un sel intérieur correspondant à la formule $AzH^3.CH^2.CO.O$ (V. bétaïne).

Les *dérivés alcoylés* du glycocolle, tous préparés synthétiquement, sont les suivants :

méthylglycocolle	triméthylglycocolle	acétylglycocolle
$CH^2.AzH(CH^3)$ / $CO.OH$	$CH^2.Az(CH^3)^3$ / $CO.O$	$CH^2.AzH(C^2H^3O)$ / $CO.OH$
sarcosine	**bétaïne**	**acide acéturique**
(produit de décomposition de la créatine et de la caféïne).	(se trouve dans la betterave).	etc.

Les *acides amidoxyliques* dérivent théoriquement des acides aminés par substitution d'un hydroxyle à un hydrogène du groupe amino, B. **26**, 1545; Bull. soc. chim. **1894**, **2**, 922. B. **28**, 2300.

Ester éthyldiazoacétique. Ce dérivé s'obtient en faisant agir l'acide nitreux sur l'ester glycocollique :

$$CO^2C^2H^5.CH^2.AzH^2 + HOAzO = CO^2C^2H^5.CH(Az^2) + 2H^2O.$$

C'est une huile jaune, bouillant à 141°, susceptible de réagir avec une facilité extraordinaire et, le plus souvent, en perdant ses deux atomes d'azote qui sont remplacés par deux atomes ou deux groupes monovalents. Ainsi, l'action de l'iode donne le dérivé : $CO^2.C^2H^5.CHI^2$; celle de l'acide chlorhydrique : $CO^2.C^2H^5.CH^2.Cl$; celle de l'eau : $CO^2.C^2H^5.CH^2OH$. Ces réactions lui assignent la constitution : $CO^2.C^2H^5.CH\langle{}^{Az}_{Az}$ (Az=Az). L'ester diazoacétique a permis la synthèse du pyrazol (V. ce mot) et, par une méthode compliquée, celle de **l'hydrazine** ou *diamide*, AzH^2-AzH^2, ou de son hydrate. C'est au moyen de ce dernier composé qu'on a préparé, pour la première fois, l'acide **azothydrique**, Az^3H (*Curtius*, J. pr. Ch. (2) **38**, 396. B. **29**, 759; Bull. soc. chim. **1896**, **2**, 1550) ; V. aussi, amidoguanidine.

Acides lactiques, $C^3H^6O^3 = C^2H^4(OH)(CO^2H)$.

(*Wislicenus*, Ann. **128**, 1 ; **166**, 3; **167**, 302, 346).

Théoriquement (p. 193), il peut exister deux acides lactiques *isomères de structure* : l'acide α et l'acide β *oxypropioniques* ou acides éthylidène- et éthylènelactiques ; tous deux sont connus.

Modes de formation : V. le tableau ci-après.

L'étude des acides lactiques et la détermination de leur caractère monobasique-bivalent ont contribué, pour une large part, à faire admettre la théorie de l'enchaînement des atomes.

Modes de formation : (V. p. 198).	de l'acide éthylidènelactique	de l'acide éthylènelactique
1. Par oxydation ménagée	du glycol propylènique-α $CH^3-CH(OH)-CH^2(OH)$	du glycol propylènique-β $CH^2(OH)-CH^2-CH^2(OH)$
2. Par échange de l'halogène contre l'hydroxyle dans	l'acide propionique α-chloré $CH^3-CHCl-CO.OH$	l'acide propionique β-iodé $CH^2I-CH^2-CO.OH$
3. Par saponification de (p. 2)	l'aldéhyde cyanhydrine $CH^3-CH.OH-CAz$	la cyanhydrine du glycol $CH^2(OH)-CH^2-CAz$
4. Par l'action de Az^2O^3 sur	l'analine $CH^3-CH(AzH^2)-CO.OH$	
5. Par réduction de l'	acide pyruvique $CH^3-CO-CO.OH$	
6. Par	fermentation lactique du sucre, etc.	

D'après la théorie de Le Bel et van't Hoff (p. 33), l'acide éthylidènelactique, contenant un atome de carbone asymétrique, peut exister sous deux modifications stéréoisomériques, l'une déviant la lumière polarisée à droite (d), l'autre à gauche (l); il peut en outre exister une troisième modification inactive (i ou dl) résultant du mélange des deux premières. L'acide d et l'acide-i sont connus depuis longtemps; l'acide lactique-l a été découvert récemment et les prévisions théoriques ont ainsi été confirmées.

1. *Acide éthylidènelactique*-i (acide 2-propanoloïque), *acide lactique ordinaire de fermentation*, $CH^3-CH(OH)-CO^2H$. Découvert par *Scheele* et caractérisé comme acide oxypropionique par *Kolbe*. *Etats naturels* : dans l'opium, la choucroute, le suc gastrique.

Sa *préparation* repose sur la fermentation, dite lactique, des sucres (sucre de lait, sucre de canne, sucre de raisin) ou de substances analogues (gommes et amidon), sous l'influence du bacille lactique (batonnets courts) (*Hüppe*). La fermentation se poursuit le plus régulièrement entre 35 et 45° en présence de craie ou d'oxyde de zinc destinés à neutraliser l'acide lactique à mesure qu'il se forme. Pour isoler ensuite l'acide lactique, on décompose le sel de zinc, par exemple, par l'hydrogène sulfuré.

Dans le cas où l'ensemencement est impur (fromage, par cxmeple), l'acide lactique formé se transforme ultérieurement, sous l'influence d'autres organismes, en acide butyrique (p. 151).

On obtient aussi de l'acide lactique en chauffant le sucre de raisin ou le sucre de canne avec une solution aqueuse de potasse caustique (B. **15**, 136; Bull. soc. chim. **1882**, **1**, 463).

Enfin, l'acide inactif s'obtient en mélangeant parties égales des deux modifications actives. Les synthèses conduisent à un semblable mélange, l'acide lactique synthétique est donc inactif.

Propriétés. L'acide éthylidènelactique-i fond à 18° et est très hygroscopique; cependant, particularité très remarquable, sa solution, évaporée dans un exsiccateur, dépose de l'anhydride lactique solide, $C^6H^{10}O^5$, alors même que l'eau n'a pas disparu totalement. Le sirop non cristallisable ainsi obtenu donne l'acide pur par distillation rapide dans le vide. Lorsqu'on chauffe l'acide lactique à la pression ordinaire, il se transforme partiellement en lactide (V. plus bas) et se décompose partiellement en aldéhyde, oxyde de carbone et eau. Chauffé à 130° avec de l'acide sulfurique étendu, il se change en aldéhyde et acide formique :

$$CH^3—CH(OH)—CO^2H = CH^3—CHO + H.CO^2H.$$

Si l'acide sulfurique employé est concentré, au lieu d'acide formique, il se forme de l'oxyde de carbone. Par oxydation, l'acide lactique donne de l'acide acétique et de l'acide carbonique ; traité par l'acide bromhydrique, il fournit de l'acide propionique α-bromé ; traité par l'acide iodhydrique à l'ébullition, il se transforme en acide propionique.

La modification inactive peut être dédoublée par cristallisation de certains sels (sel de strychnine par exemple) ou encore au moyen du Penicillium glaucum qui, s'assimilant plus rapidement l'acide-l que l'acide-d, transforme en ce dernier l'acide-i (Voir, à propos d'une action inverse, B. 26, R. 804).

Lactate de calcium, $(C^3H^5O^3)^2Ca + 5H^2O$, aiguilles rhombiques microscopiques groupées en mamelons. — *Lactate de zinc*, $(C^3H^5O^3)^2Zn + 3H^2O$, aiguilles brillantes. — *Lactate ferreux*, $(C^3H^5O^3)^2Fe + 3H^2O$, aiguilles jaune-clair ; est employé en médecine ainsi que le sel de zinc.

Les *dérivés* de l'acide lactique sont tout à fait analogues à ceux de l'acide glycolique (V. tableau, p. 196). Ainsi, l'acide *éthyllactique*, $CH^3—CH(OC^2H^5)—CO^2H$, est un liquide acide, épais, distillant presque sans décomposition (1), semblable à l'acide éthylglycolique ; l'ester *éthyllactique*, distillable sans décomposition, correspond à l'ester éthylglycolique ; la *lactamide* (amide de l'acide lactique) : $CH^3—CH.OH—CO.AzH^2$, correspond à la glycolamide.

Alanine, $CH^3—CH(AzH^2)—CO.OH$; ce dérivé correspond au glycocolle. On l'obtient (V. p. 197) au moyen de l'aldéhyde-ammoniaque et de l'acide cyanhydrique ; il forme des aiguilles dures de saveur sucrée.

Par l'action du chlorure de phosphore sur l'acide lactique, on obtient le *chlorure de lactyle* : $CH^3—CHCl—CO.Cl$ (p. 166) qui, en qualité de chlorure de l'acide α-propionique, est décomposé par l'eau en cet acide et en acide

(1) L'introduction de l'éthyle paralyse l'action de l'hydroxyle, de telle sorte que l'acide éthyllactique ressemble bien plus à l'acide propionique qu'à l'acide lactique.

chlorhydrique. L'acide propionique α-chloré doit être considéré comme l'ester chlorhydrique de l'acide lactique.

Anhydrides de l'acide lactique : 1) **Acide lactylique**, anhydride lactique, $C^6H^{10}O^5$, analogue à l'anhydride glycolique ; masse jaune amorphe ; 2) **lactide**, $C^6H^8O^4$, analogue à la glycolide, tables fusibles à 125° ; 3) acide **dilactique**, $C^6H^{10}O^5$, anhydride alcoolique, analogue à l'acide diglycolique.

2. Acide éthylidènelactique-d, *Acide paralactique* ou *acide de la viande* (Liebig) ; est contenu dans le jus de viande et, par suite, dans les extraits de Liebig. Il se produit dans certaines fermentations. Ses propriétés chimiques sont presque identiques à celles de l'acide lactique ordinaire, il forme, par exemple, une lactide et peut être transformé en aldéhyde. Ses sels, cependant, sont un peu différents : le sel de zinc cristallise avec $2H^2O$ et est beaucoup plus facilement soluble; le sel de calcium ($+ 4H^2O$) est plus difficilement soluble que le lactate de l'acide ordinaire.

3. **Acide éthylidènelactique** l : a été obtenu par fermentation du sucre de canne sous l'influence du bacille lactique-l (M. f. Ch **11**, 551).

4. **Acide éthylènelactique** (acide 3-propanoloïque), *acide hydracrylique*, $CH^2(OH)—CH^2—CO.OH$ (*Wislicenus*, A. **128**, 1).

Sirupeux. Ne contient pas de carbone asymétrique. Se différencie de l'acide lactique : 1) par les produits qu'il donne à l'oxydation : acide carbonique et acide oxalique, pas d'acide acétique ; 2) par sa transformation sous l'action de la chaleur : il ne fournit pas d'anhydride, mais se décompose en eau et acide acrylique : $CH^2.OH—CH^2.COOH = CH^2 : CH.COOH + H^2O$, d'où la dénomination d'acide hydracrylique ; 3) par la solubilité de ses sels et leur teneur en eau de cristallisation (sel de zinc $+ 4H^2O$, très facilement soluble dans l'eau ; sel de calcium $+ 2H^2O$).

Acides oxybutyriques.

Acide β-oxybutyrique, $CH^3—CH(OH)—CH^2—CO^2H$; corps sirupeux analogue à l'aldol (V. ce mot) et à l'acide acétylacétique (V. ce mot). On en trouve une modification optiquement active (−) dans l'urine diabétique et dans le sang.

Acide γ-oxybutyrique, $CH^2(OH)—CH^2-CH^2-CO^2H$, ne peut exister qu'à l'état de sels, mais non à l'état libre (V. plus loin, butyrolactone).

Acide α-oxybutyrique, $(CH^3)^2{=}C(OH)—CO^2H$ (*Wurtz*), « acide acétonique », s'obtient au moyen de l'acétonecyanhydrine; peut être scindé en acides -d et -l.

Acides oxyvalérianiques.

Certains acides *oxyvalérianiques* ont été préparés synthétiquement ; quelques autres ont été obtenus par scission de l'albumine, de la coniine et des dérivés de la pipéridine ou ont été trouvés dans le pancréas du bœuf.

Acides oxycaproïques.

La **leucine** ou *acide α-amidocaproïque*, $CH^3(CH^2)^3—CH(AzH^2)CO^2H$, est un dérivé de l'acide α-oxycaproïque (acide leucinique, *Strecker*). Elle est en étroite relation avec l'albumine, de même d'ailleurs que les autres acides aminés; elle se trouve dans le vieux fromage, dans beaucoup d'organes animaux (glandes intestinales). dans les graines de courge, etc. C'est un des produits constants de la digestion de l'albumine dans l'intestin grêle (à côté de tyrosine, v. ce mot) et aussi de la putréfaction des substances albuminoïdes; on l'obtient, au moyen de ces dernières, par ébullition avec les alcalis ou les acides. Elle a été, en apparence, obtenue synthétiquement. Elle forme des tablettes grasses, brillantes. Au point de vue chimique, elle est très analogue au glycocolle ; elle forme, par exemple, un sel de cuivre bleu, difficilement soluble, caractéristique. La leucine naturelle dévie à droite. Il existe aussi une modification gauche et une autre inactive. Constitution : B. **24**, 669 ; Bull. soc. chim. **1892**, **2**, 100.

Acide oxystéarique, $C^{18}H^{36}O^3$. On l'obtient en faisant agir l'acide sulfurique concentré, froid, sur l'acide oléïque. Masse blanche. Son ester sulfurique, $C^{18}H^{35}O^2(SO^4H)$, a une certaine importance pour la teinture en rouge turc.

Acides monobasiques bivalents non saturés.

Acide ricinique, $C^{18}H^{34}O^3$: son ester glycérique constitue l'huile de ricin ; masse cristalline, fusible à 17°. L'acide **sulforicinique**, obtenu au moyen de l'huile de ricin et de l'acide sulfurique, est d'un emploi très important dans la teinture en rouge turc (V. alizarine).

Acide rapique, $C^{18}H^{34}O^3$ (au moyen de l'huile de navette), isomère du précédent.

Lorsque l'hydroxyle des acides précédents est lié directement à un atome de carbone non saturé, les composés possèdent des propriétés essentiellement différentes (V. acide oxyacrylique, p. 208).

Appendice : **Lactones**.

Les γ-oxyacides sont très instables à l'état libre et, lorsqu'on traite leurs sels par un acide, on obtient un anhydride intérieur appelé *lactone* (*N. o.* « olide ») (V. p. 194).

$$CH^2(OH)-CH^2-CH^2-CO.OH = \underbrace{CH^2-CH^2-CH^2-CO}_{O} + H^2O$$

acide γ-oxybutyrique — butyrolactone (butanolide)

Ces lactones sont des anhydrides intramoléculaires et doivent être considérées comme des esters intérieurs : la partie acide éthérifie la partie alcoolique de la molécule.

Les lactones des γ-oxyacides (« γ-lactones ») sont, en général, des liquides neutres, facilement solubles dans l'eau, l'alcool et l'éther; elles ont une odeur faiblement aromatique; elles distillent sans décomposition. Les alcalis les dissolvent en formant les sels des oxyacides correspondants; l'acide bromhydrique les transforme en acides gras bromés; l'ammoniaque les convertit en acides aminés ou en amides des γ-oxyacides (B. 23 R. 234).

On connaît aussi des lactones δ, β, α, (B. **24**, 4070) dérivant des oxyacides δ, β, α. Ces différentes lactones présentent des différences spéciales quant à leur facilité de formation et à leur stabilité ; les γ-lactones sont les plus stables.

La formation de γ-lactones par l'action, à chaud, de l'acide bromhydrique ou de l'acide sulfurique modérément concentré sur les acides β-γ non saturés, isomères, $C^nH^{2n-2}O^2$, est particulièrement digne de remarque.

V. aussi : *Fittig* (et ses élèves), Ann. **208** ; **216** ; **255** ; **256** ; **268**, 110 ; Bull. soc. chim. **1893**, **2**, 391. B. **27**, 2668 ; Bull. soc. chim. **1895**, **2**, 365. Production d'*oxétones* au moyen des lactones : A. **267**, 186 ; Bull. soc. chim. **1893**, **2**, 388.

B. Acides monobasiques tri-, etc,, valents.

De même que les glycols donnent d'abord, par oxydation, des acides monobasiques bivalents possédant à la fois le caractère des alcools monovalents et celui des acides monobasiques, les alcools de valence plus élevée se transforment d'abord, par oxydation ménagée, en acides monobasiques et polyvalents. Ces acides possèdent en même temps que le caractère d'acides, celui d'alcools tri-, etc., valents ; ils sont, au point de vue chimique, absolument comparables à l'acide lactique, si ce n'est qu'ils peuvent fonctionner comme alcools polyvalents.

L'oxydation transforme un groupe $-CH^2-OH$ en carboxyle et les acides formés contiennent encore des groupes hydroxyles dont le nombre dépend de celui contenu dans les alcools, on l'indique en donnant aux acides les qualificatifs de tri-, téra-, etc., valents. On fixe le nombre d'hydroxyles alcooliques que contiennent ces acides en les traitant par l'anhydride acétique et déterminant le nombre de groupes acétyles des dérivés obtenus.

Dans ces acides-alcools, comme dans les alcools polyvalents, il n'y a jamais plus d'un hydroxyle uni à un atome de carbone. Leur chaîne d'atomes de carbone est la même que celle de la substance mère.

La plupart des combinaisons précédentes cristallisent mal ou sont gommeuses. Quelques-unes s'obtiennent par oxydation ménagée des sucres ou des acides non saturés, $C^nH^{2n-2}O^2$ (V. p. 157). Quelques lactones peuvent en être obtenues par anhydrisation,

A. *Acides monobasiques trivalents.*

Acide glycérique (acide propanedioloïque), $C^2H^3(OH)^2CO^2H$. Cet acide s'obtient par oxydation ménagée de la glycérine. Il est sirupeux, inactif, on en connaît aussi une modification déviant à droite.

La **sérine**, $C^2H^3(OH)(AzH^2)(CO^2H)$, produit qu'on obtient en faisant bouillir la gomme de soie avec l'acide sulfurique étendu et la **lysine**, $C^2H^3(AzH^2)^2CO^2H$, produit de décomposition de la caséïne et de la gélatine par l'acide chlorhydrique, sont des amines alcooliques qui correspondent aux acides-alcools.

Acide dioxystéarique, $C^{18}H^{34}(OH)^2O^2$; on l'obtient par oxydation ménagée de l'acide oléïque, de la même manière qu'on obtient la glycérine au moyen de l'alcool allylique.

B. Acides monobasiques tétravalents.

Acide érythrique (acide butanetrioloïque), $C^3H^4(OH)^3CO^2H$. S'obtient par oxydation ménagée de l'érythrite ou du fructose.

C. Acides monobasiques pentavalents.

Acides pentoniques (acides pentanetétroloïques), $C^4H^5(OH)^4(CO^2H)$. On connaît quatre stéréoisomères : les acides *arabonique, ribonique, xylonique* et *lyxonique*.

Acide arabonique, $C^4H^5(OH)^4(CO^2H)$, s'obtient par oxydation de l'arabinose et se transforme en acide ribonique, stéréoisomère, lorsqu'on le chauffe avec de la pyridine. V. B. **24**, 4215 ; Bull. soc. chim. **1892**, **2**, 777. B. **29**, 581 ; Bull. soc. chim. **1896**, **2**, 1248.

Acide saccharinique (acide hexanetétroloïque), $C^5H^7(OH)^4(CO^2H)$. Se produit dans l'action de la chaux sur le glucose et le fructose.

On obtient des produits isomères : les acides **iso** et **métasaccharinique**, en traitant de même le sucre de lait. Les acides sacchariniques ne sont connus que sous forme de sels ou de lactones cristallisables, $C^6H^{10}O^5$ (**saccharine**, **iso-**, **métasaccharine**). V. B. **17**, 1302 ; Bull. soc. chim. **1885**, **2**, 542. B. **18**, 2514 ; Bull. soc. chim. **1886**, **2**, 520.

D. *Acides monobasiques hexa-, etc., valents.*

Acides hexoniques (acides hexanepentoloïques), $C^5H^6(OH)^5(CO^2H)$. Ces acides présentent une importance particulière à cause de leurs relations étroites avec les sucres. On les obtient soit en oxydant prudemment les sucres, au moyen de l'eau de brome, par exemple, soit en réduisant les acides bibasiques correspondants (acide saccharique, etc.), soit enfin, au moyen des pentoses et de l'acide cyanhydrique, de la même manière qu'on obtient l'acide lactique avec l'aldéhyde. Inversement, les acides hexoniques capables de former des lactones donnent d'une part des sucres par réduction de celles-ci, au moyen de l'amalgame de sodium, et sont transformés, d'autre part, en acides bibasiques correspondants par oxydation au moyen de l'acide nitrique.

On a les rapports suivants :

Acide mannonique	Mannose	Mannite.
Acide gluconique	Glucose	Sorbite.
Acide gulonique	Gulose	
Acide galactonique . ..	Galactose	Dulcite.
Acide talonique	Talose	
Acide idonique	Idose	Idite.

Les acides hexoniques sont, en partie, connus uniquement sous leur forme lactonique. Pour les isoler, on emploie souvent, avec avantage, leur combinaison avec la phénylhydrazine (V. ce mot).

Il ressort de l'étude de ces acides qu'ils possèdent tous la formule de constitution suivante :

$$CH^2(OH)-CH(OH)-CH(OH)-CH(OH)-CH(OH)-CO^2H,$$

et que, par suite, ils sont identiques de structure. Leurs différences s'expliquent par la théorie du carbone asymétrique : ils sont stéréoisomères comme les sucres correspondants (V. ceux ci). Lorsque ces derniers existent sous plusieurs modifications optiquement différentes, que l'on classe en droites, gauches ou inactives, selon qu'elles correspondent aux glucoses d., l. ou i., les acides hexoniques (sauf l'acide talonique) existent également sous plusieurs modifications que l'on nomme, de même, droites, gauches ou inactives, selon leurs rapports avec les sucres. Théoriquement, il peut exister seize stéréoisomères qui sont presque tous connus. Lorsqu'on passe des acides hexoniques aux hexoses, puis aux alcools correspondants (mannite, etc.), le nombre des stéréoisomères diminue, car un atome de carbone asymétrique dans les premiers devient symétrique dans les derniers. La transformation des acides hexoniques en acides bibasiques donne lieu également à une diminution du nombre des isomères possibles.

Quelques acides hexoniques, chauffés avec la quinoléine et un peu d'eau, se transforment partiellement (état d'équilibre) en d'autres acides de la même classe ; ainsi, l'acide mannitique-d se transforme en acide gluconique-d, l'acide galactique en acide talonique et inversement. Les acides inactifs peuvent être scindés en isomères actifs au moyen des sels de strychnine. il en est ainsi pour l'acide mannitique-i et l'acide galactique-i. Lorsqu'on mélange les solutions aqueuses des modifications d. et l., la combinaison racémique, modification inactive, cristallise parfois, mais non dans tous les cas. B. **25**, 1025 ; Bull. soc. chim. **1892**, **2**, 964.

Les acides gluconique-l. et mannitique-l. s'obtiennent simultanément au moyen de l'arabinose et de l'acide cyanhydrique (acides arabinosecarboniques), ils sont, par suite, stéréoisomères et leur stéréoisomérie est imputable au carbone médiateur dans la synthèse.

On a préparé aussi une série d'acides-alcools au moyen des hexoses, des pentoses, etc. (V. ces mots), par exemple :

Acide glucoheptonique, acide glucosecarbonique, $C^6H^7(OH)^6(CO^2H)$.

Acide rhamnohexonique, $C^6H^8(OH)^5CO^2H)$, au moyen du rhamnose, etc.

C. Alcools-aldéhydes.

1. **Aldéhyde glycolique** (éthanolal), $CH^2OH-CHO$. N'est connue qu'en solution. Réduit la liqueur de Fehling, même à froid. (B. **25**, 2552). L'amine qui en dérive est l'*aminoacétaldéhyde* (aminoéthanal), $AzH^2.CH^2.CHO$; (B. **26**, 92 ; Bull. soc. chim. **1893**, **2**, 425), dont l'hydrazine est l'acétaldéhyde-hydrazine, $AzH^2.AzH.CH^2.CHO$. (B. **27**, 180 ; Bull. soc. chim. **1894**, **2**, 778) ; ces deux dérivés ne sont connus qu'en solution et réagissent avec une facilité remarquable.

2. **Aldol**, $CH^3-CH(OH)-CH^2-CHO$ (*Wurtz*) ; produit de condensation de l'aldéhyde (V. p. 126), huile épaisse, facilement soluble dans l'eau.

La *δ-aminovaléraldéhyde*, $AzH^2-CH^2-(CH^2)^3-CHO$, est un dérivé de l'*oxyvaléraldéhyde* on l'obtient par l'action de l'eau oxygénée sur la pipéridine ; elle peut être retransformée en cette base par réduction. B. **26**, 2992 ; Bull. soc. chim. **1894**, **2**, 380.

3. **Glycérinaldéhyde**, *aldéhyde glycérique*, $CH^2(OH)-CH(OH)-CHO$, s'obtient par

oxydation de la glycérine au moyen du brome en présence de carbonate de soude. N'est connue qu'en solution ; réducteur énergique ; se transforme par condensation en acrose (V. ce mot).

Les sucres (glucoses, pentoses, etc), sont aussi des alcools-aldéhydes ou des alcools-cétones. Ils seront traités dans un chapitre spécial.

D. Alcools-cétones (cétols).

Acétone-alcool (propanolone), *acétylcarbinol*, $CH^3CO.CH^2.OH$. Liquide incolore, se solidifiant par refroidissement bouillant à 147°, non pas absolument sans décomposition. On l'obtient en traitant l'acétone monohalogénée par le carbonate de baryum et encore en fondant le glucose avec de la potasse caustique (B. **16**, 837). Réduit la liqueur de Fehling, même à froid.

Son amine, l'**aminoacétone**, $CH^3.CO.CH^2.AzH^2$ (V. p. 136), est connue à l'état de chlorhydrate déliquescent, fortement réducteur et facilement transformable en diméthylpyrazine (V. ce mot).

Diméthylcétol (2, 3-butanolone), $CH^3—CO—CH(OH)—CH^3$; se prépare en réduisant le diacétyle (V. plus bas). Liquide incolore, P. E. 142°, miscible à l'eau, réduit la liqueur de Fehling à la température ordinaire.

Comme homologues des précédents, on peut citer : l'**alcool acétopropylique**. Bull. soc. chim. **1888**, **2**, 179 ; B. **22**, 1196, l'**alcool acétobutylique**, B. **21**, 735 et l'**alcool acétoisopropylique**, $CH^3—CO—CH^2—CH(OH)—CH^3$ (liquide P. E. 177°), qu'on obtient par condensation de l'acétone avec l'aldéhyde (en présence d'un alcali aqueux) ; il se transforme, par soustraction d'eau, en **éthylidèneacétone**, $CH^3—CO—CH{=}CH—CH^3$; liquide, P. E. 122°.

E. Aldéhydes bivalentes.

Glyoxal (éthanediol), $CHO—CHO$ (*Debus*, 1856). On l'obtient en oxydant avec précaution l'alcool ou, mieux, l'aldéhyde. Masse blanche déliquescente. Possède toutes les propriétés caractéristiques des aldéhydes et, en qualité d'aldéhyde bivalente, s'unit à deux molécules de bisulfite de soude et forme une dicyanhydrine.

L'ammoniaque concentrée le transforme en *imidazol* (V. ce mot).

F. Cétones bivalentes.

Diacétyle (butanedione), *α-dicétobutane*, $CH^3—CO—CO—CH^3$, s'obtient au moyen de l'isonitrosométhylacétone, $CH^3—C(AzOH)—CO—CH^3$, par ébullition avec l'acide sulfurique dilué : le groupe oxime est remplacé par un oxygène. Liquide vert-jaune, bouillant à 88°, dont la vapeur est de même couleur que le chlore ; son odeur rappelle la quinone (V. ce mot) (*von Pechmann*. B. **20**, 3162 ; Bull. soc. chim. **1888**, **1**, 489. B. **24**, 3954 ; Bull. soc. chim. **1892**, **2**, 767. *Fittig et ses élèves*, A. **249**, 182 ; Bull. soc. chim. **1890**, **1**, 93). Il se transforme par réduction en diméthylcétol (V. plus haut).

On connaît des homologues du diacétyle : B **22**, 2115 ; Bull. soc. chim. **1890**, **1**, 369.

Acétylacétone, $CH^3—CO—CH^2—CO—CH^3$; liquide, P. E. 137° ; s'obtient par l'action.

du chlorure d'aluminium sur le chlorure d'acétyle ou, mieux (B. **22**, 1009), par l'action du sodium sur un mélange d'éther acétique et d'acétone (V. synthèse de l'ester acétylacétique, (p. 209) :

$$CH^3—CO.OC^2H^5 + CH^3—CO—CH^3 = CH^3—CO—CH^2—CO—CH^3 + C^2H^5.OH.$$

Acétonylacétone, *γ-dicétohexane*, $CH^3—CO—CH^2—CH^2—CO—CH^3$; s'obtient (indirectement) au moyen de l'acétone monochlorée et de l'ester acétylacétique (B. **17**, 2756 ; Bull. soc. chim. **1886**, **1**, 614) et aussi au moyen de l'ester diacétylsuccinique (B. **22**, 168, 2100). Liquide d'une odeur agréable, bouillant à 188°.

δ-Dicétoheptane, $CH^3.CO.(CH^2)^3.CO.CH^3$, n'est connu que sous forme de dérivés, (voir ester méthylène-diacétylacétique, p 231).

Les substances mentionnées sont les représentants les plus simples des α-(1,2), β-(1,3), γ-(1,4) et δ-(1,5) *dicétones*, c'est-à-dire des dicétones dans lesquelles les deux groupes carbonyles (ou céto) CO sont ou voisins (α-) ou séparés par un, deux, etc., atomes de carbone (β, γ-, etc.).

(On peut classer, d'une manière analogue, les cétols (alcools-cétones) en dérivés, α, β, γ, etc.).

Les dicétones forment des mono et des dioximes, des mono et des dihydrazones. Ces dernières, comme aussi les dihydrazones dérivées des dialdéhydes, sont appelées *osazones* ; ainsi, la diacétyldihydrazone :

$$\begin{array}{l} CH^3—C=Az—AzH—C^6H^5 \\ \quad\quad\;| \\ CH^3—C=Az—AzH—C^6H^5, \end{array}$$

est la diacétylosazone. Elles prennent aussi naissance dans l'action des hydrazines sur les alcools-cétones ou les alcools-aldéhydes, par introduction simultanée d'un atome d'oxygène ; elles sont généralement colorées en jaune (V. combinaisons de la phénylhydrazine avec les hydrates de carbone).

Les dicétones se prêtent aux condensations les plus variées : les α-dicétones, sous l'action des alcalis, se transforment en *dérivés benzéniques* (V. quinone) ; les β-dicétones se convertissent facilement en dérivés du *pyrazol* et de l'*isoxazol* (V. ces mots) et sont employées pour la synthèse de *dérivés de la quinoléine* ; les γ-dicétones donnent des dérivés du *pyrrol*, du *furfurane* et du *thiophène* (V. ces mots) ; enfin, les δ-dicétones, permettent d'obtenir des dérivés de la pyridine et du tétrahydrobenzène.

La constitution de ces combinaisons peut être déduite le plus souvent de leurs modes de formation. Cependant, les dicétones réagissent parfois, de même que l'ester acétylacétique (p. 209), sous une forme tautomère ; l'acétylacétone, par exemple, réagit d'après la forme : $CH^3.C(OH)=CH.CO.CH^3$ (A. **277**, 59, 162 ; Bull. soc. chim. **1894**, **2**, 130, 132).

G. Oxyméthylènecétones et aldéhydes-cétones.

Oxyméthylèneacétone, $CH(OH)=CH—CO—CH^3$; dérivé de l'alcool vinylique (p. 84) ; on l'obtient à l'état de sel de sodium en faisant agir l'acétone sur l'ester éthylformique en présence d'éthylate de sodium (« condensation » analogue à la formation de l'ester acétylacétique, v. p. 210); elle ne peut exister que peu de temps à l'état libre, car elle se polymérise en triacétylbenzène (v. ce mot). Elle fut d'abord considérée comme l'aldéhyde de l'acide acétylacétique (p. 212), $CH^3.CO—CH^2—CHO$. B. **25**, 1044 ; Bull. soc. **1892**, **2**, 956. A. **281**, 306 ; Bull. soc. chim. **1895**, 2, 163.

Aldéhyde pyruvique, *méthylglyoxal*, $CH^3—CO—CHO$, s'obtient au moyen de l'isonitrosoacétone, comme le diacétyle au moyen de la méthylisonitrosoacétone (V. plus haut).

H. Acides monobasiques aldéhydiques et oxyméthyléniques.

Acide glyoxalique (acide éthanaloïque), *acide glyoxylique*, $CHO—CO^2H$. Etats naturels : dans les fruits tout à fait verts (grains de raisin, groseilles vertes, etc.). On peut le préparer en surchauffant, avec de l'eau, l'acide acétique dichloré, $CHCl^2—CO^2H$. Prismes rhombiques, facilement solubles dans l'eau. L'acide glyoxalique est volatil avec la vapeur d'eau ; à l'état libre, il contient, ainsi que la plupart de ses sels, une molécule d'eau, ce qui conduit à la formule $CH(OH)^2—CO^2H$, analogue à celle de l'hydrate de chloral (de laquelle elle dérive par échange des trois atomes de chlore contre un atome d'oxygène et un groupe hydroxyle).

Acide glucuronique, $CHO—(CH.OH)^4—CO^2H$; sa lactone est cristallisable et fond à 175° environ. L'acide s'obtient au moyen de l'acide saccharique et de l'amalgame de sodium.

Acide β-oxyacrylique, *acide oxyméthylène acétique*, $CH(OH):CH.CO^2H$, s'obtient, à l'état d'ester, par l'action du sodium sur un mélange d'esters formique et acétique (V. synthèse de l'ester acétylacétique, p. 210). Se condense facilement en acide trimésique ; il fut d'abord considéré comme étant l'acide *formylacétique*, $HCO.CH^2.CO^2H$ (sémialdéhyde malonique) (V. B. **25**, 1043 ; Bull. soc. chim. **1892**, **2**, 956).

I. Acides cétoniques monobasiques.

Les acides cétoniques sont des combinaisons possédant à la fois les propriétés des acides et celles des cétones ; elles peuvent donc former des sels, des esters, etc., se combiner au bisulfite de sodium, à l'hydroxylamine en formant des oximes (p. 135), se transformer par réduction en acides-alcools secondaires, etc. Les représentants les plus importants de cette classe sont :

l'*acide pyruvique*,	l'*acide acétylacétique*	et l'*acide lévulique*
$CH^3.CO.CO^2H$	$CH^3.CO.CH^2.CO^2H$	$CH^3.CO.CH^2.CH^2.CO^2H$

Constitution et nomenclature. Théoriquement, les acides cétoniques sont caractérisés par la présence dans leur molécule du groupe *carboxyle* et du groupe *carbonyle* (CO) uni à deux atomes de carbone. On peut les faire dériver des acides gras monobasiques en remplaçant un atome d'hydrogène du radical de ces acides par un radical acide R.CO (par CH^3CO, l'acétyle, dans les acides mentionnés). Cette conception est conforme au nom d'acide acétylacétique donné à l'un des trois dérivés cités plus haut et, d'après elle, l'acide lévulique devient l'acide β-acétylpropionique et l'acide pyruvique, l'acide acétylformique. On peut encore les faire dériver des acides gras en remplaçant, dans ceux-ci, les deux atomes d'hydrogène d'un groupe CH^2 par un atome d'oxygène.

D'après cela, l'acide acétylacétique, par exemple, devient l'acide β-cétobutyrique (nomenclature des oxyacides, p. 193) (*N. o.* : acide butanone-3-oïque).

La *constitution* des acides cétoniques est ordinairement facile à déterminer soit par leur mode de synthèse (V. plus bas), soit par leur transformation en acides-alcools correspondants (oxyacides) de constitution connue, à l'aide de l'hydrogène naissant (V. plus bas) etc.

Constitution des acides-cétoniques γ : **23**, R 396.

Cependant, comme les formules des acides cétoniques sont isomériques avec celles des alcools-acides non saturés $C^nH^{2n-2}O^3$ et, qu'en fait, différents acides cétoniques, ou leurs dérivés, se comportent dans certaines réactions comme ces alcools-açides, on doit admettre que les modes de groupement des atomes des composés de ces deux classes peuvent se transformer facilement l'un en l'autre et que l'un représente la forme stable et l'autre la forme instable ou pseudoforme. Les combinaisons qui présentent cette particularité sont appelées *tautomères*.

La *tautomérie* est donc la propriété de certaines combinaisons de pouvoir réagir selon l'une ou l'autre de deux formules de constitution isomères (*Butlerow*, A. **189**, 76. *Laar*, B. **18**, 648, **19**, 730, 23, 1856 ; Bull. soc. chim. **1891**, **27**, 301. B. **2**, 117 ; Bull. soc. chim. 1894, **2**, 132. B. **27**, 672 ; Bull. soc. chim. **1894**, 2, 991. B. **27**, 2395, *von Pechmann*, B. **28**, 877, 2362 ; Bull. soc. chim. **1895**, **2**, 10, 43, etc.

Un exemple typique de tautomérie est donné par l'ester acétylacétique pour lequel on peut considérer deux formules :

$CH^3.CO.CH^2.CO^2R$	et	$CH^3—C(OH)═CH—CO^2R$
formule cétonique		formule d'un alcool non saturé (dite énolique).

On a d'abord admis que ces substances ne possédaient pas de structure fixe, mais que leurs atomes oscillaient entre l'une et l'autre de ces deux configurations moléculaires (forme stable et forme instable).

Actuellement, cette opinion ne peut plus être soutenue ; on considère la tautomérie comme un cas spécial de l'isomérie. Les isomères ordinaires, comme les dérivés propyliques et isopropyliques, butyliques et isobutyliques, ne peuvent être transformés l'un dans l'autre simplement, sans réactions intermédiaires, tandis que, au contraire, les dérivés tautomères peuvent subir une transformation réciproque par simple *modification des liaisons* (*desmotropie*) [*Hantzsch* et *Hermann*, B. **20**. 2801 ; Bull. soc. chim. **1888**, **1**, 467. B. **21**, 1754 ; Bull. soc. chim. **1888**, **2**, 583. *Baeyer*, A. **245**, 189 ; Bull. soc. chim. **1889**, **2**, 505. *Förster*, B. **21**, 1857 ; Bull. soc. chim. **1888**. **2**, 549], « transposition isodynamique » *Armstrong*. Parfois, les deux formes possibles existent distinctement (V. par exemple, B **29**, 742 ; Bull. soc. chim. **1896**, **2**, 1142), mais, en général, on n'en connaît qu'une à l'état libre, l'autre ne pouvant être obtenue qu'à l'état de dérivés (il arrive aussi qu'on ne connaît que des dérivés des deux formes). Ainsi, l'ester acétylacétique n'est connu que sous la forme cétonique de laquelle on connaît toute une série de dérivés alcoylés : ester méthyl-,diméthylacétylacétique, etc., obtenus par substitution d'un alcoyle R à un ou à deux atomes d'hydrogène du groupe CH^2 : $CH^3.CO.CR'R''.COOR$. Par l'introduction d'un radical négatif dans sa molécule, l'ester acétylacétique devient *énolisé*, le produit obtenu est alors un dérivé de l'alcool non saturé, l'énol (V. *N. o.*) : $CH^3.C(OH):CH.COOR$. Si, par exemple, le groupe introduit est le carbéthoxyle (CO^2R) (V.

p. 214), le dérivé obtenu est de la forme $CH^3-C(O.CO^2R):CH.CO.OR$ et constitue un ester carbéthoxycrotonique.

On n'a pas décidé jusqu'à présent si les dérivés métalliques (l'ester acétylacétique-sodium, par exemple) appartenaient à la forme cétonique ou à la forme énolique; cette dernière pourtant est plus probable.

En général, les corps susceptibles de tautomérisation sont ceux qui contiennent un groupe CH^2 ou CHR lié à deux radicaux négatifs, tels sont les acides cétoniques β ou 1-3, les dicétones 1-3 (ester acétylacétique, acétylacétone, etc.). Par contre, les acides cétoniques α ou 1-2, les α-dicétones (acide acétylformique, $CH^3-CO.CO.OH$, diacétyle, $CH^3.CO.CO.CH^3$) et les combinaisons γ ou 1-4 (acide lévulique, $CH^3.CO.CH^2.CH^2.CO.OR$, acétonylacétone, $CH^3.CO.CH^2.CH^2.CO.CH^3$) qui ne contiennent pas le groupe caractéristique 1-3, $CO.CH^2.CO$ ou CO.CHR.Co, ne présentent pas le phénomène de tautomérie.

Les corps susceptibles de tautomérie ont d'autant plus de tendance à l'énolisation que les groupes introduits sont plus négatifs (loi de *Claisen*, B. **25**, 1763; Bull. soc. chim. **1892**, **2**, 28); ainsi, les radicaux carbéthoxyle, benzoyle, acétyle, éthoxalyle $C^2H^5)O.CO-CO-$ et formyle forment une série de termes d'action croissante du premier au dernier.

L'introduction d'alcoyles favorise, au contraire, la production de la forme cétonique (*Brühl*, B. **27**, 2378; Bull. soc. chim. **1895**, **2**, 209. *Perkin*, Journ. chem. soc. **1892**, 800).

On observe aussi le phénomène de tautomérie parmi les cyanures et les cyanates, parmi les sulfo-urées, les amides et les thiamides d'acides monobasiques. La phloroglucine, l'isatine, le carbostyrile, le tribenzoylméthane, la pyridone, etc., existent aussi sous deux formes tautomères.

Sur la tautomérie *fonctionnelle* et *virtuelle*, v. B. **28**, 877; Bull. soc. chim. **1895**, **2**, 1043. V. aussi J. pr. chem. **51**, 338. A. **286**, 343; **287**, 265.

Récemment, outre les méthodes chimiques (*Baeyer*, *Claissen*, *Michael*, *von Pechmann*, etc.), on a utilisé aussi les méthodes physiques pour l'étude de ces phénomènes intéressants (*Brühl*, *Perkin*, etc.).

Modes de formation. 1) Les acides cétoniques α s'obtiennent par saponification des cyanures des radicaux acides (*Claisen-Shadwell*) (V. p. 166):

$$CH^3.CO.CAz + 2H^2O = CH^3.CO.CO.OH + AzH^3.$$

cyanure d'acétyle — acide pyruvique.

Ce mode de formation en détermine la constitution.

2) L'*acide acétylacétique* et les autres acides cétoniques β s'obtiennent sous forme d'esters lorsqu'on fait agir le sodium ou l'éthylate de sodium sur les esters de l'acide acétique et de ses homologues:

$$CH^3.CO.OC^2H^5 + CH^3.CO.OC^2H^5 = CH^3.CO.CH^2.CO.OC^2H^5 + C^2H^5.OH.$$

D'après *Claisen* et *Lowmann* (B. **20**, 651; Bull. soc. chim. **1887**, **2**, 394), il se forme d'abord, en présence de l'éthylate de sodium, ajouté ou formé accessoirement, une combinaison d'addition :

$$CH^3-C\begin{cases}O.C^2H^5\\O\,C^2H^5,\\ONa\end{cases}$$

dérivée de l'acide orthoacétique (p. 185) (B. **26**, 2730; Bull. soc. chim. **1894**, **2**, 326) qui réagit ensuite avec une autre molécule d'ester acétique avec élimination de deux molécules d'alcool :

$$CH^3-C(O.C^2H^5)^2(ONa) + CH^3-CO.OC^2H^5 = C^6H^9O^3Na + 2C^2H^5.OH.$$

ester acétylacétique sodium

La réaction engendre donc le sel de sodium de l'ester acétylacétique et celui-ci, traité par l'acide acétique, fournit l'ester libre.

L'ester acétylacétique résulte par conséquent de l'action d'une molécule d'ester acétique sur une autre molécule identique. On peut aussi, par l'intermédiaire de l'éthylate de sodium ou du sodium métallique, provoquer différentes réactions analogues entre deux molécules d'esters différents, *W. Wislicenus*, A. **246**, 306.

Ainsi, l'ester oxalique et l'ester acétique fournissent l'ester oxalylacétique (V. acides cétoniques bibasiques) :

$$\begin{matrix} CO.OC^2H^5 \\ | \\ CO.OC^2H^5 \end{matrix} + CH^3.CO.OC^2H^5 = \begin{matrix} CO.OC^2H^5 \\ | \\ CO.CH^2\,CO.OC^2H^5 \end{matrix} + C^2H^5OH.$$

ester oxalylacétique
(ou sa pseudoforme, V. p. 209).

De plus, les esters agissent facilement sur les cétones en donnant des *dicétones* (*L. Claisen*) :

$$CH^3 \cdot CO.OC^2H^5 + CH^3.CO.CH^3 = CH^3.CO.CH^2.CO.CH^3 + C^2H^5.OH.$$

acétylacétone
(ou sa pseudoforme, V. p. 209)

En employant l'ester formique ou orthoformique, (B. **26**, 2729 ; Bull. soc. chim. **1894**, 2, 326), on obtient, d'une manière analogue, les combinaisons oxyméthyléniques (p. 208), isomères de structure des aldéhydes cétones :

$$\underset{\text{ester formique}}{H.CO.OC^2H^5} + CH^3.CO.CH^3 = \underset{\text{oxyméthylèneacétone}}{CH(OH){:}CH\,CO.CH^3} + C^2H^5OH.$$

3. On obtient facilement les homologues de l'ester acétylacétique (acides cétoniques β) en traitant celui-ci par l'éthylate de sodium et les alcoylhalogènes (V. p. 213).

4) L'oxydation ménagée des acides-alcools secondaires conduit aux acides cétoniques :

$$\underset{\text{acide lactique}}{CH^3{-}CH(OH){-}CO.OH} + O = \underset{\text{acide pyruvique}}{CH^3.CO.CO.OH} + H^2O.$$

5. V. page suivante les modes de formation spéciaux.

Propriétés (V. aussi plus haut) :

1) Tandis que les acides cétoniques α et γ sont des liquides stables qui, en partie, distillent sans décomposition, les acides cétoniques β sont très instables à l'état libre et se décomposent très facilement en acide carbonique et en cétone correspondante.

2) Par réduction, les acides cétoniques se convertissent en *acides-alcools* ; dans le cas des acides cétoniques γ, il y a en même temps élimination d'eau et production de γ-lactones.

3. Dans les esters des acides cétoniques β, un acide d'hydrogène peut être *remplacé par un métal* ; l'ester acétylacétique, $C^4H^5O^3(C^2H^5)$, par exemple, traité par l'éthylate de sodium, donne l'ester *acétylacétique-sodium*, $C^4H^4NaO^3(C^2H^5)$.

4) Synthèse des acides cétoniques β supérieurs et 5) Scission des acides cétoniques β en cétones et acides : V. ester acétylacétique.

6) Les acides cétoniques se prêtent aux *condensations* les plus variées ; les acides cétoniques β, par exemple, donnent avec l'aniline des dérivés de la quinoléine, avec la phénylhydrazine, des dérivés du pyrazol.

---

1. **Acide pyruvique**, $C^3H^4O^3 = CH^3.CO.CO^2H$. Liquide facilement soluble dans l'eau, l'alcool et l'éther, distillant entre 165 et 170° sans trop se

décomposer ; son odeur rappelle l'acide acétique et l'extrait de viande ; il se solidifie au-dessous de 9°.

Formation : 1) Distillation sèche de l'acide tartrique et de l'acide racémique ; 2) oxydation de l'acide lactique par le permanganate de potasse ; 3) saponification du cyanure d'acétyle.

L'acide pyruvique se polymérise facilement. Ses sels cristallisent mal. L'hydrogène naissant le transforme en acide éthylidènelactique ce qui, avec le mode de formation 3, détermine sa constitution. Il possède à un haut degré la tendance des cétones à donner des produits de condensation ; il peut être transformé en dérivés de la benzine (B. **5**, 956), ou en dérivés de la pyridine (en présence d'ammoniaque) ; il se condense aussi avec les carbures aromatiques, de la même manière que les cétones, en présence d'acide sulfurique, B. **14**, 1595.

On peut considérer la cystine, $C^6H^{12}Az^2S^2O^4$, le disulfure de la cystéïne (acide amidothiolactique, $C^2H^3(AzH^2)SH)(CO^2H)$), comme un dérivé de l'acide pyruvique. Elle se trouve dans les sédiments et calculs urinaires, B. **18**, 258 ; Bull. soc. chim. **1886**, **1**, 409.

2. **Acide α-cétobutyrique**, $CH^3.CH^2.CO\ CO^2H$; analogue à l'acide pyruvique.

3. **Acide acétylacétique**, acide β-cétobutyrique, $CH^3.CO.CH^2.CO^2H$. L'acide libre est un liquide fortement acide, miscible à l'eau, se décomposant, même sous la seule action de la chaleur, en acétone et acide carbonique. On l'obtient par saponification ménagée de son ester. B. **15**, 1326, 1871 ; Bull. soc. chim. **1883**, **1**, 35. Le chlorure ferrique colore sa solution aqueuse en rouge-violet. Ses sels de calcium ou de sodium se trouvent parfois dans l'urine. B. **16**, 2314. — On peut considérer l'acide acétylacétique comme l'acide acétone-carbonique, $C^3H^5O(CO^2H)$.

Son ester éthylique ou **ester acétylacétique**, $CH^3.CO.CH^2.CO^2C^2H^5$, se prépare en faisant agir le sodium ou l'éthylate de sodium sur l'acétate d'éthyle (V. plus haut. *Geuther*, 1863 ; *Frankland* et *Duppa*).

$$2(CH^3-CO.OC^2H^5) + NaO.C^2H^5 = C^6H^9O^3Na + 2C^2H^5OH.$$

La combinaison sodée ainsi obtenue, traitée par un acide, donne l'ester lui-même. C'est un liquide peu soluble dans l'eau, facilement soluble dans l'alcool et l'éther, de réaction neutre, doué d'une odeur agréable de fruits, bouillant à 181°. Le chlorure ferrique colore sa solution aqueuse en rouge-violet. — Traité, à l'ébullition, par les alcalis en solution aqueuse diluée, par l'eau de baryte ou par l'acide sulfurique dilué, il se scinde, en majeure partie, en donnant de l'acétone, de l'acide carbonique et de l'alcool (*scission cétonique*) :

$$CH^3-CO-CH^2+CO^2(C^2H^5) + H^2O = CH^3-CO-CH^3 + CO^2 + HO.C^2H^5 ;$$

la potasse alcoolique très concentrée le scinde, par contre, avec formation prédominante d'acide acétique (*scission en acides*, *J. Wislicenus*) :

$$CH^3-CO+CH^2-CO^2(C^2H^5) + 2H^2O = CH^3-CO.OH$$
$$+ CH^3-CO.OH + HO.C^2H^5.$$

Constitution. La comparaison de l'ester acétylacétique libre avec l'ester β-oxyacrylique (p. 208), dans lequel l'existence du groupe oxyméthylène — C(OH)= est démontrée, conduit, pour le premier, à la formule cétonique $CH^3-CO-CH^2-CO.OC^2H^5$, B. **25**, 1041; Bull. soc. chim. **1892**, **2**, 956 B. 25, 1776; Bull. soc. chim. **1892**, **2**, 111. Sa combinaison sodée possède plutôt la formule énolique de l'ester β-oxycrotonique, $CH^3-C(OH)=CH-CO.OC^2H^5$. B. **27**, 114; Bull. soc. chim. **1894**, **2**, 132 (V. plus haut, p. 208).

Dans l'ester acétylacétique, un atome d'hydrogène est facilement remplaçable par les métaux (*Geuther; Conrad*, Ann. **188**, 269). On obtient, par exemple, le sel de sodium (avec dégagement d'hydrogène) par action directe du sodium métallique ou en mélangeant la solution alcoolique de l'ester avec une solution contenant la quantité calculée d'éthylate de sodium :

$$C^4H^5O^3(C^2H^5) + C^2H^5ONa = C^4H^4NaO^3(C^2H^5) + C^2H^5.OH.$$

L'ester est par conséquent soluble dans les alcalis dilués ; il se sépare de ces solutions par l'addition d'un acide.

Ester acétylacétique sodium (ester acétylacétique sodé), $C^6H^9O^3Na$; longues aiguilles ou masse d'un blanc terne. Le **sel de cuivre** cristallise en aiguilles vert clair.

Esters acétylacétiques alcoylés. En faisant agir les iodures ou les bromures alcooliques sur l'ester acétylacétique sodium, un hydrogène du groupe CH^2 est remplacé par un alcoyle en même temps qu'il se forme de l'iodure ou du bromure de sodium. Ce procédé permet d'obtenir l'**ester méthylacétylacétique**, $CH^3.CO.CH(CH^3)-CO^2(C^2H^5)$ et l'**ester éthylacétylacétique** qui donnent, par une nouvelle substitution, les dérivés dialcoylés :

Ester diméthylacétylacétique, $CH^3-CO-C(CH^3)^2-CO^2(C^2H^5)$; **ester éthylméthylacétylacétique**, $CH^3-CO-C(CH^3)(C^2H^5)-CO^2(C^2H^5)$. Ces dérivés alcoylés sont complètement analogues à la substance mère ; ils peuvent, comme elle, subir la « scission cétonique » ou la « scission en acides » (V. plus haut ; Ann. **190**, 275). Dans le premier cas, les alcoyles s'éliminent unis au reste acétonique ; dans le second cas, ils restent liés au radical de l'une des deux molécules d'acide formé ; on obtient donc soit des alcoylacétones (homologues de l'acétone), soit des acides alcoylacétiques (homologues de l'acide acétique) et l'on dispose, par conséquent, d'*un moyen remarquable de formation synthétique des cétones et des acides mono ou dialcoylés* :

$$1.\quad CH^3-CO-CRR'+CO^2(C^2H^5) + H^2O$$
$$= CH^3-CO-CHRR' + HO.C^2H^5 + CO^2;$$
$$2.\quad CH^3-CO+CRR'-CO^2(C^2H^5) + 2H^2O$$
$$= CH^3-CO.OH + CHRR'-CO^2H + HO.C^2H^5.$$

(R,R' = radicaux alcooliques). Consultez *J. Wislicenus* et ses *élèves*. Ann. **186**, 161 et suiv.

Au lieu d'alcoyles, on peut aussi introduire des radicaux acides dans l'ester acétylacétique et produire les combinaisons les plus variées. On obtient, par exemple, avec le chlorure d'acétyle, l'**ester diacétylacétique**, $(CH^3CO)^2CH-CO^2(C^2H^5)$ ou sa forme énolique (p. 209); avec l'ester chlorocarbonique, $Cl-CO^2C^2H^5$ (V. ce mot), on forme, à côté de l'**ester acétylmalonique**, $(CH^3-CO)-CH(CO^2C^2H^5)^2$, et en plus grande quantité, de l'**ester carbéthoxycrotonique** dérivant de la pseudoforme de l'ester acétylacétique-sodium; avec l'ester bromacétique, on obtient l'**ester acétylsuccinique**, $CH^3-CO-CH(CH^2-CO^2C^2H^5)(CO^2C^2H^5)$ (V. acide malonique et acide succinique; synthèse des acides bibasiques), etc. L'iode, agissant sur l'ester acétylacétique-sodium, fournit l'**ester diacétylsuccinique** (V. par exemple, B. 27. 1155):

$$\begin{matrix}CH^3-CO-CHNa-CO^2C^2H^5\\CH^3-CO-CHNa-CO^2C^2H^5\end{matrix} + I^2 = \begin{matrix}CH^3-CO-CH-CO^2C^2H^5\\CH^3-CO-CH-CO^2C^2H^5\end{matrix} + 2NaI.$$

La formaldéhyde et l'ester acétylacétique se combinent en présence d'une amine, la diéthylamine, par exemple, en donnant l'ester méthylène-biacétylacétique (V. ce mot).

Les esters **acétylacétiques chloré** et **dichloré** se prêtent aussi très facilement à de nombreuses réactions; dans ces dérivés, le chlore remplace l'hydrogène du groupe méthylène CH^2.

On peut aussi remplacer cet hydrogène par le groupe isonitroso $=Az.OH$ (au moyen de l'acide nitreux) ou par le groupe imide AzH. V. Ann. **226**, 294. B. **28**, 2683; Bull. soc. chim. **1896**, **1**, 221.

4. **Acide lévulique**, $C^5H^8O^3=CH^3-CO-CH^2-CH^2-CO^2H$. Feuillets cristallins; P. F. 33°: P. E. 233° A été préparé synthétiquement; on l'obtient par l'action des acides sur le sucre de canne, le fructose, la cellulose, la gomme, l'amidon et autres hydrates de carbone (Ann. **175**, 181: **206**, 207; Bull. soc. chim. **1881**, **2**, 446. Constitution: V. A. **256**, 314; Bull. soc. chim. **1890**, **2**, 678). Est employé en impression et dans la préparation d'un fébrifuge, l'antithermine, etc.

5. **Acide γ-acétobutyrique**; produit de scission de la dihydrorésorcine, V. B. **28**, 2348; Bull. soc. chim. **1896**, **2**, 132.

6. **Acide oxymenthylique**, $C^{10}H^{18}O^3$, au moyen de la menthone. B. **29**, 27; Bull. soc. chim. **1896**, **2**, 1185.

X. Acides bibasiques.

Les acides bibasiques sont ceux capables de former avec les bases deux séries de sels: sels acides et sels neutres, et deux séries d'esters, de chlorures, d'amides, etc.; ils sont caractérisés par la présence de deux groupes carboxyles dans leur molécule.

Ces acides peuvent posséder uniquement le caractère d'acides ou, en même temps que celui ci, le caractère d'alcools; dans ce dernier cas, ils contiennent alors un ou plusieurs hydroxyles alcooliques. On les divise, par conséquent, en *acides bibasiques bi-, tri-, tétra-, etc., valents*. Ils peuvent, de plus, être saturés ou non saturés.

Enfin, les acides bibasiques peuvent également être en même temps aldéhydes, cétones, etc.

L'acide carbonique bibasique sera étudié en particulier.

A. Acides bibasiques bivalents saturés, $C^nH^{2n-2}O^4$.

acide oxalique	$C^2H^2O^4$,	acide adipique	$C^6H^{10}O^4$,	acide sébacique	$C^{10}H^{18}O$.
acide malonique	$C^3H^4O^4$.	acide pimélique	$C^7H^{12}O^4$.	acide brassylique	$C^{11}H^{20}O^4$.
acide succinique	$C^4H^6O^4$,	acide subérique	$C^8H^{14}O^4$,	acide roccellique	$C^{17}H^{32}O^4$;
ac. pyrotartrique	$C^5H^8O^4$,	ac. lépargylique	$C^9H^{16}O^4$,	ac. dicétylmalonique	$C^{35}H^{68}O^4$.

L'acide oxalique peut être considéré comme le groupe carboxyle isolé $(CO.OH)^2$; ses homologues sont des acides dicarboniques dérivés des paraffines ; ainsi, l'acide malonique est l'acide méthanedicarbonique, $CH^2(CO^2H)^2$ etc.

Les acides de cette série sont des combinaisons solides, cristallisables, de caractère fortement acide et qui, en général, sont facilement solubles dans l'eau. Sous l'influence de la chaleur, ces acides se transforment souvent en anhydrides ou perdent de l'acide carbonique (V. p. 216), cependant, on peut ordinairement les distiller dans le vide sans décomposition.

Formation. 1. Par oxydation des glycols diprimaires (V. tableau, p. 191) ; ou par oxydation d'oxyacides primaires et surtout de combinaisons compliquées, comme les graisses, les acides gras, les hydrates de carbone.

2. Par *saponification* des *nitriles* correspondants. Ainsi, l'acide oxalique peut être obtenu au moyen du cyanogène :

$$C^2Az^2 + 4H^2O = C^2H^2O^4 + 2AzH^3 ;$$

l'acide succinique, au moyen du cyanure d'éthylène (p. 180) :

$$C^2H^4(CAz)^2 + 4H^2O = C^2H^4(CO^2H)^2 + 2AzH^3.$$

Le cyanure d'éthylène étant un dérivé du glycol, sa transformation en acide succinique représente la synthèse d'un acide au moyen d'un glycol plus pauvre de deux atomes de carbone, c'est-à-dire la substitution de deux carboxyles à deux hydroxyles ou l'union indirecte de l'éthylène avec deux carboxyles.

2ª. Par saponification des cyanures d'acides gras (V. p. 161), c'est-à-dire au moyen des acides bras halogènés. Ainsi, l'acide acétique chloré (cyané) (V. p. 161) se convertit en acide malonique (p. 219) ; l'acide propionique β-iodé (cyané) en acide succinique ordinaire, l'acide propionique α-iodé (cyané) en acide éthylidènesuccinique (p. 220).

D'après cela, on peut obtenir un acide bibasique par substitution indirecte du carboxyle à un hydrogène de tout acide gras ou à l'hydroxyle de tout oxyacide.

3. Les homologues de l'acide malonique peuvent être préparés au moyen de l'acide malonique par une suite de réactions correspondant complètement aux synthèses à l'aide de l'ester acétylacétique (p. 219).

3ª. L'ester *acétylacétique* permet aussi d'obtenir des acides bibasiques : l'acide acétylmalonique et l'acide acétylsuccinique (p. 214), dérivés de l'ester acétylacétique, donnent, par exemple, par élimination de l'acétyle (scission en acides). les acides malonique et succinique.

4. Directement, au moyen des *acides gras monohalogénés*, sous l'action de l'argent mé-

tallique finement divisé (soudure de deux molécules). B. **28**, 2442 ; Bull. soc. chim. **1896**, 2, 493.

5. Les homologues supérieurs peuvent être obtenus par électrolyse des sels de potassium des monoesters d'acides plus simples, l'acide adipique, par exemple, au moyen du sel de potassium d'un monoester succinique. A. **261**, 107 :

$$2CO^2C^2H^5-CH^2-CH^2-CO^2K + 2H^2O = CO^2C^2H^5-(CH^2)^4-CO^2C^2H^5 + 2KOH + H^2 + 2CO^2.$$

6. V. d'autres modes de formation aux acides succinique et glutarique.

La constitution des acides $C^nH^{2n-2}O^4$ est, en général, facile à déduire des modes de formation et surtout des modes 2 et 3 qui conduisent, en effet, à distinguer, d'une part, les acides maloniques proprement dits : acide malonique et ses dérivés alcoylés (p. 219), dans lesquels deux groupes carboxyles sont unis par un seul atome de carbone :

$$CH^2(CO^2H)^2, \qquad R-CH(CO^2H), \qquad RR'C(CO^2H)^2,$$

et, d'autre part, l'acide succinique ordinaire et ses homologues dans lesquels les deux carboxyles sont séparés par deux atomes de carbone.

On nomme radicaux des acides bibasiques, les restes bivalents unis aux deux hydroxyles : C^2O^2 = oxalyle ; $C^3H^2O^2$ = malonyle ; $C^4H^4O^2$ = succinyle, etc.

Isoméries. La théorie ne prévoit pas d'isomères de l'acide oxalique ou de l'acide malonique et on n'en connaît effectivement aucun. Par contre, il existe deux acides succiniques, $\begin{matrix} CH^2-CO.OH \\ | \\ CH^2-CO.OH \end{matrix}$ et $CH^3-CH(CO^2H)^2$; le premier correspondant au chlorure d'éthylène, le second au chlorure d'éthidène : tous deux peuvent être considérés comme dérivant de ces chlorures par substitution de deux carboxyles aux deux atomes de chlore, aussi les nomme-t-on acides éthylène et éthidène (ou éthylidène) succiniques.

Le cyanure d'éthylène pouvant être obtenu à l'aide du chlorure d'éthylène, cette manière d'envisager l'acide éthylènesuccinique est conforme à l'expérience, mais il n'en est pas ainsi pour l'acide isomère, car les dérivés chlorés où plusieurs atomes de chlore sont unis au même atome de carbone (chlorure d'éthidène, par exemple) ne peuvent être transformés en dérivés cyanés correspondants.

Propriétés. Les acides bibasiques dont les deux carboxyles sont unis à des atomes de carbone différents sont, en partie, susceptibles de fournir des anhydrides intramoléculaires par perte d'une molécule d'eau.

Ces anhydrides se produisent soit directement sous l'action de la chaleur, soit sous l'action du pentachlorure de phosphore ou du chlorure d'acétyle ou de l'oxychlorure de carbone. B. **10**, 1881, **17**, 1285 ; Bull. soc. chim. **1885**, 2, 336. En présence d'eau, ils reviennent lentement à l'état d'hydrates.

L'anhydrisation est favorisée par la présence de groupes méthyles dans la molécule (B. **26**, 1925 ; Bull. soc. chim. **1894**, 2, 1219).

Les acides « maloniques » (deux carboxyles unis au même atome de carbone) se décomposent sous l'action de la chaleur en acide carbonique et en acides monobasiques ; l'acide malonique lui-même donne ainsi de l'acide carbonique et de l'acide acétique. L'acide oxalique se décompose d'une manière analogue en acide carbonique et acide formique.

Comparez la formation analogue du méthane au moyen de l'acide acétique.

Les dérivés des acides bibasiques (esters, amides, etc.) présentent tout à fait le caractère des dérivés analogues des acides gras monobasiques ; en particulier, ils possèdent la même aptitude à se saponifier.

Dérivés	Sels	Esters	Chlorures	Amides
acides	$C^2O^2\begin{matrix}ONa\\OH\end{matrix}$ oxalate acide de sodium	$C^2O^2\begin{matrix}OC^2H^5\\OH\end{matrix}$ acide éthyl oxalique	$C^2O^2\begin{matrix}Cl\\O(H)\end{matrix}$ connu seulement à l'état de dérivés	$C^2O^2\begin{matrix}AzH^2\\OH\end{matrix}$ acide oxamidique
neutres	$C^2O^2\begin{matrix}ONa\\ONa\end{matrix}$ oxalate neutre de sodium	$C^2O^2\begin{matrix}OC^2H^5\\OC^2H^5\end{matrix}$ ester oxalique	$C^2O^2\begin{matrix}Cl\\Cl\end{matrix}$ chlorure d'oxalyle	$C^2O^2\begin{matrix}AzH^2\\AzH^2\end{matrix}$ oxamide

Comme dans le cas des glycols, il peut exister des dérivés mixtes (V. oxaméthane, p. 219) ; il peut en outre exister des imides. Celles-ci dérivent des sels ammoniacaux acides, par perte de deux molécules d'eau :

$$C^2H^4\begin{matrix}CO.OH\\CO.OH\end{matrix} + AzH^3 - 2H^2O = C^2H^4 < \begin{matrix}CO\\CO\end{matrix} > AzH \; ;$$

acide succinique — succinimide.

Elles sont, comme les amides, facilement saponifiables.

Acide oxalique (acide éthanedioïque), *acidum oxalicum*, $C^2H^2O^4 + 2H^2O$.

Connu depuis très longtemps ; Shceele l'étudia avec précision.

Etats naturels. On le trouve dans beaucoup de plantes et surtout dans l'Oxalis acetosella (oseille acide) et dans différentes espèces de Rumex (à l'état de KHC^2O^4), de bolets (à l'état libre), de salicornes (à l'état de $C^2O^4Na^2$) ; à l'état de sel de chaux dans la racine de rhubarbe, etc.

Formation (V. aussi p. 215) : 1) Par union directe de l'acide carbonique et du sodium, à 360° :

$$2CO^2 + 2Na = C^2O^4Na^2 \; ;$$

2) En chauffant rapidement le formiate de sodium :

$$2HCO^2Na = H^2 + C^2O^4Na^2.$$

3) Par oxydation de l'alcool au moyen du permanganate ou par oxydation du sucre, de l'amidon, du bois, etc., au moyen de l'acide nitrique ou, encore, en soumettant la *cellulose* à l'action oxydante de la potasse ou de la soude caustique en fusion (*préparation industrielle*).

Sa formation fréquente par les actions oxydantes s'explique par ses relations étroites avec l'acide carbonique, terme ultime de toute oxydation.

L'acide oxalique forme des prismes fins, monocliniques, transparents, qui s'effleurissent à l'air et sont facilement solubles dans l'eau, moins facilement solubles dans l'alcool et fondent à 101° ; à cette température (comme en présence d'acide sulfurique à 80 o/o), il perd son eau de cristallisation et se transforme en acide exempt d'eau, $C^2O^4H^2$ (P. F. 189°) ; ce dernier est sublimable, mais se décompose néanmoins, lorsqu'on le chauffe brusquement, en acide carbonique et acide formique (p. 147) ou en acide carbonique, oxyde de carbone et eau. Ces derniers produits sont aussi ceux qu'on obtient par l'action, à chaud, de l'acide sulfurique concentré ;

$$C^2H^2O^4 = CO^2 + CO + H^2O.$$

L'acide oxalique n'est modifié ni par l'acide nitrique, ni par le chlore : le permanganate ou le bioxyde de manganèse, en solution acide, le transforment en acide carbonique :

$$C^2H^2O^4 + O = 2CO^2 + H^2O.$$

Sels et dérivés. Les **sels alcalins** (acides ou neutres) sont facilement solubles dans l'eau. Le sel d'oseille du commerce est un mélange du sel acide C^2O^4KH et d'un sel de potasse peracide, $C^2O^4KH + C^2O^4H^2 + 2H^2O$ (V. p. 144).

Le **sel de calcium**, $C^2O^4Ca + H^2O$ (ou $3H^2O$) est insoluble dans l'eau et dans l'acide acétique et est propre à la recherche de l'acide oxalique ou de la chaux.

L'**oxalate d'antimoine** est employé en teinture, comme mordant, parallèlement avec l'émétique.

Le **ferrooxalate de potassium**, $(C^2O^4)^2FeK^2 + H^2O$, est employé comme révélateur en photographie, par suite de ses propriétés réductrices.

Ester éthyloxalique, *ester oxalique*, $C^2O^4(C^2H^5)^2$, liquide ; peut s'obtenir directement à l'aide des deux composants. L'**ester méthyloxalique**, $C^2O^4(CH^3)^2$, est solide (tables, P. F. 51°). Tous deux distillent sans décomposition, sont doués d'une odeur aromatique et sont facilement saponifiables. Par saponification partielle, on obtient, par exemple, l'**éthyloxalate de potassium**, $C^2O^4(C^2H^5)K$, qui permet de préparer l'acide éthyloxalique libre. $C^2O^4 C^2H^5)H$, et le chlorure correspondant, $CO^2(C^2H^5)CO{-}Cl$, chlorure d'éthyloxalyle, tous deux facilement saponifiables. L'ester oxalique, traité par deux molécules d'ammoniaque, se convertit en oxamide ; traité par une seule molécule d'ammoniaque, il fournit un dérivé mixte, l'oxaméthane (V. ci-après). Ces deux réactions sont analogues au mode 4 de formation des amides (p. 169).

Chlorure d'oxalyle, $C^2O^2Cl^2$. S'obtient au moyen de l'ester oxalique et du pentachlorure de phosphore. Liquide très irritant, bouillant à 70°.

Oxamide, $C^2O^2(AzH^2)^2$; amide normale de l'acide oxalique ; on l'obtient, par exemple, par distillation de l'oxalate d'ammonium (V. p. 169) ou par saponification incomplète du cyanogène. Poudre blanche cristalline. Elle est facilement saponifiable et se transforme en cyanogène par soustraction d'eau, etc.

Acide oxamidique, $C^2O^2(AzH^2)(OH)$; amide acide (acide amidique) de l'acide oxalique ; on l'obtient en chauffant l'oxalate acide d'ammonium. Poudre cristalline difficilement soluble dans l'eau froide.

Oxaméthane, *ester éthyloxamidique*, $CO(AzH^2)—CO.OC^2H^5$ (V. plus haut) ; prismes blancs.

Diméthyloxamide, $CO(AzH\,CH^3)-CO(AzH.CH^3)$ (V. p 108).

Ester éthyl-diméthyloxamidique, $CO-Az\begin{matrix}\diagup CH^3\\ \diagdown CH^3\end{matrix}-CO.OC^2H^5$, correspond à l'oxaméthane.

L'oxaméthane, traité par le perchlorure de phosphore, se convertit en **ester cyanocarbonique**, $CAz.CO.OC^2H^5$, liquide d'une odeur piquante : on peut le considérer comme le semi-nitrile de l'acide oxalique.

Oximide, $\begin{matrix}CO\diagdown\\ |\quad\;\; AzH\\ CO\diagup\end{matrix}$, s'obtient en traitant l'acide oxamidique par le pentachlorure de phosphore. Prismes incolores, très peu solubles dans l'eau froide, de réaction neutre. L'eau chaude la saponifie rapidement ; l'ammoniaque la transforme en oxamide B. **19**, 3228; Bull. soc. chim. **1887**, **1**, 960.

On connaît aussi des chlorures d'amide, d'imide etc , dérivant de l'acide oxalique.

Acide malonique (acide propanedioïque), $C^3H^4O^4 = CH^2(CO^2H)^2$.
Etat naturel : dans la betterave.

Formation. 1) Par oxydation de l'acide malique au moyen de l'acide chromique (d'où son nom) ; 2) par saponification de la malonylurée (V. ce mot), *Baeyer*;

3) Par *saponification de l'acide acétique cyané* (*Kolbe*, *Müller*; V. Ann. **131**, 348; **204**, 121) :

$$CH^2(CAz)—CO^2H + 2H^2O = CH^2(CO^2H)^2 + AzH^3.$$

L'acide malonique forme de grosses tables ou des feuillets facilement solubles dans l'eau, l'alcool et l'éther et fondant à 132°. Il se scinde sous l'action de la chaleur dans le sens indiqué p. 217.

Ester éthymalonique, *ester malonique*, $CH^2(CO.OC^2H^5)^2$. Cet ester peut être préparé en faisant passer un courant d'acide chlorhydrique gazeux dans une solution d'acide acétique cyané dans l'alcool absolu. C'est un liquide, bouillant à 198°, d'une odeur faiblement aromatique; il présente une analogie remarquable avec l'ester acétylacétique. Comme dans celui-ci, l'hydrogène de l'ester éthylmalonique peut être remplacé par du sodium et il est probable que l'hydrogène substitué appartient au groupe méthylène rendu apte à cette réaction par le voisinage des groupes carbonyles CO. L'ester malonique-sodium obtenu échange facilement son sodium contre un alcoyle sous l'action des iodures alcooliques : on obtient ainsi les dérivés *méthylé, éthylé, propylé*, etc. de l'*ester malonique*, c'est-à dire des homologues supérieurs de l'ester éthylmalonique. Ceux ci peuvent encore échanger un hydrogène contre un atome de sodium et, par l'action ultérieure des iodures alcooliques, conduire aux dérivés dialcoylés de l'ester malonique. Ces réactions constituent donc une *méthode de préparation des acides bibasiques supérieurs*, applicable même dans des cas compliqués : « *synthèses au moyen de l'ester malonique* ». V. *Conrad* et *Bischoff*. Ann. **204**, 121.

Les acides maloniques alcoylés donnent, par perte d'acide carbonique, des acides monobasiques supérieurs ; l'acide propylmalonique-n, par exemple, fournit, de cette manière, de l'acide valérianique :

$$CH^3-CH^2-CH^2-CH\begin{cases}COOH\\COOH\end{cases} = CH^3-CH^2-CH^2-CH^2-COOH + CO^2,$$

Cette réaction constitue donc un procédé de synthèse indirecte des acides supérieurs monobasiques, V. p. 143, 10^a.

Les atomes d'hydrogène du groupe méthylène de l'ester malonique peuvent être remplacés par les halogènes (**ester malonique monochloré, dibromé** etc.), ou par le groupe isonitroso, **ester isonitrosomalonique**, $C(=Az.OH)(CO^2C^2H^5)^2$, cette dernière substitution s'effectuant par l'action de l'acide nitreux.

L'ester malonique, chauffé avec son dérivé sodé, se transforme en un dérivé de la phloroglucine (V. ce mot et B. **18**, 3454 ; Bull. soc. chim. **1886**, **2**, 440).

Acides succiniques.) 1. **Acide succinique ordinaire** (acide butanedioïque) *acide éthylènesuccinique, acidum succinicum* (de *succinum*, ambre jaune), $CO^2H-CH^2-CH^2-CO^2H$. Est connu depuis longtemps ; sa composition a été déterminée par Berzélius. *Etats naturels :* dans l'ambre, dans quelques résines, dans le raisin non mûr, dans l'urine, dans le sang, etc.

Formation. a) au moyen du cyanure d'éthylène, d'après 2, p. 215.
b) au moyen de l'acide propionique β-iodé (cyané) d'après 2^a, p. 215.
c) par réduction de l'acide fumarique et de l'acide maléïque, $C^4H^4O^4$.

d) En chauffant ses oxy-dérivés, l'acide malique et l'acide tartrique, (V. ces mots) avec l'acide iodhydrique ou en les soumettant à certaines fermentations ; avec l'acide malique, on a par exemple :

$$C^4H^5(OH)O^4 + 2HI = C^4H^6O^4 + I^2 + H^2O.$$

e) Se forme accessoirement dans la fermentation alcoolique du sucre (p. 78).

f) Par oxydation de graisses, d'acides gras, de paraffines, au moyen de l'acide nitrique.

Préparation. Par fermentation du malate de chaux ou par distillation de l'ambre.

L'acide succinique forme des prismes ou des tables de saveur désagréable, faiblement acide ; il est assez faiblement soluble dans l'eau, fond à 182° et bout à 235° ; par distillation, il se transforme en anhydride (longues aiguilles) ; il est très stable vis-à-vis des oxydants. Electrolyse : V. p. 50 et 216.

Parmi les sels de l'acide succinique, le sel ferrique basique obtenu par addition d'un sel ferrique au succinate d'ammoniaque est utilisé, en analyse, pour la détermination quantitative du fer. Le sel de chaux est soluble dans l'eau.

Les dérivés de l'acide succinique correspondent absolument à ceux de l'acide oxalique, ainsi, l'**acide succinamidique**, $C^2H^4(CO^2H)(CO.AzH^2)$, est analogue à l'acide oxamidique ; le **chlorure de succinyle**, $C^2H^4(COCl)^2$, est analogue au chlorure d'acétyle dans toutes ses propriétés essentielles (V. B. **24**, R. 319 ; Ann. Phys. et chim. **1891**, **1**, 289-368).

Succinimide. $C^2H^4\!\left\langle\begin{matrix}CO\\CO\end{matrix}\right\rangle\!AzH$ (tables rhombiques), s'obtient en chauffant le succinate acide d'ammoniaque. L'influence des deux groupes carbonyles du radical acide modifie le caractère de l'hydrogène imidique de telle sorte qu'il devient remplaçable par les métaux (V. B. **25**, R. 283).

Acides succiniques mono et dibromé, $C^2H^3Br(CO^2H)^2$ et $C^2H^2Br^2(CO^2H)^2$; peuvent être préparés directement, ils sont employés pour la synthèse des acides oxysucciniques.

Sous l'action du sodium, l'ester éthylsuccinique se transforme en **ester succinylsuccinique**, $C^6H^6O^2(CO^2C^2H^5)^2$, composé très voisin des dérivés benzéniques.

Esters acétyl et **diacétylsuccinique** : V. p. 214.

2) **Acide isosuccinique** (acide méthylpropanedioïque) *acide éthylidènesuccinique*, $CH^3—CH(CO^2H)^2$, s'obtient au moyen de l'ester malonique (p. 210) ou de l'acide propionique α-chloré (ou iodé) (p. 215). Aiguilles ou prismes ; se décompose sous l'action de la chaleur en acide carbonique et acide propionique. (Ne forme pas d'anhydride, p. 216).

Acides pyrotartriques, $C^3H^6(CO^2H)^2$. Les quatre acides prévus par la théorie sont connus, par exemple :

1) **Acide glutarique**, $CO^2H—CH^2—CH^2—CH^2—CO^2H$ (acide pentadioïque), *acide pyrotartrique normal* ; peut être obtenu indirectement au moyen de l'acide glutamique (p. 225) ou au moyen de l'ester malonique et de la formaldéhyde, B. **27**, 2345 ; Bull. soc. chim. **1894**, 2, 1370. Cet acide est intéressant par ses rapports avec la pipéridine (V. ce mot).

2) **Acide pyrotartrique**, $CO^2H—CH^2—CH(CH^3)—CO^2H$ (acide méthylbutanedioïque) ; s'obtient par la distillation de l'acide tartrique (à côté d'acide pyruvique) ou au moyen de l'ester acétylacétique, etc. Petits prismes tricliniques, fusibles à 117°. Forme un anhydride. Existe sous deux formes optiquement actives.

Les homologues plus élevés (V. tableau, p. 215) s'obtiennent surtout par oxydation de graisses, d'huiles, du liège (acide subérique) etc., au moyen de l'acide nitrique, à côté d'acide succinique et d'acide oxalique (V. aussi p. 216) ; l'*acide adipique* se forme en outre par oxydation de la tétrahydro-α-naphtylamine (V. ce mot).

L'**acide triméthylsuccinique** résulte de l'oxydation de l'acide camphorique ; l'**acide pimélique**, de la réduction avancée de l'acide salicylique

Les acides dialcoylsucciniques symétriques présentent des cas intéressants de stéréoisomérie.

B. Acides bibasiques non saturés, $C^nH^{2n-4}O^4$

acide fumarique } $C^2H^2(CO^2H)^2$
acide maléique }

acide hydromuconique } $C^6H^8O^4$
acide pyrocinchonique }

acide itaconique }
acide citraconique } $C^3H^4.CO^2H)^2$
acide mésaconique }
acide téraconique $C^7H^{10}O^4$
etc.

Il existe entre les acides bibasiques saturés et non saturés le même rapport qu'entre l'acide propionique et l'acide acrylique. Les acides bibasiques non saturés forment, en qualité d'acides, des dérivés analogues à ceux des acides $C^nH^{2n-2}O^4$ et, en qualité de combinaisons non saturées, ils sont susceptibles de fixer deux atomes d'hydrogène ou d'un halogène ou une molécule d'un hydracide.

Formation. 1) Au moyen des *oxyacides* bibasiques (V. acide malique), par soustraction d'eau. Lorsqu'on soumet l'acide malique à la distillation, il se transforme en eau, en anhydride maléique qui distille et en acide fumarique qui reste comme résidu :

$$C^4H^6O^5 = C^4H^4O^4 + H^2O.$$

L'acide citrique se décompose de la même manière en eau, acide carbonique, acide itaconique et anhydride citraconique.

2) Au moyen des dérivés monohalogénés de l'acide succinique et de ses homologues, par soustraction d'hydracide. Ainsi, l'acide succinique monobromé donne de l'acide fumarique : $C^4H^5BrO^4 - HBr = C^4H^4O^4$.

2a) Au moyen des produits analogues disubstitués, par élimination de l'halogène.

3) L'acide fumarique a été obtenu synthétiquement au moyen du di-iodure d'acétylène, de la même manière que l'acide succinique au moyen du bromure d'éthylène.

Les **isoméries** des acides $C^nH^{2n-4}O^4$ sont du plus haut intérêt (V. p suiv.).

Constitution. Les acides de cette série peuvent être considérés comme des acides oléfines-dicarboniques ; ainsi, les acides fumarique et maléique peuvent être envisagés comme des acides éthylènedicarboniques. Leur premier mode de formation (V. plus haut) correspond tout à fait à celui de l'éthylène au moyen de l'alcool ou à celui de l'acide acrylique au moyen de l'acide lactique ; le deuxième est analogue à celui de l'éthylène au moyen de l'iodure d'éthyle.

Acide maléique (acide cis-butènedioïque), $C^4H^4O^4$. Gros prismes de saveur repoussante, acide et irritante, très facilement solubles dans l'eau froide. L'acide maléique distille sans décomposition, mais en se transformant partiellement en anhydride maléique, $C^2H^2(CO)^2O$. On peut le préparer soit en soumettant à l'action de la chaleur le dérivé acétylé de l'acide malique (V. p. 224), soit en traitant l'acide fumarique par l'oxychlorure de phosphore (Ann. **268**, 255 ; Bull. soc. chim. **1893**, **2**, 434).

L'acide fumarique (acide trans-butènedioïque), isomère du précédent, se trouve dans le Fumaria officinalis, dans différents champignons, dans les truffes, dans la mousse d'Islande, etc. On l'obtient en soumettant l'acide maléique à la température de 130° pendant un long temps ou à l'influence de l'acide bromhydrique ou d'autres acides. Préparation : A. **268**, 255 (*loc. cit.*). Il forme de petits prismes de saveur fortement et franchement acide, presque insolubles dans l'eau froide. Il se sublime vers 200° en donnant de l'anhydride maléique.

Ces deux acides peuvent être transformés en esters au moyen de leurs sels d'argent et des iodures alcooliques. Ces esters présentent entre eux les mêmes relations que les acides eux-mêmes : ainsi, l'**ester maléique**, chauffé avec l'iode, se transforme en **ester fumarique** et ce dernier peut s'obtenir directement par éthérification de l'acide maléique au moyen de l'acide chlorhydrique et de l'alcool.

L'hydrogène naissant convertit les deux acides maléique et fumarique en acide succinique ordinaire, ils contiennent donc la même chaîne de carbone et ont, par suite, tous deux la constitution $CO^2H-CH=CH-CO^2H$: ils sont stéréoisomères. On leur attribue, d'après *van't Hoff*, les formules suivantes (V. p. 20) :

H – C – CO.OH ‖ H – C – CO.OH	HO.OC – C – H ‖ H – C – CO.OH
acide maléique	acide fumarique.

Ces formules expliquent la tendance de l'acide maléique à se transformer en anhydride, la position « correspondante » des groupes carboxyles fait comprendre, en effet, la facilité avec laquelle cette transformation s'effectue. Elles font comprendre également le passage de l'acide maléique à l'acide fumarique et la transformation inverse (*J. Wislicenus*, brochure citée, p. 18). Comparez *Fittig*, A. **195**, 56, **259**, 30 ; *Anschütz*, A. **254**, 168 ; V. aussi *Kékulé*, A. Spl. I, 129, II, 111 ; *Shraup*, B. **24**, R. 822 ; *Wislicenus* A. **272**, 97 ; Bull. soc. chim. **1893**, **2**, 960.

Homologues supérieurs : *Fittig*, B. **26**, 43 ; Bull. soc. chim. **1893**, **2**, 687. B. **27**, 2680 ; Bull. soc. chim. **1895**. **2**, 365.

Appendice. Acide **acétylènedicarbonique**, $CO^2H-C\equiv C-CO^2H$ (acide butyledioïque) ; s'obtient au moyen de l'acide succinique dibromé par soustraction d'acide bromhydrique (Tables, P. F. 175). Se transforme facilement, par perte d'acide carbonique, en acide propargylique ou en acétylène.

Acide diacétylènedicarbonique, $CO^2H-C\equiv C-C\equiv-CO^2CH$: **acide tétracétylène dicarbonique** (acide décanetétrinedioïque), $CO^2H-C\equiv C-C\equiv C-C\equiv C\ \ C\equiv C-CO^2H$, *Baeyer*, B. **15**, 2695 ; Bull. soc. chim. **1883**. **1**, 525. B. **18**, 2269 ; Bull. soc. chim. **1886**, **2**. 63. Ces acides sont explosifs et le sont d'autant plus que leur chaîne est plus longue (V. acétylure de cuivre). Théorie de l'explosion : B. **18**, 2277.

C. Acides bibasiques trivalents, $C^nH^{2n-2}O^5$.

1. **Acide tartronique** (acide propanoldioïque),
$CH(OH)(CO^2H)^2 = C^3H^4O^5$. Gros prismes ($+ ^1/_2\ H^2O$), facilement solubles dans l'eau, l'alcool et l'éther ; cet acide se décompose sous l'action de la chaleur en eau, acide carbonique et glycolide.

Formation. Au moyen de l'acide malonique monochloré, par substitution de l'hydroxyle au chlore.

2) Par oxydation de la glycérine au moyen du permanganate de potasse.
3) Par réduction de l'acide cétonique correspondant, l'acide mésoxalique, $CO(CO^2H)^2$. (p. 230), de la même manière qu'on obtient l'acide lactique avec l'acide pyruvique.

Préparation. Par décomposition spontanée de l'*acide nitrotartrique* (p. 228, *Dessaignes*; produit intermédiaire : acide dioxytartrique (*Kékulé*), ou au moyen du cyanhydrate de chloral. B. **18**, 2852 ; Bull. soc. chim. **1886**, **2**, 182.

2. **Acide malique** (acide butanoldioïque), *acide oxysuccinique*, *acidum malicum* (*Scheele*, 1785), $C^4H^6O^5 = C^2H^3(OH)(CO^2H)^2 = CO^2H—CH^2—CH(OH)—CO^2H$. *Etats naturels* : très répandu dans le règne végétal, on le trouve dans les fruits non mûrs : pommes, raisin, sorbes ; dans les berberis, les coings, les crassulacées, etc.

Formation. 1) En traitant l'acide succinique monobromé par l'oxyde d'argent humide :

$$C^2H^3Br(CO^2H)^2 + H^2O = C^2H^3(OH)(CO^2H)^2 + HBr.$$

2) Par réduction de l'acide tartrique ou de l'acide pyrotartrique à l'aide de l'acide iodhydrique, ou de l'ester oxalylacétique (p. 230) à l'aide de l'amalgame de sodium.

3. En traitant l'asparagine ou l'acide aspartique par l'acide nitreux.

4. En chauffant avec de l'eau les acides maléique ou fumarique. Ann. **192**, 80.

Préparation. On l'extrait du suc des baies du sorbier des oiseaux. L'acide malique se présente ordinairement en masses globulaires d'aiguilles brillantes et déliquescentes, facilement solubles dans l'eau et l'alcool, peu solubles dans l'éther, fusibles à 100° ; il donne par distillation de l'acide fumarique et de l'anhydride maléique (p. 223).

Chauffé avec de l'acide sulfurique concentré, il se convertit en *acide coumalinique*, $C^5H^3O^2(CO^2H)$ *von Pechmann*. A. **264**, 261 ; Bull. soc. chim. **1892**, **2**, 469. A. **273**, 164 ; Bull. soc. chim. **1893**, **2**, 964. L'acide malique existe sous les *trois modifications optiques* possibles (p. 227). L'acide naturel, en solution étendue, dévie à gauche, l'acide obtenu au moyen de l'acide tartrique droit dévie à droite et enfin celui préparé à l'aide de l'acide racémique, de l'acide succinique ou de l'acide fumarique est inactif et peut être dédoublé en acides droit et gauche.

Les sels alcalins de l'acide malique sont facilement solubles dans l'eau ; le sel de chaux neutre y est difficilement soluble, le sel de chaux acide facilement soluble.

En qualité d'alcool, il forme, par exemple, un **acide acétylmalique**, $C^2H^3(O.C^2H^3O)(CO^2H)^2$.

Amides et amines de l'acide malique. De même que l'acide glycolique, l'acide malique forme des amides (saponifiables) et une amine (non saponifiable).

Les amides sont : la **malamide**, $C^2H^3(OH)(COAzH^2)^2$ (prismes) et l'**acide malamidique**, $C^2H^3(OH)(CO.AzH^2)(CO^2H)$ (connu à l'état d'ester éthylique). L'amine est l'**acide aspartique**, $C^2H^3(AzH^2)(CO^2H)^2$, dans lequel on trouve réunis, comme dans le glycocolle, le caractère acide et le caractère basique, le premier étant toutefois prépondérant. L'amide acide de l'acide aspartique, $C^2H^3(AzH^2)(CO.AzH^2)(CO^2H)$ est l'**asparagine**, son amide neutre, $C^2H^3(AzH^2)(CO.AzH^2)^2$, est l'asparaginamide.

L'asparagine est très répandue dans le règne végétal : elle existe dans les jeunes feuilles, dans les betteraves, dans les pommes de terre, dans les jeunes pousses des pois, des haricots, des vesces, dans les asperges où elle fut trouvée pour la première fois (1805). Elle forme des primes rhombiques, hémièdres gauches ($+H^2O$), brillants et facilement solubles dans l'eau chaude, insolubles dans l'alcool et l'éther. L'asparagine se transforme, par saponification, en acide aspartique; elle est isomérique avec la malamide et dévie à gauche le plan de la lumière polarisée.

On a extrait aussi, des germes de la vesce, une asparagine droite (B. **20**, R. 510) qui possède une saveur sucrée et ne forme pas, par union avec l'asparagine gauche, de modification inactive.

Préparation synthétique et constitution : B. **22**, R. 241 et 243.

L'**acide aspartique** se trouve dans les mélasses de betteraves ; c'est le produit principal de la scission des matières albuminoïdes sous l'action des acides ou des alcalis. Petites tables rhombiques assez facilement solubles dans l'eau chaude. L'acide nitreux le change en acide malique (réaction des amines) ; dans les mêmes conditions, l'asparagine subit la même transformation (réaction des amides et des amines). L'acide aspartique existe sous différentes modifications optiques et a été préparé synthétiquement, par exemple, au moyen de l'acide succinique bromé et de l'ammoniaque.

De même que le glycocolle est considéré comme l'acide aminoacétique, l'acide aspartique doit être considéré comme l'acide aminosuccinique.

On connaît des isomères et des homologues de l'acide malique.

Homologues supérieurs.

Acides α et β oxyglutariques }
Acide itamalique } $C^3H^5(OH)(CO^2H)^2$
Acide citramalique }
Acide diatérébinique, $C^5H^9(OH)(CO^2H)^2$ etc.

Les dérivés ammoniés de l'acide α-oxyglutarique sont les homologues de l'asparagine et de l'acide aspartique ; ce sont la **glutamine**, $C^3H^5(AzH^2)(CO).AzH^2)(CO^2H)$, et l'acide **glutamique**, $C^3H^5(AzH^2)(CO^2H)^2$; on trouve le premier de ces dérivés dans la betterave, les vesces et les semences de courge ; le second prend naissance, en même temps que l'acide aspartique et la leucine, lorsqu'on fait bouillir les matières albuminoïdes avec l'acide sulfurique dilué.

Acide térébique, $C^7H^{10}O^4$; lactone de l'acide diatérébique. On l'obtient par oxydation des terpènes.

D. Acides bibasiques tétravalents.

Ces acides possèdent à la fois les propriétés des alcools bivalents et celles des acides bibasiques ; ils sont caractérisés par la présence de deux groupes hydroxyles et de deux groupes carboxyles.

Le représentant le plus simple possible de la série est le corps $C(OH)^2(CO^2H)^2$ qui, contenant 2(OH) unis à un même carbone, est instable et ne possède pas le caractère d'un acide-alcool, mais celui d'un hydrate d'acide-cétone (V. acide mésoxalique, p. 230).

Acide tartrique (acide butanedioldioïque), *acide oxymalique*, $C^4H^6O^6 = C^2H^2(OH)^2(CO^2H)^2 = CO^2H—CH(OH)—CH(OH)—CO^2H$. Existe sous quatre modifications (p. 32) :

1) Acide *tartrique droit*, acide-*d* ou acide *ordinaire*, P. F. 170° ;

2) Acide *tartrique gauche*, acide-*l*, P. F. 170° ;

3) Acide *racémique* ou *paratartrique* ou acide tartrique « *d-l* » P. F. 206° ;

4) Acide tartrique *inactif* ou acide-*i*, ou acide méso- (anti-) tartrique P. F. 143°.

Les deux premiers acides ont des pouvoirs rotatoires égaux, mais de sens inverses ; par leur réunion, on obtient l'acide racémique inactif qui peut être dédoublé en ses composants ; le quatrième acide, également inactif, ne peut pas être dédoublé en acides actifs, mais on peut le transformer en l'une quelconque des autres modifications.

Formation. 1. L'acide racémique s'obtient par oxydation de la mannite au moyen de l'acide nitrique ; l'acide mésotartrique, par oxydation de la sorbine.

2. L'acide *succinique dibromé* (p. 221), $C^2H^2Br^2(CO^2H)^2$, traité par l'oxyde d'argent humide, donne un mélange d'acide racémique et d'acide mésotartrique (*Kékulé*).

3. La cyanhydrine du glyoxal (p. 206), étant un mélange des nitriles de l'acide mésotartrique et de l'acide racémique, fournit, par saponification, un mélange de ces deux acides.

4. L'acide glyoxalique donne l'acide racémique par réduction et condensation de deux molécules.

5. Par oxydation au moyen du permanganate de potasse, l'acide fumarique fournit l'acide racémique tandis que l'acide maléique fournit l'acide mésotartrique (*Kékulé*).

6. Les acides tartriques droit ou gauche, chauffés avec peu d'eau à 170°, donnent de l'acide racémique et de l'acide mésotartrique ; ce dernier, dans des conditions analogues, se transforme partiellement en acide racémique (état d'équilibre) : V. ci-dessous : scission de l'acide racémique.

La *constitution* de l'acide tartrique résulte de ses relations avec l'acide succinique (mode de formation 2) et avec le glyoxal (mode de formation 3).

Isoméries des acides tartriques. D'après la théorie de *Le Bel* et *Van't Hoff*, l'acide tartrique, CO.OH—C*H(OH)—C*H(OH)—COOH, contient deux atomes de carbone asymétriques (ceux marqués d'un astérisque) qui provoquent l'activité optique. Celle-ci dépend de l'arrangement dans l'espace des atomes ou groupes d'atomes H, OH, COOH, unis aux deux atomes de carbone en question. Cet arrangement peut être identique ou différent, par rapport à ces deux atomes de carbone : dans le premier cas, il y a action dans le même sens, dans le second cas, il y a compensation (compensation intramoléculaire). Par suite, ou bien la molécule déviera fortement à droite ou à gauche, ou bien elle sera inactive. En outre, la combinaison de deux molécules de pouvoirs rotatoires égaux, mais inverses, produira une molécule inactive. Une telle combinaison est dite *racémique* (acide racémique).

Ces relations peuvent être représentées par les figures suivantes :

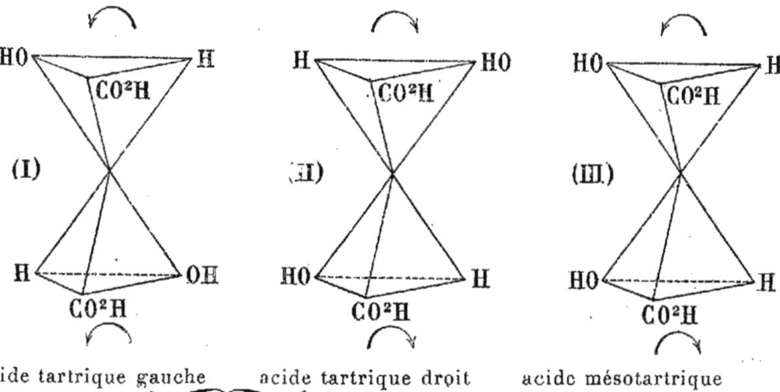

acide tartrique gauche — acide tartrique droit — acide mésotartrique
(acide tartrique gauche + acide tartrique droit : acide racémique)

Il est facile de voir que les deux tétraèdres qui composent la figure (II) peuvent être amenés, par une rotation convenable autour du sommet commun, à coïncider de telle sorte que les groupes de même nature soient superposés ; ces tétraèdres sont donc de même sens. Ce sens est, par exemple, celui des aiguilles d'une montre si l'on part du groupe OH pour aller vers CO^2H en passant par H. On voit aussi aisément que les tétraèdres de la figure (I) peuvent également être amenés en coïncidence analogue, mais que leur sens est opposé à celui des tétraèdres de la figure (II).

Dans la figure (III), au contraire, on ne peut faire coïncider les deux tétraèdres : ils sont de sens inverses. Si donc l'activité optique est provoquée par l'arrangement des atomes ou groupes substituants, on conçoit que, en (I) comme en (II), les deux tétraèdres agissent de la même manière, c'est-à-dire que leurs actions s'ajoutent et qu'en (III les actions se composent : dès lors, la molécule (III) sera inactive et les molécules (I) et (II) seront actives, mais en sens inverses.

Les figures précédentes, projetées sur le plan du papier, donnent les *formules de projection* suivantes (*E. Fischer*, B. **24**, 2684) :

```
    CO²H              CO²H              CO²H
     |                 |                 |
 HO—C—H             H—C—OH           HO—C—H
     |                 |                 |
  H—C—OH           HO—C—H            HO—C—H
     |                 |                 |
    CO²H              CO²H              CO²H
```

acide tartrique gauche — acide tartrique droit — acide mésotartrique.

Ces rapports peuvent s'exprimer brièvement comme suit :

l | l	d | d	l | d	(l + d | | l d)
acide tartrique gauche	acide tartrique droit	acide mésotartrique	acide racémique.

1. **Acide tartrique droit** (acidum tartaricum). *Découvert* par *Scheele* en 1769. *Etats naturels* : à l'état libre ou salifié, et surtout à l'état de sel acide de potassium, dans différents fruits, notamment dans le jus de raisin. Il se sépare au moment de la fermentation de ce liquide, sous forme tartrate acide de potassium ou *tartre* (tartarus), à l'état cristallisé.

Le tartre est transformé en sel neutre de calcium par ébullition en présence de craie et de chlorure de calcium ; l'acide est ensuite mis en liberté au moyen de l'acide sulfurique.

L'acide tartrique droit forme des primes monocliniques hémimorphes, transparents et de saveur franchement acide. Il est extraordinairement soluble dans l'eau, facilement soluble dans l'alcool, presque insoluble dans l'éther ; P. F. 170°. Il réduit, à chaud, la solution ammoniacale d'argent. Par fusion, il se transforme en une masse amorphe, puis en anhydride. Lorsqu'on le chauffe fortement, il charbonne, répand une odeur caractéristique et fournit de l'acide pyruvique et de l'acide pyrotartrique. L'oxydation le change d'abord en acides dioxytartrique et tartronique, puis en acides carbonique, formique, etc. Il trouve quelque emploi en médecine, en teinture, etc.

V. *E. Fischer*, B. **29**, 1377 ; Bull. soc. chim. **1896**, **2**, 1424, démonstration expérimentale de la configuration de l'acide tartrique droit.

Tartrate neutre de potassium, $C^4H^4O^6K^2 + {}^1/_2\, H^2O$, prismes monocliniques, facilement solubles dans l'eau.

Tartrate acide de potassium, tartre, (*cremor tartari*), $C^4H^5O^6K$; petits cristaux rhombiques, difficilement solubles dans l'eau, de saveur acidulée ; est employé en médecine, en teinture, etc.

Tartrate double de potassium et de sodium, sel de Seignette ou de **La Rochelle**, $CH^4O^6KNa+4H^2O$ (1672) ; gros et très beaux prismes rhombiques.

Tartrate de calcium, $C^4H^4O^6Ca + 4H^2O$; poudre insoluble dans l'eau, soluble dans la soude caustique froide ; cette solution se prend en gelée sous l'action de la chaleur et redevient limpide par refroidissement.

Tartrate double d'antimonyle et de potassium, émétique, *Tartarus emeticus*, $C^4H^4(SbO)'KO^6 + {}^1/_2\, H^2O$ (V. B. **15**, 1540).

On l'obtient en chauffant le tartre dans l'eau en présence d'oxyde d'antimoine. Pyramides rhombiques, efflorescentes, facilement solubles dans l'eau. Vénéneux. Est employé comme vomitif en médecine et comme mordant en teinture.

La *liqueur de Fehling* est une solution aqueuse de sulfate de cuivre additionnée de sel de Seignette et d'alcali.

L'ester **diéthylique** (huile épaisse), l'**ester monoéthylique** (prismes), l'**acide acétyltartrique** et les **amides tartriques** sont connus ; on en connaît également divers anhydrides. L'**acide nitrotartrique**, $C^2H^2(O.AzO^2)^2(CO^2H)^2$, est un ester facilement saponifiable et transformable en acide dioxytartrique (p. 231) ou en acide tartronique.

2. **Acide tartrique gauche**. Les propriétés chimiques et presque toutes les propriétés physiques de cet acide sont identiques à celles de l'acide-d ; il s'en différencie cependant par son pouvoir rotatoire qui est de sens opposé. Les sels cristallisés montrent des facettes hémièdriques comme les sels de l'acide-d, mais placées en sens inverse.

Lorsqu'on chauffe un mélange de quantités égales des deux acides en solution concentrée, on obtient l'acide racémique.

3. **Acide racémique**, *acidum racemicum, acide paratartrique*, $(C^4H^6O^6 + C^4H^6O^6) + 2H^2O$.

Sa composition a été déterminée par Berzélius ; il a reconnu que cet acide était différent de l'acide tartrique, bien que sa composition centésimale fût la même (1829).

L'acide racémique est extrait des eaux-mères du tartre. Il se différencie de l'acide droit par ses cristaux tricliniques, efflorescents à l'air, par sa plus faible solubilité dans l'eau, par sa propriété de précipiter à l'état libre la solution de chlorure de calcium et par son inactivité optique. On constate aussi de petites différences dans la teneur en eau de cristallisation et la solubilité des sels et aussi dans les propriétés des esters. Les sels sont appelés **racémates**.

En solution aqueuse diluée, l'acide racémique est complètement dédoublé en acides tartriques-d et-l ; c'est donc une combinaison instable (dite *racémique*) ou plutôt, peut-être, une union de nature physique des deux acides actifs et dont l'existence est subordonnée à l'état solide.

En évaporant une solution aqueuse de racémate double d'ammonium et de sodium, $2(C^4H^4Na(AzH^4)O^6) + 8H^2O$, on obtient de beaux cristaux rhombiques présentant des faces hémiédriques. *Pasteur* a trouvé que, parmi ces cristaux, les uns sont hémièdres à droite et les autres hémièdres à gauche : un cristal de l'une des deux espèces représente l'image que produirait, dans un miroir, un cristal de l'autre espèce.

Tous ces cristaux sont optiquement actifs, les uns dévient à droite, les autres dévient à gauche. Lorsqu'on sépare les cristaux de même nature et qu'on met leur acide en liberté, on obtient non pas de l'acide racémique, mais, dans un cas, de l'acide tartrique droit, dans l'autre cas, de l'acide tartrique gauche.

Un dédoublement analogue de l'acide racémique peut être réalisé au moyen du sel de cinchonine (B. **29**, 42) ou par la fermentation (V. p. 33).

4. **Acide mésotartrique**. $C^4H^6O^6 + H^2O$ (p. 226), tables rectangulaires, efflorescentes. L'acide exempt d'eau fond à 143°. Le sel acide de potassium est facilement soluble dans l'eau.

E. Acides bibasiques penta et hexavalents.

Pentavalents : acide trioxyglutarique, $C^3H^3(OH)^3(CO^2H)^2$.
Hexavalents : acide dioxytartrique, $C^2(OH)^4(CO^2H)^2$ (V. acides cétoniques).

acide saccharique, acide musique } $C^4H^4(OH)^4(CO^2H)^2$.

Plusieurs de ces acides forment des lactones simples qu'on appelle acides lactoniques, et aussi des lactones doubles V. *Fittig*, A. **255**, 1 et suiv. ; Bull. soc. chim **1890, 2**, 37.

Acides trioxyglutariques, $CO^2H—[CH.OH]^3 — CO^2H$: se produisent fréquemment dans l'oxydation des sucres (xylose, arabinose). La théorie prévoit quatre isomères.

Acide saccharique, s'obtient en oxydant, par l'acide nitrique, le sucre de canne, le gulose, l'acide gulonique, la mannite ou l'amidon. On connaît un acide-d., un acide-l. et un acide-i. (V. glucoses). L'acide-d. se transforme par réduction en acide glucuronique (p. 208) et par oxydation en acide tartrique-d. Déliquescent.

Acide mucique. S'obtient par oxydation de la dulcite, des gommes et mucilages végétaux ainsi que du sucre de lait. Poudre blanche cristalline, difficilement soluble dans l'eau. Est optiquement inactif, sa molécule étant de construction symétrique. Se transforme par oxydation en acide racémique. Il se convertit facilement en dérivés du furfurane (V. ce mot).

La théorie prévoit dix acides isomères $C^4H^4(OH)^4(CO^2H)^2$: quatre couples actifs et deux combinaisons inactives par compensation intérieure (analogues de l'acide méso-tartrique). Tous ces isomères sont connus, savoir : deux **acides sacchariques**, deux **acides mannosacchariques**, deux **acides idosacchariques** et deux **acides talomuciques**, puis un **acide mucique inactif** et un **acide allomucique inactif** (*E. Fischer*, B. **27**, 3208 ; Bull. soc. chim. **1895, 2**, 767).

Les relations de ces dérivés avec les hexoses sont indiquées dans les tableaux concernant ceux-ci.

F. Acides cétoniques bibasiques.

Les acides cétoniques bibasiques possèdent à la fois les propriétés des cétones et celles des acides bibasiques. Leurs esters peuvent subir, comme les β-esters cétoniques, l'ester acétylacétique par exemple (p. 213), la *scission cétonique* ou la *scission en acides* ; ils peuvent, de plus, subir une soustraction d'oxyde de carbone ; l'ester oxalylacétique, par exemple, se décompose sous l'action de la chaleur en oxyde de carbone et ester malonique (*W. Wislicenus*, B. **27**, 792 ; Bull. soc. chim. **1894, 2**, 894).

1. **Acide mésoxalique**, $CO(CO^2H)^2 + H^2O$ ou $C(OH)^2(CO^2H)^2$.

S'obtient soit au moyen de la glycérine par une oxydation appropriée, soit au moyen de l'acide malonique dibromé, $C(Br)^2(CO^2H)^2$, et de l'eau de baryte ou de l'oxyde d'argent :

$$CBr^2(CO^2H)^2 + H^2O = CO(CO^2H)^2 + 2HBr,$$

soit encore au moyen de l'alloxane (p. 263), par ébullition avec l'eau de baryte. Forme des prismes déliquescents (+ H^2O).

L'acide mésoxalique, en qualité de cétone, se combine au bisulfite de soude, à l'hydroxylamine (p. 135) et est transformé, par l'hydrogène naissant, en alcool secondaire correspondant, l'*acide tartronique* : $CO(CO^2H^2) + H^2 = CH(OH)(CO^2H)^2$.

L'acide et les sels contenant encore une molécule d'eau, après avoir été chauffés même au-dessus de 100°, il se peut que cette eau soit unie chimiquement, comme dans l'hydrate de chloral, et que l'acide mésoxalique possède la formule $C(OH)^2(CO^2H)^2$ qui correspond à l'*acide dioxymalonique*. On connaît en effet deux modifications de l'ester éthylmésoxalique : $C(OH)^2(CO^2C^2H^5)^2$ et $CO(CO^2C^2H^5)^2$.

2. **Acide oxalylacétique**, $CO^2H—CH^2—CO—CO^2H$ (acide butanedioïque). On l'obtient, à l'état d'ester éthylique, lorsqu'on fait agir l'éthylate de sodium sur un mélange d'ester oxalique et d'ester acétique et aussi lorsqu'on fait agir l'acide sulfurique concen-

tré sur l'ester acétylènedicarbonique L'ester oxalylacétique est une huile incolore dont la solution alcoolique devient rouge intense par addition de chlorure ferrique ; il est employé comme l'ester acétylacétique dans différentes synthèses (*W. Wislicenus*) et il possède probablement la constitution énolique d'un esther oxymaléïque (ou fumarique ?) : $CO^2R-CH=C(OH)-CO^2R$.

3. **Acide acétonedicarbonique**, $CO=(CH^2-CO^2H)^2$ (acide pentanonedioïque) ; s'obtient par l'action de l'acide sulfurique concentré sur l'acide citrique. Se décompose facilement en acétone et acide carbonique (V. A. **261**, 151 ; Bull. soc. chim. **1892**, **2**, 2).

4. **Acide dioxytartrique**, $CO^2H-CO-CO-CO^2H$ ou $CO^2H-C(OH)^2-C(OH)^2-CO^2H$ (*Kékulé*, A. **221**, 230 ; Bull. soc. chim. **1884**, **2**, 536). On l'obtient en traitant la pyrocatéchine (V. ce mot) par l'acide nitreux ou par décomposition réglée de l'acide nitrotartrique (p. 228). L'acide dioxytartrique forme des cristaux fondant à 98° et est peu stable ; son sel de sodium peu soluble, caractéristique, se décompose facilement en acide carbonique et tartronate de sodium. L'acide dioxytartrique réagit avec deux molécules d'hydroxylamine ; avec la phénylhydrazine sulfonique, il forme une matière colorante jaune appelée **tartrazine**. Le bisulfite de sodium le transforme en glyoxal.

5. **Acide acétonediacétique**, *acide hydrochélidonique*, $CO[CH^2-CH^2-CO^2H]^2$, V. A. **253**, 206 ; Bull. soc. chim. **1890**, **1**, 734. A. **267**, 48 ; Bull. soc. chim. **1893**, **2**, 434.

6. **Acide diacétylsuccinique** $\begin{matrix} CH^3-CO-CH-CO^2H \\ | \\ CH^3-CO-CH-CO^2H \end{matrix}$ V. p. 214. Son ester est en relation étroite avec l'acétonylacétone qui le fournit sous l'action de la soude caustique aqueuse (scission cétonique ; V. B. **22**, 2100).

7. **Acide diacétylglutarique**, $CH^2\begin{cases} CH(CO-CH^3)-CO^2H \\ CH(CO-CH^3)-CO^2H \end{cases}$, acide méthylènebiacétylacétique. Cet acide ou son ester (préparation : p. 214) se transforment facilement en dérivés tétrahydrobenzéniques ou, en présence d'ammoniaque, en dérivés de la pyridine (*Knövenagel*, A. **281**, 94 ; Bull. soc. chim. **1895**, **2**, 172).

XI. Acides tri-, etc., hexabasiques.

Les acides organiques tribasiques sont capables, comme l'acide phosphorique, de former trois séries de sels : sels neutres, sels monoacides, sels biacides ; ils contiennent, selon la théorie, trois groupes carboxyles. Il existe des acides tribasiques trivalents dont le caractère est purement acide (acides éthane-, propanetricarboniques) et des acides tribasiques tétra, penta et hexavalents possédant à la fois le caractère acide et le caractère alcoolique. Ces acides peuvent dériver de carbures saturés ou non saturés.

A. Acides tribasiques trivalents.

1. Acide éthanetricarbonique, $C^2H^3(CO^2H)^3$,
2. Acide propanetricarbonique, $C^3H^5(CO^2H)^3$,
3. Acide tricarballylique, $C^3H^5(CO^2H)^3$.

Les acides 1. et 2. ont été préparés au moyen de l'ester malonique ; on les connaît surtout à l'état d'esters ; à l'état libre, ils se décomposent sous l'action de la chaleur en acide carbonique et acide bibasique.

Acide tricarballylique (acide pentanedioïque-3 carbonique), *acide propanetricarbonique symétrique* (V. plus bas). (L'acide 2. est asymétrique). *Etats naturels* : dans les betteraves non mûres. Prismes rhombiques, facilement solubles dans l'eau, etc. ; P. F. 166°. On *l'obtient* a) au moyen de l'acide aconitique (V. plus bas), par addition d'eau, b) en chauffant l'acide citrique avec de l'acide iodhydrique, c) synthétiquement, au moyen de la glycérine : celle-ci est transformée en tribromhydrine, puis en tricyanure, $C^3H^5(CAz)^3$, au moyen du cyanure de potassium et le tricyanure est saponifié. Les trois hydroxyles de la glycérine étant répartis sur les trois atomes de carbone, il en est de même pour les trois carboxyles de l'acide tricarballylique qui possède alors la constitution symétrique suivante :

$$\begin{array}{l} CH^2—CO^2H \\ \dot{C}H—CO^2H \\ \dot{C}H^2—CO^2H. \end{array}$$

L'acide aconitique, $C^3H^3(CO^2H)^3$, est un *acide tribasique non saturé* contenant deux atomes d'hydrogène de moins que l'acide tricarballylique. On le trouve dans l'Aconitum napellus, dans les prêles, dans la canne à sucre, dans la betterave, etc. Il s'obtient au moyen de l'acide citrique, $C^6H^8O^7$, par élimination d'eau sous l'influence de la chaleur. Il est fortement acide, cristallisable, facilement soluble dans l'eau et fond à 191°. L'hydrogène naissant le convertit en acide tricarballylique, sa constitution est donc :

$$\begin{array}{l} CH—CO^2H \\ \ddot{C}——CO^2H \\ \dot{C}H^2—CO^2H. \end{array}$$

Il a été obtenu au moyen de l'acide acétique et de l'acide oxalique et c'est peut-être à une synthèse semblable qu'il doit sa formation dans les végétaux (V. B. **24**, 120 ; Bull. soc. chim. **1892**, **2**, 212).

B. Acides tribasiques tétravalents.

Acide citrique, *acidum citricum*, $C^6H^8O^7 = C^3H^4(OH)(CO^2H)^3$ (*Scheele*, 1784 ; fut reconnu comme tribasique par *Liebig*, 1838).

Il existe à l'état libre dans les citrons, les oranges, les airelles rouges ; mélangé à l'acide malique, dans les groseilles, etc. ; à l'état de sel de chaux dans le pastel, la betterave, etc.

Synthèses : a) au moyen de l'acide acétonedicarbonique et de l'acide cyanhydrique : A. **261**, 151 ; Bull. soc. chim., **1892**, **2**, 2. b) au moyen de l'acétone dichlorée, par la voie synthétique suivante (*Grimaux* et *Adam*) :

CH^2Cl	$CH^2.Cl$	$CH^2.Cl$	$CH^2.CAz$	$CH^2.CO^2H$
$\dot{C}O$	$\dot{C}(OH)—CAz$	$\dot{C}(OH)—CO^2H$	$\dot{C}(OH)—CO^2H$	$\dot{C}(OH—CO^2H$
$\dot{C}H^2Cl$	$\dot{C}H^2.Cl.$	$\dot{C}H^2Cl$	$\dot{C}H^2.CAz$	$\dot{C}H^2—CO^2H.$

Préparation : au moyen du jus de citron, par l'intermédiaire du sel de chaux, ou au moyen de l'acide racémique soumis à une fermentation spéciale (*Wehmer*, B. **27**, R. 78).

La *constitution* de l'acide citrique se déduit de ses relations avec l'acide aconitique (qui peut en être obtenu, comme l'éthylène est obtenu au moyen de l'alcool) et de la synthèse développée ci-dessus, il répond donc à la formule :

$$\begin{array}{l} CH^2——CO^2H \\ \dot{C}(OH)—CO^2H \\ \dot{C}H^2——CO^2H. \end{array}$$

L'acide citrique forme de gros prismes rhombiques (+ H^2O) se dissolvant très facilement dans l'eau, assez facilement dans l'alcool, très difficilement dans l'éther. Il perd son eau à 130°, fond à 153° et se convertit, à plus haute température, en acide aconitique, acide carbonique, acide itaconique, anhydride citraconique et acétone. Les agents d'oxydation l'altèrent profondément.

Le **citrate de chaux** se précipite à l'état de poudre blanche sablonneuse lorsqu'on fait bouillir un citrate alcalin en présence de chlorure de calcium. Les trois séries de sels sont bien caractérisées ; les sels alcalins sont solubles, les autres, en général, ne le sont pas. Parmi les dérivés de l'acide citrique, on connaît, par exemple : les esters **mono, di** et **tri-éthyliques** et aussi un **ester acétylcitrique**, $C^3H^4(OC^2H^3O)(CO^2C^2H^5)^3$, qui bout sans se décomposer et atteste le caractère alcoolique de l'acide citrique ; on connaît également les **amides** de l'acide citrique, etc. Ces dernières sont transformées par l'acide sulfurique concentré en acide citrazinique, $C^6H^5AzO^4$, qui est un dérivé de la pyridine (B. **17**, 2681).

Appendice. **C. Acides tribasiques pentavalents : acide désoxalique,** $C^5H^6O^8 = C^2H(OH)^2(CO^2H)^3$; **acide oxycitrique,** $C^6H^8O^8$; ce dernier existe dans le jus de rave.

D. Les acides tétra-, etc.-, basiques n'existent pas dans la nature, mais on en a préparé un grand nombre au moyen de l'ester malonique ou de l'ester acétylacétique, tels sont : les acides éthanetétracarbonique, propanepentacarbonique, butanehexacarbonique. Ils ont été obtenus à l'état d'esters ; plusieurs d'entre eux sont très instables ou ne peuvent exister à l'état libre. Quelques-uns présentent des phénomènes de stéréoisomérie ; V. B. **15**, 1109 ; **17**, 2781 ; Bull. soc. chim. **1886**, **1**, 32. B. **27**, 1114. A. **214**, 31. On est arrivé à préparer synthétiquement des acides contenant jusqu'à quatorze carboxyles (B. **21**, 2111).

	Forme normale	Forme isomère
	C^2Az^2	—
	$Az \equiv CH$ $CH^3-C \equiv Az$ —	— $CH^3-Az.C$
...dure,	$Az \equiv C.Cl$	—
	$Az \equiv C-OH$ $(Az \equiv C-O.CH^3)$ —	 $O=C=Az.CH^3$
...iques	$Az \equiv C-SH$ $Az \equiv C-S\,C^2H^5$ —	 $S=C=AzC^2H^5$
	$Az \equiv C-AzH^2$ $Az \equiv C-AzH.CH^3$ —	 $RAz=C=AzR^1)$
	$CO(AzH^2)OH$	—
	$CO.AzH^2)^2$	—
...ido- ...s	$CS(AzH^2)^2$ $CSAz^2H^3R$ —	— $C(AzH)\genfrac{}{}{0pt}{}{AzH^2}{SR}$
	$C(AzH)AsH^2)^2$	

	Forme normale	Forme isomère
Paracyanogène	$(CAz)^x$	—
« *Acide tricyanhydrique* » Dérivés alcoylés : éthers tricyanhydriques	$(CAzH)^x$ $(CAz)^3(C^2H^5)^3$	— —
Chlorure cyanurique, etc.	$(CAz)^3Cl^3$	—
Acide cyanurique Dérivés alcoylés : a) cyanurates b) isocyanurates	$(CAz)^3(OH)^3$ $(CAz)^3(OC^2H^5)^3$ —	— — $(CO)^3.(AzC^2H^5)^3$
Acide sulfocyanurique Dérivés alcoylés : a) sulfocyanurates	$(CAz)^3(SH)^3$ $(CAz)^3.(SC^2H^5)^3$	— —
Dicyanamide *Mélamine* Dérivés alcoylés : a) alcoylmélamines b) acoylisomélamines	$C^2Az^4H^4$ $(CAz)^3.(AzH^2)^3$ $(CAz)^3.(AzHC^2H^5)^3$ —	 $(C:AzH)^3(AzC^2H^5)^3$
Il n'existe pas de polymères.		

XII. Combinaisons du cyanogène

(Voir le tableau p. 234 et 235).

Sous le nom de combinaisons du cyanogène, on comprend l'ensemble des corps qui dérivent du cyanogène, C^2Az^2, corps gazeux, extraordinairement vénéneux, qui, dans différentes circonstances, se comporte comme un halogène ; ainsi, il donne avec l'hydrogène une combinaison AzCH qui est, à beaucoup d'égards, très analogue à l'acide chlorhydrique. Dans beaucoup de dérivés, le groupe monovalent CAz joue le rôle d'*un élément* ; le cyanogène lui-même a pour formule C^2Az^2, mais on doit le considérer comme étant le radical isolé CAz (désigné souvent par Cy) de même que le chlore dont la molécule est Cl^2 est considéré comme étant simplement Cl. — Le groupe cyanogène peut former des combinaisons avec les halogènes, avec l'hydroxyle, avec le sulfhydryle (SH), avec l'amide, etc. et les combinaisons obtenues peuvent donner à leur tour de nombreux dérivés par substitution de radicaux alcooliques à l'hydrogène. Ces dérivés existent sous deux formes isomériques que leurs propriétés différencient nettement ; cette isomérie est très importante. La plupart de ces combinaisons sont, en outre, susceptibles de se *polymériser* (V. tableau) de sorte que le nombre des combinaisons du cyanogène est très grand.

Formation 1. Le carbone et l'azote peuvent s'unir directement sous l'action de la chaleur en présence d'un alcali ; ainsi, l'azote traversant un mélange de charbon et de carbonate de potasse porté au rouge donne du cyanure de potassium (cette réaction réussit surtout à haute pression).

2. En faisant passer de l'ammoniac sur du charbon porté au rouge, on obtient le sel ammoniacal de l'acide cyanhydrique, $AzH^4.CAz$.

3. C'est à l'état naissant que le carbone et l'azote s'unissent le mieux avec les métaux ; on réalise ces conditions *en chauffant*, par exemple, *des combinaisons organiques azotées* (cuir, corne, laine, sang, etc.) avec le carbonate de potasse.

4. On obtient de l'acide cyanhydrique en soumettant un mélange d'acétylène et d'azote à l'action de l'étincelle électrique, ou un mélange de cyanogène et d'hydrogène à l'influence de l'effluve électrique.

V. ci-dessous d'autres modes de formations.

Le point de départ pour la préparation des combinaisons du cyanogène est généralement le ferrocyanure de potassium qui est préparé industriellement et présente sur le cyanure de potassium l'avantage d'être stable à l'air et de n'être pas vénéneux.

A. Cyanogène et acide cyanhydrique.

Cyanogène, C^2Az^2. Découvert par Gay-Lussac, 1815. Etats naturels : dans les gaz des hauts fourneaux.

Modes de formation. 1. Le cyanogène étant le nitrile de l'acide oxalique peut être obtenu, au moyen de l'oxalate d'ammoniaque, par soustraction d'eau (à l'aide de l'anhydride phosphorique) ou au moyen de l'oxamide (p. 219), produit intermédiaire de cette réaction :

$$C^2O^4(AzH^4)^2-4H^2O = C^2Az^2 ; C^2O^2(AzH^2)^2-2H^2O = C^2Az^2$$

2. On l'obtient aussi soit en chauffant au rouge le cyanure d'argent, AgCAz, ou le cyanure de mercure, $Hg(CAz)^2$ (mode de préparation) :

$$Hg(CAz)^2 = Hg + C^2Az^2 ;$$

soit, par voie humide, en chauffant une solution de sulfate de cuivre avec du cyanure de potassium (B. **18**, R. 321 ; C. R. **1885**, **1**, 1005).

Gaz incolore, d'une odeur particulière rappelant les amandes amères, et d'une toxicité considérable ; densité 1,8. Se condense avec une facilité relative. P.E. du cyanogène liquide — 21°. P. F. — 34°. Brûle avec une flamme aux bords pourprés. Se dissout dans $^1/_4$ de son volume d'eau, est plus facilement soluble dans l'alcool. Par le repos, ces solutions se colorent en brun et déposent une poudre brune (acide azulmique) en même temps qu'il se produit de l'acide oxalique, de l'ammoniaque, de l'acide formique, de l'acide cyanhydrique et de l'urée.

La formation de l'acide oxalique et celle de l'ammoniaque sont dues à la saponification normale du cyanogène ; celle de l'acide formique résulte de la saponification de l'acide cyanhydrique formé accessoirement. En présence d'une petite quantité d'aldéhyde, on obtient l'oxamide par une fixation nette des éléments de l'eau. Le cyanogène se combine au potassium sous l'action de la chaleur en formant du cyanure de potassium, et il se dissout dans la potasse caustique aqueuse en donnant du cyanure et du cyanate de potassium. L'hydrogène sulfuré le convertit en deux thiamides : $AzC-CS.AzH^2$ et $CS(AzH^2)-CS(AzH^2)$ (1).

Le cyanogène se polymérise en formant le **paracyanogène** $(CAz)^x$ (qui répond peut-être à la formule $(C^3Az^3)^2$ « *dicyanure*, ») poudre brune amorphe qu'on obtient comme produit secondaire lorsqu'on chauffe le cyanure de mercure et qui se transforme en cyanogène sous l'action d'une température plus élevée.

Acide cyanhydrique, AzCH. Découvert en 1782 par *Scheele*, étudié par *Gay-Lussac*. *Formation*. 1. En traitant les cyanures métalliques par les acides forts ou en distillant un mélange de ferrocyanure de potassium et d'acide sulfurique dilué :

$$K^4FeCy^6 + 5H^2SO^4 = 6HCy + FeSO^4 + 4KHSO^4.$$

Le sulfate ferreux formé se transformant en présence du ferrocyanure de potassium en ferrocyanure-ferrosopotassique, $FeK^2(FeCy^6)$ (V. p. 240), composé stable vis-à-vis des

(1) *Wöhler* a donné à ces composés les noms de flaveanwasserstoff et de rubeanwasserstoff.

acides dilués, il s'ensuit que la moitié seulement du ferrocyanure se transforme en acide cyanhydrique. — En employant de l'acide sulfurique concentré, au lieu d'acide dilué, il se forme non plus de l'acide cyanhydrique mais de l'oxyde de carbone.

2. Au moyen du *formiate d'ammoniaque* ou de la *formamide*, par soustraction d'eau :

$$H.CO.O(AzH^4) = H.CO.AzH^2 + H^2O = AzCH + 2H^2O$$

L'acide cyanhydrique est donc le nitrile de l'acide formique.

3. L'*amygdaline* (V. ce mot), sous l'influence de l'émulsine (V. ce mot), se scinde en acide cyanhydrique, essence d'amandes amères, C^7H^6O, et glucose, $C^6H^{12}O^6$:

$$C^{20}H^{27}AzO^{11} + 2H^2O = AzCH + C^7H^6O + 2C^6H^{12}O^6.$$

L'essence préparée au moyen des amandes amères, ainsi que sa solution aqueuse (aqua amygdalarum amararum officinalis), contiennent donc de l'acide cyanhydrique.

4. Par l'action, sous pression, de l'ammoniac sur le chloroforme :

$$CHCl^3 + AzH^3 = AzCH + 3HCl.$$

5. Par oxydation, à l'aide de l'acide nitrique, de beaucoup de substances organiques. V. autres synthèses, p. 236.

Préparation : Au moyen du ferrocyanure de potassium (V. plus haut 1). Pour obtenir l'acide exempt d'eau, on distille en faisant passer les vapeurs sur du chlorure de calcium.

Liquide incolore, se solidifiant à — 15°, et bouillant à 26°5, densité 0,70 ; doué d'une odeur spéciale ; respiré, il irrite désagréablement la gorge, il est miscible à l'eau et brûle avec une flamme violette.

L'acide cyanhydrique, comme le cyanure de potassium, est un des poisons les plus violents que l'on connaisse.

A l'état tout à fait pur, on peut le conserver sans altération mais, en présence de traces d'eau ou d'ammoniaque, il se décompose avec dépôt d'une substance brune dont la formation est concomitante de celle d'ammoniaque, d'acide formique, d'acide oxalique, etc. Cependant, en présence d'une petite quantité d'un acide minéral, la solution aqueuse peut être conservée sans altération.

L'hydrogène naissant le transforme en méthylamine :

$$HCAz + 4H = HCH^2.AzH^2.$$

L'acide cyanhydrique forme, avec l'acide chlorhydrique, un produit cristallisable, HCAz + HCl, qui se présente comme le chlorure de la formimide, H—CCl=AzH (p. 172). Il se combine également avec divers chlorures métalliques en donnant des substances cristallines facilement décomposables.

L'acide cyanhydrique est un acide monobasique, mais le radical cyanogène est si peu négatif que les cyanures sont décomposés même par l'acide carbonique.

Sa *formule de constitution*, Az≡C—H, se déduit de ses relations avec l'acide formique et le chloroforme. Dans quelques réactions cependant, il se comporte suivant les formules isomères hypothétiques =C=AzH ou C≡Az—H. Chacun de ses dérivés alcoylés existe sous deux modifications isomériques (nitrile et isonitrile) qui dérivent des deux groupements H—C≡Az et C≡Az—H (V. tableau p. 234 et appendice au groupe du cyanogène (p. 248); V. aussi A. **270**, 328, **287**, 265).

Recherche de l'acide cyanhydrique : a) On additionne la solution à examiner d'un excès de soude caustique et d'une petite quantité d'un sel ferreux et d'un sel ferrique, on fait bouillir, puis on acidule : la formation de bleu de Prusse indique la présence d'acide cyanhydrique. b) On évapore complètement à sec la solution à examiner en présence de sulfure d'ammonium jaune, on reprend par l'eau et on ajoute un peu de chlorure ferrique : la formation d'une coloration rouge-sang (sulfocyanure de fer) décèle la présence de l'acide cyanhydrique.

Polymère : **acide tricyanhydrique**, (AzCH)x. S'obtient par polymérisation de l'acide cyanhydrique dans des conditions déterminées. Cristaux blancs obliquangles qui, chauffés au-dessus de 180°, régénèrent l'acide cyanhydrique. Sa molécule est probablement $(AzCH)^3$, B. **25**, 538 ; Bull. soc. chim. **1892**, **2**, 1070. Les produits dénommés *tricyanures* semblent en dériver ; B. **25**, 2263 ; Bull. soc. chim. **1892**, **2**, 1250.

Cyanure de potassium, KCAz. *Formation* V. p. 236. *Préparation* :
1. On fond le ferrocyanure de potassium déshydraté :

$$K^4Fe(CAz)^6 = 4K(CAz) + Fe + 2C + Az^2.$$

Pour éviter la décomposition partielle du cyanure de potassium pendant la fusion, on peut ajouter au mélange du carbonate de potasse, mais alors le produit qu'on obtient contient du cyanate de potasse (cyanure de potassium de Liebig).

2. En chauffant le potassium dans une atmosphère de cyanogène.

3. En combinant l'acide cyanhydrique à la potasse hydratée et précipitant la solution aqueuse par l'alcool.

Propriétés. Cubes incolores déliquescents, facilement solubles dans l'eau, peu solubles dans l'alcool (On le trouve aussi, dans le commerce, sous forme de bâtonnets obtenus par fusion et moulage). Il attire l'eau et se décompose sous l'action de l'acide carbonique de l'air. Sa solution aqueuse précipite presque tous les sels métalliques ; les précipités se redissolvent dans un excès de cyanure de potassium en formant des cyanures doubles (V. plus bas).

Cyanure d'ammonium. $CAz\,AzH^4$. Masse blanche déliquescente. S'obtient aussi par union du méthane et de l'azote sous l'influence de l'effluve électrique.

Cyanure de mercure, $Hg(CAz^2)$. Prismes incolores, inaltérables à l'air, facilement solubles dans l'eau. Extrêmement vénéneux.

Cyanure d'argent, Ag(CAz). Précipité blanc, caséeux, ressemblant beaucoup au chlorure d'argent et ayant à peu près les mêmes solubilités.

Cyanures doubles.

Les cyanures doubles obtenus en dissolvant dans le cyanure de potassium les cyanures métalliques insolubles dans l'eau se divisent en deux classes. Les uns se *décomposent* par les acides minéraux dilués en reproduisant le cyanure insoluble et dégageant de l'acide cyanhydrique, tels sont : $KCAz + AgCAz$; $2KCAz + Ni(CAz)^2$; les autres, dans les mêmes conditions, n'abandonnent pas d'acide cyanhydrique mais se comportent comme des *sels d'acides particuliers*. Appartiennent à cette dernière catégorie : le ferrocyanure de potassium, K^4FeCy^6 ($= 4KCy + FeCy^2$) et le ferricyanure de potassium, K^3FeCy^6 ($= 3KCy + FeCy^3$), au moyen desquels on obtient les acides ferro et ferricyanhydriques (V. plus bas). Quelques sels dérivant de ces acides, entre autres le bleu de Prusse, résistent à l'action des acides surtout s'ils sont dilués, mais sont décomposés par les lessives alcalines (le bleu de Prusse, par exemple, est scindé en hydrate ferrique et ferrocyanure de potassium).

Ferrocyanure de potassium, *cyanure jaune, prussiate jaune*, $K^4FeCy^6 + 3H^2O$. *Formation*. 1. En faisant bouillir une solution de sulfate ferreux avec un excès de cyanure de potassium.

2. En dissolvant du fer dans une solution de cyanure de potassium :

$$2KCAz + Fe + 2H^2O = Fe(CAz)^2 + 2KOH + H^2 ;$$
$$Fe(CAz)^2 + 4KCAz = K^4Fe(CAz)^6.$$

Dans l'industrie, on fond un mélange formé de matières organiques azotées, de carbonate de potasse et de fer.

Tables monocliniques, jaune-citron, inaltérables à l'air, facilement solubles dans l'eau, insolubles dans l'alcool.

L'acide chlorhydrique concentré en sépare l'acide ferrocyanhydrique, H^4FeCy^6, sous forme d'aiguilles blanches altérables. — Action de l'acide sulfurique (V. p. 237).

Le ferrocyanure de potassium ajouté dans une solution de sulfate de cuivre produit un précipité brun-rouge de ferrocyanure de cuivre, $Cu^2(FeCy^6)^8$ (brun *Hatchett*) ; dans les solutions des sels ferreux ou ferriques, il forme des précipités caractéristiques (V. page suivante).

Ferricyanure de potassium, *cyanure rouge, prussiate rouge*, K^3FeCy^6, s'obtient par l'action du chlore sur le ferrocyanure de potassium :

$$2K^4FeCy^6 + Cl^2 = 2K^3FeCy^6 + 2KCl.$$

Prismes rouge foncé, monocliniques, facilement solubles dans l'eau. La solution aqueuse s'altère avec le temps ; en présence d'un alcali, elle agit comme un oxydant énergique.

L'**acide ferricyanhydrique**, H^3FeCy^6, forme des aiguilles brunes, altérables.

On peut représenter d'une manière simple la *constitution* des acides **ferro** et **ferricyanhydriques**, en admettant qu'ils contiennent le radical trivalent $(C^3Az^3)^{III}$ (tricyanogène) de l'acide cyanurique (V. p. 244) :

$$\left.\begin{matrix}K^2{=}(C^3Az^3)\\K^2{=}(C^3Az^3)\end{matrix}\right>Fe^{II}\qquad\qquad \left.\begin{matrix}K{-}(C^3Az^3)\\K^2{=}(C^3Az^3)\end{matrix}\right>Fe^{III}$$

ferrocyanure de potassium — ferricyanure de potassium

$$Fe^{III}\left<\begin{matrix}(C^3Az^3)\ -\ Fe^{II}\ -\ (C^3Az^3)\\(C^3Az^3){=}Fe^{II}\ Fe^{II}{=}(C^3Az^3)\end{matrix}\right>Fe^{I.I},etc.$$

bleu de Turnbull (de Gmelin.)

Ferro- et ferricyanures de fer.

	Ferrocyanures	Ferricyanures
Sels ferreux	*Ferrocyanure ferrosopotassique* $K^2Fe^{II}(FeCy^6)^{IV}$, au moyen de $FeSO^4$ + K^4FeCy^6 ; blanc, devient rapidement bleu à l'air en se transformant en	*Bleu de Turnbull* $Fe^3_{II}(FeCy^6)^2_{III}$, au moyen de $FeSO^4+K^3FeCy^6$.
Sels ferriques	*Ferrocyanure ferricopotassique* $KFe^{III}(FeCy^6)$ (V. plus bas).	
	Bleu de Prusse insoluble (bleu de Williamson) $Fe^4_{III}(FeCy^6)^3$, au moyen de $FeCl^3+K^4FeCy^6$; Poudre bleue à reflets cuivrés.	($FeCl^3+K^3FeCy^6$ ne donnent pas un précipité mais seulement une coloration brune.)
	$KFe^{III}(FeCy^6)^{IV}$ = *Bleu de Prusse soluble*, au moyen des sels ferriques (ou ferreux) traités par un excès de ferro (ou de ferri) cyanure de potassium.	$KFe^{II}(FeCy^6)^{III}$ =

La formation du bleu de Prusse fut observée vers 1700 par *Diesbach*.

Par oxydation du ferrocyanure de potassium au moyen de l'acide nitrique, on obtient l'**acide nitroprussique** dont le sel de sodium :

$$FeCy^5(AzO)Na^2 + 2H^2O,$$

cristallise en prismes rouges solubles dans l'eau et constitue un réactif précieux de l'hydrogène sulfuré : il donne, en présence de ce composé, en solution alcaline, une coloration bleue pourprée magnifique, mais passagère.

B. Dérivés halogénés du cyanogène.

Chlorure de cyanogène, AzC.Cl (*Berthollet*). Gaz incolore, condensable, P. E. + 15°,5, un peu soluble dans l'eau, doué d'une odeur piquante insupportable ; on l'obtient en faisant agir le chlore sur un cyanure métallique ou sur l'acide cyanhydrique dilué :

$$AzCH + Cl^2 = AzCCl + HCl.$$

En présence d'acide chlorhydrique, il se polymérise et se change en chlorure cyanurique (V. plus bas). La lessive de potasse le transforme en chlorure de potassium et en sel de potassium de l'acide cyanique, AzCOH, dont il est le chlorure :

$$Az.C.Cl + 2KOH = AzC.OK + ClK + H^2O.$$

Bromure de cyanogène, AzCBr, analogue au chlorure. Prismes transparents.

Iodure de cyanogène, AzCI. Beaux prismes blancs facilement sublimables, d'une odeur intense rappelant le cyanogène et l'iode. Très vénéneux. S'obtient en faisant agir l'iode sur le cyanure de mercure ; il se forme en même temps de l'iodure de mercure.

Polymère : **Chlorure cyanurique**, *trichlorure de cyanogène*, $(AzC)^3Cl^3$. S'obtient au moyen du chlorure de cyanogène ou par l'action du chlore sur l'acide cyanhydrique en solution éthérée. Il forme de beaux cristaux blancs fondant à 145°, bouillant à 190° et d'une odeur piquante. L'eau bouillante le décompose en acide chlorhydrique et acide cyanurique, $(AzC)^3.(OH)^3$, dont il est le chlorure. Il contient le radical $(AzC)^3_{III}$ = tricyanogène (V. acide cyanurique).

C. Acide cyanique et acide cyanurique.

Lorsqu'on chauffe l'urée isolément ou dans un courant de chlore, on obtient de l'acide cyanurique (p. 243) ; si on la soumet à la distillation sèche et que l'on condense les vapeurs au moyen d'un mélange réfrigérant, on obtient de l'acide cyanique.

Acide cyanique, AzCOH, liquide facilement mobile, d'une odeur piquante ($C^3Az^3O^3H^3 = 3AzCOH$). Il est très instable et, lorsqu'on le sort du mélange réfrigérant, il entre en ébullition tumultueuse et se transforme en un polymère, la *cyamélide*, $(COAzH)^x$, masse blanche ressemblant à la porcelaine. Sous l'action de la chaleur, la cyamélide reproduit l'acide cyanique. L'acide cyanique forme, avec l'ammoniaque, le cyanate d'ammonium.

Cyanate de potassium, AzCOK (appelé souvent isocyanate de potassium) ; on le prépare soit en oxydant le cyanure de potassium en solution aqueuse au moyen du permanganate (A. **259**, 377 ; Bull. soc. chim. **1891, 1**, 960) ou du bichromate (B. **26**, 2438 ; Bull. soc. chim. **1894, 2**, 64) ; soit en fondant le cyanure de potassium avec les peroxydes de plomb ou de manganèse ou avec le ferrocyanure de potassium (AzCK + O=AzCOK). Tablettes blanches facilement solubles dans l'eau et l'alcool.

Avec le sulfate d'hydrazine, il forme l'hydrazodicarbonamide (V. p. 259).

Cyanate d'ammonium, $AzCO(AzH^4)$, masse cristalline blanche ; ce sel est particulièrement intéressant à cause de la facilité avec laquelle il se transforme en urée, son isomère.

Les cyanates, traités par l'acide chlorhydrique, ne donnent pas l'acide cyanique libre, mais ses produits de saponification, l'acide carbonique et l'ammoniaque :

$$AzCOH + H^2O = CO^2 + AzH^3.$$

En employant l'acide acétique, on évite, il est vrai, cette décomposition mais l'acide cyanique mis en liberté se transforme en son polymère, l'acide cyanurique, dont le sel acide de potassium cristallise lentement.

On peut concevoir l'existence de deux classes de dérivés alcoylés de l'acide cyanique résultant de la substitution de radicaux alcooliques à l'hydrogène de cet acide : les *dérivés normaux*, Az≡C.OR, et les *isodérivés*, O=C=AzR.

I. Lorsqu'on distille le cyanate de potassium avec de l'iodure d'éthyle ou mieux avec de l'éthylsulfate de potasse, on obtient l'**ester éthylisocyanique** ou « *éther cyanique ordinaire* » $COAzC^2H^5$. C'est un liquide incolore, d'une odeur suffocante, bouillant sans altération à 60°, mais décomposable par l'eau. Ce dérivé ne possède pas les propriétés d'un ester-acide, car il se dédouble, sous l'action des alcalis ou des acides, en acide carbonique et en éthylamine :

$$COAzC^2H^5 + H^2O = CO^2 + AzH^2C^2H^5.$$

L'eau le transforme en dérivés compliqués de l'urée; l'ammoniaque et les amines le changent également en dérivés de l'urée, l'alcool en dérivés de l'acide carbamidique (p. 251).

Constitution. La formation d'éthylamine au moyen de l'éther cyanique montre que, dans ce composé, l'azote est lié directement au radical alcoolique et que, par suite, sa constitution est la suivante : $O=C=Az.C^2H^5$. Cependant, il est contestable que le cyanate de potasse et l'acide cyanique libre aient une constitution analogue, car on a observé de nombreux cas de transformation des combinaisons normales de cette série en isocombinaisons. Des considérations théoriques rendent beaucoup plus probable la formule Az≡C.OH pour l'acide cyanique qui serait l'acide normal dont le chlorure de cyanogène serait le chlorure ; le cyanate de potassium serait alors Az≡C.OK.

II. Les *éthers cyaniques normaux* ne sont pas connus ; on a autrefois considéré, par erreur, le produit de l'action du chlorure de cyanogène sur l'éthylate de sodium comme étant la **cyanétholine**, $CAz.OC^2H^5$.

Polymère : **acide cyanurique**, $C^3Az^3O^3H^3 = (AzC)^3(OH)^3$ (*Scheele*). La formation de l'acide cyanurique, mentionnée p. 242, par l'action de la chaleur sur l'urée se comprend facilement si l'on se rappelle que l'urée est formée par l'union des éléments de l'acide cyanique et de l'ammoniac; l'ammoniac, en effet, étant éliminé, l'acide cyanique devient libre et se polymérise.

L'acide cyanurique forme des prismes ($+ 2H^2O$) transparents, efflorescents, facilement solubles dans l'eau chaude. C'est un acide tribasique. Son sel de sodium est difficilement soluble dans la lessive de soude concentrée, le sel cuproammoniacal est d'un beau violet (caractéristique). Lorsqu'on soumet l'acide cyanurique à une ébullition prolongée en présence d'acide chlorhydrique, il est saponifié en acide carbonique et ammoniaque. Le pentachlorure de phosphore le transforme en chlorure cyanurique qui, sous l'action de l'eau, régénère l'acide cyanurique (V. p. 242).

L'acide cyanurique donne deux classes de dérivés alcoylés isomères :

1) **Esters cyanuriques normaux**, ex. : $Az^3C^3(OC^2H^5)^3$, liquide incolore ; se transforme facilement en son isomère (V. 2).

2) **Esters isocyanuriques**, *éthers tricarbimidiques*, $C^3O^3(AzC^2H^5)^3$, par exemple. Ces dérivés sont des liquides incolores, ils se produisent souvent à la place des dérivés normaux, par exemple, dans la distillation des cyanurates avec les alcoylsulfates. Ils se forment aussi par polymérisation des éthers isocyaniques. — Par saponification, les combinaisons normales donnent un alcool et les isocombinaisons, une amine.

La *constitution* de l'acide cyanurique, par suite de ses relations avec le chlorure cyanurique, doit être $(AzC)^3(OH)^3$; celle de ses dérivés alcoylés se déduit des produits de leur saponification. Les combinaisons normales contiennent donc, comme le chlorure cyanurique, le radical *tricyanogène* $(CAz)^3$ dans lequel les atomes de carbone et d'azote sont unis alternativement par une et deux valences en formant une chaîne fermée, tandis que les isocombinaisons dérivent d'un composé annulaire hypothétique formé par la réunion de trois groupes CO et de trois groupes AzH, un groupe CO alternant avec un groupe AzH (V. *A. W. Hofmann*, B. **18**, 2755 ; Bull. soc. chim. **1886**, **2**, 547. B. **18**, 3261 ; Bull. soc. chim. **1886**, **2**, 554 ; voyez aussi « dérivés benzéniques ») :

```
        OH                   (OC²H⁵)                      O
        C                       C                         C
      /   \\                  /   \\                    /   \
    Az      Az              Az      Az         (C²H⁵)Az      Az(C²H⁵)
    ||      |               ||      |                 |      |
 HO.C       C.OH    (C²H⁵O)C        C(O.C²H⁵)        OC      CO
      \\   /                 \     //                  \    /
        Az                     Az                        Az
                                                      (C²H⁵)
```

acide cyanurique — ester cyanurique — ester isocyanurique.

On peut admettre que la triméthyltriméthylènamine est constituée par une chaîne annulaire analogue.

En dehors de l'acide cyanurique et de la cyamélide (p. 242), il existe encore d'autres polymères de l'acide cyanique (V. J. pr. Chem. **32**, 461).

De plus, on connaît des dérivés aromatiques de l'**acide diisocyanique** $(CO)^2.(AzH)^2$ B. **18**, 764 ; Bull. soc. chim. **1886**, **1**, 598.

D. Acide sulfocyanique et dérivés.

Acide sulfocyanique, *acide sulfocyanhydrique*, *acide thiocyanique*, AzC.SH ; on l'obtient en décomposant son sel de mercure par l'acide chlorhydrique. Liquide jaunâtre, d'une odeur piquante. Cet acide n'est stable qu'en solution aqueuse diluée ; lorsqu'il est exempt d'eau, il ne peut être conservé que dans un mélange réfrigérant car, à la température ordinaire, il se polymérise en un corps jaune amorphe. En solution aqueuse concentrée, il se décompose avec formation d'**acide persulfocyanique**, $C^2Az^2S^3H^2$; cristaux jaunes.

Sulfocyanate de potassium, *sulfocyanure, thiocyanate de potassium*, AzC.SK. Le cyanure de potassium se combine au soufre en formant le sulfocyanate de potassium, de la même manière qu'il se transforme en cyanate en se combinant à l'oxygène. On réalise cette combinaison par fusion du cyanure avec le soufre ou par évaporation de sa solution aqueuse en présence de sulfure d'ammonium jaune :

$$KCAz + S = AzCSK.$$

On prépare le sulfocyanate en fondant un mélange de ferrocyanure, de carbonate de potasse et de soufre. Il forme de longs prismes incolores, déliquescents, qui se dissolvent très facilement dans l'eau (avec abaissement de la température) et dans l'alcool chaud.

Sulfocyanate d'ammonium, $AzCS(AzH^4)$. Ce sel s'obtient en chauffant un mélange de sulfure de carbone, d'ammoniaque concentrée et d'alcool (*Millon*) :

$$CS^2 + AzH^3 = CAzSH + H^2S.$$

Il se forme, comme produits intermédiaires, du dithiocarbamidate et du trithiocarbonate d'ammoniaque (V. p. 257).

Tables incolores, déliquescentes, facilement solubles dans l'alcool. Le sulfocyanate d'ammonium, chauffé entre 130 et 140°, se transforme partiellement en sulfo-urée qui lui est isomérique (analogie avec le cyanate d'ammoniaque). Ajouté à une solution d'un sel d'argent, il donne un précipité blanc de **sulfocyanate d'argent** et peut être utilisé pour le dosage volumétrique de l'argent (indicateur : sulfate ferrique). Avec les sels ferriques, il produit une coloration rouge-sang due à la formation de sulfocyanate ferricopotassique, $2Fe(CAzS)^3 + 9KCAzS + 4H^2O$ (réaction extrêmement sensible).

Sulfocyanate mercurique, $Hg(AzCS)^2$, poudre blanche insoluble dans l'eau ; sa combustion donne un résidu d'un volume considérable (serpent de Pharaon).

L'acide sulfurique concentré décompose les sulfocyanates avec formation d'oxysulfure de carbone :

$$CAzSH + H^2O = COS + AzH^3 ;$$

l'hydrogène sulfuré les convertit en sulfure de carbone et ammoniaque :

$$CAzSH + H^2S = CS^2 + AzH^3.$$

On peut considérer le **sulfure de cyanogène**, $(CAz)^2S$, obtenu au moyen de l'iodure de cyanogène et du sulfocyanate d'argent, comme un sulfanhydride de l'acide sulfocyanique. Il forme des tables facilement solubles.

En remplaçant l'hydrogène de l'acide sulfocyanique par des radicaux alcooliques, on obtient deux classes de dérivés alcoylés isomères :

I. *Esters de l'acide sulfocyanique.*

Sulfocyanate d'éthyle, $AzC.SC^2H^5$; on l'obtient 1) en distillant un mélange d'éthylsulfate et de sulfocyanate de potassium, ou 2) en faisant agir le chlorure de cyanogène sur un mercaptide. Liquide incolore, presque insoluble dans l'eau, bouillant à 142° et doué d'une odeur piquante spéciale, rappelant celle de l'ail. La potasse alcoolique le saponifie normalement avec production de sulfocyanate de potasse ; dans d'autres réactions cependant, le soufre reste uni au radical alcoolique.

Ainsi, sous l'action de l'hydrogène naissant, il donne du mercaptan et l'acide nitrique bouillant le transforme en acide éthylsulfonique.

Il résulte du mode de formation 2) et des réactions des esters sulfocyaniques que, dans ces substances, le soufre est lié au radical alcoolique ; par suite, dans les sels, le soufre est uni à l'élément métallique et, dans l'acide libre, il est uni à l'hydrogène. Les formules de constitution de ces dérivés sont donc :

$Az{\equiv}C{-}SH$	$Az{\equiv}C{-}SK$	$Az{\equiv}C{-}SC^2H^5$
acide sulfocyanique	sulfocyanate de potassium	sulfocyanate d'éthyle.

Ester allylsulfocyanique, $CAz.SC^3H^5$. Liquide incolore, doué d'une odeur d'ail ; P. E. 161°. Se transforme par distillation en son isomère, l'essence de moutarde.

II. *Esters isosulfocyaniques* ou *sénévols.*

Allylsénévol (*isosulfocyanure d'allyle*) (sénévol ordinaire), $SC : Az.C^3H^5$. On le prépare en distillant avec de l'eau les graines de moutarde noire (Sinapis nigra). Liquide peu soluble dans l'eau, d'une odeur piquante, bouillant à 151° et qui agit sur la peau comme vésicant. Le sénévol s'obtient par transposition du sulfocyanate d'allyle lorsqu'on soumet ce composé à la distillation et aussi quand on fait agir le sulfure de carbone sur l'allylamine, d'après l'équation empirique :

$$CS^2 + AzH^2.C^3H^5 = CS : Az.C^3H^5 + H^2S.$$

La réaction ne se poursuit pas directement dans le sens de cette équation, on obtient d'abord, par combinaison de l'allylamine et de l'acide allyldithiocarbamidique (V. p. 256) un sel qui, distillé en présence de bichlorure de mercure, fournit le sénévol.

L'éthylsénévol, $C^2H^5Az.CS$ (P. E. 134°), le **méthylsénévol,** CH^3AzCS (solide, P. F. 34° ; P. E. 119°), le **propyl-n-sénévol** (P. E. 153°), etc., sont semblables à l'allylsénévol et se préparent d'une manière analogue. Les sénévols s'obtiennent encore par distillation des alcoylthio-urées (p. 258) avec l'acide phosphorique sirupeux (*Hofmann,* B. **15,** 985) ou avec l'acide chlorhydrique concentré.

Par saponification, ils régénèrent l'amine primaire qui a servi à les préparer :

$$CS.AzC^3H^5 + 2H^2O = AzH^2.C^3H^5 + H^2S + CO^2.$$

Dans différentes réactions, ils se montrent connexes des thio-urées et des éthers isocyaniques ; dans ces derniers, en effet, l'oxygène peut être remplacé par le soufre et, inversement, on peut, dans les sénévols, remplacer le soufre par de l'oxygène.

La *constitution* des sénévols se déduit de leurs relations avec les amines primaires ; ils contiennent, comme celles-ci, l'alcoyle uni à l'azote de sorte que leur formule de constitution est S=C=Az.R. Ils dérivent donc de l'acide isosulfocyanique, SC=AzH, inconnu à l'état libre.

Polymère : **acide sulfocyanurique**, $(C^3Az^3)(SH)^3$. Poudre jaune. Acide tribasique. Le sel de sodium primaire est cristallisable. Il s'obtient en faisant agir le chlorure cyanurique sur le sulfure de sodium, ce qui établit sa constitution. Son **ester triméthylique** se produit par polymérisation du sulfocyanure de méthyle chauffé à 180° ; il se forme, en même temps, du méthylsénévol (transposition). (*Hofmann*, B. **18**, 2196 ; Bull. soc. chim. **1886**, **2**, 546. *Klason*, B. **19**, R. 136). On connaît également des sénévols polymères (*Hofmann*, C. **25**, 876).

E. Cyanamide et dérivés.

Cyanamide, $AzC.AzH^2$ (*Bineau*). La cyanamide s'obtient :

1. En dirigeant du chlorure de cyanogène dans une solution d'ammoniaque éthérée :

$$CAzCl + 2AzH^3 = CAz.AzH^2 + AzH^4Cl.$$

2. En faisant agir l'oxyde de mercure sur la sulfo-urée en solution aqueuse (« désulfuration ») :

$$AzH^2—CS—AzH^2 = AzC.AzH^2 + H^2S.$$

C'est une masse incolore, cristalline, déliquescente, facilement soluble dans l'eau, l'alcool et l'éther et fondant à 40°. Chauffée à 150°, elle se transforme, en bouillonnant tumultueusement, en un polymère, la dicyanamide (V. plus bas) ; elle subit la même transformation lorsqu'on évapore sa solution ou qu'on l'abandonne à elle-même pendant quelque temps

Sous l'action des acides dilués, elle fixe les éléments de l'eau et se change en urée, $[CAz(AzH^2)+H^2O = CO(AzH^2)^2]$; d'une manière analogue, elle s'unit à l'hydrogène sulfuré en formant la thio-urée. Chauffée avec certains sels ammoniacaux, elle se convertit en sels de guanidine (p. 258).

La cyanamide se comporte soit comme une base faible, et forme des sels cristallins, facilement décomposables, soit comme un acide faible et donne, par exemple, un sel de sodium, CAz.AzHNa, un sel de plomb, un sel d'argent, etc. Ce dernier a pour formule CAz^2Ag^2 et forme une poudre jaune.

Deux catégories de produits alcoylés isomères dérivent également de la cyanamide par substitution de radicaux alcooliques à l'hydrogène.

I. La **méthyl** et l'**éthylcyanamide** s'obtiennent, par exemple, au moyen de la monométhyl ou éthylsulfo-urée. La **diéthylcyanamide,** $CAz^2(C^2H^5)^2$, se prépare en traitant le sel d'argent de la cyanamide par l'iodure d'éthyle. Sous l'action des acides, elle se décompose en acide carbonique, ammoniaque et diéthylamine, sa *constitution* est donc $Az \equiv C-Az(C^2H^5)^2$ et celle de la cyanamide est, selon toute vraisemblance : $Az \equiv C-AzH^2$, constitution conforme à sa dénomination.

II. Il existe d'autres dérivés de la cyanamide (surtout dans la série aromatique) qui dérivent d'un isomère hypothétique de la cyanamide, $AzH=C=AzH$, appelé *carbodiimide* ; telle est la **carbodiphénylimide,** $CAz^2(C^6H^5)^2$. Ces composés se scindent sous l'action des acides, à l'ébullition, en acide carbonique et amine.

Polymères. **Dicyandiamide,** *param,* $C^2Az^4H^4$ (V. plus haut), prismes ou aiguilles plates. Sa constitution est probablement $Az \equiv C-AzH-C\begin{smallmatrix}\diagup AzH^2\\ \diagdown AzH\end{smallmatrix}$ (B. **26**, 1583). Chauffée fortement, elle forme le **mélam,** $C^6H^9Az^{11}$, poudre blanche, insoluble dans l'eau, qu'on peut obtenir encore en chauffant fortement le sulfocyanate d'ammonium ou en traitant la mélamine par l'acide sulfurique.

Mélamine, *cyanuramide,* $C^3Az^6H^6$ (*Liebig*, 1838) ; brillants octaèdres rhombiques insolubles dans l'alcool et l'éther. Possède des propriétés basiques. Sous l'action des acides à l'ébullition, elle échange successivement ses trois amides contre trois hydroxyles en formant l'**amméline,** $(CAz)^3(AzH^2)^2(OH)$, puis l'**ammélide,** $(CAz)^3AzH^2(OH)^2$, et finalement l'acide cyanurique, $(CAz)^3(OH)^3$. La constitution de la mélamine est, par suite, $(CAz)^3(AzH^2)^3$; B. 25, 538 ; Bull. soc. chim. **1892**, **2**, 1070. Elle donne des *dérivés alcoylés* par substitution de son hydrogène par des radicaux alcooliques. Ces dérivés existent également sous forme d'isomères dérivant de l'**isomélamine** hypothétique, $[C(AzH)]^3(AzH)^3$.

Voyez, pour plus de détails : *A. W. Hofmann*, B. **18**, 2755 ; Bull. soc. chim. **1886**, **2**, 547. B. **18**, 3217 ; Bull. soc. chim. **1886**, **2**, 94. *Rathke*, B. **20**, 1056 ; Bull. soc. chim. **1887**, **2**, 662.

Le **mélam** est une imide de la mélamine correspondant à la formule $[(CAz)^3(AzH^2)^2]^2AzH$ et se transforme en mélamine sous l'action de l'ammoniaque.

F. Appendice. Isoméries dans le groupe du cyanogène.

Il ressort de ce qui précède que les acides cyanhydrique, cyanique, sulfocyanique, de même que la cyanamide et les polymères correspondants, donnent deux classes de dérivés alcoylés qui se distinguent nettement par leurs produits de scission. Ces dérivés correspondent, dans chaque cas, à deux substances fondamentales isomères (*forme normale* et *pseudoforme, Ad. Baeyer*) dont on ne connaît jamais qu'une seule à l'état libre, la combinaison normale (V. *Hofmann*, l. c. ; V. aussi *Klason*, B. **20**, R. 317). Il est donc probable que les pseudoformes représentent un état d'équilibre instable des atomes et que, dans les réactions où elles devraient se produire, elles se transforment immédiatement en combinaisons stables isomères (V. chapitre sur la tautomérie, p. 209). Mais, lorsque dans les combinaisons libres, l'hydrogène est remplacé par un alcoyle, les deux sortes de groupements des atomes sont susceptibles d'exister, bien qu'on observe encore une différence dans la stabilité des deux combinaisons : la transformation de la combinaison normale en iso-combinaison (pseudoforme) s'effectuant très facilement. C'est ainsi que le cyanate de potassium donne directement les esters isocyaniques au lieu des esters cyaniques, que le sulfocyanate d'allyle se transpose facilement en allylsénévol, qu'on obtient les esters isocyanuriques à la place des esters cyanuriques, etc.

XIII. Dérivés de l'acide carbonique

L'acide carbonique est un acide bibasique, car il forme deux séries de sels ; Na^2CO^3 et $NaHCO^3$, par exemple. L'hydrate fondamental, CO^3H^2 ou $O{=}C\begin{smallmatrix}/OH\\ \backslash OH\end{smallmatrix}$, est inconnu, mais on peut admettre qu'il existe dans les solutions aqueuses d'acide carbonique.

Par sa formule empirique, l'acide carbonique se présente comme le moins élevé des oxyacides $C^nH^{2n}O^3$ et peut être considéré comme un acide oxyformique. Il est bibasique parce que le groupe carbonyle partage son action acidifiante, également entre les deux hydroxyles. Ces deux groupes étant unis au même atome de carbone, on comprend que l'hydrate libre ne puisse exister (p. 124, etc.).

Les sels de l'acide carbonique et quelques-uns de ses dérivés comme le sulfure de carbone et l'oxysulfure de carbone sont étudiés en chimie anorganique. On étudiera ici les *esters*, les chlorures et les amides de l'acide carbonique dont il existe deux catégories (dérivés neutres et dérivés acides) puisque l'acide carbonique se range parmi les acides bibasiques de formule $C^nH^{2n-2}O^4$. Les dérivés neutres sont très analogues à ceux de l'acide oxalique ou de l'acide succinique et sont stables ; par contre, les dérivés acides sont très instables à l'état libre et ne sont, en général, connus que sous forme de sels. De nombreux dérivés mixtes ont été aussi préparés, tel est, par exemple, l'ester éthylcarbamidique, $CO(AzH^2)(OC^2H^5)$, analogue à l'oxaméthane (p. 219).

Résumé :

Dérivés neutres	$CO.(OC^2H^5)^2$ ester éthyl-carbonique	$COCl^2$ oxychlorure de carbone	$CO(AzH^2)^2$ urée
Dérivés acides	$CO(OC^2H^5)(OH)$ acide éthyl-carbonique	$CO(Cl)(OH)$ acide chloro-carbonique	$CO(AzH^2)OH)$ acide carbamidique
Dérivés mixtes		$CO(Cl)(OC^2H^5)$ ester éthylchloro-carbonique	$CO(AzH^2)(OC^2H^5)$ uréthane

Les modes de formation de ces combinaisons sont le plus souvent complètement analogues à ceux des dérivés correspondants des acides monobasiques et de l'acide oxalique.

A. Esters de l'acide carbonique.

Ester éthylcarbonique, $CO(OC^2H^5)^2$. *Formation :*

1. Par l'action de l'iodure d'éthyle sur le carbonate d'argent.

2. Par l'action de l'alcool sur l'ester chlorocarbonique (c'est-à-dire indirectement, au moyen de l'oxychlorure de carbone et de l'alcool. V. p. 250) :

$$CO(OC^2H^5)Cl + C^2H^5.OH = CO(OC^2H^5)^2 + HCl.$$

Liquide neutre, d'une odeur agréable, bouillant à 126⁰ ; il est plus léger que l'eau et insoluble dans ce solvant.

Les **esters méthylique, propylique**, etc., existent également et sont analogues ; on connaît aussi des esters contenant deux radicaux alcooliques différents. Ces deux radicaux peuvent être introduits dans un ordre quelconque, ce qui prouve l'équivalence des deux hydroxyles.

Acide éthylcarbonique, $CO(OC^2H^5)(OH)$. Ce composé correspond complètement à l'acide éthylsulfurique, mais est beaucoup moins stable : il n'est connu qu'à l'état de sels.

L'éthylcarbonate de potassium, $CO(OC^2H^5)(OK)$, s'obtient en faisant passer un courant d'acide carbonique dans la solution alcoolique de l'éthylate de potassium : $CO^2 + KOC^2H^5 = CO^3(C^2H^5)K$. Tablettes nacrées que l'eau décompose en carbonate de potasse et alcool.

B. Chlorures de l'acide carbonique.

Oxychlorure de carbone, *phosgène*, $COCl^2$ (*Davy*). Analogue au chlorure de succinyle ou au chlorure de sulfuryle, SO^2Cl^2. S'obtient par combinaison directe de l'oxyde de carbone et du chlore sous l'action de la lumière solaire, etc., ou par oxydation du chloroforme au moyen de l'acide chromique, ou encore en traitant le tétrachlorure de carbone par l'acide sulfurique fumant. Gaz incolore, liquéfiable à $+8^0$, d'une odeur suffocante. Soluble dans la benzine. En qualité de chlorure d'acide, il est décomposé par l'eau avec production d'acide carbonique et d'acide chlorhydrique.

Il transforme les hydrates d'acides en leurs anhydrides par élimination d'eau et convertit l'aldéhyde en chlorure d'éthylidène. Il est employé pour la préparation de matières colorantes. Avec les amines secondaires grasses, il forme des alcoylurées, avec les amines secondaires aromatiques, des chlorures de carbamides (B. **20**, 783 ; Bull. soc. chim. **1887**, **2**, 559).

Acide chlorocarbonique, COCl(OH), chlorure-acide de l'acide carbonique analogue à l'acide chloroxalique (tab. p. 217). Sa tendance à se résoudre en acide carbonique et en acide chlorhydrique est trop forte pour qu'il puisse exister à l'état libre ou à l'état de sels. Par contre, en qualité d'acide monobasique, il forme des esters tels que l'**ester éthylchlorocarbonique** ou *ester chloroformique*, $CO(Cl)(OC^2H^5) = Cl—CO.OC^2H^5$, qu'on obtient en faisant agir l'oxychlorure de carbone sur l'alcool absolu (*Dumas*, 1833) : $COCl^2 + C^2H^5 OH = COCl(OC^2H^5) + HCl$. L'ester chloroformique est un liquide doué d'une odeur forte et bouillant à 93^0 ; il se comporte comme un chlorure d'acide et, comme tel, il est décomposé par l'eau. On l'emploie avantageusement pour l'introduction de groupes carboxyles dans beaucoup de combinaisons.

Les esters **méthyl**-etc., **chlorocarboniques**, sont très analogues.

C. Amides de l'acide carbonique.

L'amide neutre de l'acide carbonique est l'urée ou carbamide, l'amide acide (acide amidique) est l'acide carbamidique.

L'acide imidocarbonique, $C(AzH)\begin{matrix}OH\\OH\end{matrix}$ (*Sandmeyer*, B. **19**, 862 ; Bull. soc. chim. **1887**, **1**, 328), connu seulement sous forme de dérivés, se présente comme l'*imide* de l'acide carbonique ; il en est de même de la forme secondaire hypothétique de l'acide cyanique CO : AzH. La forme secondaire de la cyanamide, $C(AzH)^2$, est la *diimide* de l'acide carbonique, tandis que l'acide cyanique peut être considéré comme un semi-nitrile du même acide et la cyanamide comme l'amide de ce nitrile. L'*amidine* de l'acide carbonique est la guanidine.

L'*orthoamide* de l'acide carbonique, $C(AzH^2)^4$, est inconnue jusqu'à présent, à sa place, on obtient la guanidine.

Les modes de *formation* de l'urée et de l'acide carbamidique sont complètement analogues à ceux des amides en général :

1. Action de l'ammoniaque sur l'ester carbonique :

$$CO(OC^2H^5)^2 + 2AzH^3 = CO(AzH^2)^2 + 2C^2H^5.OH ;$$
$$CO(OC^2H^5)^2 + AzH^3 = CO(OC^2H^5)(AzH^2)^2 + C^2H^5.OH.$$

2. Soustraction des éléments de l'eau soit au carbonate, soit au carbamidate d'ammoniaque. L'acide carbonique et l'ammoniac à l'état sec s'unissent directement en formant le carbamidate d'ammoniaque (appelé carbonate d'ammoniaque anhydre), $CO(AzH^2).OH,AzH^3$. Celui-ci, chauffé à 135° ou sous l'influence d'un courant électrique alternatif, se transforme en urée :

$$CO(AzH^2).OH,AzH^3 = CO(AzH^2)^2 + H^2O.$$

3. Action de l'ammoniaque sur les chlorures carboniques :

$$COCl^2 + 4AzH^3 = CO(AzH^2)^2 + 2AzH^4Cl ;$$
$$CO(OC^2H^5)Cl + 2AzH^3 = CO(OC^2H^5)AzH^2 + AzH^4Cl.$$

Acide carbamidique, acide carbaminique, $CO(AzH^2)(OH)$. Le sel d'ammonium (V. plus haut), masse blanche, se dissocie, à 60° déjà, en ammoniaque et acide carbonique. Sa solution aqueuse ne précipite pas la solution de chlorure de calcium à la température ordinaire, car le carbamate de calcium est soluble mais, sous l'action de la chaleur, il y a saponification en acide carbonique et ammoniaque et il se précipite du carbonate de chaux.

Uréthane, $CO(AzH^2)(OC^2H^5)$. Formation d'après 3. (*Dumas*, 1833). On l'obtient aussi par union directe de l'acide cyanique avec l'alcool et en traitant le nitrate d'urée par le nitrite de sodium en présence d'alcool. Il forme de grosses tables, fusibles à 47-50° ; il bout sans se décomposer, est facilement soluble dans l'eau, etc. et agit comme soporifique.

On peut remplacer un atome d'hydrogène de l'uréthane par du sodium. L'acide nitrique le transforme en *nitro-uréthane*, $AzO^2.AzH.CO^2C^2H^5$, au moyen duquel on a obtenu la *nitramide*, $AzO^2.AzH^2$ (*Thiele*, B. 27, 1909 ; Bull. soc. chim. **1894**, 2, 1271). On peut employer l'uréthane à la place de l'acide cyanique dans certaines réactions synthétiques (B. 23, 1856 ; Bull. soc. chim. **1891**, 2, 301).

Les **esters méthyl-, etc-, carbamidiques** analogues sont connus. Tous sont saponifiés par les alcalis et se transforment en urée, à chaud, sous l'action de l'ammoniaque.

Chlorure de carbamide, $CO(AzH^2)Cl$; s'obtient au moyen de l'acide cyanique et de l'acide chlorhydrique (*Wöhler A*. 45, 357), et aussi en faisant agir le phosgène sur le chlorure d'ammonium à 400° (Ann. 244, 29. Bull. soc. chim. **1889**, 1, 196). Il se présente sous forme d'un liquide incolore ou de longues aiguilles, P. E. 50°, P. E. 61-62° ; odeur piquante.

L'eau le décompose violemment ; les alcools le transforment en uréthane. Il est employé dans diverses synthèses d'acides aromatiques.

Ester ethyl-éthylcarbamidique, $CO(AzH.C^2H^5)(OC^2H^5)$ (*éthyluréthane*) ; liquide, P. E. 175° ; s'obtient, par exemple, en chauffant l'acide cyanique avec de l'alcool à 100° (union directe).

Ether diéthylimidocarbonique, $AzH(CO^2C^2H^5)^2$; imide correspondant à l'uréthane (comparez diacétamide). On l'obtient en traitant l'uréthane sodé par l'ester chlorocarbonique. Cristaux blancs, P. F. 50°. Par substitution de AzH^2 à un groupe $O.C^2H^5$, on obtient l'ester allophanique, en substituant deux AzH^2 aux deux OC^2H^5, on obtient le biuret.

Urée, *carbamide*, $CO(AzH^2)^2$. A été trouvée dans l'urine en 1773. Elle est contenue dans l'urine des mammifères, des oiseaux et de quelques reptiles et dans d'autres liquides animaux.

L'homme adulte en produit journellement environ 30 grammes. L'urée est le produit ultime de l'oxydation des matières azotées dans l'organisme.

Formation. Au moyen de l'ester éthylcarbonique, de l'acide carbamidique et du phosgène (V. p. 250). On l'obtient *synthétiquement au moyen du cyanate d'ammoniaque, par transposition* sous l'action de la chaleur, ou en abandonnant la solution aqueuse de ce sel à elle-même (*Wöhler*, 1828, V. p. 1 et 242) :

$$CAz.OH,AzH^3 = CO(AzH^2)^2.$$

Elle se forme, de plus, par l'action de l'eau sur la cyanamide (p. 247) ; lorsqu'on traite la thio-urée par le permanganate de potasse (p. 257) ; par saponification partielle de la guanidine (p. 258) :

$$C(AzH)(AzH^2)^2 + H^2O = CO(AzH^2)^2 + AzH^3 ;$$

en chauffant l'oxamide avec l'oxyde de mercure ; par scission de la créatine (p. 259) sous l'action des alcalis ; par oxydation de l'acide urique, etc.

Préparation. 1. On concentre l'urine, on ajoute de l'acide nitrique et on décompose le nitrate d'urée déposé par le carbonate de baryte.

2. On chauffe la solution du cyanate de potasse ou du ferrocyanure de potassium avec du sulfate d'ammoniaque (Préparation : B. **26**, R. 779 ; Bull. soc. chim. **1893**, **1**, 427) :

$$2CAzOK + (AzH^4)^2SO^4 = 2COAz^2H^4 + K^2SO^4.$$

L'urée forme des aiguilles ou de longs prismes rhombiques de saveur fraîche, très solubles dans l'eau, facilement solubles dans l'alcool, mais insolubles dans l'éther ; elle fond à 132° et se sublime dans le vide sans décomposition ; chauffée fortement, elle se transforme en ammoniaque, acide cyanurique, biuret (p. 255) et ammélide (p. 248). En qualité d'amide, l'urée est saponifiée par les alcalis ou les acides bouillants et par l'eau surchauffée :

$$CO(AzH^2)^2 + H^2O = CO^2 + 2AzH^3,$$

et elle se résout, sous l'action de l'acide nitreux, en acide carbonique et azote :

$$CO(AzH^2)^2 + 2AzO^2H = CO^2 + 2Az^2 + 3H^2O.$$

L'hypochlorite ou l'hypobromite de sodium agissent dans le même sens (*Davy*, *Knop*).

La mesure de l'azote dégagé dans ces réactions est le principe de la méthode de *Hüfner* pour le dosage de l'urée (V. J. pr. Ch. (2) 3, 1 ; V. aussi B. **24**, R. 330).

L'urée, chauffée à 100° avec une solution alcoolique de potasse, se retransforme en cyanate de potasse et ammoniaque.

Le caractère basique des deux groupes AzH^2 est considérablement affaibli, dans l'urée, par l'influence du groupe carbonyle.

Parmi les sels que forme l'urée avec les acides, on doit mentionner : le **nitrate d'urée**, $COAz^2H^4H.AzO^3$, tablettes blanches, brillantes, facilement solubles dans l'eau, difficilement solubles dans l'acide nitrique ; le **chlorhydrate**, **l'oxalate** et le **phosphate**. L'urée, de même que l'acétamide, forme aussi des sels avec les bases, en particulier avec l'oxyde de mercure : $COAz^2H^4+2HgO$; enfin, elle s'unit à certains sels, en donnant des combinaisons cristallines : **chlorure de sodium-urée** : $COAz^2H^4+NaCl+H^2O$ (prismes brillants) ; **nitrate d'argent-urée**, $COAz^2H^4+AgAzO^3$ (prismes rhombiques) ; **chlorure de mercure-urée**, etc. Le précipité qu'on obtient en ajoutant du nitrate de mercure à une solution aqueuse neutre d'urée répond à la formule $2COAz^2H^4+Hg(AzO^3)^2+3HgO$; c'est sur la formation de ce précipité que repose la méthode de *Liebig* pour le dosage de l'urée (V. *Pflüger* et *Bohland*, Arch. f. Phys. **38**, 575).

L'isuret, une amidoxime, (p. 175) est isomère de l'urée.

Nitro-urée, $AzH^2COAzH.AzO^2$, s'obtient par l'action de l'acide sulfurique concentré sur le nitrate d'urée. Possède les propriétés d'un acide fort. *Thiele*, A. **288**, 267.

Urées alcoylées. Elles résultent de la substitution de radicaux alcooliques à l'hydrogène des groupes amides :

méthylurée, $CO\begin{matrix}AzH^2\\AzHCH^3\end{matrix}$ α-diéthylurée, $CO\begin{matrix}AzHC^2H^5\\AzHC^2H^5\end{matrix}$

éthylurée, $CO\begin{matrix}AzH^2\\AzHC^2H^5\end{matrix}$ β-diéthylurée, $CO\begin{matrix}AzH^2\\Az(C^2H^5)^2\end{matrix}$

On les obtient par un procédé calqué sur celui de *Wöhler* pour la synthèse de l'urée, et qui consiste à unir soit l'acide cyanique avec les amines, soit les esters cyaniques avec l'ammoniaque ou les amines, par exemple :

$$CO.AzC^2H^5+AzH^2C^2H^5 = CO(AzH.C^2H^5)^2 ;$$

on peut encore les obtenir au moyen des amines et du phosgène.

Elles sont, en partie, très analogues à l'urée, mais parfois liquides et distillables. Leur *constitution* se déduit des produits qu'elles donnent par saponification en tenant compte de la règle (p. 98) que les radicaux liés à l'azote n'en sont pas séparés par saponification.

Dérivés hydraziniques de l'urée. Au moyen du cyanate de potasse et de l'hydrate d'hydrazine, on obtient la **semicarbazide**, $AzH^2.CO.AzH.AzH^2$, dénommée aussi, plus justement, *semi-carbohydrazide*. C'est une base fondant à 96° ; les produits de condensation hydrazoniques qu'elle forme avec les cétones cristallisent bien et peuvent servir à isoler ces dernières (A. **283**, 1 ; Bull. soc. chim. **1895**, **2**, 637). La **carbazide**, (ou mieux *carbohydrazide*) $CO(AzH.AzH^2)^2$ s'obtient d'une manière analogue au moyen de l'ester carbonique et de l'hydrate d'hydrazine P. F. 152°. Véritable **carbazide** $COAz^6$: V. B. **27**, 2684 ; Bull. soc. chim. **1895**, **2**, 453.

Diéthylsemicarbohydrazide (V. p. 114).

Dérivés acylés. Lorsqu'on introduit des radicaux acides dans l'urée, on obtient des dérivés acylés ou *uréïdes*. Ces dérivés se forment par l'action des chlorures d'acides ou des anhydrides d'acides sur l'urée, ou encore par l'action de l'oxychlorure de phosphore sur un mélange d'urée et de l'acide dont on veut mettre en jeu le radical. Leurs propriétés correspondent à celles de la diacétamide (p. 172). Parmi eux on peut citer :

l'acétylurée, $COAz^2H^3(C^2H^3O)$; l'acide allophanique, $CO(AzH^2)(AzHCO^2H)$.

Les acides monobasiques bivalents forment aussi des uréïdes en fonctionnant comme alcools ou, à la fois, comme alcools et comme acides :

acide hydantoïque, $CO\begin{matrix} AzH^2 \\ AzH.CH^2{-}CO^2H \end{matrix}$; lactylurée, $CO\begin{matrix} AzH.CH{-}CH3 \\ | \\ AzH.CO \end{matrix}$

hydantoïne, $CO\begin{matrix} AzH.CO \\ | \\ AzH.CH^2 \end{matrix}$,

L'**hydantoïne**, *glycolylurée*, $C^3H^4Az^2O^2$ (neutre, aiguilles) et l'acide **hydantoïque**, *acide glycolurique*, $C^3H^6Az^2O^3$ (prismes) sont des dérivés de l'acide glycolique; le premier se transforme en acide hydantoïque par saponification partielle ; une saponification plus complète le résout en acide carbonique, ammoniaque et glycocolle. Ces deux substances se forment soit lorsqu'on soumet certains dérivés de l'acide urique (allantoïne) à l'action de l'acide iodhydrique, soit par des procédés synthétiques ; on obtient, par exemple, l'acide hydantoïque à l'aide du glycocolle et de l'acide cyanique.

Méthylhydantoïne, $C^3H^3(CH^3)Az^2O^2$, s'obtient par saponification ménagée de la créatinine (p. 259, échange de AzH contre O).

Uréïdes des acides bibasiques : V. groupe de l'acide urique.

Biuret, $C^2H^5Az^3O^2$, s'obtient en chauffant l'urée à 160° :

$$2\ AzH^2.CO.AzH^2 = AzH^3 + AzH\begin{matrix} \diagup CO.AzH^2 \\ \diagdown CO.AzH^2 \end{matrix}$$

Aiguilles blanches ($+ H^2O$) facilement solubles dans l'eau ou l'alcool. La solution alcaline, additionnée d'un peu de sulfate de cuivre, donne une belle coloration rouge-violet (réaction du biuret) qui est due à la formation d'un sel basique de potasse et de cuivre : $2C^2H^5Az^3O^2Cu(OH).2KOH$ (B. 29, 299). — Le biuret se produit aussi par l'action de l'ammoniaque sur l'**ester allophanique** (p. 252) que l'on peut obtenir au moyen de l'urée et de l'ester chlorocarbonique :

$$CO(AzH^2)^2 + Cl.CO^2.C^2H^5 = CO(AzH^2)(AzH.CO^2C^2H^5) + HCl,$$

sous forme de combinaison cristalline difficilement soluble dans l'eau. L'acide allophanique est inconnu à l'état libre. Le biuret peut être considéré comme l'amide de cet acide.

D. Dérivés sulfurés de l'acide carbonique.

Il existe aussi des dérivés de l'acide carbonique dans lesquels l'oxygène est remplacé entièrement ou partiellement par du soufre et qui correspondent à ceux décrits précédemment. Ces dérivés sont le plus souvent instables à l'état libre par suite de leur tendance à se saponifier en acide carbonique, oxysulfure de carbone ou sulfure de carbone, mais peuvent être isolés sous forme de sels ou d'esters. Lorsque, dans ces derniers, un radical alcoolique est uni au soufre, la saponification n'engendre pas l'alcool correspondant mais bien un thioalcool, conformément au caractère particulier de ces substances.

Ces esters présentent de nombreux cas d'*isomérie*. Ainsi, on connaît deux sortes d'esters mono et dithiocarboniques isomériques avec les esters thio et dithiocarbamidiques et avec les sulfo-urées alcoylées (dérivés imidocarbamidiques). Quant aux dérivés fondamentaux eux-mêmes : amides, etc., ils ne sont connus que sous une seule forme : V. « tautomérie » et p. 248.

Liste des substances fondamentales (connues, en partie, à l'état de dérivés seulement).

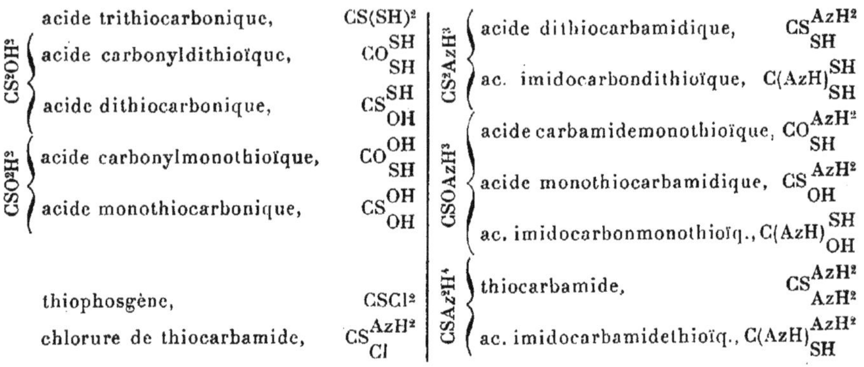

	acide trithiocarbonique,	$CS(SH)^2$
CS^2OH^2	acide carbonyldithioïque,	$CO{SH \atop SH}$
	acide dithiocarbonique,	$CS{SH \atop OH}$
CSO^2H^2	acide carbonylmonothioïque,	$CO{OH \atop SH}$
	acide monothiocarbonique,	$CS{OH \atop OH}$
	thiophosgène,	$CSCl^2$
	chlorure de thiocarbamide,	$CS{AzH^2 \atop Cl}$
CS^2AzH^3	acide dithiocarbamidique,	$CS{AzH^2 \atop SH}$
	ac. imidocarbondithioïque,	$C(AzH){SH \atop SH}$
$CSOAzH^3$	acide carbamidemonothioïque,	$CO{AzH^2 \atop SH}$
	acide monothiocarbamidique,	$CS{AzH^2 \atop OH}$
	ac. imidocarbonmonothioïq.,	$C(AzH){SH \atop OH}$
$CSAz^2H^4$	thiocarbamide,	$CS{AzH^2 \atop AzH^2}$
	ac. imidocarbamidethioïq.,	$C(AzH){AzH^2 \atop SH}$

Ces combinaisons sont de trois sortes : les unes contiennent le groupe =C=S, ce sont les combinaisons *thiocarboniques* et *thiocarbamidiques* ; les autres renferment le groupe =C=O et constituent les combinaisons *carbonyliques* et *carbamidiques* ; enfin, celles de la troisième classe contiennent le groupe =C=AzH, ce sont les combinaisons *imidocarboniques* et *imidocarbamidiques* (V. Ann. **211**, 85).

La constitution de ces substances se déduit des produits qu'elles donnent par saponification. Ainsi, la *méthylthiocarbamide*, $CS(AzH^2)(AzH.CH^3)$, se résout en acide carbonique, hydrogène sulfuré, ammoniaque et méthylamine, tandis que son isomère l'ester méthylimidocarbamidethioïque, $C(AzH)(AzH^2)(S.CH^3)$ (p. 258), se décompose facilement en cyanamide et sulfhydrate de méthyle.

Thiophosgène. *Chlorure thiocarbonique*, $CSCl^2$. Lorsqu'on fait agir le chlore sur le sulfure de carbone, on obtient d'abord la combinaison CCl^3-SCl qui, sous l'action du chlorure d'étain, se transforme en thiophosgène. Ce dernier est un liquide rouge, bouillant à 68-74°, facilement mobile, fortement fumant, doué d'une odeur doucereuse. Il attaque les muqueuses. Au point de vue chimique, il est très analogue au phosgène, il en diffère cependant par une stabilité plus grande vis-à-vis de l'eau ; celle-ci, même à chaud, ne le décompose en effet que lentement. L'ammoniaque le transforme en sulfocyanate d'ammonium et non en thio-urée. V. B. **20**, 2376 ; Bull. soc. chim. **1888**, **1**, 255. B. **21**, 337 ; Bull. soc. chim. **1888**, **2**, 556.

Acides thiocarboniques. L'acide trithiocarbonique est formé des éléments du sulfure de carbone et de l'hydrogène sulfuré et peut, par suite, être considéré comme le sulfhydrate du sulfure de carbone. L'acide dithiocarbonique est constitué par $CS^2 + H^2O$ ou $COS + H^2S$, l'acide monothiocarbonique par $COS + H^2O$ ou $CO^2 + H^2S$. Conformément à cette interprétation, CS^2 s'unit avec Na^2S en donnant CS^3Na^2, avec KSC^2H^5 en donnant $CS(SC^2H^5)SK$, avec KOC^2H^5 (solution de potasse alcoolique) en fournissant le xanthogénate de potasse, $CS(OC^2H^5)SK$. L'oxysulfure de carbone, CSO et le chlorure thiocarbonique, $CSCl^2$, s'unissent, d'une manière analogue, avec les mercaptides ou les alcoolates.

Acide trithiocarbonique, *acide sulfocarbonique*, CS^3H^2 ; huile brune, insoluble dans l'eau, facilement décomposable ; son **ester éthylique**, $CS^3(C^2H^5)^2$, est un liquide bouillant à 240°.

Xanthogénate de potassium, $CS(OC^2H^5)SK$ (*Zeise* ; formation : V. plus haut). Ce sel forme de belles aiguilles incolores très facilement solubles dans l'eau, peu solubles dans l'alcool. Avec le sulfate de cuivre, il produit un précipité jaune (d'où son nom) de xanthogénate de cuivre, sel instable. Le xanthogénate de potassium est employé dans l'impression de l'indigo.

Le chlorure d'éthyle le transforme en un éther neutre $CS(OC^2H^5)(SC^2H^5)$. L'**acide xanthogénique** libre ou acide xanthonique, $CS(OC^2H^5)SH$, est une huile insoluble dans l'eau qui, à 25° déjà, se décompose en $CS^2 + C^2H^5.OH$.

Acides thiocarbamidiques. On obtient le sel ammoniacal de l'**acide dithiocarbamidique** en combinant le sulfure de carbone et l'ammoniaque, en milieu alcoolique :

$$CS^2 + 2AzH^3 = CS(AzH^2)SH,AzH^3 \text{ (V. p. 245).}$$

L'acide libre est une huile rougeâtre qui se décompose facilement en acide sulfocyanique et hydrogène sulfuré :

$$CS(AzH^2)SH = CSAzH + H^2S.$$

Le sulfure de carbone s'unit de la même manière aux amines primaires en formant des alcoyldithiocarbamidates ; ainsi, avec l'éthylamine, par exemple, on obtient l'**éthyldithiocarbamidate d'éthylamine**, $CS(AzH.C^2H^5)SH,AzH^2C^2H^5$. Sous l'action de la chaleur, ces sels se transforment, avec dégagement d'hydrogène sulfuré, en dialcoylthiourées telles que la diéthylthio-urée, $CS(AzH.C^2H^5)^2$; leur solution, additionnée de chlorure de mercure, donne un précipité constitué par le sel de mercure du thio-acide et qui, sous l'action de l'eau bouillante, se décompose en sulfure de mercure et en sénévol correspondant (préparation des sénévols) (p. 246) :

$$[CS(AzHC^2H^5).S]^2Hg = 2CSAzC^2H^5 + HgS + H^2S.$$

Les amines secondaires donnent aussi des acides dithiocarbamidiques alcoylés, mais ces derniers ne peuvent être convertis en sénévols (p. 246).

Dithio-uréthane, $CS(AzH^2)(S.C^2H^5)$, éther éthylique de l'acide précédent. Le composé $CO(AzH^2)(S.C^2H^5)$ est appelé **thio-uréthane** et son isomère, $CS(AzH^2)(OC^2H^5)$, **xanthogènamide** ; le dérivé, $CS(AzH.CH^3)(OC^2H^5)$, est, par exemple, la **méthylxanthogènamide**, etc.

La **thiocarbamide**, *sulfo-urée*, *thio-urée*, $CS(AzH^2)^2$ (*Reynolds*), est l'analogue de l'urée. Ses *modes de formation* sont absolument semblables à ceux de celle-ci. Ainsi, on l'obtient au moyen du sulfocyanate d'ammoniaque, comme on obtient l'urée avec le cyanate d'ammoniaque :

$$CSAzH,AzH^3 = CS(AzH^2)^2,$$

cependant, la transposition ne se produit qu'à une température plus élevée (130°) et est incomplète car la thiocarbamide, par fusion, régénère le sulfocyanate d'ammonium (V. p. 245). La thio-urée s'obtient aussi au moyen de l'hydrogène sulfuré et de la cyanamide :

$$CAz.AzH^2 + SH^2 = CS(AzH^2)^2.$$

Prismes rhombiques hexagonaux ou, à l'état impur, longues aiguilles soyeuses, facilement solubles dans l'eau et l'alcool, douées d'une saveur amère, de réaction neutre, fusibles à 172°. La thio-urée se saponifie facilement en donnant de l'acide carbonique, de l'hydrogène sulfuré et de l'ammoniaque. Le permanganate de potasse la transforme, à froid, en urée ; l'oxyde de mercure la convertit en cyanamide par soustraction d'hydrogène sulfuré. Elle forme des sels à titre d'acide ou à titre de base faible. Sous l'action de l'iodure de méthyle, elle se change en ester méthylimidocarbamidothioïque V. p. 256 (*Bernthsen* et *Klinger*). Traitée par la potasse alcoolique à 100°, elle régénère l'acide sulfocyanique (sel de potasse) et l'ammoniaque.

Dans quelques réactions, la thio-urée se comporte comme si elle possédait la formule de constitution tautomérique d'un acide *imidocarbamidothioïque*, $C(AzH.(AzH^2)(SH)$. Les dérivés imidocarbamidothioalcoylés ont une constitution correspondant à ce mode de groupement d'atomes (V. plus haut).

On connaît aussi des alcoylthio-urées normales, par exemple la méthylthio-urée (prismes blancs). Quelques-unes d'entre elles sont décomposées par l'acide chlorhydrique ou l'acide phosphorique en amine et en sénévol (p. 246).

En outre, il existe des dérivés acylés de la thio-urée, comme l'**acétylthio-urée**, et la **sulfhydantoïne**. Celle-ci n'est cependant pas complètement analogue à l'hydantoïne mentionnée p. 255, car elle dérive de l'acide imidocarbamidothioïque et donne, par scission, de l'acide thioglycolique, ce qui correspond à la formule $C(AzH)\left\langle\begin{matrix} AzH - CO \\ | \\ S - CH^2 \end{matrix}\right.$

E. Amidines de l'acide carbonique.

Guanidine, $CH^5Az^3 = C(AzH)(AzH^2)^2$ (*Strecker*, 1861), imido-urée ou imidocarbamide :

$$O{=}C{=}(AzH^2)^2, \text{ urée ; } AzH{=}C{=}(AzH^2)^2, \text{ guanidine.}$$

Formation. Par oxydation de la guanine (p. 265) ou en chauffant la cyanamide avec l'iodure d'ammonium :

$$CAz.AzH^2 + AzH^4I = CAz^3H^5,HI,$$

et, par suite, au moyen de l'iodure de cyanogène et de l'ammoniaque.

Préparation. On chauffe, à 180-190°, un mélange de thio-urée et de sulfocyanate d'ammonium :

$$CS(AzH^2)^2 + AzH^3.CAzSH = C(AzH)(AzH^2)^2,CAzSH + H^2S,$$

ou, ce qui revient au même, le sulfocyanate d'ammoniaque seul à la même température (*Volhard*). — *Recherche* de la guanidine, B. **25**, 658 ; Bull. soc. chim. **1892**, **2**, 1038.

La guanidine est une base très forte, cristallisable, facilement soluble dans l'eau et l'alcool ; elle absorbe l'eau et l'acide carbonique de l'air et est déliquescente. Elle s'unit à un équivalent d'acide en formant des sels ; le carbonate de guanidine, $(CH^5Az^3)^2,CO^3H^2$ (prismes quadrangulaires), cristallise particulièrement bien. La guanidine se saponifie facilement, d'abord en urée et ammoniaque, puis en acide carbonique et ammoniaque.

Les acides gras forment avec la guanidine des sels qui, sous l'action de la chaleur, se transforment en composés cristallins caractéristiques qu'on nomme *guanamines* (B. **25**, 534 ; Bull. soc. chim. **1892**, **2**, 1070).

Lorsqu'on fait agir l'acide sulfurique concentré sur le nitrate de guanidine, on forme la **nitroguanidine**, $AzH^2.C(AzH)AzHAzO^2)$, qui, par réduction, se change en **amidoguanidine**, $AzH^2.C.(AzH)(AzH.AzH^2)$; celle-ci, sous l'action des acides ou des alcalis, à l'ébullition, fournit l'*hydrazine*, Az^2H^4, à côté d'ammoniaque et d'acide carbonique ; traitée par l'acide nitreux, elle se convertit en diazoguanidine, $AzH^2.C(AzH)(AzH-Az=Az.OH$, qui est scindée, par les alcalis, en eau, cyanamide et *acide azothydrique*, Az^3H (V. p. 198). C'est également au moyen de l'amidoguanidine qu'on a préparé l'**azodicarbonamide**, $AzH^2CO-Az=Az-COAzH^2$ (jaune-orange) et l'**hydrazodicarbonamide**, $AzH^2.CO-AzH-AzH-COAzH^2$ (incolore), *Thiele*, A. **270** ; Bull. soc. chim. **1893**, **2**, 466. A. **271**, 27 ; **273**, 133 ; Bull. soc. chim. **1893**, **2**, 527, 968. Au premier de ces composés, correspond l'**ester azodicarbonique**, $Az^2(COOC^2H^5)^2$. B. **27**, 773 ; Bull. soc. chim. **1894**, **2**, 781.

De nombreux dérivés *alcoylés* de la guanidine ont été préparés (au moyen de la cyanamide et des amines, etc.). Ils sont décomposés par la chaleur, en présence d'hydrogène sulfuré, en thio-urée et en amines (V. amidines).

Par l'union directe de la cyanamide avec le glycocolle, on obtient la **glycocyamine**, $C(AzH)\begin{matrix}AzH^2\\ AzH-CH^2-CO^2H\end{matrix}$, qui, par perte d'eau, peut former la **glycocyamidine**, $C(AzH)\begin{matrix}AzH-CO\\ AzH-CH^2\end{matrix}$. En employant, non plus le glycocolle, mais son dérivé méthylé, la *sarcosine*, on obtient de la même manière, synthétiquement, la créatine et la créatinine (*Volhard*) :

$$AzH=C\begin{matrix}\diagup AzH^2\\ \diagdown Az(CH^3)-CH^2-CO^2H\end{matrix}, \qquad AzH=C\begin{matrix}\diagup AzH - CO\\ \diagdown Az(CH^3)-CH^2\end{matrix},$$

créatine — créatinine.

Créatine, $C^4H^9Az^3O^2$, (*Chevreul*), est contenue, notamment, dans les muscles, on la retire des extraits de viande (*Liebig*). Prismes brillants ($+H^2O$). Substance neutre, assez soluble dans l'eau chaude, difficilement soluble dans l'alcool, douée d'une saveur amère. — Chauffée avec les acides, elle perd les éléments de l'eau et se transforme en créatinine.

Créatinine, $C^4H^7Az^3O$, existe toujours dans l'urine ; forme un chlorozincate caractéristique, $2C^4H^7Az^3O + ZnCl^2$. C'est une base forte, soluble dans l'eau et l'alcool beaucoup plus facilement que la créatine qu'elle reproduit par fixation d'eau.

Une saponification ménagée transforme la créatinine en ammoniaque et méthylhydantoïne, et la créatine en urée et sarcosine.

F. Groupe de l'acide urique.

Les acides bibasiques : acide oxalique, acide malonique, acide tartronique, acide mésoxalique peuvent former avec l'urée, qui est un dérivé de l'ammoniaque, des combinaisons analogues aux amides. Ces combinaisons peuvent résulter de l'union d'une molécule d'urée et d'une molécule d'acide soit avec élimination de deux molécules d'eau et alors elles ne contiennent plus le groupe carboxyle, soit avec élimination d'une seule molécule d'eau et, dans ce cas, elles possèdent encore un groupe carboxyle. Les combinaisons de la première catégorie sont appelées *uréïdes*, celles de la seconde, *acides uramiques* ; au moyen de l'acide oxalique, par exemple, on obtient :

$\begin{array}{l} CO.OH \\ \vert \\ CO.OH \end{array}$,	$CO\left\langle\begin{array}{l} AzH.CO \\ \quad\ \ \vert \\ AzH.CO \end{array}\right.$,	$CO\left\langle\begin{array}{l} AzH^2 \\ AzH.CO.CO^2H \end{array}\right.$.
acide oxalique	(acide parabanique) uréïde	(acide oxalurique) acide uramique

De la même manière, l'acide malonique donne une uréïde, l'*acide barbiturique*, $C^4H^4Az^2O^3$; l'acide tartronique donne l'acide dialurique, ($C^4H^4Az^2O^4$, uréïde), l'acide mésoxalique donne soit l'alloxane, $C^4H^2Az^2O^4$ (une uréïde), soit l'acide alloxanique $C^4H^4Az^2O^5$ (un acide uramique).

Ces combinaisons sont généralement solides et bien cristallisées, elles possèdent le caractère normal des amides et, par suite, se saponifient facilement avec production d'urée (ou d'acide carbonique et d'ammoniaque) et de l'acide correspondant. Les acides uramiques peuvent être considérés comme des uréïdes à moitié saponifiées et peuvent, d'ailleurs, être obtenus conformément à cette conception.

L'acide glyoxylique, $CH(OH)^2—CO^2H$ (aldéhyde-alcool), et l'acide glycolique, $CH^2(OH)—CO^2H$ (alcool-acide), peuvent donner des combinaisons analogues : le premier fournit l'*acide allanturique*, $C^3H^4Az^2O^3$; le second une uréïde, l'*hydantoïne* est un acide uramique, l'*acide hydantoïque*, V. p. 255 ; ces combinaisons, cependant, se saponifient d'une manière spéciale (V. chacune d'elles).

Il existe aussi des *diuréïdes*, c'est-à-dire des combinaisons contenant deux molécules d'urée. Tels sont l'*acide urique*, $C^5H^4Az^4O^3$, la *théobromine*, $C^5H^2(CH^3)^2Az^4O^2$, la *caféïne*, ($C^5H(CH^3)^3Az^4O^2$, l'*hypoxanthine*, $C^5H^4Az^4O$, la *guanine*, $C^5H^5Az^5O$, l'*acide purpurique*, $C^8H^5Az^5O^6$, l'*alloxantine*, $C^8H^4Az^4O^7$, l'*allantoïne*, $C^4H^6Az^4O^3$, etc.

Etats naturels. Plusieurs diuréïdes existent dans la nature : l'acide urique est contenu dans l'urine des carnivores, dans le guano, dans les excréments des serpents, dans les calculs vésicaux et les concrétions articulaires, dans le sang et les muscles des carnivores ; on trouve de la xanthine en petite quantité dans l'urine, dans le sang, dans le foie, dans certains calculs vésicaux, etc., et presque toujours à côté d'hypoxanthine ; la guanine se trouve dans le guano, la carnine dans les extraits de viande ; le théobromine est contenu dans le cacao (theobroma cacao), la caféïne dans le café, le thé, les fruits du Paullinia sorbilis, etc.

Beaucoup de ces combinaisons présentent entre elles des relations très étroites ; ainsi, l'hypoxanthine se forme lorsqu'on traite l'acide urique par l'amalgame de sodium, la xanthine s'obtient au moyen de la guanine et de l'acide nitreux (échange de AzH contre O), la théobromine et la caféïne résultent de la méthylation de la xanthine, la carnine, traitée par l'acide nitrique, se convertit en hypoxanthine.

Formation. Les uréïdes mentionnées plus haut, et certaines diuréïdes, sont obtenues par oxydation simple, ou accompagnée de scission, des diuréïdes énumérées précédemment.

Ainsi, on obtient l'allantoïne en traitant l'acide urique par l'eau et le bioxyde de plomb ; le même acide, traité par l'acide nitrique, fournit, selon les conditions, de l'acide purpurique, de l'alloxane, de l'alloxantine ou de l'acide parabanique ; la caféïne, sous l'action du chlore, se change en diméthylalloxane (et méthylurée). De plus, ces produits de scission sont connexes, car l'alloxane, par exemple, se transforme par réduction en alloxantine, acide dialurique, acide barbiturique ; on passe de la même manière de l'acide alloxanique à l'hydantoïne et celle-ci, par oxydation, se transforme en acide allanturique ; l'acide dialurique et l'alloxane s'unissent avec élimination d'eau en produisant l'alloxantine, etc.

Plusieurs de ces uréïdes ont été préparées synthétiquement au moyen de l'urée et des acides correspondants, par élimination d'eau à l'aide de l'oxychlorure de phosphore ; on a ainsi obtenu, par exemple, l'acide parabanique (urée et acide oxalique) et l'acide barbiturique (urée et acide malonique). L'acide urique peut être obtenu synthétiquement en chauffant le glycocolle avec l'urée ou, indirectement, au moyen de l'ester acétylacétique et de l'urée, l'union de ces deux substances donnant d'abord le méthyluracyle (V. ce mot) ou enfin, indirectement encore, au moyen de l'acide amidobarbiturique et du cyanate de potassium (V. p. 264). La xanthine, la théobromine et la caféïne peuvent aussi, par des voies détournées, être préparées synthétiquement.

Les *formules de constitution* des uréïdes et des acides uramiques simples se déduisent des produits de scission de ces substances, de leurs synthèses et de leurs relations réciproques. Celles de l'acide urique, de la xanthine et de leurs analogues voisins n'ont été établies qu'à la suite de considérations plus complexes (V. plus bas) :

```
AzH—C—AzH\          (1) AzH—C═Az  \         CH³.Az—C═Az\
 ·   ··    >CO           ·   ·      >CO           ·   ·    >CO
CO   C—AzH/              CO  C—AzA /              CO  C—Az/
AzH—CO                   AzH—CH (2)           CH³.Az—CH     \CH³
acide urique              xanthine               caféïne.
```

La guanine est l'imidoxanthine (O remplacé par AzH), la théobromine est la diméthylxanthine (CH^3 à la place des atomes d'hydrogène (1) et (2)). — L'acide urique se présente comme la diuréïde d'une combinaison inconnue à l'état isolé, $C(OH)^2{=}C(OH){-}CO^2H$ ou celle de l'orthohydrate de l'acide tartronique, $C(OH)^3{-}CH(OH){-}COOH$.

La plupart des uréïdes et des diuréïdes possèdent un caractère acide plus ou moins accentué.

Ce caractère acide ne pouvant s'expliquer, comme pour les acides uramiques, par la présence du groupe carboxyle, on doit admettre qu'il est dû à une cause semblable à celle qui provoque le caractère acide de la succinimide, c'est-à dire que les hydrogènes remplaçables sont les hydrogènes imidiques dont le caractère chimique est déterminé par la proximité des groupes carbonyles. De cette façon, on comprend alors pourquoi l'acide parabanique, par exemple (V. p. 260), est un acide bibasique fort.

Quelques-unes seulement des combinaisons les plus importantes de ce groupe seront mentionnées :

(V. *Liebig* et *Wöhler*, Ann. **26**, 241 et suiv. *Baeyer*, Ann. **127**, 1, 199, **130**, 129, etc.).

Acide parabanique ; s'obtient en oxydant l'acide urique par l'acide nitrique. Il forme des aiguilles ou des prismes solubles dans l'eau et l'alcool. Les sels, $C^3HKAz^2O^3$,$C^3Ag^2Az^2O^3$, par exemple, sont instables et se transforment, par addition d'eau, en sels, bien cristallisés, de l'**acide oxalurique** monobasique.

On connaît aussi un acide **méthylparabanique**, $CO\left<\begin{matrix}Az(CH^3)-CO\\ |\\ AzH——CO\end{matrix}\right.$, et un **acide diméthylparabanique**, $CO\left<\begin{matrix}Az(CH^3)-CO\\ |\\ Az(CH^3)-CO\end{matrix}\right.$, nommé « **cholestrophane** ». Le premier (prismes) s'obtient, par exemple, en traitant l'acide méthylurique par l'acide nitrique ; le second se produit par oxydation de la théïne au moyen de l'acide nitrique, de l'eau de chlore, etc., ou en faisant agir l'iodure de méthyle sur le parabanate d'argent. Il forme des tablettes et distille sans décomposition.

Méthyluracyle, $CO\left<\begin{matrix}AzH-C(CH^3)\\ AzH-CO\end{matrix}\right>CH$, s'obtient au moyen de l'urée et de l'ester acétylacétique, par éliminations successives d'eau et d'alcool (*Behrend*, A. **229**, 1).

Lorsqu'on le traite par l'acide nitrique, le CH^3 se transforme en CO^2H, un groupe AzO^2 se substitue à un H et on obtient l'acide suivant :

Acide nitro-uracylecarbonique, $CO\left<\begin{matrix}AzH-C(CO^2H)\\ AzH-CO\end{matrix}\right>C(AzO^2)$; ce composé, par élimination du carboxyle, donne le

Nitro-uracyle, $CO\left<\begin{matrix}AzH-CH\\ AzH-CO\end{matrix}\right>C(AzO^2)$, qui, par réduction, se transforme enamido-uracyle et en

Acide isobarbiturique, $CO\left<\begin{matrix}AzH-CH\\ AzH-CO\end{matrix}\right>C.OH$, ou *oxy-uracyle* ; celui-ci, sous l'action de l'eau de brome, se change en

Acide isodialurique, $CO\left<\begin{matrix}AzH-C(OH)\\ AzH-CO\end{matrix}\right>C.OH$, au moyen duquel on arrive synthétiquement à l'acide urique, par l'action de l'urée et de l'acide sulfurique, à chaud.

Acide barbiturique, *malonylurée*. Synthèse, p. 261. Gros prismes incolores (+2H^2O). Acide bibasique. Les hydrogènes remplaçables sont ceux du groupe CH^2 et non ceux des groupes imides, car la diméthylmalonylurée, préparée au moyen du sel d'argent et de l'iodure de méthyle, donne, par ébullition avec les alcalis, de l'acide diméthylmalonique, $(CH^3)^2{=}C(CO^2H)^2$, et non pas de l'acide malonique.

L'acide nitreux le change en un dérivé isonitrosé (**acide violurique**) qui, par réduction, donne l'acide amidobarbiturique (**uramile**) :

$$CO\langle{AzH-CO \atop AzH-CO}\rangle C : AzOH \qquad CO\langle{AzH-CO \atop AzH-CO}\rangle CH.AzH^2,$$

acide violurique — uramile.

Acide dialurique, *tartronylurée* ; acide bibasique fort. Prismes ou aiguilles incolores rougissant à l'air. Se transforme par oxydation en alloxantine.

Alloxane, mésoxalylurée, $CO\langle{AzH-CO \atop AzH-CO}\rangle CO$. S'obtient en traitant l'acide urique par l'acide nitrique froid. Elle forme de gros prismes rhombiques brillants, incolores ($+ 4H^2O$), facilement solubles dans l'eau ; elle est fortement acide et colore la peau en rouge pourpre ; le sulfate ferreux fait virer sa solution au bleu indigo. Elle s'unit au bisulfite de sodium et peut être facilement transformée en alloxantine.

L'acide « uramique » correspondant, l'**acide alloxanique**, s'obtient en traitant l'alloxane par les alcalis froids ; c'est une masse cristalline, facilement soluble dans l'eau.

La **méthyl**- et la **diaméthylalloxane** sont connues, elles s'obtiennent par l'action de l'acide nitrique sur l'acide méthylurique ou sur la cafeïne.

L'alloxantine (diuréïde). $C^8H^4Az^4O^7$, se place, par sa composition, entre la tartronyl- et la mésoxalylurée ; on l'obtient par l'union de ces deux substances.

On l'obtient aussi en traitant l'alloxane par l'hydrogène sulfuré ou en traitant l'acide urique par l'acide nitrique. Petits prismes durs ($+ 3H^2O$). rougissant à l'air en présence d'ammoniaque, et dont la solution, additionnée de chlorure ferrique et d'ammoniaque, devient bleu foncé. Son dérivé tétraméthylé est l'acide amalique.

Acide amalique, $C^8(CH^3)^4Az^4O^7$, s'obtient en traitant la théine par l'eau de chlore ; forme des cristaux incolores qui rougissent la peau et dont la solution, additionnée d'alcali, devient violette.

Par oxydation de l'alloxantine ou de l'acide amalique, on obtient d'abord de l'alloxane ou, respectivement, son dérivé diméthylé puis de l'acide parabanique ou, respectivement, de l'acide diméthylparabanique. Par suite, l'alloxantine répond peut-être à la constitution suivante :

$$CO\langle{AzH-CO \atop AzH-CO}\rangle \overset{O}{C - C} \langle{CO-AzH \atop CO-AzH}\rangle CO.$$

Chauffée avec l'ammoniaque, elle se change en **murexide**, qui est le sel ammoniacal acide de l'acide **purpurique**, $C^8H^5Az^5O^6$ ($+ H^2O$), dont la constitution est peut-être :

$$CO\langle{AzH-CO \atop AzH-CO}\rangle C(OH)-AzH-CH\langle{CO-AzH \atop CO-AzH}\rangle CO,$$

on obtient le sel ammoniacal de l'acide purpurique en évaporant une solution étendue d'acide nitrique sur de l'acide urique, puis en traitant le résidu par l'ammoniaque (recherche de l'acide urique par la murexide).

Tables quadrangulaires ou prismes (+ H^2O), de couleur or vert ; solubles dans l'eau en rouge pourpre, dans la potasse caustique en bleu. Etait employé autrefois comme matière colorante.

Allantoïne, diuréïde de l'acide glyoxylique, $CO\left\langle\begin{array}{l}AzH-CH-AzH\\ \quad\quad\;\; | \\ AzH-CO\quad AzH^2\end{array}\right\rangle CO.$

Prismes brillants. Réaction neutre; donne des sels avec les alcalis. Elle peut être préparée synthétiquement au moyen de ses composants. On la trouve dans le liquide allantoïdique de la vache, dans l'urine des jeunes veaux, etc.

Acide urique, $C^5H^4Az^4O^3$ (*Scheele*, 1776). *Etats naturels*, V. plus haut. *Synthèses* : 1) En chauffant le glycocolle avec l'urée (*Horbaczewski*, B. **15**, 2678).

2) En chauffant l'acide isodialurique avec l'urée et l'acide sulfurique concentré (*R. Behrend* et *O. Roosen*, A. **251**, 235) :

$$CO\left\langle\begin{array}{l}AzH-C(OH)\\ \quad\quad\quad C(OH)\\ AzH-\dot{C}O\end{array}\right. + \begin{array}{l}H^2Az\\ H^2Az\end{array}\!\!\Big\rangle CO = CO\left\langle\begin{array}{l}AzH-C-AzH\\ \quad\quad\quad \ddot{C}-AzH\\ AzH-\dot{C}O\end{array}\right\rangle CO + 2H^2O$$

acide isodialurique. acide urique.

3) En chauffant l'acide cyanacétique avec l'urée (B. **24**, 3419 ; Bull. soc. chim. **1892**, **2**, 983).

4) L'acide amidobarbiturique (V. p. 262) donne, avec le cyanate de potassium (qui réagit ici comme isocyanate), le sel de potassium de l'acide **pseudo-urique** (*Baeyer*) et cet acide, par élimination d'eau (au moyen de l'acide oxalique), se transforme en acide urique (*E. Fischer* et *Ach*, B. **28**, 2473 ; Bull. soc. chim. **1896**, **2**, 147) :

$$CO\left\langle\begin{array}{l}AzH-CO\\ \quad\quad\quad \dot{C}H.AzH.CO.AzH^2\\ AzH-\dot{C}O\end{array}\right. = H^2O + CO\left\langle\begin{array}{l}AzH-C-AzH\\ \quad\quad\quad \ddot{C}-AzH\\ AzH-\dot{C}O\end{array}\right\rangle CO.$$

acide pseudo-urique. acide urique.

On *prépare* l'acide urique au moyen du guano ou des excréments de serpents Poudre blanche, presque insoluble dans l'eau, insoluble dans l'alcool et l'éther ; se dissout dans l'acide sulfurique concentré sans altération et est reprécipité de cette solution par addition d'eau. Réaction caractéristique : transformation en murexide, v. plus haut. C'est un acide bibasique faible ; il forme généralement des sels primaires, $C^5H^3KAz^4O^3$, par exemple, poudre très difficilement soluble dans l'eau.

Les deux sels de plomb, traités par l'iodure de méthyle, donnent les acides **méthyl-** et **diméthylurique** qui sont encore des acides bibasiques faibles (sans doute parce que de nouveaux hydrogènes imidiques deviennent remplaçables).

Constitution. La formule de constitution donnée plus haut, établie par *Médicus*, est démontrée par les diverses synthèses et aussi par certaines études complexes (*E. Fischer*, A **215**, 253) dont les résultats les plus importants sont les suivants : 1) l'acide urique donne, par oxydation ménagée, de l'urée et de l'alloxane, ce qui démontre que cet acide est un dérivé de l'acide carbonique et contient une chaîne de carbone C—C—C ; 2) l'acide urique contient quatre groupes imides (V. acide diméthylurique), car, après l'introduction de quatre groupes méthyles, on peut éliminer, successivement, quatre atomes d'azote, à l'état de méthylamine ; 3) l'acide diméthylurique donne, par oxydation, de la méthylalloxane et de la méthylurée.

La scission de l'acide urique, par oxydation, peut, par suite, être représentée de la manière suivante :

$$CO\left\langle\begin{matrix} AzH - C - AzH \\ \quad\ \ddot{C} - AzH \\ AzH - \dot{C}O \end{matrix}\right. \!\!>CO + O + H^2O = CO\left\langle\begin{matrix} AzH - CO \\ \quad \dot{C}O \\ AzH - \dot{C}O \end{matrix}\right. + \begin{matrix} AzH^2 \\ AzH^2 \end{matrix}\!\!>CO$$

acide urique — alloxane — urée.

Xanthine, $C^5H^4Az^4O^2$ (constitution : p. 261), s'obtient en traitant la guanine par l'acide nitrique. Masse blanche, amorphe ; à la fois base et acide : forme, par exemple, la combinaison plombique, $C^5H^2PbAz^4O^2$ qui, traitée par l'iodure de méthyle, donne la théobromine.

Hypoxantine, sarcine, $C^5H^4Az^4O$. Très analogue à la xanthine, difficilement soluble dans l'eau. Constitution : B. **26**, 1914 ; Bull. soc. chim. **1894**, **2**, 1198.

Théobromine, $C^7H^8Az^4O^2$. Poudre cristalline de saveur amère, difficilement soluble dans l'eau et l'alcool. Forme des sels à titre de base ou à titre d'acide. Le sel d'argent ($C^7H^7AgAz^4O^2$), traité par l'iodure de méthyle, fournit la caféine (*Strecker, E. Fischer*).

Diurétine. Théobromine-salicylate de soude. Médicament.

Caféine, identique à la théine, $C^8H^{10}Az^4O^2$(+ H^2O) (Constitution p. 261). Longues aiguilles soyeuses, sublimables, peu solubles dans l'eau froide et l'alcool. La caféine est douée d'une saveur faiblement amère ; ses sels sont facilement décomposés par l'eau. Synthèse de la caféine au moyen de la diméthylurée et de l'acide malonique : *E. Fischer* et *Ach*, B. **28**, 3137.

Guanine, $C^5H^5Az^5O$. Poudre blanche, amorphe, insoluble dans l'eau, soluble dans l'ammoniaque. Base bivalente. Forme aussi des sels avec les bases. Oxydée par le chlorate de potasse et l'acide chlorhydrique, elle donne de la guanidine, de l'acide parabanique et de l'acide carbonique. C'est une imide de la xanthine (contient AzH au lieu de O) et elle peut donner cette substance par l'action de l'acide nitreux.

Adénine, $C^5H^5Az^5$ (polymère de l'acide cyanhydrique) ; s'extrait du pancréas du bœuf ou des feuilles de thé par scission de la nucléine ; longues aiguilles. L'acide nitreux la convertit en hypoxantine ; elle est, par suite, l'imide de ce composé.

Carnine. Poudre assez facilement soluble dans l'eau chaude.

XIV Hydrates de carbone

(Voyez : articles « Sucres » du dictionnaire de *Ladenburg* (*Tollens*) et Monit. Scient. Quesneville **1895** (*L. Simon*).

La plupart des hydrates de carbone naturels sont connus depuis longtemps. Le sucre de canne fut trouvé dans la betterave en 1747 par *Marggraf* et le glucose, dans le miel, par *Glauber*. La transformation de l'amidon en sucre (p. 278) a été observée en 1811 par *Kirchhoff*.

On désignait particulièrement autrefois sous le nom d'hydrates de carbone trois groupes de substances très répandues dans la nature et présentant entre elles beaucoup d'analogie : le groupe du glucose, $C^6H^{12}O^6$, le groupe du sucre de canne, $C^{12}H^{22}O^{11}$ et celui de la cellulose, $(C^6H^{10}O^5)^n$, substances qui contiennnet six ou un multiple de six atomes de carbone en même temps que de l'hydrogène et de l'oxygène dans les proportions de l'eau.

Les hydrates de carbone du groupe du glucose, les hexoses, se différencient des alcools hexavalents, $C^6H^{14}O^6$ (p. 189), par deux atomes d'hydrogène en moins ; leur caractère chimique montre que ce sont des alcools-aldéhydes ou des alcools-cétones (V. plus loin).

Les combinaisons appartenant aux groupes du sucre de canne et de la cellulose dérivent de celles du groupe du glucose par soustraction d'eau et sont ou des anhydrides ou des espèces d'éthers de celles-ci.

La notion des hydrates de carbone s'est considérablement accrue dans ces derniers temps car, d'une part, de nombreux hexoses, isomères du glucose, ont été découverts ou préparés synthétiquement et, d'autre part, on a trouvé des alcools-aldéhydes, c'est-à-dire des sortes de sucres, moins riches en carbone (glyciroses, $C^3H^6O^3$, tétroses, $C^4H^8O^4$ [B. **25**, 2549] et surtout des pentoses, $C^5H^{10}O^5$, très répandus dans la nature), et on a préparé synthétiquement des sucres d'un plus grand nombre d'atomes de carbone : heptoses, octoses et nonoses qui tous contiennent deux atomes d'hydrogène de moins que les alcools polyvalents correspondants.

Ces combinaisons pourraient donc être étudiées dans la série des alcools-aldéhydes ou cétones (p. 205 et 206) dont le premier terme est la glycol-aldéhyde, mais, à cause de leurs propriétés particulières, il est préférable de leur consacrer un chapitre spécial.

Les hydrates de carbone présentent différentes *réactions caractéristiques* (V. chaque groupe) : avec l'α-naphtol (V. ce mot) et l'acide sulfurique concentré, par exemple, ils se colorent en violet intense (*Molisch*, B. **19**, R. 746 ; Bull. soc. chim. **1886**, **2**, 680. V. B. **27**, 1359 ; Bull. soc. chim. **1894**, **2**, 78, réaction avec la résorcine).

A. Pentoses.

Les pentoses possèdent, entre autres propriétés caractéristiques, celle de se transformer en furfurol (ou méthylfurfurol), par soustraction d'eau sous l'action prolongée de l'acide chlorhydrique dilué à l'ébullition ; cette réaction peut même être employée pour la détermination quantitative des pentoses (B. **24**, 3577 ; Bull. soc. chim. **1892**, **2**, 1044) ; dans ces conditions, l'arabinose fournit le furfurol lui-même, le rhamnose (homologue) donne le méthylfurfurol. Les pentoses, chauffés avec de l'acide chlorhydrique et de la phloroglucine, donne des colorations rouge-cerise (B. **29**, 1202 ; Bull. soc. chim. **1896**, **2**, 1434) ; ils ne sont pas fermentescibles et ils forment, avec la phénylhydrazine, des combinaisons caractéristiques (V. hexoses). Parmi ces hydrates de carbone, l'arabinose-d a été seule préparée synthétiquement par scission du glucose-d.

1. **Arabinose-l.** $C^5H^{10}O^5 = CH^2(OH)—[CH(OH)]^3—CHO$; s'obtient en faisant bouillir avec de l'acide sulfurique dilué la gomme arabique, la gomme de cerisier ou des raves, réduites en pulpe. Prismes. Dévie à droite (elle n'est désignée par-l qu'à cause de ses rapports avec le glucose-l, V. p. 205. 268). Elle fixe les éléments de l'acide cyanhydrique et donne ainsi les nitriles de deux oxyacides stéréoisomères qui dérivent de l'acide caproïque normal : l'acide mannonique-l (*Kiliani*, B. **20**, 339 ; Bull. soc. chim. **1887**, **1**, 410. B. **20**, 1233 ; Bull. soc. chim. **1888**, **1**. 143) et l'acide gluconique-l (*E. Fischer*). — Alcool correspondant : arabite.

Arabinose-d, inverse optique de la modification l ; prismes ; a été obtenue par décomposition du glucose-d (V. p. 271, 12). Les deux combinaisons actives s'unissent en formant l'**arabinose i**.

2. **Xylose**, *sucre de bois*, $C^5H^{10}O^5$, s'obtient au moyen de la gomme de bois (V. ce mot), de la paille ou du jute, par ébullition avec l'acide sulfurique dilué ; très analogue à l'arabinose. Constit. : B. **24**, 537 ; Bull. soc. chim. **1892** **2**, 108. — Alcool correspondant : xylite.

3. **Ribose**, $C^5H^{10}O^5$, stéréoisomère de l'arabinose (B. **24**, 4214 ; Bull. soc. chim. **1892**, **2**, 777. Donne, par réduction, l'aldonite, un alcool pentavalent.

4. **Lyxose**, sirop ; synthèse au moyen du xylose : B. **29**, 584 ; Bull. soc. chim. **1896**, **2**, 1248.

Homologues : **rhamnose**, *isodulcite*, $C^6H^{12}O^5 = C^5H^9O^5(CH^3)$, a été obtenue en traitant par l'acide sulfurique dilué divers glucosides, par exemple le quercitrin (V. ce mot) ou la xanthorhamnine (aiguilles jaunes, se trouve dans les graines d'Avignon : Rhamnus infectoria, etc.). Cristaux incolores (+ H^2O). P. F. 93°. — Le **Fucose**, extrait du varech, et le **Quinovose** sont également des méthylpentoses, V. B **27**, 3202 ; Bull. soc. chim. **1895**, **2**, 767.

B. Groupe du glucose, $C^6H^{12}O^6$.
(Hexoses ou glucoses).

Les hexoses sont des combinaisons de saveur sucrée, cristallisables en général, très facilement solubles dans l'eau, difficilement solubles dans l'alcool absolu et insolubles dans l'éther. Ils ont le caractère d'alcools-aldéhydes ou d'alcools-cétones pentavalents et sont très analogues à la mannite, etc. ;

ils s'en différencient cependant par leurs propriétés réductrices, leur manière d'être vis à-vis de la phénylhydrazine et, quelques-uns, de plus, parce qu'ils sont fermentescibles, Comme les acides tartriques, ils existent sous plusieurs modifications optiques isomériques, certaines déviant à droite le plan de la lumière polarisée, d'autres le déviant à gauche et d'autres, enfin, optiquement inactives résultant de l'union des premières (V. acide tartrique, p.227). On distingue, par exemple, les mannoses-d,-l et-i (c'est-à-dire dextrogyre, lévogyre et inactif) et on désigne les glucoses, les fructoses, etc., qui leur sont connexes, par les mêmes lettres-d,-l,-i, sans tenir compte du sens véritable de leur pouvoir rotatoire.

Formation. Les hexoses se produisent dans les cellules végétales ou, en dehors de celles-ci, par fixation d'eau sur les hydrates de carbone du groupe du sucre de canne ou de l'amidon, sous l'action des enzymes (diastases) ou de l'acide sulfurique étendu à l'ébullition (V. p 275 et 277).

Synthèses : 1. *E Fischer* et *Tafel* ont obtenu deux sortes de sucres par lesquels l'α-acrose, identique avec le fructose-i, en faisant agir l'eau de baryte soit sur la glycérine (ou le bromure d'acroléïne p. 131), soit sur l'aldéhyde glycérique brute (« glycérose »).

2. *O. Loew* a obtenu le «*formose*», mélange contenant de l'α-acrose, par l'action du lait de chaux sur la formaldéhyde. *Butlerow* avait obtenu précédemment, par la même méthode appliquée au trioxyméthylène, le *méthylénitane*, produit analogue.

3. Par oxydation ménagée des hexites (alcools hexavalents), $C^6H^{14}O^6$, on obtient des hexoses (p. 189).

4. Les acides hexoniques monobasiques hexavalents, $C^5H^6(OH)^5.CO^2H$, donnent des hexoses par réduction au moyen de l'amalgame de sodium (p. 204). Les acides hexoniques eux-mêmes peuvent être obtenus par réduction des acides bibasiques saccharique et mucique ou, au moyen des pentoses, par l'intermédiaire de l'acide cyanhydrique (V. arabinose p. 266 et 271, 11).

5. Certains hexoses peuvent être transformés en d'autres hexoses : a) directement, par transposition intramoléculaire ; ainsi, sous l'influence des alcalis faibles, de l'acétate de soude, de l'ammoniaque, le glucose, le fructose et le mannose peuvent être transformés partiellement l'un en l'autre (état d'équilibre). Cette transformation est due, probablement, à une élimination des éléments de l'eau (avec production d'une sorte d'anhydride comparable à l'oxyde d'éthylène), suivie d'une refixation des mêmes éléments, mais en d'autres points que ceux qu'ils occupaient d'abord : le fructose paraît être le produit intermédiaire de la transformation du glucose en mannose ou inversement (*Lobry de Bruyn*, B. **28**, 3078 ; Bull. soc. chim. **1896**. **1**, 621) ; b) indirectement, au moyen de dérivés des hexoses. Ces dérivés permettent parfois, en effet, la régénération de sucres différents de ceux qui ont servi à les préparer ; le glucose, par exemple, donne la phénylglucosazone qui, par l'intermédiaire de l'isoglucosamine, peut être transformée en sucre de fruits p. 273). c) En soumettant à l'action de la levure de bière les hexoses inactifs, on peut généralement isoler la modification non fermentescible, mais optiquement active (p. 270, 1).

Alcools	Aldoses	Ac. hexoniques	Ac. bibasiques	Cétoses
	C^5 Arabinose Xylose			
Mannite l i d	Mannoses l i d	Ac. Mannoniques l i d	Ac. Manno-saccharriques l i d	Fructoses l i d
Sorbite l d (i)	Glucoses i d	Ac. Gluconiques l i d	Ac. Saccharriques l i d	
	Guloses l i d	Ac. Guloniques l i d		
Idite l d	Idoses l d	Ac. Idoniques l d	Ac. Idosaccharriques l d	
				Sorbose
Dulcite (i) Talite	Galactoses l i d Talose	Ac. Galactoniques. l i d Ac. Talonique	Ac. Mucique (i) Ac. Talomucique Ac. Allomucique	

La *synthèse complète du glucose* a été exécutée, pour la première fois, par *E. Fischer* de la manière suivante : au moyen de la glycérine, on prépare d'abord (d'après 1) le fructose-i, puis, celui-ci, par réduction au moyen de l'amalgame de sodium, est transformé en mannite-i (p. 189) qui, par oxydation (d'après 3), est converti d'abord en mannose-i, puis en acide mannonique-i (p. 204). Cet acide est dédoublé, à l'aide du sel de strychnine, en deux modifications actives. On isole l'acide mannonique-d et on le soumet, à chaud, à l'action de l'eau et de la pyridine qui le transforme, en partie, en acide gluconique-d (p. 205), au moyen duquel on peut obtenir enfin (d'après 4) le glucose-d, identique avec le sucre de raisin.

Les diverses relations entre les hexoses (V. *E. Fischer* et ses élèves. B. **23**, 2114 ; **27** 3189 ; Bull. soc. chim. **1895**, 2, 767. B. **28**, 1975) ; Bull. soc. chim. **1896**, 2, 829, sont visibles dans le tableau de la p. 269 (Les noms : glucose, idose, talose expriment les rapports d'analogie). La **synthèse des heptoses**, $C^6H^7(OH)^6CHO$ (*manno-*, *gluco-* et *galaheptose*), peut être réalisée au moyen des hexoses et de l'**acide cyanhydrique** (p. 271, 11), par réduction subséquente des acides monobasiques heptavalents, comme celle des **hexoses** d'après 4. Par la même méthode, on a obtenu le *mannoctose* et le *mannononose*.

Le rhamnose (= méthylpentose) donne, d'une manière tout à fait analogue, le rhamnohexose, $C^6H^{11}(CH^3)O^6$, le rhamnoheptose et le rhamnooctose.

Propriétés chimiques. 1. Fermentation. Les hexoses naturels sont généralement fermentescibles, ils peuvent subir la fermentation alcoolique sous l'influence de la levure ou les fermentations butyrique ou lactique sous l'influence de bactéries ; ils peuvent aussi, dans certaines conditions, se transformer en substances mucilagineuses, analogues à la dextrine, par fermentation visqueuse.

La levure fait entrer en fermentation le glucose-d, le mannose-d, le galactose-d, le fructose-d et aussi le glycérose et le mannononose-d, mais non pas le glucose-l, le mannose-l, le fructose-l, le sorbose, **les pentoses**, le mannoheptose-d ni le mannooctose-d ; la fermentation est donc dépendante de la **configuration** et du nombre d'atomes de la chaîne de carbone. V. B. **28**, 3228.

Sous l'influence de certains champignons (citromycètes), le glucose donne de l'acide citrique (p. 232) (Cet acide, n'étant pas constitué par une chaîne normale d'atomes de carbone, doit se former indirectement au moyen des produits de décomposition engendrés en premier lieu).

2. Les hexoses sont facilement oxydables ; ils réduisent, par suite, la solution ammoniacale d'argent et aussi, à chaud, la liqueur de *Fehling* (p. 228). Une oxydation ménagée transforme les mannoses, les glucoses et le galactose en acides hexoniques indiqués dans le tableau de la p. 269 ; une oxydation plus avancée convertit le glucose en acides saccharique, tartrique et oxalique, le galactose en acide mucique et le fructose en acide glycolique et autres produits de décomposition.

3. Avec les oxydes métalliques, en particulier avec la chaux, les hexoses forment des *alcoolates* (*saccharates*) qui sont décomposables par l'acide carbonique et qui brunissent à l'air en s'oxydant. Sous l'action des alcalis forts, le glucose brunit en donnant, entre autres produits, de l'acide lactique ; le lait de chaux, à l'ébullition, transforme le glucose et le fructose en saccharine (p. 204).

L'action des alcalis faibles provoque une transposition intramoléculaire, V. p. 268 3a). L'alcool méthylique ammoniacal transforme les glucoses en dérivés ammoniés (*osamines*) comme, par exemple, la **glucosamine**, $C^6H^{11}O^5AzH^2$, B. **28**, 3082.

4. L'*amalgame de sodium* convertit le sucre de fruits en mannite-d et en sorbite ($C^6H^{12}O^6 + 2H = C^6H^{14}O^6$), le glucose en sorbite et le galactose en dulcite.

5. Sous l'action de l'*anhydride acétique* bouillant, en présence d'un peu de chlorure de zinc ou d'acétate de sodium, les hexoses fournissent des esters pentacétyliques ; ce sont donc des alcools pentavalents.

6. Avec la *phénylhydrazine*, les hexoses produisent d'abord, avec élimination d'une molécule d'eau, des combinaisons $C^6H^{12}O^5(Az^2HC^6H^5)$ qui ont le caractère des *hydrazones* (p. 127) et dont la formation prouve leur caractère aldéhydique ou cétonique. Par l'action d'une deuxième molécule de phénylhydrazine, il s'élimine deux atomes d'hydrogène, le reste $Az^2H.C^6H^5$ remplace un groupe H.OH et il se forme des *osazones* (V. p. 207). Ces combinaisons sont jaunes, cristallisables, et caractéristiques des glucoses, telle est, par exemple, la phénylglucosazone, $C^6H^{10}O^4(Az^2HC^6H^5)^2 = C^{18}H^{22}Az^4O^4$ (B. **20**, 2566 ; Bull. soc. chim. **1888**, **1**, 359).

La phénylhydrazine p. bromée forme aussi fréquemment des hydrazones caractéristiques. — Par réduction des osazones, on obtient les osamines (p. 270, 3) ; la phénylglucosazone, par exemple, donne l'isoglucosamine, $C^6H^{11}O^5(AzH^2)$, qui peut être transformée en glucoses par l'acide nitreux (V. B. **27**, 138 ; Bull. soc. chim. **1894**, **2**, 535).

L'acide chlorhydrique concentré convertit les osazones en *osones* telles que la glucosone, $C^6H^{10}O^4(O^2) = C^6H^{10}O^6$, par exemple, B. **22**, 87, qui, traitées par la poudre de zinc et l'acide acétique ou par la benzaldéhyde, régénèrent les glucoses.

7. L'acide sulfurique dilué, à l'ébullition, change les hexoses (surtout le lévulose) comme aussi les autres hydrates de carbone, en acide lévulique (V. Ann. **243**) ; il se forme, en même temps, des matières ulmiques. Sous l'action des acides dilués, il peut cependant aussi se produire, par anhydrisation, des substances analogues à la dextrine, B. **23**, 2081.

8. Sous l'influence de la chaleur, les hexoses se changent d'abord en anhydrides, puis en combinaisons analogues au caramel et finalement en matières charbonneuses.

9. L'alcool et l'acide chlorhydrique gazeux changent les sucres en *glucosides* (V. ce mot) ; il existe aussi des dérivés cétoniques analogues. V. B. **29**, 547 ; Bull. soc. chim. **1896**, **2**, 1026 : mercaptals des glucoses.

10. Les aldoses (V. p. 272), mais non pas les cétoses, donnent avec la fuchsine et l'acide sulfureux la réaction des aldéhydes (V. p. 128). V. Bull. soc. chim. **1894**, **1**, 692.

11. L'acide cyanhydrique s'unit aux hexoses en formant des *cyanhydrines*, $C^6H^{12}O^5\langle{}^{OH}_{CAz}$, qui peuvent être changées en acides, $C^6H^{12}O^5\langle{}^{OH}_{CO^2H}$, par saponification (V. p. 193, 3). Ces acides permettent, d'une part, la formation synthétique de sucres plus riches en carbone (V. p. 269) et, d'autre part, puisqu'ils possèdent une chaîne normale de carbones, ils permettent de déterminer la constitution des hexoses (*Kiliani*, B. **18**, 3066 ; **19**, 767).

12. Avec l'*hydroxylamine*, les hexoses forment des oximes qui permettent le démembrement de la molécule des hexoses. La glucosoxime-d (dérivée du glucose) peut être transformée par l'anhydride acétique en nitrile correspondant (V. aldoximes, p. 131) qui abandonne facilement de l'acide cyanhydrique (réaction inverse de la précédente 11) et conduit alors à un aldéhyde-alcool de cinq atomes de carbone, à un pentose qui n'est autre que l'arabinose-d (V. ce mot). *Wohl*, B. **26**, 730.

Constitution. Les hexoses contiennent une chaîne de carbones non ramifiée car ils peuvent être transformés en acides hexyliques ou heptyliques normaux ou en lactones de ces acides. L'action de la phénylhydrazine prouve leur nature aldéhydique ou cétonique (présumée d'abord par *Zincke* pour le glucose en 1880) et celle de l'anhydride acétique atteste leur caractère alcoolique. Comme, de plus, ils se transforment, par réduction, en alcools hexavalents, il s'ensuit que les cinq hydroxyles qu'ils contiennent sont liés à cinq atomes de carbone différents. La formation des *mannoses, glucoses, galactoses*, taloses, idoses et guloses au moyen des acides hexoniques correspondants les désigne comme aldéhydes de ces acides ; ils ont donc la constitution suivante :

$$\underset{(\delta)}{CH^2(OH)}—\underset{(\gamma)}{CH(OH)}—\underset{(\beta)}{CH(OH)}—\underset{(\alpha)}{CH(OH)}—\underset{(\omega)}{CH(OH)}—CHO\ ;$$

ils sont collectivement appelés **aldoses**.

Le fait qu'on obtient simultanément les mannoses et les glucoses au moyen de l'arabinose (V. acide mannonique et gluconique) montre que leur stéréoisomérie est due à l'asymétrie du deuxième atome de carbone (α) ; l'identité des osazones dérivées des mannoses et des glucoses conduit à la même conclusion. Ce ne sont pas, toutefois, des stéréoisomères susceptibles de se combiner entre eux (v. p. 205). Les galactoses et les taloses présentent une semblable analogie : ils donnent les mêmes osazones. La stéréoisomérie du glucose et de l'idose repose sur l'asymétrie de l'atome de carbone (δ), celle du gulose et de l'idose sur l'asymétrie du carbone (α).

Il n'y a pas d'acides mannoniques ou gluconiques correspondant aux *fructoses* ; ces derniers ne sont pas des alcools-aldéhydes, mais des *alcools-cétones* et sont désignés sous le nom de **cétoses** ; leur formule de constitution est la suivante :

$$CH^2(OH)—[CH(OH)]^3—CO—CH^2(OH),$$

et, conformément à leur caractère d'alcools-cétones, ils agissent comme réducteurs.

Les formules précédentes données pour les aldoses et les cétoses expliquent pourquoi ces deux classes de corps conduisent à des hydrazones différentes, mais à des osazones identiques et de formule :

$$CH^2(OH)—[CH(OH)]^3—\underset{Az^2HC^6H^5}{\ddot{C}}————\underset{Az^2HC^6H^5}{\ddot{C}H}$$

Le même groupe d'atomes $CH^2(OH)—[CH(OH)]^3—$ existe donc dans les mannoses, les glucoses et les fructoses et ce n'est que par suite d'arrangements différents, dans l'espace, des atomes de ce groupe, que ces combinaisons appartiennent à l'une des séries -d, -l, ou -i.

Comparez, *Skraup*, M. f. Ch. **10**, 401 ; *Königs, Erwig*, B. **22**, 2207 ; Bull. soc. chim. **1890, 1**, 12.

Les hexoses sont souvent considérés aussi soit comme des anhydrides intérieurs d'hydrates d'aldéhydes ou de cétones comparables à l'oxyde d'éthylène, soit comme des δ anhydrides (*Tollens*, B. **26**, 2403 ; Bull. soc. chim. **1894, 2**, 334. B **27**, 354), soit encore comme des α anhydrides (B. **28**, 3080 ; Bull. soc. chim. **1896, 1**, 621, V. p. 268, 5a).

Sur la configuration des hexoses connus (celle de la sorbinose seule n'est pas établie) v. *E. Fischer*, B. **24**, 2683 ; **27**, 3211 ; Bull. soc. chim. **1895, 2**, 767 ; V. aussi Chem.-Ztg.

1895, 1682. La théorie fait prévoir 16 aldoses stéréoisomères (sans compter les isomères inactifs) dont, jusqu'à présent, 11 sont connus parmi lesquels 5 couples optiques.

---

1. **Glucose-d**, *sucre de raisin*, *dextrose*, $C^6H^{12}O^6 + H^2O$. Etats naturels : dans le jus de la plupart des fruits sucrés, à côté du fructose-d ; dans l'urine diabétique, etc.

Synthèse complète : v. p. 269. *Formation* : au moyen d'autres hydrates de carbone V. p. 268 et 275. Le sucre obtenu au moyen de l'amidon (sucre d'amidon) contient, à côté du glucose, de la dextrine et des substances non fermentescibles. — Masse granuleuse formée de tablettes hexagonales, P. F. 86° ; cristallise anhydre, en prismes fins, dans l'acool méthylique et, à cet état, fond à 146°. Dévie à droite.

Une solution fraîchement préparée a un pouvoir rotatoire presque deux fois plus grand que celui d'une solution de longue date ou qui a été portée à l'ébullition : c'est ce phénomène qu'on appelle bi ou multirotation. Tentatives d'explication : A. **272**, 170 ; Bull. soc. chim. **1893**, **2**, 1032. B. **26**, 1799 ; Bull. soc. chim. **1894**, **2**, 232. B. **28**, 3081 ; Bull. soc. chim. **1896**, **1**, 621. — Dosage du glucose au moyen de la liqueur de *Fehling*, v., par exemple, J. pr. Ch. (2) **21**, 254 ; V. aussi B. **23**, 3003 ; Bull. soc. chim. **1891**, **1**, 87.

Glucose-d-phénylhydrazone, $C^{12}H^{18}Az^2O^5$, petits cristaux : P. F. 115°. Une autre modification fond à 144°.

Phénylglucosazone-d, forme des aiguilles difficilement solubles (B. **17**, 579 ; Bull. soc. chim. **1885**, **1**, 624), fondant à 204°, elle se convertit, par réduction, en isoglucosamine qui, sous l'action de l'acide nitreux, fournit le fructose-d.

Le pouvoir rotatoire des hydrazones et des osazones peut être inverse de celui des substances mères.

Glucosoxime-d, $C^6H^{12}O^5$:AzOH, P. F. 137°,5.

Pentacétylglucose-d, $C^6H^7O(OC^2H^3O)^5$, P. F. 111°.

Glucosone-d, $CH^2(OH)—[CH(OH)]^3—CO—CHO$ (V. p. 271), sirop que la levure de bière ne fait pas fermenter ; avec la phénylhydrazine, la glucosone-d donne immédiatement une osazone.

Glucose-l. Extrêmement analogue au glucose-d. Pouvoir rotatoire égal à celui du glucose-d, mais inverse.

Glucose-i. Au moyen de l'acide gluconique-i. Sirop incolore. La glucosazone-i fond à 217° et est, abstraction faite du pouvoir rotatoire, tellement analogue aux osazones-d et -l qu'elle peut être confondue avec ces substances.

2. **Mannose-d**. $C^6H^{12}O^6$, stéréoisomère du glucose-d ; s'obtient, à côté du fructose-d, par oxydation ménagée de la mannite et aussi par réduction de l'acide mannonique au moyen de l'amalgame de sodium. Masse amorphe, incolore, très facilement soluble dans l'eau. Dévie à droite plus faiblement que le glucose-d et donne la même osazone. L'amalgame de sodium le transforme en mannite-d. Son hydrazone fond à 195° et est difficilement soluble dans l'eau.

Mannose-i. Sirop incolore. L'hydrazone est inactive. L'osazone est identique avec la phénylglucosazone-i.

3. **Guloses**. Sirops incolores ; la levure ne les fait pas fermenter. Les osazones sont différentes des glucosazones.

4. **Galactose-d**, $C^6H^{12}O^6$, s'obtient, à côté du glucose-d, lorsqu'on traite le sucre de lait par les acides dilués. Existe dans la cérébrine du cerveau. Fines aiguilles, P. F. 163°. Donne un dérivé pentacétylique fondant à 142° (V. B. **22**, 2207 ; Bull. soc. chim. **1890**, **1**, 12). Dévie à droite. Se transforme par oxydation en acide mucique.

5. **Talose**. Sirop. Sa phénylhydrazone est très facilement soluble dans l'eau, ce qui le distingue du galactose.

6. **Idoses**. Sirops ; la levure ne provoque pas leur fermentation.

7. **Fructose-d**, *sucre de fruits*, *lévulose*, $C^6H^{12}O^6$, se trouve presque toujours, à côté du glucose-d, dans le jus des fruits sucrés et dans le miel. Il se forme en même temps que le glucose-d par interversion du sucre de canne (V. p. 273) et que le mannose-d par oxydation ménagée de la mannite-d ; on l'obtient encore au moyen de la phénylglucosazone-d et par conséquent indirectement à l'aide du glucose-d, voyez p. 273. On le prépare facilement en chauffant l'inuline avec les acides très dilués (B. **23**, 2084). Cristallise difficilement en cristaux rhombiques exempts d'eau, fondant à 95°. Ce sucre dévie à gauche mais ses rapports avec les autres hydrates de carbone le font classer dans la série d. Son pouvoir rotatoire est presque le double de celui du glucose-l.

Fructose-l ; modification-l correspondant au sucre de fruits ordinaire, dont il est l'inverse optique.

Fructose-i, *α-acrose*, $C^6H^{12}O^6$. S'obtient synthétiquement, en même temps que la β-acrose (Voyez p. 268), au moyen de l'aldéhyde glycérique et au moyen de la formaldéhyde. Sirupeux. Son osazone, l'*α-acrosazone*, est identique à la glucosazone-i (p. 273) ; traitée par l'acide chlorhydrique, elle se transforme en une osone qui, par réduction, régénère l'α-acrose.

8. **Sorbose**, *sorbine*, $C^6H^{12}O^6$. S'extrait du jus des baies du sorbier des oiseaux. Cristaux. C'est une cétose, car, par oxydation, elle ne donne pas d'acide hexonique, mais l'acide trioxyglutarique ; se convertit par réduction en sorbite d.

L'inosite, dérivé benzénique, lui est isomérique.

Pour les sucres plus riches en carbone, v. *E. Fischer*, A. **270**, **272**, **288**, 139 ; B. **28**, 3192.

C. Groupe du sucre de canne, $C^{12}H^{22}O^{11}$.

A ce groupe appartiennent toutes les combinaisons $C^{12}H^{22}O^{11}$ qui se transforment en glucoses, $C^6H^{12}O^6$, sous l'action des acides dilués ; on y ajoute également le raffinose, $C^{18}H^{32}O^{16} + 5H^2O$.

Les combinaisons de cette classe cristallisent plus facilement et sont plus stables que les hexoses. Leur saveur est généralement sucrée ; leurs rapports de solubilité sont analogues à ceux des hexoses. Elles sont optiquement actives. A l'exception du maltose, elles ne sont pas directement fermentescibles et ne le deviennent qu'après avoir subi une scission (V. plus bas). Le sucre de lait et le sucre de malt réduisent la liqueur de Fehling ; le sucre de canne ne la réduit pas.

Par ébullition avec les acides minéraux dilués ou sous l'action des enzymes (diastases, ferments solubles, V. p. 279), elles fixent les éléments de l'eau et se scindent en hexoses :

$$C^{12}H^{22}O^{11} + H^2O = 2C^6H^{12}O^6.$$

Ainsi, le sucre de canne se scinde en parties égales de glucose-d et de fructose-d ; le sucre de lait se dédouble, d'une manière analogue, en glucose-d et galactose ; le maltose en deux molécules de glucose-d.

A cause de ce dédoublement, on appelle encore les sucres de ce groupe « *bioses* », le sucre de lait, par exemple, est dénommé lactobiose et le raffinose pour une raison analogue est une *triose* : la mélitriose. La scission par fixation d'eau est appelée *hydrolyse* ou, spécialement dans le cas du sucre de canne, *interversion* et le mélange résultant de cette opération constitue le *sucre interverti* ainsi nommé parce que le sens de la déviation est inversé.

Constitution. Les combinaisons appartenant au groupe du sucre de canne sont donc des sortes d'éthers ou anhydrides des hexoses et leur constitution est analogue à celle des glucosides (V. ce mot) ; le sucre de canne, par exemple, est l'anhydride glucose-d-fructose-d ; le sucre de malt, l'anhydride glucose-d, etc.

Le maltose et le lactose sont probablement stéréoisomères. Le dernier répond peut-être, d'après *E. Fischer* (B. 26, 2405), à la constitution suivante :

CH²(OH)—CH(OH).CH.CH(OH).CH(OH).CH—O—CH².(CH.OH)⁴.CHO,
|________________O

reste de galactose — reste de glucose

d'après laquelle il contiendrait un groupe aldéhydique et deux liaisons analogues à celles qu'on trouve dans les éthers. Cette formule explique la facilité avec laquelle les deux sucres peuvent être réduits, elle explique aussi la fixation possible d'acide cyanhydrique, la transformation qu'ils subissent sous l'action des alcalis et leur transformation, par oxydation, en acides contenant un atome d'oxygène de plus (V. plus loin). On peut donc les considérer comme des « *sucres-aldéhydes* ». Par contre, si le groupe aldéhydique ou cétonique des hexoses, ayant été modifié par la formation de l'anhydride complexe, n'existe plus, on a les « *sucres-anhydrides* », qui ne sont plus réducteurs, ne donnent plus d'hydrazones et résistent mieux à l'action des alcalis ; il en est ainsi, par exemple, pour le sucre de canne auquel revient peut-être la constitution suivante (*Tollens, E. Fischer*) :

CH²OH
CH²(OH).CHOH.CH CHOH.CHOH.CH—O—C.CHOH.CHOH.CH CH².OH.
|____________O   O____________|

reste de glucose — reste de fructose.

Synthétiquement, par soustraction des éléments de l'eau aux hexoses, on n'a préparé jusqu'à présent que l'isomaltose (V. ce mot).

Propriétés chimiques. 1. Scission par les acides minéraux (hydrolyse) et formation d'ester : V. plus haut.

2. Les bases fournissent des saccharates, V. sucre de canne.

Par une action plus profonde de la chaux, le lactose et le maltose se transforment en isosaccharine.

3. *Fermentation.* Le maltose fermente directement en présence de levure; pour obtenir la fermentation du sucre de lait, il faut des levures déterminées ; quant au sucre de canne, il ne devient fermentescible qu'après l'interversion qui se produit déjà, du reste, sous l'action de l'enzyme soluble de la levure. Le sucre de lait subit la fermentation lactique sous l'influence de certaines bactéries.

4. Le maltose et le lactose s'oxydent avec production des acides maltobionique et lactobionique, $C^{12}H^{22}O^{12}$ plus riches d'un atome d'oxygène et qui, par hydrolyse, se dédoublent, le premier en glucose-d et acide gluconique-d, le second en galactose et acide gluconique-d. Une oxydation plus profonde conduit aux produits d'oxydation des glucoses fondamentaux.

5. Le sucre de canne ne réduit la liqueur de Fehling qu'après avoir été interverti ; par contre, le maltose et le sucre de lait opèrent directement cette réduction à l'ébullition ; on observe les mêmes rapports vis-à-vis de la solution d'argent ammoniacale.

6. Avec la phénylhydrazine, le maltose et le lactose donnent des hydrazones et des osazones telles que la phényllactosazone, par exemple (B. **17**, 580) ; le sucre de canne ne réagit qu'après hydrolyse.

Sucre de canne, *saccharose*, *saccharobiose*, $C^{12}H^{22}O^{11}$.

Etats naturels. On le trouve dans la betterave (Beta), dans la canne à sucre (Saccharum), dans le sorgho (Sorghum) et dans beaucoup d'autres plantes, principalement dans la tige et les graines.

Préparation. On l'extrait soit de la canne à sucre par expression et évaporation du jus à cristallisation, soit de la betterave par épuisement systématique de la pulpe (par exemple, par le procédé par diffusion) traitement du jus par la chaux (défécation), précipitation de l'excès de chaux par l'acide carbonique (carbonatation), filtration sur du noir animal et évaporation dans le vide jusqu'à cristallisation.

Les dernières eaux-mères visqueuses qui constituent la *mélasse* permettent encore l'extraction d'une certaine quantité de sucre soit par osmose, soit en préparant le saccharate de strontiane que l'on décompose par l'acide carbonique.

Le sucre de canne forme de gros prismes monocliniques (sucre candi) solubles dans $^1/_3$ de leur poids d'eau. Il fond à 160° et, après refroidissement, il reste pendant quelque temps à l'état amorphe (sucre d'orge). Chauffé à une température plus élevée, il brunit en produisant du *caramel*, puis se transforme en matières charbonneuses. — Il s'intervertit facilement (p. 275). La potasse caustique chaude ne le brunit pas. Il forme avec la chaux et la strontiane des saccharates :

$$C^{12}H^{22}O^{11} + CaO + 2H^2O ; C^{12}H^{22}O^{11} + 2CaO ; C^{12}H^{22}O^{11} + 3CaO.$$

Sous l'action de l'acide sulfurique concentré, il charbonne, ce qui le distingue du glucose-d.

On peut déterminer le contenu (p) d'une solution de sucre au moyen du pouvoir rotatoire spécifique ($[\alpha]_D^{20^0} = + 66,5^0$), d'après la formule donnée p. 32 en mesurant l'angle de déviation α (saccharimétrie).

Sucre de lait, *lactose*, *lactobiose*, $C^{12}H^{22}O^{11} + H^2O$. Se trouve dans le lait, mais rarement dans les végétaux. On le prépare en évaporant le petit lait. Prismes rhombiques, de saveur peu sucrée, moins solubles dans l'eau que le sucre de canne. A 180°, il se transforme en « lactocaramel ». Il présente le phénomène de la multirotation (V. p. 273); il est réducteur, etc. (V. p. 276).

Maltose, *sucre de malt*, *maltobiose*, $C^{12}H^{22}O^{11} + H^2O$. Résulte de la transformation de l'amidon (p. 278) sous l'influence de la diastase dans la germination des graines (préparation du malt). Masse cristalline blanche, très analogue au glucose.

Son pouvoir réducteur sur la liqueur de Fehling n'est que les $^2/_3$ de celui du glucose-d. Dévie fortement à droite.

Isomaltose, $C^{12}H^{22}O^{11}$, a été obtenu synthétiquement au moyen du glucose et de l'acide chlorhydrique concentré (*E. Fischer*, B. **28**, 3024 ; Bull. soc. chim. **1896, 2,** 840). Cette substance paraît se produire aussi dans l'action de la diastase sur l'amidon et se trouve, par suite, dans l'extrait de bière, B. **26**, 2538. — Non fermentescible.

Raffinose, *mélitriose*, $C^{18}H^{32}O^{16} + 5H^2O$. Se trouve dans la betterave et, par suite, dans la mélasse ; dans l'Eucalyptus manna, dans les tourteaux de graines de cotonnier, etc. Dévie à droite. Très analogue au sucre de canne, mais est insipide. Ne réduit pas la liqueur de Fehling. Par interversion, il donne en premier lieu, le fructose-d et le mélibiose qui se décompose ensuite en galactose et glucose-d. Constitution : B. **22**, 3118 ; Bull. soc. chim. **1890, 2,** 515 (V. aussi A. **232**, 169).

D. Groupe de la cellulose.

La formule moléculaire des membres de ce groupe pourrait être un multiple de la formule analytique simple $C^6H^{10}O^5$ (ou $C^5H^8O^4$?). Ils sont généralement amorphes et sans saveur, insolubles dans l'alcool et l'éther ; parfois solubles, parfois insolubles dans l'eau. La cellulose est insoluble, les mucilages végétaux se gonflent dans l'eau sans s'y dissoudre ; l'amidon forme un empois avec l'eau chaude. Sous l'action des acides dilués à l'ébullition ou sous l'influence des enzymes, ils fixent de l'eau et se scindent en hexoses (ou en maltose) : $C^6H^{10}O^5 + H^2O = C^6H^{12}O^6$ (V. amidon). On observe souvent aussi, dans cette scission, la formation de pentoses. Les représentants de ce groupe sont donc, comme ceux du groupe précédent, des anhydrides d'hexoses ou de pentoses. Ils possèdent le caractère alcoolique et donnent des esters acétiques, nitriques, etc. (V. plus bas). Traités par l'acide nitrique dilué, ils fournissent les mêmes produits d'oxydation que les hexoses ou les pentoses correspondants. Ils sont, pour la plupart, optiquement actifs. En présence d'iode, ils donnent souvent des colorations caractéristiques.

La **cellulose**, $(C^6H^{10}O^5)^x$, est extrêmement répandue dans la nature comme membrane des cellules végétales ; le coton, la mœlle de sureau sont constitués par de la cellulose plus ou moins pure. On la prépare en épuisant la ouate ou le papier à filtrer suédois, successivement par l'alcool, l'éther, l'acide chlorhydrique, la potasse caustique, etc., ou en traitant le bois de sapin par l'acide sulfurique additionné d'un peu d'acide nitrique. — Poudre blanche, amorphe, insoluble dans les dissolvants usuels, mais solubles dans la solution ammoniacale d'oxyde de cuivre d'où elle est reprécipitée par les acides.

L'acide sulfurique dilué la transforme à l'ébullition en glucose-d et dextrine; l'acide sulfurique concentré la convertit en **amyloïde**, matière amorphe que l'iode colore en bleu (le papier parcheminé est un papier non collé transformé superficiellement en amyloïde par un traitement à l'acide sulfurique) ; une action prolongée de l'acide sulfurique concentré la change en dextrine. La cellulose, traitée par un mélange d'acide nitrique et d'acide sulfurique, fournit des esters nitriques ; selon l'intensité de la réaction, on obtient ou le **coton-poudre** [pyroxyline, $C^{12}H^{14}(AzO^2)^6O^{10}$, insoluble dans le mélange alcool-éther ; explosif important] ou le **collodion** (soluble dans le mélange alcool-éther, moins explosif, contient moins de restes nitriques et sert, entre autres usages, à la préparation de la soie artificielle). La cellulose « nitrée », unie au camphre, constitue le celluloïde.

A propos des oxycelluloses qu'on trouve, par exemple, dans la paille et qui se transforment par ébullition avec les acides en furfurol, voyez B. **27**, 1061 ; Bull. soc. chim. **1895**, 2, 344.

Amidon, *amylum*, $(C^6H^{10}O^5)^x$ [$C^{36}H^{62}O^{31}$?], est contenu dans toutes les plantes à chlorophylle ; il se forme dans les grains de chlorophylle aux dépens de l'acide carbonique absorbé. On le trouve particulièrement dans les organes de réserve nutritive des plantes (grains de blé, rhizomes, pommes de terre, etc.). Poudre blanche veloutée, insoluble dans l'eau froide, hygroscopique, formée de grains microscopiques, sphériques ou ovoïdes, et constitués par la superposition de couches concentriques ; leur contenu est de la « *granulose* » et leur enveloppe est probablement de la cellulose. Sous l'action de l'eau chaude, l'enveloppe est rompue et il se forme un empois. Les grains d'amidon et l'empois d'amidon sont colorés par l'iode en bleu intense, par le brome en jaune de feu par suite de production de composés d'addition instables. La coloration de l'iodure d'amidon disparaît sous l'action de la chaleur et réapparaît par refroidissement.

L'amidon se transforme en « amidon soluble », lorsqu'on le chauffe avec de la glycérine ; c'est également cette transformation qu'il subit tout d'abord lorsqu'on le fait bouillir avec de l'eau acidulée par l'acide sulfurique ou qu'on le soumet à l'action de la diastase (V. plus bas). Lorsqu'on prolonge l'ébullition avec l'eau acidulée ou l'action de la diastase, on obtient, dans le premier cas, de la dextrine et du glucose-d, dans le second cas, de la dextrine, du maltose et de l'isomaltose (B. **26**, 2533 ; Bull. soc. chim. **1894**, **2**, 439). Chauffé à 110°, avec une très faible quantité d'acide nitrique dilué, il se transforme en dextrine.

Enzymes. Ainsi qu'il a été mentionné plusieurs fois, l'amidon se transforme, sous l'action de la diastase, en hydrates de carbone plus simples. La diastase est un albuminoïde de composition inconnue (V. B. **23**, R. 347) ; elle se forme pendant la germination de l'orge et d'autres graines et est précipitée de l'extrait de malt aqueux, par l'alcool, à l'état de poudre blanche ; ajoutée à l'empois d'amidon, elle en détermine la « saccharification ». Le mécanisme de son action est inconnu. — Les substances analogues à la diastase sont appelées *enzymes* ou, moins justement, *ferments non figurés* (par opposition aux microorganismes qui sont des ferments figurés) (V. p. 78) *L'émulsine* contenue dans les amandes amères, l' « *invertine* » de la levure, la ptyaline de la salive, la *pepsine* du suc gastrique, la trypsine des glandes intestinales sont des enzymes. — V. B. **28**, 1429 : influence de la configuration des hydrates de carbone sur l'action des enzymes.

Analogues de l'amidon :

Lichénine (amidon de mousse), se trouve dans beaucoup de lichens, par exemple, dans la mousse d'Islande (Cetraria islandica) ; elle est colorée en bleu sale par l'iode.

Inuline, est contenue dans les racines du dahlia et de beaucoup de composées (Inula helenium), l'iode la colore en jaune ; l'eau, à l'ébullition, la convertit en fructose-d.

Glycogène, *amidon « animal »*, *amidon de foie*, se trouve dans le foie et dans le sang des mammifères. Poudre incolore, amorphe, que l'iode colore en un rouge vineux. Après la mort des animaux, il se transforme très rapidement en glucose-d ; il subit la même modification lorsqu'on le fait bouillir avec les acides dilués, tandis que les enzymes le changent en maltose.

Gommes, $C^6H^{10}O^5$. Sous le nom de gommes, on désigne des substances amorphes, transparentes, très répandues dans le règne végétal et qui, avec l'eau froide, forment des liquides collants d'où l'alcool les précipite. Elles sont ou solubles dans l'eau en donnant des liquides clairs, filtrables (gommes véritables), ou bien elles se gonflent dans l'eau sans s'y dissoudre et forment des émulsions qu'on ne peut filtrer (mucilages végétaux).

Dextrine, *gomme d'amidon*, $(C^{12}H^{20}O^{10})^3+H^2O$; s'obtient en chauffant l'amidon soit seul, soit avec une petite quantité d'acide nitrique (V. ci-dessus ; elle se forme aussi, à côté du glucose-d, dans l'action de l'acide sulfurique dilué et bouillant sur l'amidon ou, à côté du maltose et de l'isomaltose, quand l'amidon est soumis à l'action de la diastase. Elle existe sous différentes modifications (amylodextrine, érythrodextrine [?], achroodextrine) qu'on peut distinguer au moyen de l'iode. Elle ne réduit pas, même à chaud, la liqueur de Fehling. La levure ne la fait pas fermenter directement mais seulement, après une action prolongée de la diastase (formation de maltose).

La dextrine purifiée aussi bien que possible présente faiblement le caractère d'une aldéhyde et a été transformée en un alcool (dextrite) qui lui est très voisin et en un acide correspondant (B. **23**, 3060 ; Bull. soc. chim. **1891**, **2**, 676). Des substances analogues à la dextrine ont été obtenues, au moyen des hexoses, par l'action des acides dilués (réversion), B. 23, 2084.

Arabine, gomme arabique, $2C^6H^{10}O^5+H^2O$. La gomme arabique est une secrétion végétale, d'aspect vitreux, qui se dissout parfaitement dans l'eau et est employée comme colle. Elle est constituée par plusieurs combinaisons amorphes analogues, transformables, par hydrolyse, les unes en glucoses-d, les autres en arabinose et semblables par conséquent aux pentoses.

Gomme de bois, *xylane* ; analogue à la précédente ; donne facilement du xylose. On l'extrait, par exemple, en épuisant de la paille ou du bois de hêtre par la lessive de soude caustique et précipitant par l'alcool et l'acide chlorhydrique.

Bassorine, mucilage végétal, partie essentielle de la gomme adraganthe et de la gomme de Bassora.

XV. Passage aux combinaisons aromatiques.

Dans les combinaisons traitées jusqu'ici et contenant plus de deux atomes de carbone, il y avait toujours lieu d'admettre l'existence d'une *chaîne ouverte* d'atomes de carbone, dans laquelle on pouvait distinguer des atomes de carbone médians et extrêmes (combinaisons aliphatiques).

Dans le benzène et ses innombrables dérivés, au contraire, il est très probable que six atomes de carbone sont unis les uns aux autres en formant une *chaîne fermée* ou *annulaire*, c'est-à-dire que les deux atomes de carbone extrêmes de la chaîne ouverte C—C—C—C—C—C sont aussi liés l'un à l'autre (combinaisons cycliques). Et alors, la question se pose : quelles sont les chaînes fermées susceptibles d'exister ? L'étude a montré qu'on pouvait former des chaînes annulaires de trois, quatre, cinq (et sept) atomes de carbone. Les combinaisons de cette nature les plus simples qu'on puisse prévoir sont formées par l'union de trois, quatre ou cinq groupes méthylènes, ce sont le triméthylène C^3H^6 (p. 46), le tétraméthylène C^4H^8 et le pentaméthylène C^5H^{10}. Le tétraméthylène n'est connu que sous forme de dérivés.

Les *N. o.* (p. 23) de ces combinaisons sont : cyclopropane, cyclobutane, etc.

A. Triméthylène, tétra- et pentaméthylènes.

Triméthylène, $C^3H^6{=}H^2C\langle{}^{CH^2}_{|}_{CH^2}$. Isomère du propylène. On l'obtient en chauffant avec du sodium le bromure de triméthylène, $CH^2Br—CH^2—CH^2Br$ (*Freund*, J. pr. Ch. (2) **26**, 367). Gaz incolore. A l'inverse du propylène, il n'est pas attaqué par le permanganate de potasse. Le chlore agit comme substituant. Le triméthylène ne se combine que très difficilement au brome, mais plus facilement à l'acide iodhydrique avec production d'iodure de propyle normal. Sa chaleur de combustion est beaucoup plus grande que celle du propylène. A 400°, il se transforme partiellement en propylène ; il y a donc, dans ce cas, « rupture de l'anneau », c'est-à-dire formation d'une chaîne ouverte. L'addition d'acide iodhydrique ou de brome provoque naturellement la même transformation.

Acides triméthylènedicarbonique, $C^3H^4(CO^2H)^2$. et **tétraméthylènedicarbonique,** $C^4H^6(CO^2H)^2$; ont été obtenus par *Perkin*, à l'état d'esters, en faisant agir le bromure d'éthylène et le bromure de triméthylène sur l'ester malonique-sodium (B. **17**, 54) ; le premier se forme d'après l'équation :

$$\begin{matrix}CH^2.Br\\ \dot{C}H^2.Br\end{matrix} + Na^2C\begin{matrix}\diagup CO.OR\\ \diagdown CO.OR\end{matrix} = \begin{matrix}CH^2\\ \dot{C}H^2\end{matrix}\!\!>\!C\begin{matrix}\diagup CO.OR\\ \diagdown CO.OR\end{matrix} + 2NaBr.$$

La résistance de ces combinaisons à l'action du permanganate, beaucoup plus grande que celle des oléfines (et des acides non saturés), parle en faveur de la constitution annulaire ; l'hydrogène naissant ne les modifie pas ; le brome ne s'y additionne que très difficilement (V. A. **284**, 197 ; Bull. soc. chim. **1895**, **2**, 792).

Pentaméthylène, *pentaméthène,* $\begin{matrix}CH^2-CH^2\\ \dot{C}H^2-CH^2\end{matrix}\!\!>\!CH^2$ (Cyclopentane).

Par distillation du sel de chaux de l'acide adipique, $\begin{matrix}CH^2-CH^2-CO^2H\\ |\\ CH^2-CH^2-CO^2H\end{matrix}$, on obtient, selon la réaction normale, la cétone $\begin{matrix}CH^2-CH^2\\ |\\ CH^2-CH^2\end{matrix}\!\!>\!CO$, appelée **cétopentaméthylène,** qui existe d'ailleurs dans le goudron de bois. Cette cétone est un liquide bouillant à 130°, d'une odeur de menthe poivrée ; elle peut, par échange de son oxygène contre de l'hydrogène, être transformée en pentaméthylène ; ce dernier est liquide et bout à 50° (*J. Wislicenus*, A. **275**, 322).

Acide pentaméthylènecarbonique, $C^5H^9CO^2H$, a été obtenu par synthèse au moyen de l'ester malonique et au moyen du cétopentaméthylène, B. **27**, 1228 ; Bull. soc. chim. **1894**, **2**, 1179. Liquide, bouillant à 214°, dont l'odeur rappelle la sueur.

Acide cétopentaméthylènecarbonique ; a été obtenu au moyen de l'ester adipique et du sodium : B. **27**, 102.

L'**acide leuconique** est un dérivé du pentaméthylène, c'est le *pentacétopentaméthylène*, $C^5O^5(+4H^2O) = CO\begin{matrix}\diagup CO-CO\\ \quad\quad |\\ \diagdown CO-CO\end{matrix}$, il en est de même de l'**acide croconique**, $C^5H^2O^5$, composé ayant des rapports étroits avec le premier. Tous deux ont été obtenus au moyen de l'oxyde de carbone-potassium (produit secondaire de la préparation du potassium) et sont très intéressants au point de vue théorique ; *Nietzki* et *Benckiser*, B. **19**, 293 : Bull. soc. chim. **1887**, **1**, 207. B. **20**, 1617 ; Bull. soc. chim. **1888**, **1**, 203. Voyez hexaoxybenzène.

A propos des dérivés du pentaméthylène, v. aussi B **18**, 3410 ; Bull. soc. chim. **1886**, **2**, 350. B. **20**, 2780 ; Bull. soc. chim. **1888**, **1**, 495. B. **26**, 513 ; Bull. soc. chim. **1893**, **2**, 813. B **27**, 102, 965 ; **28**, 655 ; Bull. soc. chim. **1895**, **2**, 1063.

Cyclopentadiène, $\begin{matrix}CH=CH\\ \dot{C}H=CH\end{matrix}\!\!>\!CH^2$, dérive théoriquement du pentaméthylène par soustraction d'hydrogène ; c'est un liquide très apte à réagir, P. E. 41° ; additionne quatre atomes d'halogène ; a été trouvé récemment dans le goudron de houille (B. **29**, 552).

L'*hexaméthylène* est identique à l'hexahydrobenzène (V. ce mot),

Heptaméthylène, C^7H^{14}. Par distillation du subérate de chaux, on obtient la cétone intramoléculaire de l'acide subérique, cétone appelée **subérone** ou *cétoheptaméthylène*, $C^7H^{12}O$, qui, par réduction, donne l'heptaméthylène, liquide d'une odeur faible rappelant la benzine et bouillant à 117°. V. A. **275**, 356 ; Bull. soc chim. **1894**, **2**, 151. B. **27**, R. 47. — L'anneau de sept atomes a, en général, peu de tendance à se former, B. **27**, 2897 ; Bull. soc. chim. **1895**, **2**, 332,

---

On connaît aussi un grand nombre de chaînes fermées dans lesquelles, en dehors du carbone, il existe encore d'autres éléments polyvalents (azote, oxygène ou soufre) ; tels sont, par exemple, l'anhydride succinique, $\begin{matrix}CH^2.CO\\CH^2.CO\end{matrix}\!\!>O$, la succinimide, $\begin{matrix}CH^2.CO\\CH^2.CO\end{matrix}\!\!>AzH$, la γ-butyrolactone (p. 202), l'acide parabanique (p. 260), l'alloxane, etc. et aussi la pyridine, la (quinoléine), etc. (V. ces mots), — et, en particulier, les dérivés suivants :

B. Furfurane, C^4H^4O, pyrrol $C^4H^4.(AzH)$, thiophène, C^4H^4S.

Résumé

Furfurane C^4H^4O	*Pyrrol* $C^4H^4(AzH)$	*Thiophène* C^4H^4S	*Benzène* C^6H^6
furfurane dibromé $C^4H^2Br^2O$	pyrrol tétraiodé $C^4I^4(AzH)$	thiophène dibromé $C^4H^2Br^2S$	benzène dichloré $C^6H^4Cl^2$
méthylfurfurane $C^4H^3O(CH^3)$	α β-méthylpyrrol $C^4H^3AzH(CH^3)$	α-, β-méthyl-thiophène $C^4H^3S(CH^3)$	Toluène $C^6H^5(CH^3)$
alcool furfurolique $C^4H^3O(CH^2OH)$		alcool thiophénique $C^4H^3S(CH^2OH)$	alcool benzylique $C^6H^5(CH^2OH)$
furfurol $C^4H^3O(CHO)$		aldéhyde thiophénique $C^4H^3S(CHO)$	benzaldéhyde $C^6H^5(CHO)$
acide pyromucique $C^4H^3O(CO^2H)$	acides α, β-pyrrol carboniques $C^4H^3AzH(CO^2H)$	acides α-, β-thiophène carboniques $C^4H^3S(CO^2H)$	acide benzoïque $C^6H^5(CO^2H)$
diméthylfurfurane $C^4H^2O(CH^3)^2$	α-, β-diméthylpyrrol $C^4H^2AzH(CH^3)^2$	diméthylthiophène $C^4H^2S(CH^3)^2$	xylènes $C^6H^4(CH^3)^2$
	etc.		
	az-méthylpyrrol $C^4H^4(Az.CH^3)$	amidothiophène $C^4H^3S(AzH^2)$	aniline $C^6H^5(AzH^2)$
		acide thiophène sulfonique $C^4H^3S(SO^3H)$	acide benzène sulfonique $C^6H^5(SO^3H)$

Du furfurane, du pyrrol, du thiophène dérivent un grand nombre de substances par substitution, à l'hydrogène, des halogènes ou des groupes $-CH^3$, $-CH^2.OH$,$-CHO$,$-CO^2H$, etc. Ces trois substances fondamentales présentent de fréquentes analogies avec le benzène. En première ligne, le thiophène, qui peut être confondu avec le benzène par son odeur et son point d'ébullition et dont les dérivés présentent avec ceux du benzène une similitude remarquable, tant au point de vue chimique, qu'au point de vue physique.

De plus le furfurane, le pyrrol, le thiophène montrent entre eux, beaucoup d'analogie. Tous trois bouillent à des températures relativement basses (+32°, 131°. 84°), ils sont ou insolubles ou peu solubles dans l'eau, mais se dissolvent facilement dans l'alcool et l'éther ; ils donnent plusieurs réactions colorées semblables ; ainsi, le pyrrol, le thiophène ou leurs dérivés, mélangés avec l'isatine et l'acide sulfurique concentré, se colorent généralement en bleu ou violet intenses; en présense de phénanthrènequinone et d'acide acétique glacial, ils produisent des colorations rouge-cerise ou violette Les vapeurs du pyrrol colorent les copeaux de sapin imbibés d'acide chlorhydrique en rouge-feu (πυῤῥός feu), celles du furfurol les colorent en vert-émeraude, de plus, ces dernières vapeurs colorent aussi en rouge le papier humecté par une solution d'acétate d'aniline ou de xylidine. Sous l'action de l'acide chlorhydrique (ou des acides minéraux), le furfurane se transforme en une poudre amorphe insoluble, le pyrrol en une poudre rouge-brun (rouge de pyrrol, également amorphe et insoluble, tandis que le thiophène n'est pas modifié. La plupart des dérivés se comportent d'une manière analogue. Le pyrrol se différencie des deux autres substances par son caractère de base faible.

Formation 1. Au moyen de l'acide mucique (V. p. 230), $C^4H^4(OH)^4(CO^2H)^2$. Par distillation sèche, cet acide se transforme en acide pyromucique (acide furfurane carbonique), $C^4H^3O(CO^2H)$, qui, chauffé avec de la chaux sodée, donne le furfurane. En soumettant à la distillation sèche le sel ammoniacal de l'acide mucique ou de l'acide pyromucique, on obtient le pyrrol, C^4H^5Az. Enfin, l'acide mucique, chauffé avec le sulfure de baryum, se transforme en acide thiophènecarbonique, puis en thiophène :

$$\text{a) } C^4H^4(OH)^4(CO^2H)^2 = C^4H^4O + 2CO^2 + 3H^2O;$$
$$\text{b) } C^4H^4(OH)^4(CO^2H)^2 + AzH^3 = C^4H^4(AzH) + 2CO^2 + 4H^2O;$$
$$\text{c) } C^4H^4(OH)^4(CO^2H)^2 + H^2S = C^4H^4S + 2CO^2 + 4H^2O.$$

2. Au moyen de l'*acide succinique*, $C^2H^4(CO^2H)^2$. La succinimide, $C^4H^4O^2(AzH)$, chauffée au rouge avec de la poudre de zinc, fournit du pyrrol ; le succinate de sodium, chauffé avec du trisulfure de phosphore, se transforme en thiophène (*Volhard-Erdmann*. B. **18**, 454 ; Bull soc. chim. **1886**, **1**, 413).

3. Sous l'action de la chaleur rouge, l'acétylène et l'ammoniaque produisent du pyr-

rol ; en faisant passer de l'éthylène sur de la pyrite chauffée au rouge, on obtient du thiophène.

4. Le pyrrol s'obtient encore en chauffant le furfurane en présence de chlorure de zinc ammoniacal (B. 20, R. 221).

5. Au moyen de l'acétonylacétone, $CH^3—CO—CH^2—CH^2—CO—CH^3$ (p. 207). Ce composé donne, par élimination d'eau, le diméthylfurfurane (V. le tableau); chauffé avec de l'ammoniaque alcoolique, il donne du diméthylpyrrol et, enfin, traité par le pentasulfure de phosphore, il se convertit en diméthylthiophène (*Paal*. B. **18**, 58, 367 ; Bull. soc. chim. **1886**, **1**, 769. B. **20**, 1074).

Il se comporte donc comme s'il se transformait d'abord dans la modification isomère, $CH^3—C(OH)=CH—CH=C(OH)—CH^3$, c'est à-dire $\begin{matrix} CH=C(CH^3)(OH) \\ \dot{C}H=C(CH^3)(OH) \end{matrix}$. Cette hypothèse admise, la formation du diméthylfurfurane s'explique par une simple anhydrisation, celle du diméthylpyrrol, par un échange de 2(OH) contre AzH et celle du diméthylthiophène par un échange de 2 (OH) contre S, conformément aux équations :

$$\begin{matrix} CH=C(CH^3).OH \\ \dot{C}H=C(CH^3).OH \end{matrix} = \begin{matrix} CH=C(CH^3) \\ \dot{C}H=C(CH^3) \end{matrix}\!\!>O + H^2O ;$$

$$AzH^3 + \begin{matrix} CH=C(CH^3).OH \\ \dot{C}H=C(CH^3).OH \end{matrix} = \begin{matrix} CH=C(CH^3) \\ \dot{C}H=C(CH^3) \end{matrix}\!\!>AzH + 2H^2O ;$$

$$H^2S + \begin{matrix} CH=C(CH^3).OH \\ \dot{C}H=C(CH^3).OH \end{matrix} = \begin{matrix} CH=C(CH^3) \\ \dot{C}H=C(CH^3) \end{matrix}\!\!>S + 2H^2O.$$

On en déduit les **constitutions** suivantes :

furfurane	pyrrol	thiophène
$\begin{matrix} CH=CH \\ \dot{C}H=CH \end{matrix}\!\!>O$	$\begin{matrix} CH=CH \\ \dot{C}H=CH \end{matrix}\!\!>AzH$	$\begin{matrix} CH=CH \\ \dot{C}H=CH \end{matrix}\!\!>S$
(β) (α)	(β) (α)	

Ces formules sont confirmées par la facilité avec laquelle ces substances forment des composés d'addition avec le brome ou l'hydrogène (V. pyrroline).

A propos de la constitution de ces corps, v. aussi p. 289.

D'après les formules précédentes, les dérivés monosubstitués du furfurane et du thiophène peuvent exister sous deux formes isomères : 1) ceux obtenus par substitution de l'hydrogène (α) voisin du soufre etc., et 2) ceux résultant de la substitution de l'hydrogène (β). Ces deux séries d'isomères ont été obtenues effectivement dans un grand nombre de cas ; on connaît, par exemple, deux acides thiophéniques (V. tab.). Dans le cas du pyrrol, on peut prévoir trois sortes de monosubstitués (α-, β- et Az-) qui sont d'ailleurs connus.

Furfurane.

Furfurane, *furane*, C^4H^4O, existe dans l'essence de pin, dans les parties légères du goudron de bois et s'obtient par distillation du sucre en présence de chaux. C'est un liquide incolore, très mobile, dont l'odeur rappelle le chloroforme, et bouillant à 32°.

Méthylfurfurane, *sylvane*, $C^4H^3O(CH)^3$, se trouve également dans l'essence de pin. P. E. 63°.

Diméthylfurfurane, $C^4H^2O(CH^3)^2$, s'obtient en même temps que les composés précédents dans la distillation d'un mélange de sucre et de chaux. Se prépare également au moyen de l'acétonylacétone (V. plus haut). Liquide incolore, bouillant à 94°, doué d'une odeur caractéristique. Se résinifie en présence d'acide chlorhydrique concentré. Il peut être retransformé en acétonylacétone.

Alcool furfurolique, $C^4H^3O(CH^2.OH)$, s'obtient au moyen du furfurol et des alcalis, comme l'alcool benzylique au moyen de la benzaldéhyde (V. ce mot). P. E. 169°.

Furfurol, *furfuranaldéhyde*, $C^5H^4O^2$ (*Döbereiner*), s'obtient en faisant agir l'acide sulfurique modérément concentré sur les hydrates de carbone ; en particulier, il s'obtient nettement ainsi au moyen de l'arabinose et du xylose desquels il dérive par simple élimination d'eau :

$$C^5H^{10}O^5 - 3H^2O = C^5H^4O^2.$$

Il est contenu dans le fusel (eau-de-vie de mauvais goût) ; c'est une huile incolore, d'une odeur agréable, brunissant à l'air, bouillant à 162° ; le furfurol fonctionne comme une aldéhyde. Réactions : B. **20**, 540 ; Bull. soc. chim. **1887**, **2**, 76.

Méthylfurfurol, $C^5H^3(CH^3)O^2$ (dans le goudron de bois), se forme au moyen du rhamnose, homologue de l'arabinose. Très analogue au furfurol. Avec l'alcool et l'acide sulfurique, il donne une coloration verte. P. E. 183°.

Acide pyromucique, $C^5H^4O^3 = C^4H^3O(CO^2H)$. Tablettes ou aiguilles facilement sublimables, solubles dans l'alcool et dans l'eau chaude, fusibles à 132°. Décolore la solution de permanganate presque instantanément. Préparation : A. **261**, 379 ; Bull. soc. chim. **1892**, **2**, 47 (V. Das Furfuran etc. par *A. Bender*, Berlin, Gaertner 1889).

Pyrrol.

Le pyrrol est l'un des constituants de l'huile de goudron de houille (*Runge*) et de l'huile d'os (*Anderson*). Formation : V. p. 284 et B. **19**, 3027 ; Bull. soc. chim. **1887**, **1**, 808. Liquide incolore, bouillant à 131°, d'une odeur analogue à celle du chloroforme. Se polymérise facilement. — Base secondaire. Son hydrogène imidique est remplaçable par des radicaux alcooliques, par l'acétyle et même par des métaux.

Par l'action de l'hydroxylamine, on obtient, par rupture de l'anneau, fixation d'eau et dégagement d'ammoniaque, la dioxime de l'aldéhyde succinique : $\begin{matrix} CH^2-CH = Az.OH \\ \vert \\ CH^2-CH = Az.OH \end{matrix}$ qui, par réduction, fournit la tétraméthylènediamine (V. ce mot). B. **22**. 1968 ; Bull. soc. chim. **1890**, **1**, 844 (D'une manière analogue, le diméthylpyrrol se transforme en dioxime de l'acétonylacétone).

Pyrrol-potassium, C^4H^4AzK, se produit par l'action du potassium ou de la potasse caustique sur le pyrrol. Substance blanche que l'eau décompose en régénérant le pyrrol et qui, traitée par l'iodure de méthylène et le méthylate de sodium, se transforme en pyridine (V. ce mot).

Pyrrol-tétraiodé, *iodol*, $C^4I^4(AzH)$, tablettes jaune clair, antiseptique inodore d'action plus modérée que l'iodoforme. S'obtient par l'action de l'iode et d'un alcali sur le pyrrol.

Pyrroline, $C^4H^6(AzH)$, s'obtient en traitant le pyrrol par le zinc et l'acide acétique ; liquide incolore, P. E. 91° ; base secondaire forte ; chauffée avec l'acide iodhydrique, elle se convertit en **pyrrolidine**, $C^4H^8(AzH)$, qu'on peut obtenir aussi en faisant agir le sodium sur la succinimide en milieu alcoolique ; c'est une base incolore, fortement alcaline, semblable à la pyridine, et bouillant à 86°. L'iodure de méthyle et la potasse caustique la changent en pyrrolylène, C^4H^6 (p. 56).

La pyrrolidine a été de plus préparée synthétiquement en chauffant la butylamine δ-chlorée (p. 83) avec les alcalis, et aussi en traitant le cyanure d'éthylène par le sodium et l'alcool :

$$\begin{matrix} CH^2.CAz \\ \dot{C}H^2.CAz \end{matrix} + 8H = \begin{matrix} CH^2-CH^2.AzH^2 \\ \dot{C}H^2-CH^2.AzH^2 \end{matrix} = \begin{matrix} CH^2-CH^2 \\ \dot{C}H^2-CH^2 \end{matrix}\!\!\Big\rangle AzH + AzH^3 ;$$

(V. tétraméthylènimine, *Ladenburg*. B. **19**, 782 ; Bull. soc. chim. **1887**, **1**, 262, B. **20**, 442 ; Bull. soc. chim. **1887**, **1**, 815).

Méthylpyrrol, $C^4H^3(CH^3)AzH$, existe sous deux modifications isomériques (α et β) dans l'huile d'os ; il en est de même du **diméthylpyrrol** (p. 284), $C^4H^2(CH^3)^2AzH$.

L'anhydride de l'acide α-**pyrrolcarbonique**, $C^4H^3AzH(CO^2H)$, le **pyrocolle**, C^5H^3AzO, forme des tablettes jaunes et s'obtient par distillation de la gélatine. L'acide lui-même cristallise en prismes à reflets verts métalliques.

Tableau des dérivés du pyrrol : B. **20**, 2594 ; Bull. soc. chim. **1888**, **1**, 386.

Thiophène.

Le **thiophène** (*V. Meyer*, B. **16**, 1465) est également contenu dans le goudron de houille et accompagne constamment le benzène qu'on en extrait, celui-ci en contient environ 0,6 %. Il en est de même de ses homologues le *thiotolène* (méthylthiophène) et le *thioxène* (diméthylthiophène) qu'on trouve dans le toluène ou le xylène retirés du goudron de houille. Le thiophène a presque le même point d'ébullition (84°) que le benzène (80°,4) ; on l'en sépare soit au moyen d'agitations répétées avec de petites quantités d'acide sulfurique concentré qui dissout surtout le thiophène en le transformant en acide thiophènesulfonique (V. B. **17**, 2641, 2852 ; Bull. soc. chim. **1886**. **1**, 37), soit au moyen du sulfate de mercure basique qui se combine au thiophène. D'autres réactifs (iode, brome) l'attaquent plus facilement que le benzène.

Synthétiquement, on obtient le thiophène (V. p. 284) en faisant passer le sulfure d'éthyle, $(C^2H^5)^2S$, dans un tube chauffé au rouge (*Kékulé*) ou en chauffant diverses substances telles que l'acide crotonique, l'acide butyrique n, la paraldéhyde, l'érythrite, l'éther, etc. avec du pentasulfure de phosphore.

La préparation et les propriétés des dérivés du thiophène sont, en partie, complètement identiques à celles des dérivés du benzène. Ainsi, le thiophène, traité par l'acide nitrique, donne le **nitrothiophène** (analogue au nitrobenzène) qui se réduit en **amidothiophène** beaucoup moins stable cependant que l'amidobenzène (aniline) correspondant.

Acide thiophènesulfonique, $C^4H^3S(SO^3H)$, est scindé par l'eau surchauffée en thiophène et acide sulfurique.

En chauffant l'acide lévulique avec du pentasulfure de phosphore, on obtient le phénol du thiotolène, le **thioténol**, $C^4H^2S(CH^3)(OH)$ (B. **19**, 553).

La coloration bleue qui se produit lorsqu'on agite du benzène contenant du thiophène avec l'isatine et l'acide sulfurique concentré est due à la formation d'une matière colorante bleue, l' « **indophénine** », $C^{12}H^{7}AzOS$.

Le **penthiophène**, $CH^2\left\langle\begin{matrix} CH = CH \\ CH = CH \end{matrix}\right\rangle S$, serait un analogue du thiophène contenant cinq atomes de carbone ; on en connaît un dérivé méthylé ; il présente tout à fait les caractères de thiophène et donne les mêmes réactions colorées, mais il est complètement détruit par le permanganate de potasse.

(V. *V. Meyer* : Die Thiophengruppe, Braunschweig, 1888).

G. Azols : Pyrazols, thiazols et combinaisons analogues

1. *Pyrazols.*

Pyrazol, $C^3H^4Az^2 = \begin{matrix} HC = Az \\ HC = CH \end{matrix}\Big\rangle AzH$; aiguilles incolores, P. F. 70°, P. E. 185°, base faible de caractère benzénique (B. **28**, 714 ; Bull. soc. chim. **1896**, **2**, 1053) et par conséquent d'une grande stabilité ; c'est la substance mère de l'*antipyrine*. Théoriquement, ce composé dérive du pyrrol par échange du groupe CH contre Az ; il a été obtenu synthétiquement (*E. Buchner*, A **273**, 214 ; Bull. soc. chim. **1893**, **2**, 985).

L'acide acétylènedicarbonique et l'acide diazoacétique (ou leurs esters) s'unissent directement au pyrazoltricarbonique (ou à ses esters) :

$$CO^2H.C{\equiv}C.CO^2H \quad + \quad CHAz^2.CO^2H \quad = \quad C^3Az(AzH)(CO^2H)^3$$

acide acétylènedicarbonique — acide diazoacétique — acide pyrazoltricarbonique.

(Dans cette réaction, l'atome d'hydrogène fixé au carbone se déplace pour s'unir à l'azote). — L'acide pyrazoltricarbonique se décompose facilement en $3(CO^2)$ et pyrazol. — On a encore préparé le pyrazol par l'action de l'hydrazine sur l'épichlorhydrine (B. 23, 1103 ; Bull. soc. chim. **1890**, **2**, 435).

Pyrazoline, $C^3H^6Az^2$, **Pyrazolidine**, $C^3H^8Az^2$; dérivent théoriquement du pyrazol par fixation d'hydrogène. Le premier de ces composés est seul connu jusqu'à présent ; il a été préparé au moyen de l'hydrate d'hydrazine et de l'acroléine (J. pr. chem. **50**, 531).

Si, dans la formule de la pyrazoline, on remplace deux atomes d'hydrogène par un atome d'oxygène, on obtient celle du pyrazolon.

Pyrazolon, $\begin{matrix} HC = Az \\ H^2C - CO \end{matrix}\Big\rangle AzH$; P. F. 163° (peu net). B. **29**, 249 ; Bull. soc. chim. **1896**, **2**, 986.

En faisant agir la phénylhydrazine sur l'ester acétylacétique, on obtient, par élimination d'eau et d'alcool, un dérivé du pyrazolon qui se forme très probablement d'après la réaction suivante :

$$\underset{\text{ester acétylacétique}}{\begin{matrix} CH^3\text{—}CO \\ | \\ H^2C\text{—}CO.OC^2H^5 \end{matrix}} + \underset{\text{phénylhydrazine}}{\begin{matrix} H^2Az \\ \diagdown \\ AzH.C^6H^5 \end{matrix}}$$

$$= \underset{\text{phénylméthylpyrazolon}}{\begin{matrix} CH^3\text{—}C{=}Az \\ H^2C\text{—}CO \end{matrix}} \!\!>\! Az.C^6H^5 + H^2O + C^2H^5.OH$$

Phénylméthylpyrazolon, $C^{10}H^{10}Az^2O$, Prismes, P. F. 127°. Possède, en qualité de dérivé de l'ester acétylacétique, la faculté d'échanger son hydrogène contre des radicaux alcooliques (V. p. 213). Chauffé avec l'iodure de méthyle et l'alcool méthylique, il donne, par suite d'une transposition spéciale, l'antipyrine.

Antipyrine, phényldiméthylpyrazolon, $C^{11}H^{12}Az^2O$. A été obtenue aussi en faisant agir l'ester acétylacétique sur la méthylphénylhydrazine (V. ce mot) ; elle possède par conséquent la constitution
$\begin{matrix} CH^3\text{—}C\text{—}Az(CH^3) \\ H\ddot{C}-CO \end{matrix} \!>\! Az\text{—}C^6H^5$. Cristallise en tablettes blanches, fondant à 113° ; sa solution aqueuse est colorée en rouge par le chlorure ferrique, en bleu-vert par l'acide nitreux. C'est un fébrifuge remarquable (*L. Knorr*, A. **238**, 137 et suiv.).

Lorsqu'on fait passer un courant d'acide carbonique dans une solution bouillante d'antipyrine dans le toluène, en présence de sodium, on obtient, par fixation d'hydrogène, l'*anilide de l'acide β-méthylamidocrotonique* (B. **25**, 1870 ; Bull. soc. chim. **1892**, **2**, 1267).

Toutes les combinaisons de constitution analogue à celle de l'ester acétylacétique (acides β-cétoniques, β-cétones-aldéhydes, β-dicétones) donnent avec la phénylhydrazine ou l'hydrate d'hydrazine des dérivés du pyrazol.

2. *Thiazols, imidazols, oxazols.*

$$\underset{\text{Thiazol}}{\begin{matrix} Az{=}CH \\ H\dot{C}{=}CH \end{matrix}\!>\!S} \qquad \underset{\text{Imidazol}}{\begin{matrix} Az{=}CH \\ H\dot{C}{=}CH \end{matrix}\!>\!AzH} \qquad \underset{\text{Oxazol}}{\begin{matrix} Az{=}CH \\ H\dot{C}{=}CH \end{matrix}\!>\!O} \qquad \underset{\text{Isoxazol}}{\begin{matrix} HC{=}Az \\ H\dot{C}{=}CH \end{matrix}\!>\!O}$$

Thiazol, C^3H^3AzS, liquide incolore, P. E. 117°, dérive du thiophène de la même manière que la pyridine dérive de la benzine par substitution de Az au groupe (CH). Ses propriétés et ses dérivés sont comparables aux propriétés et aux dérivés des bases pyridiques. On l'obtient au moyen de l'amidothiazol (V. plus bas) en substituant l'hydrogène au groupe amido par la méthode qui permet la transformation de l'aniline en benzine (V. ce mot).

Amidothiazol, $C^3H^2AzS.AzH^2$; base ayant tout à fait le caractère « aromatique » comme l'aniline (V. ce mot) ; elle se forme par l'action de l'aldéhyde monochlorée (p. 130) sur la thio-urée :

$$\begin{matrix} CH^2Cl \\ | \\ CHO \end{matrix} + \underset{\substack{\text{thio-urée} \\ \text{(pseudoforme)}}}{\begin{matrix} HAz \\ HS \end{matrix}\!>\!C\text{—}AzH^2} = \begin{matrix} CH-Az \\ | \\ CH\text{—}S \end{matrix}\!>\!C\text{—}AzH^2 + H^2O$$

La constitution des thiazols se déduit de ce mode de formation et d'autres qui sont analogues *Hantzsch* et ses *élèves*, A. **249**, **250**, **265**, 108 ; Bull. soc. chim. **1892**, **2**, 629).

Imidazol, *glyoxaline*, $C^3H^4Az^2$, P. F. 92° ; isomère du pyrazol ; s'obtient en faisant agir l'ammoniaque concentrée sur le glyoxal, la réaction est plus nette en présence de formaldéhyde. L'imidazol a le caractère fortement basique et est doué d'une odeur faible de marée. Il est oxydé par le permanganate ; le chlorure de benzoyle le « scinde » très facilement : l'anneau se rompt sous l'action de ce réactif (B. **25**, 281 ; Bull. soc. chim. **1892**, **2**, 1028. B. **26**, 973 ; Bull. soc. chim. **1894**, **2**, 90). — Dérivés : *Wallach*, A. **184**, 1, (oxaléthyline, etc.). B. **13** 511 ; B. **22**, 1353 ; A. **273**, 267 ; Bull. soc. chim. **1893**, **2**. 990.

Un **dihydroimidazol méthylé**, $C^3H^3(CH^3)Az^2.H^2$, ou éthényléthylènediamine est employé en thérapeutique sous le nom de *lysidine* à cause de son action dissolvante sur l'acide urique.

L'alloxane peut aussi être considérée comme un dérivé de l'imidazol.

Sur les oxazols, v. B. **21**, 2192 ; Bull. soc. chim. **1888**, **1**, 131 et sur les isooxazols, B. **24**, 3900 ; Bull. soc. chim. **1892**, **2**, 1010.

3. *Azols contenant plus d'azote.*

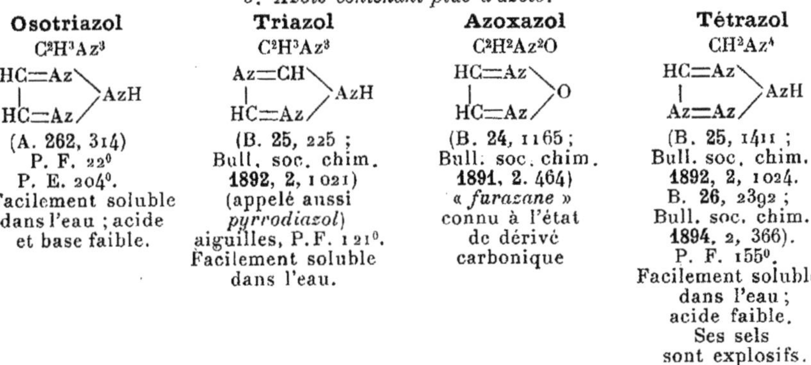

Les formules de constitution données dans le chapitre XV correspondent, par leurs doubles liaisons, à la formule benzénique de *Kékulé*. Récemment, on a proposé de leur substituer des formules à liaisons diagonales (centrales) correspondant à la formule centrale de la benzine (p. 302). V. *Bamberger*, B. **24**, 1758. A, **273**, 373 ; Bull. soc. chim. **1893**, **2**, 990. V. aussi A. **249**, 1 ; Bull. soc. chim **1889**, **2**, 624. A. **262**, 265 ; Bull. soc. chim. **1892**, **2**, 31. B. **21**, R. 888 ; Bull. soc. chim. **1889**, **1**, 583. B. **24**, 3485 ; Bull. soc. chim. **1892**, **2**, 693. B. **27**, 3077 ; Bull. soc. chim. **1895**, **2**, 332 ; B. **28**, 1501 ; Bull. soc. chim. **1896**, **2**, 152, etc.

II. DÉRIVÉS BENZÉNIQUES.

XVI. Théorie et généralités.

Les composés dont nous nous sommes occupés dans les quatorze premiers chapitres se déduisent des carbures homologues C^nH^{2n+2}, C^nH^{2n}, C^nH^{2n-2}, etc., par substitution, à l'hydrogène, de restes monovalents tels que l'halogène, l'hydroxyle, le groupe amine, le carboxyle, etc.; comme tous ces carbures peuvent être dérivés du méthane $C^2H^6 = CH^3(CH^3)$, méthylméthane; $C^3H^8 = CH^2(CH^3)^2$, diméthylméthane; $C^2H^4 = CH^2{:}CH^2$, méthylèneméthane; $C^2H^2 = CH{\equiv}CH$, méthineméthane, il s'ensuit que toutes les combinaisons dont nous avons parlé jusqu'ici sont des *dérivés méthaniques*.

A cette première classe de combinaisons organiques, nous pouvons ajouter une seconde grande classe, celle des *combinaisons aromatiques* ou *dérivés benzéniques*. La première de ces appellations est historique, mais n'est pas basée sur les faits car on rencontre, dans les deux classes, des combinaisons à odeur repoussante ou agréable; quant à la seconde, elle tire son origine de ce que toutes les combinaisons de cette classe sont avec le benzène C^6H^6 (et les carbures plus compliqués qui se ramènent au benzène : naphtaline, anthracène, etc.) dans des rapports identiques à ceux qui relient les dérivés méthaniques au méthane.

Le benzène C^6H^6 est, comme le montre sa formule, une combinaison bien plus riche en carbone que les paraffines; ainsi, il se distingue de l'hexane, C^6H^{14}, en ce qu'il renferme huit atomes d'hydrogène en moins.

De même, tous les dérivés du benzène sont plus pauvres en hydrogène, c'est-à-dire plus riches en carbone, que les dérivés correspondants de la série méthanique : on peut comparer, en effet, l'acide benzoïque, $C^7H^6O^2$, avec l'acide heptylique, $C^7H^{14}O^2$; l'aniline, C^6H^7Az, avec l'éthylamine, C^2H^7Az, etc.

Les atomes d'hydrogène du benzène, comme ceux du méthane, sont substituables par les éléments ou les radicaux les plus divers. Le remplacement par les halogènes conduit aux produits substitués halogénés, par AzH^2 aux bases aromatiques, par OH aux phénols, par AzO^2 aux dérivés nitrés, par CH^3 aux homologues du benzène. Il existe aussi, dans la série aromatique, des alcools, des acides, des aldéhydes, etc. [V. le tableau].

Les groupes substituants, surtout lorsqu'ils contiennent une série d'atomes de carbone, prennent le nom de *chaînes latérales*, le reste de la molécule du benzène celui de *noyau benzénique*.

Les dérivés benzéniques ont des propriétés partiellement analogues à celles de leurs correspondants de la série grasse, mais ils présentent aussi des propriétés nouvelles et particulières; ils se divisent en dérivés *mono, bi, tri, etc. substitués*, suivant que la substitution a porté sur un, deux, trois, etc., atomes d'hydrogène; ainsi, le toluène et le benzène monochloré sont des dérivés monosubstitués, le diméthylbenzène et le benzène dichloré des dérivés bisubstitués etc. [V. tableau].

Ces combinaisons possèdent généralement une partie des propriétés de chacun des monodérivés qui dérivent du benzène par échange d'hydrogène contre un des groupes substituants.

Tous les dérivés benzéniques peuvent, *par des réactions relativement simples*, être ramenés au *benzène même ou aux composés immédiatement voisins*; ainsi, les acides carboxylés (acides benzoïque, phtalique, mellique, etc.), distillés avec la chaux, donnent du benzène; l'acide salicylique, par départ de CO^2, donnera du phénol qui, par distillation sur la poudre de zinc, fournira le benzène. L'oxydation transforme les carbures homologues en dérivés carboxylés, facilement ramenés, par chauffage avec la chaux, au carbure type.

Les dérivés benzéniques sont donc en rapports très étroits avec leur substance mère.

Ces rapports sont d'autant plus remarquables que le groupe d'atomes C^6H^6 est assez compliqué et que le benzène ne peut être ramené à un carbure plus simple renfermant 5, 4 ou 3 atomes de carbone; son oxydation, qui ne se produit que difficilement, ne fournit, en effet, que de l'acide carbonique ou des acides organiques tout aussi simples.

Coup d'œil d'ensemble sur quelques dérivés benzéniques.

$C^6H^5-CH^3$ méthylbenzène ou toluène	$C^6H^4(CH^3)^2$ diméthylbenzènes ou xylènes	$C^6H^3(CH^3)^3$ triméthylbenzènes
C^6H^5-Cl benzène chloré	$C^6H^4Cl^2$ benzènes dichlorés	$C^6H^3.Cl^3$ benzènes trichlorés
C^6H^5-OH phénol	$C^6H^4.(OH)^2$ résorcine, etc.	$C^6H^3(OH)^3$ pyrogallol, etc.
$C^6H^5-CH^2OH$ alcool benzylique		
$C^6H^5-AzO^2$ nitrobenzène	$C^6H^4(AzO^2)^2$ dinitrobenzènes	$C^6H^3(AzO^2)^2OH$ dinitrophénol

Coup d'œil d'ensemble sur quelques dérivés benzéniques (suite)

$C^6H^5-AzH^2$ aniline	$C^6H^4(AzH^2)^2$ phénylènediamines	$C^6H^3(AzH^2)^3$ triamidobenzènes
$C^6H^5-SO^3H$ acide benzène sulfonique	$C^6H^4AzH^2.SO^3H$ acides sulfaniliques	$C^6H^3(SO^3H)^3$ acide benzène trisulfonique
$C^6H^5-CO^2H$ acide benzoïque	$C^6H^4(CO^2H)^2$ acides phtaliques	$C^6H^3(CO^2H)^3$ acide hémimellique, etc.
C^6H^5-CAz benzonitrile	C^6H^4 OH.CO^2H acide salicylique	

Les dérivés benzéniques sont reliés entre eux par les réactions les plus variées, le groupe nitro se transforme facilement en amido, celui-ci se remplace par les halogènes, l'hydrogène, l'hydroxyle ; l'halogène peut s'échanger contre les groupes CH^3 ou CO^2H, et ainsi de suite.

Les noms officiels (V. p. 23) des dérivés benzéniques se forment suivant des règles analogues à celles qui régissent les dénominations des corps gras ; le benzène est aussi désigné sous le nom de cyclohexatriène. B. **26**, 1623 ; Bull. soc. chim. **1892**, **1**, XXII.

Caractères distinctifs des carbures benzéniques et des carbures gras.

Les principales différences entre le benzène et les carbures gras sont les suivantes :

1. Le benzène, traité par l'acide azotique concentré, se transforme en nitrobenzène :

$$C^6H^6 + HO.AzO^2 = C^6H^5.AzO^2 + H^2O ;$$

2. traité par l'acide sulfurique concentré, il fournit l'acide benzène sulfonique (V. ce mot) :

$$C^6H^6 + HO.SO^3H = C^6H^5.SO^3H + H^2O.$$

La plupart des dérivés benzéniques, traités de la même manière, fournissent des *dérivés nitrés ou sulfonés*.

Les paraffines, au contraire, ne sont que peu ou pas attaquées par ces deux acides concentrés ; avec l'acide sulfurique, les oléfines forment des dérivés d'addition sans élimination d'eau.

3. Les homologues du benzène diffèrent essentiellement des paraffines par leur facilité d'oxydation : les oxydants, qui n'attaquent que difficilement les paraffines, les transforment en acides benzènecarboxyliques.

4. Les dérivés halogénés, C^6H^5X, sont plus stables, les dérivés hydroxylés, C^6H^5OH, de fonction plus acide que les correspondants de la série grasse. Le

groupe C^6H^5 « *phényle* » possède donc un caractère acide « négatif » plus accentué que le groupe éthyle, C^2H^5. *V. Meyer*, B. **20**, 534, 2944 ; Bull. soc. chim. **1888**, **2**, 462. A. **250**, 118.

Les radicaux aromatiques monovalents (groupes phényliques et analogues) sont souvent appelés « *groupes alphyliques* ». B. **27**, 2582 ; Bull. soc. chim. **1895**, **2**, 409.

5. Les dérivés diazoïques ne se rencontrent presque exclusivement que dans la série aromatique, etc., etc.

Isoméries des dérivés benzéniques.

La théorie, comme l'expérience, ont montré qu'à chaque hexane, C^6H^{14}, correspondent plusieurs isomères monosubstitués : or, le benzène **n'en présente jamais qu'un seul** ; on ne connaît pas d'isomères d'un même monosubstitué du benzène. *Les six atomes d'hydrogène du benzène sont donc équivalents.*

Démonstration de l'équivalence des six atomes d'hydrogène.

Désignons ces atomes par les lettres a, b, c, d, e et f.

1. Le *phénol*, C^6H^5OH, dont on peut considérer l'hydroxyle comme occupant la place de l'atome d'hydrogène a, peut-être transformé en benzène bromé, C^6H^5Br, et celui-ci en *acide benzoïque*, $C^6H^5CO^2H$; le groupe carboxyle de cet acide sera aussi placé en a, c'est-à-dire remplacera l'atome d'hydrogène a.

2. Les trois acides *oxybenzoïques*, $C^6H^4OH.CO^2H$, pouvant être soit préparés en partant de l'acide benzoïque, soit facilement ramenés à ce dernier, leur carboxyle occupe par conséquent la place a, leurs groupes hydroxyles devront donc nécessairement se trouver à la place d'autres atomes d'hydrogène de la molécule, ceux-ci pouvant être, à volonté, b, c ou d.

3. Ces trois acides oxybenzoïques peuvent perdre CO^2 [$C^6H^4(OH)(CO^2H) = C^6H^5(OH) + CO^2$], et donner ainsi *un même composé* : le phénol ; le groupe hydroxyle de ce dernier étant situé en a d'après 1 et en b, c ou d d'après 2, les atomes d'hydrogène a, b, c, d qu'il remplace sont équivalents.

4. On verra plus loin (V. p. 295) que, *à chaque atome d'hydrogène, correspondent deux systèmes d'atomes comprenant chacun deux atomes d'hydrogène reliés au premier suivant un mode identique et, par conséquent, symétriquement placés par rapport à lui.* Les places déjà considérées a, b, c, d ne peuvent comprendre un semblable système de deux atomes sans rendre impossible l'existence de trois acides oxybenzoïques différents, ce sont donc les deux atomes restants dont les liaisons avec a sont identiques à celles de deux des atomes déjà considérés, ils leur seront donc équivalents, c'est-à-dire qu'on aura, par exemple, e=c f=b ; comme a=b=c=d, l'équivalence des six atomes d'hydrogène est donc démontrée. B. 7, 1684 (*Ladenburg*).

Quand, au contraire, dans la molécule benzénique, *deux* atomes d'hydrogène sont remplacés par des groupes ou des éléments divers, on obtient des **dérivés bisubstitués** existant sous **trois modifications différen-**

tes : il existe en effet trois benzènes dichlorés, $C^6H^4Cl^2$, trois diamidobenzènes, $C^6H^4(AzH^2)^2$, trois diméthylbenzènes, $C^6H^4(CH^3)^2$, trois acides oxybenzoïques, $C^6H^4(OH)(CO^2H)$, etc.

Il est, de même, facile de *démontrer qu'il ne peut exister que trois isomères bisubstitués du benzène.*

On démontre facilement, en effet, que, à chaque atome d'hydrogène du benzène, correspondent deux systèmes de deux atomes, b et f, c et d, par exemple, symétriquement placés par rapport à lui de telle façon que : si a est occupé, un second substituant prenant la place de l'un quelconque des atomes b ou f ne donnera naissance qu'à un seul et même composé, ab=af, ac=ae. D'ailleurs, les modes de liaison ab et ac sont différents et représentent deux des trois cas d'isomérie ; le mode de liaison ad qui est le seul restant constitue le troisième cas.

A un atome d'hydrogène donné correspondent deux systèmes différents comprenant chacun deux atomes qui lui sont reliés suivant un mode identique et sont, par conséquent, symétriquement placés par rapport à lui.

Plusieurs démonstrations de ces faits ont été données, surtout par *Ladenburg*, voici le canevas de l'une d'elles.

1. D'après *Hübner* et *Petermann* (A. **149**, 129 ; A. **222**, 67, 166 ; Bull. soc. chim. **1884**, **2**, 509), l'acide *benzoïque* (méta) *bromé* (Br en c, CO^2H en a) obtenu par bromuration de l'acide benzoïque fournit, sous l'action de l'acide nitrique, deux acides *nitrobenzoïques bromés* différents, $C^6H^3Br(AzO^2)(CO^2H)$, dont on supposera, pour fixer les idées, les AzO^2 situés en b. et f. Sous l'influence de l'hydrogène naissant, ces deux acides se transforment en un même acide *amidobenzoïque* (réduction de AzO^2 en AzH^2 et élimination de Br) de formule $C^6H^4.(AzH^2)(CO^2H)$ (ortho). Les acides nitrobenzoïques bromés étant différents, leurs groupes nitro respectifs devaient remplacer des atomes d'hydrogène différents b et f. Comme on obtient, en partant de ces composés, le même acide amidobenzoïque, il s'ensuit que les atomes b et f doivent être *symétriquement* liés à l'atome d'hydrogène a, on a donc ab=af.

2. *L'acide oxybenzoïque* (acide salicylique), préparé au moyen de l'acide amidobenzoïque ci-dessus, fournit *deux* dérivés nitrés différents, $C^6H^3(OH).(AzO^2)(CO^2H)$. On peut, par voie indirecte, remplacer l'hydroxyle de ces acides par un atome d'hydrogène ; les acides nitrobenzoïques, $C^6H^4(CO^2H)(AzO^2)$, ainsi obtenus sont identiques, donc les groupes AzO^2 et les atomes d'hydrogène qu'ils remplacent sont en positions symétriques par rapport à a. Cet acide nitrobenzoïque donne, à la réduction, un acide *amidobenzoïque*, $C^6H^4.(AzH^2)(CO^2H)$, qui n'est pas le précédent (ac ortho, ab=af), mais bien un isomère. Les deux places des groupes AzO^2 ne sont donc pas b et f, mais bien celles de deux autres atomes d'hydrogène c et e, par exemple, qui, eux aussi, sont symétriquement placés par rapport à a, on a donc ac=ae. (*Hübner*, A. **195**, 4).

On a donc bien, finalement, deux systèmes de deux atomes d'hydrogène symétriquement placés par rapport au premier : ab=af, ac=ae. Comme le troisième mode de liaison possible ne peut avoir lieu que suivant ad, ce sixième atome d est en position isolée vis-à-vis du premier a.

Ladenburg. Théorie des composés aromatiques, Braunschweig, 1876, *Wroblewsky*. A. **168**, 153 ; **192**, 196. B. 8, 573 ; **9**, 1055 ; **18**, Ref. 148 [Rec. trav. chim. III, 383, 386].

Les considérations ci-dessus supposent que le passage d'une combinaison à une autre (remplacement d'AzO^2 par AzH^2, de OH par H) s'effectue sans *transposition moléculaire*. On peut l'admettre sans hésitation pour des réactions comme celles-ci, assez faciles à réaliser et se passant à des températures assez basses. On connaît, d'ailleurs, les cas où des transpositions moléculaires peuvent avoir lieu.

Les *transpositions* se produisent surtout à haute température ; ainsi, le sel de potassium de l'acide orthoxybenzoïque (salicylique) se transforme à 220° en sel de potassium de l'acide para. La fusion alcaline des trois acides benzènesulfoniques bromés, $C^6H^4Br.SO^3H$), ou des trois phénols bromés, $C^6H^4Br(OH)$, ne conduit pas aux trois diphénols correspondants, $C^6H^4(OH)^2$, mais donne seulement celui de la série méta (résorcine). L'acide o- phénolsulfonique, $C^6H^4(OH).SO^3H$, se transforme, sous l'action de la chaleur, en dérivé para, etc.

Le mécanisme de ces réactions réside vraisemblablement dans une mise en liberté des radicaux considérés, suivie d'une recombinaison ultérieure.

Dérivés bisubstitués ortho, méta, para.

On peut passer, comme on l'a vu p. 293, d'un dérivé monosubstitué du benzène à un autre monosubstitué ; on peut, de même, en partant d'un dérivé bisubstitué, $C^6H^4(AzO^2)^2$, par exemple, obtenir un dérivé bisubstitué différent, $C^6H^4(AzH^2)^2$. Comme, d'ailleurs, chaque dérivé bisubstitué du benzène existe sous trois modifications isomériques, on pourra, suivant leurs caractères relatifs, ordonner tous les bisubstitués en trois grandes classes, les membres de ces classes étant reliés entre eux par les réactions les plus diverses.

Körner, se basant d'ailleurs, sur des considérations infirmées dans la suite, a assigné aux corps de ces trois grandes classes les noms de composés *ortho*, *méta* et *para* (o. m. p.). L'o diamidobenzène, par exemple, sera celui des trois isomères qui s'obtient dans la réduction de l'o dinitrobenzène. On démontre expérimentalement (V. p. 300) que les places ortho et méta sont celles qui possèdent une place symétrique dans la molécule, tandis que la place para est celle qui n'en possède point. Quant aux composés ortho et méta, des données expérimentales permettent de les différencier ultérieurement (V. p. 300).

Isomérie des tri.., etc., substitués.

Dans les dérivés *trisubstitués* du benzène, $C^6H^3X^3$, comme dans les bidérivés, on rencontre, quand les substituants sont identiques, toujours *trois isomères*, on les désigne alors, pour des raisons théoriques (V. p. 299), sous les noms de dérivés v. s. et a.

Si deux des substituants seulement sont identiques, on compte six cas d'isomérie, s'ils sont tous différents, on en compte dix.

Si tous les substituants sont identiques, on rencontre trois benzènes *tétrasubstitués*, $C^6H^2X^4$, un benzène *pentasubstitué*, C^6HX^5, un benzène *hexasub-*

stitué, C^6X^6, ces nombres correspondent évidemment aux cas possibles d'isomérie des mono et bidérivés d'un benzène entièrement substitué. Si les substituants sont différents, le nombre des isomères augmente considérablement.

Dérivés d'addition.

Le benzène et ses dérivés sont susceptibles de donner, quoique pour la plupart plus difficilement que l'éthylène, par exemple, des *produits d'addition* en fixant, suivant les conditions, *deux*, *quatre* ou *six atomes d'hydrogène, de chlore ou de brome*; ainsi, un traitement prolongé par l'acide iodhydrique transforme le benzène en *hexahydrobenzène*, C^6H^{12}, l'acide phtalique, $C^6H^4(CO^2H)^2$, en acides *di-*, *tétra-*, *hexahydrophtalique*, etc. Les combinaisons hexahydrogénées ainsi formées *ne sont plus* susceptibles de fixer de l'hydrogène, mais, au contraire, *abandonnent* à l'oxydation les atomes fixés ; ainsi, l'*hexachlorure de benzène*, $C^6H^6Cl^6$, ne fixe plus l'hydrogène, ni le chlore, mais peut perdre facilement trois molécules d'acide chlorhydrique ; ces composés se différencient nettement, par ces propriétés, des oléfines ou de leurs dérivés avec lesquels ils sont isomères.

Baeyer attribue à l'anneau benzénique C^6H^6 le nom d'*anneau tertiaire* et à l'anneau hexaméthylénique C^6H^{12} celui d'*anneau secondaire* ou *anneau réduit*.

Les *produits d'addition hydrogénés* du benzène et de ses dérivés se distinguent d'une manière fondamentale des substances mères et se rapprochent, dans leurs propriétés, des combinaisons de la *série grasse*. Tandis que, dans les substances mères, le noyau benzénique possède une grande stabilité et résiste, par exemple, à l'action du permanganate à froid, les dérivés *di* et *tétrahydrogénés* sont *aussitôt oxydés* par ce réactif en solution alcaline et leur aptitude à fixer les halogènes est considérablement *augmentée*, ils se rapprochent donc, par leurs propriétés, des combinaisons oléfiniques de la série grasse Les composés *hexahydrogénés*, au contraire, présentent des propriétés pleinement identiques à celles des corps gras saturés, le permanganate en solution alcaline n'agit pas sur eux et l'action des halogènes conduit, non à des dérivés d'addition, mais bien à des dérivés de substitution.

Les autres dérivés d'addition présentent des propriétés analogues.

Constitution du benzène. Théorie du benzène.

Les idées actuelles sur la constitution du benzène et de ses dérivés s'appuient principalement sur la théorie du benzène de *Kékulé* (1865). Cette théorie fut bientôt généralement acceptée à cause de l'élégante explication qu'elle donnait des faits connus ; de nouveaux travaux, postérieurs à son apparition (*Kékulé*, Lehrbuch der organischen Chemie, II, 493, A. **137**, 129) l'ont d'ailleurs vérifiée et précisée davantage. Ses points principaux sont les suivants :

1. Si, par analogie avec les corps gras, on donne au benzène une chaîne d'atomes de carbone ouverte, l'équivalence de ses six atomes d'hydrogène, pas plus que l'existence de trois dérivés bisubstitués, ne se peut concevoir.

La condition d'équivalence de ces six atomes d'hydrogène est, au contraire, pleinement satisfaite si on admet que le premier et le dernier des six atomes de carbone sont reliés entre eux au même titre que les autres, c'est-à-dire si ces atomes forment une *chaîne fermée* (V. p. 17), un *anneau*, correspondant au schéma :

```
                                    C
                                  /   \
                                 C     C
C—C—C—C—C—C         ou          |     |    (anneau benzénique).
|_________|                      C     C
                                  \   /
                                    C
```

Les atomes de carbone, dans ce mode de formation, ayant tous des positions identiques, les six atomes d'hydrogène pourront être placés d'une façon entièrement symétrique.

2. La seconde condition que doit remplir la formule du benzène proposée, qui est d'expliquer la présence de trois isomères bisubstitués, ne sera remplie que si *un* atome d'hydrogène est lié à *chaque* atome de carbone, c'est-à-dire si cette formule comporte six groupes CH liés entre eux en forme d'anneau.

Si l'on écarte la question de savoir comment peuvent se comporter les atomes de carbone avec leurs quatre affinités respectives, on obtient pour le benzène la *formule schématique* suivante :

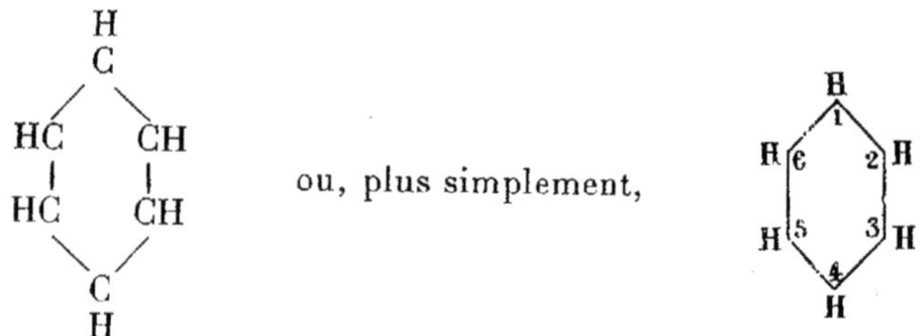

Ce schéma hexagonal est généralement employé à cause de la parfaite symétrie qu'il exprime.

3. On arrive également à cette conception que les atomes de carbone du benzène forment une chaîne fermée en considérant l'*aptitude* de ce carbure et de ses dérivés à fixer, par addition, *deux*, *quatre*, *six atomes d'hydrogène*

ou d'halogène, *mais jamais davantage*; les composés ainsi obtenus, de la forme $C^6H^6X^6$, répondent, par conséquent, à la formule brute des oléfines substituées, mais s'en différencient nettement par l'impossibilité où ils se trouvent de fixer de nouveaux atomes d'hydrogène, ce qui conduit forcément à admettre pour l'*hexahydrobenzène* la formule de constitution suivante :

$$\begin{array}{ccc} & H^2 & \\ & C & \\ H^2C & & CH^2 \\ H^2C & & CH^2 \\ & C & \\ & H^2 & \end{array},$$

d'après laquelle il se présente comme un *hexaméthylène* (cyclohexane, $(CH^2)^6$).

4. Le schéma précédent explique d'une façon très claire la présence, pour chaque atome de carbone (1), *de deux systèmes de deux atomes symétriquement placés par rapport à lui* : 2 et 6, 3 et 5 ; il montre aussi que le mode de liaison 1-4 ne peut se trouver qu'une seule fois dans la molécule. L'existence *de trois bisubstitués* s'explique aussi simplement, on voit immédiatement, en effet, que trois sortes de bidérivés sont seules possibles : 1° les bidérivés dans lesquels les atomes de carbone auxquels sont liés les substituants sont voisins (1-2 = 1-6) ; 2° ceux, dans lesquels ils sont séparés par un troisième atome de carbone (1-3 = 1-5), ceux, enfin, où ils sont diamétralement opposés (1-4) ; on désigne ces trois isomères de la manière suivante :

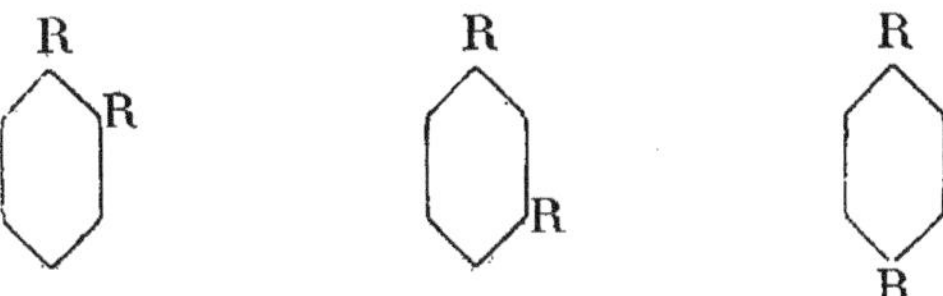

En outre, le schéma benzénique explique clairement l'isomérie des tri, etc., substitués : si les substituants sont identiques, les isomères trisubstitués possibles sont les suivants :

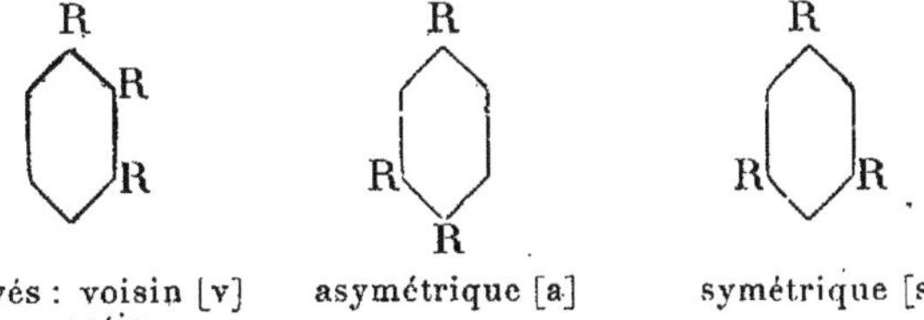

dérivés : voisin [v] ou contigu — asymétrique [a] — symétrique [s]

Caractérisation des disubstitués ortho-, méta- et para. Détermination des positions.

1. Les composés ortho, méta et para forment trois classes dont chacune, prise isolément, se distingue par un ensemble de propriétés génériques (V. p. 296).

2. L'acide amidobenzoïque de la page 295, § 1, de P. F. 145°, obtenu en partant des acides nitrobenzoïques (méta) bromés appartient à la série ortho, celui du § 2, P. F. 174°, préparé en partant des acides nitro (ortho) oxybenzoïques est un méta dérivé. Les modes de liaison *ortho* et *méta* sont donc *ceux qui peuvent se trouver deux fois dans la molécule* par rapport à un atome considéré a, c'est-à-dire sont tels que l'on ait, suivant la désignation de la page 295, ab=af, ac=ac ; le troisième acide amidobenzoïque, P. F. 187°, isomère des précédents, est donc un dérivé para comme d'ailleurs tous les bisubstitués qui, par des réactions nettes, procèdent de lui ou pourront y être ramenés.

Les dérivés para sont ceux pour lesquels les places des substituants ne se peuvent trouver qu'une fois dans la molécule (la place du premier substituant étant évidemment fixée à priori).

3. *Indépendamment de la théorie*, les données expérimentales permettent de différencier encore plus nettement les dérivés o. m. et p. Le dérivé disubstitué étant $C^6H^4R^2$, et les substituants étant identiques, une nouvelle substitution par un groupe R ou R' conduira à un seul trisubstitué pour le *dérivé para*, à deux trisubstitués pour le dérivé *ortho* et, enfin, à trois trisubstitués pour le dérivé *méta*.

Ainsi, parmi les trois benzènes dibromés, $C^6H^4Br^2$, l'un deux (solide, P. F. 89°) ne peut donner naissance qu'à un seul benzène tribromé, $C^6H^3Br^3$; un autre (P. F. — 1°, P. E. 224°) en donne deux ; enfin, le dernier (liquide, P. E. 219°) fournit trois benzènes tribromés différents (*Körner*) ; on observe la répétition des mêmes faits dans la formation des six nitrobenzènes dibromés obtenus en partant de ces mêmes benzènes dibromés ; aussi, le premier de ces composés est-il donc un dérivé para, le second un dérivé ortho, le troisième un dérivé méta. Les mêmes rapports existent entre les trois diamidobenzènes, $C^6H^4(AzH^2)^2$, et les six acides diamidobenzoïques, $C^6H^3(AzH^2)^2.CO^2H$), qui en procèdent (*Griess*, B. 7, 1223), entre les trois xylènes et les six nitroxylènes (*Nölting*, B. **18**, 2687), entre les trois acides phtaliques, $C^6H^4(CO^2H)^2$, et les six acides oxyphtaliques, $C^6H^3.OH.(CO^2H)^2$. Les bidérivés qui, par une nouvelle substitution, fournissent un nombre égal de trisubstitués, appartiennent à une seule et même série et peuvent, par conséquent, être ramenés les uns aux autres par des transformations successives.

4. Le plein accord existant entre les faits et la théorie quant au nombre existant des isomères di, tri, etc., substiutés augmente l'intérêt de déterminer quels sont ceux des trois modes de liaison 1.2 = 1.6, 1,3 = 1.5 et 1.4 qui correspondent aux trois dénominations ortho, méta et para (*détermination des positions*).

Ce problème est très simple à résoudre pour les dérivés *para*. L'atome de carbone 4 du schéma benzénique est placé vis-à-vis de l'atome 1 en position unique, c'est-à dire n'a pas de symétrique par rapport à lui ; ces places correspondent par conséquent aux dérivés para.

5. On déduit en outre du même schéma — et le tableau ci-dessous le montre immédiatement — que les dérivés bisubstitués par des groupes identiques donnent naissance, par une nouvelle substitution, à un unique tridérivé pour le disubstitué 1.4, à deux tridérivés pour le 1.2 et enfin à trois tridérivés pour le 1.3. Les trisubstitués obtenus sont tous différents si le troisième substituant diffère des deux premiers ; plusieurs d'entre eux se confondent si les trois substituants sont identiques :

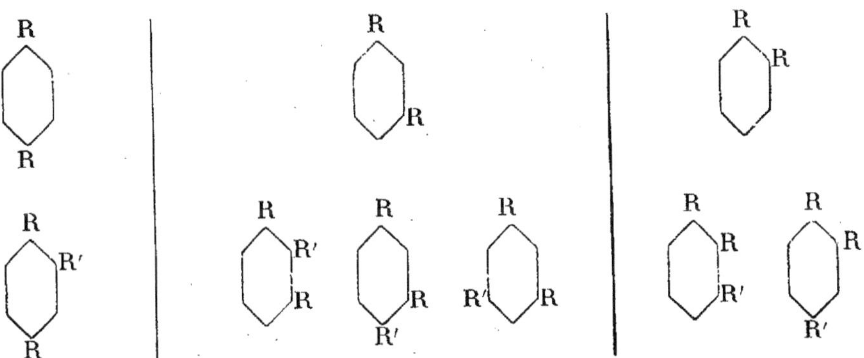

Les paradérivés admettront donc la liaison 1.4, les méta la liaison 1.3, les ortho la liaison 1.2 (*Körner*, voir *Ladenburg*, loc. cit.).

6. D'autres arguments, dont quelques-uns précédèrent la démonstration de *Körner*, ont conduit au même résultat. *Ladenburg*, A, **179**, 163, ayant établi la complète symétrie du mésitylène (1, 3, 5) déjà indiquée par *Baeyer*, il s'ensuit évidemment que le métaxylène qui en dérive doit admettre les positions 1, 3 ; de même, *Graebe*, A. **149**, 22, avait assigné, à cause de son obtention au moyen de la naphtaline, les positions 1,2 à l'acide phtalique ordinaire, etc.

7. *La détermination des positions des trisubstitués* est basée sur la constitution des bidérivés dont ils procèdent ou auxquels on les peut ramener : les *nitrotoluènes* $C^6H^4.(CH^3).(AzO^2)$ 1.2 et 1.4 par exemple, fournissant, par l'entrée d'un second groupe nitro, un même dérivé dinitré $C^6H^3(CH^3)(AzO^2)^2$, les groupes nitro de celui-ci seront placés en positions ortho et para par rapport au groupe méthyle et ses positions seront donc 1.2.4.

Formules benzéniques diverses.

Le schéma du benzène utilisé jusqu'ici tient compte seulement de trois des valences de chaque atome de carbone, il ne préjuge aucunement le mode de saturation de la quatrième affinité ; cette saturation, à cause de la symétrie des six atomes de carbone, ne peut d'ailleurs s'effectuer que suivant un mode symétrique.

Les deux principales hypothèses, parmi celles jusqu'ici présentées, sont les suivantes :

(I) 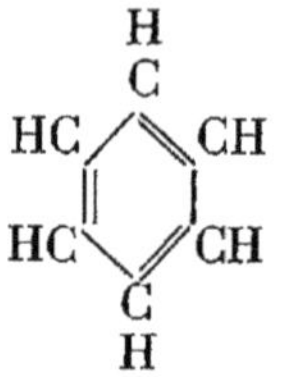 formule benzénique (*Kékulé*, 1865)

(II) 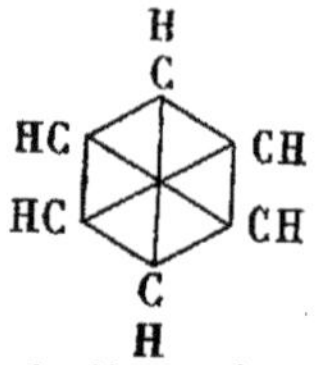 formule diagonale (*Claus*, 1867 ; *Körner*)

La première formule (I) s'accorde bien avec la majorité des faits (modes de formation, réactions d'addition, etc.) ; néanmoins, elle admettrait, alors qu'on n'en connaît qu'un seul, la possibilité de deux dérivés ortho différents : l'un, 1.6, où les atomes de carbone seraient reliés par une liaison simple, l'autre, 1.2, où la liaison serait double (Voir *Kekulé, Théorie des oscillations*. A. **162**, 86).

La présence, dans la molécule, de trois véritables doubles liaisons (liaisons oléfiniques) ne concorde pas non plus avec la grande stabilité du benzène (vis-à-vis du permanganate, par exemple).

La formule II considère la molécule benzénique comme contenant trois liaisons para, elle s'accorde d'ailleurs aussi suffisamment que la précédente avec les propriétés diverses, modes de formation et de destruction, etc., des dérivés benzéniques.

On s'est plusieurs fois adressé à l'étude des constantes *physiques* du benzène pour faire un choix entre ces deux formules, ces expériences n'ont rien décidé : l'étude des constantes thermiques (*J. Thompson*) concluant à des liaisons purement simples alors que celle des constantes optiques (*Brühl*) conduit à l'existence de trois doubles liaisons.

L'étude expérimentale des propriétés chimiques du benzène, surtout de celles de ses dérivés d'addition *hydrogénés*, a montré que, dès qu'un anneau *réduit* prend naissance, par l'entrée dans la molécule de deux atomes monovalents, l'équilibre général du composé est détruit, ses propriétés changent brusquement, il prend pleinement le caractère oléfinique et on doit y admettre la présence de *vraies liaisons éthyléniques* (*Ad. Baeyer*, A. **245**; **251**; **256** ; **258** ; **269**; 176 ; **278**, 88; *Bamberger*, A. **257**, 1) (Bull. soc. chim. **1889**, **2**, 505, 509 ; **1891**, **1**, 789 ; **1893**, **2**, 356 ; **1894**, **2**, 612 ; **1890**, **2**, 487) ; on obtient, par exemple :

(I) 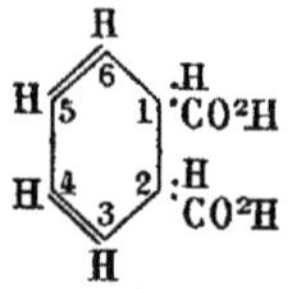 acide dihydrophtalique — (1, 2, 3, 4, 5, 6)

(II) 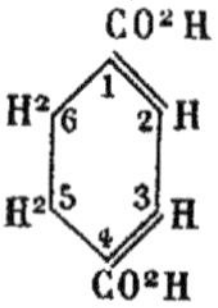 acide dihydrotéréphtalique — (1, 2, 3, 4, 5, 6)

(III) 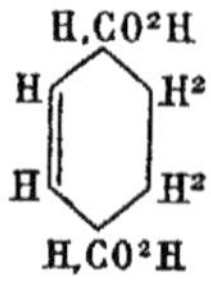 acide tétrahydrotéréphtalique.

La place de ces doubles liaisons a pu être déterminée ; pour l'indiquer, on fait précéder le nom du composé d'un Δ suivi du numéro de l'atome de carbone où la double liaison commence en prenant pour base le sens du numérotage du noyau. Les corps ci-dessus prennent les noms suivants :

I = acide Δ 3,5, dihydrophtalique. II = acide Δ 1,3, dihydrotréphtalique. III, acide Δ 5, tétrahydrotéréphtalique.

Les liaisons *para* sont inconnues dans les produits hydrogénés du benzène (au moins pour les plus simples), cela résulte de ce que le brome ne s'ajoute jamais en positions para, mais bien, au contraire, en positions ortho. Les constantes optiques et thermiques concordent aussi avec ces résultats. *Stohmann*, J. pr. ch. [2] **43**, 1538 ; **48**, 447, *Brühl*, B. **27**, 1065; Bull. soc. chim. **1894**, **2**, 1112.

Sur les liaisons para dans la série des terpènes, v. B. **27**, 1916 ; Bull. soc. chim. **1894**, **2**, 1234.

Cependant, ces faits, à eux seuls, ne sont pas décisifs pour établir la constitution des dérivés benzéniques *non hydrogènés*. Après le départ final de l'hydrogène d'addition, le caractère oléfinique (incomplet) des deux doubles liaisons ne paraît s'être maintenu que dans certains cas ; dans d'autres cas, au contraire, il a pleinement disparu. Il suit de là que la *constitution du noyau benzénique ne paraît pas être la même dans tous les composés*, mais paraît, au contraire, dépendre de la nature et de la place des substituants qui possèdent sur la stabilité du noyau une influence essentielle. Dans les composés les *moins stables*, comme la phloroglucine, par exemple, on peut concevoir l'existence de trois doubles liaisons à peine plus fixes que celles de la série grasse ; pour elle, la formule de *Kekulé* serait donc un symbole vérifié. Dans les composés les plus stables, comme le benzène libre et ses acides carboxylés, on ne conçoit pas l'existence de liaisons oléfiniques, la quatrième affinité du carbone semble disparue pour notre observation. Cet état du noyau benzénique s'exprimerait mieux par la formule de *Claus*, avec cette hypothèse restrictive que, après l'enlèvement d'une des liaisons para, les deux autres, au lieu de rester telles quelles, se transformeraient en liaisons oléfiniques. B. **23**, 1285. *Baeyer*. La même chose a peut-être lieu pour la pyridine, le thiophène, etc. Sur la question précédente, voir aussi : A. **274**, 331, **279**, 1 ; Bull. soc. chim. **1893**, **2**, 1009.

On considère aussi fréquemment, à la place de la formule diagonale. la *formule centrique* (*Armstrong, Baeyer*), dans laquelle les quatrièmes valences ne se saturent pas par des liaisons para, mais se présentent seulement comme des forces se dirigeant vers l'intérieur de la molécule, sans que le mode de leur saturation réciproque soit indiqué.

Autres formules benzéniques : formule de *Dewar* : liaison simple entre 1 et 4, double entre 2 et 3, 5 et 6 ; celle de *Ladenburg*, une liaison simple entre 1 et 4, 2 et 6, 3 et 5 (*formule prismatique*). *Ladenburg*, loc. cit. ; A. **172**, 321 ; B. **23**, 1007 ; Bull. soc. chim. **1891**, **1**, 584. *Baeyer*, B. **19**, 1797 ; Bull. soc. chim. **1886**, **2**, 709.

On a donné récemment, à certains composés touchant aux dérivés benzéniques, une constitution qui paraît vraisemblable et qui consiste dans la liaison de deux atomes de carbone en para par un groupe méthylène. V. acide méthylènedihydrobenzoïque, tropilidène, terpènes.

Ordre des substitutions. Influence des substituants l'un sur l'autre.

Un élément polyvalent ne remplace jamais simultanément plusieurs atomes d'hydrogène d'un même noyau benzénique ; des composés tels que $C^6H^4{=}O$ et $C^6H^3{\equiv}Az$ sont inconnus.

Dans la formation d'un dérivé *bi*, *tri*, *etc.*, *substitué*, plusieurs isomères prennent généralement naissance et l'un d'eux se produit habituellement en quantité prépondérante. La place du nouveau substituant dépendra de la nature de celui ou de ceux qui préexistent ; ainsi, le nitrobenzène, soumis à la chloruration, donnera essentiellement du nitrobenzène *méta* chloré, tandis que la nitration du benzène chloré conduira surtout à du dérivé *para*. En général, l'entrée des radicaux suivants : chlore, brome, iode, AzO^2,SO^3H, dans le benzène chloré, bromé, iodé, le phénol, l'aniline ou le toluène conduira toujours à la formation prépondérante du dérivé *para*, souvent accompagnée de celle du dérivé *ortho*, rarement de celle du dérivé méta. Au contraire, dans un noyau substitué par AzO^2,SO^3H ou CO^2H ; le chlore, le brome, l'iode, AzO^2 et SO^3H se placeront en *méta* d'une façon prépondérante ou presque exclusive. Pour une règle sur ces faits, v. B. **25**, R. 672.

L'entrée des radicaux négatifs (groupes nitro, halogènes) dans la molécule augmente l'acidité du phénol, c'est à-dire que la nature négative du groupe phényle, diminue ou compense la basicité des composés amidés ; les liaisons solides des groupes halogène ou amido au noyau benzénique deviennent plus mobiles, de telle façon que le remplacement de ces groupes par l'hydroxyle peut s'effectuer plus facilement (V. trinitrobenzène chloré, trinitrophénol, trinitraniline).

L'influence relative d'un nouveau substituant sur les propriétés du composé dépend de la place qu'il occupe dans la molécule ; ainsi, les nitrobenzènes ortho ou para chlorés (ou bromés), $C^6H^4Cl(AzO^2)$, chauffés, avec de la lessive de potasse à 120°, fournissent les nitrophénols, $C^6H^4OH(AzO^2)$, correspondants, avec de l'ammoniaque à 100°, les nitranilines, $C^6H^4(AzH^2)(AzO^2)$, correspondantes, tandis que le nitrobenzène métachloré (ou bromé) ne réagit pas. Des trois dinitrobenzènes, l'ortho, chauffé avec de la soude, échange un AzO^2 contre un hydroxyle ; les deux autres ne présentent pas cette propriété.

4. Dans les acides benzènecarboxylés o-o-disubstitués dont les deux places voisines du groupe carboxyle sont occupées par CH^3, OH, F, Cl, AzO^2, Br ou I, l'estérification par l'acide chlorhydrique en solution alcoolique et, inversement, la saponification de l'ester formé, sont d'autant plus difficiles à effectuer que les poids atomiques ou moléculaires des substituants sont plus élevés. L'obstacle paraît dû à une cause stéréochimique : l'étendue occupée dans l'espace par les substituants. *Règle des esters.* V. *Meyer.* B. **27**, 1586 ; **29**, 842 ; Bull. soc. chim. **1894**, **2**, 1138.

Autres modes d'isomérie des carbures benzéniques.

1. L'isomérie des dérivés bi-, tri- etc. substitués a été traitée p. 296 et suiv. ; elle porte le nom d'*isomérie de position* ou isomérie dans le noyau.

2. Il y a *isomérie mixte* entre deux composés quand un même substituant entre dans le noyau benzénique pour l'un d'eux et dans une chaîne latérale pour l'autre :

$C^6H^4Cl-CH^3$ (toluène monochloré) et $C^6H^5-CH^2Cl$ (chlorure de benzyle) ; $C^6H^4(CH^3)^2$ (xylène) et $C^6H^5(CH^3CH^2)$ (éthylbenzène).

3. Quand ce sont les chaînes latérales qui sont isomères, il y a *isomérie des chaînes*, par exemple :

$C^6H^5-CH^2-CH^2-CH^3$ et $C^6H^5CH(CH^3)^2$.
normal- iso-propylbenzène

4. Il y a *métamérie* au sens le plus étroit du mot quand, dans les chaînes latérales proprement dites, et aussi dans celles qui sont formées par l'oxygène, le soufre et l'azote, les atomes sont inégalement répartis, par exemple :

$C^6H^4<^{OH}_{CO^2.C^2H^5}$ (ester éthylsalicylique) et $C^6H^4<^{O.C^2H^5}_{CO^2H}$ (acide éthylsalicylique).

5. Pour l'isomérie stéréochimique des dérivés benzéniques, des acides hydrophtaliques, par exemple, v. ce mot et *Baeyer*. A. **251**, 258 ; Bull. soc. chim. **1899**, **2**, 509.

Origine des dérivés benzéniques.

Divers dérivés du benzène comme l'essence d'amandes amères, les acides benzoïque et salicylique, existent tout formés dans la nature, d'autres dérivés prennent naissance dans la **distillation sèche** des substances organiques, spécialement dans celle de la **houille**.

La *distillation sèche* de la *houille* fournit : 1) des gaz (gaz d'éclairage) ; 2) des eaux résiduelles (sels ammoniacaux, etc.) ; 3) du goudron ; 4) du coke.

Le **goudron** contient :

a. *des carbures gras* (en quantité minime).

b. *des carbures aromatiques*, spécialement les suivants :

benzène	C^6H^6	durène et isom.	$C^{10}H^{14}$	fluorène	$C^{13}H^{10}$
toluène	C^7H^8	cinnamène	C^8H^8	anthracène	$C^{14}H^{10}$
o-, m-, p-xylène	C^8H^{10}	naphtaline	$C^{10}H^8$	phénanthrène	$C^{14}H^{10}$
mésitylène	C^9H^{12}	diphényle	$C^{12}H^{10}$	pyrène	$C^{16}H^{10}$
pseudocumène	C^9H^{12}	acénaphtène	$C^{12}H^{10}$	chrysène	$C^{18}H^{12}$

c. d'autres corps de *fonction neutre* tels que l'alcool, l'acétone, le benzonitrile, la coumarone, C^8H^6O, le carbazol, $C^{12}H^9Az$.

d. *des phénols* : le phénol ou acide carbolique, C^6H^6O, les o-, m-, p-crésols, C^7H^8O.

e. *des bases* :

pyrrol	C^4H^5Az	aniline	C^6H^7Az	acridine	$C^{13}H^9Az$
pyridine (et homol.)	C^5H^5Az	quinoléine (et homol.)	C^9H^7Az		

Voir *Schultz*. Chemie des Steinkohlentheers (Braunschweig, 1886).

La plupart des huiles minérales, surtout celles du Caucase, contiennent, à côté d'autres carbures, les composés hexahydrogénés des carbures aromatiques suivants : C^6H^6, C^7H^8, C^8H^{10} (m- et p-), C^9H^{12} (s- et a-). J. pr. C. (2) **45**, 561 ; V. p. 45.

Le pétrole américain contient 0,2 o/o de C^9H^{12}.

Modes de formation des dérivés benzéniques.

Les dérivés benzéniques procèdent des corps de la série grasse par un nombre de réactions relativement restreint.

1. Un grand nombre de dérivés méthaniques, l'alcool par exemple, se transforment en dérivés benzéniques lorsqu'on fait passer leur vapeur à tra-

vers *un tube chauffé au rouge*. *L'acétylène*, C^2H^2, chauffé au rouge naissant, se polymérise en donnant du *benzène*, C^6H^6 (*Berthelot*) :

```
      CH                   CH
     ///                 //   \
  HC     CH            HC       CH
         |||     =      |       ||.
  CH     CH            HC       CH
    \\\                  \\   /
      CH                   CH
```

L'*allylène*, C^3H^4 distillé en présence d'acide sulfurique étendu, se change en mésitylène, C^9H^{12} = 1,3,5-triméthylbenzène, $C^6H^3.(CH^3)^3$; son homologue, le *crotonylène*, C^4H^6, donne l'hexaméthylbenzène, $C^{12}H^{18} = C^6(CH^3)^6$. L'acétylène bromé et l'acétylène iodé se polymérisent, sous l'influence de la lumière, en donnant du benzène tribromé (ou triodé) ; l'acide propargylique fournit l'acide trimésique, etc.

2. Les *cétones*, distillées en présence d'acide sulfurique étendu, se condensent en donnant des carbures benzéniques : l'acétone donne du *mésitylène* (*Kane*, 1838), l'éthylméthylcétone, du triéthylbenzène, etc :

```
             CH³                              CH³
             |                                 |
             C(O)                              C
               \                            //   \
    (H²)CH      CH(H²)          →         HC       CH
      |                                    |       ||
 CH³—C(O)      C(O)—CH³              CH³—C         C—CH³
               /                             \\   /
         (H²)CH                                C
                                               H
  3 molécules d'acétone.                  mésitylène.
```

Dans cette synthèse, la formation d'un noyau benzénique est due à l'élimination de trois molécules d'eau entre les trois groupes d'atomes —CO—CH²— qui sont en présence (pour la marche de la réaction, v. B. **29**, 958).

3. Quelques 1.2-*dicétones, acides aldéhydes* ou *cétones aldéhydes* sont, d'une manière analogue, transformés, par les agents de condensation, en dérivés benzéniques ; ainsi, le diacétyle, CH³—CO—CO—CH³ (2 molécules), sous l'influence des alcalis, se change en xyloquinone (V. *von Pechmann*, B. **21**, 1411) ; de même, l'acide β-oxyacrylique estérifié se condense en ester trimésique, *Claisen*, B. **20**, 2930. Les *dicétones* 1.5, comme l'acide méthylènediacétylacétique estérifié, traitées par l'acide chlorhydrique ou un alcali, donnent une cétone benzénique tétrahydrogénée que la déshydrogénation ramène facilement à des dérivés du benzène (*Knövenagel*, A. **281**, 36 ; **288**, 321. B. **26**, 876 ; Bull. soc. chim. **1893**, 2, 865)

4. L'action de l'iodure de méthylène sur le composé sodé de l'acide pentanetétracarbonique estérifié fournit deux isomères stéréochimiques de l'acide *hexahydroisophtalique* ; *Perkin jun*, B. **25**, R. 159 :

```
      CH²   (CO²H)²                                          CH²
    /    \  //                                              /   \
H²C        C                                           H²C       CH.CO²H
 |          \                                            |        |
 |           Na                                          |        |
H²C        Na      + CH²I² = 2NaI + 2CO² + H²C       CH²
    \     /                                               \     /
     C=(CO²H)²                                             CH.CO²H
```

dérivé sodé de l'acide pentanetétracarbonique. acide hexahydroisophtalique.

5. L'action du sodium sur l'*ester diéthylsuccinique* (*Herrmann*, A. **211**, 306. B. **16**, 1411) ou sur l'ester acétylacétique bromé (*Duisberg*) conduit à la formation de l'ester *éthylsuccinylsuccinique* (V. ce mot), dont la constitution répond à celle d'un acide dicétohexaméthylènedicarbonique estérifié et qu'on peut transformer facilement en acide dioxytéréphtalique, puis en *hydroquinone* (V. ce mot) ($R = C^2H^5$) :

```
              RO | CO                                      CO
                 |    \                                  /    \
(CO²R)—HC  | H   |     CH²                  (CO²R)—HC          CH²
        |   ..........   |                        →    |            |
       HC²     |     H | CH—(CO²R)                     H²C          CH—(CO²R)
          \    |                                         \        /
           CO  | OR                                        CO
```

2 molécules ester diéthylsuccinique. ester succinylsuccinique.

6. *Le composé sodé de l'acide malonique estérifié*, $CHNa(CO^2R)^2$, fournit, sous l'action de la chaleur, l'ester correspondant de l'acide phloroglucinetricarbonique qui, par saponification et perte de ses carboxyles, donne la phloroglucine (V. ce mot).

7. L'*iodure d'hexyle*, chauffé avec le trichlorure d'iode, se change en C^6Cl^6 ; chauffé avec le brome à 260°, en C^6Br^6 ; ce dernier composé se produit aussi quand on chauffe à 300° le méthane tétrabromé.

8. Le *cétohexaméthylène* (V. ce mot) prend naissance en partant de l'acide *pimélique*, $CO^2H(CH^2)^5.CO^2H$, et de ses dérivés alcoylés, au même titre que l'on obtient le cétopentaméthylène au moyen de l'acide adipique (V. p. 281). A. **275**, 361 ; **278**, 100. B. **28**, 781 ; **29**, 729; Bull. soc. chim. **1894**, **2**, 151, 612 ; **1895**. **2**, 1066.

9. L'ester *éthyl-γ-acétobutyrique*, traité par l'éthylate de sodium donne la *dihydrorésorcine* (V. ce mot). B. **28**, 2348 :

$$CH^2\left\langle\begin{array}{l}CH^2-CO.OC^2H^5\\CH^2-CO.CH^3\end{array}\right. = CH^2\left\langle\begin{array}{l}CH^2-CO\\CH^2-CO\end{array}\right\rangle CH^2 + C^2H^5OH.$$

10. L'oxydation du *graphite* ou du *charbon de bois* par le permanganate conduit à l'acide *mellique*, $C^6(CO^2H)^6$.

11. Le composé formé dans l'action de l'oxyde de carbone sur le potassium n'est autre que le dérivé potassé de l'*hexaoxybenzène*.

Retour des dérivés benzéniques aux corps gras.

1. La vapeur de benzène, traversant un tube chauffé au rouge, se décompose partiellement en acétylène (réaction inverse de celle du § 1 précédent).

2. L'oxydation du benzène par l'acide chlorique conduit à l'acide *trichlorophénomalique* (β. trichloracétylacrylique, $CCl^3.CO.CH{=}CH.CO^2H$) (A. **223**, 170. *Kékulé* et *Strecker* ; Bull. soc. chim. **1885, 2**, 43).

L'action du chlore sur le phénol en solution alcaline produit une rupture de l'anneau hexagonal et conduit à la formation d'acides divers tels que $C^6H^5Cl^3O^4$,$C^6H^5ClO^4$, etc. *Hantzsch*, B. **20**, 2780 ; Bull. soc. chim. **1888**, **1**, 495. De même, l'action du chlore sur la pyrocatéchine, la résorcine et la phloroglucine fournit finalement des corps gras. B. **27**, 3364 ; Bull. soc. chim. **1895**, **2**, 937.

Le brome transforme l'acide bromanilique en acétone perbromée.

3. L'action de l'acide nitreux sur la *pyrocatéchine* fournit l'acide *dioxytartrique* (V. p. 231) ; le phénol, traité par le permanganate, donne lieu à la formation d'acide tartrique inactif et d'acide oxalique (*Döbner*, B. **24**, 1753 ; Bull. soc. chim. **1892**, **2**, 566).

4. Les oxydants capables de détruire le noyau benzénique le transforment en acides carbonique, formique et acétique.

5. Une réduction énergique (par le sodium et l'alcool amylique) des acides salicylique ou anthranilique fournit de l'acide *pimélique*. La dihydrorésorcine, chauffée sous pression avec de l'eau de baryte, fournit l'acide γ. *acétobutyrique* (V. plus haut).

6. Le benzène, chauffé longtemps avec l'acide iodhydrique à 280° (moyen de réduction le plus énergique connu), donne de l'hexahydrobenzène (p. 297) puis de l'hexane, par rupture de l'anneau (*Berthelot*, v. a. A. **278**, 88 ; Bull. soc. chim. **1894, 2**, 612).

XVII. Carbures benzéniques

A. Carbures saturés.

Tableau d'ensemble.

Les points d'ébullition sont compris dans la parenthèse (......), les points de fusion dans la parenthèse [...]

C^6H^6	C^6H^6 *benzène* (80°)			
C^7H^8	$C^6H^5.CH^3$ *toluène* (110°)			
C^8H^{10}	$C^6H^4(CH^3)^2$. *xylènes* (3) o- : (142°), m- : (137°), p- : (137°)	$C^6H^5.CH^2.CH^3$. *éthylbenzène* (134°)		
C^9H^{12}	$C^6H^3(CH^3)^3$ triméthylbenzènes (3) s = *mésitylène* (163°) a = *pseudocumène* (169°) c = hémellithène (175°)	$C^6H^4(CH^3)(C^2H^5)$ éthylméthyl- benzènes (3) *éthyltoluènes* (par exemple, 162°)	$C^6H^5(C^3H^7)$ propylbenzènes 1. propyl-n benzène (157°) 2. isopropylbenzène = *cumène* (153°)	
$C^{10}H^{14}$	$C^6H^2(CH^3)^4$ tétraméthyl- benzènes (3) s = *durène* [79°] (190°) a = isodurène (195°) v = prehnétène [-4°] (204°)	$C^6H^3(CH^3)^2.C^2H^5$ éthyldiméthyl- benzènes 6 isomères possibles	$C^6H^4C^2(H^5)^2$ diéthyl- benzènes (3) (181 — 184°) $C^6H^4(CH^3)(C^3H^7)$ *cymène* (176°) ; 6 isomères possibles	$C^6H^5(C^4H^9)$ butylbenzènes (4 possibles) (167° — 180°)
$C^{11}H^{16}$	$C^6H^3.(CH^3)^5$ pentaméthylbenzène [51°] (231°) $C^6H^5.C^5H^{11}$ amylbenzène, etc.			
$C^{12}H^{18}$	$C^6(CH^3)^6$ *hexaméthylbenzène* [164°] (264°) $C^6H^3(C^2H^5)^3$ triéthylbenzène, etc.			
$C^{14}H^{22}$	$C^6H^5(C^8H^{17})$ octylbenzène ; $C^6H^2(C^2H^5)^4$ tétraéthylbenzène.			
$C^{18}H^{30}$	$C^6(C^2H^5)^6$ hexaéthylbenzène [126°] (305°)			

Les carbures benzéniques sont des liquides incolores (à l'exception du durène, du penta et de l'hexaméthylbenzène qui sont cristallisés), ils sont insolubles dans l'eau, facilement solubles dans l'alcool et l'éther et distillent sans décomposition. Ils possèdent une odeur particulière, souvent agréable et éthérée, ils brûlent avec une flamme fuligineuse. Le goudron de houille contient, en dehors du benzène, son dérivé monométhylé : le toluène, les trois xylènes, l'éthylbenzène, les trois triméthylbenzènes et deux tétraméthylbenzènes.

Modes de formation. 1. Traitement par le *sodium* du mélange d'un *carbure bromé* et d'un *iodure* ou d'un *bromure d'un radical alcoolique*, en solution éthérée (Réaction de *Fittig*, A. **131**, 303. Voir réaction de *Wurtz*, p. 39) :

$$C^6H^5Br + CH^3I + 2Na = C^6H^5CH^3 + NaI + NaBr ;$$
$$C^6H^4(Br)CH^3 + C^3H^7I + 2Na = C^6H^4(C^3H^7)(CH^3) + NaI + NaBr, \text{ etc.}$$

2. Action du *chlorure de méthyle* sur le *benzène* et ses homologues en présence de *chlorure d'aluminium (Gustavson*, réaction de *Friedel* et *Crafts*) :

$$C^6H^6 + CH^3Cl = C^6H^5CH^3 + HCl ;$$
$$C^6H^6 + 2CH^3Cl = C^6H^4(CH^3)^2 + 2HCl, \text{ etc.}$$

Cette réaction, comme la précédente, est susceptible d'un emploi très général, elle permet, en effet, de remplacer successivement, dans le benzène, tous les atomes d'hydrogène par des groupes méthyle. Le groupe cétyle $C^{16}H^{33}$, lui-même, peut encore être introduit. On observe, dans ces réactions, la formation intermédiaire de composés tels que : $Al^2Cl^5(C^6H^5)$, etc.

Des copeaux d'aluminium en présence de chlorure mercurique, le chlorure de zinc et le chlorure ferrique réagissent d'une manière analogue à l'action du chlorure d'aluminium. Le chlorure de méthyle peut être remplacé par le chlorure d'un autre radical alcoolique, par le chloroforme (V. triphénylméthane), par des chlorures d'acides (V. cétones). B. **14,** 2624 ; B. **16,** 1744 ; Bull. soc. chim. **1884, 1,** 75 ; Ann. chim. et phys. [6] **1,** 419.

En dehors de son action synthétique, le chlorure d'aluminium exerce sur les homologues du benzène une action *destructive* : le toluène, par exemple, est partiellement transformé en un mélange de benzène et de xylène, B. **17,** 2816 ; Bull. soc. chim. **1885, 1,** 196. B. **18,** 338, 657 ; Bull. soc. chim. **1886, 1,** 570, 572 B. **27,** 3235 ; Bull. soc. chim. **1895, 2,** 214. L'acide sulfurique concentré exerce souvent une pareille action.

On emploie aussi, à côté de la réaction de *Friedel et Crafts*, la réaction de *Zincke* (action de la poudre de zinc). Voir diphénylméthane.

Au lieu d'employer les esters halogénés des alcools, on peut souvent employer les alcools eux-mêmes, en présence de chlorure de zinc ou d'acide sulfurique :

$$C^6H^6 + C^4H^9OH = C^6H^5.C^4H^9 + H^2O.$$

2ª. L'acide sulfurique unit directement l'**hexylène-n** au benzène en donnant l'hexyl-benzène.

Les carbures aromatiques se forment en outre :

3. Par distillation de leurs acides *carboxylés* avec la chaux sodée :

$$C^6H^5.CO^2H = C^6H^6 + CO^2,$$
$$C^6H^4(CH^3)CO^2H = C^6H^5.CH^3 + CO^2.$$

4. Au moyen de leurs *acides sulfonés*, par scission du groupe sulfo :

$$C^6H^3(CH^3)^2.SO^3H + H^2O = C^6H^4(CH^3)^2 + H^2SO^4.$$

On peut opérer cette scission : par la distillation sèche ; en chauffant les acides sulfonés avec l'acide chlorhydrique concentré à 180° ou avec l'acide phosphorique concentré, B. 22. R. 577 ; en distillant leurs sels ammoniacaux (*Caro*) ou, enfin, en traitant ces acides sulfonés par la vapeur d'eau surchauffée, en présence, par exemple, d'acide sulfurique de concentration moyenne (*Amstrong, Kelbe*).

5. En partant des composés amidés, par transformation de ces dérivés en diazoïques que l'on décompose, à chaud, par l'alcool absolu ou par l'oxyde stanneux en solution alcaline. B. **22.** 587 ; Bull. soc. chim. **1889, 2,** 531.

6. Dans la distillation des *phénols* (ou des cétones) avec la poudre de zinc.

7. *Par synthèse* (Voir ci-dessus). Les méthodes décrites pour les paraffines p. 39 peuvent aussi trouver ici un emploi occasionnel (V. propylbenzène).

Isoméries et constitution. On voit, à l'inspection du tableau de la p. 309, que les carbures benzéniques, à partir de C^8H^{10}, existent sous un grand nombre de modifications *isomériques*. L'éthylbenzène est isomère des trois xylènes, les trois éthylméthylbenzènes et les deux propylbenzènes sont isomères avec les trois triméthylbenzènes. Le durène et le cymène sont aussi en rapports d'isomérie, etc.

La *constitution* de ces carbures se déduit très simplement de leur mode de formation : un carbure de formule $C^{10}H^{14}$, obtenu par l'action du chlorure de méthyle sur le benzène d'après *Friedel* et *Crafts*, ne peut être qu'un benzène tétraméthylé ; s'il est obtenu par l'action du sodium sur le benzène monobromé et le bromure de butyle, ce sera un butylbenzène, sur le para toluène bromé et l'iodure de propyle-n, il répondra à la formule d'un p-propyltoluène (p- méthyle-n-propylbenzène) etc. La constitution découle donc nettement de la synthèse.

L'*oxydation* d'un carbure à chaînes latérales contenant du carbone le transforme, selon le nombre de ces chaînes, en acide mono, bi, tri, etc., benzènecarboxylique [acide benzoïque, $C^6H^5.CO^2H$; o-,m-,p- phtalique, $C^6H^4(CO^2H)^2$; etc.]. Cette réaction peut être employée pour préciser la constitution d'un composé donné.

Un carbure C^9H^{12}, par exemple, qui donnera, à l'oxydation, un acide benzène tricarboxylique, $C^6H^3(CO^2H)^3$, possédera trois chaînes latérales et répondra, par conséquent, à la constitution d'un triméthylbenzène ; s'il fournit, au contraire, un acide phtalique, ce sera un éthylméthylbenzène. Le cymène étant transformé, par oxydation, en acide p.

(téré) phtalique, $C^6H^4(CO^2H)^2$, ses deux chaînes latérales doivent être situées l'une par rapport à l'autre en positions para, etc.

Les isomères d'un même carbure possèdent des propriétés physiques très voisines, leurs points d'ébullition sont généralement très rapprochés, ceux des dérivés ortho surpassent souvent de 5° environ, ceux des dérivés méta de 1° les points d'ébullition des isomères para. B. **19**, 2513 ; Bull. soc. chim. **1887**, **1**, 126.

Le point d'ébullition s'élève avec le nombre des groupes méthyles (voir p. 28).

Propriétés. 1. Les carbures benzéniques, en règle générale, sont susceptibles d'être *nitrés* et *sulfonés* ; on obtiendra, suivant les conditions, des dérivés, mono, bi et même trisubstitués. Les atomes d'hydrogène du noyau benzénique seuls sont susceptibles d'entrer en réaction, les chaînes latérales pouvant être en effet considérées — et se conduisant d'ailleurs — comme des restes de paraffines. On ne pourra donc, par conséquent, ni nitrer, ni sulfoner l'hexaméthylbenzène.

2. *Oxydation*. Le benzène s'oxyde difficilement, le permanganate l'attaque lentement en donnant des acides formique et oxalique.

Il se produit, en même temps, de faibles quantités d'acide phtalique et d'acide benzoïque, celui-ci évidemment dû à une formation préalable de diphényle (V. ce mot).

Les *homologues du benzène*, au contraire, s'oxydent *facilement* en donnant des *acides carboxylés*, le noyau benzénique reste inattaqué et chaque chaîne latérale, quel que soit son nombre d'atomes de carbone, est transformée en groupe carboxyle.

L'acide nitrique oxyde successivement les chaînes latérales ; souvent aussi, il n'oxyde que partiellement l'une d'elles. Le mélange chromique (bichromate de potassium et acide sulfurique) est plus énergique : il transforme la totalité des chaînes en groupes carboxyles, son action prolongée détruit — brûle — dans beaucoup de cas les composés ortho ; le permanganate conviendra donc mieux pour la préparation des acides carboxylés de cette série.

Comme ces deux réactions l'ont déjà montré, le benzène et ses homologues présentent des différences essentielles, les atomes d'hydrogène des chaînes latérales ont une fonction différente de celle des hydrogènes du noyau, ils possèdent les propriétés des atomes d'hydrogène des paraffines, ce qui s'explique d'ailleurs en considérant le toluène et les homologues plus élevés comme *dérivés du méthane*, etc., par substitution, à un atome d'H, du groupe phényle C^6H^5 :

$CH^3(C^6H^5)$, toluène = phénylméthane $C^3H^7(C^6H^5)$, cumène = phénylpropane.

3. La *réduction* des dérivés benzéniques conduit d'abord aux carbures hydrogénés. Par l'action des agents de réduction les plus violents, on obtient une destruction complète de l'anneau. V. p. 308, 6.

4. *Action des halogènes*. Le chlore et le brome agissent diversement suivant les conditions.

A la lumière solaire directe, le benzène fournit des dérivés d'addition $C^6H^6Cl^6$, $C^6H^6Br^6$; à la lumière diffuse, surtout par addition d'un peu d'iode, de trichlorure d'antimoine ou de pentachlorure de molybdène, ce sont des produits de substitution qui prennent naissance : C^6H^5Cl., etc., V. p. 318. Substitution par l'iode, p. 59.

5. L'acide chlorochromique, CrO^2Cl^2, transforme les carbures benzéniques méthylés en aldéhydes aromatiques. *Etard*, Ann. ch. phys. [5] **22**, 252.

6. Le benzène et ses dérivés jouissent de la propriété remarquable de se *condenser* avec une grande facilité soit avec les corps oxygénés en présence de chlorure de zinc, d'anhydride phosphorique ou d'acide sulfurique, soit avec les composés halogénés en présence de chlorure d'aluminium. V. p. 310.

Le benzène, traité par l'aldéhyde et l'acide sulfurique, fournit du diphényléthane; chauffé avec l'acide benzoïque et l'anhydride phosphorique, il donne de la benzophénone, etc.

6a. Les dérivés méthylés du benzène se condensent, d'une manière identique, avec les carbures incomplets en présence d'acide sulfurique : le xylène et le cinnamène, par exemple, donnent du xylylphényléthane. *Krämer, Spilker*. B. **23**, 3270; Bull. soc. chim. **1891**, **1**, 496.

Les dérivés méthylés du benzène s'unissent à l'alcool allylique en présence d'acide sulfurique concentré pour donner des corps exempts d'oxygène et de consistance extrêmement visqueuse. Les graisses minérales doivent se former par un mécanisme analogue.

7. Le chlorure d'aluminium permet d'introduire dans le benzène : l'oxygène (formation de phénol), le soufre (de sulfure de phényle), l'éthylène (d'éthylbenzène), l'acide carbonique (d'acide benzoïque), etc.

Le chlorure de carbamide, $CO(AzH^2)Cl$, donne, avec les carbures aromatiques, des amides qu'on peut aussi obtenir avec les acides correspondants, ces amides sont des corps solides, bien cristallisés qui conviennent parfaitement pour la caractérisation de ces carbures. B. **23**, 1190 ; Bull. soc. chim. **1890**, **2**, 745.

Carbure C^6H^6.

Benzène, C^6H^6. Découvert par *Faraday*, 1825; dans le goudron de houille, par *Hofmann*, 1845.

On l'obtient par fractionnement ou congélation de la portion des huiles de houille bouillant à 80 85° et, chimiquement pur, par distillation d'un mélange d'acide benzoïque et de chaux. La benzine ordinaire du commerce contient encore du thiophène et donne, par conséquent, la réaction de l'indophénine, v. p. 287, on l'en débarrasse par des agitations répétées avec de faibles quantités d'acide sulfurique ou par distillation sur de petites quantités (1 à 3 o/o) de chlorure d'aluminium (*Haller*). P. E. 80°; P. F. 6°; densité (à 0°), 0.9. Brûle avec une flamme éclairante et fuligineuse. Le benzène est un bon solvant des graisses, des résines et du soufre, etc. ; sa vapeur, traversant un tube chauffé au rouge, donne du diphényle à côté d'autres composés.

Carbure C^7H^8.

Toluène, $C^7H^8 = C^6H^5.CH^3$. Découvert en 1837. Se forme dans la distillation sèche du baume de tolu et d'un grand nombre d'autres résines. *Syn-*

thèse d'après *Fittig*, v. plus haut. *Préparation* : Au moyen des huiles de houille (il est alors accompagné du thiotolène). Ressemble au benzène, bout à 110° et est encore liquide à — 28°. L'acide chlorochromique le convertit en benzaldéhyde, l'acide nitrique étendu et l'acide chromique en acide benzoïque.

Carbures C^8H^{10}.

a) **o-,m-.p-Diméthylbenzènes, xylènes,** $C^6H^4(CH^3)^2$. Le xylène du goudron de houille est un mélange des trois isomères ; on ne peut les séparer par distillation fractionnée. L'acide nitrique oxyde plus lentement le m-xylène que ses isomères, ce qui permet de le préparer assez facilement.

Séparation des trois isomères au moyen de SO^4H^2 : B. **10**, 1010 : **14**, 2625 ; **25**, R. 315 ; **17**, 444 ; Bull. soc chim. **1885**, **1**, 518. Caractères de chacun d'eux : B. **19**, 2513 ; Bull. soc. chim. **1887**, **1**, 126. La synthèse suivant *Friedel* et *Crafts*, en partant du benzène et du toluène, conduit essentiellement à l'o-xylène, à côté d'une très faible quantité de dérivé para. B. **14**, 2627.

1. **o-xylène**, a été obtenu synthétiquement par l'action du sodium sur le toluène o-bromé et l'iodure de méthyle. Le mélange chromique le détruit en donnant de l'acide carbonique. L'acide nitrique étendu l'oxyde à l'état d'acide o-toluylique, $C^6H^4(CH^3)CO^2H$. Il se nitre difficilement.

2. **m-xylène,** *isoxylène*, peut s'obtenir en partant du mésitylène, $C^6H^3(CH^3)^3$, en transformant, par oxydation, ce carbure en acide mésitylénique, $C^6H^3(CH^3)^2.CO^2H$, et distillant cet acide avec la chaux. L'acide nitrique étendu ne l'oxyde qu'en tube scellé à 120°. Le mélange chromique le transforme en acide isophtalique, $C^6H^4(CO^2H)^2$. Le xylène brut du goudron de houille en renferme 70 à 85 o/o.

3. **p-xylène**. Peut être préparé par l'action du sodium et de l'iodure de méthyle sur le toluène p-bromé ou, préférablement, sur le benzène p-dibromé. B. **10**, 1356 : B. **17**, **444** ; Bull. soc. chim. **1885**, **1**, 158. Solide à froid. P. F. 18°. L'acide nitrique étendu le transforme en acide p-toluylique, $C^6H^4(CH^3)(CO^2H)$, puis en acide térephtalique, $C^6H^4(CO^2H)^2$.

b) **Ethylbenzène**, $C^6H^5.C^2H^5$. Le xylène du goudron en contient un peu. Obtenu au moyen de C^6H^5Br et de C^2H^5Br, par la réaction de *Fittig* et aussi par l'action de l'acide iodhydrique sur le cinnamène, $C^6H^5.C^2H^3$ (V. ce mot) ou, encore, par la réaction de *Friedel* et *Crafts* (chlorure d'éthyle et benzène). Oxydé, donne de l'acide benzoïque.

Carbures C^9H^{12}.

(Voir le tableau). Les principaux sont :

a. **Triméthylbenzènes.** Ils sont tous contenus dans le goudron (cumène du goudron).

1. **Mésitylène** (*1, 3, 5- triméthylbenzène*), $C^6H^3(CH^3)^3$. S'obtient au moyen de l'acétone et de l'allylène (V. p. 306) Liquide d'odeur agréable, bouillant à 163°. L'acide nitrique oxyde successivement ses chaînes latérales, le mélange chromique le détruit. Ses produits de substitution n'existent jamais sous plusieurs modifications isomériques, sa constitution est donc symétrique (*Ladenburg*, A. **179**, 163).

2. **Pseudocumène** (*1,2,4 triméthylbenzène*). Contenu dans le goudron, ne peut être séparé du mésitylène par distillation fractionnée ; on utilise, pour la séparation, la difficile solubilité de l'acide pseudocumènesulfonique, B. **9**, 258. Il peut être obtenu par la réaction de *Fittig* en partant soit du p-xylène bromé (*1, 4, 2*), soit du m-xylène bromé (*1,3,4*), ce qui détermine sa constitution. L'acide nitrique oxyde successivement ses chaînes latérales. P. E. 169°.

3. **Hémellithène** (*1,2,3 triméthylbenzène*), B. **15**, 1853 ; Bull. soc. chim. **1883**, **1**, 127. B. **20**, 903 ; Bull. soc. chim. **1887**, 2, 284.

b. **Ethyltoluènes**, $C^6H^4(CH^3)(C^2H^5)$. Les dérivés m. et p. sont connus.

c. **Propylbenzènes**, $C^6H^5.C^3H^7$. Oxydés, donnent de l'acide benzoïque.

1. **n-propylbenzène**, $C^6H^5-CH^2-CH^2-CH^3$. Obtenu au moyen du benzène bromé et de l'iodure de propyle n, par la réaction de *Fittig*, ou en traitant le chlorure de benzyle, $C^6H^5.CH^2Cl$, par le zinc-éthyle.

2. **Cumène**, *isopropylbenzène*, $C^6H^5—CH=(CH^3)^2$. On l'obtient soit en distillant l'acide cuminique, $C^6H^4(C^3H^7)CO^2H$, sur de la chaux, soit par l'action du bromure d'isopropyle ou du bromure de propyle-n (qui se transpose dans la réaction, v. p. 63) sur le benzène en présence du chlorure d'aluminium. B. **26**, R 491 ; C R. **1893**, **2**, 590, soit, enfin, en faisant agir le zinc-méthyle sur le chlorure de benzylidène, $C^6H^5CHCl^2$, ce qui établit sa constitution.

Carbures $C^{10}H^{14}$.

Tétraméthylbenzènes (Voir le tableau).

Durène (*1, 2, 4, 5-* ou *s-tétraméthylbenzène*), $C^6H^2(CH^3)^4$. Obtenu par l'action du chlorure de méthyle sur le toluène d'après *Friedel* et *Crafts*, ou par l'action du sodium et de l'iodure de méthyle sur le dérivé dibromé du m-xylène (xylène du goudron), A. **216**, 200. — Solide, P. F. 79, odeur rappelant celle du camphre. Est contenu dans le goudron à côté de son isomère, l'isodurène. Constitution : B. **11**. 31.

Ses deux isomères sont aussi connus (V. tableau).

Propylméthylbenzène, $C^6H^4(CH^3)(C^3H^7)$.

Cymène, *isopropyl-p-méthylbenzène*. Est contenu dans l'essence de cumin romain (Cuminum cyminum) ; s'obtient en chauffant le camphre avec l'anhydride phosphorique ou par l'action de l'iode sur l'essence de térébenthine ; a été obtenu synthétiquement (sodium, iodure de méthyle, isopropylbenzène p-bromé). Liquide d'odeur agréable, bouillant à 175-176°.

Le cymène a été d'abord considéré comme un n-propyl-p-méthylbenzène (*Widman*, B. **24**, 439 ; Bull. soc. chim. **1891**, **2**, 444). Oxydé, il fournit, suivant les conditions, les acides p-toluylique, téréphtalique, cuminique, oxyisopropylbenzoïque et, aussi, de la p-tolylméthylcétone.

m-isocymène (*isopropyl-m-méthylbenzène*), contenu dans l'huile de résine.

Les *butylbenzènes*, $C^6H^5(C^4H^9)$, et les *éthylxylènes* répondent aussi à cette formule.

Carbure $C^{12}H^{18}$.

Hexaméthylbenzène « mellithène », $C^6(CH^3)^6$, prismes ou tables fusibles à 164°. Ne se nitre, ni ne se sulfone (V. p. 312). Le permanganate le transforme en acide mellique, $C^6(CO^2H)^6$.

B. Carbures benzéniques hydrogenés.

Le benzène et la plupart de ses dérivés sont susceptibles de fixer 2, 4 ou 6 atomes d'hydrogène. Le benzène lui-même ne s'hydrogénise que très difficilement, en se transformant en hexahydrobenzène. Le toluène, les xylènes, le mésitylène réagissent plus facilement : chauffés à haute température avec l'iodure de phosphonium, PH^4I, ils donnent d'abord $C^7H^8.H^2$, $C^8H^{10}.H^4$, $C^9H^{12}.H^6$, les deux premiers, par une action énergique, étant susceptibles d'être à nouveau hydrogénés. Les produits de réduction du benzène lui-même ont été obtenus, à l'état de pureté, par une méthode indirecte. *A. v. Baeyer*, A. **278**, 88 ; Bull. soc chim. **1894, 2**, 612.

Les *produits de réduction partielle* des carbures aromatiques sont des liquides d'une odeur tantôt alliacée, tantôt rappelant celle du pétrole. Leurs propriétés sont identiques à celles des oléfines, tout en rappelant en même temps celles de quelques termes de la série terpénique ; ils sont instantanément oxydés par le permanganate, réagissent énergiquement avec les acides sulfurique et nitrique concentrés et fixent le brome jusqu'à ce que le degré de saturation C^nH^{2n} soit atteint.

Les carbures *entièrement réduits*, C^nH^{2n}, sont des liquides incolores dont l'odeur rappelle celle du pétrole ; leurs points d'ébullition sont quelque peu inférieurs à ceux des carbures primitifs. Ils sont contenus dans les pétroles, surtout dans celui du Caucase (*Beilstein, Kurbatow*). L'oxydation (chauffage avec le soufre, par exemple) les ramène aux carbures benzéniques, l'acide nitrique fumant agit de même en donnant lieu toutefois à une nitration concomitante. Ils se différencient des oléfines, leurs isomères, en ce que le permanganate en solution alcaline ne les attaque point, qu'ils ne sont pas dissous par l'acide sulfurique, ni susceptibles de fixer du brome (V. p. 297). B. **20**, 1850 ; Bull. soc. chim. **1887, 2**, 723 ; A. **234**, 89 ; Bull. soc. chim. **1887, 1**, 465.

Dihydrobenzène (cyclohexadiène), $C^6H^6.H^2$; obtenu au moyen de l'hexahydrobenzène dibromé, par départ de 2HBr. Liquide semblable au benzène, d'odeur alliacée, bouillant à 85° qui se résinifie à la lumière, s'oxyde instantanément par le permanganate et donne un tétrabromure : l'*hexahydrobenzène tétrabromé*, P. F. 185°. L'acide sulfurique alcoolique le colore en bleu. La théorie prévoit deux dihydrobenzènes isomères de structure : on ne sait si ce corps est le Δ 1,3 ou le Δ 1,4 dihydrobenzène (V. p. 302).

Tétrahydrobenzène (cyclohexène), $C^6H^6.H^4$, *R-hexène*, obtenu au moyen de l'hexaméthylène monobromé ; liquide incolore, d'odeur faiblement alliacée, bouillant à 83° ; il donne un dibromure liquide et un produit cristallisé avec les vapeurs nitreuses.

Hexahydrobenzène (cyclohexane), $C^6H^6.H^6$, *hexaméthylène*, *R-hexylène*, naphtène, se trouve dans les huiles minérales du Caucase (V. p. 45). B. **28**, 577. A été préparé synthétiquement en partant soit de l'hexaméthylène iodé, A. **278**, 110, soit du 1,3 propane dibromé (bromure de triméthylène). B. **27**, 216. Liquide limpide, bouillant à 79°, d'une odeur analogue à celle du pétrole, stable vis-à-vis du permanganate.

Le **dihydrotoluène**, $C^6H^5(H^2).CH^3$, P. E. 107°, l'**hexahydrotoluène**, $C^6H^5(H^6).CH^3$, P. E. 97°, l'**hexahydro-m-xylène**, $C^6H^4(H^6)(CH^3)^2$, P. E 119°, l'**hexahydro-ψ-cumène**, C^9H^{18}, *nononaphtène*, P. E. 137°, sont contenus dans les huiles du Caucase.

Le **dihydro-p-xylène**, $C^8H^{10}.H^2$, liquide, P. E. 133°, et le **dihydrocymène**, $C^{10}H^{14}.H^2$, ont été obtenus tous deux synthétiquement en partant de l'ester succinylsuccinique. Leur odeur se rapproche de celle de la térébenthine, ils sont tous deux en rapports étroits avec les carbures terpéniques. *Baeyer*, B. **25**, 2122 ; Bull. soc. chim. **1892**, **2**, 1179. B. **26**, 233 ; Bull. soc. chim. **1893**, **2**, 590.

C. Carbures benzéniques incomplets

Les carbures benzéniques de cette classe présentent à la fois les propriétés du benzène et celles des carbures incomplets de la série grasse ; ils fixent facilement l'hydrogène, les halogènes, les acides halogénés, etc. Ils dérivent des oléfines ou des carbures acétyléniques par substitution du groupe phényle à l'hydrogène : $C^6H^5CH{=}CH^2$, cinnamène = phényléthylène, $C^6H^5CH{\equiv}CH$ = phénylacétylène.

Cinnamène, $C^6H^5CH{=}CH^2$. Est contenu dans le goudron de houille où sa présence est vraisemblablement due à la destruction de certains acides ; existe, mélangé à d'autres composés, dans le Styrax (Styrax officinalis) et dans la sève du Liquidambar. On l'obtient aussi en décomposant l'acide cinnamique par la chaleur. V., par exemple, B. **23**, 3269 ; Bull. soc. chim. **1891**, **1**, 496 :

$$C^6H^5CH{=}CH.CO^2H = C^6H^5CH{=}CH^2 + CO^2.$$

Liquide analogue au benzène, d'odeur agréable, bouillant à 146° et se transformant, à la longue, en un polymère, le **métacinnamène**, masse amorphe et translucide. Chauffé avec l'acide iodhydrique, il se transforme en éthylbenzène. L'addition d'acide bromhydrique fournit l'**éthylbenzène** α **bromé**, $C^6H^5CH^2.CH^2Br$.

Pour la synthèse de l'anthracène au moyen du cinnamène, v. anthracène.

Phénylacétylène, $C^6H^5.C{\equiv}CH$; s'obtient, entre autres moyens, en partant de l'acide phénylpropiolique, par soustraction d'acide carbonique :

$$C^6H^5-C{\equiv}C-CO^2H = C^6H^5-C{\equiv}CH + CO^2.$$

Liquide d'odeur agréable, bouillant à 142°. Il est nettement caractérisé comme un dérivé acétylénique par son aptitude à donner, avec les solutions ammoniacales d'oxyde d'argent ou d'oxyde cuivreux, des composés métalliques explosifs, blanc pour le premier et jaune clair pour le second. Si on étend sa solution sulfurique avec de l'eau, il fixe les éléments de ce corps en se changeant en acétophénone, $C^6H^5.CO.CH^3$.

XVIII. Composés halogènés

Tableau d'ensemble :

Les chiffres compris dans la parenthèse [ ] se rapportent aux P.F., ceux de la parenthèse ( ) aux P. E.

C^6H^5Cl *benzène chloré* (132°).	C^6H^5Br *benzène bromé* (156°)	C^6H^5I benzène iodé (185°)
$C^6H^4Cl^2$ benzènes dichlorés	$C^6H^4Br^2$ benzènes dibromés.	$C^6H^4I^2$ benzènes diiodés
o : (179°) ; m : (172°) p. [56°], (173°)	o : (224°), m : (219°) p. [89°], (219°)	(285°), etc.

$C^6H^3Cl^3$ benzènes trichlorés (3 isom.) (208 à 218°)
$C^6H^2Cl^4$ benzènes tétrachlorés (3)
C^6HCl^5 benzène pentachloré (1)
C^6Cl^6 benzène hexachloré (1) [229°], (326°)

$C^6H^4.Cl.CH^3$ *toluènes chlorés* (3) (156 à 160°)	$C^6H^5CH^2Cl$. *chlorure de benzyle* (179°)
$C^6H^3Cl^2CH^3$ toluènes dichlorés (6) (196°) etc.	$C^6H^5CHCl^2$ *chlorure de benzylidène* (206°)
	$C^6H^5C\ Cl^3$ *phénylchloroforme* (213°)

$C^6H^3.Cl(CH^3)^2$ xylènes chlorés (6) | $C^6H^4CH^3CH^2Cl$ chlorures de xylyle (3)
$C^6H^4.(CH^2Br)^2$ bromures de xylylène (3)

Les carbures benzéniques, par échange d'hydrogène contre les halogènes, donnent naissance à un très grand nombre de dérivés halogènés. Ces composés sont des liquides mobiles ou des composés cristallins, plus lourds que l'eau, facilement solubles dans l'alcool et l'éther, distillant sans décomposition. Ils possèdent une odeur caractéristique et exercent souvent sur les muqueuses une action très irritante.

Les produits de substitution halogènés du benzène même se différencient de ceux de ses homologues. L'*halogène est, dans les premiers, très solidement lié au carbone*, beaucoup plus solidement qu'il ne l'est, par exemple, dans le chlorure de méthyle ou l'iodure d'éthyle ; il ne peut être *remplacé*, ni par l'hydroxyle (au moyen de l'oxyde d'argent), ni par le groupe amido (sous l'action de l'ammoniaque), le sodium seul est capable de le faire entrer en réaction. Pour les exceptions, v. B. **25**, 1499 ; Bull. soc. chim. **1892**, **2**, 1175. B. **28**, 2312; Bull. soc. chim. **1896**, **2**, 693.

Les produits de substitution du *toluène* et des autres homologues, au contraire, ne présentent pas tous les mêmes propriétés; si, *dans les uns*, l'halogène est aussi solidement fixé que dans le benzène chloré; *dans les autres, au contraire, il présente une aussi grande mobilité que s'il appartenait à des composés halogènés de la série méthanique*. Le chlorure de benzyle, par exemple, appartient à cette dernière classe. L'oxydation, qui transforme (V. p. 312) toutes les chaînes latérales en groupes carboxyles, respecte l'halogène des composés de la première série qu'elle transforme en acides benzoïques halogènés, $C^6H^4Cl.CO^2H$, par exemple. Dans ceux de la seconde série, au contraire, l'oxydation élimine l'halogène : le chlorure de benzyle, oxydé, donne de l'acide benzoïque, $C^6H^5.CO^2H$.

Ces faits démontrent que, dans le premier cas, l'halogène est fixé au *noyau benzénique* et que, dans le second, il est lié à l'atome de carbone de la *chaîne latérale*.

Ceci correspond à la conception qui envisage le toluène comme un méthane phénylé, $CH^3(C^6H^5)$ (V. p. 312). Le toluène chloré, $C^6H^4Cl(CH^3)$, sera stable, car il n'est en somme qu'un benzène chloré méthylé, tandis que le chlore du chlorure de benzyle, $C^6H^5CH^2Cl$ ou $CH^2Cl(C^6H^5)$, chlorure de méthyle phénylé, sera doué d'une mobilité très grande.

Ces relations se renouvellent pour le xylène et les autres homologues du toluène, de telle sorte qu'on peut facilement déduire la constitution d'un composé *des propriétés de ses halogènes et des produits qu'il fournit à l'oxydation*. Un composé $C^7H^6Cl^2$, transformé par l'oxydation en acide benzoïque monochloré, possèdera évidemment la formule : $C^6H^4Cl.CH^2Cl$, « chlorure de benzyle chloré ».

Pour les substitutions qui rendent le benzène chloré et ses homologues aptes à réagir, v. p. 304.

Les points d'ébullition des isomères de position (o-, m-, p-) sont toujours très voisins et assez rapprochés de ceux des autres isomères.

Modes de formation. 1. L'action du *chlore* ou du *brome* sur les carbures aromatiques conduit, suivant les conditions, soit à des produits d'addition, soit à des produits de substitution ; la formation de ces derniers est facilitée par une addition d'iode ou de chlorure d'aluminium (B. **18**, 607 ; Bull. soc. chim. **1886**, **1**, 566). L'action de l'*iode* ne donne des produits de substitution directe que dans les conditions déjà mentionnées p. 313. Avec le *benzène*, on peut obtenir successivement tous les composés chlorés jusqu'à C^6Cl^6, lequel se produit, à haute température, en employant comme intermédiaire le chlorure de molybdène, le trichlorure d'iode, etc. Le benzène hexabromé existe aussi, l'hexaiodé est inconnu. Si l'action des halogènes sur le toluène et ses homologues a lieu à *froid*, dans l'obscurité ou en présence d'iode, il se forme des dérivés chlorés *dans le noyau* ; si cette action a lieu dans la vapeur du carbure *bouillant* ou bien à la lumière solaire directe, sans addition d'iode, l'halogène n'entre au contraire presque exclusivement que *dans la chaîne latérale* (*Beilstein*, *Schramm*. V. B. **13**, 1216 ; Bull. soc. chim. **1881**, **1**, 62).

On obtient encore les composés halogénés :

2. Par l'action du pentachlorure ou du pentabromure de phosphore sur *des composés oxygénés* tels que les phénols, les alcools aromatiques, les aldéhydes, les cétones et les acides :

$$C^6H^5OH + PCl^5 = C^6H^5Cl + POCl^3 + HCl.$$

3. Au moyen des *amines primaires* (ou des dérivés *nitrés* correspondants), en les transformant d'abord en diazoïques que l'on décompose par la chaleur en présence de chlorure ou de bromure cuivreux (*Sandmeyer*, B. **17**, 1633, 2650 ; Bull. soc. chim. **1885**, **2**, 627 ; **1886**, **1**, 474. *Gattermann*, B. **23**, 1218 ; Bull. soc. chim. **1891**, **1**, 39) :

$$C^6H^5Az{=}Az.Cl = C^6H^5Cl + Az^2 ;$$
$$C^6H^5Az{=}Az.Cl + KI = C^6H^5I + KCl + Az^2.$$

Les composés bromés prennent aussi naissance quand on chauffe les perbromures des diazoïques (V. ce mot) avec l'alcool absolu ; on obtient les composés fluorés par une réaction analogue.

3a. En traitant les *Hydrazines* primaires par l'iode et l'iodure de potassium. B. 20. R. 552.

4. En chauffant avec la chaux les *acides* carboxyliques halogènés :

$$C^6H^4Cl.CO^2H = C^6H^5Cl + CO^2.$$

Benzène monochloré, monobromé, monoiodé. Liquides incolores, d'odeur particulière (Voir le tableau pour les points d'ébullition).

Les **benzènes dichlorés** et **dibromés** existent sous les trois modifications. L'action directe (V. p. 304) conduit aux dérivés para à côté d'une quantité plus faible de dérivés ortho. Les composés méta s'obtiennent indirectement en partant du dinitrotoluène, v. 3.

Les dérivés para sont solides, les isomères sont liquides.

L'importance des relations des **benzènes di** et **tribromés** au point de vue de la théorie du benzène a été exposée p. 300. Le **benzène trichloré** obtenu par substitution directe possède la constitution 1, 2, 4 (asymétrique), on l'obtient aussi en partant de l'hexahydrobenzène hexachloré (V. p. 322).

Une chloruration ou une bromuration énergique du benzène, du toluène, de la naphtaline, etc., conduit à la formation de **benzène hexachloré** ou **hexabromé**, corps solides, susceptibles d'être distillés. On obtient aussi ces composés en partant du méthane tétrachloré ou tétrabromé (V. p. 307).

Benzène iodé, C^6H^5I, peut être transformé, par oxydation indirecte, en **iodosobenzène**, C^6H^5IO, puis en **iodobenzène**, $C^6H^5IO^2$, comparable au nitrobenzène (V. p. 323), corps explosifs, solides à la température ordinaire (B. **25**, 3495 ; Bull. soc. chim. **1893**, **2**, 486. B. **26**, 1354 ; B. s. c. **1894**, **2**, 348). L'oxyde d'argent humide, agité avec un mélange de ces deux composés, les transforme en **hydrate de diphényliodonium**, $(C^6H^5)^2{\equiv}I.OH$, base puissante, douée de propriétés analogues à celles des hydrates des ammoniums quaternaires et des bases sulfoniums, et aussi à celles de l'hydrate de thallium. L'iode fonctionne ici comme trivalent et se présente comme un élément apte à former des bases, *V. Meyer*, *Hartmann*, B. **27**, 502, 1597 ; Bull. soc. chim. **1894**, **2**, 1071, 740.

Benzène fluoré, C^6H^5Fl, liquide, P. E. 85°.

Toluène monochloré, $C^6H^4Cl.CH^3$ et **monobromé**, $C^6H^4Br.CH^3$. Ces corps, étant des dérivés bisubstitués du benzène, existent sous les trois modifications.

La chloruration (ou la bromuration) directe du toluène (p. 319) conduit à la formation des composés ortho et para en quantités sensiblement égales. Le dérivé méta s'obtient en éliminant l'amido (p. 330) de la p-toluidine chlorée, $C^6H^3.Cl(AzH^2)CH^3$ (obtenue par l'action du chlore sur la p-toluidine). Les dérivés para sont solides à la température ordinaire ; leurs isomères sont liquides. L'oxydation transforme ces dérivés en acides benzoïques halogènés (V. ce mot).

Chlorure de benzyle, $C^6H^5CH^2Cl$ (*Cannizzaro*). S'obtient en chlorant le toluène à l'ébullition ; le **bromure de benzyle**, qui prend naissance dans des conditions analogues est transformé par l'iodure de potassium en **iodure de benzyle**. Ces composés se comportent comme les *esters halogènés* de l'*alcool benzylique*, ils peuvent d'ailleurs être préparés par l'action des acides halogènés sur cet alcool et y être ramenés par une ébullition prolongée en présence d'une grande quantité d'eau ou, plus aisément, en présence de carbonate de potassium ; chauffés avec l'acétate de potassium, ils donnent l'ester acétique de cet alcool ; avec le sulfhydrate, le mercaptan et, avec l'ammoniaque, l'amine correspondante.

Liquides incolores, plus lourds que l'eau, qui bouillent sans décomposition et irritent douloureusement les muqueuses du nez et des yeux (le toluène -o-bromé jouit de la même propriété). Oxydés, ils donnent de l'acide benzoïque. Le chlorure de benzyle est employé industriellement pour la préparation de l'aldéhyde benzoïque et de diverses matières colorantes.

Chlorure de benzylidène, $C^6H^5CHCl^2$, **phénylchloroforme**, $C^6H^5.CCl^3$, s'obtiennent par une chloruration prolongée du toluène bouillant ou par l'action du perchlorure de phosphore sur les composés oxygènés correspondants : aldéhyde benzoïque, C^6H^5CHO pour le premier et acide benzoïque, $C^6H^5CO^2H$ (ou chlorure de benzoyle, C^6H^5COCl) pour le second. Liquides semblables au chlorure de benzyle ; chauffés sous pression avec l'eau, ils sont ramenés aux composés oxygènés correspondants. Les agents d'oxydation les transforment en acide benzoïque. Pour leurs rapports avec l'acide cinnamique et le vert malachite, voir ces mots.

Le **benzène chloré bromé**, C^6H^4ClBr, et le **benzène chloré iodé**, $C^6H^4Cl.I$, sont connus ainsi qu'un grand nombre d'autres composés mixtes ; on connaît de même des *produits de substitution halogènés des carbures incomplets*, comme le **cinnamène β-bromé**, $C^6H^5CBr{=}CH^2$ et le **cinnamène α-bromé**, $C^6H^5CH{=}CHBr$.

On connaît aussi des *dérivés substitués halogènés des carbures benzéniques réduits* qui, bien qu'on ne puisse généralement les obtenir par cette voie, peuvent aussi être considérés comme dérivant du benzène par fixation d'halogènes ou d'acides halogènés.

Hexahydrobenzène bromé, hexaméthylène bromé, $C^6H^5Br.H^6$, **hexahydrobenzène iodé**. Huiles lourdes P. F. 162° et 180° ; s'obtiennent en traitant l'hexahydrophénol par les acides halogènés.

Hexahydrobenzène p-dibromé, hexaméthylène dibromé, $C^6H^4Br^2H^6$, obtenu en partant de la quinite (V. ce mot) ; existe sous les deux modifications isomères cis et trans.

Hexahydrobenzène hexachloré, $C^6Cl^6H^6$, hexachlorure de benzène. On l'obtient par l'action d'un excès de chlore sur le benzène à la lumière solaire. Corps solide, se scindant par la distillation ou l'action des alcalis en acide chlorhydrique et en benzène trichloré. Existe sous deux modifications stéréoisomères.

XIX. Dérivés nitrés des carbures aromatiques. Dérivés nitrosés.

Quand on traite par l'acide nitrique *concentré*, non seulement les carbures, mais les dérivés benzéniques, en général ces corps se dissolvent facilement, pour la plupart avec échauffement spontané du mélange, et se transforment en dérivés nitrés qu'une addition d'eau précipite. Selon les conditions de la nitration et la nature des corps à nitrer, un ou plusieurs groupes nitro entrent dans la molécule (V. phénol, par exemple). Le mélange des acides sulfurique et nitrique concentrés est souvent employé comme agent de nitration. Le groupe nitro entre presque toujours dans le *noyau*.

On obtient aussi les composés nitrés en oxydant les amines correspondantes par le peroxyde de sodium ou bien en les transformant en dérivés diazoïques que l'on décompose par l'acide nitreux en présence d'oxyde cuivreux (*Sandmeyer*, B. **20**, 1494 ; Bull. soc. chim. **1887**, **2**, 540).

Quand on fait agir sous pression l'acide nitrique *étendu* sur le toluène et les homologues plus élevés du benzène, on obtient, au contraire, des dérivés nitrés dans la *chaîne latérale* (V. phénylnitrométhane et B. **28**, 1857 ; Bull. soc. chim. **1896**, **2**, 332). L'acide nitrique concentré, employé seul, agit quelquefois d'une manière analogue, B. **18**, 935 ; Bull. soc. chim. **1886**, **1**, 579.

Les dérivés nitrés sont tantôt des liquides faiblement colorés en jaune, dis-

Tableau d'ensemble.

$C^6H^5(AzO^2)$ *nitrobenzène* liquide, P. E. 206°	$C^6H^4(AzO^2)^2$ o-, m-, p-*dinitrobenzènes* solides, P. F. 117, 90, 172°	$C^6H^3(AzO^2)^3$ s-trinitrobenzène solide, P. F. 121°
$C^6H^4(CH^3)(AzO^2)$ o-,m-,p-*nitrotoluènes* P. E. 218, 230, 234° le p. est solide.	$C^6H^3(CH^3)^2(AzO^2)$ nitroxylènes ex. 1, 3, 4 (AzO^2 en 4) liq. P. E 238°.	$C^6H^2(CH^3)^3(AzO^2)$ nitromésitylène sol. P. F. 42° P. E. 255°
$C^6H^3(CH^3)(AzO^2)^2$ *dinitrotoluènes*	$C^6H^4ClAzO^2$ nitrobenzènes chlorés	$C^6Br^4(AzO^2)^2$, etc. dinitrobenzène tétrabromé.

tillant sans décomposition, entraînables par la vapeur d'eau ; tantôt des corps cristallisés sous forme de prismes ou d'aiguilles incolores ou faiblement jaunâtres, parfois aussi colorés en rouge ou en jaune intenses. Ils sont plus lourds que l'eau, insolubles dans ce liquide, et, pour la plupart, facilement solubles dans l'alcool, l'éther et l'acide acétique.

Dans la plupart des dérivés nitrés, les groupes nitro que contient le noyau benzénique sont, comme dans le nitrométhane, *très solidement liés* à l'atome de carbone correspondant et ne peuvent s'échanger contre d'autres groupes. La *réduction* les transforme aisément en *composés amidés* quand elle a lieu en milieu acide, en composés azoxyques, azoïques et hydrazoïques quand elle s'effectue en milieu alcalin, enfin, en hydroxylamines quand on opère en milieu neutre.

On ne peut d'ailleurs les obtenir, à l'inverse du nitrométhane (p. 97, 1), par l'action du nitrite d'argent sur les dérivés chlorés (le benzène chloré, par exemple), cette réaction peut être au contraire employée pour l'obtention des dérivés nitrés dans la chaîne latérale.

Réduction électrolytique ; formation d'amidophénols, v. B. **26**, 1844 ; Bull. soc. chim. **1894**, **2**, 13. B. **27**, 1927 ; Bull. soc. chim. **1895**, **2**. 215.

Nitrobenzène, $C^6H^5(AzO^2)$ (*Mitscherlich*, 1834).

On l'obtient en introduisant graduellement du benzène dans l'acide nitrique fumant ou dans la quantité calculée du mélange sulfurico-nitrique. Il y a dans les deux cas dégagement de chaleur. Liquide jaune clair, vénéneux, sentant fortement l'essence d'amandes amères, il se fige à basse température (P. F. + 3°), sa solution aqueuse très étendue possède une saveur sucrée.

Dinitrobenzènes, $C^6H^4(AzO^2)^2$. S'obtiennent en chauffant le benzène avec l'acide nitrique fumant. Dans cette réaction, comme dans tous les cas analogues, les deux groupes nitro entrent en *méta* l'un par rapport à l'autre, il se forme en même temps un peu de dérivé ortho et un peu de para. Purifié par cristallisation dans l'alcool, le m-dinitrobenzène se présente sous forme de longs prismes ou de longues aiguilles incolores.

Dérivé ortho : lames incolores ; dérivé para : aiguilles incolores. On les obtient indirectement en éliminant l'amido des dinitranilines correspondantes.

Réduits, ces composés donnent d'abord les trois nitranilines, puis les trois phénylènediamines.

L'o-dinitrobenzène, chauffé avec une lessive de soude, échange un groupe nitro contre un groupe hydroxyle ; traité par l'ammoniaque, il l'échange contre un groupe amido ; on obtient ainsi l'o-nitrophénol, $C^6H^4(AzO^2)(OH)$, et l'o-nitraniline, $C^6H^4(AzH^2)(AzO^2)$. Le dérivé méta, oxydé par le ferricyanure, donne de l'α et du β dinitrophénol.

Nitrotoluènes ($C^6H^4(CH^3.AzO^2)$). La nitration du toluène donne naissance aux dérivés *para* et *ortho*, à côté d'une très faible quantité de dérivé *méta*. Le premier est solide (gros prismes), le second liquide. Ils sont tous deux employés dans la fabrication des colorants, le second est utilisé en parfumerie (essence de mirbane). On obtient indirectement le *méta*-nitrotoluène en appliquant la réaction de *Griess* (V. ce mot) à la m-nitro-p-toluidine, $C^6H^3(CH^3)(AzO^2)(AzH^2)$.

Phénylnitrométhane, $C^6H^5.CH^2.AzO^2$, isomère des nitrotoluènes ; s'obtient en traitant le toluène sous pression par l'acide nitrique étendu (de densité 1,12) (B. **28**, 1857 ; Bull. soc. chim. **1896**, **2**, 332), ou par l'action du nitrite d'argent sur le chlorure de benzyle. Liquide jaune, d'odeur faible ; la réduction le transforme en benzylamine (existe aussi à l'état solide ; B **29**, 699 ; Bull. soc. chim. **1896**, **2**, 1261).

Une nitration plus avancée du toluène conduit aux : **dinitrotoluènes**, $C^6H^3.(CH^3)(AzO^2)^2$;CH^3:AzO^2 : AzO^2 : 1, 2, 4 et 1, 2, 6. On voit, par l'examen de ces positions, que, dans ces composés, les groupes nitro sont encore placés en méta l'un par rapport à l'autre (pour la constitution, voir p. 331).

La plupart de ces dérivés nitrés sont importants au point de vue technique à cause de leur transformation en dérivés amidés.

Trinitrobutyltoluène tertiaire, $C^6H.(CH^3)[C.(CH^3)^3](AzO^2)^3$, employé comme *musc artificiel*.

Nitrobenzène chloré ; **nitrobenzène bromé**.

La nitration du benzène chloré (ou du benzène bromé) donne naissance au nitrobenzène *para* chloré (ou bromé) à côté d'une quantité plus faible de dérivé *ortho*

On obtient indirectement les dérivés *méta* en remplaçant le groupe amido de la m-nitraniline par les halogènes correspondants. Les points de fusion des dérivés para sont plus élevés que ceux de leurs isomères, ceux des dérivés méta supérieurs à ceux des dérivés ortho, relations qui, comme la moindre solubilité des dérivés para dans l'alcool, se retrouvent dans beaucoup d'autres cas. Les composés ortho et para seuls (les méta ne réagissent pas), chauffés avec la potasse, échangent leur halogène contre un groupe hydroxyle ; chauffés avec l'ammoniaque, ils l'échangent contre un groupe amido.

Dans le **trinitrobenzène chloré**, $C^6H^2(AzO^2)^3Cl$, l'influence négative des groupes nitro rend l'atome de chlore si mobile que ce composé se comporte comme un véritable chlorure d'acide d'où son nom de chlorure de picryle (chlorure de l'acide picrique) (V. p. 304).

Nitroxylènes, **nitromésitylène**, **nitropseudocumènes**, etc. (Voir le tableau). Quelques-uns de ces corps existent sous un grand nombre de modifications isomères.

o-, m-, p-**nitrocinnamènes**, $C^6H^4(AzO^2)(C^2H^3)$; ont été obtenus par voie indirecte car la nitration du cinnamène conduit à l'α-**nitrocinnamène**, $C^6H^5.CH{=}CH(AzO^2)$, dont le groupe nitro est fixé dans la chaîne latérale, car on peut aussi l'obtenir par l'action de la benzaldéhyde sur le nitrométhane en présence de chlorure de zinc :

$$C^6H^5.CHO + CH^3(AzO^2) = C^6H^5.CH{=}CH(AzO^2) + H^2O.$$

o-**nitrophénylacétylène**, $C^6H^4.AzO^2{-}C{\equiv}CH$, obtenu en chauffant avec l'eau l'acide o-nitrophénylpropiolique ; aiguilles incolores.

Dérivés nitrosés des carbures aromatiques.

Le **nitrosobenzène** dérive du benzène par substitution du groupe *nitroso* à un atome d'hydrogène, on le prépare soit par l'action du chlorure de nitrosyle, AzO.Cl, sur le mercure phényle dissous dans le benzène, soit, indirectement, au moyen du nitrobenzène, en oxydant les sels de diazobenzène ou la phénylhydroxylamine. Feuillets incolores, fusibles à 68°. Ses solutions sont vertes, il possède une odeur intense, analogue à celle de l'acide cyanique. Il réagit sur l'aniline pour donner l'azobenzène.

XX Dérivés amidés (aminés) des carbures aromatiques.

La plus simple des bases aromatiques, l'aniline, peut être considérée comme dérivant soit du benzène par substitution du groupe amido (amino)

Tableau d'ensemble :

	Primaires	*Secondaires*	*Tertiaires*
Monamines.	$C^6H^5AzH^2$ **aniline** [—8] (183)	$(C^6H^5)^2AzH$ **diphénylamine** [54] (302)	$(C^6H^5)^3Az$ triphénylamine [127]
	$C^6H^4(CH^3)AzH^2$ **toluidines** o : (199) m : (200) p : [45] (198) $C^6H^3(CH^3)^2AzH^2$ (6) xylidines (217, etc.) $C^6H^2(CH^3)^3AzH^2$ pseudocumidine [62]	*Bases alcoylées :* $C^6H^5AzHCH^3$ méthylaniline (192) $C^6H^5AzH.C^2H^5$ éthylaniline (204)	$C^6H^5Az.(CH^3)^2$ diméthylaniline (192) $C^6H^5Az(C^2H^5)^2$ diéthylaniline (213)
	$C^6H^4(AzO^2)AzH^2$ nitranilines o : [71°] m : [114] (285) p : [147]	*Nitrosamines :* $(C^6H^5)^2AzAzO$ nitrosodiphénylamine [66]	*Dérivés nitrosés :* $C^6H^4(AzO)Az(CH^3)^2$ (?) nitrosodiméthylaniline [85]
	$C^6H^5(CH^2AzH^2)$ benzylamine (183) $C^6H^5.(CH^2.CH^2.AzH^2)$ phényléthylamine (193) etc.	*Dérivés acidylés :* $C^6H^5AzH.(C^2H^3O)$ **acétanilide** [114] $CO.(AzHC^6H^5)^2$ carbanilide [235] $CS(AzH.C^6H^5)(AzH^2)$ phénylsulfo-urée [154] etc.	$C^6H^5Az.CH^3(C^2H^3O)$ méthylacétanilide [99] $CO(Az.C^6H^5)$ isocyanate de phényle (163) $CS(Az.C^6H^5)$ isosulfocyanate de phényle (222) etc.
Diamines, etc.	$C^6H^4(AzH^2)^2$ **phénylènediamines** o [102] (252) m- [63] (287) p- [147] (267) $C^6H^3(CH^3)(AzH^2)^2$ toluylènediamines ex. : 1, 2, 4. [99] (286) etc.	$C^6H^4.(AzH^2)[Az(CH^3)^2]$ **amidodiméthylaniline** (p) [41] (257) $C^6H^4(AzH^2)(AzH.C^6H^5)$ amidodiphénylamine (p) [66] $AzH<{C^6H^4.AzH^2 \atop C^6H^4.AzH^2}$ p-diamidodiphénylamine [158] $AzH[C^6H^4.Az(CH^3)^2]^2$ p-tétraméthyldiamido-diphénylamine.	
	$C^6H^3(AzH^2)^3$ triamidobenzènes		

à un atome d'hydrogène (*amidobenzène*, aminobenzène), soit de l'ammoniaque, par échange d'un atome d'hydrogène contre le groupe phényle, C^6H^5 (*phénylamine*). Il est visible, d'après le premier mode de conception, que des composés amidés peuvent être obtenus par remplacement de tous les atomes d'hydrogène du benzène, il existera donc des *di*, des *triamines*, etc., au même titre que des *monamines* ; de plus, on voit, d'après le second mode, qu'il est possible d'introduire à nouveau le groupe phényle dans l'ammoniaque, ce qui conduira à la formation d'amines *secondaires* et *tertiaires*. L'entrée des radicaux alcooliques dans les monamines et les diamines ci-dessus pourra aussi donner naissance à des amines secondaires et tertiaires et même à des ammoniums *quaternaires*.

Le groupe AzH^2 peut aussi être introduit dans la chaîne latérale.

Le nombre des bases aromatiques possibles est donc théoriquement très élevé. La pratique a confirmé cette hypothèse (Voir le tableau). Ces bases sont, pour la plupart, extrêmement voisines des bases azotées des radicaux alcooliques ; elles sont salifiées par les acides, souvent avec dégagement de chaleur, donnent des sels doubles avec le chlorure de platine, possèdent une odeur basique, donnent des fumées blanches avec les acides volatils, distillent généralement sans décomposition, etc. Les bases aromatiques sont, en général, plus faibles que celles de la série grasse, le groupe phényle, C^6H^5, ne possédant pas le caractère positif des radicaux alcooliques, mais bien un caractère beaucoup plus négatif ; c'est pourquoi la diméthylaniline possède une basicité très fortement accentuée alors que les sels de diphénylamine sont déjà décomposés par l'eau et que la triphénylamine ne possède plus aucune propriété basique.

Les diamines sont plus basiques que les monamines, elles se dissolvent aussi plus facilement dans l'eau.

A. Monamines primaires.

Isoméries. Les isoméries des amines aromatiques correspondent en partie à celles des amines grasses (V. p. 109) ; ainsi, la diméthylaniline, les méthyltoluidines, les xylidines sont des amines isomères ; d'autres cas d'isomérie peuvent être dus à la présence du groupe amido tantôt dans le noyau, tantôt dans la chaîne latérale ou dépendre enfin des relations d'isomérie particulières aux dérivés des carbures aromatiques (isomérie des bisubstitués, etc.).

Constitution. Une amine donnée peut être très facilement caractérisée comme primaire, secondaire ou tertiaire (V. p. 109 et suiv.). Le fait de savoir si le groupe amido se trouve dans le noyau ou dans la chaîne latérale résulte aussi bien des modes de formation que des propriétés (V. ci-dessous et p. 328 et suiv.).

Modes de formation. 1. Le mode de formation le plus important des bases aromatiques primaires (monamines, diamines, etc.) consiste dans la *réduction des composés nitrés* (V. p. 323) :

nitrobenzène : $C^6H^5AzO^2 + 6H = 2H^2O + C^6H^5AzH^2$ (aniline) ;

dinitrobenzène : $C^6H^4(AzO^2)^2 + 12H = 4H^2O + C^6H^4(AzH^2)^2$ (phénylène-diamine).

La réduction des composés nitrés en composés amidés s'effectue principalement en solution acide soit en introduisant le nitro dans un mélange d'*étain* (ou de chlorure stanneux) et d'acide *chlorhydrique*, soit (procédé industriel) en employant comme réducteur, le *fer* en présence d'une faible quantité d'HCl ou d'acide acétique (théorie de la réaction : B. **27**, 1437 ; Bull. soc. chim. **1894**, **2**, 1083). La poudre de zinc en présence d'HCl ou d'acide acétique est aussi souvent employée ; on peut encore citer, comme réducteurs usuels, l'amalgame d'aluminium, le sulfhydrate d'ammoniaque (*Zinin*), et, pour certains acides nitrés, le sulfate ferreux et l'eau de baryte, etc.

Le sulfhydrate d'ammoniaque possède une action plus modérée que celle de l'étain et de l'acide chlorhydrique, aussi l'emploie-t-on particulièrement pour la réduction *partielle* des composés dinitrés (V. nitraniline) à laquelle on peut également arriver par l'emploi d'une solution alcoolique de chlorure stanneux additionnée d'HCl (B. **19**, 2161 ; Bull. soc. chim. **1886**, **2**, 855).

Les composés nitrosés, R-AzO, et les hydroxylamines, RAzH.OH, se présentent comme produits intermédiaires de cette réaction (V. ces composés).

Les amines primaires s'obtiennent aussi :

2. A côté de bases secondaires, en chauffant à 300° les *phénols* avec le *chlorure de zinc* ou le chlorure de calcium ammoniacal (*Merz*) :

$$C^6H^5.OH + HAzH^2 = C^6H^5.AzH^2 + H^2O.$$

Cette réaction est facilitée par la présence de groupes négatifs dans la molécule (nitrophénols) (B. **19**, 1749 ; Bull. soc. chim. **1887**, **1**, 512).

3. En enlevant l'acide carbonique des acides amidés :

$$C^6H^4(AzH^2)CO^2H = C^6H^5.AzH^2 + CO^2.$$

4. En partant des bases *secondaires* et *tertiaires* ; ces bases (mono et diméthylaniline, par exemple) prennent naissance par introduction de radicaux alcooliques dans les bases aromatiques primaires ; on peut, en les chauffant, à 180°, par exemple, avec de l'*acide chlorhydrique* fort, leur enlever ces radicaux à l'état de chlorures d'alcoyles et reformer les amines primaires :

$$C^6H^5.Az(CH^3)^2 + 2HCl = C^6H^5{-}AzH^2 + 2CH^3Cl.$$

Le chlorure de méthyle mis en liberté peut, à une température encore plus élevée, agir ultérieurement sur l'amine primaire ; le *radical alcoolique* remplace alors un *atome d'hydrogène du noyau* en donnant lieu à la formation d'une amine primaire *homologue* de l'amine primitive. Le chlorhydrate de méthylaniline, par exemple, chauffé à 335°, donne du chlorhydrate de toluidine :

$$C^6H^5.AzH(CH^3).HCl = C^6H^5AzH^2 + CH^3Cl = C^6H^4(CH^3)AzH^2.HCl.$$

L'iodure de tétraméthylphénylammonium, $C^6H^5Az(CH^3)^3I$, donne, d'une manière analogue, l'iodhydrate de mésidine, $C^6H^2(CH^3)^3AzH^2.IH$.

Le chlorhydrate de diphénylamine ne donne pas lieu à une transposition de ce genre. Les groupes méthyle entrant ainsi dans le noyau se placent en para ou en ortho par rapport à l'amido, ils ne se placent jamais en position méta.

4a. C'est sur ce principe que repose la formation de l'amidoisobutylbenzène qu'on obtient en chauffant, à 250°, le chlorhydrate d'aniline et l'alcool isobutylique :

$$C^6H^5.AzH^2,HCl + C^4H^9.OH = C^6H^4(C^4H^9).AzH^2,HCl + H^2O.$$

5. Pour la formation des composés amidés en partant des nitrobenzènes halogénés ou des dinitrobenzènes, v. p. 323.

6. En chauffant les sels de potassium des acides sulfonés avec la sodium-amide, $Na.AzH^2$ (B. **19**, 902).

7. La substitution du groupe amido au groupe carboxyle peut être effectuée par la voie suivante : hydrazide, azide, uréthane (B. **27**, 781 ; Bull. soc. chim. **1894**, **2**, 1092).

8. Les amines aromatiques ne peuvent être obtenues en chauffant le benzène chloré ou ses homologues avec l'ammoniaque (V. p. 318).

La benzylamine et les bases analogues qui contiennent leur groupe amido dans la *chaîne latérale* sont obtenues par des méthodes exactement semblables à celles qui ont fourni les amines de la *série grasse*.

La même chose a lieu pour les amines secondaires ou tertiaires appartenant à cette classe.

Propriétés physiques. Les monamines primaires sont des bases tantôt liquides, tantôt solides et bien cristallisées ; elles sont incolores à l'état pur et brunissent facilement au contact de l'air, leur odeur est faiblement basique et désagréable. L'aniline est un peu soluble dans l'eau : 1 : 31, ses homologues ont une solubilité plus faible.

Propriétés chimiques. 1. Ces amines forment avec les acides des sels généralement bien cristallisés et facilement solubles dans l'eau, elles ne se combinent pourtant pas à l'acide carbonique et sont, par conséquent, précipitées de leurs sels à l'état de liberté par le carbonate de soude ; l'acétate de soude agit souvent de la même manière (quand l'amine considérée ne forme pas d'acétate). Les sels des amines primaires forment des sels doubles avec un grand nombre de sels métalliques, particulièrement avec le *chlorure de platine* $[2(C^6H^7Az,HCl) + PtCl^4]$ et le chlorure d'or, avec le chlorure stanneux, le chlorure de zinc, etc. Les chloroplatinates sont souvent d'une solubilité difficile, ce qui permet de les employer pour l'isolement des bases.

Les monamines primaires forment aussi des composés d'addition avec certains sels. Ex. : $2C^6H^7Az, + ZnCl^2$: aniline-chlorure de zinc.

2. L'aniline, chauffée avec du sodium ou du potassium, échange de l'hydrogène contre ces métaux en donnant C^6H^5AzHK et $C^6H^5AzK^2$ (aniline-potassium) ; ces composés, traités par le benzène bromé, se transforment en di et en triphénylamine. Le contact de l'eau les décompose immédiatement.

3. Action de l'acide sulfurique, de l'acide nitrique et des halogènes V. p. 335, etc.

4. Les *iodures d'alcoyles* et le *chlorure de benzyle* transforment les amines primaires en amines *secondaires* et *tertiaires*, puis en *composés quaternaires* (analogie complète avec la série grasse) :

$$C^6H^5AzH^2 + CH^3I = C^6H^5.AzH(CH^3)HI ;$$
$$C^6H^5AzH(CH^3) + CH^3I = C^6H^5.Az(CH^3)^2HI ;$$
$$C^6H^5Az(CH^3)^2 + CH^3I = C^6H^5.Az(CH^3)^3I.$$

Les iodhydrates des bases secondaires et tertiaires, traités par la soude, abandonnent ces bases à l'état de liberté, tandis qu'il faut employer l'oxyde d'argent humide pour obtenir les bases ammoniums (V. p. 111).

5. Les *aldéhydes* et les bases primaires réagissent avec élimination d'eau :

$$CH^3.CHO + 2C^6H^5.AzH^2 = CH^3 CH(AzHC^6H^5)^2 + H^2O;$$
éthylidènediphényldiamine.

La benzaldéhyde réagit dans un autre sens :

$$C^6H^5.CHO + AzH^2C^6H^5 = H^2O + C^6H^5.CH:Az.C^6H^5,$$
benzylidèneaniline.

On peut aussi obtenir, avec les amines grasses, des produits où la condensation s'effectue suivant ce second mode de réaction (bases de *Schiff*), mais les produits obtenus se polymérisent facilement (V. p. 335 et *von Miller* et *Plöchl*, B. **25**, 2020; Bull. soc. chim. **1892**, **2**, 1202).

6. Les acides, traités par l'ammoniaque, fournissent des amides, ils s'unissent de même à l'aniline, etc., pour donner des *anilides*. L'acide acétique et l'aniline donnent l'acétanilide, $C^6H^5.AzH(C^2H^3O)$:

$$C^6H^5AzH^2 + C^2H^3O.OH = C^6H^5.AzH(C^2H^3O) + H^2O.$$

Ces anilides peuvent être considérées soit comme étant des *amines acidylées*, soit des *amides phénylées* (etc.) ; la formule $C^2H^3O.AzH(C^6H^5)$ correspond à cette seconde manière de voir. Leurs propriétés sont entièrement analogues à celles des amides ordinaires, surtout à celles des amides alcoylées (V. p. 169), elles sont, comme elles, scindées en leurs composants par les alcalis et sont obtenues par des méthodes identiques, en chauffant, par exemple, l'acide ou plutôt son anhydride ou son chlorure avec l'amine considérée :

$$\underset{\text{toluidine}}{C^6H^4(CH^3)AzH^2} + CH^3.COCl = \underset{\text{toluidine acétylée.}}{C^6H^4(CH^3).AzH.C^2H^3O} + HCl$$

7. Les bases primaires, chauffées avec du chloroforme et de la potasse alcoolique, se transforment en isocyanures : les *carbylamines*, composés d'odeur stupéfiante (V. p. 105). Chauffées avec du *sulfure de carbone*, elles donnent des sulfo-urées que l'acide phosphorique transforme en *isosulfocyanates* (V. p. 110 et p. 258).

8. Les amines primaires purement aromatiques (V. ci-dessous), traitées en solution acide par l'*acide nitreux*, se transforment en *composés diazoïques* ; si l'acide n'est pas en excès suffisant, on obtient des composés diazoamidés.

Les composés diazoïques, chauffés avec l'eau, se transforment en phénols, ce qui constitue un échange indirect de AzH^2 contre OH, échange qui, en série grasse, a lieu directement. Quand on chauffe les amines, en solution alcoolique, avec du nitrite d'amyle, leur groupe amido est « éliminé », c'est-à-dire remplacé par de l'hydrogène.

9. Les *produits d'oxydation* des bases primaires sont des plus divers ; on peut obtenir, suivant les conditions, du phénol, de la quinone, des composés azoïques, du noir d'aniline, etc. Un mélange d'aniline et de toluidine donne de la fuchsine par oxydation (V. ce mot).

10. Les bases qui possèdent leur groupe amido dans la *chaîne latérale* présentent, contrairement aux bases purement aromatiques, le caractère complet d'amines de la série grasse ; *elles ne peuvent donc être transformées en composés diazoïques.*

B. Monamines secondaires.

Ces amines se divisent en amines secondaires *purement aromatiques*, comme la diphénylamine, par exemple, et en amines secondaires *mixtes*, ces dernières contenant un reste aromatique et un radical de la série grasse.

Modes de formation. 1. Les amines secondaires *mixtes* s'obtiennent en traitant les amines primaires par l'iodure de méthyle, etc. (*Hofmann*). V. p. 329.

La réaction n'est pas habituellement limitée à l'introduction d'un seul radical alcoolique, elle conduit en même temps à la formation de bases tertiaires ; pour éviter la présence de celles-ci, on peut faire agir les halogènes alcoylés sur les bases primaires acétylées ou leurs dérivés sodés (*Hepp*), sur l'acétanilide, par exemple :

$$C^6H^5.AzH(C^2H^3O) + CH^3I = C^6H^5Az(CH^3)(C^2H^3O) + HI,$$

et saponifier les dérivés acétylés ainsi obtenus. L'action de l'acide nitreux permet de séparer les bases secondaires des bases tertiaires (V. nitrosamines).

2. Les amines secondaires *purement aromatiques* s'obtiennent en chauffant les *bases primaires* avec leurs *chlorhydrates.*

$$\begin{matrix} C^6H^5.AzH \mid H \\ + C^6H^5 \mid AzH^2HCl \end{matrix} = \begin{matrix} C^6H^5 \\ C^6H^5 \end{matrix} \Big> AzH + AzH^4Cl.$$

Cette réaction permet de préparer des bases asymétriques, c'est-à-dire des bases dont les deux radicaux sont différents.

3. Le phénol, chauffé avec de l'aniline et du chlorure de zinc, donne de la diphénylamine (V., par exemple : B. **17**, 2639 ; Bull. soc. chim. **1886**, **1**, 534) ; cette même amine s'obtient aussi :

4. Par l'action du benzène bromé sur la potassiumaniline (V. p. 328).

Propriétés. 1. Les bases secondaires *mixtes* ont un caractère basique très marqué, propriété que ne possèdent pas les bases purement *aromatiques* (V. p. 326).

2. Sur la destruction des bases mixtes par l'acide chlorhydrique, v. p. 327.

3. L'*hydrogène* du groupe imide peut encore ici être remplacé par un *radical alcoolique* ou par un *radical acide*, il peut aussi s'échanger contre K ou Na :

$$(C^6H^5)^2AzH + CH^3I = HI + (C^6H^5)^2Az(CH^3) \text{ (méthyldiphénylamine) ;}$$

$$(C^6H^5)^2AzH + (C^2H^3O)^2O = C^2H^4O^2 + (C^6H^5)^2Az(C^2H^3O).$$

acétyldiphénylamine

4. Les bases secondaires ne donnent ni isocyanures, ni isosulfocyanates (V. p. 110).

5. L'*acide nitreux* les convertit en *nitrosamines* (V. p. 110) :

$$C^6H^5AzH(CH^3) + AzO.OH = H^2O + C^6H^5Az(AzO).(CH^3).$$

phénylméthylnitrosamine

Ces *nitrosamines* sont des huiles neutres insolubles dans l'eau : chauffées avec du chlorure stanneux, elles régénèrent les bases secondaires ; les réducteurs à action modérée les transforment en *hydrazines* (V. p. 113).

Elles sont employées pour la préparation des bases secondaires à l'état de pureté : elles seules, en effet, sont précipitées à l'état d'huile (non basique) quand on traite par le nitrite de soude une solution acide d'un mélange d'amines primaire, secondaire et tertiaire.

Si l'on fait digérer les nitrosamines avec l'acide chlorhydrique alcoolique, elles se transforment en homologues de la nitrosodiméthylaniline, par migration dans le noyau du groupe nitroso (*O. Fischer* et *Hepp*. B. **19**, 2991 ; B. s. c. **1887**, **1**, 334. B. **20**, 1247 : B. s. c. **1887**, **2**, 412) :

$$C^6H^5-Az.(AzO)-CH^3 = C^6H^4(AzO)AzH.CH^3.$$

G. Monamines tertiaires.

Ces amines, elles aussi, peuvent être ou purement aromatiques, ou mixtes, c'est-à-dire à la fois grasses et aromatiques.

Modes de formation 1. Les bases mixtes s'obtiennent par *alcoylation* des bases primaires ou secondaires ; au lieu d'opérer avec les alcoylhalogènes, on peut chauffer les bases avec l'alcool considéré et l'acide chlorhydrique.

2. La triphénylamine (base purement aromatique) se forme par l'action du benzène bromé, C^6H^5Br, sur la dipotassium aniline (V. p. 328) :

$$CC^6H^5AzK^2 + 2C^6H^5Br = (C^6H^5)^3Az + 2KBr.$$

Propriétés. 1. Les amines tertiaires purement aromatiques, à l'inverse des amines mixtes, ne sont *pas* susceptibles de former des *sels*.

2. Les amines tertiaires ne donnent pas d'isocyanures avec le chloroforme, ni d'isosulfocyanates avec le sulfure de carbone, ni de dérivés acidylés avec

les chlorures d'acide ; l'iodure de méthyle les transforme en composés quaternaires.

3. L'*acide nitreux* agit sur les bases aromatiques tertiaires en donnant lieu à la formation de *dérivés nitrosés* dont le groupe nitroso est lié directement au *noyau benzénique* :

$$C^6H^5Az(CH^3)^2 + AzO.OH = C^6H^4(AzO).Az(CH^3)^2 + H^2O.$$

nitrosodiméthylaniline

(différence avec les bases tertiaires de la série grasse, v. p. 110).

La réduction de ces dérivés nitrosés fournit des dérivés amidés (diamines), contrairement à ce qui se passe pour les nitrosamines (V. ci-dessus) — Sur la constitution de ces bases nitrosées, v. d'ailleurs, p. 337.

D. Bases quaternaires.

Ces bases correspondent entièrement aux bases quaternaires de la série grasse ; l'hydrate de triméthylphénylammonium, par exemple, $C^6H^5Az.(CH^3)^3OH$, est une substance incolore, très alcaline, de saveur amère, que la chaleur décompose en alcool méthylique et en diméthylaniline. Toutes les amines tertiaires ne sont pas susceptibles de former des dérivés d'ammoniums.

E. Diamines. Triamines, etc.

Formation. 1. Par *réduction* des *carbures di-(poly-)nitrés* ou des *composés nitroamidés* : les dinitrobenzènes donnent ainsi les phénylènediamines, $C^6H^4(AzH^2)^2$ (V. tableau, p. 325). Les o-et p-diamines s'obtiennent le plus aisément en partant des composés nitroamidés o-et p- (V. p. 335).

Le tétramidobenzène s'obtient d'une manière analogue en réduisant le m-diamidobenzène dinitré.

2. On peut, en outre, introduire dans une monamine [surtout si elle est secondaire ou tertiaire comme $C^6H^5.Az(CH^3)^2$] un second groupe amido en para par rapport au premier en copulant d'abord cette base avec du *chlorhydrate de diazobenzène* (V. ce mot), ce qui donne lieu à la formation d'une *matière colorante azoïque*, la benzène-azo-diméthylaniline, dans l'exemple cité, que l'on *scinde* ensuite par réduction (Voir composés azoïques).

Quelques composés triamidés peuvent être préparés d'une manière entièrement analogue.

3. Certaines diamines s'obtiennent en partant des *dérivés nitrosés des amines tertiaires* : v. amidodiméthylaniline, $C^6H^4.AzH^2)[Az(CH^3)^2]$.

4. La transposition sémidinique de certains composés hydrazoïques (V. ce mot) fournit des o-diamines alcoylées.

Propriétés. Les diamines et les polyamines sont des composés généralement solides, cristallisés en tables ou en feuillets, distillant sans décomposition, facilement solubles dans l'eau, surtout à chaud ; elles sont incolores, mais, pour la plupart, brunissent rapidement à l'air. Leur instabilité croît avec le nombre de groupes amido contenus ; elles donnent souvent, en raison de leur facile oxydabilité, des colorations caractéristiques avec le chlorure ferrique ; cette coloration est rouge sombre pour l'o-phénylène diamine ; violette, puis brune pour le 1, 2, 3, triamidobenzène.

Les *trois séries isomères* de diamines se différencient essentiellement par leurs propriétés.

a) **Orthodiamines**. 1. Ces bases, oxydées par le chlorure ferrique, donnent des diamidophénazines colorées en rouge (Voir o-phénylène diamine).

2. Les composés mono-acidylés des o-diamines sont susceptibles de se transformer, par anhydrisation intérieure et formation d'un anneau, en *benzimidazols* ou *anhydrobases*, dérivés de l'imidazol (A **273**, 269) ; ainsi, la réduction de l'o-nitroacétanilide par l'étain et l'acide chlorhydrique fournit du *méthylbenzimidazol*, qu'on peut aussi considérer comme un dérivé de l'éthénylamidine, $CH^3C{\diagup\!\!\diagup AzH \atop \diagdown AzH^2}$, d'où son nom de phénylèneéthénylamidine (A **209**, 339) :

$$C^6H^4{\diagup AzH.CO.CH^3 \atop \diagdown AzO^2} + 6H = 2H^2O + C^6H^4{\diagup AzH.CO.CH^3 \atop \diagdown AzH^2}$$

$$= C^6H^4{\diagup AzH \diagdown \atop \diagdown Az \diagup\!\!\diagup}C.CH^3 + H^2O.$$

Ces composés prennent aussi naissance quand on chauffe directement les o-diamines avec les acides correspondants.

3. Les *aldéhydes* et les chlorhydrates des o-diamines réagissent d'une manière analogue en donnant également des *dérivés du benzimidazol* : les *aldéhydines*, avec mise en liberté d'acide chlorhydrique (*Ladenburg*. B. **11**, 590 ; **19**, 2025 ; Bull. soc. chim. **1887**, **1**, 354 et, en outre, B. **27**, 2187 ; Bull. soc chim. **1895**, **2**, 569).

4. Les o-diamines réagissent avec le *glyoxal* et quelques *α-dicétones* pour donner la *quinoxaline* et ses dérivés ; avec les *α-cétones alcools* (la benzoïne, par exemple), elles donnent les *dihydroquinoxalines*. — Ces bases, traitées par l'acide sulfocyanhydrique, donnent des iosulfocyanates (A. **221**, 1 ; Bull. soc. chim. **1884**, **2**, 522).

5. L'*acide nitreux* transforme les o-diamines en composés *azimidés* : l'o-phénylène diamine, par exemple, donne de l'*azimidobenzène*, $C^6H^4{\diagup AzH \diagdown \atop \diagdown Az \diagup\!\!\diagup}Az$ (B. **9**, 219, 1524 ; **15**, 1878. 2195 ; B. s. c. **1883**, **1**, 167, 226. B. **19**, 1757 ; Bull. soc. chim. **1887**. **1**, 262).

b) **Métadiamines**. 1. Les métadiamines, traitées par l'*acide nitreux* (même en traces), donnent lieu à la formation de matières colorantes brun jaunâtre (V. Brun Bismarck).

2. Elles fournissent des *matières colorantes azoïques* avec le chlorhydrate de *diazobenzène* (V. Chrysoïdine).

3. Traitées par la *nitrosodiméthylaniline*, ou oxydées en présence de p-diamines, elles donnent des matières colorantes *bleues* qu'une ébullition ultérieure transforme en colorants *rouges* (V. Rouge de toluylène).

4. L'action de CAzSH sur ces bases conduit à des phénylènediurées (A. **221**, 2 ; B. s. c. **1884**, **2**, 522).

c) **Paradiamines**. Ces bases, chauffées avec du bioxyde de manganèse et de l'acide sulfurique, donnent de la *quinone*, $C^6H^4O^2$ (V. ce mot) ou un homologue, composés doués d'une odeur caractéristique.

2. Une solution acide étendue d'une p-diamine contenant un groupe amido primaire, traitée par le chlorure ferrique en présence d'H^2S, fournit une matière colorante sulfurée *violette* ou *bleue* du groupe de la thiodiphénylamine.

3. L'oxydation d'une p-diamine contenant un groupe amido libre, en présence d'une monamine ou d'une métadiamine, fournit une indamine (V. ce mot).

Aniline.

Aniline, *amidobenzène, phénylamine*, $C^6H^5AzH^2$ (V. p. 326). La présence de cette base fut signalée d'abord par *Unverdorben* (1826 dans les produits de la distillation sèche de l'indigo (« cristalline »), puis par *Runge* (1834) dans le goudron de houille (« kyanol ») ; *Fritsche* la prépara (1841) en distillant l'indigo avec la potasse (« aniline ») ; *Zinin*, en 1842, en réduisant le nitrobenzène (« benzidam »). Elle fut minutieusement étudiée par *A. W. Hofmann*, 1843.

Existe dans le goudron de houille et dans l'huile d'os.

Préparation. Depuis 1864, on prépare cette base industriellement en réduisant le nitrobenzène par la tournure de fer en présence d'une faible quantité d'HCl, et distillant ensuite à la vapeur d'eau. L'aniline est un liquide incolore, huileux, très réfringent, d'une odeur faible particulière et d'une saveur brûlante ; elle se colore rapidement à l'air en jaune, puis en brun et finalement se résinifie. P. E. 183°. Densité (0°) = 1,036) Elle est soluble dans 31 parties d'eau, brûle avec une flamme fuligineuse, est vénéneuse et neutre au tournesol ; c'est une base plus forte à chaud, mais plus faible à froid que l'ammoniaque, ses sels possèdent une réaction acide ; elle est un bon dissolvant pour certains composés qui, d'ordinaire, se dissolvent difficilement (indigo, soufre).

Les *propriétés* de l'aniline ont été très soigneusement étudiées. Oxydée, en solution alcaline (par le permanganate, etc.), elle donne de l'azobenzène ; si on la traite par l'eau oxygénée ou le permanganate, on obtient un peu de nitrobenzène ; par l acide arsénique, on forme particulièrement de la violaniline, $C^{18}H^{15}Az^3$ (?) (colorant violet) qui se produit aussi en oxydant l'aniline par le nitrobenzène. Une solution d'aniline libre, traitée par un excès d'une solution de chlorure de chaux, se colore passagèrement en violet (réaction sensible ; sa solution dans l'acide sulfurique concentré devient rouge, puis bleue, par addition d'un cristal de bichromate. Le bichromate de potasse dissous dans l'eau produit, dans une solution acide de sulfate d'aniline, un précipité vert sombre qui devient noir (noir d'aniline) et se transforme finalement en quinone. L'oxydation d'un mélange d'aniline et de toluidine fournit la fuchsine, la mauvaniline, etc. ; un mélange d'aniline et de p diamine s'oxyde en donnant des safranines (V. aussi indulines).

Le chlore (V. plus loin) donne de l'aniline trichlorée, l'iode de l'aniline monoiodée, le chlorate de potasse et l'acide chlorhydrique, du chloranile. Pour l'action de l'acide nitreux, voir composés diazoïques ; pour l'action de l'acide nitrique, voir nitranilines ; pour celle de l'acide sulfurique, v. acide sulfanilique. L'aniline, chauffée avec de la glycérine et de l'acide sulfurique concentré, en présence de nitrobenzène, donne de la *quinoléine* ; chauffée avec du soufre, elle se transforme en *thioaniline*, $(C^6H^4AzH^2)^2S$; chauffée avec de l'urée, elle donne la *diphénylurée*, $CO(AzHC^6H^5)^2$, avec élimination d'ammoniaque, *réaction dont on connaît beaucoup d'analogues*.

L'action de la formaldéhyde sur l'aniline conduit dans certaines conditions à l'« **anhydroformaldéhydeaniline** », $[C^6H^5-Az=CH^2]x$ (cristaux blancs). Ce corps, en présence d'acide chlorhydrique, se condense avec un excès d'aniline pour donner du diamidodiphénylméthane (V. ce mot).

Sels. **Chlorhydrate d'aniline**, $C^6H^5AzH^2$ HCl, grandes tables blanches se colorant facilement à l'air en gris verdâtre ; il distille sans décomposition. — **Sulfate d'aniline**, $(C^6H^7Az)^2$, H^2SO^4 : beaux feuillets cristallins blancs peu solubles dans l'eau. — **Chloroplatinate d'aniline**, $(C^6H^7Az.HCl)^2$, $PtCl^4$: feuillets jaunes, assez facilement solubles dans l'eau.

Amidohexahydrobenzène, hexaméthylènamine, $C^6H^5.AzH^2.H^6$, produit de réduction de l'aniline : liquide incolore, bouillant à 134°, très basique, d'odeur rappelant celle de la coniine ; on l'a préparé au moyen du cétohexahydrobenzène (V. ce mot). *Baeyer*, A. **278**, 103 ; Bull. soc. chim. **1894**, **2**, 612.

Produits de substitution de l'aniline.

L'aniline est beaucoup plus *facilement* substituée par les halogènes que ne l'est le *benzène* ; traitée par le chlore ou le brome en solution aqueuse, elle prend *trois* atomes d'halogène ; avec l'iode, on obtient l'aniline monoiodée. Pour préparer l'**aniline monochlorée** ou **monobromée**, on la « protège » au préalable, c'est-à-dire on ne l'emploie que sous la forme de son dérivé acétylé, l'acétanilide ; celle-ci, mise en suspension dans l'eau et traitée par le chlore, se transforme essentiellement en **acétanilide p-chlorée** qui, saponifiée, donne facilement l'aniline p-chlorée (cristaux blancs, P. F. 71°, P. E. 231°). Les isomères **o**- et **p**- se préparent indirectement, en réduisant, par exemple, l'o- et le m nitrobenzène chloré (ou bromé).

Le caractère *basique* de l'aniline *s'affaiblit* par l'entrée du groupe halogène, surtout quand il se place en ortho ; l'aniline **trichlorée** (α), $C^6H^2Cl^3AzH^2$ (base cristalline, volatile sans décomposition), ne se combine plus aux acides. — L'aniline o- ou p-chlorée peut encore fixer deux atomes de chlore en donnant l'aniline trichlorée :
$AzH^2 : Cl : Cl : Cl = 1 : 2 : 4 : 6$, le dérivé méta est susceptible de se transformer en **aniline tétra et pentachlorée**. Les **anilines bromées** possèdent des propriétés complètement semblables.

Nitranilines.

L'acide nitrique, lui aussi, attaque l'aniline beaucoup *plus énergiquement* qu'il n'attaque le benzène ; il est donc nécessaire, pour obtenir les produits mononitrés, de « protéger » comme ci-dessus cette base, soit en l'acétylant ou en l'oxalylant, soit en nitrant en présence de beaucoup d'acide sulfurique concentré ; dans ce dernier cas, on obtient les trois nitranilines, le dérivé o- étant celui qui se forme en moins grande quantité. La nitration de l'acétanilide fournit surtout la **p-nitracétanilide**, $C^6H^4(AzO^2)(AzH.C^2H^3O)$, à côté de dérivé **ortho** ; composés qui sont aisément saponifiés par la potasse ou l'acide chlorhydrique.

L'o- et la p-nitraniline s'obtiennent aussi en chauffant avec l'ammoniaque à 180° les nitrobenzènes o- et p-chlorés (ou bromés), les éthers des o- et p-nitrophénols, $C^6H^4(AzO^2)(OC^2H^5)$, ou ces nitrophénols eux-mêmes (B. **19**, 1749 ; Bull. soc. chim. **1887**, **1**, 512). La nitration de l'acide acétylsulfanilique conduit à l'o-nitraniline (B. **19**, 985 ; Bull. soc. chim. **1886**, **2**, 392).

Les nitranilines peuvent aussi être obtenues par une réduction partielle des dinitrobenzènes correspondants (au moyen du sulfhydrate d'ammoniaque, par exemple).

Les 3 nitranilines (V. tableau, p. 325) se présentent sous forme d'aiguilles ou de prismes jaunes, facilement solubles dans l'alcool, très peu solubles dans l'eau. Les dérivés o- et m- sont seuls entraînables à la vapeur d'eau. Les trois isomères réduits donnent chacun la phénylènediamine correspondante.

Les nitranilines o et p, chauffées avec les alcalis, se transforment en nitrophénols :

$$C^6H^4(AzO^2)(AzH^2) + HOH = C^6H^4(AzO^2)(OH) + AzH^3.$$

On connaît aussi des **di** et **trinitranilines**, cette dernière base $C^6H^2(AzO^2)^3.AzH^2$), aiguilles jaunes, P. F. 188°, se conduit comme une amide de l'acide picrique, $C^6H^2(AzO^2)^3(OH)$, d'où son nom de **picramide** ; les agents de saponification la ramènent aisément à cet acide. V. p. 304.

Dérivés sulfonés de l'aniline (V. acides sulfoniques).

Anilines acolylées.

Méthylaniline. $C^6H^5AzH(CH^3)$ (*Hofmann*) Base un peu plus légère que l'eau, d'une odeur un peu plus forte et plus aromatique que celle de l'aniline. Peut être isolée de la méthylaniline industrielle (chlorhydrate d'aniline + alcool méthylique), au moyen de sa nitrosamine. S'obtient en outre d'après la méthode de la p. 330. V. B. **10**, 327, 588.

Le sulfate de cette base n'est pas cristallisable, il est soluble dans l'éther, la solution de chlorure de chaux le colore en violet, puis en brun Transformation en toluidine, p. 328.

Méthylaniline-nitrosamine, $C^6H^5Az(AzO)(CH^3)$. Formation 1) (V. plus haut) ; 2) en méthylant la phénylnitrosamine (V. ce mot) : huile jaune, d'odeur aromatique, ne possédant pas de propriétés basiques ; elle ne peut être distillée, mais s'entraîne par la vapeur d'eau. Si on chauffe cette nitrosamine avec du phénol et de l'acide sulfurique, puis qu'on étende d'eau le produit ainsi obtenu, une addition de potasse en excès colorera le liquide en bleu intense (*Réaction des dérivés nitrosés. Liebermann*). *Cette réaction est particulière à toutes les nitrosamines et à beaucoup d'autres dérivés nitrosés* (V. B. **15**, 1529).

Diméthylaniline, $C^6H^5Az(CH^3)^2$ (*Hofmann*). Huile d'odeur aromatique fortement basique, se solidifiant à basse température, ne donnant pas de sels cristallisés. Elle se combine déjà à froid à l'iodure de méthyle pour donner Az.(C^6H^5) (CH^3)^{3}I que la distillation scinde à nouveau en ses deux composants ; pour la base ammonium correspondante, v. p. 332. La diméthylaniline n'est colorée qu'en jaune faible par la solution de chlorure de chaux. — L'atome d'hydrogène qui se trouve en para par rapport au groupe Az(CH^3)^2 est doué d'une grande mobilité; l'action de l'acide nitreux, par exemple, provoque son échange contre un groupe nitroso (V. p. 332) ; cette propriété permet à la diméthylaniline de s'unir avec les chlorures d'acides, les aldéhydes, etc. en donnant des substances souvent compliquées; c'est ainsi qu'elle réagit avec la formaldéhyde en donnant du tétraméthyldiamidodiphénylméthane (V. ce mot) ; avec l'oxychlorure de carbone, $COCl^2$, en donnant de la tétraméthyldiamidobenzophénone (V. ce mot) ou du violet hexaméthylé (V. ce mot) ; avec la benzaldéhyde, en formant la leucobase du *vert malachite* (V. ce mot). Les oxydants peu énergiques (le chloranile, par exemple) la transforment en *violet méthylé*.

p-**nitrosodiméthylaniline**, C^6H^4(AzO).Az(CH^3)^2 (constitution, v. ci-dessous). La nitrosodiméthylaniline forme de beaux feuillets ou de belles tables vertes fusibles à 85°, son chlorhydrate cristallise en aiguilles jaunes ; elle sert à la préparation de diverses matières colorantes (bleu de méthylène, indophénol, gallocyanine, etc.) ; oxydée par le permanganate ou le ferricyanure de potassium, elle se transforme en p-**nitrodiméthylaniline**, C^6H^4(AzO^2).Az(CH^3)^2, P. F. 162°, qu'on obtient aussi directement, à côté du dérivé méta, en nitrant la diméthylaniline. La réduction de la p-nitrosodiméthylaniline fournit la p-diamine correspondante (V. p. 341) : la p-amidodiméthylaniline, C^6H^4(AzH^2).Az(CH^3)^2; l'action de la soude étendue transforme la nitrosodiméthylaniline en nitrosophénol et en diméthylamine.

Comme analogues de cette base, on peut mentionner : 1°, la p-**nitrosoaniline**, C^6H^4(AzO)(AzH^2) (constitution, v. ci-dessous), aiguilles bleues qu'on obtient par l'action de l'acétate d'ammoniaque sur le nitrosophénol (B. **20**, 2471 ; Bull. soc. chim. **1888**, **1**, 306) ; 2°, la p-**nitrosomonométhylaniline**, C^6H^4.(AzO)(AzH.CH^3), feuilles vertes ou prismes bleu d'acier ; cette base s'obtient en transposant la nitrosamine de la méthylaniline par l'action de l'acide chlorhydrique alcoolique (V. p. 331).

Le nitrosophénol étant un dérivé quinonique, $C^6H^4\langle{}^{O}_{Az.OH}$, la nitrosodiméthylaniline doit vraisemblablement contenir non pas un groupe nitroso, mais bien un groupe isonitroso, son chlorhydrate doit donc posséder la formule $C^6H^4\langle{}^{Az(CH^3)^2Cl}_{Az.OH}$, ce qui correspond à $C^6H^4\langle{}^{Az(CH^3)^2}_{Az}\rangle O$ pour la base libre (B. **20**, 532, 1569 ; Bull. soc. chim. **1887**, **1**, 964 ; **2**, 548). La nitrosoaniline et la nitrosométhylaniline possèdent des formules analogues.

Di et triphénylamine.

Diphénylamine, (C^6H^5)^{2}AzH (*Hofmann*), feuillets blancs, d'odeur agréable, de saveur brûlante et aromatique, à peine solubles dans l'eau, se dissolvant facilement dans l'alcool, l'éther et la ligroïne. Le *chlorhydrate de* *diphénylamine*, $C^{12}H^{11}Az.HCl$, se présente sous forme d'une poudre cristalline blanche, bleuissant à l'air; une solution de la base dans l'acide sulfurique concentré se colore en bleu intense quand on y ajoute des traces d'acide nitrique (réaction très sensible de l'acide nitrique). La diphénylamine, chauffée avec de l'acide formique et du chlorure de zinc, donne de l'acridine (V. ce mot); elle est employée dans la préparation du bleu de diphénylamine et de l'aurantia (V. ci-dessous).

Diphénylnitrosamine, $(C^6H^5)^2Az.AzO$, tables blanches, d'un éclat très vif; on l'obtient en faisant agir le nitrite d'éthyle sur la diphénylamine; **o-p-dinitrodiphénylamine**, $(C^6H^4AzO^2)^2.AzH$, aiguilles rouges; **p-p-dinitrodiphénylamine**, prismes jaunes; **hexanitrodiphénylamine**, $C^{12}H^4(AzO^2)^6AzH$, prismes jaunes; ce composé possède les propriétés d'un acide faible par suite de l'influence acidifiante qu'exercent les groupes nitro sur l'hydrogène imidique, son sel d'ammonium a été employé comme matière colorante sous le nom de *Jaune Aurantia*. Pour les **dérivés amidés** et **hydroxylés** de la diphénylamine (tableau, p. 325) et les matières colorantes qui dérivent de ces composés, voir au chapitre : quinones (indamine, etc.), voir aussi : safranine.

La méthylation de la diphénylamine conduit à un composé liquide : la **méthyldiphénylamine**, $(C^6H^5)^2Az.CH^3$.

Thiodiphénylamine, $C^{12}H^9AzS = AzH\begin{matrix} \diagup C^6H^4 \diagdown \\ \diagdown C^6H^4 \diagup \end{matrix}S$, feuillets jaunes, fusibles à 180°. S'obtient en chauffant la diphénylamine avec du soufre; peut être distillée sans décomposition.

Triphénylamine, $Az(C^6H^5)^3$, grandes tables. V. p. 326.

Dérivés acidylés de l'aniline, anilides.

Acide phénylsulfaminique, $C^6H^5.AzH.(SO^3H)$, cet acide est le type de la série encore peu connue des acides sulfaminiques organiques, $SO^2\begin{matrix} \diagup OH, \\ \diagdown AzR^2 \end{matrix}$ qui s'obtiennent par l'action, à basse température, de la chlorhydrine sulfonique ou de l'anhydride sulfurique sur les amines dissoutes dans le chloroforme, par exemple. Les acides libres sont très instables et se rapprochent par cette propriété de l'acide éthylsulfurique; les sels, le *phénylsulfaminate de baryum*, par exemple, $[C^6H^5AzHSO^3]^2Ba$, sont plus stables et peuvent être obtenus à l'état cristallisé (V. B. **23**, 1653; **24**, 360; **27**, 1241; Bull. soc. chim. **1891**, **1**, 331, 997; **1894**, **2**, 1144).

Formanilide, $C^6H^5.AzH.(CHO)$, s'obtient par l'action de l'acide formique sur l'aniline, elle donne deux dérivés acoylés différents, $C^6H^5.(Az.CH^3)(CHO)$ et $C^6H^5.Az : CH(OCH^3)$, suivant qu'on emploie, pour l'alcoylation, son sel de sodium ou son sel d'argent (comparer à la tautomérie des amides, p. 171 et voir, en outre, B. **23**, R. 659, A. **287**, 360).

Acétanilide, $C^6H^5.AzH.(C^2H^3O)$. S'obtient en chauffant plusieurs jours l'aniline avec l'acide acétique, ou encore par l'action de l'anhydride acétique sur l'aniline en présence de lessive de soude (B. **23**, 2962).

Beaux prismes blancs (P. F. 115°, P. E. 304°), facilement solubles dans l'eau chaude, l'alcool, l'éther et le benzène, aisément saponifiables (V. p. 329). L'acétanilide est employée comme fébrifuge sous le nom d'*antifébrine*; son hydrogène imidique peut être facilemet remplacé par le sodium avec formation de *sodium-acétanilide* (V. p. 170), $C^6H^5.Az.Na(C^2H^3O)$, corps cristallin se décomposant par l'eau.

Diacétanilide, $C^6H^5.Az(C^2H^3O)^2$, cristaux, P. F. 37°. S'obtient par une action énergique du chlorure d'acétyle ou de l'anhydride acétique sur l'aniline ou l'acétanilide ; se saponifie facilement en donnant de l'acétanilide et de l'acide acétique.

L'acétanilide, chauffée avec du pentasulfure de phosphore, donne la **thioacétanilide**, $CH^3.CS.AzHC^6H^5$ (analogue de l'acétothiamide, p. 173) ; chauffée avec du chlorure de zinc, elle se transforme en une matière colorante : la flavaniline (V. ce mot).

Méthylacétanilide, $C^6H^5.Az(CH^3)(C^2H^3O)$, *Exalgine*, aiguilles blanches, s'emploie comme analgésique contre la migraine.

La presque totalité des dérivés amidés des alcools, des acides ou des acides alcools de la série *grasse* qui contiennent encore, dans leurs groupes amido, des atomes d'hydrogène non substitués, sont susceptibles d'*échanger*, la plupart du temps indirectement, soit la totalité, soit seulement une partie de ces atomes d'hydrogène contre *des groupes phényle* ; cette substitution donne naissance à un très grand nombre de composés phénylés, tolylés, xylylés, etc., tels que les suivants :

Phénylglycocolle, *phénylglycine*, $\begin{matrix} CH^2.AzH.C^6H^5 \\ \cdot \\ CO.OH \end{matrix}$, s'obtient par l'action de l'acide acétique chloré sur l'aniline ; fondu avec les alcalis, il donne de l'indigo (V. ce mot).

Acide phénylimidobutyrique, $CH^3.C(Az.C^6H^5).CH^2.CO^2H$, s'obtient en faisant agir l'ester acétylacétique sur l'aniline.

Carbanilide, $CO(AzHC^6H^5)^2$, résulte de l'action du phosgène sur l'aniline.

Cyanate de phényle, $CO : Az.C^6H^5$, liquide d'odeur piquante, provoquant les larmes ; il est entièrement analogue aux esters cyaniques et s'obtient en faisant agir le phosgène sur le chlorhydrate d'aniline.

Isosulfocyanate de phényle, $C^6H^5Az : CS$. P. E. 222° ; possède les caractères des isosulfocyanates.

Diphénylsulfo-urée, $CS(AzHC^6H^5)^2$, feuillets brillants, P. F. 154°, s'obtient en chauffant l'aniline avec du sulfure de carbone ; chauffée avec de l'acide chlorhydrique concentré, elle se scinde en aniline et isosulfocyanate de phényle. **Mono, tri, tétraphénylsulfo-urées, phénylguanidines**, etc. (V. aussi tab., p. 325).

Homologues de l'aniline (V. tab., p. 325).

1. Les trois *toluidines*, $C^6H^4(CH^3)(AzH^2)$, s'obtiennent en réduisant les trois nitrotoluènes (p. 323). La **p-toluidine** est solide (*Muspratt* et *Hofmann*, 1845), l'**o-toluidine** (*A. Rosenstiehl*) est liquide. Elles sont toutes trois contenues dans le goudron de houille.

La réduction du nitrotoluène brut donne un mélange de toluidines o- et p- à côté d'un peu de dérivé m-, on peut séparer les deux premières bases en se basant sur différents caractères, entre autres sur la solubilité relativement faible de l'oxalate de p-toluidine (V. aussi B. **16**, 908).

La **m-toluidine**, qui est liquide, peut être obtenue en partant soit du m-nitrotoluène, soit de la m-nitrobenzaldéhyde (V. par exemple, B. **15**, 2009 ; Bull. soc. chim. **1883, 2**, 154).

Les points d'ébullition des trois toluidines isomères sont presque identiques (198 à 200°), ceux de leurs dérivés acétylés, au contraire, sont très différents (o : 107°, p : 147°, m : 65°), ce qui permet de les utiliser pour la caractérisation des toluidines.

L'o-toluidine, additionnée d'une solution de chlorure de chaux, se colore en violet ; additionnée de chlorure ferrique, elle se colore en bleu ; la p-toluidine ne présente pas ces réactions. — Pour la transformation en fuchsine, v. ce mot. — Si on protège les groupes amido des toluidines par une acétylation préalable, l'*oxydation* de ces bases portera sur le groupe méthyle qu'elle transformera en groupe carboxyle, on obtiendra donc des acides *amidobenzoïques* ; l'oxydation par le permanganate des composés amidés non acétylés les transformerait en composés azoïques.

On connaît encore un grand nombre de composés amidés analogues ; leurs propriétés sont semblables à celles des dérivés phénylés correspondants, telles sont : la **méthyl** et la **diméthyl-p-toluidine, l'acétotoluidine,** $C^6H^4(CH^3)AzH.(C^2H^3O)$, la **ditolylamine,** $[C^6H^4(CH^3)]^2AzH$, la **tolylphénylamine,** $AzH(C^6H^5)(C^6H^4.CH^3)$, les **nitrotoluidines,** $C^6H^3(CH^3)(AzO^2)(AzH^2)$, etc., etc.

Tétrahydro-m-toluidine, $C^6H^4CH^3.AzH^2.H^4$, P. E. 154°, base puissante, d'une odeur ammoniacale rappelant aussi celle du camphre ; s'obtient synthétiquement en partant de l'ester méthylènebisacétylacétique, A. **281**, 101.

2. **Benzylamine,** $C^6H^5.CH^2.AzH^2$. Liquide incolore, bouillant à 183° ; cette base, isomère des toluidines, est l'amine alcoolique de l'alcool benzylique ; on l'obtient, à côté de **di** et de **tribenzylamine,** en chauffant le chlorure de benzyle, $C^6H^5.CH^2Cl$, avec de l'ammoniaque ou, plus aisément, en réduisant la phénylhydrazone de la benzaldéhyde (B. **19**, 1928 ; Bull. soc. chim. **1887, 1**, 690) ; ses *propriétés* sont complètement *analogues* à celles de la *méthylamine* dont elle est, en quelque sorte, le dérivé phénylé.

3. *Xylidines,* $C^6H^3(CH^3)^2.AzH^2$. Ces bases peuvent exister théoriquement sous six modifications isomères qui sont d'ailleurs toutes connues : l'**amido-o-xylène** ($CH^3 : CH^3 : AzH^2 = 1 : 2 : 4$) seul est solide (P. F. 49°), les cinq autres isomères sont liquides ; tous les points d'ébullition de ces bases sont compris entre 212 et 226°. La xylidine industrielle, qui sert à la préparation de diverses matières colorantes, contient cinq de ces isomères parmi lesquels la **m-xylidine** ($CH^3 : CH^3 : AzH^2 = 1 : 3 : 4$, P. E. 212°) et la **p-xylidine** (1 : 4 : 2).

4. *Amidotriméthylbenzènes,* $C^6H^2(CH^3)^3AzH^2$. Le chlorhydrate d'amidotriméthylbenzène s'obtient en chauffant à 300° le chlorhydrate de xylidine et l'alcool méthylique ; cette méthode a permis de préparer la **ψ-(pseudo-) cumidine** (*amidopseudocumène*), $CH^3 : CH^3 : CH^3 : AzH^2 = 1 : 2 : 4 : 5$; P. F. 63° ; P. E. 230°, et la **mésidine** (*amidomésitylène* 1 : 3 : 5 : 2, liquide, P. E. 230°). La ψ-cumidine est employée dans l'industrie des matières colorantes.

Amidoéthylbenzène, $C^6H^4(AzH^2)(C^2H^5)$, isomère des toluidines ; **amidopropylbenzène,** $C^6H^4(AzH^2)(C^3H^7)$, isomère des xylidines.

Amidoisobutylbenzène, $C^6H^4(C^4H^9)(AzH^2)$; **amidotétraméthylbenzènes,** $C^6H(CH^3)^4.AzH^2$ (*amidodurène, phrenidine*) ; **m-isocymidine,** $C^6H^3(CH^3)(C^3H^7)AzH^2$; **amidopentaméthylbenzène,** $C^6(CH^3)^5AzH^2$.

Diamines et polyamines (V. p. 332).

Phénylènediamines, $C^6H^4(AzH^2)^2$ (V. tabl., p. 325). Le dérivé **méta** (*Zinin*, 1844), tables cristallines, est le plus accessible des trois isomères ; on l'obtient en réduisant le m-dinitrobenzène. L'acide nitreux le transforme en brun Bismarck, cette réaction permet de reconnaître des quantités extrêmement faibles de cet acide à la coloration jaune qu'elles communiquent à la solution de la diamine (B. **14**, 1015). **P-phénylènediamine** (*Hofmann*, 1863), feuillets cristallins, le chlorhydrate forme des tables blanches ; une solution acide de la base, traitée par du chlorure ferrique et de l'hydrogène sulfuré, donne naissance à une matière colorante sulfurée, la thionine (V. ce mot). L'oxydation d'un mélange des diamines m- et p- fournit finalement une diamidophénazine (V. ce mot). **P-amidodiméthylaniline**, $C^6H^4(AzH^2)[Az(CH^3)^2]$, dérivé diméthylé asymétrique de la base précédente ; s'obtient soit d'après la méthode de la p. 337, soit en réduisant l'Orangé III (Hélianthine) (B. **16**, 2235 ; Bull. soc. chim. **1884**, **2**, 348) ; l'action de l'hydrogène sulfuré et du chlorure ferrique transforme cette base en *Bleu de méthylène* (réaction très sensible de l'hydrogène sulfuré). **Orthophénylènediamine** (*Griess*, 1861) ; cette base, chauffée avec de la pyrocatéchine, donne l'hydrophénazine (V. ce mot) ; oxydée par le chlorure ferrique, elle fournit une diamidophénazine (V. ce mot) (V. B. **23**, 841 ; Bull. soc. chim. **1890**, **2**, 434). On connaît aussi un **p-diamidohexaméthylène** (V. B. **22**, 2168).

2. L'**o-p-toluylènediamine**, $C^6H^3(CH^3)(AzH^2)^2$ (1 : 2 : 4), peut, en tant que métadiamine, s'obtenir facilement en réduisant le dinitrotoluène ordinaire (V. p. 324), elle sert à la préparation du rouge de toluylène, etc. La **m-p**-*totuylène-diamine* (1 : 3 : 4) est l'o-diamine la plus facilement accessible, on l'obtient en nitrant l'acétyl-p-toluidine, saponifiant et réduisant la nitrotoluidine ainsi obtenue.

3. **Xylylènediamines**, $C^6H^2(CH^3)^2(AzH^2)^2$, bases homologues des précédentes.

4. **Tétramidobenzènes**, $C^6H^2(AzH^2)^4$, v. p. 332 (B. **20**, 328 ; **22**, 1648 ; **23**, 2815 ; **25**, 283 ; Bull. soc. chim. **1887**, **2**, 145 ; **1891**, **2**, 55 ; **1892**, **2**, 752). **Pentamidobenzène**, $C^6H(AzH^2)^5$. V. B. **26**, 2304 ; B. s. c. **1894**, **2**, 17. Ces composés sont peu stables, ils s'altèrent facilement par l'oxydation.

XXI. Composés diazoïques, composés azoïques, hydrazines, hydroxylamines.

A. Composés diazoïques.

L'action de l'acide nitreux différencie nettement les amines primaires de la série benzénique de celles de la série grasse ; alors que ces dernières, traitées par l'acide nitreux, se transforment directement en alcools :

$$C^2H^5.AzH^2 + AzO.OH = C^2H^5OH + Az^2 + H^2O,$$

les amines aromatiques, tout en pouvant subir une transformation analogue, donnent naissance à des produits intermédiaires bien caractérisés, les *composés diazoïques*, d'importance particulière tant au point de vue scientifique qu'au point de vue industriel. La découverte des composés diazoïques est due à *P. Griess* (1860) qui les étudia minutieusement (Ann. **121**, 257 ; **137**, 39).

Formation. Si l'on dirige un courant de vapeurs nitreuses dans une bouillie de nitrate d'aniline et d'acide sulfurique étendu, le sel d'aniline se dissout et la liqueur obtenue, additionnée d'alcool et d'éther, abandonne des aiguilles blanches de *nitrate de diazobenzène*, $(C^6H^5Az^2)$, AzO^3, assez stable dans l'air sec, se décomposant facilement à l'air humide et qui, chauffées ou soumises à un choc, détonent avec une extrême violence. La base correspondant à ce nirrate doit posséder la formule $C^6H^5Az^2$. OH, de même que la base KOH correspond au nitrate $KAzO^3$.

L'addition d'acide nitreux libre au sulfate, au chlorhydrate, ou à tout autre sel d'aniline, donne lieu à la formation du sel correspondant de diazobenzène ; on connaît donc le chlorhydrate de diazobenzène, $C^6H^5Az^2Cl$, le sulfate, $C^6H^5Az^2.SO^4H$, etc. Des sels doubles tels que le chloroplatinate, le chloraurate, etc., ont aussi été préparés. Les homologues de l'aniline et certaines diamines présentent aussi cette propriété ; la p-toluidine, par exemple, peut être transformée en chlorhydrate de diazotoluène, $C^6H^4(CH^3)Az^2.Cl$, etc.

Les composés diazoïques, à cause de leur instabilité et de leurs propriétés explosives, ne se préparent généralement pas à l'état solide et ne sont employés qu'en solution.

On dissout, par exemple, une molécule d'aniline dans deux à trois molécules d'acide chlorhydrique, on refroidit avec *de la glace*, puis on ajoute lentement une quantité calculée de nitrite de sodium, le liquide doit rester clair et ne pas dégager une quantité appréciable d'azote.

On peut aussi traiter par l'acide nitreux les composés amidés dissous dans l'acide sulfurique concentré, ou faire agir le nitrite d'amyle ou le nitrite d'éthyle sur une solution alcoolique de la base additionnée d'un acide minéral.

Cette réaction a lieu suivant la formule suivante :

$$\begin{array}{l|l|l} C^6H^5Az & H^2.H & AzO^3 \\ +Az & O^2\ H & \end{array} = C^6H^5.Az^2.AzO^3 + 2H^2O.$$

nitrate d'aniline. nitrate de diazobenzène.

Cette transformation d'une base en un composé diazoïque porte le nom de « **diazotation** ».

Propriétés. 1. Action de l'*eau*. Si l'on chauffe une solution sulfurique d'un composé diazoïque, tout l'azote que contient celui-ci s'élimtne à l'état gazeux, et la solution contient un phénol (V. p. 358), par exemple :

$$\begin{array}{l|l|l} C^6H^5 & .Az^2 & .Cl \\ +OH & & H \end{array} = C^6H^5OH + Az^2 + HCl.$$

Cette réaction, qui est d'un emploi très général, permet donc de remplacer un *amido par un hydroxyle.*

Le terme de *diazotation* s'emploie parfois dans un sens plus étendu, il comprend alors, dans sa signification, non seulement la diazotation proprement dite, mais aussi les réactions décrites dans ces divers paragraphes ; ainsi, on dira : éliminer un amido par diazotation.

2. Action de l'*alcool*. Les composés diazoïques, à l'état isolé ou dissous dans l'acide sulfurique concentré, échangent leur groupe diazoïque contre de l'*hydrogène* quand on les chauffe à l'ébullition avec de l'alcool : l'alcool cède deux atomes d'hydrogène et se transforme en aldéhyde :

$$\begin{array}{c|c|l} C^6H^5. & Az^2 & .Cl \\ +H & & H \end{array} = C^6H^6 + Az^2 + HCl.$$

On peut donc, de cette manière, *éliminer d'un dérivé benzénique* un groupe diazoïque et, par conséquent, *un groupe amido*.

La réaction ne se passe pas toujours comme ci-dessus, il se produit, dans certains cas, une substitution du reste alcoolique OC^2H^5 au groupe diazoïque avec formation d'un éther éthylique de phénol ; les toluidines chlorées, par exemple, soumises à ce traitement, ne se transforment pas en toluènes chlorés, mais bien en éthers éthyliques des crésols chlorés (B. **17**, 2703 ; B. s. c. **1886**, **1**, 179 ; B. 22, R. 658).

2ª. Le *chlorure stanneux* en solution alcaline possède une action analogue à celle de l'alcool (Comparer à ceci B. **22**, R. 741 ; et ci-dessous 8ª).

De même, on peut remplacer un groupe amido par de l'hydrogène en transformant d'abord le composé amidé en une *hydrazine* que l'on décompose ultérieurement par le sulfate de cuivre (*Baeyer*, B. **18**, 89).

3. Un composé diazoïque, chauffé avec une solution de *chlorure cuivreux* dans l'acide chlorhydrique, échange son groupe diazoïque contre un atome de *chlore* (*Sandmeyer*, B. **17**, 1633 ; **23**, 1218, 1628 ; Bull. soc. chim. **1885**, **2**, 627 ; **1891**, **1**, 35, 39. A. **272**, 143 ; Bull. soc. chim. **1893**, **2**, 969).

La distillation du chloroplatinate du diazoïque avec du carbonate de soude conduit à la même substitution qui, parfois, se produit déjà en traitant le composé diazoïque par l'acide chlorhydrique fumant ou par l'acide chlorhydrique en présence de cuivre divisé :

$$C^6H^5.Az^2.Cl = C^6H^5Cl + Az^2.$$

4. Un composé diazoïque, chauffé avec du *bromure cuivreux*, se transforme en composé bromé (*Sandmeyer*, B. **18**, 1492 ; B. s. c. **1886**. **1**, 791) ; chauffé avec de l'acide iodhydrique (iodure de potassium), il donne souvent un composé *iodé* ; traité par le cyanure cuivreux, il échange son groupe diazoïque contre le groupe CAz (B. **17**, 2650) :

$$\begin{aligned} 2C^6H^5.Az^2.Cl + Cu^2Br^2 &= 2C^6H^5Br + Cu^2Cl^2 + Az^2 ; \\ C^6H^5.Az^2.Cl + KI &= C^6H^5I + KCl + Az^2 ; \text{ etc.} \end{aligned}$$

On peut aussi substituer un atome de brome à un groupe amido en chauffant le perbromure du diazoïque correspondant avec de l'alcool absolu.

5. Le chlorure de diazobenzène, traité par l'hydrogène sulfuré, donne du sulfure de phényle (V. ce mot et B. **15**, 1683) ; traité, en présence d'oxyde cuivreux, par l'acide nitreux, il donne du nitrobenzène (V. p. 323) ; par l'acide sulfureux, il fournit de l'acide benzène sulfonique ; par l'acide sulfocyanhydrique, du sulfocyanate de phényle, C^6H^5—SCAz ; par l'acide cyanique, du cyanate de phényle ; traité par le benzène en présence de chlorure d'aluminium, il se transforme en diphényle, etc. (V. B. **23**, 738, 1218, 1454, 1628 ; **25**, 1086 ; **26**, 1996 ; Bull. soc. chim. **1891**, **1**, 35, 37, 39, 425 ; **1892**, **2**, 785 ; **1893**, **2**, 1241).

Ces réactions constituent un procédé d'une importance énorme pour la transformation d'un groupe nitro ou d'un groupe amido en OH, H, Cl, Br, I, CAz ; aussi, sont-elles *constamment employées* dans les laboratoires.

Les réactions 1 à 4 sont appelées **réactions de Griess** ; celles qui utilisent l'action du cuivre divisé, de l'oxyde cuivreux et de ses sels (V. ci-dessus) sont aussi spécialement désignées sous le nom de réactions de *Sandmeyer*.

6. Si l'on fait agir un diazoïque sur une amine *primaire* ou *secondaire*, ou qu'on traite une amine primaire par l'acide nitreux sans addition d'acide, on obtient un composé *diazoamidé* (V. p. 346) susceptible de se transformer en composé *amidoazoïque* (V. p. 350) ; les *amines tertiaires* fournissent directement ces derniers dérivés :

$$C^6H^5.Az^2.Cl + AzH^2,C^6H^5 = HCl + C^6H^5.Az : Az.AzHC^6H^5 \;;$$

dizoamidobenzène.

$$C^6H^5.Az^2.Cl + C^6H^5.Az(CH^3)^2 = HCl + C^6H^5.Az : Az.C^6H^4.Az(CH^3)^2.$$

diaméthylamidoazobenzène.

Des réactions analogues ont lieu avec les *m-diamines* et les *phénols* : il se forme, dans ce dernier cas, des composés *oxyazoïques* (V. p. 350) ; aussi, la formation d'une matière colorante (rouge orangé pour les amines simples) par l'addition d'un composé diazoïque à la m-phénylènediamine ou au β-naphtol constitue-t-elle une réaction très sensible des diazoïques en général ; les composés diazoamidés ne donnent lieu à cette coloration qu'après traitement par l'acide acétique.

7. Les bases *alcalines* puissantes transforment un grand nombre de diazoïques en sels alcalins ; ceux-ci, chauffés avec une lessive alcaline concentrée, se transforment en sels alcalins de composés isomères, les composés isodiazoïques, R—Az^2OK (*nitrosamines*), corps très stables, ne donnant pas lieu à la formation d'azoïques avec les phénols, mais qui, traités par les acides, reproduisent les diazoïques primitifs.

Certains diazoïques d'amines substituées par des groupes négatifs, le diazo de p-nitraniline, par exemple, subissent déjà cette transformation à la température ordinaire, les sels de nitrosamines ainsi formés sont transformés par les acides faibles en nitrosamines libres (R—Az^2OH), puis ramenés finalement au sel du diazoïque correspondant à l'acide employé.

8 L'oxydation du diazobenzène en solution alcaline fournit, entre autres corps, du *nitrosobenzene* (V. p. 324 et une grande quantité de *phénylnitramine*, C^6H^5.AzH.AzO^2, composé qu'on obtient aussi nettement par oxydation alcaline de la phénylnitrosamine. B. **26**, 471 ; **27**, 584, 915 ; B. s. c. **1893**, **2**, 551 ; **1894**, **2**, 623, 927.

8° Une réduction ménagée des composés diazoïques, au moyen du chlorure stanneux, par exemple, les tranforme en *hydrazines* (V. ce mot).

9. Le diazobenzène s'unit, en solution alcaline, aux corps qui contiennent le groupe CH^2—CO ou des groupes analogues (B. **27**, 147 ; B. s. c. **1894**, **2**, 541) en donnant des hydrazones avec élimination d'eau ; avec l'acétone, par exemple, on obtient la diphénylhydrazone de l'aldéhyde mésoxalique, $C^6H^5.AzH.Az{=}CH.CO.CH{=}Az.AzH.C^6H^5$ (B. **25**, 2793 ; Bull. soc. chim. **1892**, **2**, 1279) ; avec l'acide malonique, on obtient un composé *formazylé*, $C^6H^5.Az{=}Az.CH{=}Az.AzHC^6H^5$, à la fois azoïque et hydrazone (B. **25**, 3175, 3201 ; **27**, 320, 1679 ; Bull. soc. chim. **1893**, **2**, 364, 366 ; **1894**, **2**, 808, 1514).

10. On a proposé, en photographie, l'emploi de certains composés diazoïques sensibles à la lumière (B. **23**, 3131 ; Bull. soc. chim. **1891**, **2**, 68).

Constitution. Jusqu'à ces derniers temps, on attribuait généralement aux composés *diazoïques* la formule de *Kékulé* $R.Az{=}Az.X$ (X étant un reste acide ou OH,OK etc.), attribution motivée par leur faculté de donner des hydrazines par réduction et de se transformer en composés azoïques de constitution $R.Az{=}Az.R'$.

Depuis la découverte des composés isodiazoïques et à la suite de nouvelles études approfondies, dues particulièrement à *Bamberger* et à *Hantzsch*, on a été conduit à considérer de nouveau, pour les sels acides des diazoïques, l'ancienne formule de *Blomstrand*, $C^6H^5.\underset{X}{Az}{\equiv}Az$ (X étant un reste acide ou un halogène), B. **29** R, 93.

D'après cette hypothèse, on ramène les sels des diazoïques normaux au *type diazonium*, $C^6H^5.Az{\equiv}Az$, l'azote pentavalent que contient ce groupe lié au radical acide explique sa force basicité et la réaction neutre de ses sels ; cette conception permet d'expliquer d'une façon très satisfaisante les réactions de 1 à 5 (p. 343 et 344), elle rend compte un peu moins simplement de la réaction 6 (formation des composés diazoamidés et des composés azoïques).

Schraube et *Schmidt* (B. **27**, 514 ; Bull. soc. chim. **1894**, **2**, 989) ont assigné aux *isodiazoïques* (nitrosamines) la formule R—AzH—AzO ou RAzMe—AzO (Me étant un métal) en se basant sur leur propriété de donner par alcoylation des nitrosamines de bases secondaires :

$$R{-}AzK{-}AzO + CH^3I = R{-}Az(CH^3){-}AzO + KI.$$

(V. *v. Pechmann*, B. **27**, 672 ; B. s. c. **1894**, **2**, 991. *Bamberger*, B. **27**, 679 ; B. s. c. **1894**, **2**. 792). *Bamberger*, au contraire, ayant préparé les nitrosamines par l'action du nitrosobenzène sur l'hydroxylamine, leur attribue la formule R—Az=Az—OH (ou OMe).

Hantzsch, tout en attribuant aussi la formule azonium aux sels acides des diazoïques, conserve la formule de *Kékulé* pour les sels alcalins ou les éthers ; selon lui, les isodiazoïques sont des *stéréoisomères* des diazoïques, les premiers appartiennent à la série *anti*, les seconds à la série *syn* (V. B. **28**, 444, 1218, 1734, 2002 ; Bull. soc. chim. **1895**, **2**, 1485 ; **1896**, **2**, 76, 606).

Les *sels des diazoïques* sont des corps incolores, souvent bien cristallisés, se décomposant à la longue ou au contact de l'air ; cette décomposition s'accompagne souvent d'une explosion violente, ils sont assez facilement solubles dans l'eau, peu solubles dans l'alcool, insolubles dans l'éther.

Chlorure de diazobenzène, $C^6H^5-Az^2-Cl$, aiguilles incolores.

Nitrate de diazobenzène, $C^6H^5-Az^2.(AzO^3)$ (V. p. 342), aiguilles.

Sulfate de diazobenzène, $C^6H^5-Az^2(SOH^4)$, masse sirupeuse, se solidifiant en prismes cristallins qui détonent à 160°.

Perbromure de diazobenzène, $C^6H^5.Az^2.Br.Br^2$, feuillets jaunes ; prend naissance, sous forme d'une huile brune se figeant en masse cristalline, quand on additionne d'eau de brome ou d'acide bromhydrique un sel de diazobenzène ; deux de ses atomes de brome sont liés d'une façon peu stable ; traité par l'ammoniaque, il se transforme en un corps huileux, la **diazobenzèneimide**, $C^6H^5Az^3$, qu'on peut considérer comme le dérivé phénylé de l'acide azothydrique, Az^3H :

$$C^6H^5 + Az^2Br^3 + AzH^3 = 3HBr + C^6H^5.Az\left\langle\begin{matrix}Az\\ \vdots\\ Az\end{matrix}\right. \text{(diazobenzènimide).}$$

La dinitrodiazobenzènimide (de la dinitraniline), analogue du composé ci-dessus, est scindée par la potasse alcoolique en dinitrophénol et en acide *azothydrique*, réaction qui permet de préparer cet acide en partant de composés organiques (*E. Noelting*) (V. p. 198 et 259).

Diazobenzène-potassium, $C^6H^5Az^2.(OK)$ (*Griess ; Schraube* et *Schmidt*), feuillets blancs nacrés, facilement solubles dans l'eau et dans l'alcool. On peut, en partant de la solution aqueuse de ce composé, obtenir d'autres sels métalliques, le *diazobenzène-argent*, par exemple.

Chlorure de p-nitrodiazobenzène, $C^6H^4(AzO^2)Az^2Cl$, sel aisément soluble dans l'eau que la soude caustique transforme en sel de sodium de la **p-nitrophénylnitrosamine**, $C^6H^4(AzO^2)-AzNa-AzO$ (?), aiguilles jaunes, facilement solubles dans l'eau, d'un emploi industriel important pour la production sur fibre (coton) d'un colorant azoïque rouge par union avec le β naphtol (rouge de nitrosamine).

Phénylnitramine, acide diazobenzolique, cristaux. P. F. 46°. P. E. 98° ; ce composé s'obtient soit d'après (8), soit par l'action de Az^2O^5 sur l'aniline ; l'action des acides transpose ce composé en donnant de l'o-nitraniline à côté d'un peu de dérivé para. La réduction le transforme d'abord en diazobenzène, puis en phénylhydrazine.

Azimidobenzène, $C^6H^4\left\langle\begin{matrix}Az\\ AzH\end{matrix}\right\rangle Az$, aiguilles blanches, P. F. 98° ; s'obtient par l'action de l'acide nitreux sur l'o-phénylènediamine, possède un caractère basique peu accentué ; il peut être considéré comme un anhydride intérieur de l'o-phénylènediamine monodiazotée. La formule isomère, $C^6H^4\left\langle\begin{matrix}Az\\ |\\ Az\end{matrix}\right\rangle AzH$, représente le *pseudoazimidobenzène*, composé hypothétique dont on connaît quelques dérivés (*Zincke*, B. **255**, 339 ; Bull. soc. chim. **1890**, 2, 64).

B. Composés diazoamidés.

Les composés diazoamidés sont des corps cristallins, colorés en jaune (souvent assez faiblement), stables à l'air et ne se combinant point aux acides.

Formation, v. p. 344.

Propriétés. Les propriétés des composés diazoamidés sont entièrement *semblables* à celles des *diazoïques ;* dans la plupart des réactions, en effet, ils se scindent d'abord en leurs deux composants, amine et sel de diazoïque, après quoi ce dernier entre à son tour en réaction.

Le diazoamidobenzène chauffé, par exemple, avec de l'eau ou de l'acide chlorhydrique donne du phénol et de l'aniline avec dégagement d'azote ; chauffé avec de l'acide bromhydrique, il fournit de l'aniline et du benzène bromé.

2. Les composés diazoamidés, traités à nouveau en solution acide par *l'acide nitreux*, sont convertis totalement en diazoïques :

$$C^6H^5.Az^2.AzH.C^6H^5 + AzO^2H + 2HCl = 2C^6H^5.Az^2Cl + 2H^2O.$$

3. Les composés diazoamidés se *transposent*, pour la plupart facilement, en donnant leurs isomères, les composés *amidoazoïques* (*Kékulé*).

Cette transposition s'effectue avec une facilité particulière en présence de la base et d'un peu de son chlorhydrate, réaction qu'on explique, d'après l'équation suivante, par l'action de cette base sur les composés diazoamidés :

$$C^6H^5.Az^2.AzHC^6H^5 + C^6H^5.AzH^2 = C^6H^5.Az^2.C^6H^4.AzH^2 + AzH^2C^6H^5.$$

L'aniline est donc toujours régénérée de telle sorte qu'une minime quantité de base suffit pour la transposition complète (pour un autre essai d'explication, v. B. **25**, 1376 ; Bull soc. chim. **1892**, 2, 790). *L'azote du groupe amido se place en para vis-à-vis du groupe azoïque* (—Az=Az—).

Cette transposition, qui s'effectue très facilement avec les dérivés diazoamidés de l'aniline, de l'o et de la m-toluidine, se réalise plus difficilement avec le dérivé para : la place p. étant, dans cette base, occupée par le groupe CH^3, l'amido doit nécessairement se placer dans une autre position, il se fixe en ortho par rapport au groupe Az^2 (V. p. 350).

4. L'hydrogène imidique des composés diazoamidés peut être remplacé par un atome d'argent, de potassium, etc.

5. Quelques composés diazoamidés particuliers, traités à nouveau par du chlorure du diazobenzène, se transforment en composés *bidiazoamidés*.

Constitution, v. B. **19**, 3239 ; **20**, 3004, **21**, 548, 1016, 2557 ; Bull. soc. chim. **1887**, 2, 182 ; **1888**, **1**, 74, 980 ; **2**, 185 ; **1889**, **1**, 641. J. ch. soc. (**1889**), **1**, 412, 610, etc.

Diazoamidobenzène, $C^6H^5—Az=Az—AzH.C^6H^5$ (*Griess*).

On prépare ce composé en ajoutant 1 molécule de nitrite de soude à une solution de 2 molécules d'aniline dans 3 molécules d'acide chlorhydrique et saturant ensuite par l'acétate de soude (B. **17**, 641 ; Bull. soc. chim. **1885**, **1**, 480).

Feuillets ou prismes brillants, de couleur jaune clair, insolubles dans l'eau, facilement solubles dans l'alcool chaud, l'éther et le benzène, fusibles à 98°, beaucoup plus stables que le chlorure de diazobenzène.

Bdiazoamidobenzène $(C^6H^5Az^2)^2Az.C^6H^5$ (V. ci-dessus 5 et B. **27**, 703 ; Bull. soc. chim. **1894**, **2**, 996), aiguilles jaunes, détonant facilement (à 81°).

C. Composés azoïques.

Alors que la réduction des composés nitrés, effectuée en solution acide, donne naissance aux amines aromatiques, l'emploi des réducteurs alcalins (amalgame de sodium, soude et poudre de zinc, potasse et alcool) conduit le plus souvent à des composés intermédiaires, les composés azoxyques, azoïques et hydrazoïques.

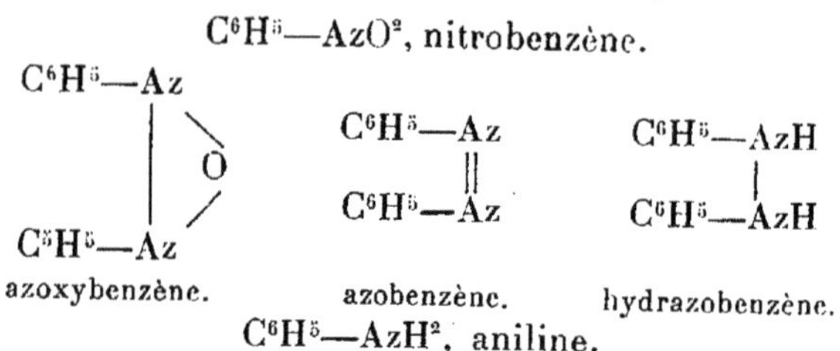

$C^6H^5—AzH^2$, aniline.

Les plus importants de ces dérivés sont les composés azoïques.

Pour la phénylhydroxylamine, produit de réduction en solution neutre, v. p. 354.

1. Composés azoxyques.

Les composés azoxyques sont des corps cristallins, jaunes ou rouges, de réaction neutre ; on les obtient par l'action de la potasse alcoolique ou plutôt du méthylate de sodium (B. 15, 865) sur les composés nitrés ; quelques-uns d'entre eux s'obtiennent aussi par oxydation des azoïques. La réduction les transforme aisément en composés azoïques, etc.

Azoxybenzène (*Zinin*), aiguilles jaune pâle, insolubles dans l'eau, facilement solubles dans l'alcool et l'éther, fusibles à 36°. L'acide sulfurique concentré transpose ce corps en le transformant en son isomère : le p-oxyazobenzène, $C^6H^5—Az=Az—C^6H^4OH$.

2. Composés hydrazoïques.

Les composés hydrazoïques sont des corps *incolores*, cristallisés, de réaction neutre ; à l'égal des composés azoxyques, ils ne sont pas volatils sans décomposition : l'hydrazobenzène, par exemple, est décomposé par la chaleur en azobenzène et aniline. On les obtient en réduisant les azoïques par le sulfhydrate d'ammoniaque ou la poudre de zinc et les alcalis. Les agents d'oxydation (chlorure ferrique) les transforment aisément en azoïques, transformation qui a déjà lieu lentement au contact de l'air. Les réducteurs énergiques, l'amalgame de sodium, par exemple, les convertissent en amines.

Ils subissent au contact des acides forts une *transposition* particulière :

si la place para par rapport au groupe imide est libre, on obtient du diamidodiphényle ou ses homologues ; ainsi, l'hydrazobenzène, traité par l'acide chlorhydrique, donne du chlorhydrate de *benzidine* (V. ce mot) :

$$C^6H^5—AzH—AzH—C^6H^5 = AzH^2—C^6H^4—C^6H^4—AzH^2 \text{ (benzidine)} ;$$

si cette place para est occupée, la transposition ne porte que sur un seul noyau (transposition sémidinique) et conduit à des dérivés de la diphénylamine (B. **25**, 992, 1013, 1019 ; **26**, 681 et suiv. ; Bull. soc. chim. **1892**, 2, 796, 836, 799 ; **1893**, 2, 638). Le p-hydrazotoluène, par exemple,

$$\begin{matrix} AzH.C^6H^4.CH^3 \\ | \\ AzH.C^6H^4.CH^3 \end{matrix} \text{, donnera le composé } \begin{matrix} AzH.C^6H^4.CH^3 \\ \diagdown \\ AzH^2.C^6H^3.CH^3 \end{matrix} \Big\} \text{ o-amido-p-m-ditolylamine.}$$

Hydrazobenzène, $C^6H^5—AzH—AzH—C^6H^5$ (*Hofmann*), aiguilles incolores, P. F. 131°, peu solubles dans l'eau, facilement solubles dans l'alcool et l'éther, d'odeur rappelant celle du camphre. Les hydrogènes imidiques de ce composé peuvent être remplacés par des groupes acétyle ou des groupes nitroso.

3. Composés azoïques.

Les composés azoïques sont des corps cristallisés, rouge franc ou rouge jaunâtre, de caractère indifférent, insolubles dans l'eau, solubles dans l'alcool ; quelques-uns d'entre eux, l'azobenzène, par exemple, distillent sans décomposition. Les oxydants les transforment en composés azoxyques, les réducteurs en hydrazoïques ou en amines ; le chlore et le brome agissent par substitution.

On connaît aussi des composés azoïques *mixtes* qui contiennent un radical benzénique et un radical alcoolique de la série grasse : l'*éthyle-azo-phényle*, par exemple, $C^6H^5.Az : Az.C^2H^5$, huile jaune clair.

Modes de formation. On obtient ces composés :

1. Par une réduction modérée des composés *nitrés* ou des composés azoxyques au moyen de l'amalgame de sodium, d'une solution de stannite de potasse, etc. (B. **18**, 2912 ; Bull. soc. chim. **1886**, **2**, 83).

2. En distillant les composés azoxyques avec de la limaille de fer.

3 En oxydant l'hydrazobenzène.

4. A côté de composés azoxyques, en oxydant les *composés amidés* (par le permanganate de potassium, par exemple) :

$$2C^6H^5.AzH^2 + 2O = C^6H^5—Az=Az—C^6H^5 + 2H^2O.$$

5. L'azobenzène s'obtient en faisant réagir le nitrosobenzène sur l'acétate d'aniline :

$$C^6H^5AzO + AzH^2.C^6H^5 = C^6H^5—Az=Az—C^6H^5 + H^2O.$$

Propriétés. La réduction des azoïques en solution acide fournit des amines, une réduction plus modérée conduit aux composés hydrazoïques ou, au lieu de ces derniers, à la benzidine ou à des homologues de cette base.

Azobenzène (benzèneazobenzène), $C^6H^5—Az=Az—C^6H^5$ (*Mitscherlich*, 1834), grandes tables rouges. P. F. 68° ; P. E. 293°.

Pour sa constitution, v. *Armstrong*, Chem. Proc. **1892**, 189.

Azotoluène, $C^6H^4.CH^3—Az=Az—C^6H^4.CH^3$; on en connaît diverses modifications.

4. Composés amidoazoïques et oxyazoïques.

L'entrée dans l'azobenzène, etc., de groupes amido ou de groupes hydroxyle donne naissance à des composés amido ou oxyazoïques, tels que :

$$\underset{\text{amidoazobenzène}}{C^6H^5—Az=Az—C^6H^4(AzH^2)} \quad \text{et} \quad \underset{\text{oxyazobenzène}}{C^6H^5—Az=Az—C^6H^4(OH).}$$

Les premiers composés possèdent à la fois les caractères des azoïques et ceux des bases, les seconds ceux des phénols et ceux des azoïques.

Formation. 1. L'amidoazobenzène s'obtient en partant de l'azobenzène, par *nitration* de ce composé et *réduction* du monitro ainsi formé.

2. L'azoxybenzène, chauffé avec de l'acide sulfurique concentré, donne de l'oxyazobenzène (V. p. 348).

3. Les composés amidoazoïques s'obtiennent par transposition des composés *diazoamidés* (p. 347), c'est-à-dire, quoique indirectement, par l'action des diazoïques sur les amines primaires et secondaires.

4. L'action des *composés diazoïques* sur les *amines tertiaires*, c'est-à-dire la « copulation » de ces diazoïques avec ces amines, fournit directement des composés amidoazoïques disubstitués dans le groupe amido (V. p. 344).

Dans ces réactions, le groupe azoïque entre en para par rapport au groupe amido ; si cette place est déjà occupée, la transposition des diazoamidés en amidoazoïques se produit plus difficilement et c'est la place ortho qui est attaquée. Les composés o-amidoazoïques ainsi formés se différencient en des points essentiels de leurs isomères de la série para.

Les diazoïques se combinent aux *m*-diamines en donnant du *diamidoazobenzène* ou des homologues de ce composé :

$$C^6H^5.Az^2.Cl + C^6H^4(AzH^2)^2 = \underbrace{C^6H^5—Az=Az—C^6H^3.(AzH^2)^2}_{\text{chrysoïdine}} + HCl$$

D'une manière analogue, l'action des diazoïques sur les *phénols*, en présence d'alcalis, donne naissance à des composés *oxyazoïques* :

$$C^6H^5.Az^2Cl + C^6H^5OK = C^6H^5—Az=Az—C^6H^4OH + KCl.$$

(Le reste du chlorure de diazobenzène ne prend donc pas ici la place primitivement occupée par le potassium).

Ces réactions ont lieu très facilement, particulièrement avec la *résorcine* (V. ce mot) et les phénols de la série *naphtalique*.

Les composés amido- et oxyazoïques sont des corps cristallisés, de couleur jaune, brune ou rouge, assez solubles dans l'alcool, généralement insolubles dans l'eau ; ce sont de véritables matières colorantes (colorants azoïques), le caractère chromogène (p. 26) de l'azobenzène se manifestant par l'entrée des groupes salifiables AzH^2 ou OH ; ainsi, la solution faiblement acide de l'amidoazobenzène teint la laine et la soie en un beau jaune (*Jaune d'aniline*), la *Chrysoïdine* est une matière colorante jaune orangé, etc. Le *Brun Bismarck* appartient aussi à cette série (V. ci-dessous).

Comme *matières colorantes*, *on emploie* la plupart du temps les *dérivés sulfonés* de ces corps au lieu de ces corps eux-mêmes (V. plus loin « Jaune solide »).

Les matières colorantes qui contiennent un reste de *naphtaline* dans leur molécule sont d'une importance particulière.

Le groupe amido de l'amidoazobenzène (para) peut être diazoté tout comme s'il appartenait à une amine simple ; le diazoïque obtenu fournit à nouveau, à l'égal du chlorhydrate de diazobenzène, des azoïques avec les diamines et les phénols, les corps ainsi formés, tels que $C^6H^5—Az{=}Az—C^6H^4—Az{=}Az—C^6H^4OH$ (B. 9, 628), sont désignés sous le nom de *disazoïques* ou *tétrazoïques* (B. **15**, 25, Bull. soc. chim. **1882**, **1**. 411). Beaucoup de matières colorantes azoïques, l'*Ecarlate de Biebrich*, l'*Ecarlate de crocéine*, etc. dérivent de composés de cette nature.

On connaît aussi des composés trisazoïques (B. **16**, 2028 ; Bull. soc. chim. **1884**, 2, 437).

Dans la formation de ces colorants azoïques, le groupe azo entre toujours, quand cette place est libre, en *para* par rapport à l'amido ou à l'hydroxyle ; si cette place est occupée, c'est en ortho que se fait la liaison.

Ces données découlent de l'étude des produits de scission qui prennent naissance par réduction de ces colorants (V. ci-dessous).

Les colorants azoïques, traités par l'étain et l'acide chlorhydrique ou par le sulfhydrate d'ammoniaque, se scindent généralement à la double liaison en donnant deux composés amidés :

$$C^6H^5—Az = Az—C^6H^4Az(CH^3)^2 + 2H^2 = C^6H^5AzH^2 + (AzH^2)C^6H^4Az(CH^3)^2.$$

L'étude de ces produits de scission permet souvent de découvrir la nature chimique d'un composé azoïque.

C'est sur cette réaction que repose la méthode d'introduction de nouveaux groupes amido dans les amines (ou les phénols) mentionnée p. 332.

A la place des formules exposées ci-dessus, on a proposé récemment, pour les amido ou les oxyazoïques, principalement pour ceux qui ont un groupe AzH^2 ou un groupe OH en ortho par rapport au groupe azoïque, des formules isomères qui représentent ces composés à l'état libre comme des *hydrazones de quinones ou de quinonimides* ; ainsi, la formule $C^6H^5AzHAz{=}C^6H^4{=}O$ appartiendrait à l'oxyazobenzène, tandis que son sel de potassium, au contraire, répondrait à la formule tautomère $C^6H^5—Az{=}Az—C^6H^4—OK$. Certaines expériences sur la réduction de ces composés viennent à l'appui de cette manière de voir (*H. Goldschmidt*, B. **24**, 2300. **25**, 1324 ; Bull. soc. chim. **1892**, **2**, 329, 787 ; thèse contraire : B. **24**, 1592 ; Bull. soc. chim. **1891**, **1**, 863).

Amidoazobenzène, *Jaune d'aniline*, $C^6H^5-Az=Az-C^6H^4.AzH^2$ (1863). Beaux feuillets ou belles aiguilles jaunes ; le chlorhydrate forme des aiguilles violet sombre, il est rouge en solution.

Acide amidoazobenzènemonosulfonique (V. p. 357), aiguilles de couleur chair, ses sels sont jaunes ; on l'obtient en sulfonant l'amidoazobenzène. L'**acide disulfonique**, aiguilles violettes, fournit aussi des sels jaunes. Le « *Jaune solide* » du commerce est un mélange des sels de soude de ces deux acides sulfoconjugués.

Diméthylamidoazobenzène, $C^6H^5-Az^2-C^6H^4Az(CH^3)^2$, feuillets jaune d'or ; le chlorhydrate forme des aiguilles violettes, le sel de soude de son **acide monosulfonique** (l'*Hélianthine*) est employé en *titration* alcalimétrique sous le nom d'*Orangé de méthyle* ou d'*Orangé III*; comme indicateur à la place du tournesol ; sa solution jaune se colore en effet en rouge par addition d'une trace d'acide, il n'est pas sensible à l'acide carbonique, ni à l'hydrogène sulfuré (B. **18**, 3290). La réduction de ce composé fournit de l'amidodiméthylaniline (p. 341) et de l'acide sulfanilique.

Diamidoazobenzène, $C^6H^5-Az=Az-C^6H^3(AzH^2)^2$ (*Caro, Witt*, 1875, v. p. 351). Le chlorhydrate de cette base constitue *la Chrysoïdine*, il cristallise en grands octaèdres.

Triamidoazobenzène, $C^6H^4(AzH^2)-Az=Az-C^6H^3(AzH^2)$ (*Caro, Griess* 1866), cristaux jaune brun, facilement solubles dans l'eau chaude ; on l'obtient par l'action de l'acide nitreux sur la m-phénylène diamine ; un des amido d'une moitié de la base est diazoté, le diazo ainsi formé, $C^6H^4(AzH^2)-Az=Az-Cl$, réagit sur l'autre moitié de la diamine d'après la p. 350. Le chlorhydrate de cette base est une poudre rouge.

Le triamidoazobenzène est contenu à côté de substances plus compliquées dans le *Brun Bismarck* (*Brun de phénylène, Vésuvine*).

Amidoazotoluène (p-diazotoluène sur p-toluidine), aiguilles rouge orangé ; il possède la constitution $C^6H^4\overset{1}{(CH^3)}-\overset{4}{Az}=\overset{3}{Az}-C^6H^3\overset{1}{(CH^3)}\overset{4}{(AzH^2)}$ (B. **17**, 77), c'est donc un composé orthoamidoazoïque ; sa solution alcoolique devient verte par addition d'acide chlorhydrique.

Oxyazobenzène, $C^6H^5-Az=\overset{1}{Az}-C^6H^4\overset{4}{(OH)}$ (*Griess* 1866), prismes rhombiques rouge brique ; s'obtient par l'action du chlorhydate de diazobenzène sur le phénol ou par transposition moléculaire de l'azoxybenzène (p. 348) ; c'est une matière colorante rouge jaunâtre.

Acide dioxyazobenzènesulfonique, $C^6H^4(SO^3H)-Az=Az-C^6H^3(OH^2)$, s'obtient par l'action de l'acide diazobenzènesulfonique sur la résorcine, son sel de soude constitue la *Chrysoïne* ou *Tropéoline O*.

D. Hydrazines et Hydroxylamines.

1. Les hydrazines de la série benzénique (*E. Fischer*) sont complètement analogues à celles de la série grasse (V. p. 113) :

$C^6H^5-AzH-AzH^2$	$(C^6H^5)^2Az-AzH^2$	$C^6H^5AzH-AzHC^2H^5$
phénylhydrazine	diphénylhydrazine	phényléthylhydrazine sym.

Phénylhydrazine, $C^6H^5—AzH—AzH^2$, masse cristalline incolore fondant à 23° en donnant une huile qui brunit très facilement par oxydation et bout sans décomposition à 233°. La phénylhydrazine forme un chlorhydrate, $C^6H^5Az^2H^3,HCl$ (feuillets cristallins difficilement solubles dans l'acide chlorhydrique); comme toutes les hydrazines, elle se distingue par des propriétés réductrices énergiques : elle réduit déjà la liqueur de *Fehling* à froid, peut être détruite par oxydation, mais est stable vis-à-vis des réducteurs. Une oxydation modérée de *sulfate de phénylhydrazine*, au moyen de l'oxyde de mercure, le transforme en sulfate de *diazobenzène*; inversement, on prépare la phénylhydrazine a) en réduisant le chlorure de diazobenzène par la quantité calculée du mélange de chlorure stanneux et d'acide chlorhydrique (*V. Meyer, Lecco*, B. **16**, 2976 ; Bull. soc. chim. **1884**, **2**, 448) :

$$C^6H^5—Az^2.Cl + 4H = C^6H^5—AzH—AzH^2,HCl\ ;$$

b) par réduction (poudre de zinc et acide acétique) du *diazobenzène-sulfite de potassium*, $C^6H^5Az^2.SO^3K$ (obtenu par l'action de SO^3K^2 sur $C^6H^5Az^2Cl$), réduction qui fournit le *phénylhydrazine-sulfite de potassium*, $C^6H^5—Az^2H^2.SO^3K$; ce sel, chauffé avec de l'acide chlorhydrique, est scindé en phénylhydrazine et acide sulfurique :

$$C^6H^5—Az^2H^2—SO^3K + HCl + H^2O = C^6H^5—AzH—AzH^2,HCl + SO^4KH.$$

Quelques phénylhydrazines substituées ont été directement obtenues par l'action de l'hydrate d'hydrazine sur les dérivés benzéniques.

L'hydrogène imidique de la phénylhydrazine peut être remplacé par un atome de sodium ou, sous l'influence des alcoylhalogènes, par des radicaux alcooliques; une action ultérieure des agents alcoylants produirait aussitôt des ammoniums quaternaires. Les radicaux acides peuvent se substituer à un ou à deux atomes d'hydrogène en donnant, dans le premier cas, des *hydrazides*, composés analogues aux amides, aux anilides, etc., et dont on connaît deux isomères de position : α et β ; ces composés se colorent en violet rouge par addition d'acide sulfurique et de bichromate de potasse et peuvent servir à l'isolement des acides facilement solubles (B. **22**, 2728).

La phénylhydrazine est un réactif sensible des aldéhydes et des cétones avec lesquelles elle forme des *hydrazones* par élimination d'eau (V. p. 127 et 135. B. **17**, 573 ; Bull. soc. chim. **1885**, **1**, 574) ; ces hydrazones, étant généralement cristallisées, peuvent être employées pour la caractérisation des cétones et des aldéhydes ; par réduction, elles fournissent des amines (B. **19**, 1924 ; Bull. soc. chim. **1887**, **1**, 690) ; pour leur oxydation, v. B. **26**, 1045 ; Bull. soc. chim. **1893**, **2**, 902. La phénylhydrazine se combine aux dicétones, etc. pour donner des *osazones* (V. p. 207), elle en forme également avec les sucres et ces composés, ainsi que les hydrazones dérivées des mêmes substances, sont d'une grande importance pour leur caractérisation. L'action de la phénylhydrazine sur l'éther acétylacétique conduit au phénylméthylpyrazolon qui, par méthylation, donne l'*antipyrine* (V. p. 288); elle réagit aussi avec les lactones (B. **20**, 401 ; **26**, 1271, 1377; Bull. soc. chim. **1887**, **1**, 965 ; **1893**, **2**, 894).

La phénylhydrazine, traitée par l'acide chlorhydrique en présence de sulfate de cuivre, se transforme en *benzène chloré* ; chauffée à 200°, elle se transpose, pour la plus grande partie, en donnant de la *p-phénylènediamine* (transposition analogue à celle de l'hydrazobenzène (V. p. 348).

Acide phénylhydrazinesulfonique, $C^6H^4(SO^3H)—AzH—AzH^2$ (B. **18**, 2193 ; Bull. soc. chim. **1886**, **2**, 599), hydrazine de l'acide sulfanilique, aiguilles blanches ; cet acide est employé pour la préparation de la Tartrazine (p. 231).

Diphénylhydrazine, $(C^6H^5)^2Az—AzH^2$, base facilement liquéfiable (P. F. 34°), bouillant sans décomposition ; comme la phénylhydrazine, elle est facilement oxydable, bien qu'elle ne réduise qu'à chaud la liqueur de *Fehling* ; on l'obtient par réduction de la diphénylnitrosamine, $(C^6H^5)^2Az—AzO$.

Diphénylhydrazine symétrique. Ce composé n'est autre que l'hydrazobenzène (V. p. 348). Sur les « *amidrazones* » (hydrazidines), v. B. **26**, 2789 ; **28**, 1283 ; Bull. soc. chim. **1894**, **2**, 378 ; **1896**, **2**, 79. *Pour les composés formazylés*, v. p. 345.

2. **Phénylhydroxylamines**, $R—AzH^2O$, ces composés correspondent aux alcoyl-hydroxylamines de la p. 113, ils peuvent, eux aussi, exister sous deux formes isomères de structure : $AzH^2.OC^6H^5$ (α) et $C^6H^5.AzH.OH$ (β), cette dernière modification présente un intérêt particulier.

β-Phénylhydroxylamine, $C^6H^5.AzH.OH$, cristaux incolores, fusibles à 81° ; ce composé possède des propriétés basiques, on l'obtient par une réduction prudente du nitrobenzène, au moyen de la poudre de zinc et de l'eau ou, mieux, de l'amalgame d'aluminium ; les acides le transposent facilement en le transformant en p-amidophénol ; oxydé par l'oxygène de l'air, il donne de l'azoxybenzène ; par le bichromate de potasse, il fournit du nitrosobenzène (B. **27**, 1347, 1432, 1548 ; Bull. soc. chim. **1894**, **2**, 1038, 1083, 1125).

Appendice. Composés phosphorés, etc. Composés organométalliques.

Aux composés phosphorés, etc. aliphatiques correspondent des composés analogues aromatiques qui ont été étudiés par *Michaelis* et ses élèves (A. **181**, **188**, **201**, **212**, **229**, B. **28**, 2205 ; B. s. c. **1895**, **2**, 1468), tels sont : la **phénylphosphine**, $C^6H^5.PH^2$; l'acide **phénylphosphinique**, $C^6H^5PO(OH)^2$; le **phosphinobenzène**, $C^6H^5PO^2$ et le **phosphobenzène**, $C^6H^5.P=PC^6H^5$, analogues du nitro et de l'azobenzène, le chlorure de **phosphazobenzène**, $C^6H^5.Az:P.Cl$. Beaucoup de ces composés sont solides ; ils sont tous, quand la comparaison est possible, moins volatils et plus stables que les composés aliphatiques correspondants.

Dichlorure de phosphophényle, $C^6H^5—PCl^2$, liquide d'odeur pénétrante, bouillant à 225°, obtenu en faisant passer de la vapeur de benzène et du trichlorure de phosphore dans un tube chauffé au rouge.

L'antimoine, le bismuth, le bore, le silicium parmi les métalloïdes, l'étain, le plomb, le mercure parmi les métaux, forment aussi des dérivés phénylés, tels que le suivant :

Mercure-diphényle, $Hg(C^6H^5)^2$, analogue du mercure-éthyle ; liquide qu'on obtient par l'action du mercure sur le benzène bromé.

XXII. Acides sulfoniques aromatiques.

Les propriétés des acides sulfoniques aromatiques sont fréquemment analogues à celles des acides sulfoniques de la série grasse (V. p. 101), toutefois les premiers s'obtiennent directement (p. 293) par l'action de l'acide sulfurique fumant ou de SO^3HCl sur les carbures (« sulfonation »), mode d'obtention qui ne peut être employé pour les dérivés sulfonés aliphatiques.

Acide benzènesulfonique, $C^6H^5.SO^2OH$ (*Mitscherlich*, 1834), feuillets déliquescents cristallisant avec 1 $^1/_2$ H^2O, facilement solubles dans l'alcool ; le *sel de baryum*, $(C^6H^5.SO^3)^2Ba$, forme des feuillets nacrés.

Cet acide s'obtient en traitant le benzène par l'acide sulfurique concentré :

$$C^6H^6 + SO^4H^2 = C^6H^5.SO^3H + H^2O.$$

On le sépare de l'acide sulfurique en excès au moyen du carbonate de plomb ou du carbonate de baryum, ses sels de Ba et de Pb étant, en effet, solubles dans l'eau comme d'ailleurs ceux de l'acide éthylsulfurique ; on peut aussi le précipiter à l'état de sel de soude par addition de chlorure de sodium.

Obtention en partant du chlorure de diazobenzène, v. p. 344 et B. **23**, 1454 ; Bull. soc. chim. **1891**, **1**, 37.

Propriétés. 1. L'acide benzènesulfonique est très stable ; comme l'acide éthylsulfonique, en effet, il n'est pas décomposé par ébullition avec les alcalis ou les acides ; il se scinde, au contraire, en benzène et en acide sulfurique quand on le chauffe soit avec de l'acide chlorhydrique à 150°, soit avec une solution concentrée d'acide phosphorique, ou encore lorsqu'on le traite par la vapeur d'eau à haute température :

$$C^6H^5.SO^3H + H^2O = C^6H^6 + SO^4H^2.$$

2. L'acide benzènesulfonique donne du phénol par fusion avec les alcalis :

$$C^6H^5.SO^3K + KOH = C^6H^5.OH + SO^3K^2.$$

3. Distillé en présence de cyanure de potassium, il fournit du cyanure de phényle :

$$C^6H^5SO^3K + CAzK = C^6H^5CAz + SO^3K^2.$$

4. L'action du pentachlorure de phosphore sur cet acide donne lieu à la formation du chlorure d'acide correspondant : le **benzènesulfochlorure** :

$$C^6H^5.SO^2.OH + PCl^5 = C^6H^5.SO^2Cl + POCl^3 + HCl,$$

composé huileux, se solidifiant à 0° [P. F. 14,5°, P. E. 120° (sous 10 mm. de pr.)] qui, en tant que chlorure d'acide, est décomposé par l'eau chaude en ses éléments, forme avec les alcools les esters correspondants et se transforme, par l'action de l'ammoniaque, en **benzènesulfamide,** $C^6H^5.SO^2.AzH^2$ (feuillets nacrés, pouvant être sublimés), dont les propriétés correspondent à celles des amides des acides carboxylés, à cela près que l'influence acidifiante intense qu'exerce le groupe SO^2 sur le groupe amido est telle que l'hydrogène amidique peut être remplacé par un métal, ce qui permet à la sulfamide de *se dissoudre dans l'eau alcaline.*

Avec les amines primaires et secondaires, le benzènesulfochlorure fournit aussi des sulfamides qui répondent aux formules $C^6H^5.SO^2.AzHR$ et $C^6H^5.SO^2.AzRR'$, les premières sont encore solubles dans les alcalis, les secondes ne s'y dissolvent plus ; il ne peut naturellement pas former de sulfamides avec les amines tertiaires. Une bonne méthode de séparation des amines primaires, secondaires et tertiaires repose sur ces propriétés (*Hinsberg*, B. **23**, 2962).

5. Le benzènesulfochlorure, traité par la *poudre de zinc*, donne le sel de zinc de l'acide **benzènesulfinique** :

$$2C^6H^5.SO^2Cl + 2Zn = (C^6H^5SO^2)^2Zn + ZnCl^2.$$

Cet acide s'obtient aussi, à côté du disulfure de phényle, dans l'action du thiophénol sur le benzènesulfochlorure en présence d'alcali. L'acide benzènesulfinique se présente sous forme de grands prismes brillants, facilement solubles dans l'eau chaude, solubles aussi dans l'alcool et dans l'éther ; il possède des propriétés réductrices ; l'hydrogène naissant le ramène au thiophénol :

$$C^6H^5.SO^2H + 4H = C^6H^5.SH + 2H^2O.$$

L'action de l'anhydride sulfurique sur le benzène conduit à la **diphénylsulfone**, $(C^6H^5)^2SO^2$, tables cristallines, difficilement solubles dans l'eau, plus solubles dans l'alcool, qu'on obtient aussi par oxydation du *sulfure de phényle*, $(C^6H^5)^2S$. (V. ce mot) ; cette sulfone est entièrement analogue à la *diéthylsulfone*. On connaît aussi des sulfones mixtes, la phényléthylsulfone, par exemple, $(C^6H^5)(C^2H^5)SO^2$.

Les esters de l'acide benzènesulfinique, $C^6H^5.SO^2(C^2H^5)$, par exemple, composés peu stables, sont isomères avec les sulfones, v. B. **24**, 1147 ; Bull. soc. chim. **1892**, **2**, 259.

Le chlore, le brome, les groupes nitro et amido peuvent entrer comme substituants dans l'acide benzènesulfonique.

Les acides **nitrobenzènesulfoniques**, $C^6H^4(AzO^2).SO^3H$, s'obtiennent aussi bien par nitration de l'acide benzènesulfonique que par sulfonation du nitrobenzène ; dans les deux cas, le dérivé méta se forme en quantité prépondérante ; ces acides donnent par réduction les acides amidobenzènesulfoniques correspondants.

Acides amidobenzènesulfoniques, $C^6H^4.(AzH^2)(SO^3H)$. Dérivé para : **acide sulfanilique** (*Gerhardt*, 1845), tables rhombiques efflorescentes, cristallisant avec $1H^2O$, peu solubles dans l'eau ; on l'obtient aussi en chauffant l'aniline avec de l'acide sulfurique fumant ou en chauffant à sec le sulfate d'aniline à 180°-200°.

Ce composé se combine aux bases (avec la soude, par exemple, il donne le sulfanilate de soude, $C^6H^4AzH^2SO^3Na + 2H^2O$, grandes tables cristallines), mais il ne se combine pas aux acides, sa constitution doit répondre à la formule $C^6H^4\left\langle\begin{matrix}AzH^3\\SO^3\end{matrix}\right\rangle$ (formation d'un sel intérieur) ; le dérivé méta : **acide métanilique**, prismes ou fines aiguilles, est employé, comme le précédent, pour la préparation de diverses matières colorantes.

Acide diazobenzènesulfonique, $C^6H^4\left\langle\begin{matrix}Az^2\\SO^3\end{matrix}\right\rangle$ (anhydride du composé $C^6H^4\left\langle\begin{matrix}Az^2OH\\SO^3H\end{matrix}\right.$), aiguilles blanches difficilement solubles dans l'eau ; on l'obtient en introduisant un mélange de sulfanilate de soude et de nitrite de sodium dans l'acide sulfurique étendu, il présente toutes les réactions des diazoïques et est employé pour la préparation de colorants azoïques d'une grande importance (V. p. 351).

Les acides **benzènedisulfoniques**, $C^6H^4(SO^3H)^2$ (surtout le dérivé méta) et l'acide **benzènetrisulfonique**, $C^6H^3(SO^3H)^3$, s'obtiennent par une sulfonation plus énergique du benzène ; il existe naturellement trois acides benzènedisulfoniques qui, par distillation en présence du cyanure de potassium, donnent les composés $C^6H^4(CAz)^2$ (nitriles des acides phtaliques). L'acide benzène m-disulfonique, fondu avec la potasse caustique, se transforme en résorcine [m-dioxybenzène, $C^6H^4(OH)^2$].

Presque tous les *homologues* du benzène, l'hexaméthylbenzène excepté, fournissent d'une manière analogue des dérivés sulfonés : le toluène, par exemple, donne l'acide **toluènesulfonique**, $C^6H^4(CH^3)(SO^3H)$, qui, en tant que dérivé disubstitué du benzène, existe sous les trois modifications. La sulfonation directe conduit principalement au dérivé para dont le sel de chaux cristallise très bien.

Les acides **xylènesulfoniques**, $C^6H^3(CH^3)^2(SO^3H)$, dérivés sulfonés des trois xylènes, sont employés pour la séparation de ces carbures (V. p. 314).

En général, les acides sulfoniques des homologues élevés du benzène sont souvent employés pour la séparation et la caractérisation de ces carbures, à cause de la facilité de cristallisation que présentent leurs sels ou leurs sulfamides.

Comme exemple de la diversité des acides sulfoniques aromatiques que l'on peut obtenir, on peut mentionner : l'**acide m-nitro p-toluènesulfonique o-bromé**, $C^6H^2(CH^3)Br(AzO^2)(SO^3H)$.

Comme le montre déjà cet exemple, on peut obtenir des dérivés sulfonés des composés aromatiques les plus complexes ; on peut donc, par ce moyen, rendre solubles et par conséquent employables des **matières colorantes** que leur insolubilité dans l'eau, etc., rendrait d'un emploi industriel difficile ; les colorants sulfonés sont, il est vrai, souvent inférieurs aux colorants primitifs, tant au point de vue du pouvoir colorant qu'à celui de la solidité (à la lumière, par exemple, ce qui est le cas pour l'indigo).

Sur les dérivés sulfonés des colorants azoïques, v. p. 352.

XIII. Phénols.

TABLEAU DES PHÉNOLS LES PLUS IMPORTANTS

monovalents	*divalents*	*trivalents*
$C^6H^5.OH$ *phénols* [42] (180)	$C^6H^4(OH)^2$ Dioxybenzènes o=pyrocatéchine [104] (245) *m=résorcine* [118] (280) *p=hydroquinone* [169] [$C^6H^4O^2$ *quinone*]	$C^6H^3(OH)^3$. Trioxybenzènes v=*pyrogallol* [132] (210) a=oxyhydroquinone s=phloroglucine (217)
$C^6H^4(CH^3).OH$ *crésols* o- : m- : p- : [31](188) [3](201) [36](198)		$C^6H^2(CH^3)(OH)^3$ méthylpyrogallol
$C^6H^3(CH^3)^2.OH$ xylénols par exemple [74] (211)	$C^6H^3(CH^3)(OH)^2$ 1, 3, 5 = *orcine* [107] (288) 1, 3, 4 = homopyrocatéchine	*tétravalents* $C^6H^2(OH)^4$ Tétraoxybenzène
C^9 ψ-cuménols		
C^{10} durénols $C^6H^3(CH^3)(C^3H^7).OH$ *thymol* [51] (222) carvacrol [0] (237)	C^8 xylorcine, etc.	*hexavalents*
C^{11} pentaméthylphénol	C^9 mésorcine	$C^6(OH)^6$ Hexaoxybenzène

Les phénols sont des dérivés oxygénés du benzène que leurs propriétés chimiques placent à mi-chemin entre les alcools et les acides, ils dérivent des carbures benzéniques par le même mécanisme que les alcools de la série grasse dérivent des paraffines, c'est-à-dire par l'entrée des groupes hydroxyles à la place d'atomes d'hydrogène du noyau benzénique.

Les phénols sont des composés liquides ou solides, d'odeur souvent caractéristique (acide carbolique, thymol), distillant généralement sans décomposition ; ils sont, les uns facilement solubles dans l'eau, les autres difficilement solubles dans ce liquide, ils se dissolvent généralement très bien dans l'alcool et dans l'éther ; beaucoup d'entre eux sont doués de propriétés antiseptiques (phénol, crésol, résorcine).

Propriétés. Comme les *alcools*, les phénols sont susceptibles de former des *éthers* (l'anisol, par exemple, $C^6H^5.O.CH^3$) ; des *esters* saponifiables (acide phénylsulfurique, par exemple, $C^6H^5.O.SO^3H$) ; des composés *sulfurés*, etc.

Ils peuvent être comparés aux alcools tertiaires en ce que, à l'inverse des alcools primaires et secondaires, ils ne sont pas susceptibles de donner par oxydation des alcools ou des cétones possédant dans leur molécule un nombre d'atomes de carbone égal à celui du composé primitif.

Les phénols se différencient des alcools par plusieurs de leurs propriétés ; ils sont très stables vis-à-vis des agents oxydants, les halogènes et l'acide nitrique ne les oxydent pas, mais agissent, au contraire, par substitution ; ils ne peuvent être transformés en carbures par déshydratation, etc.

2. Les phénols possèdent les propriétés des *acides* faibles (le caractère négatif du groupe phényle apparaît donc nettement dans ces composés) ; avec les alcalis, etc., ils forment des sels, pour la plupart facilement solubles dans l'eau, qui correspondent aux alcoolates tout en étant beaucoup plus stables. Les sels alcalins obtenus par dissolution des phénols dans les alcalis sont ordinairement décomposés par l'acide carbonique. L'entrée de groupes *négatifs* (surtout de AzO^2) dans la molécule des phénols *élève* considérablement le caractère acide de ces composés (V. acide picrique).

3. Les phénols sont de vrais *dérivés benzéniques*, ils peuvent fournir des *dérivés* appartenant à *toutes les classes* de composés benzéniques traitées jusqu'à présent ; on connaît donc des phénols chlorés, bromés, nitrés, amidés, sulfonés. Le chlore, le brome, l'acide nitrique etc. réagissent sur ces composés avec une *facilité* caractéristique.

Le chlore et le brome, en solution aqueuse même très étendue, agissent par substitution. L'acide nitrique dilué conduit aux nitrophénols ; s'il est concentré, il fournit immédiatement des dérivés di et trinitrés.

Etat naturel. Un grand nombre de phénols se rencontrent dans le règne végétal et dans le règne animal (V. ci-après).

Constitution. L'hydroxyle du phénol, $C^6H^5.OH$, et ceux des dérivés benzéniques à six atomes de carbone di, tri, etc., hydroxylés sont liés au *noyau benzénique* ; il en est de même pour les *homologues* de ces composés, ce que démontre la complète analogie de leurs réactions et leur conduite vis-à-vis des agents oxydants ; les produits obtenus par transformation des chaînes latérales en carboxyles sont, en effet, des oxyacides, c'est-à-dire contiennent encore le groupe hydroxyle.

L'entrée de l'hydroxyle dans les chaînes latérales des homologues du benzène est possible théoriquement, mais les composés ainsi obtenus ne sont pas des phénols, mais bien de vrais alcools aromatiques (V. p. 376).

A. Phénols monovalents.

Modes de formation. 1. Un grand nombre de phénols prennent naissance dans la distillation sèche de composés carbonés complexes, surtout dans celle du bois ou de la houille : le *goudron de bois* (la créosote du hêtre, par exemple) et le *goudron de houille* contiennent donc ces composés ; ce dernier renferme spécialement le phénol et ses homologues (crésol, etc.). Quant au goudron de bois, il contient, entre autres dérivés, des éthers méthyliques de phénols polyvalents tels que le gaïacol, $C^6H^4.(OH)(O.CH^3)$ et son homologue, le créosol (p. 368).

On sépare les phénols des huiles de houille, etc. en agitant celles-ci avec une lessive de potasse dans laquelle ils se dissolvent, on décompose cette solution par un acide, puis on purifie les phénols précipités par distillation fractionnée.

2. Les phénols s'obtiennent par fusion des *acides sulfoniques* avec la soude ou la potasse, il se forme en même temps un sulfite alcalin (*Kékulé, Wurtz, Dusart*, 1867) :

$$C^6H^5.SO^3K + 2KOH = C^6H^5.OK + SO^3K^2 + H^2O.$$

La fusion s'opère au laboratoire dans des capsules de nickel ou d'argent ; industriellement on emploie des chaudières en fer. Les acides *sulfoniques chlorés* et les *phénols chlorés* peuvent aussi, par fusion alcaline, échanger leur halogène contre un hydroxyle :

$$C^6H^4.Cl(SO^3K) + 4KOH = C^6H^4(OK)^2 + SO^3K^2 + KCl + 2H^2O.$$

3. *Les diazoïques, chauffés en présence d'eau, donnent des phénols* (V. p. 342) :

$$C^6H^4Cl(Az^2.Cl) + H^2O = C^6H^4Cl(OH) + Az^2 + HCl.$$

On opère en solution sulfurique étendue.

4. Le phénol s'obtient en partant du *benzène* par l'action de l'ozone ou de l'eau oxygénée ou par celle de l'oxygène de l'air en présence de chlorure d'aluminium. On peut, d'une manière analogue, obtenir du di et même du trioxybenzène par fusion du phénol avec la potasse :

$$C^6H^5.OH + O = C^6H^4(OH)^2.$$

5. Les phénols ne peuvent être préparés au moyen du *benzène chloré* (bromé ou iodé) comme on obtient les alcools en partant des alcoylhalogènes, l'halogène est *trop solidement* lié au noyau benzénique pour permettre cette substitution. Si, au contraire, le composé contient également des groupes *nitro*, l'échange pourra se produire en chauffant ce composé avec une lessive de soude ou de potasse (V. p. 304), le trinitrobenzène chloré se transforme déjà sous l'action de l'eau :

$$C^6H^2Cl(AzO^2)^3 + HOH = C^6H^2(OH)(AzO^2)^3 + HCl.$$

6. D'une manière analogue, les *composés amidés* qui contiennent en même temps des groupes nitro peuvent échanger, par ébullition avec les alcalis, leur groupe amido contre un groupe hydroxyle ; ainsi, l'o- et la p-nitraniline (mais non la m-) fournissent les nitrophénols correspondants, transformation qui correspond à la saponification des amides, v. p. 304.

7. Les phénols s'obtiennent par distillation en présence de chaux des sels des oxyacides aromatiques (V. ce mot), ou par distillation de leurs sels d'argent :

$$\text{acide gallique : } C^6H^2(OH)^3.CO^2H = CO^2 + C^6H^3(OH)^3 \text{ (pyrogallol).}$$

8. Les homologues du phénol, l'éthyl- et le butylphénol, par exemple, s'obtiennent en chauffant le phénol avec l'alcool correspondant et le chlorure de zinc (B. **14**, 1845 ; **15**, 150 ; B. s. c. **1882**, **1**, 353, 467).

9. Sur les synthèses de phénols en partant des 1-5 dicétones, v. p. 307 et A. **281**, **36** ; B. s. c. **1895**, **2**, 168.

10. La putréfaction de l'albumine fournit des phénols, surtout du p-crésol, $C^6H^4(CH^3)OH$.

Propriétés. Sur : 1) le caractère alcoolique des phénols ; 2) leur caractère acide ; 3) leurs réactions de substitution, v. ci-dessus et p. 362 et suiv. L'eau de brome précipite les solutions aqueuses de phénol, même très étendues, en donnant du phénol tribromé fusible à 92°. 4) Un grand nombre de phénols sont, en solution neutre, *colorés* d'une manière caractéristique par le *chlorure ferrique* ; cette coloration est violette pour le phénol et la résorcine, verte pour la pyrocatéchine, violet bleu pour l'orcine ; le pyrogallol est coloré en rouge par le chlorure ferrique et en bleu par le sulfate ferreux mélangé de sels ferriques. Le chlorure de chaux et l'iode donnent parfois aussi des colorations.

5. L'acide nitreux transforme les phénols en *dérivés nitrosés* (V. nitrosophénol) ; en solution sulfurique concentrée, il communique aux phénols une coloration intense qui devient bleue quand on sursature par la potasse (réaction de *Liebermann*, V. p. 336).

6. Les sels de potassium ou de sodium des phénols réagissent avec l'acide carbonique *(Kolbe)* ou le phosgène en donnant lieu à la formation d'oxyacides aromatiques (V. acide salicylique) :

$$C^6H^5.OH + CO^2 = C^6H^4(OH).CO^2H.$$

Ces oxyacides se forment aussi quand on emploie le tétrachlorure de carbone en présence d'alcalis (B. **9**, 1285), les aldéhydes correspondantes s'obtiennent par l'action du chloroforme sur les phénols en présence d'une lessive de soude (B. **9**, 824).

7. Les phénols se combinent aux diazoïques en donnant des matières colorantes oxyazoïques (p. 350); chauffés avec le phénylchloroforme, $C^6H^5.CCl^3$, ils donnent des colorants rouge jaunâtre (V. aurines), avec l'acide phtalique, ils forment des phtaléines (V. ce mot).

8. Les phénols, chauffés avec la poudre de zinc, sont ramenés aux carbures correspondants (*Baeyer*) :

$$C^6H^5.OH + 2H = C^6H^6 + H^2O.$$

9. Chauffés avec de l'ammoniaque et du chlorure de zinc (ou du chlorure de calcium), ils échangent OH contre AzH^2 (V. p. 327 et B. **19**, 2901 ; B. s. c. **1887**, **1**, 417).

10. Chauffés avec du pentachlorure de phosphore, ils se transforment incomplètement en carbures chlorés (V. p. 320), avec du pentasulfure de phosphore, ils donnent des thiophénols (V. p. 363).

11. Scission des phénols par le chlore, v. p. 308.

12. Transformation des phénols en acide tartrique inactif par oxydation au moyen du permanganate de potassium, v. B. **24**, 1753 ; B. s. c. **1892**, **2**, 566.

Phénol.

Phénol, *acide carbolique*, *alcool phénylique*, $C^6H^5.OH$. Découvert par *Runge*, en 1834, dans le goudron de houille ; est contenu dans l'huile d'os, dans le castoréum, dans l'urine des herbivores et, à l'état d'ester sulfurique, dans l'urine humaine. Masse cristalline incolore, composée de longues aiguilles. P. F. 42°, P. E. 180°, D. (à 0°), 1,084. Le phénol est soluble dans 15 parties d'eau à 16° ; réciproquement, il dissout un peu de ce liquide : quelques centièmes d'eau suffisent à liquéfier le phénol cristallisé ; il est très soluble dans l'alcool et dans l'éther, prend facilement une coloration rougeâtre au contact de l'air et attire l'humidité; son odeur est caractéristique et sa saveur brûlante, il est vénéneux et possède une action antiseptique remarquable, il exerce sur la peau une action fortement corrosive. Le phénol est soluble dans les alcalis caustiques, insoluble dans les carbonates alcalins; sa solution aqueuse est colorée en violet par le chlorure ferrique, il colore en bleu verdâtre un copeau de sapin humecté d'acide chlorhydrique.

Phénolate de sodium, $C^6H^5.ONa$, aiguilles blanches, facilement solubles dans l'eau ; on l'obtient en chauffant le phénol avec de la soude.

Phénolate de calcium, $(C^6H^5.O)^2Ca$, carbolate de chaux, utilisé comme désinfectant.

Phénolate de mercure, $(C^6H^5.O)^2Hg$, aiguilles cristallines incolores ; employé contre les maladies de la peau.

Réactions du phénol et de ses homologues, B. **14**, 2306; **15**, 1207.
Dérivés hydrogénés du phénol (V. ci-après).

Tableau des dérivés du phénol les plus importants.

Produits de substitution.	*Ethers*	*Esters*
$C^6H^4(OH)Cl$ (3) phénols chlorés p : [37] (217) $C^6H^4(OH).AzO^2$ (3) nitrophénols o- : [45] (214) ; p- : [114] $C^6H^2(OH)(AzO^2)^3$ trinitrophénols [123]	$C^6H^5.O(CH^3)$ anisol liq. (155) $C^6H^5.O(C^2H^5)$ phénétol liq. (172) $C^6H^5.O.C^6H^5$ phénoléther [28] (253)	$C^6H^5.O(SO^3H)$ ac. phénylsulfurique $C^6H^5.O(C^2H^3O)$ acétylphénol (193)
		Composés *sulfurés*
$C^6H^4(OH).AzH^2$ (3) amidophénols o- : [170] ; p : [184] $C^6H^4(OH).SO^3H$ (3) ac. phénolsulfoniques	$C^6H^3(AzH^2).OCH^3$ (3) anisidines p : [56] (245) $C^6H^3(AzH^2)(OCH^3)(SO^3H)$ ac. anisidinesulfonique	$C^6H^5.SH$ thiophénol (172) $(C^6H^5)^2S$ sulfure de phényle (272)

Tétrahydrophénol (cyclohexenol), $C^6H^5OH.H^4$, P. F. 166°. **Hexahydrophénol** (cyclohexanol), $C^6H^5OH.H^6$, *oxyhexaméthylène*, P. F. 17°, P. E. 160°. Ces deux composés ont été préparés en partant de la quinite, ils possèdent une odeur analogue à celle de l'eau-de-vie de mauvais goût.

Cétohexahydrobenzène (cyclohexanone), $C^6H^4(O)H^6$, *cétohexaméthylène*, huile incolore, P. E. 153°, d'une odeur rappelant celle de l'acétone et celle de la menthe poivrée ; ce composé, qui est la cétone de l'hexaméthylène, est isomère de structure avec le tétrahydrophénol, il est contenu dans le goudron de bois brut et peut être obtenu en partant soit de l'acide pimélique (V. p. 307), soit de la quinite (*Baeyer*, A. **278**, 100 ; Bull. soc. chim. **1894**, **2**, 612).

Obtention des phénols hydrogénés en partant des 1.5 dicétones : A. **281**, 25 : Bull. soc. chim. **1895**, **2**, 168.

Ethers.

L'anisol (benzèneoxyméthane) et le **phénétol** s'obtiennent en chauffant le phénate de potassium (ou le phénol et la potasse) avec l'iodure de méthyle ou l'iodure d'éthyle en solution alcoolique :

$$C^6H^5OK + CH^3I = C^6H^5OCH^3 + KI ;$$

le premier s'obtient en outre en distillant l'acide anisique avec de la chaux ; ces composés sont des liquides d'odeur éthérée, bouillant plus bas que le phénol (de même que l'éther bout plus bas que l'alcool), ils sont neutres et d'une grande stabilité, ils possèdent les caractères des carbures. Ils ne subissent la décomposition inverse que sous l'influence d'interventions très énergiques comme celle de l'acide iodhydrique à 140° et celle de l'acide chlorhydrique fumant à haute température (ou encore sous l'action du chlorure d'aluminium) :

$$C^6H^5.O.CH^3 + HCl = C^6H^5.OH + CH^3Cl.$$

Cette réaction permet le dosage des groupes méthoxyle, OCH^3, contenus dans les éthers phénoliques (*Zeisel*, M. f. Ch. **6**, 986 ; **7**, 406 ; v. aussi, par exemple, B. **22**, R. 710).

Éther phénylique, *oxyde de phényle*, $(C^6H^5)^2O$, longues aiguilles qu'on obtient en chauffant le phénol avec le chlorure de zinc ou le chlorure d'aluminium (ne se produit pas par l'action de SO^4H^2) ; il n'est pas scindé par l'acide iodhydrique.

Esters acides du phénol.

Acide phénylsulfurique, $C^6H^5.O(SO^3H)$, *acide phénolsulfurique* ; ce composé ne peut exister qu'à l'état de sels : quand on essaie de l'isoler, il se saponifie aussitôt en donnant du phénol et de l'acide sulfurique. Le *sel de potassium*, $C^6H^5.O.(SO^3K)$, feuillets cristallins, difficilement solubles dans l'eau froide, est contenu dans l'urine des herbivores et aussi dans l'urine humaine (après absorption de phénol), on l'obtient synthétiquement en chauffant le phénate de potassium avec le pyrosulfate de potassium en solution aqueuse (*Baumann*), il est très stable vis-à-vis des alcalis, mais il est saponifié par l'acide chlorhydrique.

Les autres esters sulfuriques de phénols que contient encore l'urine, l'acide crésolsulfurique, etc., sont complètement analogues au précédent.

Ester diphénylcarbonique, *carbonate de phényle*, $CO(O.C^6H^5)^2$, aiguilles brillantes, P. F. 78° ; s'obtient par l'action du phosgène sur le phénolate de sodium, il peut être transformé en acide salicylique (V. ce mot).

Phénolcarbonate de sodium, $C^6H^5.O.CO^2Na$; s'obtient par l'action de l'acide carbonique sur le phénate de soude ; chauffé, il se transforme en salicylate de soude, les acides le décomposent en acide carbonique et en phénol.

Acétylphénol, $C^6H^5.O.C^2H^3O$, liquide bouillant à 193°, facilement saponifiable ; on l'obtient par l'action du chlorure d'acétyle sur le phénate de sodium ou en chauffant le phénol avec de l'acide acétique et de l'acétate de soude.

Thiophénols.

Thiophénol, $C^6H^5.SH$, *sulfhydrate de phényle*, liquide d'odeur très désagréable, possédant nettement le caractère des mercaptans (V. p. 91), qu'on obtient soit en partant du benzène sulfochlorure (p. 356) (V. B. **28**, 2319 ; Bull. soc. chim. **1896**, **2**, 693), soit en chauffant le phénol avec du sulfure de phosphore, soit, en outre, en partant du chlorure de diazobenzène, par échange du groupe diazoïque contre SH (l'échange indirect convient mieux). V. B. **23**, 738, R. 327 ; Bull. soc. chim. **1891**, **1**, 425.

Le thiophénol forme des sels, un composé mercurique, par exemple, $(C^6H^5S)^2Hg$, qui cristallise en aiguilles brillantes ; l'acide sulfurique concentré le colore en rouge cerise puis en bleu, il s'oxyde facilement en donnant du disulfure de phényle.

Disulfure de phényle, $(C^6H^5)^2S^2$, aiguilles brillantes, P. F. 60°, s'obtient très facilement en traitant par l'iode le composé potassé du thiophénol ou en abandonnant à l'air une solution ammoniacale de ce composé ; il se réduit facilement en donnant du thiophénol.

Sulfure de phényle, $(C^6H^5)^2S$, analogue du sulfure d'éthyle ; liquide d'odeur alliacée pénétrante qu'on obtient par l'action du chlorure de diazobenzène sur le thiophénol (B. **23**, 2469 ; Bull. soc. chim. **1891**, 2, 56), ou en faisant agir le benzène bromé sur le thiophénate de plomb :

$$C^6H^5{-}Az^2{-}Cl + H{-}S{-}C^6H^5 = C^6H^5{-}S{-}C^6H^5 + Az^2 + HCl.$$

Comparer à ces composés les corps correspondants de la série grasse, p. 90 et suiv.

Phénols chlorés, phénols bromés.

L'action du chlore sur le phénol conduit aux phénols **o- et p-chloré** ; ces mêmes composés, ainsi que le dérivé m-, s'obtiennent par réduction des nitrobenzènes halogènés et transformation de AzH^2 en OH par diazotation.

Les composés p- sont ceux des dérivés disubstitués isomères dont le point de fusion est le plus élevé et les dérivés o- ceux dont ce point est le plus bas (les phénols o-chloré et o-bromé sont liquides, les isomères p- sont solides). Les phénols halogènés, fondus avec la potasse, donnent des dioxybenzènes, souvent avec transposition moléculaire (V. p. 368). Les phénols chlorés ont une odeur forte qui leur est propre ; tous les cinq atomes d'hydrogène du phénol ont été remplacés par le chlore et le brome.

Nitrophénols.

Le phénol, traité par l'acide nitrique étendu et froid, se transforme en **o-** et **p-nitrophénol** (à froid, le dérivé p- se forme en quantité prépondérante, à chaud, on obtient surtout du dérivé o-). La distillation du mélange à la vapeur d'eau entraîne le composé 1.2 (prismes jaunes d'odeur forte) et laisse le 1.4 (tables incolores). Formation : v. aussi p. 336 et p. 360 ; ces deux dérivés s'obtiennent encore en oxydant les nitrosophénols (V. ce mot). Le **m-nitrophénol** s'obtient, par les réactions diazoïques, en partant de la m-nitraniline (ébullition du diazoïque avec l'eau).

L'entrée du groupe nitro accentue le caractère acide du phénol, les sels des nitrophénols, en effet, ne sont plus décomposés par l'acide carbonique et s'obtiennent en traitant ces composés par les carbonates alcalins.

O-nitrophénate de sodium, $C^6H^4(AzO^2)ONa$, prismes rouge sombre ; **p-nitrophénate de potassium**, aiguilles jaune d'or. Les halogènes agissent sur les nitrophénols en donnant lieu à de nouvelles substitutions ; l'acide nitrique agit de même en donnant (comme dans le cas d'une nitration directe du phénol) deux **dinitrophénols** isomères, $C^6H^3(AzO^2)^2OH$ (de constitution : OH : AzO^2 : AzO^2 = 1 : 2 : 4 et 1 : 2 : 6, c'est-à-dire ayant toujours leurs groupes nitro en m- l'un par rapport à l'autre). Une nitration encore plus avancée conduit à l'acide picrique.

Acide picrique, *trinitrophénol*, $C^6H^2(AzO^2)^3.OH$ (OH : $3AzO^2$ = 1 : 2 : 4 : 6). Découvert en 1771 ; s'obtient encore en oxydant le s-trinitrobenzène au moyen du ferricyanure de potassium. L'acide picrique se forme dans l'action de l'acide nitrique concentré sur les substances organiques les plus diverses (la soie, le cuir, la laine, la résine, l'aniline, etc.) ; c'est un acide fort donnant des sels bien cristallisés qui détonent violemment sous le choc ou par élévation de température, il cristallise dans l'eau ou dans l'alcool en feuillets ou prismes presque incolores ou faiblement colorés en jaune, peu solubles dans l'eau froide, fondant à 122°, se sublimant sans décomposition, doués de propriétés explosives. On l'emploie comme explosif et comme matière colorante jaune.

L'acide picrique est transformé par le perchlorure de phosphore en **chlorure de picryle**, $C^6H^2(AzO^2)^3Cl$, composé qui possède des propriétés analogues à celles des chlorures d'acides (V. p. 304). Il forme, avec un grand nombre de carbures (C^6H^6, $C^{10}H^8$, etc.), des composés d'addition bien cristallisés.

On connaît aussi des isomères de l'acide picrique.

Amidophénols.

La réduction transforme les nitrophénols en *amidophénols*, les dinitrophénols en *diamidophénols* ou en *nitroamidophénols*, etc.

$C^6H^4(OH)AzH^2$	$C^6H^3(OH)(AzH^2)^2$	$C^6H^3(OH)AzO^2(AzH^2)$	$C^6H^2(OH)(AzH^2)^3$
o-,m-,p-amidophénol	diamidophénols	nitroamidophénols	triamidophénols

Les *amidophénols* (*Hofmann*, 1857) possèdent encore des propriétés basiques à côté du caractère acide des phénols, ils forment en effet des sels avec les acides et peuvent, en tant que phénols, donner aussi des sels et des dérivés (V. anisidine) ; les hydrogènes du groupe amido peuvent subir les substitutions les plus diverses (comme dans l'aniline) et être remplacés notamment par des radicaux acides.

Les **chlorhydrates** d'amidophénols sont assez stables à l'air et peuvent souvent être sublimés, les bases libres (feuillets incolores) s'oxydent au contraire très facilement, même au contact de l'air, elles noircissent puis se résinifient.

o-Amidophénol, $C^6H^4(OH)(AzH^2)$, P. F. 170°. Comme pour les o-diamines, l'action des acides sur ces composés ne conduit pas aux dérivés normaux, mais bien à des composés d'anhydrisation ; avec l'acide formique, par exemple, on obtient le méthényl-o-amidophénol, $C^6H^4\langle{}^{Az}_{O}\rangle CH$ (cristaux, bout sans décomposition).

m-Amidophénol, $(C^6H^4)OH(AzH^2)$. **Diéthyl-m-amidophénol**, $C^6H^4(OH)[Az(C^2H^5)^2]$. Ces composés s'obtiennent par fusion alcaline de l'acide m-amidobenzènesulfonique ou de son dérivé diéthylé ; le diéthyl-m-amidophénol sert à la préparation d'un colorant rouge : la Rhodamine.

p-Amidophénol, P. F. 183°. On l'obtient, par exemple, par la réduction électrolytique du nitrobenzène dissous dans l'acide sulfurique concentré ou par transposition de son isomère, la phénylhydroxylamine (p. 354) ; il s'oxyde facilement en donnant de la quinone, le chlorure de chaux le transforme en quinonechlorimide (V. ce mot). Le p-amidophénol est employé en photographie comme révélateur (« *Rodinal* »), ainsi que son dérivé méthylé le **monométhyl-p-amidophénol** (« *Métol* »). On connaît aussi des **amidothiophénols**, $C^6H^4(SH)AzH^2$, parmi lesquels le dérivé o- est encore caractérisé par la facilité avec laquelle il forme des *composés d'anhydrisation*, comme le **méthénylamidothiophénol**, $C^6H^4\langle{}^{Az}_{S}\rangle CH$ (isomère de l'isosulfocyanate de phényle). *A. W. Hofmann*, B. **13**, 1226; Bull. soc. chim. **1881**, **1**, 575. Comme composé complexe appartenant à cette série, on peut citer la **primuline**, colorant jaune pour coton qu'on obtient en chauffant la paratoluidine avec le soufre et sulfonant ultérieurement le composé formé; cette primuline peut être diazotée et transformée en azoïques soit à l'état libre, soit sur la fibre même.

Les **anisidines** (*amidoanisols, méthoxyanilines*), $C^6H^4(OCH^3).AzH^2$, et les **phénétidines**, $C^6H^4(OC^2H^5).AzH^2$, sont des bases analogues à l'aniline, employées dans l'industrie des matières colorantes.

Acétyl-p-phénétidine, $C^6H^4(OC^2H^5).(AzHC^2H^3O)$, cristaux blancs employés en médecine comme analgésique sous le nom de *Phénacétine* à côté d'autres dérivés du p-amidophénol de constitution analogue (*Phénocolle, Salophène*), etc.).

Oxydiphénylamines, $C^6H^5—AzH—C^6H^4.OH$; ces composés, qui sont des amidophénols phénylés, réagissent conformément à cette constitution.

Les sels du **diamidophénol** 1 : 2 : 4 (obtenu en partant du dinitrophénol) sont employés en photographie comme révélateurs (« *Amidol* »).

Acides phénolsulfoniques.

Acides phénolsulfoniques, $C^6H^4(OH)(SO^3H)$, composés cristallins. Les acides **o-** et **p-** s'obtiennent par l'action de l'acide sulfurique concentré sur le phénol, beaucoup plus facilement que ne s'obtient l'acide benzènesulfonique (la réaction a déjà lieu à une température moyenne). La chaleur transforme l'acide ortho, même en solution aqueuse, en acide para. Le dérivé **m-** s'obtient indirectement par fusion alcaline de l'acide m-benzènedisulfonique.

Les dérivés o- et m-, fondus avec la potasse, se transforment en o- et m- dioxybenzènes. L'acide o-phénolsulfonique est employé comme antiseptique sous le nom *d'Acide Sozolique* ou d'*Aseptol* (B. **18**, Ref. 506; CR. **1885**, **1**, 1544). On emploie de même l'acide p-phénolsulfonique diiodé, $C^6H^2I^2(OH)(SO^3H)$ (*Sozoïodol*), comme succédané de l'iodoforme. On connaît aussi des acides **phénol di** et **trisulfoniques**.

Homologues du phénol.

Les homologues du phénol sont, dans la plupart de leurs propriétés, extrêmement semblables à ce composé, ils forment des dérivés complètement analogues aux siens et possèdent comme lui une action antiseptique et une odeur particulière (désagréable et rappelant celle des matières fécales pour les crésols, plus faible pour les homologues plus élevés).

Ils se distingent principalement du phénol par la *présence*, dans leur molécule, de *chaînes latérales* qui, comme celles du toluène, etc., sont susceptibles de transformation ; quand on les oxyde en les employant sous forme de dérivés alcoylés ou acétylés, d'esters sulfuriques acides ou d'esters phosphoriques, leurs chaînes latérales (groupes méthyles) se transforment en carboxyles en donnant lieu à la formation d'acides oxycarboniques (V. ce mot). Les crésols, etc., à l'état libre, peuvent ne pas être oxydés par le mélange chromique et être complètement détruits par l'emploi du permanganate.

Les substituants négatifs, surtout quand ils sont placés en ortho, rendent cette oxydation plus difficile en liqueur acide et la facilitent en milieu alcalin.

Les *crésols*, $C^6H^4(CH^3)OH$, existent tous trois dans le goudron de houille et sont aussi contenus dans le goudron de sapin et dans le goudron de hêtre ; on peut les préparer au moyen des toluidines correspondantes. On a signalé la présence de l'acide o-crésylsulfurique (analogue de l'acide phénylsulfurique) dans l'urine de cheval et celle du dérivé para dans l'urine humaine.

Le sel de potassium du **dinitro-o-crésol** est employé comme désinfectant sous le nom d'**Antinonnine**.

Le **m-crésol** s'obtient aisément en traitant par la potasse le produit obtenu en chauffant le thymol (V. ce mot) avec de l'anhydride phosphorique.

Le **p-crésol**, $C^6H^4(CH^3)OH$, se forme dans la putréfaction de l'albumine, son *composé dinitré* est une matière colorante jaune d'or.

L'addition de savon de résine ou de savon ordinaire solubilise le crésol brut, ces préparations (**Créoline** et **Lysol**) sont employées comme antiseptiques.

Thymol, $C^{10}H^{14}O$ ($CH^3 : C^3H^7 : OH = 1 : 4 : 3$). Ce composé est contenu dans l'essence de thym (Thymus Serpyllum) à côté du cymène et du thymène, $C^{10}H^{16}$ (V. terpènes), il est employé comme antiseptique.

Carvacrol ($CH^3 : C^3H^7 : OH = 1 : 4 : 2$), contenu dans l'essence d'Origanum hirsutum ; s'obtient en chauffant le camphre avec l'iode ou par l'action de l'acide phosphorique vitreux sur son isomère, le carvol (V. terpènes) ; sa constitution résulte de son obtention par fusion alcaline de l'acide cymènesulfonique et de sa transformation en o-crésol et en propylène sous l'action de l'anhydride phosphorique.

Le **xylénol** est contenu dans la créosote de hêtre.

Autres **homologues** du phénol : v. tableau, p. 357 ; on a préparé des **éthyl**, **propyl** et **butylphénols**. L'*Europhène*, succédané de l'iodoforme, est un dérivé iodé de l'**iso-butyl-o-crésol**.

B. Phénols bivalents.

Les phénols bivalents prennent naissance par une double introduction du groupe hydroxyle dans le benzène et ses homologues ; ils sont, dans la plupart de leurs relations, complètement analogues aux phénols monovalents et s'en distinguent de la même manière que les alcools bivalents se différencient des monovalents ; on les obtient par des voies tout à fait identiques à celles qui conduisent aux phénols monohydroxylés, surtout par la fusion alcaline (p. 359). Les composés p-dihydroxylés sont caractérisés par leurs rapports étroits avec les quinones. Un grand nombre de phénols polyvalents sont de puissants réducteurs.

---

a. *Dioxybenzènes*. 1. **Pyrocatéchine**, $C^6H^4(OH)^2$, 1 : 2; composé cristallisant en courts prismes rhombiques blancs, sublimables, facilement solubles dans l'eau, l'alcool et l'éther, qu'on obtint d'abord par distillation de la catéchine (Mimosa catechu) et qui prend naissance dans la fusion alcaline d'un grand nombre de résines ainsi que dans celle de l'acide o-phénol sulfonique; il est contenu dans le sucre brut de betterave.

On le prépare en partant de son éther monométhylique, le gaïacol, en chauffant ce dernier avec de l'acide iodhydrique (V. anisol, p. 362).

Comme la plupart des phénols polyvalents, la pyrocatéchine est très instable en solution alcaline : cette solution verdit bientôt à l'air, puis noircit; en solution aqueuse, elle est colorée en vert par le chlorure ferrique, puis en violet par addition d'un peu d'ammoniaque (réaction des dérivés o-dihydroxylés); elle possède des propriétés *réductrices* : ainsi, elle précipite déjà à froid le nitrate d'argent en donnant le métal.

L'action prolongée du chlore transforme la pyrocatéchine en dérivés du pentaméthylène, puis en dérivés de la série grasse (*Zincke-Küster*).

Gaïacol, $C^6H^4(OH)(OCH^3)$; c'est un des constituants du goudron de hêtre, on le prépare en chauffant la pyrocatéchine avec de la potasse et du méthylsulfate de potassium; il donne, avec le chlorure ferrique, la réaction indiquée ci-dessus, possède des propriétés réductrices et est employé en médecine comme expectorant à côté de son ester benzoïque : le *Benzosol*.

2. **Résorcine**, $C^6H^4(OH)^2$, 1 : 3 (*Hlasiwetz*, *Barth*, 1864); ce composé se forme dans l'action de la potasse en fusion sur un grand nombre de résines (Galbanum, Assa fœtida), on l'obtient aussi par fusion alcaline de l'acide m-phénolsulfonique, des trois acides sulfoniques bromés et (procédé d'obtention industriel) des acides m- et p- benzènedisulfoniques. La distillation de l'extrait de bois du Brésil fournit aussi de la résorcine. Tables ou prismes rhombiques blancs brunissant facilement à l'air, aisément solubles dans l'eau, l'alcool et l'éther; la résorcine réduit à chaud le nitrate d'argent et réduit déjà à froid la solution alcaline d'argent, elle donne une coloration violet sombre avec le chlorure ferrique; son action antiseptique est semblable à celle de l'acide carbolique, quoique plus modérée.

Elle donne des matières colorantes avec l'acide nitreux. — Chauffée avec l'anhydride phtalique, elle se transforme en fluorescéine (V. éosine) (*réaction* des m-dioxybenzènes), elle est préparée en grand pour cet usage. Les diazoïques la transforment en colorants azoïques, le groupe azo ($R—Az^2—$) pouvant entrer dans sa molécule soit une fois (*colorants monoazoïques*), soit deux fois (*colorants disazoïques primaires*). Les m-diamines possèdent aussi cette propriété. Son dérivé trinitré est l'acide **styphnique**, $C^6H(OH)^2(AzO^2)^3$, qui se forme aussi dans l'action de l'acide nitrique sur un grand nombre de gommes résines.

Hydroquinone, $C^6H^4(OH)^2$ (1 : 4) (*Wöhler*, 1844).

Ce composé se forme par oxydation de l'acide quinique, par saponification de l'arbutine (V. ce mot), en partant de l'ester succinylsuccinique (V. ce mot), etc.

Préparation. Par oxydation de l'aniline au moyen du mélange chromique et réduction de la quinone formée par l'acide sulfureux. Feuillets monocliniques ou prismes hexagonaux sublimables de solubilité voisine de celle des isomères. P. F. 169° ; P. E. 285°. L'ammoniaque colore l'hydroquinone en brun rougeâtre ; l'acide chromique, le chlorure ferrique et d'autres oxydants la transforment en quinone (et aussi en quinhydrone, v. p. 372).

C'est un réducteur puissant ; aussi l'emploie-t-on en photographie comme « révélateur », v. B. **25**. R. 432.

La pyrocatéchine donne un précipité blanc avec l'acétate de plomb, la résorcine ne réagit pas, l'hydroquinone ne précipite que par addition d'ammoniaque, v. B. **28**, R. 327.

b. *Dioxytoluènes*, $C^6H^3(CH^3)OH)^2$ (V. B. **15**, 2995 ; Bull. soc. chim. **1883**, **1**, 468).

1. **Orcine**, CH^3 : 2(OH) = 1 : 3 : 5 ; existe dans un grand nombre de lichens (Roccella tinctoria, Lecanora, etc.) ; l'acide orsellique en fournit par perte de CO^2 ; elle prend aussi naissance par fusion de l'extrait d'aloès avec la potasse et peut être synthétiquement préparée en partant du toluène (B. **15**, 2992 ; Bull. soc. chim. **1883**, **1**, 468). Une intéressante synthèse de ce composé consiste dans l'action du sodium sur l'ester acétonedicarbonique (p. 231). B. **19**. 1446 ; Bull. soc. chim. **1887**, **1**, 518.

Prismes incolores, rougissant facilement, de saveur sucrée ; en solution aqueuse, l'orcine se colore en bleu violet par addition de chlorure ferrique ; elle ne donne pas de fluorescéine avec l'anhydride phtalique, sa solution ammoniacale s'oxyde à l'air en donnant l'orcéine.

Orcéine, $C^{28}H^{24}Az^2O^7$, constitue la partie principale de l'extrait d'orseille du commerce, peut aussi être tirée directement des lichens mentionnés ci-dessus. La matière colorante du *tournesol* est un analogue de ce composé.

2. **Homopyrocatéchine**, $C^6H^3(CH^3)(OH)^2$, CH^3 : 2(OH) = 1 : 3 : 4. **Créosol**, $C^6H^3(CH^3)(OH)(OCH^3)$, éther monométhylique du composé précédent, se trouve dans le goudron de hêtre ; liquide semblable au gaïacol, bouillant à 220°. En tant que dérivé de la pyrocatéchine, il se colore en vert par addition de chlorure ferrique.

3. Autres isomères : **crésorcine**, **toluhydroquinone**, etc.

c. Comme homologues de ces composés, on peut citer : la **xylorcine** ou bétaorcine (m-dioxy-pixylène), $C^6H^2(CH^3)^2(OH)^2$; la **mésorcine**, $C^6H(CH^3)^3(OH^2)$ (v. tableau p. 357) ; la **thymohydroquinone**, $C^{10}H^{14}O^2$, contenue dans l'Arnica montana, etc.

d. **L'eugénol**, $C^{10}H^{12}O^2$, $C^6H^3(OH)(OCH^3)(CH^2.CH : CH^2)$, qui dérive d'un phénol bivalent *non saturé*, constitue la partie principale de l'essence de girofle ; la potasse alcoolique le transforme en son isomère : l'**isoeugénol**, $C^6H^3(OH)(OCH^3)(CH : CH.CH^3)$.

e. Biphénols dérivés des carbures benzéniques *réduits* :

Dihydrorésorcine, $C^6H^6O^2.H^2$; prismes incolores, fusibles à 105°, possédant des propriétés acides ; ce composé s'obtient directement par réduction de la résorcine ; comme la phloroglucine (V. ce mot), il réagit suivant deux formules tautomères : tantôt comme m-oxycétotétrahydrobenzène, tantôt comme m-dicétohexahydrobenzène (*Merling*, A. 278,

20 ; B. s. c. **1894, 2,** 477). Transformation en acide γ-acétobutyrique et production inverse en partant de cet acide, v. p. 307.

Quinite (1, 4-cyclohexanediol), p-*dioxyhexaméthylène*, $C^6H^4(OH)^2H^6$; s'obtient synthétiquement par réduction du p-dicétohexaméthylène (p. 373), existe sous deux modifications isomères cis et trans. Croûtes cristallines, P. F. 101° et 139°, de saveur d'abord sucrée, puis amère. La quinite est le représentant le plus simple des sucres du groupe de l'inosite, elle permet d'obtenir toute une série de dérivés du benzène réduit. *Baeyer*, A. **278,** 92 ; B. s. c. **1894, 2,** 612.

C. Phénols trivalents.

$C^6H^3(OH)^3$ { pyrogallol = 1 : 2 : 3 = v ; phloroglucine = 1 : 3 : 5 = s ; oxyhydroquinone = 1 : 2 : 4 = a } V. tab. p. 357.

Le **pyrogallol**, appelé aussi acide pyrogallique (*Scheele*, 1786), est le plus important de ces trois isomères ; on l'obtient, abstraction faite des réactions synthétiques, en partant de l'acide gallique (V. ce mot), par soustraction d'acide carbonique sous l'influence de la chaleur :

$$C^6H^2(OH)^3.CO^2H = C^6H^3(OH)^3 + CO^2.$$

Feuillets blancs, P. F. 132°, sublimables sans décomposition, facilement solubles dans l'eau. Le pyrogallol est un réducteur énergique (des sels d'Ag, par exemple), en solution alcaline, il absorbe rapidement l'oxygène de l'air ; aussi est-il employé dans l'analyse des gaz, en photographie comme révélateur, etc. Sa solution aqueuse est colorée en noir bleu par une solution de sulfate ferreux oxydée, en rouge pourpre par addition d'iode.

Il ne réagit pas avec l'hydroxylamine (V. phloroglucine).

Ether diméthylique du pyrogallol, $C^6H^3(OH)(OCH^3)^2$ (*Hofmann*), contenu dans le goudron de hêtre à côté d'éthers diméthyliques des homologues du pyrogallol : $C^6H^2(CH^3)(OH)^3$ et $C^6H^2(C^3H^7)(OH^3)$.

2. *Phloroglucine* (*Hlasiwetz*, 1855). S'obtient en fondant certaines résines avec la potasse, par fusion de la résorcine avec la soude et, en outre, par l'action des alcalis sur la phlorétine (V. ce mot) ou par fusion alcaline de son ester tricarbonique (V. ce mot). Gros prismes efflorescents, se sublimant sans décomposition, fusibles à 218°. Le chlorure ferrique colore la phloroglucine en violet sombre.

Une solution chlorhydrique de phloroglucine est un réactif du papier de bois qui se colore en violet à son contact.

La phloroglucine réagit dans certains cas comme un phénol de formule $C^6H^3(OH)^3$, elle donne, en effet, des dérivés métalliques et un **éther triméthylique** insoluble dans les alcalis, $C^6H^3(O.CH^3)^3$, mais elle fournit aussi, comme les cétones, une **trioxime**, $C^6H^6(Az.OH)^3$, avec l'hydroxylamine, ce qui conduit à admettre qu'elle peut aussi présenter le mode de groupement cétonique d'un *tricétohexaméthylène*, $\underline{CH^2-CO-CH^2-CO-CH^2-CO}$;

cette constitution porte le nom de forme secondaire (ou pseudoforme) de la phloroglucine par opposition à la première forme « forme tertiaire » de ce composé. L'ester succinyl-succinique présente de semblables particularités (V. p. 248 et p. 297. B. **19**, 159, 2186 ; **23**, 1272 ; Bull. soc. chim. **1886**, **2**, 591 ; **1887**, **1**, 519).

L'action du chlore sur la phloroglucine conduit, entre autres composés, au **tricéto-hexaméthylène hexachloré**, $C^6Cl^6O^3$, qu'on peut scinder soit en acide acétique dichloré et en acétone tétrachlorée, soit en acétylacétone chlorée, etc. (*Zincke-Kegel*, B. **22**, 1467 ; **23**, 230 ; B. s. c. **1890**, **1**, 21 ; **2**, 275).

Phloroglucite (cyclohexanetriol), $C^6H^3(OH)^3.H^6$, composé cristallisant avec deux molécules d'eau, de saveur sucrée, P. F. 185°, qu'on obtient par réduction de la phloroglucine. B. **27**, 357 ; Bull. soc. chim. **1894**, **2**, 830.

3. L'**oxyhydroquinone** s'obtient par fusion de l'hydroquinone avec la potasse ; (B. **16**, 1231), elle ne réagit pas avec l'hydroxylamine.

D. Phénols tétra-, penta-, hexavalents.

On peut préparer un **tétraoxybenzène**, $C^6H^2(OH)^4$ (1 : 2 : 4 : 5), en partant de la dinitrorésorcine (B. **21**, 2374). Feuillets gris d'un éclat argenté, P. F. 215-220°. Le dérivé chloré de ce composé : le **tétraoxybenzène dichloré**, $C^6Cl^2(OH)^4$, s'oxyde facilement en donnant l'acide chloranilique, v. p. 373.

Hexaoxybenzène, $C^6(OH)^6$; à l'état de sel de potassium, il constitue le composé connu sous le nom d'*oxyde de carbone-potassium*, $C^6O^6K^6$; il cristallise en prismes blancs très facilement oxydables et peut être transformé en une quinone C^6O^6 (triquinone) (V. p. 374). On l'a obtenu synthétiquement (B. **18**, 499, 1833 ; B. s. c., **1886**, **1**, 666, 670).

On doit peut-être considérer comme des *phénols polyvalents* dérivés du benzène réduit la **quercite** (du quercus) analogue de la mannite et l'**inosite**, *phaséomannite*, $C^6H^{12}O^6=C^6H^6(OH)^6$, substance voisine des matières sucrées qu'on rencontre dans l'organisme animal (muscles du cœur) et dans un grand nombre de plantes (fèves vertes, pois, lentilles). L'inosite forme des cristaux efflorescents ; elle existe sous trois modifications, l'une déviant à droite, l'autre à gauche, la troisième inactive.

La **pinite**, $C^7H^{14}O^6$, du Pinus Lambertiana, substance analogue aux sucres, appartient aussi à ce groupe, elle se scinde en effet, sous l'action de l'acide iodhydrique, en inosite et en iodure de méthyle.

E. Quinones et composés analogues.

1. Quinones.

La **quinone**, $C^6H^4O^2$ (1838), s'obtient par addition d'acide chromique à une solution d'*hydroquinone*, elle cristallise ou se sublime en prismes ou en aiguilles *jaunes* peu solubles dans l'eau froide, facilement solubles dans l'alcool et l'éther, d'une odeur piquante, caractéristique, analogue à celle de l'écorce de noix ; elle est le terme le plus simple de toute une série d'homologues plus élevés, etc , lesquels sont aussi colorés (généralement en jaune), solides et entraînables à la vapeur d'eau ; on les obtient par oxydation des composés *para* dihydroxylés correspondants ou des phénols d'un nombre d'hydroxyles plus grand qui contiennent deux de ces groupes en positions para.

Les dioxybenzènes autres que ceux de la série para ne présentent pas cette propriété de former des quinones.

La quinone prend aussi naissance par oxydation d'un grand nombre de dérivés de l'aniline et du phénol appartenant à la série para comme le p-amidophénol, l'acide sulfanilique, l'acide p-phénolsulfonique ou en oxydant l'*aniline* elle-même par l'acide chromique (méthode de préparation, B. **19**, 1467 ; B. s.c. **1887**, **1**, 250) ; elle fut d'abord obtenue par distillation de l'acide quinique en présence d'oxyde de manganèse et d'acide sulfurique. La quinone (P. F. 116°) s'entraîne facilement à la vapeur d'eau, non sans subir toutefois une forte décomposition ; elle brunit à l'air et colore la peau en brun jaunâtre. Les réducteurs la ramènent facilement à l'hydroquinone, propriété qui lui permet de réagir comme oxydant.

La quinone, en solution dans le chloroforme, fixe deux ou quatre atomes de brome en donnant un *di* ou un *tétrabromure* ; dans d'autres conditions, le chlore et le brome agissent par substitution ; elle est transformée en *hydroquinone monochlorée* par l'acide *chlorhydrique*, $C^6H^4O^2 + HCl = C^6H^3Cl(OH)^2$, et donne, avec les amines *primaires*, ainsi qu'avec les *phénols*, des composés cristallisés difficilement solubles ; elle est soluble dans les alcalis et les solutions ainsi obtenues se décomposent rapidement ; elle forme avec l'*hydroquinone* un composé d'addition directe : la **quinhydrone**, $C^6H^4O^2 + C^6H^4(OH)^2$ (prismes verts d'éclat métallique), qui se produit aussi, comme composé intermédiaire, dans l'oxydation de l'hydroquinone (V. p. 369) et dans la réduction de la quinone.

Constitution. La quinone dérive du benzène par échange de deux atomes d'hydrogène contre deux atomes d'oxygène ; ceux-ci, à cause des rapports étroits existant entre la quinone et l'hydroquinone, sont situés en positions para. Pour élucider la constitution de la quinone, on peut admettre que les deux atomes d'oxygène de ce composé sont liés l'un à l'autre comme dans l'eau oxygénée, H—O—O—H, le noyau benzénique ne subissant aucune transformation, ou concevoir que ce noyau ait subi une réduction partielle avec formation d'un « dicéto-dihydrobenzène » dérivé de C^6H^8 :

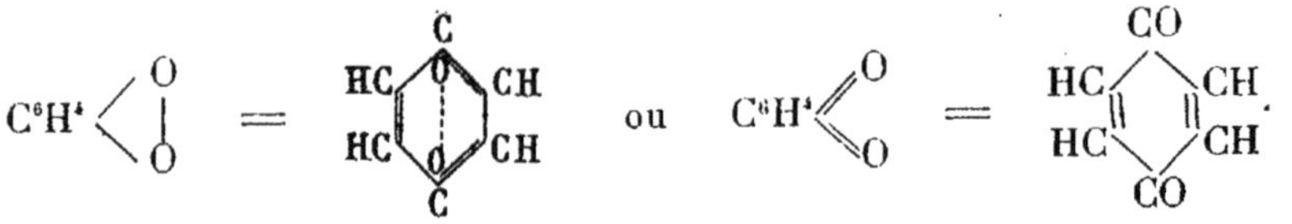

$$C^6H^4\left\langle\begin{array}{c}O\\|\\O\end{array}\right. = \begin{array}{ccc} & C & \\ HC & O & CH \\ HC & O & CH \\ & C & \end{array} \quad \text{ou} \quad C^6H^4\left\langle\begin{array}{c}O\\ \\O\end{array}\right. = \begin{array}{ccc} & CO & \\ HC & & CH \\ HC & & CH \\ & CO & \end{array}.$$

D'après la première conception, les quinones sont des *peroxydes* ; ce son des *cétones* suivant la seconde. La transformation de la quinone en une oxime ou en une dioxime par l'action de l'hydroxylamine, son aptitude à donner avec le brome des composés d'addition et ses rapports avec l'anthraquinone, dont la constitution est analogue, viennent à l'appui de cette seconde formule qui, proposée par *Fittig*, est maintenant presque généralement adoptée. V. B. **18**, 568 ; Bull. soc. chim. **1886**, **1**, 926. Ann. **223**, 170 ; Bull. soc. chim. **1885**, **2**, 43. J. pr. Ch. **42**, 161.

La formation de l'ester succinylsuccinique traitée p. 307 comporte une synthèse de la quinone : l'acide succinylsuccinique, en effet, étant l'acide dicarbonique d'un dioxy-dihydrobenzène hypothétique, $C^6H^4.H^2.(OH)^2$, peut être transformé, par départ de deux atomes d'hydrogène, en acide dicarbonique de l'hydroquinone, $C^6H^4(OH)^2$, puis, ultérieurement, par l'action du brome, en bromanile (quinone tétrabromée). V. Ann. **211**, 306 ; B. **16**, 1411 ; **19**, 429 ; **23**, 1273 ; Bull. soc. chim. **1886**, **2**, 832.

Tétrahydroquinone, $C^6H^4.(O^2).H^4$. Prismes blancs, P. F. 78°, qu'on obtient, à la place de l'hypothétique dioxydihydrobenzène tautomère (V. plus haut), par élimination des carboxyles de l'ester succinylsuccinique. Elle possède la constitution d'un *p-dicéto-hexaméthylène* (cyclo-hexanedione), $\begin{matrix} CH^2-CO-CH^2 \\ | \qquad\quad | \\ CH^2-CO-CH^2 \end{matrix}$, et, par réduction, fournit de la quinite (V. p. 370). B. **22**, 2168 ; **23**, 1273 ; A. **278**, 90 ; Bull. soc. chim. **1894**, **2**, 612.

Quinone monoxime, *nitrosophénol*, $C^6H^5O^2Az$; ce composé s'obtient, en outre de l'action de l'hydroxylamine sur la quinone (V. ci-dessus), par l'action de l'acide nitreux sur le phénol (*Baeyer*, B. **7**, 964) ou en chauffant à l'ébullition la nitrosodiméthylaniline avec une lessive de soude (V. p. 337). Feuillets brun verdâtre ou aiguilles incolores brunissant facilement. Il détone par élévation de température.

Il forme des éthers (A. **277**, 85 ; Bull. soc. chim. **1894**, **2**, 136) et des *sels* : un sel de soude, par exemple, cristallisant en aiguilles rouges. Le ferricyanure, en solution alcaline, l'oxyde en donnant du p-nitrophénol ; il est réduit à l'état de p-amidophénol par l'étain et l'acide chlorhydrique et donne la réaction de *Liebermann* avec le phénol et l'acide sulfurique.

On lui attribuait autrefois la formule $C^6H^4(AzO)(OH)$, c'est cependant un véritable isonitroso, une oxime de la quinone possédant la formule $C^6H^4\begin{cases} Az.OH \\ O \end{cases}$ (B. **17**, 213, 801 ; Bull. soc. chim. **1885**, **1**, 298 ; **2**, 543), il se forme en effet en partant de ce composé et peut être transformé par une action ultérieure de l'hydroxylamine en quinone dioxime, $C^6H^4\begin{cases} Az.OH \\ Az.OH \end{cases}$ (B. **20**, 613 ; **21**, 428 ; Bull. soc. chim. **1888**, **1**, 1000).

Des dérivés chlorés, etc. dérivent de la quinone aussi bien que de l'hydroquinone (V. ci-dessus : hydroquinone monochlorée).

Chloranile, *quinone tétrachlorée*, $C^6Cl^4O^2$; feuillets brillants, de couleur jaune, qu'on obtient par chloruration de la quinone ou par oxydation d'un grand nombre de substances organiques telles que le phénol, etc. au moyen de l'acide chlorhydrique et du chlorate de potasse. Il se transforme, par réduction, en un composé incolore : l'**hydroquinone tétrachlorée** et réagit comme oxydant (il transforme, par exemple, la diméthylaniline en un violet méthylé). La potasse étendue le transforme en **chloranilate de potassium**, $C^6Cl^2O^2(OK)^2 + H^2O$ (aiguilles rouge sombre), composé auquel correspond un dérivé nitré analogue : le **nitranilate de potassium**, $C^6(AzO^2)^2O^2(OK)^2$, sel caractérisé par sa très faible solubilite.

L'action du chlore sur le chloranile et l'acide chloranilique conduit d'abord à une série de composés chlorés complexes appartenant aux séries du penta et de l'hexaméthylène et, finalement, à des dérivés chlorés de la série grasse. Tableau synoptique : *Hantzsch*, B. **22**, 2841 ; Bull. soc. chim. **1890**, **1**, 547. V. en outre, B. **25**, 827, 842 ; Bull. soc. chim. **1892**, **2**, 1070, 1072.

Comme *homologues* de la quinone, on peut citer : la **toluquinone**, $C^6H^3(O^2)CH^3$; la **xyloquinone**, $C^6H^2(O^2)(CH^3)^2$; la **thymoquinone**, $C^6H^2(O^2)(CH^3)(C^3H^7)$; etc. Plusieurs de ces composés peuvent être préparés synthétiquement par condensation de 1, 2 dicétones : ainsi, le diacétyle (p. 206), traité par les alcalis, donne la xyloquinone (B. **21**, 1411).

La **dioxyquinone**, $C^6H^4(O^2)(OH)^2$, qui correspond au tétraoxybenzène (p. 371), forme des aiguilles jaune foncé (B. **21**, 2374) ; elle est la substance mère des acides chloranilique et nitranilique (V. ci-dessus).

En partant de l'hexaoxybenzène (p. 371), on peut obtenir la **tétraoxyquinone**, $C^6(O^2)(OH)^4$, le **dioxydiquinoyle**, $C^6(O^2)(O^2)(OH)^2$ = *acide rhodizonique*, et enfin le **triquinoyle**, $C^6(O^2)(O^2)(O^2)$ [+ $8H^2O$]. Ces deux derniers composés possèdent plusieurs fois la liaison quinonique dans leur molécule. V. B. **18**, 499, 1833 ; **23**, 3136, etc. ; Bull. soc. chim. **1886**, **1**, 666 670 ; **1891**, **1**, 327.

2. Indamines et indophénols. Quinones imides.

D'après *Nietzki*, on désigne sous le nom d'indamines des colorants instables, généralement gris ou bleus, facilement décomposables par les acides minéraux, qu'on obtient par l'action de la nitrosodiméthylaniline sur les amines (la diméthylaniline, par exemple) ou en oxydant à froid les p-diamines en présence de monamines. Le plus simple représentant de cette classe est l'**Indamine**, *bleu de phénylène*, $C^{12}H^{11}Az^3$.

Ce composé prend naissance par oxydation d'un mélange d'aniline et de p-phénylènediamine, il se transforme par réduction en *p-diamidodiphénylamine*, $AzH(C^6H^4AzH^2)^2$ (p. 325), ses rapports avec ce dernier composé sont donc les mêmes que ceux de la quinone avec l'hydroquinone, on doit le considérer comme une *quinone diimide* substituée, de constitution :

$$C^6H^4\left\langle\begin{matrix}Az.C^6H^4.AzH^2\\ AzH\end{matrix}\right. ,\quad \text{soit :}\quad Az\left\langle\begin{matrix}C^6H^4-AzH^2\\ C^6H^4=AzH\end{matrix}\right.\quad \text{ou}\quad \left(Az\left\langle\begin{matrix}C^6H^4.AzH^2\\ C^6H^4.AzH\end{matrix}\right.\right).$$

La quinone diimide la plus simple, $C^6H^4(AzH)^2$, est inconnue ; il existe, au contraire, des sels d'une quinone diimide qui correspond à la p-amidodiméthylaniline ; c'est d'ailleurs à la présence du chlorhydrate de ce composé, $C^6H^4\left\langle\begin{matrix}Az(CH^3)^2Cl\\ AzH\end{matrix}\right.$, qu'est due la coloration rouge fuchsine que prennent les solutions neutres étendues d'amidodiméthylaniline par addition de chlorure ferrique ; ce chlorhydrate se condense avec les amines en donnant des indamines : avec la diméthylaniline, on obtient le **Vert de diméthylphénylène**, *chlorure de tétraméthylindamine*, qui se forme aussi directement en oxydant p-amidodiméthylaniline + diméthylaniline. Ce colorant donne, par réduction, la *tétraméthyl-di-p-diamidodiphénylamine*, $AzH[C^6H^4Az(CH^3)^2]^2$ (p. 325). — Les indamines sont des termes intermédiaires importants de la fabrication de la safranine, du bleu de méthylène, etc.

Les *indophénols* (*Witt*) dérivent des indamines par échange de AzH^2 ou de $Az(CH^3)^2$ contre OH (échange qu'on réalise par l'action des alcalis à chaud) ; parmi les colorants de cette classe, on peut citer : le **Bleu de phénol** (Indoaniline), $Az\begin{cases}C^6H^4.Az(CH^3)^2\\C^6H^4{=}O\end{cases}$, qui prend naissance quand on oxyde la p-amidodiméthylaniline en présence de phénol, et le **Bleu de naphtol-α**, analogue du premier, qu'on prépare en remplaçant le phénol par l'α-naphtol et qui constitue une matière colorante bleue employée industriellement.

Indophénol, *quinone phénolimide*, $Az\begin{cases}C^6H^4.OH\\C^6H^4:O\end{cases}$. Colorant de fonction phénolique, soluble en rouge dans l'alcool et en bleu dans les alcalis, qu'on obtient par oxydation du p amidophénol en présence de phénol ; son leucodérivé, la **di-p-oxydiphénylamine**, $AzH(C^6H^4OH)^2$, possède à la fois les propriétés de la diphénylamine et celles d'un phénol (B. **16**, 2843 ; **18**, 2912 ; Bull. soc. chim. **1886**, **2**, 83).

3. Quinones chlorimides.

Les quinones chlorimides, qu'on obtient par oxydation des chlorhydrates des p-amidophénols ou des p-diamines au moyen du chlorure de chaux, sont analogues aux quinones imides.

La **quinone chlorimide**, $C^6H^4(O)(Az.Cl)$, s'obtient en partant du p-amidophénol, la **quinone dichlorimide**, $C^6H^4(Az.Cl)^2$, en partant de la p-phénylènediamine. La première forme des cristaux jaunes d'or, entraînables à la vapeur d'eau, que la réduction ramène à nouveau au p-amidophénol et qui sont transformés en quinone par ébullition avec l'eau. La quinonedichlorimide possède des propriétés analogues. On attribue à ces composés les *formules de constitution* suivantes :

$$C^6H^4\begin{cases}{=}O\\{=}Az.Cl\end{cases}\left(\text{ou } C^6H^4\begin{cases}O\\ \vdots\\ Az.Cl\end{cases}\right) \text{ et } C^6H^4\begin{cases}{=}Az.Cl\\{=}Az.Cl\end{cases}\left(\text{ou } C^6H^4\begin{cases}Az.Cl\\ \vdots\\ Az.Cl\end{cases}\right)$$

quinone chlorimide — quinone dichlorimide

4. Quinones aniles et anilidoquinones.

Les bases aromatiques, surtout l'aniline, sont susceptibles de réagir sur certaines quinones en donnant lieu, par le concours d'un phénomène d'oxydation, à l'entrée du groupe $(AzHC^6H^5)'$ à la place de un ou de deux atomes d'hydrogène du noyau ; les composés ainsi formés sont des *anilidoquinones*, corps cristallins, généralement rouges ou noirâtres. D'autre part, l'oxygène quinonique peut aussi être remplacé par le reste $(Az.C^6H^5)''$ avec formation de *quinones aniles* correspondant aux quinones imides (V. ci-dessus).

Les deux transformations sont représentées dans l'**azophénine**, *dianilidoquinone-dianile*, $C^6H^2(AzHC^6H^5)'^2(AzC^6H^5)''^2$.

Ce composé s'obtient en partant de l'aniline (+ chlorhydrate d'aniline), spécialement en chauffant ces deux corps avec des composés azoïques, amidoazoïques ou nitrosés (B. **21**, 676 ; **20**, 2659 ; Bull. soc. chim. **1888**, **1**, 310 ; **2**, 327), les composés nitrosés réagissant comme p-diamines plus oxygène (*O. Fischer*, *Hepp*, B. **25**, 2731 ; Bull. soc. chim. **1892**, **2**, 1354). Feuillets rouges ; l'azophénine, chauffée avec de l'aniline, donne des colorants induliniques (A. **262**, 247 ; Bull. soc. chim. **1892**, **2**, 41).

XXIV. Alcools, aldéhydes et cétones aromatiques.

A. Alcools aromatiques.

A côté des phénols qui, tout en rappelant, dans leurs propriétés, les alcools tertiaires de la série grasse, s'en différencient néanmoins en beaucoup de points, il existe aussi des alcools aromatiques *vrais*, c'est-à-dire des composés possédant pleinement le caractère alcoolique ; le plus important d'entre eux est l'*alcool benzylique* (alcool primaire), C^7H^7OH, isomère des crésols ; cette isomérie s'explique par la place différente qu'occupe l'hydroxyle dans la molécule de ces composés : dans les crésols, comme dans tous les phénols, l'hydroxyle est lié au noyau benzénique alors que dans l'alcool benzylique, au contraire, il est situé dans la chaîne latérale :

$C^6H^4(CH^3).OH$, crésols ; $C^6H^5—CH^2.OH$, alcool benzylique,

ce que démontrent la formation de l'alcool benzylique en partant du chlorure de benzyle (et la transformation inverse), et aussi ce fait que cet alcool donne par oxydation une aldéhyde et un acide d'un nombre d'atomes de carbone égal au sien, composés qui sont également des dérivés monosubstitués du benzène :

$C^6H^5—CH^2.OH$	$C^6H^5—CHO$	$C^6H^5—CO.OH$
alcool benzylique (benzèneméthylol)	benzaldéhyde (benzèneméthylal)	acide benzoïque (acide benzènecarbonique)

On peut aussi considérer l'alcool benzylique comme de l'alcool méthylique dans lequel un atome d'hydrogène serait remplacé par le groupe C^6H^5 :

$CH^2\begin{cases}H\\OH\end{cases}$	$CH^2\begin{cases}C^6H^5\\OH\end{cases}$
alcool méthylique = carbinol	alcool benzylique = phénylcarbinol

L'alcool benzylique est donc l'alcool aromatique *le plus simple* qui puisse exister.

Comme alcools *homologues*, tant primaires que secondaires (il en existe aussi de tertiaires), on peut citer :

C^8H^9OH :	$C^6H^4(CH^3)—CH^2OH$ alcool tolylique	$C^6H^5—CH^2—CH^2.OH$ $C^6H^5—CH(OH)—CH^3$ alcools phényléthyliques
$C^9H^{11}OH$:	$C^6H^4(C^2H^7)—CH^2.OH$ alcool cuminique (p)	$C^6H^5.CH^2.CH^2.CH^2.OH$ alcool phénylpropylique, etc.

Il existe aussi des alcools *di* et *trivalents* qui, comme il a été exposé précédemment p. 197, etc., ne peuvent jamais contenir moins de 8 ou de 9 atomes de carbone, par exemple :

$C^8H^{10}O^2 : C^6H^4(CH^2OH)^2$: p = alcool xylylénique ; o = alcool phtalique ; $C^9H^{12}O^3 : C^6H^5—CHOH—CHOH—CH^2OH$, phénylglycérine.

Tous ces composés sont, en tant qu'alcools, *entièrement analogues* aux alcools de la série grasse en ce qui concerne la *formation d'alcoolates, d'éthers, d'esters, de mercaptans, d'amines, etc.*, mais ils sont en même temps *dérivés benzéniques* et, comme tels, susceptibles de donner naissance à des produits substitués chlorés, bromés, nitrés, amidés, etc. L'entrée du groupe phényle dans les alcools gras *incomplets* conduit à des alcools aromatiques *incomplets* qui, dans leurs propriétés chimiques, sont très étroitement joints aux substances non saturées de la série grasse, tout en étant simultanément des dérivés benzéniques.

La même chose a lieu, *mutatis mutandis*, pour les *aldéhydes et les cétones* aromatiques (V. p. 378 et 380).

Alcool benzylique, $C^6H^5—CH^2.OH$. *Etat naturel* : l'alcool benzylique est contenu dans le baume du Pérou et dans le baume de Tolu à l'état d'ester benzoïque ou cinnamique. Il s'obtient en partant du chlorure de benzyle comme l'alcool ordinaire en partant du chlorure d'éthyle. *Préparation* : en partant de son aldéhyde, soit par réduction, soit, ce qui est préférable, par l'action de la potasse sur ce composé dont la moitié est oxydée et l'autre moitié réduite (B. **14**, 2394 ; Bull. soc. chim. **1882**, **1**, 255) :

$$2C^6H^5—CHO + KOH = C^6H^5—CH^2OH + C^6H^5COOK.$$

Liquide incolore, d'odeur aromatique faible, difficilement soluble dans l'eau, bouillant à 206°.

L'alcool benzylique s'obtient aussi par réduction de la benzamide.

Le thioalcool correspondant, le **sulfhydrate de benzyle**, $C^6H^5—CH^2.SH$, est un liquide d'odeur répugnante possédant les propriétés génériques des mercaptans.

L'amine alcoolique correspondante est la **benzylamine**, $C^6H^5—CH^2.AzH^2$, déjà mentionnée p. 340 ; on connaît aussi des amines homologues et, en outre, des **benzylhydroxylamines**, $C^6H^5—CH^2AzH—(OH)$, par exemple, existant sous diverses modifications isomères.

Phénylméthylcarbinol, $C^6H^5—CH(OH)—CH^3$, P. E. 203° ; s'obtient par réduction de l'acétophénone, $C^6H^5—CO—CH^3$ (p. 380), et est de nouveau ramené à ce composé par une oxydation modérée.

L'alcool aromatique *non saturé* le plus simple est l'**alcool cinnamique**, *styrène*, $C^9H^{10}O = C^6H^5—CH=CH—CH^2OH$, contenu dans le styrax sous forme d'ester de l'acide cinnamique. Aiguilles brillantes, d'odeur analogue à celle de la jacinthe, qu'une oxydation prudente convertit en acide cinnamique, une oxydation plus avancée conduisant à l'acide benzoïque.

B. Aldéhydes aromatiques.

Benzaldéhyde (benzèneméthylal), *essence d'amandes amères*, $C^6H^5.CHO$.

Découverte en 1803, étudiée par *Liebig* et *Wöhler* (Ann. **22.** 1).

La plupart de ses modes de formation sont analogues à ceux des aldéhydes de la série grasse ; on l'obtient :

a. par oxydation de l'alcool correspondant ;

b. par réduction de l'acide correspondant (distillation de l'acide benzoïque avec du formiate de potasse).

c. en partant du chlorure de benzylidène, $C^6H^5CHCl^2$ (obtenu au moyen du toluène), qu'on chauffe sous pression avec de l'eau, de l'acide sulfurique ou un lait de chaux (procédé industriel), ou en chauffant à l'ébullition le *chlorure de benzyle* avec de l'eau et du nitrate de plomb.

d. à côté de glucose et d'acide cyanhydrique, en scindant l'*amygdaline*, $C^{20}H^{27}AzO^{11}$ (V. p. 238), par l'action de l'acide sulfurique ou de l'*émulsine* (V. ce mot) :

$$C^{20}H^{27}AzO^{11} + 2H^2O = C^6H^5.CHO + 2C^6H^{12}O^6 + CAzH.$$

e. par l'action de l'acide chlorochromique, CrO^2Cl^2, sur le toluène (réaction d'*Etard*, Ann. ch. ph. (5) XXII, 218) ; cette réaction est importante en ce qu'elle permet la synthèse des aldéhydes et de certaines cétones en partant des carbures ; B. **17**, 1462 1700 ; Bull. soc. chim. **1885**, **2**, 288, 394, v. p. 380.

Propriétés. La benzaldéhyde est un liquide incolore, très réfringent, d'une odeur agréable d'essence d'amandes amères, peu soluble dans l'eau (1 : 30), facilement soluble dans l'éther et dans l'alcool. P. E. 179°. D(15°) = 1.05.

Ses *propriétés* sont entièrement identiques à celles de toute *aldhéhyde* : a) elle s'oxyde facilement en acide benzoïque et réduit la solution ammoniacale d'argent avec formation du miroir métallique ; b) la réduction la ramène à l'alcool correspondant, v. p. 377 ; c) elle se combine par addition au bisulfite de sodium ainsi que d) à l'acide cyanhydrique (v. acide phénylglycolique) ; e) elle se condense avec des aldéhydes grasses ainsi qu'avec des acides et des cétones (préparation de l'acide cinnamique, par exemple) (v. ce mot ; B. **14**, 2460 ; **15**, 2856 ; Bull. soc. chim. **1882**, **1**, 507, **1883**, **1**, 606) et aussi avec la diméthylaniline, les phénols, etc., en donnant des dérivés du triphénylméthane (V. ce mot) ; f) elle se combine avec l'hydroxylamine et la phénylhydrazine (réaction sensible, B. **17**, 574 ; Bull. soc. chim. **1885**, **1**, 574).

Avec l'ammoniaque, au contraire, on n'obtient pas d'aldéhyde ammoniaque, mais bien de l'hydrobenzamide (V. ci-dessous).

Elle possède d'ailleurs toutes les propriétés d'un *dérivé benzénique* car elle peut être (indirectement) substituée par les halogènes et (directement) nitrée, amidée, sulfonée, etc.

Comme pour le toluène, le chlore, à la température de l'ébullition, s'introduit dans la chaîne latérale en donnant lieu à la formation de chlorure de benzoyle, $C^6H^5.COCl$ (p. 392).

α-Benzaldoxime, *benzantialdoxime*, $C^6H^5-CH:Az.OH$, s'obtient par l'action de l'hydroxylamine sur la benzaldéhyde, P. F. 35° ; l'acide chlorhydrique la transforme en son isomère, la **β-benzaldoxime**, *benzsynaldoxime*, P. F. 125°, qui, contrairement au produit primitif, est transformée par l'anhydride acétique en cyanure de phényle et qui, chauffée sous pression, fournit à nouveau le dérivé α. Les deux oximes sont identiques comme structure mais stéréochimiquement isomères (isomérie des composés azotés). V. p. 138 et *Hantzsch*, B. **24**, 15, 3481 ; Bull. soc. chim. **1892**, 2, 70, 693.

Benzalazine, $C^6H^5.CH{=}Az-Az{=}CH.C^6H^5$, prismes jaunes, P. F. 93°, qu'on obtient par l'action de une molécule de sulfate d'hydrazine sur deux molécules de benzaldéhyde ; sa formation sert à caractériser l'hydrazine (*Curtius*, *Jay*, J. pr. C. **39**, 44).

Benzaldéhyde-phénylhydrazone, $C^6H^5-CH:(Az^2HC^6H^5)$, cristaux incolores, P. F. 152°.

Hydrobenzamide, $C^{21}H^{18}Az^2 = Az^2[:CH.C^6H^5]^3$, cristaux rhombiques, P. F. 110°, qu'on obtient par l'action de l'ammoniaque sur la benzaldéhyde.

On a aussi préparé une **dihydrobenzaldéhyde**, $C^6H^5(H^2)-CHO$, en scindant l'*anhydroecgonine*. V. ce mot et B. **23**, 2870 ; B. s. c. **1891**, 2, 311 ; par oxydation modérée, cette aldéhyde se transforme en acide dihydrobenzoïque (B. **26**, 454 ; B. s. c. **1893**, 2, 807).

Nitrobenzaldéhydes, $C^6H^4(AzO^2)CHO$. La nitration de la benzaldéhyde conduit principalement au dérivé m à côté d'une quantité plus faible (20 o/o) d'o-nitrobenzaldéhyde qu'on obtient préférablement par oxydation de l'acide o-nitrocinnamique par le permanganate de potassium en présence de benzène (B. **17**, 121 ; B. s. c., **1885**, 1, 345). Ce dérivé ortho (longues aiguilles incolores, P. F. 46°) présente un intérêt tout spécial à cause de sa transformation en indigo par l'action de l'acétone et d'une lessive de soude (B. **15**, 2856 ; B. s. c. **1883**, 1, 606) et de son produit de réduction, l'**o-amidobenzaldéhyde**, $C^6H^4(AzH^2)CHO$ (feuillets brillants, P. F. 40°), qui a été employé dans diverses réactions synthétiques (V. quinoléine et B. **16**, 1833 ; B. s. c. **1884**, 1, 205) ; **m-amidobenzaldéhyde**, obtenue par réduction de la m-nitrobenzaldéhyde ou de son dérivé bisulfitique, sert à l'obtention de colorants du triphénylméthane.

Homologues de la benzaldéhyde : les trois **toluylaldéhydes**, $C^6H^4(CH^3)-CHO$; l'**aldéhyde cuminique**, *cuminol*, *isopropylbenzaldéhyde*, $C^6H^4(C^3H^7)-CHO$, contenue dans l'essence de cumin romain.

La **phényltétrose**, $C^6H^5(CHOH)^3.CHO$, est en même temps aldéhyde et alcool polyvalent, elle représente un sucre aromatique, on l'a obtenue synthétiquement (B. **25**, 2559 ; B. s. c. **1893**, 2, 121).

Comme aldéhydes *bivalentes*, on peut citer, par exemple, l'**aldéhyde téréphtalique**, $C^6H^4(CHO)^2$ (1 : 4).

Aldéhyde cinnamique, $C^6H^5-CH{=}CH-COH$, principal composant de l'essence de cannelle (Persea cinnamomum), peut en être isolée au moyen de sa combinaison bisulfitique ; c'est une huile d'odeur aromatique, facilement entraînable à la vapeur d'eau, bouillant à 246°.

C. Cétones aromatiques.

L'acétophénone, $C^6H^5—CO—CH^3$, est la cétone aromatique (mixte) la plus simple ; on l'obtient soit par la méthode normale de préparation des cétones : en distillant un mélange d'acétate et de benzoate de chaux, soit par l'action du chlorure d'acétyle sur le benzène en présence de chlorure d'aluminium. Feuillets cristallins facilement fusibles (+ 20°), bouillant sans décomposition (200°), peu solubles dans l'eau. L'acétophénone possède à la fois les propriétés d'une cétone grasse et celles d'un dérivé benzénique ; oxydée, elle fournit $C^6H^5—CO^2H$ et de l'acide carbonique (dans d'autres conditions, on obtient de l'acide benzoylformique) ; l'action des halogènes (à chaud) conduit à une substitution dans la chaîne latérale : on obtient, par exemple, le **bromure de phénacyle**, $C^6H^5—CO—CH^2Br$; l'acide nitrique conduit à des dérivés nitrés, etc. L'acétophénone est employée comme hypnotique (« *Hypnone* »).

L'acétophénone et certains de ses homologues s'obtiennent, d'après la réaction d'*Etard*, en partant de carbures à longues chaînes latérales (V. p. 378 et B. **23**, 1070 ; **24**, 1356 ; Bull. soc. chim. **1891**, **1**, 995 ; **2**, 690).

La véritable cétone de l'acide benzoïque, la benzophénone, $C^6H^5—CO—C^6H^5$, sera décrite avec le groupe du diphénylméthane.

On a aussi préparé des *polycétones* aromatiques, par exemple :

Benzoylacétone, $C^6H^5—CO—CH^2—CO—CH^3$,

Acétophénonacétone, $C^6H^5—CO—CH^2—CH^2—CO—CH^3$.

D. Alcools et aldéhydes hydroxylés ; cétones alcools, etc.

Tableau.

$C^6H^4<^{OH}_{CH^2OH}$ o saligénine; m, p alcool benzylique hydroxylé.	$C^6H^4<^{OH}_{CHO}$ o aldéhyde salicylique; m, p oxybenzaldéhyde
$C^6H^4<^{OCH^3}_{CH^2.OH}$ p alcool anisique	$C^6H^4<^{OCH^3}_{CHO}$ aldéhyde anisique
	C^6H^3 —OH (4), —OH (3), —CHO (1) aldéhyde protocatéchique
C^6H^3 —OH (4), —OCH³ (3), —CH².OH (1) alcool vanillique	C^6H^3 —OH (4), —OCH³ (3), —CHO (1) vanilline

etc.

On connaît un grand nombre de composés possédant à la fois les propriétés d'un phénol et celles d'un alcool ou d'une aldéhyde ; ils dérivent des alcools, etc. proprement dits par l'entrée d'un hydroxyle dans le noyau benzénique.

Quelques-uns de ces composés existent tout formés dans la nature ; la *saligénine* est un des composants de la salicine (V. glucosides) ; l'*aldéhyde salicylique* se trouve dans certaines plantes du genre spirœ ; la *vanilline* est contenue (2 o/o) dans les gousses de vanille, l'*aldéhyde anisique* s'obtient par oxydation de l'essence d'anis.

Les oxyaldéhydes s'obtiennent synthétiquement par l'action du chloroforme sur la solution alcaline du phénol (1-2 et 1-4 oxybenzaldéhydes), des dioxybenzènes, des monométhyldioxybenzènes, etc. : ainsi, l'aldéhyde protocatéchique s'obtient en partant de la pyrocatéchine, la vanilline en partant du gaïacol (p. 368) v. p. 386, 4 f. L'action de la formaldéhyde sur la solution alcaline du phénol conduit de même à des oxyalcools (J. pr. Ch. **50**, 223).

La **vanilline** (belles aiguilles) s'obtient en partant de la coniférine, $C^{16}H^{22}O^{8}+2H^{2}O$, glucoside contenu dans le suc cambial des conifères (*Tiemann* et *Haarmann*), on la prépare industriellement par oxydation de l'isoeugénol. Sous l'action de l'acide chlorhydrique à 200°, elle perd CH^{3} en donnant de l'aldéhyde protocatéchique.

On la rencontre aussi dans l'asperge, le sucre brut de betteraves, l'assa fœtida, elle se forme par oxydation de la résine d'olivier, etc.

Le **benzoylcarbinol**, $C^{6}H^{5}—CO—CH^{2}.OH$, est un *alcool cétonique* qu'on peut préparer en partant de $C^{6}H^{5}—CO—CH^{2}Br$ (p. 380), il cristallise en aiguilles brillantes, ressemble à l'acétonealcool, bien qu'il soit plus stable que ce composé, et possède comme lui des propriétés réductrices énergiques.

L'aldéhyde-cétone qui lui correspond est le **phénylglyoxal**, $C^{6}H^{5}—CO—COH$. Au sujet de ce composé, voir son analogue, l'aldéhyde pyruvique et B. **22**, 2556 ; Bull. soc. chim. **1890**, **1**, 373.

XXV. Acides aromatiques.

Les acides aromatiques sont, *dans la plupart de leurs propriétés, complètement analogues aux acides gras.* Ils peuvent, en tant qu'acides, former exactement les mêmes dérivés que ceux-ci, c'est-à-dire des esters, des sels, des chlorures, des anhydrides, des amides, etc., par exemple :

$C^{6}H^{5}.CO^{2}H$, acide benzoïque.

$C^{6}H^{5}.CO^{2}(C^{2}H^{5})$, ester éthylique de l'acide benzoïque ; $(C^{6}H^{5}.CO)^{2}O$, anhydride benzoïque ;
$C^{6}H^{5}.CO.Cl$, chlorure de benzoyle ; $C^{6}H^{5}.CO.AzH^{2}$, benzamide.

Ils sont d'ailleurs, en même temps, dérivés benzéniques et, comme tels, susceptibles de subir la plupart des transformations dont le benzène même peut être le sujet, on peut donc préparer des produits de substitution *halogénés*, des dérivés *nitrés*, *amidés*, *sulfonés*, etc. des acides aromatiques ; les acides amidés sont *diazotables*, etc. L'entrée de l'oxygène dans le noyau benzénique (V. plus loin) conduit à des *acides phénols* possédant à la fois les caractères d'un phénol et d'un acide, à des *acides quinones* qui sont à la fois quinones et acides, etc.

Des *acides alcools*, des *acides cétones*, etc. existent aussi bien dans la série aromatique que dans la série grasse.

Ainsi, les acides suivants dérivent de l'acide benzoïque :

$C^6H^4Cl.CO^2H$, acides benzoïques chlorés ;
$C^6H^4(AzO^2).CO^2H$, acides nitrobenzoïques ;
$C^6H^4(AzH^2).CO^2H$, acides amidobenzoïques ;
$C^6H^4(SO^3H).CO^2H$, acides sulfobenzoïques ;
$C^6H^4.(OH).CO^2H$, acides oxybenzoïques ;
$C^6H^5.CHOH.CO^2H$, acides phénylglycoliques, etc.

Leurs modes de formation sont souvent (V. p. 384 et suiv.) complètement analogues à ceux des acides gras.

Les acides aromatiques homologues ne présentent pas entre eux le changement graduel des propriétés physiques observé chez leurs homologues de la série grasses.

Constitution. Aux acides aromatiques correspondent également des *nitriles* (à l'acide benzoïque, par exemple, le benzonitrile, C^6H^5CAz) qui peuvent aussi être considérés comme des dérivés cyanés des carbures (C^6H^5CAz = benzène cyané), et qui, par saponification, sont ramenés à ces acides ; la constitution des acides aromatiques est donc complètement analogue à celle des acides gras : ils sont, comme eux, caractérisés par la présence dans leur molécule du groupe *carboxyle*, CO.OH. On connaît également des acides aromatiques *mono, di... hexabasiques,* basicité qui correspond au nombre d'atomes d'hydrogène facilement remplaçables par des métaux et par suite au nombre de carboxyles contenus :

$C^6H^4(CO^2H)^2$	$C^6H^3(CO^2H)^3$	$C^6(CO^2H)^6$
acides phtaliques	acides benzènetricarboxyliques	acide mellique.

Il existe aussi des acides aromatiques *non saturés* se différenciant des acides saturés par des caractères exactement identiques à ceux qui distinguaient les acides incomplets de la série grasse des acides saturés de cette même série, ils ne s'en différencient donc essentiellement que parce qu'ils sont, en tant que composés incomplets, très facilement susceptibles d'addition (fixation de H^2, Cl^2, HCl, etc.), opération qui les ramène aux acides saturés ou à des produits substitués de ces acides. Dans la plupart des additions de ce genre, le noyau benzénique ne subit aucune transformation (V. p. 299, 3).

Leur constitution est donc entièrement analogue à celle des acides des séries acrylique et propiolique ; ils contiennent une chaîne latérale comprenant des liaisons carbonées doubles ou triples, par exemple :

$C^6H^5—CH{=}CH—CO^2H$ acide cinnamique — $C^6H^5—C{\equiv}C—CO^2H$. acide phénylpropiolique

En dehors des acides aromatiques traités jusqu'à présent, on connaît aussi des acides *dérivant d'un noyau benzénique soit totalement, soit partiellement réduit*. Les corps de la première série, les acides hexahydrobenzoïques, par exemple, possèdent des propriétés complètement identiques à celles des acides saturés ; ceux de la seconde, les acides di et tétrahydrobenzoïques, par exemple, possèdent celles des acides gras incomplets (V. p. 297). Quelques acides de ces séries ont été préparés synthétiquement en partant de composés de la série grasse, mais la plupart d'entre eux ont été obtenus par réduction directe des acides benzènecarboxyliques ; il sont, d'ailleurs, ramenés à ces acides par soustraction d'hydrogène (V. A. **280**, 88 ; B. s. c. **1895**, **2**, 399).

Les *oxyacides* aromatiques, qui possèdent en même temps le caractère phénolique et le caractère acide, contiennent évidemment, en plus du carboxyle, un hydroxyle phénolique, c'est-à-dire un hydroxyle directement lié au noyau benzénique ; ils peuvent former des sels aussi bien comme acides que comme phénols, tout en correspondant d'ailleurs, en beaucoup de points, aux acides alcools de la série grasse.

Les *acides alcools* aromatiques vrais, qui correspondent entièrement à ces derniers (V. acide phénylglycolique), ne contiennent évidemment pas leur hydroxyle alcoolique dans le noyau benzénique mais bien, comme les alcools aromatiques, dans la chaîne latérale.

Nomenclature. La désignation des acides aromatiques la plus rationnelle est celle qui les considère comme acides carboxyliques dérivés des carbures d'origine ou des dérivés correspondants (ex. : acides phtaliques=acides benzènedicarboxyliques, « *N. o* » (p. 23) : acide benzènediméthyldioïque) ; quelques appellations : acide xylylique, par exemple (V. tableau, p. 388), dérivent du nom du carbure dans lequel le carboxyle est entré ; d'autres, comme acide mésitylénique (V. tableau), rappellent le carbure dont l'acide provient par oxydation. Un principe de nomenclature important repose sur cette circonstance qu'*on peut déduire des acides aromatiques de presque tous les acides gras importants par échange de* H *contre* C^6H^5, par exemple : $CH^3—CO^2H$, acide acétique ; $C^6H^5—CH^2—CO^2H$, acide phénylacétique, de telle manière qu'il existe des acides phénylés analogues des acides des séries acétique, glycolique, succinique, malique, tartrique, etc. L'acide atropique, par exemple, $C^6H^5—C\begin{cases}{=}CH^2\\ —CO^2H\end{cases}$, peut être désigné sous le nom d'acide α-phénylacrylique.

Propriétés. Les acides aromatiques sont des substances généralement solides et cristallisées, pour la plupart difficilement solubles dans l'eau et précipitables par addition d'acides dans les solutions de leurs sels, souvent solubles avec facilité dans l'alcool et dans l'éther. Les plus simples d'entre eux se subliment ou distillent sans décomposition ; les acides plus complexes surtout les acides phénols (l'acide salicylique, $C^6H^4(OH).CO^2H$, par exemple) et les acides polycarboxylés perdent de l'acide carbonique quand on les chauffe. Quand les acides sont volatils sans décomposition, la perte d'acide carbonique se réalise en les chauffant avec la chaux, etc. ; les carboxyles des acides polybasiques peuvent être successivement éliminés :

$$C^6H^4(CO^2H)^2 = C^6H^5(CO^2H) + CO^2 = C^6H^6 + 2CO^2.$$

Etat naturel. Les acides aromatiques existent souvent dans la nature, dans les résines et dans les baumes, par exemple, ainsi que dans l'organisme animal sous forme de dérivés azotés (acide hippurique).

Modes de formation des acides aromatiques.

1. *Acides saturés*.

Ces acides se forment : 1. par *oxydation* des alcools primaires ou des aldéhydes correspondants : l'acide benzoïque, par exemple, s'obtient en partant de l'alcool benzylique.

2. par *oxydation* des homologues du benzène ainsi que de tous les composés qui en dérivent par suite de substitutions effectuées dans la chaîne et, en outre, de tous les dérivés de ces composés qui contiennent encore, à la place d'atomes d'hydrogène du noyau, des groupes halogène, nitro, sulfo, etc., hydroxyle et carboxyle :

$C^6H^5(CH^3)$	donne	$C^6H^5(CO^2H)$,
$C^6H^4(CH^3)^2$ $C^6H^4(CH^3)(C^3H^7)$	donnent	$C^6H^4(CO^2H)^2$,
$C^6H^3(CH^3)^2(C^2H^5)$	donne	$C^6H^3(CO^2H)^3$,
$C^6H^5CH^2AzH^2$	»	$C^6H^5(CO^2H)$,
$C^6H^4ClCH^3$	»	$C^6H^4Cl(CO^2H)$,
$C^6H^4(AzO^2)(C^2H^5)$	»	$C^6H^4(AzO^2)(CO^2H)$,
$C^6H^3(OH)^2(CH^3)$	»	$C^6H^3(OH)^2(CO^2H)$,
$C^6H^4(CH^3)(CO^2H)$	»	$C^6H^4(CO^2H)^2$,
$C^6H^5—CH{=}CH—CO^2H$	»	$C^6H^5(CO^2H)$.

S'il existe plusieurs chaînes latérales, l'acide chromique les oxyde la plupart du temps directement toutes à la fois en les transformant en carboxyles tandis qu'on peut effectuer graduellement cette transformation par l'emploi de l'acide nitrique étendu qui, avec les xylènes, $C^6H^4(CH^3)^2$, par exemple, fournit d'abord les acides toluyliques, $C^6H^4(CH^3)(CO^2H)$, puis finalement les acides phtaliques, $C^6H^4(CO^2H)^2$.

Les trois classes de dérivés benzéniques isomères possédant deux chaînes latérales se conduisent pourtant différemment à l'oxydation ; pendant que les dérivés *para* puis, dans l'ordre de facilité, les dérivés *méta* sont oxydés à l'état d'acides par le mélange chromique, les dérivés ortho sont attaqués trop énergiquement « sont brûlés » par ce réactif ; on peut, dans des cas semblables, arriver à l'oxydation normale en employant l'acide nitrique ou le permanganate. L'entrée d'un groupe négatif (et aussi celle de OH) empêche l'oxydation par l'acide chromique d'un alcoyle placé en ortho par rapport à lui (V. p. 367).

3. par *saponification des nitriles correspondants* (p. 382) :

$$C^6H^5CAz + 2H^2O = C^6H^5CO^2H + AzH^3.$$

Ces **nitriles**, qu'on peut préparer, comme ceux de la série grasse, en partant des sels ammoniacaux des acides, **s'obtiennent synthétiquement** :

a) Par distillation des sels de potassium des *acides sulfoniques* en présence de *cyanure de potassium* ou de cyanure jaune [méthode d'obtention analogue à celle qui donne les nitriles des acides gras en partant des alcoylsulfates (V. p. 103)] (*Merz*) :

$$C^6H^5.SO^3K + KCAz = C^6H^5CAz + SO^3K^2.$$

Les nitriles, en règle générale, ne peuvent être obtenus par l'action du cyanure de potassium sur le benzène chloré, etc. (V. p. 318).

L'halogène peut être plus facilement remplacé par le cyanogène quand il est accompagné de groupes sulfo. Le groupe nitro des nitrobenzènes bromés (B. 8, 1418) est susceptible du même échange.

Le chlorure de benzyle, $C^6H^5.CH^2Cl$, et tous les carbures halogénés dont l'halogène est situé dans la chaîne possèdent, au contraire, la faculté normale d'échanger facilement ce groupe contre le cyanogène :
$C^6H^5.CH^2Cl + KCAz = KCl + C^6H^5—CH^2.CAz$ (cyanure de benzyle).

b) En chauffant les *isosulfocyanates* avec du cuivre ou de la poudre de zinc (*Weith*) :

$$C^6H^5.AzCS + 2Cu = C^6H^5CAz + Cu^2S.$$

c) Par transposition des *isocyanures* isomères sous l'action d'une température élevée ($C^6H^5.AzC = C^6H^5.CAz$).

d) En partant des amines *primaires* soit par diazotation et échange du groupe diazoïque contre le cyanogène d'après la réaction de *Sandmeyer*, soit en les transformant au préalable en isosulfocyanates ou en isocyanures que l'on traite ensuite suivant b ou c.

En partant des aldéhydes, par déshydratation de leur oxime (V. ce mot) au moyen du chlorure d'acétyle :
benzaldoxime : $C^6H^5.CH{=}Az.OH = C^6H^5.CAz + H^2O$.

4. Synthèses des acides au moyen de l'*acide carbonique* ou de ses *dérivés* :

a) L'action de l'*acide carbonique* sur le *benzène monobromé*, etc., en présence de sodium, conduit à la formation d'acide benzoïque, etc. (*Kékulé*) :

$$C^6H^5Br + CO^2 + 2Na = C^6H^5CO^2Na + NaBr.$$

b) Action du phosgène, $COCl^2$, ou, aussi, de l'acide carbonique, sur le *benzène* ou ses homologues en présence de chlorure d'aluminium (*Friedel, Crafts*) :

$$C^6H^6 + COCl^2 = C^6H^5COCl + HCl.$$

Il se forme d'abord des chlorures d'acide qui sont décomposés par l'eau ; une action ultérieure de ces composés sur le benzène peut conduire à des cétones (V. benzophénone).

Le phosgène réagit sur les *amines tertiaires* avec une facilité particulière :

$$C^6H^5.Az(CH^3)^2+COCl^2 = C^6H^4.[Az(CH^3)^2]COCl + HCl.$$

c) L'action du *chlorure de carbamide*, $CO(AzH^2)Cl$, sur le benzène (ou sur le phénol) en présence de Al^2Cl^6 donne naissance à des *amides* qui, par saponification, peuvent être facilement ramenées aux acides correspondants *(Gattermann*, A. **244**, 29) :

$$C^6H^6 + Cl.CO.AzH^2 = C^6H^5.CO.AzH^2 + HCl.$$

chlorure de carbamide — benzamide

d) Action du sodium sur un mélange de *benzène bromé* et d'un ester de l'*acide chlorocarbonique* (p. 251) (*Wurtz*) :

$$C^6H^5Br+Cl.CO^2(C^2H^5) + 2Na = C^6H^5CO^2(C^2H^5) + NaBr + NaCl.$$

Il se forme d'abord les esters des acides, lesquels sont faciles à saponifier.

e) L'action de l'*acide carbonique* à chaud sur le *phénolate de sodium* conduit à des *acides-phénols* (*Kolbe*, v. p. 397) :

$$C^6H^5.ONa + CO^2 = C^6H^4(OH).CO^2Na.$$

Avec les phénols polyvalents (la résorcine, par exemple), il suffit souvent de chauffer avec une solution de bicarbonate de potassium (B. 13, 930).

Les esters de l'acide chlorocarbonique agissent d'une manière analogue.

f) L'action du *tétrachlorure de carbone* sur les *phénols* en solution alcaline conduit à des p-oxyacides (B. **10**, 2185) :

$$C^6H^5ONa + CCl^4 = C^6H^4(OH).CCl^3 + NaCl ;$$
$$C^6H^4(OH).CCl^3 + 4NaOH = C^6H^4(OH).CO^2.Na + 3NaCl + 2H^2O.$$

L'emploi du *chloroforme* conduit d'une manière analogue aux *aldéhydes* de ces oxyacides (o- et p-) :

$$C^6H^5OH + CHCl^3 + 3NaOH = C^6H^4(OH)CHO + 3NaCl + 2H^2O.$$

Le *chlorure de méthylène* et la formaldéhyde réagissent semblablement en donnant lieu à la formation d'oxyalcools aromatiques.

g) En chauffant les sels des acides *sulfoniques* avec du *formiate* de soude (*V. Meyer*) :

$$C^6H^5.SO^3K + HCO^2K = C^6H^5.CO^2K + HSO^3K.$$

5. *Synthèses d'acides au moyen de l'ester acétylacétique, de l'ester malonique*, etc.

a) Formation d'ester de l'acide phloroglucinetricarbonique en partant d'un ester de l'acide sodiummalonique, v. p. 307.

b) Formation d'esters de l'acide hydroquinonedicarbonique, etc., en partant du succinate d'éthyle ou de l'acide acétylacétique bromé estérifié, v. p. 307.

c) Action de l'ester acétylacétique sur les phénols, v. p. 390.

d) L'ester acétylacétique réagit sur les dérivés halogénés dont l'halogène est situé dans la chaîne latérale, le chlorure de benzyle par exemple, *exactement comme il réagit en série grasse* : il forme des acides-cétones complexes qui peuvent encore subir soit la « scission en acides », soit la « scission cétonique » (p. 212 et 213), par exemple :

$$C^6H^5—CH^2Cl + CH^3—CO—CHNa—CO^2R = CH^3—CO—CH(C^7H^7)—CO^2R + NaCl\,;$$

ester benzylacétylacétique

$$CH^3—CO—CH—(C^7H^7)—CO^2R + H^2O = C^6H^5—CH^2—CH^2—CO^2R + CH^3CO^2H.$$

ester phénylpropionique

6. Les *acides-alcools* et les *acides-cétones* s'obtiennent d'après des méthodes exactement semblables à celles qui servent en série grasse (p. 193). L'acide phénylglycolique, par exemple, s'obtient soit par addition de CAzH à l'aldéhyde benzoïque :

$$C^6H^5—CHO + HCAz = C^6H^5CH(OH)—CAz,$$

et saponification du nitrile formé, soit en partant de l'acide phénylacétique-α-chloré (B. **14**, 239, 1965 ; Bull. soc. chim. **1882**, **1**, 44, 355) :

$$C^6H^5—CHCl—CO^2H + KOH = C^6H^5—CH(OH)—CO^2H + KCl.$$

7. Les acides hydroparacoumarique, hydrocinnamique, p-oxyphénylacétique, etc., prennent naissance dans la putréfaction de l'albumine.

B. **Modes de formation** *des acides aromatiques non saturés.*

1. D'après le mode normal d'obtention (p. 156), en partant des *produits substitués monohalogénés* des acides saturés, ou bien, comme pour les composés saturés, en partant des *nitriles*, des *alcools primaires*, etc. correspondants.

2. Par l'action des aldéhydes aromatiques sur les acides gras (*réaction de Perkin*).

La benzaldéhyde, par exemple, chauffée avec de l'acétate de soude et de l'anhydride acétique, donne de l'acide cinnamique :

$$C^6H^5.CHO + CH^3.CO^2Na = C^6H^5—CH{=}CH—CO^2Na + H^2O.$$

L'anhydride acétique n'agit que comme déshydratant, sans prendre autrement part à la réaction (V. Ann. **216**, 101 ; Bull. soc. chim. **1883**, **2**, 127).

Il y a, dans cette réaction, formation intermédiaire d'oxyacides par une réaction analogue à la condensation aldolique (p. 127) ; on obtient, dans le cas ci-dessus :

$$C^6H^5CH(OH)—CH^2—CO^2H,\ \text{acide } \beta\text{-phénylhydoacrylique.}$$

Cette réaction a aussi lieu avec les oxyaldéhydes et les homologues de l'acide acétique, elle se produit en outre avec les acides bibasiques.

…ovalents	P. F.
$C^6H^5—CO^2H$	121
$C^6H^5—CH^2—CO^2H$	76
$C^6H^4\langle(CH^3)(CO^2H)$ o-, m-, p-	102, 110, 180
$C^6H^5—CH^2—CH^2—CO^2H$	49
$C^6H^5—CH\langle(CH^3)(CO^2H)$	huile
$C^6H^4\langle(CH^3)(CH^2—CO^2H)$ o-, m-, p-	89, 61, 91
$C^6H^4\langle(C^2H^5)(CO^2H)$ o-, p-	68, 112
	166
$C^6H^3\langle(CH^3)^2$ (1) (CO^2H)	126, 163
$C^6H^4\langle(C^3H^7)(CO^2H)$	116

…rés monovalents	
$C^6H^5—CH=CH—CO^2H$	133
$C^6H^5—C\langle(=CH^2)(CO^2H)$	106
$C^6H^5—C\equiv C—CO^2H$	136

…ls non saturés	
$C^6H^4\langle(OH)(CH=CH—CO^2H)$ o-, p-	208, 206

3. *Acides phénols bivalents saturés*

		P. F.
$C^7H^6O^3$ {Salicylique (1, 2) / m-, p-Oxybenzoïque}	$C^6H^4\langle(OH)(CO^2H)$ o-, m-, p-	155, 200, 310
[Anisique (1, 4).	$C^6H^4(O.CH^3).CO^2H]$	184
C^8|Oxytoluyliques	$C^6H^3(CH^3)\langle(OH)(CO^2H)$	—
etc.		
C^9 {Hydroparacoumarique (1, 4)	$C^6H^4\langle(OH)(CH^2—CH^2—CO^2H)$	128
C^9 (Tyrosine (1, 4).	$C^6H^4\langle(OH)(CH^2—CH^2\langle(AzH^2)(CO^2H))$	—
etc.		

4. *Acides-alcools et acides-cétones saturés bivalents*

C^8|Phénylglycolique	$C^6H^5—CH(OH)—CO^2H$	118
C^9|Tropique.	$C^6H^5—CH\langle(CH^2.OH)(CO^2H)$	117
C^8|Benzoylformique	$C^6H^5—CO—CO^2H$	65
C^9|Benzoylacétique.	$C^6H^5—CO—CH^2—CO^2H$	103

5. *Acides-phénols tri et polyvalents*

C^7|Protocatéchique (1 : 3 : 4).	$C^6H^3(OH)^2(CO^2H)$	199
[Vanillique	$C^6H^3(OH)(O.CH^3)(CO^2H)]$	207
C^8|Orsellique	$C^6H^2(CH^3)(OH)^2(CO^2H)$	176
C^7 {Gallique	$C^6H^2(OH)^3(CO^2H)$	222
C^7 [Tannin	$C^{14}H^{10}O^9]$	—
C^7 Quinique	$C^6H.(H^6)(OH)^4(CO^2H)$	162
etc.		

L'acide cinnamique se prépare aussi, d'après une réaction semblable, par l'action du sodium sur un mélange de benzaldéhyde et d'ester acétique (B. **23**, 976 ; Bull. soc. chim. **1890**, **2**, 419).

3. L'action du chlorure de benzylidène sur l'acétate de soude conduit d'une manière analogue à l'acide cinnamique (*Caro*) :

$$C^6H^5CHCl^2 + CH^3CO^2H = C^6H^5-CH=CH-CO^2H + 2HCl.$$

4. L'action de l'*ester acétylacétique* sur les *phénols* en présence d'acide sulfurique concentré conduit à des *acides-phénols* non saturés ou à des anhydrides de ces acides (B. **16**, 2119 ; **17**, 2191 ; Bull. soc chim. **1884**, **2**, 587 ; **1886**, **1**, 221), par exemple :

$$C^6H^5OH + \begin{matrix} OHC(CH^3)=CH \\ \cdot \\ HO-CO \end{matrix} = C^6H^4\begin{matrix} \diagup C(CH)^3=CH \\ \cdot \\ \diagdown O \quad -CO \end{matrix} + 2H^2O.$$

ester acétylacétique (pseudoforme) — méthylcoumarine

4a. L'*acide malique* agit d'une manière analogue sur les *phénols* en présence d'acide sulfurique, il entre vraisemblablement en réaction comme monoaldéhyde de l'acide malonique, $CHO-CH^2-CO^2H$ (= acide malique $- CO^2H^2$, v. p. 208) (*v. Pechmann*, B. **17**, 929 ; Bull. soc. chim. **1885**, **1**, 629) :

$$C^6H^5OH + \begin{matrix} O : CH-CH^2 \\ \cdot \\ HO . CO \end{matrix} = C^6H\begin{matrix} \diagup CH^3=CH \\ \\ \diagdown O \quad -CO \end{matrix} + 2H^2O$$

monoaldéhyde de l'acide malonique — coumarine

A. Acides aromatiques monobasiques.

(Tableau d'ensemble p. 388).

Constitution et **isoméries**. Les cas d'isomérie des acides aromatiques sont faciles à déduire : l'*acide benzoïque ne peut avoir d'isomère, aucun n'est connu* ; on peut, au contraire, en partant du toluène, obtenir des acides carboxylés $C^8H^8O^2$ par l'entrée du carboxyle soit dans le noyau benzénique, soit dans la chaîne latérale :

$$C^6H^4(CH^3)(CO^2H) \qquad C^6H^5.CH^2.CO^2H.$$

(3) acides toluyliques — acide phénylacétique

La manière dont se comportent ces acides à l'oxydation décèle facilement leur constitution : les premiers sont transformés en acides phtaliques, le dernier fournit de l'acide benzoïque.

On connaît déjà un très grand nombre d'*acides $C^9H^{10}O^2$* isomères (V. tab.) : l'acide hydrocinnamique et l'acide hydroatropique sont des acides phénylpropioliques, le premier β- et le second α- correspondant aux deux acides lactiques : les *rapports d'isomérie des acides gras se renouvellent* donc chez eux ; les acides alphaxylyliques, $C^6H^4\begin{matrix} \diagup CH^3 \\ \diagdown CH^2-CO^2H \end{matrix}$, et éthylbenzoïques, $C^6H^4\langle {C^2H^5 \atop CO^2H}$, sont entre eux dans des rapports analogues à celui des acides acétylacétique, $CH^3—CO—CH^2—CO^2H$, et propionylformique, $C^2H^5—CO—CO^2H$; ils donnent tous des acides phtaliques à l'oxydation ; enfin, l'acide mésitylénique et ses isomères sont des acides diméthylbenzoïques et donnent à l'oxydation des acides benzènecarboxyliques.

Comme on peut le voir facilement, l'acide cuminique, $C^{10}H^{12}O^2$ (p-isopropylbenzoïque), possède d'abord comme isomères l'acide p-normalpropylbenzoïque et les dérivés correspondants o- et m-, puis ensuite les acides éthylméthylbenzoïques, triméthylbenzoïques, phénylbutyriques (en nombre égal à celui des acides oxybutyriques p. 193), etc.

Dans les acides non saturés, on constate, par exemple, l'isomérie des acides cinnamique et atropique, isomérie qui est analogue à celle des acides acryliques α et β chlorés (V. p. 160).

En outre, les acides oxytoluyliques, $C^6H^3(CH^3)(OH)(CO^2H)$, sont isomères avec l'acide phénylglycolique, $C^6H^5—CH(OH)CO^2H$, les premiers donnent à l'oxydation des acides oxyphtaliques, $C^6H^3(OH)(CO^2H)^2$, v. p. 407, le dernier fournit de l'acide benzoïque ; les acides hydrocoumariques, $C^9H^{10}O^3$, sont isomères avec l'acide tropique, les premiers donnant à l'oxydation des acides oxybenzoïques, tandis que l'acide tropique fournit de l'acide benzoïque.

Selon que le carboxyle est directement lié au noyau ou situé dans une chaîne latérale, on observe des différences de propriétés, sous le rapport de l'aptitude à la réduction, par exemple ; dans le premier cas, en effet, cette opération ramène les amides des acides aux alcools correspondants, tandis que dans le second cette transformation n'a pas lieu, pas plus d'ailleurs qu'en série grasse (B. **24**, 173 ; Bull. soc. chim. **1891**, **2**, 59).

1. Acides saturés monovalents.

Acide benzoïque, $C^6H^5.CO^2H$. Découvert en 1608 dans le benjoin, préparé par *Scheele* (1785) en partant de l'urine ; sa constitution fut fixée en 1832 par *Liebig* et *Wöhler* (travail classique). L'acide benzoïque se trouve à l'état naturel dans le benjoin d'où on peut l'extraire par sublimation (« acidum benzoicum ex resina »), dans la résine de sang dragon, le baume de Tolu et le baume du Pérou, le castoréum, l'airelle rouge. Il est contenu dans l'urine de cheval à l'état d'*acide hippurique* (p. 393), combinaison d'acide benzoïque et de glycocolle d'où on l'isole par ébullition avec l'acide chlorhydrique (« acidum benzoicum ex urina »). On l'obtient industriellement par oxydation du toluène (« acidum benzoicum ex toluole ») et comme produit secondaire dans la préparation de l'aldéhyde benzoïque en partant du chlorure de benzyle ou du chlorure de benzylidène ; il se forme aussi quand on chauffe à haute température le phénylchloroforme avec l'eau :

$$C^6H^5.CCl^3 + 2H^2O = C^6H^5.CO^2H + 3HCl.$$

Feuillets brillants ou aiguilles plates de couleur blanche, P. F. 121° ; P. E. 250°, facilement sublimables et entraînables à la vapeur d'eau ; sa vapeur possède une odeur irritante provoquant la toux et l'éternuement ; il est facilement soluble dans l'eau chaude, peu soluble à froid ; chauffé avec de la chaux, il donne du benzène et de l'acide carbonique ; il est employé en médecine et dans la fabrication du bleu d'aniline. L'acide benzoïque forme des sels bien cristallisés tels que : le *benzoate de potassium*, $C^6H^5.CO^2K + \frac{1}{2} H^2O$, le *benzoate de calcium*, $(C^6H^5.CO^2)^2Ca + 3H^2O$ (aiguilles ou prismes brillants).

Comme acides dérivés des produits d'hydrogénation partielle ou totale du benzène, on remarque : les acides **dihydrobenzoïques** (théoriquement, il en doit exister 5 isomères se différenciant par la place de la double liaison), les acides **tétrahydrobenzoïques** (3 isomères prévus, 2 connus. A. **271**, 231 ; B. s. c **1893**, **2**, 549) ; et un seul acide **hexahydrobenzoïque**, P. F. 31°, qui a été obtenu en partant de l'acide benzoïque ainsi que synthétiquement (B **26**, 2248 ; **27**, 1230 ; B. s. c. **1894**, **2**, 481, 1180). L'acide hexanaphtènecarbonique contenu dans l'huile minérale de Bakou est très semblable à ce composé (B. **25**, 3661 ; B. s. c., **1893**, **2**, 598).

Esters, anhydrides, amides etc. de l'acide benzoïque.

Les *esters*, le **benzoate d'éthyle**, $C^6H^5.CO^2(C^2H^5)$, P. E. 213°, par exemple, sont des liquides d'odeur aromatique agréable, bouillant généralement sans décomposition, qu'on obtient d'après les données de la p. 164.

Ils prennent aussi naissance quand on agite l'alcool en solution aqueuse avec du chlorure de benzoyle et de la lessive de soude (*Schotten*, *Baumann*), ils sont souvent employés à la caractérisation et au dosage des alcools.

Chlorure de benzoyle, $C^6H^5.CO.Cl$ (*Liebig* et *Wöhler*). P. E. 194° ; s'obtient par l'action du perchlorure de phosphore sur l'acide benzoïque, et, industriellement, par chloruration de la benzaldéhyde ; il est complètement analogue au chlorure d'acétyle, bien qu'il soit plus stable, car il n'est saponifié que lentement par l'eau à froid (rapidement à chaud).

Cyanure de benzoyle, $C^6H^5.CO.CAz$, obtenu par l'action du chlorure de benzoyle sur le cyanure de mercure, il sert à la synthèse de l'acide benzoylformique (V. ce mot).

Anhydride benzoïque, $(C^6H^5.CO)^2O$ (*Gerhardt*), composé complètement analogue à l'anhydride acétique, formant des prismes fondant à 39°, bouillant sans décomposition, insolubles dans l'eau et s'hydratant par ébullition avec ce liquide.

Benzonitrile, $C^6H^5.CAz$ (V. p. 384), *cyanure de phényle* ; huile de P. E. 191°, d'odeur analogue à celle de l'essence d'amandes amères, contenue en petite quantité dans le goudron de houille. Préparation : en traitant la benzamide par le perchlorure de phosphore (V. p. 170) ou en distillant l'acide benzoïque avec du sulfocyanure d'ammonium. Ce composé possède toutes les propriétés d'un cyanure : il se combine lentement à l'hydrogène naissant en donnant de la benzylamine et rapidement aux acides halogènés avec formation d'un chlorure d'imide (p. 172), il réagit avec les amides en donnant des amidines (V. p. 174 et A. **192**, 1) et avec l'hydroxylamine pour former des amidoximes (p. 175), etc.

Benzamide, $C^6H^5.CO.AzH^2$, composé correspondant entièrement à l'acétamide qu'on obtient facilement par l'action de l'ammoniaque ou du carbonate d'ammoniaque sur le chlorure de benzoyle ou par l'action de l'acide sulfurique assez concentré sur le benzonitrile. Tables nacrées de P. F. 130°, bouillant sans décomposition, facilement solubles dans l'eau chaude.

Des *radicaux alcooliques*, comme le groupe phényle, etc., peuvent entrer à nouveau dans la benzamide : dans ce dernier cas, il se forme de la **benzanilide**, $C^6H^5.CO.AzHC^6H^5$ [anilide de l'acide benzoïque, v. p. 329], feuillets blancs de P. F. 158°, distillant sans décomposition, qu'on obtient par l'action de l'aniline sur l'acide benzoïque.

Thiobenzamide, $C^6H^5{-}CS.AzH^2$; aiguilles jaunes qu'on obtient par addition d'hydrogène sulfuré au benzonitrile ou en chauffant la benzylamine, $C^6H^5{-}CH^2{-}AzH^2$, avec du soufre.

Benzhydrazide, benzoylhydrazine, $C^6H^5.CO.AzHAzH^2$, se prépare facilement par l'action de l'hydrate d'hydrazine sur les esters benzoïques [J. pr. Ch. (2), **50**, 295] ; l'acide nitreux la transforme en **benzazide**, benzoylazimide, $C^6H^5.CO.Az\langle\begin{matrix}Az\\ \|\\ Az\end{matrix}$, qui, par saponification, donne de l'acide azothydrique, Az^3H, à côté d'acide benzoïque [*Curtius*, J. pr. Ch. (2), **50**, 285].

L'acide **hippurique**, $C^9H^9AzO^3 = CO^2H.CH^2{-}AzH.CO.C^6H^5$, est aussi une amide de l'acide benzoïque qu'on peut envisager en même temps comme dérivant du glycocolle et préparer, par exemple, par l'action de l'anhydride benzoïque sur ce composé (B. **17**, 1663 ; B. s. c. **1885**, **2**, 380). Il est contenu dans l'urine de cheval et dans celles d'autres herbivores. L'acide benzoïque ou le toluène introduits dans l'organisme sont éliminés à l'état d'acide hippurique. Prismes rhombiques facilement solubles dans l'eau chaude, difficilement solubles dans l'eau froide, se décomposant quand on les chauffe. L'acide hippurique forme des sels, des esters, des dérivés nitrés, etc.

Acides benzoïques chlorés, nitrés, amidés, sulfonés.

Dans l'acide benzoïque, l'halogène peut se substituer à l'hydrogène en donnant, par exemple : l'**acide benzoïque chloré**, $C^6H^4Cl.CO^2H$, l'halogène se plaçant en *méta* par rapport au carboxyle dans la formation du produit monosubstitué. L'acide nitrique, et, mieux, le mélange sulfurico-nitrique, conduisent à des dérivés nitrés ; il se forme principalement de l'acide **méta-nitrobenzoïque**, une plus faible quantité d'acide o- et très peu d'acide para.

Les **acides amidobenzoïques** qui prennent naissance par réduction des acides précédents sont *simultanément bases et acides*, ils rappellent par conséquent le glycocolle dans leurs caractères chimiques. Relativement à leur constitution, v. aussi p. 295.

Traités par l'acide nitreux, ils fournissent les acides **diazobenzoïques**, $C^6H^4\langle\begin{matrix}Az{=}Az\\ CO^2\end{matrix}\rangle$, qui correspondent aux acides diazobenzènesulfoniques.

L'acide *o-amidobenzoïque*, acide **anthranilique**, s'obtient aussi en partant de la phtalimide par la réaction d'*Hofmann* (V. amides, propriétés § 5), et par oxydation de l'indigo. Contrairement aux acides m- et p, il peut former un anhydride intérieur : l'**anthranile**, $C^6H^4\langle{CO \atop AzH}\rangle$ (V. B. 28, 1383 ; B. s. c. 1895, 2, 1137) ; il se transforme par réduction en acide **hexahydroanthranilique**, $C^6H^4(AzH^2)CO^2H.H^6$, analogue de l'acide amidoacétique, composé fondant avec décomposition à 274° (B. 27, 2470 ; B. s. c., 1895, 2, 413).

Acides **diamidobenzoïques**, $C^6H^3(AzH^2)^2(CO^2H)$, v. p. 300.

Les acides **sulfobenzoïques**, $C^6H^4(SO^3H)(CO^2H)$, sont des acides bibasiques ; l'acide ortho possède un dérivé ammonié intéressant : la **saccharine**, $C^6H^4\langle{SO^2 \atop CO}\rangle AzH$, imide comparable à la phtalimide, qui se présente sous forme d'une poudre blanche cristalline, de pouvoir sucrant près de 300 fois supérieur à celui du sucre, et employée comme succédané de ce produit.

Sur la loi d'estérification des acides benzoïques o-o- disubstitués, v. p. 304, 4.

Acides $C^8H^8O^2$.

1. Les trois **acides toluyliques**, $C^6H^4(CH)^3(CO^2H)$, peuvent être préparés en partant des trois xylènes ; l'acide para s'obtient par saponification du toluène p-cyané obtenu par la réaction de *Sandmeyer* en partant de la p-toluidine (A. 258, 9 ; Bull. soc. chim. 1891, 1, 789).

2. Acide **α-phénylacétique**, acide *toluylique*, $C^6H^5.CH^2.CO^2H$ (*Cannizzaro*, 1855), isomère des précédents, s'obtient synthétiquement en partant du chlorure de benzyle et du cyanure de potassium (il se forme d'abord du **cyanure de benzyle**, $C^6H^5.CH^2.CAz$, P. E. 232°, v. p. 385). Feuillets brillants, P. F. 76° ; P. E. 262°.

Il se distingue de ses isomères d'une manière caractéristique par sa conduite à l'oxydation (V. p. 390), et peut subir des substitutions aussi bien dans le noyau benzénique que dans la chaîne latérale ; dans ce dernier cas, on obtient, par exemple :

l'acide **phénylchloracétique**, $C^6H^5-CHCl-CO^2H$, et
l'acide **phénylamidoacétique**, $C^6H^5-CH(AzH^2)CO^2H$,

composés qui possèdent entièrement les caractères des acides acétique monochloré et amidoacétique. Les trois acides **amidophénylacétiques**, $C^6H^4-(AzH^2)-CH^2-CO^2H$, sont isomères avec l'acide phénylamidoacétique, l'acide o- est intéressant à cause de ses rapports étroits avec le groupe de l'indigo, il n'existe pas à l'état libre ; quand on veut l'isoler, il se transforme en un anhydride intérieur, l'oxindol (V. ce mot) :

$$C^6H^4\langle{AzH^2 \atop CH^2-CO^2H} = C^6H^4\langle{AzH \atop CH^2}\rangle CO + H^2O.$$

Une telle liaison d'anhydrisation intérieure s'observe souvent avec des composés ortho de cette nature (V. indol), les dérivés m- et p- n'offrant pas cette particularité ; dans le cas présent, elle peut avoir lieu théoriquement de deux manières différentes : par départ d'un hydrogène de l'amide avec OH, ou des deux hydrogènes de ce groupe amido avec O. *Baeyer* a différencié ces deux cas en les désignant sous les noms de *liaison lactamique* et de *liaison lactimique*.

L'oxindol est une lactame, tandis que l'*isatine*, $C^6H^4\langle{Az \atop CO}\rangle C(OH)$ (V. ce mot), est la lactime de l'acide o-amidophénylglyoxylique.

Les lactames et les lactimes contiennent un hydrogène facilement remplaçable qui, dans le premier cas, est situé dans le groupe imide et, dans le second cas, dans l'hydroxyle.

Si les dérivés qui prennent naissance par l'entrée d'un radical alcoolique à la place de cet atome d'hydrogène sont très stables, leur alcoyle est lié à l'azote, ils dérivent des lactames ; s'ils peuvent être facilement saponifiés, ce sont des éthers des lactimes : leur alcoyle est lié à l'oxygène.

Enfin, comme isomère de l'acide toluylique, on peut encore citer un composé remarquable : l'acide **p-méthylènedihydrobenzoïque**, $C^8H^8O^2$, produit de destruction de l'ecgonine (V. ce mot), dans lequel deux atomes de carbone en para paraissent être liés transversalement par CH^2 (*Einhorn*, *Willstätter*, A. **280**, 96 ; B. **27**, 2823 ; Bull. soc. chim. **1895**, 2, 399, 221). Sur les *acides toluyliques hydrogénés*, v. par exemple : A. **280**, 159 ; B. s. c. **1895**, 2, 399.

Acides $C^9H^{10}O^2$ (v. tab. p. 388).

1. *Acides diméthylbenzoïques*, $C^6H^3(CH^3)^2(CO^2H)$ (*acides xylènecarboniques*). Six isomères possibles, quatre connus.

L'acide **mésitylénique** s'obtient par oxydation du mésitylène, l'acide **xylylique** et l'acide **p-xylylique** par oxydation du pseudocumène.

2. Les deux acides *phénylpropioniques*, $C^6H^5.C^2H^4.CO^2H$, isomères des précédents, sont l'un un dérivé α, l'autre un dérivé β de l'acide propionique.

L'acide *β-phénylpropionique*, acide **hydrocinnamique**, $C^6H^5—CH^2—CH^2—CO^2H$, s'obtient par l'action de l'amalgame de sodium sur l'acide cinnamique et se forme dans la putréfaction des matières albuminoïdes ; fines aiguilles, P. F. 48, P. E. 280°.

On connaît beaucoup de dérivés de substitution, etc. de cet acide parmi lesquels : le **dibromure de l'acide o-nitrocinnamique**, $C^6H^4\begin{cases}AzO^2\\CHBr—CHBr—CO^2H\end{cases}$, composé qui est en rapports étroits avec l'indigo (V. ce mot) ; l'acide **phéynl** (α) **amidopropionique** (phénylalanine), $C^6H^5—CH^2—CH(AzH^2)—CO^2H$, et l'acide **phényl** (β) **amidopropionique**, $C^6H^5—CH(AzH^2)—CH^2—CO^2H$, qui peuvent tous deux être préparés synthétiquement, le premier de ces acides se formant aussi dans la putréfaction de l'albumine et la fermentation du Lupinus lutens, etc.

L'acide **o-amidohydrocinnamique** isomère, $C^6H^4\begin{cases}AzH^2\\C^2H^4—CO^2H\end{cases}$, est instable, il se transforme aussitôt en sa lactame (V. ci-dessus) : l'*hydrocarbostyrile*, C^9H^9AzO, dérivé de la quinoléine.

L'acide *α-phénylpropionique*, **acide hydratropique**, $C^6H^5—CH(CH^3)—CO^2H$, s'obtient par hydrogénation de l'acide atropique (p. 397), il est liquide et entraînable à la vapeur d'eau.

Acides $C^{10}H^{12}O^2$.

Acide **cuminique**, *p-isopropylbenzoïque*, $C^6H^4(C^3H^7)(CO^2H)$, s'obtient par oxydation au moyen du permanganate de l'essence de cumin romain qui contient son aldéhyde : le cuminol, à côté de cymène, v. p. 379. Il se forme, en partant du cymène, par oxydation dans l'organisme animal. Feuillets, P. F. 116°. Il bout sans décomposition ; distillé avec de la chaux, il donne du cymène.

Isomère : **acide normal-propylbenzoïque**, v. p. 315.

2. Acides non saturés monovalents.

1. **Acide cinnamique**, $C^9H^8O^2 = C^6H^5—CH{=}CH—CO^2H$ (*Trommsdorff*, 1780); contenu dans le baume du Pérou et le baume de Tolu, dans le Styrax. Préparation, v. p. 387. Prismes ou aiguilles facilement solubles dans l'eau chaude, P. F. 133°, P. E. 300° ; fondu avec la potasse, il est scindé, par fixation d'oxygène, en acide benzoïque et en acide acétique ; par oxydation, il fournit aussi de l'acide benzoïque. L'acide cinnamique forme des sels, des esters et aussi des produits d'addition, **un dibromure**, par exemple : $C^6H^5—CHBr—CHBr—CO^2H$; il peut, d'autre part, subir l'entrée des groupes Cl, Br, AzO^2, AzH^2, etc., dans le noyau benzénique.

La théorie exige l'existence d'un second acide cinnamique *isomère stéréochimique* du premier, comme l'indiquent les schémas :

$$(I)\quad \begin{array}{c} H—C—C^6H^5 \\ \| \\ H—C—CO^2H \end{array} \qquad \text{et (II)} \qquad \begin{array}{c} C^6H^5—C—H \\ \| \\ H—C—CO^2H \end{array}$$

(V. p. 21 et p. 157); il existe effectivement un acide **allocinnamique**, P. F. 68°, contenu dans les feuilles de coca, qu'on peut facilement transformer en acide cinnamique ordinaire et qu'on peut préparer en partant du dibromure de l'acide phénylpropiolique ; il correspond par conséquent vraisemblablement à la formule (I), la formule (II), appartenant à l'acide cinnamique ; de plus, il existe encore une forme dimorphe, isomère physique des précédentes, l'acide *isocinnamique*, P. F. 57°, qui se transforme déjà à la longue en acide allocinnamique. (*Liebermann*, B. **23**, **24**, **25**, **27**, 2037 ; B. s. c. **1894**, **2**, 1221 ; B. **23**, 3130 ; B. s. c, **1891**, **1**, 327 ; A. **287**, 1). On connaît deux modifications optiquement actives du dibromure de l'acide cinnamique (B. **26**, 1659 ; B. s. c. **1893**, **2**, 1170).

Acides o- et p-nitrocinnamiques, $C^6H^4(AzO^2)—CH{=}CH—CO^2H$; ces acides s'obtiennent par nitration de l'acide cinnamique ; l'acide o- est intéressant à cause de ses relations avec l'indigo (V. ce mot), il fournit, par réduction : **l'acide o-amidocinnamique**, $C^6H^4(AzH^2)—CH{=}CH—CO^2H$ (fines aiguilles jaunes), qui perd facilement de l'eau en se transformant en sa lactime : le *carbostyrile* (α-oxyquinoléine) (V. ce mot).

Le radical de l'acide cinnamique, $C^6H^5—CH{=}CH—CO$, porte le nom de *cinnamyle*, le groupe $C^6H^5—CH{=}CH$, celui de *cinnaményle*.

2. **Acide atropique**, $C^9H^8O^2$, produit de scission de l'atropine ; tables monocliniques entraînables à la vapeur d'eau ; fondu avec de la potasse, il se décompose en donnant de l'acide formique et de l'acide α-toluylique.

Acide γ-**phénylisocrotonique**, $C^6H^5-CH{=}CH-CH^2-CO^2H$, s'obtient en chauffant la benzaldéhyde avec du succinate de soude et de l'anhydride acétique (*Perkin sen.*) :

$$C^6H^5-CHO + \begin{matrix} CH^2-CO^2H \\ | \\ CH^2-CO^2H \end{matrix} - H^2O = C^6H^5-CH{=}\begin{matrix} C-CO^2H \\ | \\ CH^2-CO^2H \end{matrix}$$

produit intermédiaire.

$$= C^6H^5-CH{=}\begin{matrix} CH \\ | \\ CH^2-CO^2H \end{matrix} + CO^2.$$

Il est intéressant à cause de sa transformation en α-*naphtol* (V. ce mot).

4. Acide **phénylpropiolique**, $C^9H^6O^2 = C^6H^5-C{\equiv}C-CO^2H$ (*Glaser* 1870), s'obtient au moyen du cinnamate d'éthyle, en formant d'abord, par addition de brome, le dibromure $C^6H^5-CHBr-CHBr-CO^2C^2H^5$ qu'on chauffe ensuite avec de la potasse alcoolique (de même qu'on transforme l'éthylène en acétylène en traitant par la potasse le bromure d'éthylène). Longues aiguilles brillantes, sublimables, fusibles à 136-137°.

Chauffé avec de l'eau à 120°, il se décompose en acide carbonique et phénylacétylène (p. 317) ; par réduction, il donne de l'acide hydrocinnamique.

Acide **o-nitrophénylpropiolique** (*Baeyer*). $C^6H^4\begin{matrix} \diagup AzO^2 \\ \diagdown C{\equiv}C-CO^2H \end{matrix}$, s'obtient d'une manière analogue en partant de l'o-nitrocinnamate d'éthyle (A. **212**, 140), il possède un intérêt industriel à cause de ses rapports avec l'indigo (V. ce mot) : chauffé avec de l'eau, il se décompose en acide carbonique et en o-nitrophénylacétylène.

3. Acides-phénols bivalents saturés.

Modes de formation : v. p. 387, et, en outre, par oxydation des homologues du phénol et des oxyaldéhydes, oxydation qui peut s'effectuer par fusion avec les alcalis, etc.

Les acides phénols forment des sels, aussi bien comme acides carboxyliques que comme phénols ; ainsi, l'acide salicylique, par exemple, présente deux séries de sels :

$$C^6H^4\begin{matrix} \diagup OH \\ \diagdown CO^2Na \end{matrix} \quad \text{et} \quad C^6H^4\begin{matrix} \diagup ONa \\ \diagdown CO^2Na \end{matrix}$$

salicylate neutre — salicylate basique de sodium

Le premier sel est stable vis-à-vis de l'acide carbonique, le second est, en tant que sel de phénol, décomposé en solution aqueuse par cet acide et ramené au sel neutre : ces acides phénols bivalents se conduisent donc comme des acides monovalents vis-à-vis du carbonate de soude ; si l'on remplace les deux atomes d'hydrogène par des radicaux alcooliques, on obtient des composés tels que $C^6H^4(OC^2H^5).(CO^2C^2H^5)$, qui, chauffés avec la potasse, ne sont saponifiés qu'à moitié en donnant des acides-éthers, $C^6H^4(OC^2H^5).CO^2H$, par exemple, qui possèdent entièrement le caractère des acides monobasiques, et dont le radical alcoolique ne peut être éliminé que par l'action de l'acide iodhydrique à haute température, v. p. 362.

Les oxyacides ortho ($CO^2H : OH = 1 : 2$), contrairement à leurs isomères, sont entraînables à la vapeur d'eau, colorés en bleu ou en violet par addition de chlorure ferrique et sont solubles dans le chloroforme.

Les oxyacides méta sont plus stables que leurs isomères o- et p- ; pendant que ces derniers sont décomposés, pour la plupart, en acide carbonique et en phénols quand on les chauffe rapidement ou qu'on les traite par l'acide chlorhydrique concentré à 220°, les dérivés méta restent inattaqués dans ces conditions.

Les acides-phénols, sous l'action des halogènes ou de l'acide nitrique, sont beaucoup plus aisément transformés en produits substitués que ne le sont les acides monobasiques de même que les phénols sont plus facilement attaqués que les carbures benzéniques).

Acides oxybenzoïques, $C^6H^4(OH)CO^2H$.

1. **Acide salicylique**, *acide o-oxybenzoïque* ($CO^2H : OH = 1 : 2$).

Découvert en 1839 par *Piria*.

Existe à l'état naturel dans les fleurs de Spiræ ulmaria, à l'état d'ester méthylique dans l'essence de Wintergreen (p. 77), etc. Il prend naissance par l'oxydation de la saligenine (p. 381), par fusion alcaline de la coumarine, de l'indigo, de l'o-crésol ; par diazotation de l'acide o-amidobenzoïque, etc. V. en outre p. 387.

Préparation. a) On chauffe le phénolate de sodium dans un courant d'acide carbonique à 180-220° (*Kolbe*, Ann. **113**, 125; **115**, 201, etc.), la moitié du phénol distille et on obtient finalement du salicylate basique de sodium :

$$C^6H^5ONa + CO^2 = C^6H^4(OH).CO^2Na ;$$
$$C^6H^4(OH).CO^2Na + C^6H^5.ONa = C^6H^4(ONa).CO^2Na + C^6H^5OH.$$

Si l'on emploie du phénolate de *potassium* au lieu de phénolate de *sodium*, il se forme bien aussi de l'acide salicylique à une température plus basse (150°), mais, à une température plus élevée (220°), on obtient l'acide p-oxybenzoïque isomère ; de même, le salicylate neutre de potassium se transforme à 220° en phénol et en p-oxybenzoate de potassium.

b) On chauffe l'acide carbonique et le phénolate de sodium en vase clos à 130° ; on obtient ainsi du salicylate neutre de soude (*Schmitt*, A. **20**, R. 302 ; B. A. 38742) avec formation intermédiaire de phénolcarbonate de soude, $C^6H^5.O.CO.ONa$ (p. 363).

Prismes quadrangulaires monocliniques incolores, facilement solubles dans l'eau chaude, difficilement solubles dans l'eau froide, P. F. 159°. L'acide salicylique est sublimable, bien qu'il soit décomposé en acide carbonique et en phénol quand on le chauffe rapidement ; c'est un antiseptique important ; il forme deux séries de sels (le sel basique de **chaux** est insoluble dans l'eau), et en outre deux sortes de dérivés : 1°, comme acide, il fournit un chlorure, des esters, etc. ; 2°, en tant que phénol, il donne un éther méthylique, etc. : l'acide éthylsalicylique, par exemple, $C^6H^4(OC^2H^5)CO^2H$ (V. p. 362).

Salol, *ester phénylique de l'acide salicylique*, $C^6H^4(OH)—CO.O.C^6H^5$, s'obtient par l'action du phosgène sur un mélange d'acide salicylique et de phénol (B. **20**, R. 351 ; B. A. 38973), ou en chauffant à 220° l'acide salicylique. Cristaux blancs doués de propriétés antiseptiques ; en partant d'autres phénols, on peut obtenir des salols analogues, exemple : le **Salophène**, avec l'acétyl-p-amidophénol. Le sel de sodium du salol, chauffé à 300°, se transpose en donnant le sel de sodium de l'acide « **phénylsalicylique** » isomère, $C^6H^4\begin{matrix}OC^6H^5\\COONa\end{matrix}$ (B. **21**, 501 ; Bull. soc. chim. **1888**, **2**, 570).

Acide **o-hexahydrosalicylique**, $C^6H^4(OH)CO^2H.H^6$, P. F. 111°, a été obtenu en partant de l'acide hexahydroanthranilique (p. 394), et, synthétiquement, en partant de l'acide pimélique (B. **27**, 2475 ; Bull. soc. chim. **1894**, **2**, 1384).

2. Acide **m-oxybenzoïque**, s'obtient par diazotation de l'acide m-amidobenzoïque ou, plus aisément, par fusion alcaline de l'acide m-sulfobenzoïque. Feuillets microscopiques facilement solubles dans l'eau chaude, se sublimant sans décomposition ; en solution aqueuse, il n'est pas coloré par le chlorure ferrique.

3. Acide **p-oxybenzoïque**, prismes monocliniques (+ 1 H^2O) ; en solution aqueuse, il n'est pas coloré par le chlorure ferrique.

Acide **anisique**, $C^6H^4(OCH^3).CO^2H$, éther méthylique du précédent ; beaux prismes rhombiques ; se prépare en saponifiant l'éther diméthylique qui se forme d'abord quand on traite l'acide p-oxybenzoïque par l'alcool méthylique, la potasse et l'iodure de méthyle et s'obtient aussi en oxydant l'essence d'anis. Par suite de l'éthérification de l'hydroxyle phénolique, ce composé n'est plus semblable aux acides phénols, il ressemble au contraire aux acides monobasiques : il bout, sans décomposition, par exemple. Transformation en anisol, v. p. 362.

Acides $C^8H^8O^3$.

Acide **p-oxyphénylacétique**, $C^6H^4(OH).CH^2.CO^2H$, contenu dans l'urine, a été observé dans les produits de putréfaction de l'albumine ; aiguilles plates ; il est coloré en vert sale par le chlorure ferrique.

Acides $C^9H^{10}O^3$.

1. Acide **hydro-ortho-coumarique**, *ac. mélilotique*, $C^6H^4(OH)- CH^2- CH^2- CO^2H$ (1 : 2), existe à l'état naturel dans le Melilotus officinalis, prend naissance par réduction de la coumarine.

2. L'acide hydro-para-coumarique isomère (1 : 4) prend naissance dans la putréfaction de la *tyrosine* ; cristaux monocliniques, P. F. 128°.

Tyrosine, *oxyphénylalanine*,
$C^9H^{11}AzO^3 = C^6H^4(OH)-CH^2—CH(AzH^2)—CO^2H$ (1 : 4), existe dans le vieux fromage (τυρός), dans le pancréas, dans le foie malade, dans les mélasses, se forme en partant de l'albumine, de la corne, etc., par la digestion pancréatique et par la putréfaction, ou en chauffant ces substances avec de l'acide sulfurique. Fines aiguilles brillantes.

Synthèse : A. **219**, 161 ; Bull. soc. chim. **1884**, 2, 389. Traité par l'acide sulfurique, il donne, après neutralisation, une coloration violette avec le chlorure ferrique.

4. Acides-alcools; acides-cétones; acides-aldéhydes.

Les *acides-alcools* aromatiques monobasiques, qui possèdent à la fois (p. 383) les caractères des acides et ceux des alcools vrais, contiennent l'hydroxyle alcoolique dans la chaîne latérale, comme il résulte déjà de ce que cette chaîne latérale est éliminée par oxydation.

Ils se rapprochent beaucoup dans leurs propriétés des acides-alcools de la *série grasse* dont ils se présentent comme des dérivés phénylés, etc., mais, en tant que dérivés benzéniques, ils sont la source de produits nitrés, etc. (bien que ceux-ci ne puissent souvent être préparés directement à cause de la facilité d'oxydation des acides-alcools). Ils se différencient des acides-phénols par une plus grande solubilité dans l'eau, par l'absence de volatilité et par une stabilité plus faible ; en tant qu'alcools, ils peuvent souvent perdre de l'eau en donnant des acides non saturés (les acides-phénols ne présentent jamais cette propriété ; traités par l'acide bromhydrique, etc , ils sont estérifiés ; ils sont, en outre, tout à fait monobasiques.

Les acides-alcools aromatiques peuvent être *primaires*, *secondaires* ou *tertiaires* (V. p. 194). Les acides-alcools tertiaires peuvent parfois être préparés directement par oxydation, au moyen du permanganate, des acides $C^nH^{2n-8}O^2$ qui contiennent un atome d'hydrogène tertiaire ($\equiv$CH).

Les *acides-cétones* possèdent des caractères entièrement correspondants, leur groupe cétonique est ramené par réduction à un groupe alcoolique, avec formation d'acides-alcools secondaires ; ils réagissent en outre avec l'hydroxylamine, etc.

On peut naturellement concevoir des acides-alcools polybasiques, des acides-alcools-phénols qui seraient en même temps acide-alcool et phénol, etc.

---

1. Acide **phénylglycolique**, $C^6H^5—CH(OH)—CO^2H$ (1835), s'obtient en chauffant l'amygdaline avec l'acide chlorhydrique et, synthétiquement, par saponification de la cyanhydrine de la benzaldéhyde, $C^6H^5.CH(OH)CAz$ (p. 378, v. aussi p. 126). Cristaux brillants, assez facilement solubles dans l'eau. P. F. 133°.

Il existe sous plusieurs modifications de propriétés optiques différentes (B. **16**, 1565 et 2721 ; B. s. c. **1884**, **1**, 525 ; **2**, 472) ; il est comparable à l'acide lactique, $CH^3—CH(OH)—CO^2H$, et, comme lui, fournit par oxydation de l'acide formique (à côté d'acide benzoïque). Réduit par l'acide iodhydrique, il donne de l'acide phénylacétique (comme l'acide lactique donne de l'acide propionique).

Acide o-amidophénylglycolique, $C^6H^4(AzH^2)—CH(OH)—CO^2H$, **acide hydrindique** ; la lactame de cet acide est le dioxindol (V. ce mot).

2. Acide **o-oxyméthylbenzoïque**, $C^6H^4\begin{cases}CH^2.OH\\CO.OH\end{cases}$, isomère de l'acide phénylgly-

colique ; cet acide est instable en liberté ; en tant que dérivé ortho, il fournit facilement un anhydride intérieur : la **phtalide**, $C^6H^4\begin{cases}CH^2\\CO\end{cases}O$, qui est une γ lactone ; la phtalide s'obtient par réduction de l'acide phtalique, elle forme des tables ou des aiguilles sublimables sans décomposition.

3. **Acide tropique**, $C^9H^{10}O^3 = C^6H^5-CH\begin{cases}CH^2.OH\\CO^2H\end{cases}$ (prismes fins), s'obtient à côté de tropine en chauffant à l'ébullition l'atropine avec de l'eau de baryte ; chauffé avec de la tropine et de l'acide chlorhydrique, il reproduit l'atropine. L'acide tropique est un acide α-phényl-β-oxypropionique, il existe sous plusieurs modifications (d-g-i) d'activité optique différente et de points de fusion aussi quelque peu différents.

Acides *phényl-α oxypropioniques* : l'acide α, $CH^3-C(OH)(C^6H^5)-CO^2H$, porte le nom d'acide **atrolactique**, il se prépare en partant de l'acide atropique ; l'acide β, $C^6H^5-CH^2-CH(OH)-CO^2H$, est appelé par abréviation acide **phényllactique**, il est avec l'acide cinnamique dans le même rapport que l'acide lactique avec l'acide acrylique.

4 **Acide benzoylformique** (*phénylglyoxylique*), $C^6H^5-CO-CO^2H$, s'obtient synthétiquement par saponification du cyanure de benzoyle au moyen de l'acide chlorhydrique fumant et froid (*Claisen*, 1877), et aussi par oxydation prudente de l'acide phénylglycolique ou de l'acétophénone. Huile se figeant peu à peu, distillant avec décomposition, qui donne avec le benzène contenant du thiophène et l'acide sulfurique une réaction semblable à celle de l'isatine ; cet acide présente les réactions normales des acides cétones.

L'acide **o-nitrobenzoylformique**, $C^6H^4(AzO^2)-CO-CO^2H$, qu'on prépare en partant du cyanure de benzoyle o-nitré, donne par réduction l'acide **o-amidobenzoylformique**, *acide isatique*, $C^6H^4\begin{cases}AzH^2\\CO-CO^2H\end{cases}$ (poudre blanche), qui, chauffé en solution se tranforme en un anhydride intérieur (lactime) : l'*isatine*, $C^6H^4\begin{cases}Az\\CO\end{cases}C.(OH)$. (V. ce mot et p. 394).

5. Acide **benzoylacétique**, $C^6H^5-CO-CH^2-CO^2H$ (*Baeyer*), cet acide est complètement analogue à l'acide acétylacétique et peut être employé comme lui aux synthèses les plus diverses ; on l'obtient, sous forme d'*ester éthylique* (soluble à froid dans une lessive de soude), en dissolvant l'ester éthylphénylpropiolique dans l'acide sulfurique concentré et coulant la solution dans l'eau (B. **16**, 2128) et, en outre, par l'action de l'acétate d'éthyle sur le benzoate d'éthyle en présence d'éthylate de sodium (*Claisen-Lowman*, B. **20**, 651 ; B. s. c. **1887**, **2**, 394). Composé cristallin, P. F. 85-90° ; sa solution aqueuse, additionnée de chlorure ferrique, prend une belle coloration violette ; il se transforme facilement en acétophénone, $C^6H^5-CO-CH^3$, en perdant de l'acide carbonique.

6. Acide **o-aldéhydobenzoïque**, *monoaldéhyde de l'acide phtalique*, $C^6H^4(CHO)CO^2H$, mentionné ici comme représentant de la classe des acides-aldéhydes. V. A. **239**, 78 ; B. **29**, 174 ; B. s. c. **1896**, **2**, 1145, v. en outre : acide opianique.

5. Acides-phénols monobasiques tri et polyvalents.

Acides dioxybenzoïques, $C^6H^3(OH)^2CO^2H$.

Il y a six acides dioxybenzoïques possibles qui sont tous connus : un dérive de l'hydroquinone, deux de la pyrocatéchine, trois de la résorcine ; ils portent les noms correspondants d'acide *hydroquinonecarbonique*, d'acides *pyrocatéchinecarboniques* (v et a) et d'acides *résorcyliques* (α, β, γ).

1. **Acide protocatéchique**, ($CO^2H : OH : OH = 1 : 3 : 4$), s'obtient par fusion alcaline de différentes résines (le cachou, le benjoin, le quino), et, synthétiquement, en chauffant la pyrocatéchine, $C^6H^4(OH)^2$, avec du carbonate d'ammonium (il se forme en même temps de l'acide 1 : 2 : 3). Aiguilles brillantes facilement solubles dans l'eau ; cette solution aqueuse devient verte par addition de chlorure ferrique ; si on ajoute alors très peu de carbonate de soude, elle se colore en bleu puis en rouge ; comme la pyrocatéchine, l'acide protocatéchique possède des propriétés réductrices.

L'éther monométhylique de cet acide, l'**acide vanillique**, $C^6H^3(\overset{1}{CO^2H})(\overset{3}{OCH^3})(\overset{4}{OH})$, s'obtient par oxydation de la vanilline (p. 381) ; l'éther diméthylique, l'acide **vératrique**, $C^6H^3(CO^2H)(OCH^3)^2$, est contenu dans les semences de cévadille (Veratrum sabadilla) ; l'éther méthylénique, l'**acide pipéronique**, $C^6H^3(CO^2H)\left\langle\begin{matrix}O\\O\end{matrix}\right\rangle CH^2$, se forme, entre autres réactions, par oxydation de l'acide pipérique (p. 404).

2. Acide **hydroquinonecarbonique** (1 : 2 : 5) ; s'obtient par l'action du bicarbonate de potassium sur l'hydroquinone. Aiguilles brillantes fusibles à 200° ; il donne par oxydation l'acide **quinonecarbonique**, $C^6H^3(O^2)CO^2H$.

3. L'acide **orsellique**, $C^8H^8O^4 = C^6H^2(CH^3)(OH)^2(CO^2H)$, homologue des précédents, est contenu dans différents lichens, son éther érythrique, l'*érythrine* (V. p. 188) existe aussi dans les mêmes végétaux (Roccella).

L'acide orsellique est le type d'une série d'acides analogues.

Acides trioxybenzoïques.

Acide gallique, $C^7H^6O^5 = C^6H^2(OH)^3(CO^2H)$ [$CO^2H : (OH)^3 = 1 : 3 : 4 : 5$], contenu dans la noix de Galle, dans le thé et dans beaucoup d'autres plantes, existe à l'état de glucoside dans quelques acides tanniques ; on l'obtient soit en chauffant le tannin à l'ébullition avec des acides étendus, soit en laissant moisir la solution de ce composé ; on l'a aussi préparé synthétiquement par différentes méthodes. Fines aiguilles soyeuses (+ $1H^2O$) très facilement solubles dans l'eau chaude, l'alcool et l'éther, de saveur faiblement acide et astringente ; chauffé, il perd de l'acide carbonique en donnant du pyrogallol ; il réduit les sels d'or et d'argent, donne avec le chlorure ferrique un précipité noir bleu et, comme l'acide pyrogallique, s'oxyde très facilement à l'air en solution alcaline en se colorant en brun.

Un sous-gallate de bismuth, le **dermatol**, $C^7H^3O^5Bi+2H^2O$, et un gallate basique de bismuth, l'**airol**, sont employés pour le pansement des plaies et contre les maladies de la peau.

Acide **pyrogallolcarbonique** (1 : 2 : 3 : 4), isomère du précédent.

Tannin, *acide gallotannique*, $C^{14}H^{10}O^9+2H^2O$, masse amorphe, brillante et incolore, facilement soluble dans l'eau, peu soluble dans l'alcool, presque insoluble dans l'éther ; il constitue la partie principale de la noix de Galle et est aussi contenu dans le sumac (Rhus coriaria), dans le thé, etc. ; chauffé avec les acides étendus, il se transforme en acide gallique ; inversement, on peut le préparer par déshydratation de l'acide gallique, au moyen de l'oxychlorure de phosphore, par exemple :

$$2C^7H^6O^5 = C^{14}H^{10}O^9 + H^2O\ ;$$

c'est par conséquent un anhydride de l'acide gallique : un *acide digallique*.

La solution aqueuse de tannin est colorée en bleu foncé par le chlorure ferrique. Le tannin possède de l'affinité pour les membranes animales et la gélatine, il est extrait de ses solutions par ces substances, la peau se transformant en cuir dans cette opération.

Le **sel de mercure** du tannin est employé comme médicament interne de même qu'un dérivé acétylé soluble dans les alcalis, le « *tannigène* ».

Une grande quantité d'acides tanniques sont analogues au tannin comme propriétés tannantes, tels sont : l'acide **quinotannique**, l'acide **cachoutannique** (Mimosa catechu), l'acide **morintannique** (Morus tinctoria), l'acide **cafétannique**, l'acide **quercitannique** (écorce de chêne), l'acide **quinotannique** (quinquina). La plupart de ces acides sont de composition complexe, ce sont des combinaisons des acides tanniques (analogues du tannin) avec les glucoses : des *glucosides* (V. ce mot) qui se décomposent en leurs éléments (glucose et acide gallique, par exemple) quand on les chauffe à l'ébullition avec des acides étendus. Ils sont caractérisés par une grande solubilité dans l'eau, une saveur aigre et astringente, la coloration analogue à celle de l'encre qu'ils prennent par addition de chlorure et de sulfate ferrique, l'affinité qu'ils possèdent pour les membranes animales ; l'acétate de plomb les précipite de leurs solutions.

Acides tétraoxybenzoïques.

L'acide **quinique**, $C^7H^{12}O^6$, contenu dans le quinquina, dans le café, etc., est un acide *hexahydrotétraoxybenzoïque*, $C^6H.H^6.(OH)^4.CO^2H$. Il forme des prismes blancs et agit sur la lumière polarisée ; on en connaît en outre une modification inactive.

6. Acides-phénols monobasiques non saturés.

Acides coumariques, $C^6H^4(OH)-CH=CH-CO^2H$.

L'acide **o-coumarique** est contenu dans le melilot (Melilotus officinalis) et peut être préparé soit en partant de l'acide amidocinnamique par diazotation, soit d'après la réaction de *Perkin* (p. 387) en partant de l'aldéhyde salicylique ; il prend naissance à l'état de sel de potassium quand on dissout son anhydride intérieur (δ-lactone) : la *coumarine*, dans une lessive de potasse concentrée. Longues aiguilles facilement solubles dans l'eau chaude et dans l'alcool qui fondent en se décomposant. La solution alcaline de cet acide est colorée en jaune et possède une fluorescence verte.

La **coumarine**, $C^6H^4\left\langle\begin{array}{l}O—CO\\ CH=CH\end{array}\right.$, est le principe aromatique de l'aspérule (Asperula odorata), elle existe aussi à l'état naturel dans la fève de Tonka, etc.; on l'obtient par déshydratation de l'acide o-coumarique, au moyen de l'anhydride acétique, par exemple. Formation par l'action de l'acide malique sur le phénol, v. p. 390.

Prismes brillants, P. F. 670°, P. E. 290°, facilement solubles dans l'eau chaude, l'éther et l'alcool.

Sur les isoméries dans la série coumarique : *Fittig*, A **216**, 119, 170 ; Bull. soc. chim. **1883**, **2**, 130, 135.

Acides *dioxycinnamiques*.

Appartiennent à cette classe : l'acide **caféique**, $C^6H^3(\overset{3.4}{OH})^2—(CH=CH—CO^2H)$, $=C^9H^8O^4$, prismes jaunâtres obtenus en partant de l'acide cafétannique ; l'acide **férulique**, éther monométhylique du précédent, contenu dans l'asa fœtida ; en outre, l'acide **ombellique** (p-oxy o-coumarique), isomère du précédent, qui se transforme facilement en un anhydride : l'**ombelliférone**, analogue à la coumarine. — L'acide **pipérique**, $C^6H^3\left(\begin{array}{l}O\\ O\end{array}\!\!>CH^2\right)$. $CH=CH-CH=CH-CO^2H$, produit de scission du pipérin (V. ce mot), fines aiguilles, est analogue à ces acides.

Acides *trioxycinnamiques*.

L'**esculétine**, $C^6H^2(OH)^2\left\langle\begin{array}{l}O—CO\\ CH=CH\end{array}\right.$, et son isomère, la **daphnétine**, sont des dioxycoumarines ; les glucosides de ces corps, l'esculine et la daphnine, se trouvent le premier dans les marrons d'Inde, le second dans les daphnées ; comme les acides dioxycinnamiques, ils peuvent être préparés synthétiquement.

B. Acides bibasiques.

Les acides bibasiques possèdent dans la série aromatique une place exactement semblable à celle qu'occupent les acides bibasiques $C^nH^{2n-2}O^4$ dans la série grasse ; chacun d'eux forme donc deux sortes de dérivés (esters, chlorures, amides, etc.).

Les deux groupes carboxyle qu'ils contiennent par définition peuvent être situés tous deux soit dans le noyau benzénique, soit dans les chaînes latérales, ou être partagés entre ces deux parties de la molécule.

Il existe aussi, naturellement, des acides-phénols, etc., bibasiques.

Acides benzènedicarboxyliques, $C^6H^4(CO^2H)^2$.

1. **Acide phtalique**, $C^6H^4(CO^2H)^2$ (1 : 2) (1836, *Laurent*), s'obtient par oxydation, au moyen de l'acide nitrique ou du permanganate de potassium (pour l'acide chromique, v. p. 312.), de tous les dérivés o-bisubstitués du benzène qui contiennent deux chaînes latérales d'atomes de carbone et, principalement, par oxydation de la naphtaline au moyen de l'acide nitrique ou du mélange chromique, ou par oxydation des dérivés anthracéniques.

Feuillets ou prismes courts facilement solubles dans l'eau chaude, l'alcool et l'éther, P. F. 213°. L'acide phtalique, chauffé au-dessus de son point de fusion, se transforme en son anhydride (V. ci-dessous) ; chauffé avec une faible quantité de chaux, il perd CO^2 en donnant de l'acide benzoïque ; avec un excès de chaux, il perd $2CO^2$ en formant du benzène ; il est complètement brûlé par l'acide chromique ; traité par l'amalgame de sodium, il se transforme en acides di, tétra, et finalement hexahydrophtaliques ; son *sel de baryum*, $C^6H^4(CO^2)Ba$, est difficilement soluble dans l'eau.

Anhydride phtalique, $C^6H^4\left\langle\begin{matrix}CO\\CO\end{matrix}\right\rangle O$, prismes magnifiques très longs, se sublimant très facilement, P. F. 128°, P. E. 284° ; il est employé à la préparation des éosines (V. fluorescéine).

Phtalimide, $C^6H^4\left\langle\begin{matrix}CO\\CO\end{matrix}\right\rangle AzH$, correspond en beaucoup de points à la succinimide.

Chlorure de phtalyle, s'obtient par l'action du pentachlorure de phosphore sur l'acide phtalique ; il est caractérisé par ce fait qu'il ne paraît pas posséder la constitution $C^6H^4(COCl)^2$, mais bien la formule $C^6H^4\left\langle\begin{matrix}CCl^2\\CO\end{matrix}\right\rangle O$; il donne en effet, avec le benzène et le chlorure d'aluminium, de la *phtalophénone*, $C^6H^4\left\langle\begin{matrix}C(C^6H^5)^2\\CO\end{matrix}\right\rangle O$ (V. ce mot), etc. Traité par l'amalgame de sodium, il se transforme en phtalide.

2. **Acide isophtalique** (1 : 3), se prépare en partant du métaxylène (A. **276**, 256) ; cristallise dans l'eau chaude où il est difficilement soluble ; il se présente sous forme de longues aiguilles fines se sublimant sans anhydrisation ; son *sel de baryum* est facilement soluble dans l'eau.

3. **Acide téréphtalique** (1 : 4), s'obtient par oxydation du p-xylène ou du cymène, et surtout en oxydant l'essence de térébenthine ou l'essence de cumin ; on le prépare en oxydant l'acide p-toluylique au moyen du permanganate de potassium (A. **258**, 9). Poudre presque insoluble dans l'eau et dans l'alcool, se sublimant sans décomposition ; son sel de baryum est difficilement soluble.

Acides phtaliques hydrogénés.

Les recherches de *Ad. Baeyer* (A. 245, 251, 258, 266, 269, 276) ont fait connaître toute une série d'acides phtaliques hydrogénés dans laquelle les isomères se distinguent entre eux soit par la place occupée dans l'anneau par leurs doubles liaisons (*isomérie de structure*), soit par la situation dans l'espace de leurs groupes carboxyles par rapport au noyau (*isomérie stéréochimique, isomérie cis-trans*), cette dernière isomérie correspondant à celle des acides maléique et fumarique (V. A. 245, 130 ; Bull. soc. chim. **1889**, **2**, 505). Les propriétés des acides téréphtaliques hydrogénés sont complètement semblables à celles des acides hydrophtaliques.

Comme acides **hydrophtaliques**, on connaît jusqu'à présent (A. 269, 147 ; Bull. soc. chim. **1893**, **2**, 356) : cinq acides *dihydrophtaliques* (parmi lesquels deux isomères stéréochimiques), quatre acides *tétrahydrophtaliques* (2 isom. stér.), deux acides *hexahydrophtaliques* (isomères stéréochimiques l'un de l'autre) ; comme acides **hydrotéréphtaliques** (A. 258, 1 ; Bull. soc. chim. **1891**, **1**, 789) on connaît : cinq acides *dihydrotéréphtaliques*, trois acides *tétrahydrotéréphtaliques* et deux acides *hexahydrotéréphtaliques*, chaque groupe comprenant chaque fois deux isomères stéréochimiques.

Les faits d'expérience suivants, tirés de la série grasse, ont servi principalement à la détermination de la place des doubles liaisons dans ces composés : 1) Quand le brome agit par substitution sur un acide carboxylique, il se fixe en α par rapport au carboxyle (c'est-à-dire, dans le cas du noyau hexagonal, à l'atome de carbone même qui supporte le carboxyle. 2) Si, dans un noyau benzénique réduit, deux atomes de brome sont en positions ortho l'un par rapport à l'autre, l'action de la poudre de zinc et de l'acide acétique les éliminera sans remplacement tandis que, s'ils sont placés en para, ils seront remplacés par de l'hydrogène. — En outre, on a souvent observé ici, comme pour les acides non saturés de la série grasse, le passage d'un acide donné à un isomère de structure en chauffant cet acide à l'ébullition avec les alcalis, transformation qui comporte une migration d'une double liaison dans le sens d'un groupe carboxyle. — Les modifications stéréoisomères sont susceptibles de se transformer facilement l'une dans l'autre.

Voici, par exemple, les *relations qui existent entre les cinq acides dihydrophtaliques connus* : la réduction de l'acide phtalique au moyen de l'amalgame de sodium en présence d'acide acétique conduit à la formation d'acide trans-Δ 3,5-dihydrophtalique (pour le mode de désignation, v. p. 302) qui, chauffé avec de l'anhydride acétique, se transforme en acide cis, Δ 3, 5 ; ces deux acides, chauffés avec les alcalis, donnent de l'acide Δ 2, 6-dihydrophtalique (V. cependant B. 27, 3496 ; Bull. soc. chim. **1895**, **2**, 1058) ; le dihydrobromure de ce dernier, traité par la potasse alcoolique, conduit à la formation d'acide Δ 2 4-dihydrophtalique dont l'anhydride, chauffé, se transforme finalement en anhydride de l'acide Δ 1, 4-dihydrophtalique ; tous ces acides donnent des anhydrides à l'exception de l'acide trans-Δ 3, 5 qui se comporte en cette occasion comme l'acide fumarique.

Les acides phtaliques hydrogénés se différencient d'une manière caractéristique des acides phtaliques non hydrogénés (V. p. 297) ; l'acide hexahydrotéréphtalique ressemble complètement à un acide saturé de la série grasse, l'acide tétrahydro- et l'acide dihydrotéréphtalique sont entièrement semblables aux acides non saturés de cette série. Les acides totalement et partiellement hydrogénés peuvent être à nouveau *déshydrogénés*, c'est-à-dire être graduellement transformés en composés plus pauvres en hydrogène et finalement en acides benzènecarboxyliques (en les chauffant avec le brome à 200°, procédé spécialement appliqué à un acide tétrahydro- et à un acide hexahydrotéréphtalique ; *Einhorn*, *Willstätter*, A. 280, 94 ; Bull. soc. chim. **1895**, **2**, 399). Le passage des acides hexahydrogénés aux acides benzènecarboxyliques en passant par les acides tétra et dihydro ne peut être considéré comme s'effectuant suivant une marche régulière : il se produit au contraire, lors de la formation des acides benzènecarboxyliques en partant des acides dihydrogénés, un saut brusque qui se manifeste par un changement soudain du caractère chimique ainsi que des constantes physiques du composé considéré.

C'est de ces recherches qu'ont été tirées les données de la p. 302 sur la constitution spéciale du noyau benzénique dans ces substances ; en outre, les observations faites dans l'oxydation des acides hydrophtaliques ont conduit particulièrement à l'hypothèse des liaisons para dans les acides benzènecarboxyliques (A. **269**, 179 ; Bull. soc. chim. **1893**, **2**, 356). Comme acides **hydroisophtaliques**, on a obtenu deux acides hexahydro stéréoisomères par réduction de l'acide isophtalique (A. **276**, 260 ; Bull. soc. chim. **1894**, **2**, 130) ; ces deux acides prennent aussi naissance par voie synthétique en partant des dérivés de la série grasse (p. 306) ; on a récemment démontré, par ce moyen, que les acides hexahydrobenzènecarboxyliques n'étaient autres que des dérivés de l'hexaméthylène.

Les acides phtaliques sont naturellement la source de produits substitués tels que, par exemple : les acides **phtaliques di** et **tétrachlorés** ou **bromés** (employés dans l'industrie de l'éosine), les acides nitro, amido, oxy, sulfo-phtaliques, etc.

Comme homologues de l'acide phtalique, on remarque :

Les acides **homophtaliques**, $C^6H^4\begin{cases} CH^2-CO^2H \\ CO^2H \end{cases}$, l'acide **hydrocinnamique-o-carboxylé**, $C^6H^4\begin{cases} CH^2-CH^2-CO^2H \\ CO^2H \end{cases}$, qui s'obtient par oxydation de la tétrahydronaphtaline et auquel correspond un acide **cinnamique-o-carboxylé**, $C^6H^4(CO^2H)(CH{=}CH-CO^2H)$.

L'acide **phtalonique**, ac. phénylglyoxylcarbonique, $C^6H^4(CO^2H)-CO-CO^2H$, prend naissance par une oxydation appropriée de la naphtaline au moyen du permanganate ; une oxydation ultérieure le transforme en acide phtalique.

Acides oxyphtaliques.

1. Les six acides **oxyphtaliques**, $C^6H^3(OH)(CO^2H)^2$, possèdent un intérêt théorique (V. p. 300).

2. Acide **dioxytéréphtalique**, *acide hydroquinone-p-dicarbonique*, $C^8H^6O^6 = C^6H^2(OH)^2(CO^2H)^2$; prend naissance, à l'état d'ester éthylique, par l'action du brome sur l'ester succinylsuccinique (v. ci-dessous), et par l'action de l'éthylate de sodium sur l'ester acétylacétique dibromé. L'acide libre donne, par distillation, de l'hydroquinone et de l'acide carbonique, il est retransformé par l'hydrogène naissant en acide succinylsuccinique.

Acide **succinylsuccinique**, *ac. p-dioxydihydrotéréphtalique*, $C^6H^2.(H^2).(OH)^2(CO^2H)^2$; s'obtient, à l'état d'ester éthylique, par l'action du sodium sur le succinate d'éthyle (V. p. 307). Constitution : B. **22**, 2168 ; **24**, 2687 ; Bull. soc. chim. **1892**, **2**, 219 ; v. aussi : A. **211**, 306 ; **258**, 261 ; Bull. soc. chim **1891**, **1**, 794). L'**ester éthylique** forme des prismes tricliniques fusibles à 126°, solubles dans l'alcool en donnant une solution douée d'une fluorescence bleu clair et qui est colorée en rouge cerise par le chlorure ferrique ; il possède deux atomes d'hydrogène remplaçables ; l'acide libre se transforme par perte d'acide carbonique et transposition moléculaire en *quinone tétrahydrogénée, dicétohexaméthylène*, p. 373.

3. L'acide **hémipinique** est un éther diméthylique de l'acide pyrocatéchine-o-dicar-

bonique isomère, la monoaldéhyde correspondante est l'acide **opianique**, l'acide-alcool correspondant, l'acide **méconinique**, $C^6H^2(OCH^3)^2(CO^2H)CH^2OH$; tous ces composés peuvent être préparés en partant de la narcotine et sont très analogues à l'acide protocatéchique. Sur la constitution de l'acide opianique, v. d'ailleurs : B. **19**. 2275 ; Bull. soc. chim. **1887**, **1**. 704.

C. Acides tri, tétra... hexabasiques.

Acides benzènetricarboxyliques, $C^6H^3(CO^2H)^3$.

1. **Acide trimésique** (1 : 3 : 5). du mésitylène.
2. **Acide trimellique** (1 : 2 : 4). de la colophane.
3. **Acide hémimellique** (1 : 2 : 3).

Acide **phloroglucinetricarboxylique**, *ac. tricétohexaméthylènetricarboxylique*, $C^6H^3O^3(CO^2H)^3$, dérivé de l'acide trimésique. **L'ester triéthylique** de cet acide prend naissance en chauffant l'ester sodiummalonique, $CHNa(CO^2C^2H^5)^2$ (*Baeyer*, B. **18**, 3454 ; Bull. soc. chim. **1886**, **2**, 440). L'acide libre, préparé par saponification de cet ester, peut perdre de l'acide carbonique en donnant la phloroglucine (p. 370).

Acides benzènetétracarboxyliques, $C^6H^2(CO^2H)^4$.

1. **Acide pyromellique**, 2. **Acide prehnitique**, 3. **Acide mellophanique.**

Ces trois acides ont été préparés en partant de l'acide mellique ou de ses dérivés hydrogénés par élimination partielle d'acide carbonique.

4. Acide **hydroquinonetétracarboxylique** ; **acide quinonetétracarboxylique**, v. B. **19**, 516 ; Bull. soc. chim. **1887**, **1**, 266.

Acide benzènepentacarboxylique, $C^6H(CO^2H)^5$.

Une seule modification est possible, une seule est connue.

Acide benzènehexacarboxylique, $C^6(CO^2H)^6$.

Acide mellique, $C^{12}H^6O^{12}$, existe dans la nature à l'état de sel d'*aluminium* (*mellite*, octaèdres jaunes, $C^{12}(Al^2)O^{12} + 18H^2O$) dans certains lignites ; prend naissance par oxydation du charbon de bois ou du graphite au moyen du permanganate de potasse, et, à côté d'acide pentacarboxylique, quand on chauffe le charbon de bois avec de l'acide sulfurique concentré. Fines aiguilles soyeuses, très stables.

Cet acide ne peut être ni chloré, ni nitré, ni sulfoné, il se transforme facilement par l'action de l'amalgame de sodium en acide **hydromellique** : distillé avec de la chaux, il donne du benzène.

Les combinaisons étudiées jusqu'ici dérivent d'une seule molécule de benzène, elles contiennent un noyau benzénique unique, on connaît en outre un *Grand nombre* de composés contenant *deux ou plusieurs noyaux benzéniques*.

1. Deux groupes phényle directement liés l'un à l'autre forment le *diphényle*, $C^6H^5—C^6H^5$ (Groupe XXVI).

2. Si un groupe méthylène, c'est-à-dire un atome de carbone, relie deux groupes phényle, le composé formé est le *diphénylméthane*, $C^6H^5—CH^2—C^6H^5$ (Groupe XXVII).

3. Trois restes benzéniques liés par un groupe méthine constituent le *triphénylméthane*, $CH(C^6H^5)^3$ (Groupe XXVIII).

4. Les noyaux benzéniques peuvent encore être reliés entre eux par deux ou plusieurs atomes de carbone, comme dans le *dibenzyle*, $C^6H^5—CH^2—CH^2—C^6H^5$ (Groupe XXIX).

Tous les carbures cités ci-dessus de 1 à 4 possèdent encore des homologues ; tous, à l'exception du diphényle, réunissent le caractère benzénique et le caractère méthanique (le diphényle possède seulement le caractère benzénique) et forment des dérivés entièrement analogues à ceux des carbures benzéniques au sens le plus étroit du mot.

5. Deux noyaux benzéniques peuvent en outre être reliés entre eux de telle sorte qu'ils aient chacun deux atomes de carbone communs, qu'ils soient en quelque sorte soudés entre eux par l'intermédiaire de ces atomes (V. naphtaline et anthracène, groupe XXX, etc.) ; un noyau benzénique et un noyau tétraméthylénique ainsi juxtaposés constituent l'*indène* (Groupe XXX, appendice).

6. Une semblable soudure peut aussi avoir lieu entre un noyau benzénique et un système annulaire mixte comme le pyrrol, le furane, le thiophène (V. indigo et coumarone), ou entre deux de ces systèmes mixtes (V. thiophtène) (comparer au groupe XXXII).

XXVI. Groupe du diphényle.

1. **Diphényle**, $C^{12}H^{10}$ (*Fittig*, 1862). Quand on traite le benzène bromé en solution éthérée par le sodium, il se produit une synthèse du diphényle analogue à la réaction de *Fittig* (p. 310) :

$$2C^6H^5Br + Na^2 = C^6H^5-C^6H^5 + 2NaBr.$$

Le diphényle se forme, en outre, quand on fait passer la vapeur de benzène à travers un tube chauffé au rouge (procédé de préparation), il est aussi contenu dans le goudron de houille. — Grands feuillets incolores facilement solubles dans l'alcool et dans l'éther. P. F. 71°, P. E. 254°.

Le diphényle, oxydé par l'acide chromique, *donne de l'acide benzoïque,* l'un des noyaux subissant une oxydation plus avancée à l'exception de l'atome de carbone directement lié à l'autre noyau. La formule de constitution du diphényle, $C^6H^5—C^6H^5$, résulte de cette propriété comme de sa synthèse.

Tableau.

1. *diphényle,* $C^6H^5—C^6H^5 = C^{12}H^{10}$.

diphényle p-chloré	$C^{12}H^9Cl$	diphényle p-p-dichloré	$C^{12}H^8Cl^2$
o-,p-nitrodiphényle	$C^{12}H^9(AzO^2)$	{ α = p-p / β = o-p } dinitrodiphényle	$C^{12}H^8(AzO^2)^2$
amidodiphényle	$C^{12}H^9(AzH^2)$	{ (p-p-) = *benzidine* / (o p-) = diphényline }	$C^{12}H^8(AzH^2)^2$
		carbazol	C^6H^4 >AzH C^6H^4
diphénylol	$C^{12}H^9(OH)$	diphénols	$C^{12}H^8(OH)^2$
		diphénylèneoxyde	C^6H^4 >O C^6H^4
diphényle cyané	$C^{12}H^9(CAz)$	diphényle dicyané	$C^{12}H^8(CAz)^2$
ac. diphénylcarboxylique	$C^{12}H^9(CO^2H)$	ac. *diphényldicarboxylique*	$C^{12}H^8(CO^2H)^2$

2. phényltolyles, $C^6H^5—C^6H^4.CH^3$,
3. ditolyles, $C^6H^4(CH^3)—C^6H^4(CH^3)$,
4. diphénylbenzène, $C^6H^4(C^6H^5)^2$,
5. triphénylbenzène, $C^6H^3(C^6H^5)^3$, etc.

Dérivés du diphényle.

V. tableau et *Schultz*, A. **207**, 311.

Le diphényle, comme le benzène, est le carbure fondamental d'une importante série de dérivés.

L'entrée d'*un* substituant produit déjà des *isoméries*, car il peut se placer en o-, m-, ou p- par rapport à la liaison des deux restes benzéniques. A plus forte raison, peut-il exister des isomères bisubstitués du diphényle qui peuvent être aussi bien des composés o-o, p-p, etc., que des composés o-p, etc. La *constitution* de ces corps découle de leur synthèse ou de la nature des produits qu'ils donnent par oxydation. Un diphényle chloré, $C^{12}H^9Cl$, par exemple, qui, oxydé au moyen de l'acide chromique, fournira de l'acide benzoïque p-chloré, sera évidemment du diphényle p chloré.

Les substituants se placent de préférence en para ; dans les dérivés bisubstitués, ils se fixent en positions p-p (ainsi que, en moins grande proportion, en positions o-p).

Benzidine, *di-p-diamidodiphényle*, $\begin{array}{l}C^6H^4.AzH^2\\ C^6H^4.AzH^2\end{array} = C^{12}H^8(AzH^2)^2$ (*Zinin*, 1845). S'obtient par réduction du di-p-dinitrodiphényle, produit de nitration directe du diphényle, et, en outre, à côté de diphényline, par l'action des acides sur l'hydrazobenzène (transposition moléculaire de ce composé) :

$$C^6H^5—AzH—AzH—C^6H^5 = AzH^2 — C^6H^4 — C^6H^4—AzH^2 ;$$

on l'obtient de même, directement, en traitant l'azobenzène par l'étain et l'acide chlorhydrique. Feuillets soyeux, incolores, facilement solubles dans l'eau chaude et dans l'alcool, fondant à 122° et sublimables.

La benzidine est une base bivalente, caractérisée par l'insolubilité dans l'eau de son *sulfate*, $C^{12}H^8(AzH^2)^2.SO^4H^2$, ainsi que par diverses réactions colorées.

La benzidine et quelques bases homologues et analogues telles que l'o-tolidine, l'o-dianisidine, etc. possèdent une grande importance au point de vue de l'industrie des matières colorantes en ce qu'elles fournissent, par diazotation et copulation avec la naphtylamine, les acides naphtolsulfoniques, etc., des colorants azoïques qui possèdent la propriété de teindre directement le coton non mordancé (colorants *substantifs*) ; c'est à cette classe de colorants qu'appartiennent le **Congo**, qu'on prépare au moyen de l'acide naphtionique, et la **Chrysamine G** obtenue avec l'acide salicylique.

La **diphényline** isomère s'obtient en partant de l'o-p-dinitrodiphényle ainsi que, comme produit secondaire, dans la préparation de la benzidine en partant de l'azobenzène. Aiguilles, P. F. 45°. Le sulfate de cette base est facilement soluble.

Carbazol, $C^{12}H^9Az = \begin{array}{l}C^6H^4\\ C^6H^4\end{array}\!\!>AzH$, imide du diphényle, contenu dans le goudron de houille et dans l'anthracène brut ; s'obtient, par exemple, en distillant l'o-amidodiphényle sur de la chaux chauffée au rouge sombre ou en surchauffant la vapeur de diphénylamine (réaction analogue à l'obtention du diphényle en partant du benzène).

$$(C^6H^5)^2AzH = (C^6H^4)^2AzH + H^2.$$

Feuillets incolores, peu solubles dans l'alcool froid, fusibles à 238°, distillant sans décomposition et caractérisés par une grande facilité de sublimation. Le carbazol se dissout dans l'acide sulfurique concentré avec une couleur jaune ; il forme un dérivé acétylé, un dérivé nitré, etc. ; son atome d'azote est placé en position diortho ce qui, comme l'indol (transformation en indol : B. **26**, 2006; Bull. soc. chim. **1894**, 2, 34), le fait considérer comme un dérivé du *pyrrol* ; il présente en effet une analogie surprenante avec ce composé (B. **21**, 3299). Le carbazol peut être transformé en **p-diamidocarbazol**, $C^{12}H^7Az(AzH^2)^2$ (constitution, B. **25**, 128 ; B. s. c. **1892**, 2, 647) ; cette base diazotée et copulée avec l'acide salicylique conduit au **Jaune de carbazol**, colorant substantif.

Quelques acides **benzidine mono, di** etc. **sulfoniques**, $C^{12}H^6(AzH^2)^2(SO^3H)^2$, possèdent un intérêt technique ainsi que la **benzidinesulfone**, $C^{12}H^6(AzH^2)^2(SO^2)$ (préparée par une action convenable de l'acide sulfurique sur la benzidine), et les dérivés sulfonés de ce composé.

Les **dioxydiphényles**, $C^{12}H^8(OH)^2$, dont on connaît quatre modifications, s'obtiennent soit en partant de la benzidine par diazotation, soit par fusion alcaline de l'acide diphényledisulfonique, soit enfin, en partant du phénol, par fusion avec la potasse ou par oxydation au moyen du permanganate (perte d'hydrogène et liaison des deux restes benzéniques.

Diphénylèneoxyde, $\begin{matrix} C^6H^4 \\ \cdot \\ C^6H^4 \end{matrix}\!\!>\!O$, feuillets distillant sans décomposition ; s'obtient par distillation du phénol avec l'oxyde de plomb ; v. B **25**, 2745 ; Bull. soc. chim. **1893, 2**, 133.

Hexaoxydiphényle, $C^{12}H^4(OH)^6$, feuillets argentés, solubles dans la potasse avec une belle couleur bleu-violet ; de ce corps dérive la **cérulignone**, ou *cedriret*, $C^{16}H^{16}O^6$, qui se produit dans la purification du vinaigre de bois au moyen du chromate de potasse et qui s'obtient en oxydant le diméthylpyrogallol du goudron de hêtre au moyen du ferricyanure de potassium (p. 370). Fines aiguilles bleu d'acier, solubles en bleu dans l'acide sulfurique concentré, qui, traitées par l'étain et l'acide chlorhydrique, se transforment en hydrocérulignone, *tétraméthylhexaoxydiphényle ;* ce composé, chauffé avec de l'acide chlorhydrique, se scinde en chlorure de méthyle et hexaoxydiphényle (*Liebermann*).

Les *acides carboxyliques* du diphényle prennent naissance : 1) en partant des cyanures correspondants qui s'obtiennent eux-mêmes par distillation des acides sulfoniques du diphényle avec le cyanure de potassium : l'acide **di-p-diphényldicarboxylique,** $C^{12}H^8(CO^2H^2)$, poudre blanche insoluble dans l'eau, l'alcool et l'éther, s'obtient par cette voie ; 2) par oxydation du phénanthrène et des composés analogues ; on obtient ainsi l'acide **diphénique,** $\begin{matrix} C^6H^4.CO^2H \\ \cdot \\ C^6H^4.CO^2H \end{matrix}$, composé di-ortho, feuillets ou aiguilles fusibles à 229°, facilement solubles dans les dissolvants indiqués ci-dessus ; ces acides sont des acides bibasiques ; chauffés avec de la chaux sodée, il se transforment en diphényle.

2. Les *homologues* du diphényle s'obtiennent, comme ce carbure, au moyen de la réaction de *Fittig.*

L'**o-tolidine,** $C^{12}H^6(CH^3)^2(AzH^2)^2$, P. F. 128°, préparée en partant de l'o-nitrotoluène (azotoluène) est analogue à la benzidine ; son diazoïque, copulé avec l'acide naphtionique, donne un colorant rouge substantif : la **Benzopurpurine 4 B** ; de même, un colorant substantif bleu, la **Benzazurine G,** dérive de la **dianisidine,** *o-diméthoxybenzidine,* par combinaison avec l'acide α-naphtol-α-sulfonique (V. ce mot).

Appendice.

L'action du sodium sur un mélange de benzène p-dibromé et de benzène bromé conduit à la formation de **diphénylbenzène,** $C^6H^4(C^6H^5)^2$, aiguilles plates de P. F. 205°, qui s'oxydent en donnant de l'acide diphénylmonocarboxylique et de l'acide téréphtalique.

L'acétophénone, $C^6H^5COCH^3$, se transforme, sous l'action de l'acide chlorhydrique, en **triphénylbenzène,** $C^6H^3(C^6H^5)^3$ (1 : 3 : 5, tables rhombiques) ; cette réaction est analogue à la formation du mésitylène en partant de l'acétone.

Dithiényle, $(C^4H^3S)^2$, composé analogue du diphényle dans la série thiophénique. V. B. **27**, 1741 ; Bull. soc. chim. **1894, 2**, 1251).

XXVII. Groupe du diphénylméthane.

Tableau.

$(C^6H^5)^2{=}CH^2$ *diphénylméthane*	$(C^6H^5)^2CH\ OH$ benzhydrol	$(C^6H^5)^2{=}CO$ *benzophénone*
$(C^6H^5)^2{=}CH{-}CH^3$ diphényléthane		
$(C^6H^5)^2{=}CH{-}CO^2H$ ac. diphénylacétique	$(C^6H^5)^2{=}C(OH){-}CO^2H$ ac. benzilique	
$C^6H^5{-}CH^2{-}C^6H^4{-}CH^3$ *tolylphénylméthane*	$C^6H^5{-}CH(OH){-}C^6H^4{-}CH^3$ tolylphénylcarbinols	$C^6H^5{-}CO{-}C^6H^4{-}CH^3$ tolylphénylcétones
$C^6H^5{-}CH^2{-}C^6H^4{-}CO^2H$ ac. benzylbenzoïques, etc.	$C^6H^5{-}CH(OH){-}C^6H^4{-}CO^2H$ ac. benzhydrylbenzoïques	$C^6H^5{-}CO{-}C^6H^4{-}CO^2H$ ac. *benzoylbenzoïques*
$\begin{matrix}C^6H^4\\ C^6H^4\end{matrix}\!>\!CH^2$ fluorène	$\begin{matrix}C^6H^4\\ C^6H^4\end{matrix}\!>\!CH.OH$ diphénylènecarbinol	$\begin{matrix}C^6H^4\\ C^6H^4\end{matrix}\!>\!CO$ diphénylènecétone

Le diphénylméthane dérive du méthane par l'entrée de deux groupes phényle dans ce composé de même que le toluène en dérive par l'entrée d'un seul ; aussi, dans la plupart de ses relations, est-il complètement analogue à ce dernier carbure Comme il ne contient plus de groupe CH^3, il ne peut donner, par oxydation, d'acide d'un nombre d'atomes de carbone égal au sien, l'entrée de l'oxygène conduisant au benzhydrol et à la benzophénone ; mais, si de nouveaux atomes de carbone sont introduits dans sa molécule, les propriétés observées pour le toluène, le xylène, etc. se renouvelleront et des acides, des acides-alcools, des acides-cétones, etc. les plus divers pourront résulter des homologues ainsi formés.

Formation du diphénylméthane et de ses dérivés :

1. Le diphénylméthane se produit par l'action du *chlorure de benzyle* sur le *benzène* en présence de poudre de zinc (*Zincke*, A. **159**, 374) ou de chlorure d'aluminium (*Friedel-Crafts*) :

$$C^6H^5{-}CH^2Cl + C^6H^6 = C^6H^5{-}CH^2{-}C^6H^5 + HCl.$$

On peut, dans cette réaction, substituer au benzène des homologues de ce carbure, des phénols ou des amines tertiaires.

Le diphénylméthane se produit directement, d'une manière analogue, par la'ction du chlorure de méthylène, CH^2Cl^2, sur le benzène, en présence de chlorure d'aluminium :

$$CH^2Cl^2 + 2C^6H^6 = CH^2(C^6H^5)^2 + 2HCl.$$

2. L'action des *aldéhydes grasses* comme l'aldéhyde ou la formaldéhyde sur le benzène, etc., en présence d'acide sulfurique concentré, conduit à des carbures de la série du diphénylméthane (*Baeyer*, B. **6**, 221) :

$$CH^3{-}CHO + 2C^6H^6 = \underset{\text{diphényléthane.}}{CH^3{-}CH(C^6H^5)^2} + H^2O.$$

L'aldéhyde et la formaldéhyde s'emploient ici sous forme de paraldéhyde et de méthylal (p. 128), la formaldéhyde même se condense avec l'aniline en donnant du diamidodiphénylméthane, avec la diméthylaniline en donnant du tétraméthyldiamidodiphénylméthane. V. en outre, B. **27**, 2321 ; Bull. soc. chim. **1895**, **2**, 327.

Les aldéhydes aromatiques conduisent à des dérivés du triphénylméthane (p. 418).

2ª Les *alcools* aromatiques réagissent d'une manière analogue avec le *benzène* et l'acide sulfurique (V. *Meyer*) :

$$C^6H^5{-}CH^2OH + C^6H^6 = C^6H^5{-}CH^2{-}C^6H^5 + H^2O.$$

Des réactions semblables ont été effectuées : d'une part avec des cétones, des acides-aldéhydes, des acides-cétones, d'autre part avec du phénol et des anilines tertiaires.

3. L'action de l'*acide benzoïque* sur le *benzène* en présence de P^2O^5 conduit à la benzophénone (*Merz*, B. **6**, 536) :

$$C^6H^5{-}CO.OH + C^6H^6 = C^6H^5{-}CO{-}C^6H^5 + H^2O.$$

4. La benzophénone et les cétones analogues s'obtiennent, d'après la méthode générale de préparation des cétones p. 132 § 2, en chauffant le mélange des sels de chaux des acides aromatiques correspondants ; le benzoate de chaux donnera ainsi la benzophénone :

$$C^6H^5.CO^2Ca + C^6H^5.CO^2.Ca = C^6H^5.CO.C^6H^5 + CO^3Ca.$$

5. L'action du *chlorure de benzoyle*, $C^6H^5CO.Cl$, etc. sur le *benzène*, etc. en présence de chlorure d'aluminium conduit de même à des cétones (*Friedel-Crafts* et *Ador*. B. **10**, 1854) :

$$C^6H^5.COCl + C^6H^6 = C^6H^5.CO.C^6H^5 + HCl.$$

On peut ici, de même qu'en 3, substttuer, aux carbures benzéniques, des phénols (et, mieux, des phénols éthérifiés) ou des amines tertiaires.

5ª De même que les chlorures d'acides se forment au moyen des carbures benzéniques, du phosgène et du chlorure de zinc, on peut, en opérant dans certaines conditions, former *directement* des cétones en partant de ces agents.

6. Les cétones ci-dessus, distillées sur la poudre de zinc, chauffées avec l'acide iodhydrique et le phosphore, etc., sont, comme toujours, ramenées aux carbures correspondants (V. p. 38).

Diphénylméthane, $(C^6H^5)^2CH^2$, préparé au moyen du chlorure de benzyle, du benzène et du chlorure d'aluminium (B. **27**, 3238 ; Bull. soc. chim. **1895**, **2**, 214). Aiguilles blanches, P. F. 26°, facilement solubles dans l'alcool et l'éther, bouillant sans décomposition à 262°, d'une odeur agréable d'orange.

Il fournit des dérivés *nitrés, amidés, hydroxylés.*

p-Diamidodiphénylméthane, $CH^2(C^6H^4AzH^2)^2$, s'obtient en chauffant l'anhydroformaldéhydeaniline, $C^6H^5.Az{=}CH^2$ (V. ce mot), avec de l'aniline et du chlorhydrate d'aniline ; feuillets argentés, P. F. 87° ; peut être employé à la préparation de la fuchsine (V. ce mot).

Le diphénylméthane, chauffé avec du brome, donne du **diphénylbromométhane**, $(C^6H^5)^2CHBr$, qui, traité par l'eau à 150°, se transforme en **benzhydrol**, *diphénylcarbinol*, $(C^6H^5)^2CH.OH$, composé qu'on obtient aussi en partant de la benzophénone soit par l'action de l'amalgame de sodium, soit en chauffant cette substance à 300° avec de l'alcool éthylique qui se transforme en aldéhyde dans la réaction. Aiguilles soyeuses. Le benzhydrol possède complètement le caractère d'un alcool secondaire : il forme des esters, une amine, etc., il s'oxyde facilement en donnant la cétone correspondante : la benzophénone.

Tétraméthyldiamidobenzhydrol, $CH(OH)[C^6H^4Az(CH^3)^2]^2$, s'obtient par réduction de la cétone correspondante, etc. Prismes incolores se dissolvant dans l'acide acétique avec une couleur bleue intense, il est employé dans un grand nombre de synthèses de matières colorantes.

Benzophénone, *diphénylcétone*, $(C^6H^5)^2CO$, se prépare par distillation du benzoate de chaux (*Peligot*, 1834), s'obtient aussi directement en oxydant le diphénylméthane par l'acide chromique ; c'est la cétone purement aromatique la plus simple, elle présente entièrement le caractère des cétones : elle se réduit en donnant du benzhydrol, forme un dichlorure, $(C^6H^5)^2C : Cl^2$, avec le pentachlorure de phosphore, se combine à la phénylhydrazine, etc.

La benzophénone est caractérisée par son dimorphisme : elle cristallise, en effet, soit en gros prismes rhombiques, P. F. 49° (forme stable), soit en rhomboèdres, P. F. 27° (forme instable) ; son point d'ébullition est 297°. La potasse en fusion la décompose en acide benzoïque et en benzène.

Parmi ses dérivés, on peut citer : la **p-diamidobenzophénone**, $CO(C^6H^4AzH^2)^2$, P. F. 237°, qui se produit en chauffant la fuchsine avec l'acide chlorhydrique, et le dérivé tétraméthylé de ce composé, la **tétraméthyldiamidobenzophénone**, $CO[C^6H^4Az(CH^3)^2]^2$, qui s'obtient par l'action du phosgène sur la diméthylaniline :

$$COCl^2 + 2C^6H^5.Az(CH^3)^2 = CO[C^6H^4Az(CH^3)^2]^2 + 2HCl.$$

Cette substance est en rapports étroits avec certaines matières colorantes : traitée par la diméthylaniline en présence de PCl^5 ou de $POCl^3$, elle se transforme en effet en Violet hexaméthylé (V. ce mot) ; traitée par l'ammoniaque, elle donne une belle matière colorante jaune, l'**Auramine** ; traitée par les amines, elle fournit des dérivés de ce dernier colorant (B. **20**, 3260 ; Bull. soc. chim. **1888**, **1**, 807).

p-Dioxybenzophénone, $[C^6H^4(OH)]^2CO$, s'obtient, entre autres procédés, par décomposition de colorants complexes tels que la rosaniline, l'aurine, etc., en chauffant ces corps avec l'eau ou les alcalis ; elle peut s'obtenir synthétiquement en partant de l'aldéhyde anisique (B. **14**, 328 ; Bull. soc. chim. **1881**, **2**, 581), ce qui démontre que ses hydroxyles sont en positions para ; v. en outre B. **24**, 1340 ; Bull. soc. chim. **1891**, **2**, 281.

Diphénylènecétoneoxyde, *xanthone*, $C^6H^4\!<\!{}^{CO}_{O}\!>\!C^6H^4$ (*Graebe*, A. **254**, 265), dérivé de l'*o-dioxybenzophénone*, s'obtient facilement par déshydratation de l'acide phénylsalicylique (p. 399) au moyen de l'acide sulfurique concentré ; son dérivé dihydroxylé, l'**euxanthone**, $(HO)C^6H^3\!<\!{}^{CO}_{O}\!>\!C^6H^3(OH)$, aiguilles jaunes, P. F. 240°, se prépare en partant du Jaune indien « Piurée », et a aussi été préparé synthétiquement.

Une **trioxybenzophénone**, le *Jaune d'alizarine C*, qui s'obtient par condensation du pyrogallol et d'acide benzoïque au moyen du chlorure de zinc, est une matière colorante jaune teignant sur mordants, d'emploi analogue à celui de l'alizarine (B. **24**, R. 378 ; **24**, 967 ; B. A. 54661 ; Bull. soc. chim. **1891**, **2**, 327).

Homologues du diphénylméthane ; fluorène.

2. **Diphényléthane** « asymétrique » $(C^6H^5)^2.CH-CH^3$, (v. p. 427). Liquide bouillant sans décomposition qu'on obtient d'après la p. 414 § 2 au moyen du benzène et de la paraldéhyde ; de ce composé dérive l'acide **benzilique**, *diphénylglycolique*, $(C^6H^5)^2{=}C(OH)-CO^2H$, qu'on prépare par fusion du benzile avec la potasse (p. 428) (transposition moléculaire). Cet acide forme des aiguilles ou des prismes solubles dans l'acide sulfurique concentré avec une coloration rouge sang ; réduit par l'acide iodhydrique, il donne l'acide **diphénylacétique**, $(C^6H^5)^2{=}CH-CO^2H$, feuillets ou aiguilles qu'on peut préparer synthétiquement d'après la méthode 1 de la p. 413 par l'action du benzène et de la poudre de zinc sur l'acide phénylbromacétique, $C^6H^5-CHBr-CO^2H$ (*démonstration de la constitution*). L'oxydation transforme ces substances en benzophénone : ici, comme dans les cas plus simples, tout atome de carbone qui n'est pas directement lié au noyau benzénique est donc éliminé.

3. **Tolylphénylméthanes**, $C^6H^5-CH^2-C^6H^4-CH^3$. Les dérivés o- et p- s'obtiennent d'après la méthode de la p. 413 en partant du chlorure de benzyle et du toluène, ils fournissent d'abord par oxydation les tolylphénylcétones correspondantes, puis ensuite les acides benzoylbenzoïques (V. ci-dessous).

Tolylphénylcétones, $C^6H^5-CO-C^6H^4-CH^3$ (V. tab. p. 413). Le dérivé p- fournit deux **p-tolylphénylcétoximes** stéréoisomères dont l'étude a essentiellement contribué à l'édification des règles de la stéréochimie de l'azote (V. p. 138 et *Hantzsch*, B. **23**, 2325, 2776 ; Bull. soc. chim. **1891**, **2**, 193) :

$$\text{(I)}\quad \begin{array}{c} CH^3-C^6H^4-C-C^6H^5 \\ \| \\ Az-OH \end{array} \qquad \text{et (II)}\quad \begin{array}{c} C^6H^5-C-C^6H^4-CH^3 \\ \| \\ Az-OH \end{array}.$$

Ces deux composés, soumis à la transposition de *Beckmann* (action du gaz chlorhydrique dissous dans l'acide ou l'anhydride acétique, ou traitement en solution éthérée par PCl^5, puis addition d'eau, v. B. **20**, 2581 ; **24**, 52, 4028 ; **27**, 300 ; Bull. soc. chim., **1888**, **1**, 286 ; **1892**, **2**, 80, 700 ; **1894**, **2**, 597), sont transformés en deux *anilides isomères de structure* : l'*anti-tolylphénylcétoxime* stable (form I) donne la *toluylanilide*, $CH^3-C^6H^4-COAzHC^6H^5$, qui peut être scindée en acide toluylique et aniline ; la *syn-tolylphénylcétoxime* instable (form. II) donne, au contraire, de la *benztoluide*, $C^6H^5-CO-AzHC^6H^4CH^3$ (qu'on peut scinder en acide benzoïque et toluidine), à côté de toluylanilide car, dans les conditions de l'opération, le dérivé syn est partiellement transformé en modification anti.

Acides benzoylbenzoïques, $C^6H^5-CO-C^6H^4-CO^2H$ (B. **6**, 907) ; l'acide ortho,

P. F. 127°, s'obtient aussi synthétiquement en chauffant l'anhydride phtalique et le benzène en présence de chlorure d'aluminium; ces acides donnent à la réduction les acides benzhydrilbenzoïques (ou des anhydrides), et les acides benzylbenzoïques (V. tab.). L'acide ortho, chauffé à 180° avec de l'anhydride phosphorique, donne de l'anthraquinone; l'o-tolylphénylméthane et la cétone correspondante permettent aussi de passer de différentes manières à la série anthracénique.

4. **Fluorène**, *diphénylèneméthane*, $\begin{matrix} C^6H^4 \\ | \\ C^6H^4 \end{matrix} \!\!> CH^2$; ce composé est avec le diphénylméthane dans le même rapport que le carbazol avec la diphénylamine (p. 411): c'est en même temps un dérivé du diphényle et un dérivé du méthane; il est contenu dans le goudron de houille et prend naissance soit en faisant passer le diphénylméthane à travers un tube chauffé au rouge (comme le diphényle se forme en partant du benzène), soit par l'action de la poudre de zinc chauffée au rouge sur la diphénylènecétone; P. F. 113°; P.E. 295°. La cétone correspondante, la **diphénylènecétone**, $C^{12}H^8 : CO$ (prismes jaunes, P. F. 84°), s'obtient, entre autres procédés, en chauffant la phénanthrènequinone avec la chaux, elle est transformée par l'hydrogène naissant en **diphénylènecarbinol** (p. 413); (feuillets incolores, P. F. 153°) et par la potasse en fusion en acide diphénylcarbonique, $C^6H^5—C^6H^4—CO^2H$.

5. **Tolylphényléthane**, $(C^6H^5)(C^7H^7)CH—CH^3$, s'obtient en condensant le cinnamène et le toluène (B. **24**, 2785; Bull. soc. chim. **1892**, **2**, 217); le cinnamène se condense aussi d'une manière analogue avec les phénols (B. **24**, 3889; Bull. soc. chim. **1892**, **2**, 761).

XVIII. Groupe du triphénylméthane.

L'entrée de trois groupes phényle dans le méthane conduit au *triphénylméthane*, $CH(C^6H^5)^3$, auquel correspondent encore des carbures homologues, tels que le tolyldiphénylméthane, $CH \begin{matrix} \diagup (C^6H^5)^2 \\ \diagdown C^6H^4.CH^3 \end{matrix}$, le ditolylphénylméthane, $CH \begin{matrix} \diagup C^6H^5 \\ \diagdown (C^6H^4.CH^3)^2 \end{matrix}$, etc.

Ces carbures possèdent un intérêt tout spécial, car ils sont les bases d'une grande série d'importantes matières colorantes.

Leur formation s'effectue d'une manière analogue à celle des dérivés du diphénylméthane soit par l'emploi de la poudre de zinc ou du chlorure d'aluminium, quand on part de dérivés chlorés; soit, quand on emploie des dérivés oxygénés, par l'intermédiaire de l'anhydride phosphorique.

Ainsi, le *triphénylméthane* s'obtient :

1. En partant du chlorure de benzylidène et du benzène :

$$C^6H^5CHCl^2 + 2C^6H^6 = C^6H^5CH(C^6H^5)^2 + 2HCl;$$

1ª. En partant de la benzaldéhyde, du benzène et du chlorure de zinc (V. p. 414);

2. Par l'action du chlorure d'aluminium sur le chloroforme et le benzène :

$$3C^6H^6 + CHCl^3 = CH(C^6H^5)^3 + 3HCl ;$$

3. Au moyen du benzhydrol (p. 415) et du benzène :

$$(C^6H^5)^2 : CH.OH + C^6H^6 = (C^6H^5)^2 : CH.(C^6H^5) + H^2O.$$

La benzaldéhyde et la diméthylaniline se condensent en donnant la leucobase du Vert malachite (p. 420) :

$$C^6H^5.CHO + 2C^6H^5.Az(CH^3)^2 = C^6H^5.CH : [C^6H^4.Az(CH^3)^2]^2 + H^2O.$$

Des composés analogues, parmi lesquels un grand nombre sont des matières colorantes, ont été préparés par l'emploi de phénols ou d'autres amines, la déshydratation étant facilitée par l'addition de chlorure de zinc, d'acide sulfurique concentré ou d'acide oxalique anhydre.

1. **Triphénylméthane**, $C^{19}H^{16} = CH(C^6H^5)^3$ (*Kekulé* et *Franchimont*, B. **5**, 906) ; on le prépare soit au moyen du chloroforme et du benzène (*Friedel-Crafts*; v. A. **194**, 252 ; produit secondaire : diphénylméthane), soit par diazotation (élimination des groupes amido) de la paraleucaniline, $C^{19}H^{13}(AzH^2)^3$, *E.* et *O. Fischer*. Beaux prismes blancs, difficilement solubles dans l'alcool froid, facilement solubles dans l'alcool chaud, l'éther et le benzène, insolubles dans l'eau. P. F. 93°, P. E. 359°.

Cristallisé dans le benzène, il contient une molécule de benzène de cristallisation, particularité que présentent un grand nombre de ses dérivés; traité par le brome, il échange contre ce corps son hydrogène méthanique avec formation de **bromure de triphénylméthane**, $(C^6H^5)^3.CBr$, qui, chauffé avec de l'eau, fournit le composé suivant :

Triphénylcarbinol, $(C^6H^5)^3C.OH$, prismes brillants, P. F. 159°, distillant sans décomposition ; on peut aussi le préparer directement en partant du tri phénylméthane par oxydation au moyen de l'acide chromique dissous dans l'acide acétique.

L'acide nitrique fumant réagit avec le triphénylméthane en donnant du **trinitrotriphénylméthane**, $(C^6H^4AzO^2)^3CH$, lamelles jaunes, que l'acide chromique transforme en **trinitrotriphénylcarbinol**, $(C^6H^4AzO^2)^3C(OH)$; ce dérivé, traité par la poudre de zinc et l'acide acétique, donne la pararosaniline, $(C^6H^4AzH^2)^3C(OH)$, le trinitrotriphénylméthane donnant la paraleucaniline (p. 420).

2. **Tolyldiphénylméthanes**, $(C^6H^5)^2 : CH.C^6H^4(CH^3)$. Des matières colorantes dérivent aussi de ces carbures et particulièrement du **m-tolyldiphénylméthane** (CH^3 en méta par rapport au carbone central) qui peut être préparé par diazotation de la leucaniline ordinaire (p. 420). Petits prismes, P. F. 59°,5.

Colorants du triphénylméthane.

Parmi les dérivés du triphénylméthane et du tolyldiphénylméthane, ceux qui procèdent de ces carbures par l'entrée de groupes amido, hydroxyle ou carboxyle sont d'un intérêt particulier : *l'introduction de trois groupes amido ou hydroxyle* les transforme en effet en *leucodérivés* de *matières colorantes*, dont quelques-unes sont d'une très grande importance.

Deux groupes amido ne sont suffisants pour le complet développement du caractère colorant que si les atomes d'hydrogène amidiques sont remplacés par des radicaux alcooliques ; un seul groupe amido ne peut suffire pour déterminer cette propriété (V. ci-dessous : p-amidotriphénylméthane).

Ces colorants ont été classés de la manière suivante :

1. Dérivés du diamidotriphénylméthane (groupe du Vert malachite);
2. Dérivés du triamidotriphénylméthane (groupe de la rosaniline) ;
3. Dérivés du trioxytriphénylméthane (groupe de l'aurine);
4. Dérivés de l'acide triphénylméthanecarbonique (groupe de l'éosine).

On appelle **leucobases** ou **leucodérivés** des matières colorantes, des substances qui prennent naissance par réduction de ces composés (addition de deux atomes d'hydrogène en général) ; les leucobases sont incolores contrairement aux colorants dont elles dérivent et auxquels elles sont ramenées par oxydation.

Tous les colorants du triphénylméthane et, en outre, l'Indigo, le Bleu de méthylène, la Safranine, etc. peuvent former de semblables leucodérivés ; comme réducteurs, on emploie généralement le zinc et l'acide chlorhydrique, le chlorure stanneux ou le sulfhydrate d'ammoniaque.

Parfois l'*oxydation* inverse des leucodérivés s'effectue déjà rapidement au moyen de l'oxygène de l'air (blanc d'Indigo, leucobase du Bleu de méthylène) ; elle a lieu plus lentement et souvent moins nettement dans le groupe du triphénylméthane. La leucobase du Vert malachite est facilement transformée en colorant par l'oxyde puce de plomb en solution acide ; la leucaniline, chauffée avec du chloranile en solution alcoolique, ou chauffée, à l'état de chlorhydrate, soit seule, soit avec une solution concentrée d'acide arsénique ou avec des oxydes métalliques (comme l'hydrate ferrique), est ramenée à la base colorante correspondante.

1. Groupe de l'amido- et du diamidotriphénylméthane.

p-amidotriphénylméthane, a été préparé synthétiquement soit par condensation de p-nitrobenzaldéhyde et de benzène puis réduction ultérieure, soit au moyen du benzhydrol et de l'aniline. Grands prismes, P. F. 84°.

Le **carbinol** correspondant est incolore, ses sels sont rouges et *ne teignent pas* les fibres animales.

p-diamidotriphénylméthane, $C^6H^5{-}CH(C^6H^4.AzH^2)^2$, s'obtient par l'action du chlorure de zinc ou de l'acide chlorhydrique concentré sur un mélange de benzaldéhyde et de sulfate ou de chlorhydrate d'aniline :

$$C^6H^5.CHO + 2C^6H^5AzH^2 = C^6H^5.CH : (C^6H^4AzH^2)^2 + H^2O.$$

Prismes brillants. Les sels incolores donnent par oxydation un colorant bleu violet instable ; la base, méthylée, se transforme en **tétraméthyl-di-p-amidotriphénylméthane**, *leucobase du Vert malachite*, $C^6H^5-CH=[C^6H^4.Az(CH^3)^2]^2$, qu'on prépare en chauffant la benzaldéhyde et la diméthylaniline avec du chlorure de zinc, de l'oxychlorure de phosphore ou de l'acide oxalique anhydre (p. 418; *O. Fischer*, A. **206**, 103; Bull. soc. chim. **1881**, **2**, 593). Prismes ou feuillets blancs; ce composé, en tant que base bivalente, forme des sels, il est transformé lentement par l'oxygène de l'air et rapidement en solution sulfurique par le bioxyde de plomb en

tétraméthyldiamidotriphénylcarbinol, $C^6H^5.C(OH)-[C^6H^4Az(CH^3)^2]^2$ (ou en sulfate de ce composé), dont la base, qu'on obtient en précipitant ses sels par les alcalis, forme des aiguilles incolores se dissolvant à froid dans les acides sans coloration; cette solution, chauffée, prend l'intense couleur verte des sels (explication, v. p. 422).

Le *chlorozincate* ou l'*oxalate* de cette base, tables vertes facilement solubles dans l'eau, constituent le colorant très important connu sous le nom de **Vert malachite** (*Vert Victoria*) qu'on peut aussi préparer directement en chauffant le phénylchloroforme et la diméthylaniline en présence de chlorure de zinc (*Doebner*).

Le composé éthylé correspondant porte le nom de **Vert brillant**.

On connaît aussi des composés diéthylés-*dibenzylés*, etc. dont les dérivés sulfonés (**Vert acide**, etc.) sont des colorants de grande valeur. Quand on emploie, au lieu de benzaldéhyde, l'o-, la m- ou la p-nitrobenzaldéhyde, on obtient des dérivés *nitrés* de la leucobase du Vert malachite.

Le **p-nitrodiamidotriphénylméthane**, $C^6H^4(AzO^2)-CH(C^6H^4.AzH^2)^2$, analogue de ces composés, peut être préparé au moyen de la p-nitrobenzaldéhyde, du sulfate d'aniline et de l'acide sulfurique; *il se transforme par réduction en paraleucaniline*. La réduction de ses isomères m- et o- conduit à des isomères de la leucaniline (pseudo- et ortholeucanilines) qui fournissent par oxydation des matières colorantes violette et brune.

2. Groupe de la rosaniline.

La fuchsine fut d'abord obtenue par *Natanson* (1856), puis, peu de temps après, par *A. W. Hofmann* (action du tétrachlorure de carbone sur l'aniline); elle fut préparée industriellement en 1859. Les recherches scientifiques de *A. W. Hofmann* sur ce composé datent de 1861, sa constitution chimique fut élucidée par *Emile* et *Otto Fischer* (1878, A. **194**, 242, v. *Caro* et *Graebe*, B. **11**, 1116).

Les colorants de la série de la rosaniline dérivent soit du triphénylméthane, soit du m-tolyldiphénylméthane; les premiers sont désignés sous le nom de composés *para* (« pararosaniline » à cause de sa préparation en partant de l'aniline et de la *para*-toluidine; « acide pararosolique »).

La **paraleucaniline**, $C^{19}H^{19}Az^3$, et la **leucaniline**, $C^{20}H^{21}Az^3$, s'obtiennent par réduction des bases colorées qui en dérivent ou des dérivés trinitrés correspondants; la première s'obtient aussi par réduction du p-nitrodiamidotriphénylméthane. Les leucobases libres sont précipitées de leurs sels par l'ammoniaque sous forme de précipités floconneux blancs ou rougeâtres qui cristallisent en aiguilles ou en feuillets incolores de P. F. 203° pour la première et 100° pour la seconde : en tant que bases trivalentes, elles forment des sels qui sont cristallisés et incolores.

La **pararosaniline**, $C^{19}H^{19}Az^3O$, et la **rosaniline**, $C^{20}H^{21}Az^3O$, sont les bases mères des fuchsines.

Préparation. On prépare la fuchsine industriellement soit en oxydant au moyen de l'acide arsénique sirupeux un mélange d'aniline et de p- (et d'o-) toluidine, soit en chauffant un mélange de nitrobenzène, d'aniline et de toluidine additionné de fer et d'acide chlorhydrique (*Coupier*) ; on peut, au lieu de nitrobenzène, employer aussi du nitrotoluène.

Pour l'oxydation, on peut substituer, à l'acide arsénique, le chlorure d'étain, le chlorure ou le nitrate mercurique, etc.

Si, dans le mélange, on omet l'o-toluidine, il se forme de la pararosaniline : la présence de cette base conduit à la rosaniline.

L'*aniline pure, oxydée seule,* ne donne *pas* de *fuchsine,* mais bien des produits induliniques (v. induline).

Cette particularité s'explique par ce fait qu'un atome de carbone est nécessaire pour la formation de la fuchsine, cet atome servant à la liaison des trois noyaux benzéniques (carbone méthanique) ; dans l'action du tétrachlorure de carbone sur l'aniline, il tire son origine du premier de ces composés, tandis que, dans l'oxydation du mélange d'aniline et de toluidine, il est fourni par le groupe méthyle de cette dernière base, comme l'indique le schema.

$$H^3C\begin{matrix} C^6H^4AzH^2 \\ + C^6H^5AzH^2 \\ + C^6H^5AzH^2 \end{matrix} - 6H = C\begin{matrix} \diagup C^6H^4AzH^2 \\ - C^6H^4AzH^2 \\ \diagdown C^6H^4AzH \end{matrix}.$$

(la liaison entre C et le dernier AzH étant indiquée par un trait.)

La pararosaniline ou la rosaniline prennent naissance, en outre, en chauffant le p-diamidodiphénylméthane (p. 415) avec de l'aniline ou de l'o-toluidine en présence d'un agent oxydant (B. **25**, 302 ; Bull. soc. chim. **1892**, **2**, 645).

Propriétés. La pararosaniline et la rosaniline s'obtiennent par précipitation des solutions de leurs sels au moyen des alcalis ; elles cristallisent dans l'eau chaude ou dans l'alcool en aiguilles ou en feuillets incolores rougissant à l'air ; ce sont des bases trivalentes, plus puissantes que l'ammoniaque.

Traitées par l'acide nitreux, elles donnent des tridiazoïques qui, chauffés à l'ébullition, se transforment en colorants phénoliques correspondants (aurine et acide rosolique) ; ce sont par conséquent des bases primaires.

Sels. Les sels de la rosaniline et de la pararosalinine : la **Fuchsine**, $C^{20}H^{20}Az^3Cl$, le **nitrate de rosaniline**, $C^{20}H^{20}Az^3(AzO^3)$, l'**acétate de rosaniline** sont les véritables matières colorantes ; tandis qu'en *solution*, ils présentent une splendide coloration *rouge fuchsine* et possèdent un pouvoir colorant intense (ils teignent sans mordants la laine et la soie), les *cristaux* de ces composés sont d'un *vert* métallique à reflets cantharidés qui se rapproche de la couleur complémentaire de celle de leur solution ; ils sont assez facilement solubles dans l'eau et dans l'alcool.

La solution de la Fuchsine est décolorée par l'acide sulfureux avec formation d'un produit d'addition, l'acide **fuchsinesulfureux** ; cette solution incolore est un réactif sensible des aldéhydes qui la colorent en violet rouge (V. p. 128. B. **21**, R. 149, etc.).

En dehors de ces sels, il existe aussi des sels *acides* comme $C^{20}H^{20}Az^3Cl + 3HCl$ (brun jaunâtre) qu'une grande quantité d'eau dissocie en sel neutre et en acide libre.

Transformations. La rosaniline, chauffée avec de l'acide chlorhydrique ou iodhydrique à 200°, est scindée en aniline et en toluidine ; la pararosaniline, traitée par l'eau sous pression, donne de la p-dioxybenzophénone, de l'ammoniaque et du phénol (p. 415 ; B. **11**, 1434) ; la rosaniline, chauffée à l'ébullition avec de l'acide chlorhydrique, se scinde en p-diamidobenzophénone (p. 415) et en o-toluidine (B. **16**, 1928 ; **19**, 107 ; **22**, 988 ; Bull. soc. chim. **1884**, **2**, 183 ; **1887**, **1**, 64 : **1889**, **2**, 528).

La réaction de *Griess* transforme la p-rosaniline en triphénylcarbinol (B. **26**, 2325 ; Bull. soc. chim. **1893**, **2**, 1146).

Constitution. Les rapports entre les rosanilines et le triphénylméthane ont été élucidés par la transformation de la leucaniline en tolyldiphénylméthane (par diazotation) et la transformation correspondante de la paraleucaniline en triphénylméthane (*E.* et *O. Fischer*, v. ci-dessus).

La *paraleucaniline* est par conséquent du *triamidotriphénylméthane*, la leucaniline du triamidotolyldiphénylméthane ; les bases colorées qui en dépendent sont les carbinols correspondants : la *rosaniline*, par exemple, est le *triamidotolyldiphénylcarbinol* ; les trois groupes amido peuvent être introduits synthétiquement (voir p. 420) ; ils sont également partagés entre les trois noyaux benzéniques, ce qui découle de la synthèse de la paraleucaniline en partant de la p-nitrobenzaldéhyde ; on a par conséquent les formules suivantes :

$$CH\begin{cases} C^6H^4.AzH^2 \\ C^6H^4.AzH^2 \\ C^6H^4.AzH^2 \end{cases} \qquad C(OH)\begin{cases} C^6H^4.AzH^2 \\ C^6H^4.AzH^2 \\ C^6H^3(CH^3).AzH^2. \end{cases}$$

paraleucaniline — rosaniline

Les trois groupes amido *sont en para par rapport au carbone méthanique*, ce qui découle : 1) de la transformation de la p-rosaniline en p-dioxybenzophénone et de la rosaniline en p-diamidobenzophénone ; 2) du fait que le diamidotriphénylméthane obtenu au moyen de la benzaldéhyde et de l'aniline est un composé di-para car il peut être transformé en di-p-oxybenzophénone (B. **12**, 1466) ; 3) de la synthèse de la paraleucaniline au moyen de la p-nitrobenzaldéhyde et de l'aniline (B. **15**, 100. B. A. 16766) ce qui démontre que le troisième groupe amido (qui tire ici son origine du groupe nitro) occupe bien aussi la place para.

Lors de la salification, il se produit une *élimination d'eau* :

$$C(OH)(C^6H^4.AzH^2)^3 + HCl = C^{19}H^{17}Az^3,HCl + H^2O.$$

Par suite de cette particularité, les colorants possèdent une liaison spéciale entre le *carbone et l'azote* analogue à celle de l'ancienne formule de la quinone, v. F (1) (*liaison quinonique*) ; le mode de représentation II, qui correspond à la nouvelle formule de la quinone, est tout aussi justifié et quelque peu plus simple :

$$\text{(I)}\quad C\begin{cases} C^6H^4.AzH^2 \\ C^6H^4.AzH^2 \\ C^6H^4.AzH,HCl \end{cases}\ (\text{C lié à AzH,HCl}) \qquad \text{(II)}\quad C\begin{cases} C^6H^4.AzH^2 \\ C^6H^4.AzH^2 \\ C^6H^4 = AzH,HCl \end{cases}$$

chlorhydrate de pararosaniline.

On observe une semblable élimination d'eau dans la salification de la base du Vert malachite, mais elle ne se produit qu'à chaud : cette base se dissout, en effet, dans les acides froids en donnant une solution incolore et la coloration intense des sels n'apparaît qu'en *chauffant cette solution*.

Les sels de rosaniline sont considérés par *Rosenstiehl* (1880) comme des *esters des carbinols*, le chlorhydrate de pararosaniline, par exemple, répondant à la formule $[AzH^2.C^6H^4]^3C.Cl$.

Homologues et *isomères* de la rosaniline, v. p. 421 ; B. **15**, 1453 ; **24**, 563 ; CR **1882**, **1**, 1319 ; B. s. c. **1891**, **1**, 387 ; **2**, 625.

La **Fuchsine acide**, **Fuchsine S**, dérivé sulfoné de la fuchsine, est une *matière colorante acide* d'un grand intérêt (elle teint la laine et la soie sur bain légèrement acide).

Dérivés de la rosaniline.

1. *Rosanilines méthylées* (*Hofmann*, *Lauth*).

L'entrée des groupes méthyle ou éthyle transforme la nuance rouge de la pararosaniline et de la rosaniline en une nuance d'autant plus violette que le nombre des groupes introduits est plus grand, les sels de l'**hexaméthylpararosaniline** possédant une superbe coloration bleu violet ; pour la préparation de ces « **Violets méthylés** », on peut : 1) méthyler, par le chlorure de méthyle, etc. de la rosaniline toute formée : 2) soumettre à l'oxydation, au lieu d'aniline, ses dérivés méthylés (la diméthylaniline) (oxydation au moyen des sels de cuivre, par exemple) ou enfin 3) faire agir le phosgène sur la diméthylaniline (ou cette base sur la tétraméthyldiamidobenzophénone qui prend d'abord naissance dans cette réaction (v. B. **17**, R. 339. B. A. 27789) :

$$COCl^2 + 3C^6H^5.Az(CH^3)^2 = C(OH)[C^6H^4.Az(CH^3)^2]^3 + 2HCl.$$

Dans ce dernier cas, on obtient du violet hexaméthylé lequel forme de beaux cristaux (**Violet cristallisé**), pendant que les violets méthylés préparés suivant 1) et 2) sont des mélanges amorphes d'*hexa*, de *penta* et de *tétra*méthylrosanilines, ces deux derniers composés possédant une nuance plus rougeâtre.

Le *chlorhydrate* de l'hexaméthylrosaniline possède évidemment la constitution :

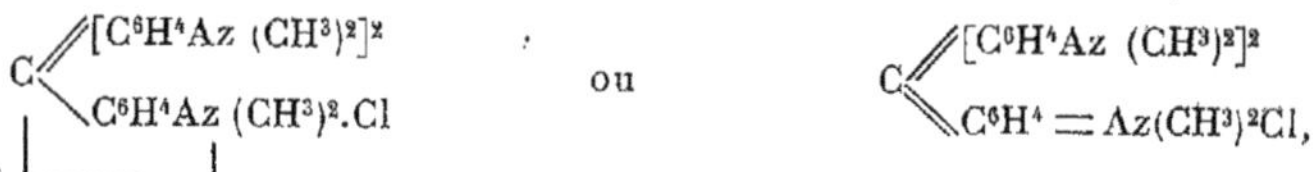

l'hydrogène d'une molécule d'acide chlorhydrique étant employé pour l'élimination d'eau.

L'hexaméthylcarbinol ne possédant plus d'atome d'hydrogène amidique, le chlorure et l'iodure de méthyle n'agiront donc plus ultérieurement que par addition. Cette addition produit encore ici un changement de la nuance qui passe du violet au *vert* : le composé $C^{19}H^{12}(CH^3)^6Az^3Cl,CH^3Cl$ est en effet un colorant vert qui porte le nom de **Vert méthyle** (*Vert lumière*).

Les rosanilines hexasubstituées qui contiennent des groupes *benzyle* à côté de groupes méthyle ou éthyle sont semblables au Violet cristallisé. leurs dérivés sulfonés (*Violet acide*, etc.) sont des colorants de grande valeur.

2) *Rosanilines phénylées.* L'entrée successive de groupes phényle, C^6H^5, dans la rosaniline conduit d'abord à des colorants violets, puis (avec trois groupes phényle) à des colorants bleus.

Le chlorhydrate de **triphénylrosaniline** est une belle matière colorante bleue insoluble dans l'eau, facilement soluble dans l'alcool (« Bleu d'aniline ») ; on l'obtient soit en chauffant la rosaniline et l'aniline en présence d'acide benzoïque (il s'élimine 3 AzH^3 dans la réaction), soit en oxydant de l'aniline déjà phénylée, c'est-à-dire de la diphénylamine, en présence d'acide oxalique, par exemple, qui fournit le carbone méthanique. La belle matière colorante ainsi obtenue (Bleu de diphénylamine) est un dérivé de la pararosaniline. Le carbone méthanique peut aussi être obtenu par l'emploi de la formaldéhyde.

La condensation de la tétraméthyldiamidobenzophénone avec la phényl-α-naphtylamine (V. ce mot) conduit au *Bleu victoria* B.

Les colorants insolubles dans l'eau sont *solubilisés par sulfonation* et constituent alors le *Bleu alcalin*, le *Bleu lumière*, etc., du commerce.

3. Trioxytriphénylméthane, $CH(C^6H^4.OH)^3$ (groupe de l'aurine).

Runge, le premier (1834), observa l'acide rosolique.

Les analogues oxygénés de la pararosaniline et de la rosaniline sont l'**aurine**, $C^{19}H^{14}O^3$, et l'**acide rosolique**, $C^{20}H^{16}O^3$:

$$\text{aurine : } C\begin{cases} C^6H^4.OH \\ C^6H^4.OH \\ C^6H^4.O \end{cases} \text{ (l'O lié au C central)} \quad \text{ou} \quad C\begin{cases} C^6H^4.OH \\ C^6H^4.OH \\ =C^6H^4=O \end{cases}$$

Ces composés possèdent également le caractère de matière colorante ; toutefois, ce ne sont point des colorants *basiques*, mais bien des colorants faiblement *acides* (colorants phénoliques), ils sont d'ailleurs d'une valeur beaucoup inférieure à celle des précédents.

Ils prennent naissance en chauffant avec l'eau les combinaisons diazoïques de la pararosaniline (pour l'aurine) et de la rosaniline (pour l'acide rosolique) (*Caro* et *Wanklyn*, 1866) :

$$C(OH)(C^6H^4-Az=Az-SO^4H)^3+3H^2O = C(OH)(C^6H^4.OH)^3+3Az^2+3H^2SO^4 ;$$
$$C(OH)(C^6H^4.OH)^3 = C^{19}H^{14}O^3+H^2O$$

(le carbinol qui prend d'abord naissance dans la réaction ne pouvant exister en liberté abandonne une molécule d'eau) ; de ces rapports étroits avec les rosanilines découlent les formules de constitution.

L'aurine s'obtient, en outre, en chauffant le phénolate de sodium avec du tétrachlorure de carbone à 125°, ou, en partant du phénol, par l'action de l'acide oxalique et de l'acide sulfurique à 130-150°, l'acide oxalique fournissant le carbone méthanique (*Kolbe-Schmitt*, 1859). L'acide rosolique prend naissance, d'une manière analogue, en oxydant un mélange de phénol et de crésol par l'acide arsénique et l'acide sulfurique ; le phénol oxydé seul, ne donne pas trace d'acide rosolique.

L'aurine et l'acide rosolique forment de belles aiguilles ou de beaux prismes verts d'éclat métallique, se dissolvant dans les alcalis en donnant une solution de couleur rouge fuchsine que les acides reprécipitent. Les sels alcalins sont peu stables (il existe un sel d'ammoniaque, aiguilles rouge foncé à reflets bleus) ; chose curieuse, l'aurine possède aussi de faibles propriétés basiques. La réduction transforme ces corps en leucodérivés : la **leucaurine**, $CH(C^6H^4OH)^3$, et l'acide **leucorosolique**, $CH(C^6H^4OH)^2(C^6H^3[CH^3]OH)$, aiguilles incolores douées du caractère phénolique. L'aurine, traitée par l'eau au-dessus de 100°, se transforme en p-dioxybenzophénone, $CO(C^6H^4OH)^2$, et en phénol ; traitée par l'ammoniaque, dans les mêmes conditions, elle donne la pararosaniline.

Le **pittacalle**, *eupittone*, contenu dans le goudron de hêtre, est de l'aurine hexaméthoxylée, $C^{19}H^8(OCH^3)^6O^3$.

4. Acide triphénylméthanecarbonique (groupe de l'éosine).

(V. *Baeyer*, A. **183**, 1 ; **202**, 36).

Acide triphénylméthane-o-carbonique, $CH(C^6H^5)^2(C^6H^4.CO^2H)$.

Aiguilles incolores, P. F. 162° ; obtenu par réduction de la phtalophénone (V. ci-dessous) ; en perdant CO^2, il donne du triphénylméthane.

Acide triphénylcarbinol-o-carbonique, $C(OH)(C^6H^5)^2(C^6H^4.CO^2H)$.

La **phtalophénone**, anhydride de cet acide, s'obtient en chauffant le chlorure de phtalyle avec le benzène en présence de chlorure d'aluminium (A. **202**, 50) ; feuillets, P. F. 115°. L'acide même ne peut exister en liberté, ses sels prennent naissance par dissolution de la phtalophénone dans les alcalis.

La phtalophénone est en même temps, comme le montrent les formules suivantes, un dérivé du triphénylméthane et un dérivé de l'acide phtalique :

$$C^6H^4\left\langle\begin{matrix}C(C^6H^5)^2\\CO\end{matrix}\right\rangle O \quad \text{et} \quad C\begin{matrix}/\!\!/(C^6H^5)^2\\ \diagdown C^6H^4-CO\\ \lfloor\_\_\_\_\_\_ O\end{matrix} ;$$

elle doit être considérée comme une diphénylphtalide (phtalide, p. 401).

La phtalophénone est la substance mère d'une série importante de composés qui en dérivent par l'entrée de groupes hydroxyle (ou de groupes amido) ; on peut les préparer par l'action des phénols sur l'anhydride phtalique, ce sont les *phtaléines* ; ainsi, le phénol fournit :

$$\text{la phénolphtaléine, } C^6H^4\left\langle\begin{matrix}C(C^6H^4.OH)^2\\CO\end{matrix}\right\rangle O ;$$

la résorcine donne, avec élimination simultanée d'une molécule d'eau entre les deux restes résorciniques qui entrent en réaction :

$$\text{la fluorescéine, } C^6H^4\left\langle\begin{matrix}C\left(\begin{matrix}C^6H^3(OH)\\C^6H^3(OH)\end{matrix}\right\rangle O\right)\\CO\end{matrix}\right\rangle O.$$

Sur la constitution de ces composés, v. *Bernthsen*, Ch. Zeit. **1892**, 1956 ; et, en outre, B. **26**, 172 ; **28**, 44, 397, 428 ; **29**, 131, 139 ; Bull. soc. chim. **1893**, **2**, 451 ; **1895**, **2**, 486, 823, 821 ; **1896**, 2, 692, 963.

Ces phtaléines donnent par réduction, en tant qu'oxyphtalophénones, des dérivés hydroxylés de l'acide triphénylméthanecarbonique qu'on désigne sous le nom de *phtalines;* la phénolphtaléine, par exemple, donne de l'acide dioxytriphénylméthanecarbonique, $CH \begin{cases} (C^6H^4OH)^2 \\ C^6H^4.CO^2H \end{cases}$ (phénolphtaline); les phtalines sont incolores et doivent être considérées comme les leucodérivés des phtaléines.

Parmi les phtaléines se trouvent beaucoup de colorants d'un grand intérêt industriel : les éosines, par exemple (*Caero, Bayer* 1871).

Phénolphtaléine, $C^{20}H^{14}O^4$, se prépare en chauffant l'anhydride phtalique avec le phénol et l'acide sulfurique à 115-120° et prend aussi naissance en partant de la diphénylphtalide par nitration, transformation des deux groupes nitro fixés en groupes amido par réduction, puis en hydroxyles par diazotation (A. **202**, 68 ; Bull. soc. chim. **1881**, **1**, 330) ; elle cristallise dans l'alcool en croûtes incolores presque insolubles dans l'eau mais se dissolvant dans les alcalis avec une belle couleur rouge qui disparaît à nouveau par addition d'acide ; c'est, de par ce fait, un précieux indicateur ; v. B. **17**, 1017, 1097 ; Bull. soc. chim. **1885**, **1**, 423. Elle fournit un dérivé **diacétylé**. Constitution, v. ci-dessus. Traitée par la potasse et la poudre de zinc, elle se réduit en donnant la **phénolphtaline**, aiguilles incolores se dissolvant dans les alcalis sans coloration, mais susceptibles de se réoxyder facilement en donnant la phtaléine.

Fluorane, $C^{20}H^{12}O^3$, ce composé, qui fut autrefois considéré comme un anhydride de la phénolphtaléine, est la substance mère des fluorescéines, on l'obtient comme produit secondaire dans la cuite de phénolphtaléine. Constitution : B. **25**, 1385, 2118 ; Bull. soc. chim. **1892**, **2**, 827, 1197.

Fluorescéine, *phtaléine de la résorcine*, $C^{20}H^{12}O^5+H^2O$, se prépare en chauffant à 200° l'anhydride phtalique et la résorcine ; poudre cristalline rouge jaunâtre à rouge brun se dissolvant dans l'alcool avec une couleur rouge jaunâtre et dans les alcalis en donnant une solution rouge douée d'une magnifique fluorescence verte ; elle donne par réduction une phtaline : la fluorescine ; le brome la transforme en **tétrabromofluorescéine** (cristaux rouges) dont le sel de potassium, $C^{20}H^6Br^4O^5K^2$, constitue une magnifique matière colorante : l'**Eosine**.

Un grand nombre de dérivés du dioxybenzène 1.3 donnent d'une manière analogue des colorants fluorescents.

On peut, au lieu de l'acide phtalique, employer des acides phtaliques chlorés, bromés, etc., et préparer ainsi toute une série d'éosines dont la nuance varie du rouge jaunâtre au rouge violet avec le nombre des halogènes contenus (**Erythrosine**, **Rose Bengale**, **Phloxine**, etc.) ; il est à remarquer que quelques autres acides bibasiques, l'acide succinique, par exemple, peuvent donner aussi des corps fluorescents.

Si l'on remplace, dans la fluorescéine, les deux hydroxyles des restes résorciniques par le groupe $Az(C^2H^5)^2$, on obtient ainsi la **Rhodamine tétraéthylée**, $C^{20}H^{13}O^3[Az(C^2H^5)^2]^2$, magnifique colorant rouge fluorescent qu'on prépare en chauffant l'anhydride phtalique avec le diéthyl-m-amidophénol (p. 365, v. aussi : formorhodamine).

La **Galléine**, $C^{20}H^{10}O^7$, obtenue en partant du pyrogallol et de l'anhydride phtalique, se dissout dans les alcalis avec une couleur bleue ; elle contient deux atomes d'hydrogène en moins que la phtaléine normale du pyrogallol ; on admet qu'il existe, dans ce composé, comme dans la cérulignone, deux atomes d'oxygène liés par une liaison analogue à celles des peroxydes.

La phtaline de ce composé, la **galline**, $C^{20}H^{14}O^7$, est transformée par l'acide sulfurique concentré en une *phtalidine*, la céruline, $C^{20}H^{12}O^6$, qui, par oxydation fournit une *phtalidéine*, la **céruléine**, $C^{20}H^8O^6$, matière colorante vert olive d'une grande valeur ; ces deux derniers composés dérivent du phénylanthranol (V. ce mot). V. A. **209**, 249 ; Bull. soc. chim. **1882**, **1**, 426.

XXIX. Groupe du dibenzyle.

Tableau.

$C^6H^5-CH^2-CH^2-C^6H^5$ dibenzyle	$C^6H^5-CH=CH-C^6H^5$ stilbène	$C^6H^5-C\equiv C-C^6H^5$ tolane
$C^6H^5-CH^2-CO-C^6H^5$ désoxybenzoïne $C^6H^5-CH(OH)-CO-C^6H^5$ benzoïne	$C^6H^5-CH(OH)-CH(OH)-C^6H^5$ hydrobenzoïne $C^6H^5-CO-CO-C^6H^5$ benzile	

Les composés du groupe du dibenzyle, comme il ressort de leurs modes d'obtention, etc., possèdent leurs deux noyaux benzéniques reliés par deux atomes de carbone, ils sont tous transformés en acide benzoïque par oxydation.

Le dibenzyle peut être envisagé comme du diphényléthane symétrique (pour l'asymétrique, v. p. 416), le stilbène comme du s-diphényléthylène, le tolane comme du diphénylacétylène.

Dibenzyle, $C^{14}H^{14}$. En traitant le chlorure de benzyle (2 mol.) par le sodium, on peut souder les deux restes $C^6H^5CH^2$ (benzyle) mis en liberté en formant du dibenzyle, carbure isomère du ditolyle et du tolylphénylméthane. Aiguilles ou feuillets, P. F. 52°, volatils sans décomposition.

Stilbène, *diphényléthylène*, $C^{14}H^{12}$; s'obtient, par exemple, par l'action du sodium sur le chlorure de benzylidène ou sur l'aldéhyde benzoïque et, en outre, en faisant passer du toluène ou du dibenzyle sur de l'oxyde de plomb chauffé. Feuillets ou prismes monocliniques de P. F. 125°, bouillant également sans décomposition. Le stilbène possède complètement le caractère oléfinique car il fixe du brome en donnant un **dibromure**, C^6H^5—CHBr—CHBr—C^6H^5, se transforme en dibenzyle par l'action de l'acide iodhydrique, etc. Le dibromure ci-dessus, traité par la potasse alcoolique. donne du tolane (V. ci-dessous) ; traité par l'acétate d'argent, il fournit deux esters diacétiques qui, saponifiés au moyen de l'ammoniaque alcoolique, donnent de l'hydrobenzoïne et de l'isohydrobenzoïne (V. ci-dessous).

P-diamidostilbène, $C^{14}H^{10}(AzH^2)^2$; ce composé et son dérivé disulfoné prennent naissance par une réduction alcaline appropriée du p-nitrotoluène et de son dérivé sulfoné ; ils sont employés, comme la benzidine, à la préparation de colorants *substantifs* (p. 411).

Tolane, $C^{14}H^{10}$; s'obtient en partant du bromure de stilbène comme l'acétylène en partant du bromure d'éthylène. Feuillets ; P. F. 60°. Le tolane fixe le chlore en donnant un di et un tétrachlorure.

Hydrobenzoïne et **isohydrobenzoïne**, *s-diphénylglycol*, $C^{14}H^{14}O^2 = C^6H^5$—CH(OH)—CH(OH)—C^6H^5 ; ces deux composés prennent naissance, en outre de leur formation au moyen du bromure de stilbène (V. ci-dessus), par l'action de l'amalgame de sodium sur l'aldéhyde benzoïque ; le premier forme des tables rhombiques fusibles à 138°, le second des prismes quadrangulaires fondant à 119° ; ils sont stéréoisomères ainsi que leurs esters diacétylés (A. **198**, 115, 191).

Les autres composés mentionnés dans le tableau ci-dessus : la *benzoïne*, le *benzile*, la *désoxybenzoïne*, se tiennent tous d'assez près comme il ressort déjà de l'examen de leurs formules ; ils peuvent également être préparés en partant de l'aldéhyde benzoïque : cette dernière se condense, en effet (p. 127), sous l'influence du cyanure de potassium en solution alcoolique, pour donner la **benzoïne** ($2C^7H^6O = C^{14}H^{12}O^2$), beaux prismes brillants ; ce composé se transforme en hydrobenzoïne sous l'influence de l'hydrogène naissant et en procède également par oxydation ; il réduit déjà la liqueur de *Fehling* à la température ordinaire en donnant du benzile.

Benzile, C^6H^5—CO—CO—C^6H^5 ; s'obtient par oxydation de la benzoïne au moyen de l'acide nitrique. Gros prismes hexagonaux, P. F. 95°. Le benzile est transformé en acide benzoïque par l'acide chromique ; l'hydrogène naissant le réduit en donnant suivant les conditions de la benzoïne ou de la désoxybenzoïne, il réagit avec l'hydroxylamine en donnant une **monoxime**, C^6H^5—CO—C(AzOH)—C^6H^5, et une **dioxime** $(C^6H^5)^2 : [C(AzOH)]^2$, qui existent sous diverses modifications stéréoisomères, V. *Auwers*, *V. Meyer*, B. **21** et suiv. ; **24**, 3267 ; Bull. soc. chim. **1892**, **2**, 708, *Hantzsch* et *Werner*, B. **23**, 11 ; Bull. soc. chim. **1891**, **1**, 597, et, finalement, B. **26**, R. 310.

Désoxybenzoïne, C^6H^5—CH^2—CO—C^6H^5 ; s'obtient, en outre de sa formation en partant du benzile et de la benzoïne (B **25**, 1728 ; Bull. soc. chim. **1893**, **2**, 149), par l'action du chlorure de l'acide phénylacétique, C^6H^5—CH^2—COCl, sur le benzène en présence de chlorure d'aluminium. Grandes tables, P. F. 55°, distillant sans décomposition, que l'acide iodhydrique transforme en dibenzyle. Comme dans l'ester acétylacétique, un des deux hydrogènes méthyléniques de ce composé peut être facilement remplacé par des radicaux alcooliques ; le reste C^6H^5—CH—CO—C^6H^5 porte alors le nom de « désyle ».

Quand on chauffe le benzile avec de la potasse alcoolique, il se produit une transposition particulière (analogue à la formation de la pinacoline, p. 137) et l'on obtient de l'acide **benzilique**, $(C^6H^5)^2$=C(OH)—CO^2H, (p. 416).

On connaît une série de composés *homologues* du dibenzyle, etc. ; dans ce composé, comme dans le stilbène, peuvent aussi entrer des groupes carboxyle avec formation d'acides phénylcinnamique, diphénylsuccinique, stilbènedicarbonique, etc.

Appendice.

La liaison de deux ou d'un plus grand nombre de noyaux benzéniques peut aussi s'effectuer par l'intermédiaire d'un nombre d'atomes de carbone supérieur à deux ; dans l'indigo, par exemple, comme dans le diphényldiacétylène dont il dérive, les deux restes benzéniques sont reliés par quatre atomes de carbone.

Diphényldiacétylène, $C^6H^5—C\equiv C—C\equiv C—C^6H^5$ (*Baeyer*) ; ce carbure s'obtient par oxydation du phénylacétylure de cuivre, $C^6H^5—C\equiv C.Cu$, au moyen d'une solution alcaline de ferricyanure de potassium ; longues aiguilles, P. F. 88° ; il fixe du brome en donnant un *octobromure* ; son dérivé **o-dinitré**, préparé d'une manière analogue en partant de l'o-nitrophénylacétylène, donne de l'*indigo* (V. ce mot et B. **15**, 52) quand on le traite par l'acide sulfurique, puis par le sulfure d'ammonium.

Deux restes benzéniques sont reliés par trois atomes de carbone dans l'acide **dibenzoylacétique**, $(C^6H^5—CO)^2=CH—CO^2H$, acide-dicétone dont l'ester s'obtient par l'action du chlorure de benzoyle sur l'ester benzoylacétique. L'acide libre (aiguilles, P. F. 109°), traité par l'eau à l'ébullition, se transforme en acide carbonique et en une dicétone : le **dibenzoylméthane**, $(C^6H^5CO)^2CH^2$, composé solide et bouillant sans décomposition dont l'hydrogène méthylénique est remplaçable par des métaux par suite de l'influence qu'exercent sur lui les deux groupes carbonyle qui sont liés au groupe méthylène ; ce composé se dissout donc dans les alcalis et est reprécipité de ses solutions par les acides ; une nouvelle intervention du chlorure de benzoyle transforme son dérivé sodé en **tribenzoylméthane**, $(C^6H^5CO)^3CH$ (deux formules tautomères, B. **27**, 117 ; Bull. soc. chim. **1894**, **2**, 545).

Comme analogues du dibenzyle, on peut encore citer :

Le **tetraphényléthane**, $(C^6H^5)^2=CH—CH=(C^6H^5)^2$ (grands prismes), et le **tétraphényléthylène**, $(C^6H^5)^2=C=C=(C^6H^5)^2$ (fines aiguilles).

Composés à noyaux accolés.

Un certain nombre de carbures complexes parmi lesquels la naphtaline, $C^{10}H^8$, l'anthracène, $C^{14}H^{10}$, et son isomère le phénanthrène, $C^{14}H^{10}$, sont contenus dans les parties des huiles de houille bouillant à haute température : le premier de ces carbures se trouve dans les fractions bouillant de 180° à 200°, les deux autres dans celles qui passent à 340-360°.

Ces corps, comparés au benzène, possèdent une composition plus complexe : celle de naphtaline se différencie de celle du benzène par C^4H^2, la même différence existe entre les compositions de l'anthracène et du phénanthrène et celle de la naphtaline ; ces carbures présentent dans leurs propriétés la plus complète analogie avec le benzène et les composés qui en dérivent sont tout à fait comparables aux dérivés benzéniques correspondants.

Ils sont effectivement et sans aucun doute des dérivés benzéniques : l'anthracène, en effet, donne de l'acide benzoïque par oxydation, la naphtaline de l'acide phtalique, le phénanthrène de l'acide diphénique ; leurs modes de formation et leurs propriétés permettent de conclure que plusieurs noyaux benzéniques concourent à l'édification de leur molécule de telle sorte que deux atomes de carbone voisins (ou deux fois deux atomes voisins) sont communs à ces noyaux. (V. p. suiv. et p. 439).

Ces composés, qui renferment des noyaux benzéniques, c'est-à-dire des anneaux hexagonaux possédant deux atomes de carbone communs, possèdent, comme analogues, des composés qui contiennent un anneau hexagonal et un anneau pentagonal présentant cette même particularité, tels sont les dérivés de l'indol et de l'indène (V. ces mots).

Enfin, d'après des données toutes récentes, il existe certaines substances qui dérivent de systèmes annulaires possédant trois ou quatre termes communs (V. tropine, tropilidène, terpènes).

XXX. Groupe de la naphtaline.

Naphtaline.

Naphtaline, $C^{10}H^8$; ce carbure fut découvert en 1820 par *Garden*, il est contenu dans le goudron de houille et se sépare des fractions de ce corps qui passent à 180-200°.

Formation. 1. Par l'action de la *chaleur rouge* sur un grand nombre de substances carbonées : en faisant passer, par exemple, du méthane, de l'éthylène, de l'acétylène, de l'alcool, de l'acide acétique à travers un tube chauffé au rouge ; il se forme en même temps du benzène, du cinnamène, etc.

2. En faisant passer du *dibromure de phénylbutylène*, $C^6H^5-CH^2-CH^2-CHBr-CH^2Br$, sur de la chaux chauffée au rouge sombre (*Aronheim*) :

$$C^{10}H^{12}Br^2 = C^{10}H^8 + 2\ HBr + H^2.$$

3. L'action de l'o- dibromure de xylylène (p. 318) sur le dérivé sodé de l'ester éthanetétracarbonique symétrique conduit, d'après l'équation :

$$C^6H^4\begin{cases}CH^2Br\\CH^2Br\end{cases} + \begin{matrix}Na.C(CO^2R)^2\\Na.\dot{C}(CO^2R)^2\end{matrix} = C^6H^4\begin{cases}CH^2-C(CO^2R)^2\\CH^2-C(CO^2R)^2\end{cases} + 2\ NaBr,$$

à l'acide *hydronaphtalinetétracarbonique* estérifié qui, en perdant de l'acide carbonique puis son hydrogène en excès, donne de la naphtaline (*Baeyer* et *Perkin*, B. **17**, 448 ; B. s. c. **1885**. 2, 81).

4. L'*α-naphtol*, $C^{10}H^7(OH)$, prend naissance en partant de l'acide *phénylisocrotonique* par élimination d'eau sous l'influence de l'ébullition (*Fittig* et *Erdmann*, B. **16**, 43) ; chauffé avec de la poudre de zinc, il donne de la naphtaline (V. en outre ci-après).

Constitution. La naphtaline contient *un reste benzénique* dans lequel deux atomes d'hydrogène situés en *ortho* sont remplacés par le groupe $(C^4H^4)''$, ce qui découle de son oxydation en acide phtalique, de sa formation en partant du bromure de xylylène, etc. ; les quatre atomes de carbone de ce groupe C^4H^4 sont liés l'un à l'autre *sans ramifications* comme le démontre la formation de l'α-naphtol (V. ci-dessus), laquelle prouve également que l'atome de carbone final de la chaîne latérale se soude au noyau benzénique déjà existant en donnant ainsi lieu *à la formation d'un nouvel anneau hexagonal* :

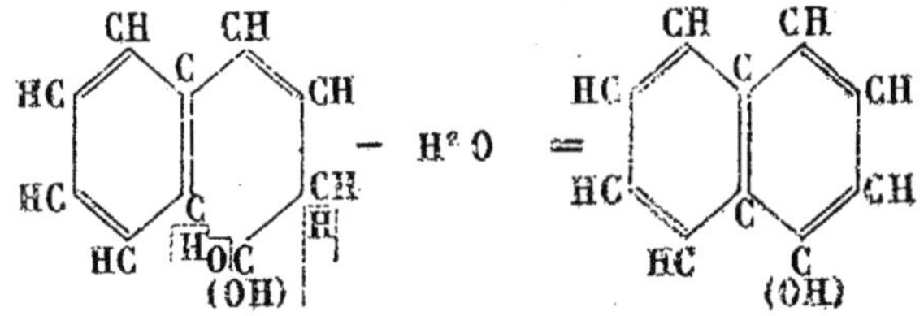

CH CH
HC C CH
HC C CH H
HC HO C
(OH)

$- H^2O =$

CH CH
HC C CH
HC C CH
HC C
(OH)

ac. phénylisocrotonique — α-naphtol

La molécule de la naphtaline contient bien réellement *deux noyaux benzéniques* ainsi « *accolés* », car on obtient de l'acide phtalique ou des dérivés de ce composé par la destruction de l'un ou de l'autre des deux noyaux hexagonaux.

Ainsi, l'*α-nitronaphtaline*, par exemple (p. 433), s'oxyde en donnant de l'acide nitrophtalique, $C^6H^3(AzO^2)(CO^2H)^2$, le noyau benzénique qui est relié au groupe nitro restant par conséquent intact ; mais, si l'on transforme cette nitronaphtaline en *amidonaphtaline*, puis qu'on oxyde ce composé, on n'obtiendra pas d'acide amidophtalique ni de produit d'oxydation de cette substance, mais bien de l'acide phtalique ; cette fois, le noyau benzénique lié au groupe amido a donc été détruit et c'est l'autre noyau qui est resté intact (*Graebe* 1880). Autre démonstration analogue de *Graebe*, v. A. 149. 20.

La naphtaline possède par conséquent la formule de constitution suivante (*Erlenmeyer*, 1866) :

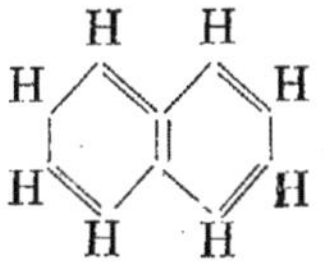

H H
H H
H H
H H

, et schématiquement

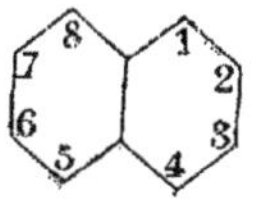

8 1
7 2
6 3
5 4

ou

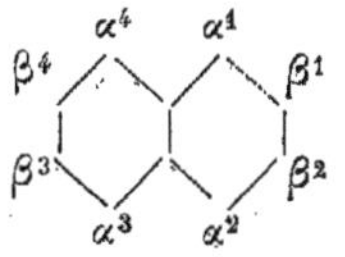

α⁴ α¹
β⁴ β¹
β³ β²
α³ α²

Cette réunion de deux noyaux benzéniques est accompagnée d'une modification de leurs propriétés de telle sorte que la naphtaline et ses dérivés, sous plusieurs rapports, diffèrent du benzène d'une manière caractéristique ; ces différences apparaissent par exemple entre les naphtylamines et l'aniline, entre les naphtols et le phénol et, particulièrement, dans la plus grande facilité avec laquelle les dérivés de la naphtaline s'hydrogènisent ; la fixation d'hydrogène s'effectue en effet facilement jusqu'à concurrence de quatre atomes.

Une semblable addition fait perdre entièrement au noyau *hydrogéné* le caractère de noyau benzénique, il se rapproche alors beaucoup d'un radical de la série grasse ; en même temps, l'autre noyau *non hydrogéné prend complètement le caractère d'un noyau benzénique* (*Bamberger*). V. tétrahydronaphtols, p. 435.

Sur la constitution spéciale de la naphtaline, v. aussi particulièrement : *Bamberger*, A. **257**. 1 ; B. s. c. **1890**, 2, 487. B. **24**. 2054 ; B. s. c. **1891** 2. 972 ; et, en outre, B. **24**. R. 728.

Propriétés de la naphtaline. Feuillets brillants, d'odeur de goudron caractéristique, insolubles dans l'eau, facilement solubles dans l'alcool chaud et dans l'éther, difficilement solubles dans l'alcool froid et dans la ligroïne, fusibles à 80°, bouillant à 218°, caractérisés par leur facile sublimation et la faculté qu'ils possèdent d'être entraînés à la vapeur d'eau.

La naphtaline est employée à la préparation de l'acide phtalique (pour l'éosine, etc.), des naphtylamines et des naphtols (colorants azoïques), pour la carburation du gaz d'éclairage ; elle possède de fortes propriétés antiseptiques et est employée en thérapeutique. La naphtaline forme avec l'*acide picrique* un composé d'addition moléculaire.

Elle fixe deux ou quatre atomes d'hydrogène beaucoup plus facilement que ne le fait le benzène, on obtient ainsi la **dihydronaphtaline**, $C^{10}H^{8}.H^{2}$, et la **tétrahydronaphtaline**, $C^{10}H^{8}.H^{4}$ (liquides d'odeur pénétrante subissant à chaud la décomposition inverse). Une action énergique de l'acide iodhydrique et du phosphore conduit à l'hydrogénation du second noyau benzénique, il se forme finalement de la **décahydronaphtaline**, $C^{10}H^{18}$.

De même, la naphtaline forme beaucoup plus facilement que le benzène des produits d'addition avec le chlore, tels sont le **dichlorure de naphtaline**, $C^{10}H^{8}.Cl^{2}$, et le **tétrachlorure de naphtaline**, $C^{10}H^{8}.Cl^{4}$, par exemple ; ce dernier, P. F. 182°, s'oxyde par l'acide nitrique en donnant de l'acide phtalique.

Dérivés de la naphtaline.

Les produits de substitution de la naphtaline peuvent être des dérivés mono, bi, etc., substitués.

Les dérivés monosubstitués existent toujours sous deux formes isomères que l'on distingue par les lettres α- *et* β- :

$C^{10}H^{7}Cl$ $\left.\begin{matrix}\alpha\\\beta\end{matrix}\right\}$ naphtaline chlorée ; $C^{10}H^{7}AzH^{2}$ $\left.\begin{matrix}\alpha\\\beta\end{matrix}\right\}$ naphtylamine ;

$C^{10}H^{7}(OH)$ $\left.\begin{matrix}\alpha\\\beta\end{matrix}\right\}$ naphtol ; $C^{10}H^{7}CH^{3}$ $\left.\begin{matrix}\alpha\\\beta\end{matrix}\right\}$ méthylnaphtaline.

On a pu montrer, par un raisonnement analogue à celui de la p. 295, que la naphtaline contenait *deux séries de quatre atomes d'hydrogène équivalents entre eux*. La place α y est contenue quatre fois, deux fois dans chaque noyau (*Atterberg*).

La formule de constitution de la naphtaline donnée ci-dessus explique la raison de ces faits d'une manière toute particulière ; d'après cette formule, les places $1 = 4 = 5 = 8$

et 2 = 3 = 6 = 7 sont équivalentes dans chaque groupe, mais la position 1 diffère de la position 2. *Liebermann* (A. **183**, 225), *Reverdin* et *Nölting* (B. **13**, 36), *Fittig* et *Erdmann* (V. mode de formation 4, p. 430) ont établi que, dans les composés α, c'est une des places **1=4=5=8** qui est occupée.

On déduit théoriquement du schéma de la naphtaline qu'il doit exister dix *bisubstitués* isomères de ce carbure quand les substituants sont les mêmes, quatorze quand ils sont différents ; quatorze *trisubstitués* à substituants identiques, etc. On connaît, en effet, ce qui concorde avec ces données, dix naphtalines dichlorées, par exemple, et quatorze naphtalines trichlorées dont la constitution est déterminée (*Armstrong* et *Wynne*).

La position 1 : 8 = $\alpha_1 : \alpha_4$ est désignée sous le nom de position « **péri** », elle ressemble jusqu'à un certain point à la position ortho.

Naphtalines halogénées.

Naphtaline-α-chlorée, liquide qu'on obtient d'après la réaction de *Sandmeyer* (p. 343) en partant de l'α-naphtylamine.

La **naphtaline-α-bromée**, qui peut être préparée directement, se transforme partiellement en dérivé β quand on la chauffe avec du chlorure d'aluminium, son atome de brome est un peu plus mobile que celui du benzène bromé.

Nitronaphtalines.

α-Nitronaphtaline, $C^{10}H^7AzO^2$ (*Laurent*, 1835), s'obtient directement par nitration de la naphtaline. Prismes jaunes, P. F. 61°, bouillant sans décomposition, qu'une nitration ultérieure transforme en *di*, *tri* et *tétranitro*-naphtalines.

β Nitronaphtaline ; aiguilles jaune clair qu'on obtient d'après la méthode de *Sandmeyer* en partant de la β-naphtylamine (p. 344).

Naphtylamines ; acides naphtalinesulfoniques, etc.

α-Naphtylamine, $C^{10}H^7AzH^2$ (*Zinin*) ; s'obtient par réduction de l'α-nitronaphtaline ; elle se forme encore facilement en chauffant l'α-naphtol avec du chlorure de calcium ammoniacal (la préparation analogue de l'aniline en partant du phénol ne se réalise que difficilement) :

$$C^{10}H^7OH + AzH^3 = C^{10}H^7AzH^2 + H^2O.$$

Aiguilles ou prismes incolores brunissant facilement à l'air, aisément solubles dans l'alcool, fusibles à 50° et bouillant à 300°, facilement sublimables, d'une odeur désagréable rappelant celle des matières fécales ; certains oxydants, le chlorure ferrique, par exemple, déterminent dans les solutions des sels de cette base un précipité bleu, d'autres conduisent à un produit d'oxydation rouge ; oxydée par l'acide chromique, elle donne de l'α-naphtoquinone (V. ci-dessous), elle présente du reste une grande analogie avec l'aniline ; sur les différences qui existent entre les propriétés de l'α et de la β-naphtylamine et celles de cette base, v. B. **23**, 1124 et suiv.

La β-**naphtylamine** isomère, $C^{10}H^7.AzH^2$ (*Liebermann*, 1876), s'obtient en chauffant le β-naphtol en courant d'ammoniac ou bien en présence de chlorure de zinc ammoniacal. Feuillets nacrés inodores, P. F. 112°, P. E. 294° ; cette base est plus stable que l'α-naphtylamine, les oxydants ne la colorent pas.

Les deux naphtylamines, traitées par le sodium et l'alcool, se réduisent en donnant des composés tétrahydrogénés. La **tétrahydro-α-naphtylamine** ainsi formée est très semblable à la base primitive, elle est diazotable, par exemple, et a complètement acquis le caractère de l'aniline, ses atomes d'hydrogène sont fixés dans le noyau qui ne contient pas le groupe AzH^2, on la désigne sous le nom d' « **ar** »-tétrahydro-α-naphtylamine (**ar** = *aromatique*). La **tétrahydro-β-naphtylamine**, au contraire, traitée par l'acide nitreux, n'est plus diazotée mais bien transformée en un nitrite très stable, c'est le noyau qui est lié au groupe amido qui est ici hydrogéné, elle a acquis toutes les propriétés d'une amine de la série grasse, aussi est-elle désignée sous le nom d' « **ac** »-tétrahydro-β-naphtylamine (**ac** = *alicyclique*). L'oxydation du composé α conduit à l'acide adipique, celle du composé β à l'acide hydrocinnamique-o-carboxylé (p. 407),

$$C^6H^4\left\langle\begin{matrix} CO^2H \\ CH^2-CH^2-CO^2H \end{matrix}\right.$$

(V. *Bamberger*, B. **21**, 847, 1112, 1892 ; **22**, 625, 767 ; **23**, 876, 1124 ; Bull. soc. chim. **1888**, **2**, 318, 578 ; **1889**, **2**, 429, 430 ; **1890**, **2**, 431).

On a aussi préparé une **ac-tétrahydro-α-naphtylamine** et une **ar-tétrahydro-β-naphtylamine**.

Des deux naphtylamines dérivent des **méthyl** et des **diméthylnaphtylamines**, des **phényl-α** et **β-naphtylamines** (importantes au point de vue technique), des **nitronaphtylamines**, des diamidonaphtalines ou **naphtylènediamines**, $C^{10}H^6(AzH^2)^2$, des **composés diazoïques** qui sont complètement analogues aux diazoïques de la série benzénique, surtout par leur aptitude à donner des colorants azoïques.

La **diazoamidonaphtaline**, $C^{10}H^7-Az{=}Az-AzH-C^{10}H^7$, préparée par l'action de l'acide nitreux sur l'α-naphtylamine, se transpose facilement, comme le diazoamidobenzène, en donnant de l'**amidoazonaphtaline**, $C^{10}H^7-Az{=}Az-C^{10}H^6.AzH^2$ (aiguilles rouge brun à reflet métallique vert), ce composé peut se diazoter, son diazoïque, chauffé avec de l'alcool, donne l'**azonaphtaline** de la série α, $C^{10}H^7Az{=}Az-C^{10}H^7$, prismes rouges à reflets bleu d'acier ; les méthodes qui ont servi à l'obtention de l'azobenzène ne sont que très difficilement ou même pas du tout applicables à l'obtention de ce composé.

La naphtaline, chauffée avec de l'acide sulfurique concentré, donne deux acides **naphtalinesulfoniques**, $C^{10}H^7(SO^3H)$, corps cristallins déliquescents dont l'un, acide α, chauffé avec l'acide sulfurique, se transforme en acide β ; ces deux composés, fondus avec les alcalis, donnent les deux naphtols ; chauffés avec du cyanure de potassium, ils fournissent les deux **naphtalines cyanées**, $C^{10}H^7.CAz$, composés cristallins distillant sans décomposition.

Acides naphtalinedisulfoniques, $C^{10}H^6(SO^3H)^2$. Les deux acides isomères β^1-β^3 et β^1-β^4 prennent naissance par sulfonation de la naphtaline au moyen de l'acide sulfurique concentré à 160-200°, tandis que l'action de la chlorhydrine sulfonique à froid conduit à l'acide α^1-α^3, et, en partant de l'acide β monosulfo, à l'acide α^1-β^3. Parmi les acides **tri** et **tétrasulfoniques**, les dérivés α^1-β^2-β^3 et α^1-β^2-α^3-β^4 sont les plus importants au point de vue technique.

On connaît treize acides (α et β) **naphtylaminemonosulfoniques** isomères, $C^{10}H^6(AzH^2)(SO^3H)$. (7α et 6β) ; le plus important : l'acide **naphtionique**, (AzH^2 : $SO^3H = \alpha^1 : \alpha^2$), s'obtient par sulfonation de l'α-naphtylamine, il est employé, comme beaucoup de ses isomères, à la préparation de colorants azoïques ; parmi ces derniers, les acides α^1-α^3 et α^1-α^4 s'obtiennent par nitration, puis réduction de l'acide naphtaline-α-sulfonique, les acides α^1-β^3 et α^1-β^4 par la même méthode en partant de l'acide naphtaline-β-sulfonique. La sulfonation de la β-naphtylamine conduit, à froid, aux acides β^1-α^3 (*Dahl*) et β^1-α^4 (*Badische*) ; à chaud, aux acides β^1-β^3 (*Brönner*) et β^1-β^4 (*acide F*).

En outre, on connaît une vingtaine d'acides **naphtylaminedisulfoniques** et une dizaine d'acides **naphtylaminetrisulfoniques** qu'on prépare soit directement en partant d'α-ou de β-naphtylamine, soit par nitration, puis réduction des acides naphtaline. sulfoniques, etc. ; parmi ces composés, on peut mentionner les acides α^1-β^2-β^3 (*Freund*) α^1-β^3-α^4 ($= \varepsilon$), α^1-α^2-α^4 ($= \delta$), β^1-β^3-α^4 ($= \gamma$).

Naphtols.

Les **naphtols** α et β, $C^{10}H^7OH$, existent dans le goudron de houille et peuvent être préparés soit en partant des acides naphtalinesulfoniques (V. ci-dessus), soit, facilement aussi, par diazotation des naphtylamines. Feuillets brillants difficilement solubles dans l'eau chaude, facilement solubles dans l'alcool et dans l'éther, d'odeur phénolique. *L'α-naphtol* (*Griess* 1866) fond à 95° et bout à 282° ; le *β-naphtol* (*Schaeffer*) fond à 122° et bout à 288° ; ils sont tous deux facilement volatils et possèdent le caractère *phénolique*, bien qu'ils présentent *plus d'analogie* avec les *alcools* que n'en montrent les phénols benzéniques ; leurs groupes hydroxyles sont en effet beaucoup *plus mobiles* que ceux de ces derniers, ils peuvent être facilement échangés contre AzH^2, etc. (p. 433). Le β-naphtol est un antiseptique.

Ar-tétrahydro-α-naphtol, $C^{10}H^7.H^4.(OH)$, s'obtient par hydrogénation de l'α-naphtol, il ne possède plus les caractères de l'α-naphtol, mais bien ceux d'un véritable phénol ; l'hydrogénation du β-naphtol conduit simultanément à l'**ar** et à l'**ac-tétrahydro-β-naphtol**, le composé **ar** correspondant au phénol et le composé **ac**, au contraire, rappelant les alcools gras dans ses propriétés.

Le chlorure ferrique oxyde l'α-naphtol en donnant une coloration violette, le β-naphtol en donnant une coloration verdâtre, il se forme dans ces réactions des **dinaphtols**, $C^{20}H^{12}(OH)^2$, qui correspondent aux diphénols (p. 411), et sont des dérivés du dinaphtyle (p. 438). Une oxydation prudente de l'α-naphtol conduit à l'acide **cinnamique-o-carboxylé**, $C^6H^4(CO^2H)—CH=CH—CO^2H$ (p. 407), celle du β-naphtol à l'acide phénylglyoxylique-o-carboxylé, $C^6H^4(CO^2H)—CO—CO^2H$.

Les deux naphtols forment des *éthers*, tels sont : l'**éther éthylique** du **β-naphtol** (Néroline du commerce), $C^{10}H^7—O—C^2H^5$, qui possède une odeur de fruits, les **naphtols acétylés**, $C^{10}H^7—O(C^2H^3O)$, etc.

Bétol, *naphtosalol*, $C^{10}H^7.O.CO—C^6H^4(OH)$, ester salicylique du β-naphtol, poudre cristalline blanche fondant à 95°, d'emploi thérapeutique analogue à celui du salol.

Les naphtols, comme les phénols, sont les substances mères de composés **nitrés, di-, trinitrés, nitrosés, amidés**, etc.

Dinitro-α-naphtol, $C^{10}H^5(AzO^2)^2OH)$; le sel de calcium de ce composé forme le *Jaune de Martius* (*Jaune de naphtaline*), son dérivé sulfone constitue le **Jaune de naphtol S** (*Caro*), colorant jaune intéressant.

α¹-nitroso-β¹-naphtol ; prend naissance par l'action de l'acide nitreux sur le β-naphtol, l'isomère β¹-α-¹- se forme à côté de α¹-α²- en partant de l'α-naphtol. Cristaux jaunes teignant en vert les tissus mordancés aux sels de fer (« *Gambine* ») ; ces composés sont les oximes qui correspondent aux naphtoquinones (V. ci-dessous).

Les nitro et nitrosonaphtols donnent par réduction des **amidonaphtols**, $C^{10}H^6(AzH^2)(OH)$, substances facilement transformables ; ceux obtenus en partant des composés ci-dessus ont pour constitution $AzH^2 : OH = \alpha^1 : \alpha^2$ pour le composé α, et $\alpha^1 : \beta^1$ pour le composé β.

On connaît une série d'acides *naphtol mono-,di-,*etc., *sulfoniques*, parmi lesquels l'acide **α¹-α²-naphtolsulfonique** (*Nevile-Winther*) obtenu au moyen de l'acide naphtionique, l'acide β¹-α⁴- (*Rumpf*) et l'acide β¹-β³- (*Schaeffer*) préparés en partant du β-naphtol ; les acides α-naphtoldisulfoniques : α¹-β²-β³ (*Freund*), α¹-β²-α⁴ (ε), α¹-α²-α⁴ (δ) ; l'acide **β-naphtoldisulfonique R** (β¹-β²-β³) « Sel R » et l'**acide G** (β¹-β³-α⁴) « Sel G » (préparés tous deux au moyen du β-naphtol), etc. Le sel de calcium de l'acide β¹-β³- est employé à la conservation des vins sous le nom d'*Abrastol*.

La plupart de ces composés sont d'une grande importance au point de vue de l'industrie des matières colorantes, ils permettent de préparer un grand nombre d'acides **amidonaphtolsulfoniques** (on en connaît jusqu'à présent une soixantaine), parmi lesquels on peut citer l'acide β¹-amido-α⁴-naphtol-β³-sulfonique (« γ ») qu'on prépare par fusion alcaline de l'acide β¹-naphtylamine-β³-α⁴-disulfonique.

Le sel de sodium de l'acide **α¹-amido-β¹-naphtol-β³-sulfonique** est employé en photographie comme révélateur sous le nom d'*Iconogène*.

Parmi les colorants azoïques importants qui prennent naissance par l'action des diazoïques benzéniques, des acides diazonaphtalinesulfoniques, et des dérivés diazoïques des composés azoamidés sur les naphtylamines, les naphtols, etc., et surtout sur les dérivés sulfonés de ces substances, on peut mentionner :

Benzol-azo-α-naphtylamine, $C^6H^5—Az{=}Az—C^{10}H^6.AzH^2$;

Orangé II, $= C^6H^4(SO^3Na)—Az{=}Az—C^{10}H^6(OH)$ [β] ;

Ponceau 2 R, xylidine diazotée sur « sel R » (Voir ci-dessus) ;

Rouge solide C, $C^{10}H^6(SO^3Na)—Az{=}Az—C^{10}H^5(OH)(SO^3Na)$, acide naphtionique et acide α¹-naphtol-α²-monosulfonique ;

Ecarlate de Biebrich, $C^6H^3(SO^3Na)^2—Az{=}Az—C^6H^4—Az{=}Az—C^{10}H^6(OH)$, acide amidoazobenzène disulfonique et β-naphtol ;

Noir brillant, $C^{10}H^5(SO^3Na)^2—Az{=}Az—C^{10}H^6—Az{=}Az—C^{10}H^4(OH)(SO^3Na)^2$, acide naphtylaminedisulfonique, α-naphtylamine et « sel R ».

Pour le *Congo*, la *Benzopurpurine*, la *Benzazurine*, etc., v. p. 411 et 412.

Dioxynaphtalines, naphtoquinones.

Dioxynaphtalines, $C^{10}H^6(OH)^2$. La plupart des isomères possibles sont connus, deux d'entre eux, les hydronaphtoquinones α- (= α^1-α^2) et β- (= α^1-β^1, oxydées par l'acide chromique, donnent, comme l'hydroquinone, des dérivés quinoniques (V. p. 371) : les naphtoquinones. Le dérivé péri (α^1-α^4) paraît présenter les mêmes propriétés.

On connaît un grand nombre d'acides **dioxynaphtalinesulfoniques**.

α-naphtoquinone, $C^{10}H^6O^2$, s'obtient comme ci-dessus ou bien par oxydation de la naphtaline, de l'α-naphtylamine, de l'α-amidonaphtol, etc., au moyen de l'acide chromique. Tables rhombiques jaunes, P. F. 125° ; ce composé est complètement analogue à la quinone ordinaire, il possède une odeur semblable et est entraînable à la vapeur d'eau.

β-naphtoquinone. Aiguilles rouge jaunâtre noircissant quand on les chauffe à 115-120°, inodores et non volatiles, se rapprochant par conséquent de la phénantrène-quinone (V. ce mot). On attribue à ces deux naphtoquinones les formules dicétoniques :

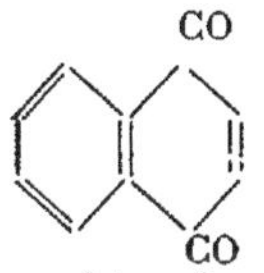

CO

CO

α-naphtoquinone

et

CO

CO

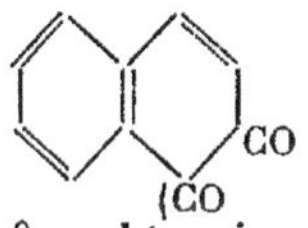

β-naphtoquinone

V. *Schultz*, Steinkohlentheer, 2e édit., p. 722), car elles réagissent avec l'hydroxylamine en donnant des oximes (V. nitrosonaphtols).

L'α-naphtoquinone, oxydée par le chlorure de chaux, donne l'isonaphtazarine ; la β-naphtoquinone, dans ces conditions, est transformée, par rupture d'un noyau hexagonal, en un acide lactonique contenant encore tous les dix atomes de carbone ; on peut, en partant de cet acide, arriver à l'isoquinoléine (V. ce mot). B. **25**, 888, 1138, 1168, 1493 ; **27**, 733 ; Bull. soc. chim. **1892**, **2**, 833, 834, 1079, 1177 ; **1894**, **2**, 1387.

Sur la γ-naphtoquinone (**périnaphtoquinone**), v. B. **23**, R. 635.

On connaît aussi des **oxynaphtoquinones**, $C^{10}H^5O^2(OH)$.

L'oxynaphtoquinone ordinaire est un dérivé hydroxylé de l'α-naphtoquinone (O : O : OH = α^1 : α^2 : β^1) ; une autre oxynaphtoquinone, le **juglon** (O : O : OH = α^1 : α^2 : α^3) (aiguilles jaunes), existe dans le brou de noix, il a été préparé synthétiquement (B. **20**, 934 ; Bull. soc. chim. **1887**, **2**, 312).

Parmi les *dioxynaphtoquinones*, $C^{10}H^4O^2(OH)^2$, on peut mentionner la **naphtazarine** (*Roussin*), *Noir d'alizarine*, matière colorante d'une grande valeur qu'on obtient par l'action du zinc et de l'acide sulfurique sur la dinitronaphtaline-α, et dont les propriétés sont analogues à celles des colorants d'alizarine ; et l'**isonaphtazarine** (V. ci-dessus et B **25**, 134, 1169 ; Bull. soc. chim. **1892**, **2**, 645, 1079).

Homologues de la naphtaline et carbures analogues. Acides carboxylés.

L'α-et la **β-méthylnaphtaline**, $C^{10}H^7.CH^3$, et certaines **diméthylnaphtalines**, $C^{10}H^6(CH^3)^2$, existent dans le goudron de houille ; un certain nombre de ces composées peuvent être préparés synthétiquement en partant de la naphtaline d'après des méthodes analogues à celles qui fournissent les homologues du benzène en partant de ce carbure.

Les acides **napthtoïques**, $C^{10}H^7.(CO^2H)$, se préparent par saponification des naphtalines cyanées et aussi d'après les autres méthodes synthétiques décrites p. 384 et suiv. Aiguilles difficilement solubles dans l'eau chaude qui, distillées avec la chaux, se décomposent en naphtaline et en acide carbonique. De ces acides dérivent des acides **oxynaphtoïques**, $C^{10}H^6(OH)(CO^2H)$, analogues à l'acide salicylique ou à ses isomères.

Parmi les acides *naphtalinedicarboxyliques*, on connaît l'acide **naphtalique** ($\alpha^1 : \alpha^4$) qui fournit à haute température un anhydride analogue à l'anhydride phtalique, etc.

Phénylnaphtaline, $C^{10}H^7(C^6H^5)$; ce composé est constitué par la liaison d'un noyau naphtalique et d'un noyau benzénique : il est par conséquent analogue au *diphényle*, $C^6H^5—C^6H^5$, de même que le **dinaphtyle**, $C^{10}H^7—C^{10}H^7$, qui, comme le diphényle, est la substance mère d'une série de dérivés (V. ci-dessus : dinaphtols). Les trois dinaphtyles isomères α-α-, β-β-, α β- que prévoit la théorie sont connus.

L'acénaphtène, $C^{12}H^{10} = C^{10}H^6\left<\begin{matrix} CH^2 \\ | \\ CH^2 \end{matrix}\right.$ ($\alpha^1 : \alpha^4$), est encore un dérivé de la naphtaline, il est contenu dans le goudron de houille. Prismes incolores, P. F, 95°, P. E. 277°. L'oxydation transforme ce carbure en acide naphtalique (V. ci-dessus).

Appendice : Indène.

Indène $= C^9H^8 =$ [formule développée : noyau benzénique HC, HC, HC, CH, C, C soudé à un noyau pentagonal C, CH, CH, CH², C]

L'indène possède une constitution analogue à celle de la naphtaline, il se présente comme résultant de la soudure d'un noyau benzénique et d'un noyau pentaméthylénique (p. 430), il est contenu dans le goudron de houille (*Krämer* et *Spilker*, B. 23, 3276 ; B. s. c. **1891**, **1**, 504). Huile limpide bouillant à 180°, d'odeur rappelant celle de la naphtaline, et qui goudronne par contact avec H^2SO^4 concentré. L'indène, réduit par le sodium et l'alcool, est tranformé en **hydrindène**, C^9H^{10} (liq. P. E. 176°) ; oxydé par l'acide nitrique, il donne de l'acide phtalique ; il a été préparé synthétiquement ainsi qu'un grand nombre de ses dérivés (v. par exemple, A. **247**, 129 ; B. **22**, 1830 ; **23**, 1881, 1887, R. 502 ; **27**, R. 465 ; Bull. soc. chim. **1891**, **1**, 823 ; **1890**, **1**, 652 ; **1891**, **1**, 498, 500).

XXXI. Groupe de l'anthracène et du phénanthrène.

A. Anthracène.

Anthracène, $C^{14}H^{10}$ (*Dumas* et *Laurent* 1832 ; *Fritzsche* 1857). *Formation* : 1. Les réactions *pyrogénées* qui conduisent au benzène et à la naphtaline donnent aussi naissance à l'anthracène.

2. L'o-*tolylphénylcétone*, chauffée avec de la poudre de zinc, donne de l'anthracène (B. **7**, 16); chauffée avec de l'oxyde de plomb, elle donne de l'anthraquinone (V. ci-dessous) :

$$C^6H^4\left\langle\begin{matrix}CO\\CH^3\end{matrix}\right\rangle C^6H^5 = C^6H^4\left\langle\begin{matrix}CH\\ \cdot\\ CH\end{matrix}\right\rangle C^6H^4 + H^2O.$$

3. Le *chlorure de benzyle*, chauffé avec de l'eau à 200°, donne de l'anthracène à côté de dibenzyle (B. **7**, 276) :

$$4C^6H^5{-}CH^2Cl = C^{14}H^{10} + C^{14}H^{14} + 4HCl.$$

4. L'action du sodium sur le *bromure de benzyle o-bromé* en solution éthérée conduit d'abord à l'*hydroanthracène* qui, par oxydation (et, en partie, spontanément dans la réaction), se transforme en anthracène (B. **12**, 1965) :

$$C^6H^4\left\langle\begin{matrix}Br\\CH^2Br\end{matrix}\right. + \left.\begin{matrix}BrH^2C\\Br\end{matrix}\right\rangle C^6H^4 + 4Na = C^6H^4\left\langle\begin{matrix}CH^2\\CH^2\end{matrix}\right\rangle C^6H^4 + 4NaBr;$$

$$C^6H^4\left\langle\begin{matrix}CH^2\\CH^2\end{matrix}\right\rangle C^6H^4 - 2H = C^6H^4\left\langle\begin{matrix}CH\\ \cdot\\ CH\end{matrix}\right\rangle C^6H^4.$$

5. Action du *benzène* sur l'*éthane tétrabromé* symétrique en présence de chlorure d'aluminium (B. **16**, 623; Bull. soc. chim. **1883**, **2**, 318 ; v. a. B. **26**, 1706 ; Bull. soc. chim. **1893**, **2**, 1056) :

$$C^6H^6 + \begin{matrix}BrCHBr\\ \cdot\\ BrCHBr\end{matrix} + C^6H^6 = C^6H^4\left\langle\begin{matrix}CH\\ \cdot\\ CH\end{matrix}\right\rangle C^6H^4 + 4HBr.$$

6. *L'anhydride phtalique*, chauffé avec du *benzène* et du chlorure d'aluminium, donne de l'acide *o-benzoylbenzoïque* qui, traité par l'anhydride phosphorique, fournit de l'*anthraquinone* (*Behr* et *van Dorp*, B. **7**, 578 ; **25**, R. 276).

Ce composé, réduit par la poudre de zinc, donne de l'anthracène :

$$C^6H^4\left\langle\begin{matrix}CO\\CO\end{matrix}\right\rangle O + C^6H^6 = C^6H^4\left\langle\begin{matrix}CO.C^6H^5\\CO.OH\end{matrix}\right. = C^6H^4\left\langle\begin{matrix}CO\\CO\end{matrix}\right\rangle C^6H^4 + H^2O;$$

$$C^6H^4\left\langle\begin{matrix}CO\\CO\end{matrix}\right\rangle C^6H^4 + 6H = C^6H^4\left\langle\begin{matrix}CH\\ \cdot\\ CH\end{matrix}\right\rangle C^6H^4 + 2H^2O.$$

L'anthranol se forme d'une manière analogue en partant de l'acide o-benzylbenzoïque.

7. Quand on traite par l'acide sulfurique concentré un mélange de m-xylène et de cinnamène (V. ce mot), il se forme du *toluylphénylpropane*, $CH^3{-}C^6H^4{-}CH^2{-}CH\left\langle\begin{matrix}C^6H^5\\CH^3\end{matrix}\right.$, qui, surchauffé, se scinde presque quantitativement en *méthylanthracène*, méthane et hydrogène (B. **23**, 3272 ; Bull. soc. chim. **1891**, **1**, 496).

8. Action de la poudre de zinc sur l'alizarine, v. p. 443.

Constitution. Les modes de formation de l'anthracène et ses rapports avec l'anthraquinone, dont la constitution ressort de l'équation 6, par exemple, prouvent que la molécule d'anthracène contient *deux noyaux benzéniques* C^6H^4 *liés l'un à l'autre par un groupe* C^2H^2 (*groupe central*) ; les atomes de carbone de ce groupe central, d'après la synthèse 5, sont aussi liés entre eux et sont placés en *ortho* l'un par rapport à l'autre dans chaque noyau benzénique (synthèses 2 et 6 pour l'un des noyaux, synthèse 4 pour les deux). Autres preuves, v. par exemple : *v. Pechmann*, B. **12**, 2124. La constitution de l'anthracène est donc la suivante (*Graebe* et *Liebermann*, A. Spl. **7**, 313) :

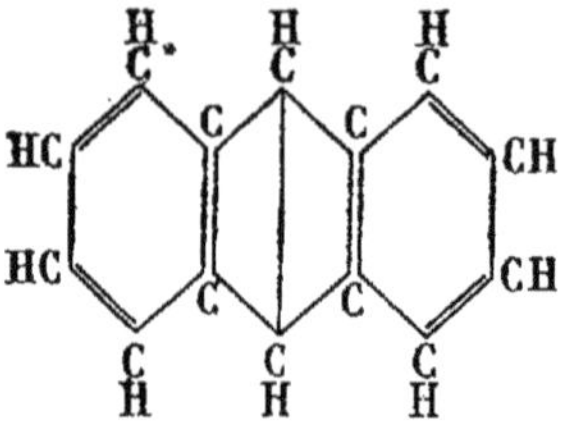

HC, HC, CH, CH, C, H ou, schématiquement, 1, 2, 3, 4, 5, 6, 7, 8, 9, 10

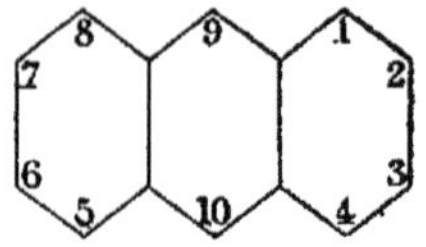

Les deux atomes de carbone du groupe central forment donc un nouvel anneau hexagonal avec les atomes de carbone des noyaux benzéniques auxquels ils sont liés, de telle sorte que l'anthracène peut être aussi considéré comme résultant de la soudure de trois noyaux benzéniques ; on a aussi proposé pour ce carbure, en dehors de la formule $C^6H^4<\begin{matrix}CH\\ \cdot \\ CH\end{matrix}>C^6H^4$, la formule $C^6H^4\lessdot\begin{matrix}CH\\ CH\end{matrix}>C^6H^4$ (formule « quinoïde ») (*Armstrong*, Proc. Ch. Soc. **1890**, 101 ; B. **27**, 3348 ; Bull. soc. chim. **1895**, **2**, 467).

L'anthracène se conduit à l'hydrogénation d'une manière analogue à la naphtaline, il fixe facilement deux atomes d'hydrogène aux places 9 et 10 du schéma ; le groupe central (groupe « méso ») présente alors un caractère plus aliphatique, les deux autres noyaux prenant entièrement les caractères de noyaux benzéniques.

Propriétés. L'anthracène forme des tables incolores douées d'une magnifique fluorescence bleue, insolubles dans l'eau, difficilement solubles dans l'alcool et dans l'éther, facilement solubles dans l'eau chaude, P. F. 243°, P. E. 351° ; il forme avec l'acide picrique un composé d'addition (belles aiguilles rouges).

L'anthracène est transformé par la lumière solaire en un polymère, le *paranthracène*, $(C^{14}H^{10})^2$, P. F. 244°, et par les agents de réduction en **hydroanthracène**, *hydrure d'anthracène*, $C^{14}H^{12}$ (V. ci-dessus mode de formation 4), tables blanches facilement solubles dans l'alcool, P. F. 107°, bouillant sans décomposition, qui redonnent l'anthracène quand on les chauffe au rouge ou bien en présence d'acide sulfurique concentré ; leur constitution répond à la formule :

$$C^6H^4<\begin{matrix}CH^2\\ CH^2\end{matrix}>C^6H^4.$$

Une hydrogénation ultérieure conduit à $C^{14}H^{16}$ et finalement à $C^{14}H^{24}$.

Dérivés de l'anthracène.

La théorie prévoit trois isomères *monosubstitués* de l'anthracène, qu'on désigne par les lettres α-, β- et γ- :

Tableau des dérivés anthracéniques les plus importants.

$C^{14}H^9Cl$, $C^{14}H^8Cl^2$, $C^{14}H^8Br^2$ } *anthracènes* chlorés, dichlorés, *dibromés* (γ)	$C^{14}H^9.AzH^2$ *anthramine* (β)
$C^{14}H^9.AzO^2$, $C^{14}H^8(AzO^2)^2$ } mono et dinitro-anthracène (γ)	$C^{14}H^9.SO^3H$ acide anthr.-β-sulfonique
	$C^{14}H^8(SO^3H)^2$ } acides anthracène disulfoniques α et β.

$C^{14}H^9(OH)$ *Oxyanthracènes* :

$C^6H^4 \langle {CH \atop CH} \rangle C^6H^3.OH$ α, β } anthrol | $C^6H^4 \langle {CH \atop C.OH} \rangle C^6H^4$ anthranol (γ)

$C^6H^4 \langle {CH^2 \atop CO} \rangle C^6H^4$ anthrone, hydr : $C^6H^4 \langle {CH^2 \atop CH(OH)} \rangle C^6H^4$ hydroanthranol (γ).

$C^{14}H^8(OH)^2$ *Dioxyanthracènes* :

$C^6H^4 \langle {C(OH) \atop C(OH)} \rangle C^6H^4$ anthrahydroquinone (isomères : rufol, flavol, chrysazol)

$C^{14}H^8O^2$ *Anthraquinone* :

$C^{14}H^7O^2(SO^3H)$, $C^{14}H^6O^2(SO^3H)^2$ } acides anthraquinone mono-, disulfoniques | $C^6H^4 \langle {CH(OH) \atop CO} \rangle C^6H^4$ oxanthranol.

$C^{14}H^7O^2(OH)$ *Oxyanthraquinones* :

$C^6H^4(CO)^2C^6H^3(OH)$: α = erythroxy-, β = oxyanthraquinone.

$C^{14}H^6O^2(OH)^2$ *Dioxyanthraquinones* :

$C^6H^4(CO)^2C^6H^2(OH)^2$: αβ = **alizarine**, αα' = quinizarine, αβ' = purpuroxanthine, etc.
$C^6H^3(OH)(CO^2)C^6H^3(OH)$: acides anthraflavique et isoanthraflavique, anthrarufine chrysazine (v A. **280**, 34).

$C^{14}H^5O^2(OH)^3$ *Trioxyanthraquinones* :

$C^6H^4(CO)^2C^6H(OH)^3$: αβα' = **purpurine.**

Isomères : flavo et anthrapurpurine, anthragallol, etc.

Tétraoxyanthraquinones : quinalizarine, anthrachrysone, rufiopine, etc.
Hexaoxyanthraquinones : hexaoxyanthraquinone, acide rufigallique.

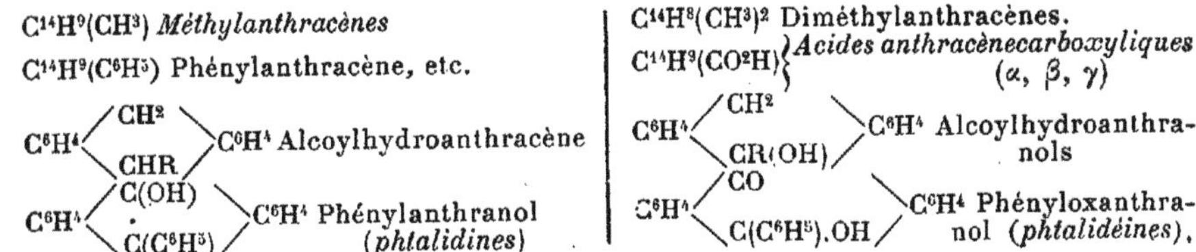

$C^{14}H^9(CH^3)$ *Méthylanthracènes*	$C^{14}H^8(CH^3)^2$ Diméthylanthracènes.
$C^{14}H^9(C^6H^5)$ Phénylanthracène, etc.	$C^{14}H^9(CO^2H)$ } *Acides anthracènecarboxyliques* (α, β, γ)
$C^6H^4 \langle {CH^2 \atop CHR} \rangle C^6H^4$ Alcoylhydroanthracène	$C^6H^4 \langle {CH^2 \atop CR(OH)} \rangle C^6H^4$ Alcoylhydroanthranols
$C^6H^4 \langle {C(OH) \atop C(C^6H^5)} \rangle C^6H^4$ Phénylanthranol (*phtalidines*)	$C^6H^4 \langle {CO \atop C(C^6H^5).OH} \rangle C^6H^4$ Phényloxanthranol (*phtalidéines*).

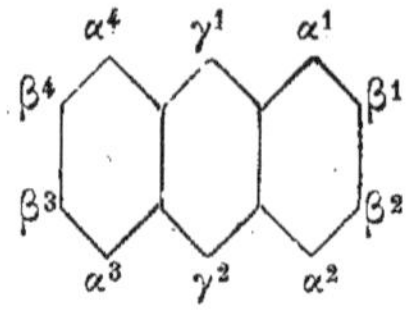

α^4 γ^1 α^1
β^4 β^1
β^3 β^2
α^3 γ^2 α^2

On a ici, comme dans le schéma de la page précédente, $1 = 4 = 5 = 8 = \alpha$, $2 = 3 = 6 = 7 = \beta$, $9 = 10 = \gamma$. Les faits connus concordent pleinement avec cette hypothèse.

La place des groupes fixés se déduit généralement soit de la manière dont se comporte la substance considérée à l'oxydation (si le substituant est placé en γ, il est en effet éliminé avec formation d'anthraquinone), soit de la synthèse de cette substance (la constitution de l'alizarine, par exemple, se déduit de sa formation en partant de pyrocatéchine et d'acide phtalique, etc.).

L'anthraquinone, dans laquelle les atomes d'hydrogène 9 et 10 sont remplacés par de l'oxygène, ne donne lieu qu'à deux monosubstitués isomères.

Il peut exister un très grand nombre d'isomères *bisubstitués* (V. tableau).

Parmi ces composés, les produits de substitution **halogénés** prennent naissance directement ; oxydés, ils donnent de l'anthraquinone, leur halogène est donc fixé en γ. La **β-anthramine** se prépare au moyen de l'ammoniaque et du β-anthrol ; *l'anthrol*, par l'action de la potasse sur l'acide *anthracènesulfonique*, et cet acide par réduction de l'acide β-anthraquinonemonosulfonique, ainsi que par sulfonation directe de l'anthracène au moyen d'acide sulfurique de concentration moyenne ; les *dioxyanthracènes* α-, β s'obtiennent par fusion alcaline des acides sulfoniques ; les corps intermédiaires entre l'hydroanthracène et l'anthraquinone, c'est-à-dire l'hydroanthranol, l'oxanthranol, l'anthranol, l'anthrahydroquinone (*Liebermann*), s'obtiennent par réduction de l'anthraquinone ; le goudron de houille paraît aussi renfermer des oxyanthracènes. Les *phtalidines* s'obtiennent par l'action de l'acide sulfurique concentré sur les *phtalines* (p. 426), comme le montre le schéma :

$$C^6H^4 \left\langle \begin{matrix} CH(C^6H^5) \\ CO.OH \end{matrix} \right\rangle C^6H^5 - H^2O = C^6H^4 \left\langle \begin{matrix} C(C^6H^5) \\ C(OH) \end{matrix} \right\rangle C^6H^4$$

acide triphénylméthane carbonique — phénylanthranol

(v. d'ailleurs, B. **18**, 2150 ; Bull. soc. chim. **1886**, 2, 129), elles donnent des phtalidéines à l'oxydation (V. céruléine, par exemple, p. 427). Les dérivés γ alcoylés de l'anthracène s'obtiennent par déshydratation des hydroanthranols alcoylés, composés qu'on prépare par l'action des iodures alcooliques et d'un alcali sur l'hydroanthranol ; le γ-phénylanthracène prend naissance par l'action de la poudre de zinc au rouge sur le phénylanthranol (qui est une phtalidine). (Pour les anthracènes alcoylés isomères, v. ci-dessous).

L'anthraquinone et ses dérivés possèdent un intérêt tout spécial.

Anthraquinone, $C^{14}H^8O^2$ (*Laurent* 1834). Synthèse : voir ci-dessus ; s'obtient facilement par oxydation de l'anthracène au moyen de l'acide chromique dissous dans l'acide acétique ; elle se forme aussi dans la distillation du benzoate de chaux.

Aiguilles ou prismes jaunes et brillants, solubles dans le benzène chaud, très aisément sublimables, d'une grande stabilité vis-à-vis des agents oxydants. P. F. 285°. L'action de l'acide iodhydrique à 150° sur l'anthraquinone conduit à l'anthracène et au dihydrure de ce composé, la potasse en fusion la transforme en acide benzoïque ; *elle possède plutôt le caractère cétonique que le caractère quinonique* (*Zincke*, *Fittig*) : l'acide sulfureux ne la réduit pas et elle donne une oxime avec l'hydroxylamine.

L'anthraquinone peut être *bromée*, *nitrée* (en donnant de l'α^1-α^3-**dinitroanthraquinone**, par exemple), *sulfonée* ; l'acide **anthraquinone-β-monosulfonique** forme des feuillets jaunes ; parmi les acides **disulfoniques**, on en connaît deux qui peuvent être obtenus directement en partant de l'anthraquinone ; l'oxydation des acides anthracène-sulfoniques fournit également ces deux composés.

La fusion alcaline des acides sulfonés ne conduit pas nettement aux dérivés hydroxylés correspondants, il y a en même temps fixation d'oxygène de telle sorte que les acides monosulfoniques donnent des mono et des dioxyanthraquinones, les acides disulfoniques des di et des trioxyanthraquinones ; on régularise industriellement cette oxydation en ajoutant du chlorate de potassium à la masse ; une fusion prolongée avec la potasse provoque une décomposition avec formation d'acides oxybenzoïques.

Les **oxyanthraquinones** peuvent être préparées, d'une manière analogue au mode de formation donné pour l'anthraquinone, p. 439, 6, par l'action de l'anhydride phtalique sur les mono et dioxybenzènes (*Baeyer* et *Caro*, B. **7**, 968 ; **8**, 152), par exemple :

$$C^6H^4\left\langle{CO \atop CO}\right\rangle O + C^6H^4(OH)^2 = C^6H^4\left\langle{CO \atop CO}\right\rangle C^6H^2(OH)^2 + H^2O \ ;$$

avec le phénol, on obtient les deux oxyanthraquinones (aiguilles jaunes), avec la pyrocatéchine : l'hystazarine et l'alizarine, avec l'hydroquinone : la quinizarine, etc. ; elles peuvent en outre être obtenues par fusion alcaline des anthraquinones chlorées et bromées ; l'acide m-oxybenzoïque peut être directement transformé en acide anthraflavique (V. tab.) par déshydratation au moyen de l'acide sulfurique, v. A. **240**, 245.

L'**alizarine**, $C^{14}H^8O^4$, est la belle matière colorante, très importante et fort anciennement connue, que contient la garance (Rubia tinctorum) ; cette plante la renferme, à côté de purpurine, sous forme d'un glucoside facilement décomposable, l'acide rubérythrique ($C^{26}H^{28}O^{14}$) (V. ce mot). Depuis 1871, l'alizarine est préparé industriellement en partant de l'anthracène au moyen de l'acide anthraquinonemonosulfonique (V. ci-dessus) *Graebe* et *Liebermann*, *Caro, Perkin*, B. **3**, 559 ; A. **160**, 130) ; cette préparation tire son origine de ce fait observé par *Graebe* et *Liebermann* (1868, B. **1**, 49 ; A. Spl. **7**, 297) que l'alizarine, chauffée au rouge avec de la poudre de zinc, se réduisait en donnant de l'anthracène.

L'alizarine sublimée se présente sous forme d'aiguilles ou de prismes rouges doués d'un éclat magnifique, fusibles à 289°, facilement solubles dans l'alcool et dans l'éther, peu solubles dans l'eau chaude ; en tant que phénol, elle se dissout aisément dans les alcalis avec une coloration rouge violet ; elle forme, avec les oxydes métalliques, des composés colorés insolubles, des « *laques* » la laque d'alumine et la laque d'étain sont d'un rouge superbe, la laque de fer est violet noir, la laque de chrome couleur bordeaux); c'est à l'aide de ces laques qu'on fixe l'alizarine sur fibre en teinture et en impression : les tissus à teindre sont préparés pour la fixation du colorant par un mordançage préalable au moyen d'acétate d'Al ou de Cr, de sulforicinate d'ammoniaque (V. ce mot), d'huiles partiellement décomposées contenant des acides gras, etc. (teinture en Rouge turc).

L'alizarine, traitée par l'ammoniaque et la poudre de zinc, donne l'**anthrarobine**, *dioxyanthranol*, $C^6H^4\langle{}^{C(OH)}_{CH}\rangle C^6H^2(OH)^2$, poudre blanc jaunâtre, se transformant en alizarine par oxydation, qu'on emploie contre les maladies de la peau à cause de ses propriétés réductrices.

Les vapeurs nitreuses transforment l'alizarine en un colorant jaune rougeâtre, la **β-nitroalizarine**, *Orangé d'alizarine*, $C^{14}H^7(AzO^2)O^4$; ce composé, traité par la glycérine et l'acide sulfurique (réaction de *Skraup*), est transformé en **Bleu d'alizarine**, $C^{17}H^9AzO^4$ (v. quinoléine), colorant bleu aussi très important.

La **purpurine**, **l'anthrapurpurine**, la **flavopurpurine** sont des colorants de grande valeur qui sont préparés industriellement, ainsi qu'un de leurs isomères, l'**anthragallol**, $C^6H^4\langle{}^{CO}_{CO}\rangle C^6H(OH)^3$, Brun d'anthracène, qui s'obtient par l'action de l'acide sulfurique concentré sur un mélange d'acide gallique et d'acide benzoïque.

Le **Bordeaux d'alizarine**, Quinalizarine, tétraoxyanthraquinone, $C^{14}H^4O^2(OH)^4$ (v. B. **23**, 3739 ; Bull. soc. chim. **1891**, **1**, 903), s'obtient, sous forme d'ester sulfurique facilement saponifiable, en traitant l'alizarine par de l'acide sulfurique fumant très riche en anhydride ; oxydé, il fournit de la **penta** puis de l'**hexaoxyanthraquinone** (« Alizarinecyanines »), colorants teignant en bleu violet sur mordants de chrome (v. J. pr. Ch. **43**, 237, 246).

Les colorants connus sous le nom de **Bleus d'anthracène** sont analogues à ces composés, on les obtient en traitant successivement l'α^1-α^3-dinitroanthraquinone par de l'acide sulfurique fumant puis par de l'acide ordinaire, ils donnent des nuances bleues sur mordants de chrome, on peut aussi préparer directement une hexaoxyanthraquinone par oxydation de l'anthraquinone au moyen de l'anhydride sulfurique.

La propriété que possèdent ces composés de teindre les mordants est liée, d'après *v. Kostanecki*, à la présence dans leurs molécules de deux groupes hydroxyle situés en *ortho* l'un par rapport à l'autre.

La **galloflavine**, $C^{13}H^6O^9$, colorant jaune qu'on obtient par l'action de l'air sur une solution alcaline d'acide gallique, est analogue aux colorants d'anthracène dans ses propriétés (*Bohn* et *Graebe*, B. **20**, 2327 ; Bull. soc. chim. **1888**, **1**, 366).

Homologues de l'anthracène.

(V. ci-dessus, synthèse 7, par exemple) ; le goudron de houille renferme quelques-uns de ces carbures, par exemple : le **méthylanthracène** (CH^3 en α ou β, $C^{14}H^9.CH^3$, P. F. 199°, analogue de l'anthracène, s'oxyde en donnant de la méthylanthraquinone.

Le **diméthylanthracène**, P. F. 224-225°, dont on a aussi préparé synthétiquement des isomères.

Les trois acides **anthracènemonocarboxyliques** possibles sont connus ainsi qu'un certain nombre d'acides **dicarboxylés** dérivant de l'anthracène.

B. Phénanthrène.

Phénanthrène, $C^{14}H^{10}$ [*Fittig* et *Ostermayer* (1872) ; A. 166, 361] ; contenu dans le goudron de houille où il accompagne l'anthracène. Feuillets brillants et incolores se dissolvant plus facilement dans l'alcool que l'anthracène en donnant une solution douée d'une fluorescence bleue. P. F. 96°, P. E. 340° ; on le sépare de l'anthracène par oxydation partielle (l'anthracène est d'abord attaqué) et distillation. Les agents oxydants le transforment en acide diphénique (p. 412).

Formation 1. Par voie pyrogénée, en faisant passer, dans un tube chauffé au rouge, du toluène, du stilbène, du dibenzyle ou de l'o-ditolyle.

2. A côté d'anthracène, par l'action du sodium sur le bromure de benzyle o-bromé (p. 439).

3. Le diazoïque de l'acide α-phényl-o-amidocinnamique, agité avec du cuivre divisé, perd de l'azote et de l'eau en donnant de l'acide **phénanthrènecarboxylique** qui, par perte de CO^2, donne du phénanthrène (B. **29**, 496).

4. Distillation de la morphine sur la poudre de zinc.

Constitution. L'obtention du phénanthrène en partant de l'o-ditolyle et sa transformation en acide diphénique, $\begin{matrix} C^6H^4-CO^2H \\ C^6H^4-CO^2H \end{matrix}$, par oxydation prouvent qu'il *dérive du diphényle* et qu'il contient un atome de carbone lié à chacun des noyaux benzéniques, cet atome étant joint à son correspondant par une double liaison (démonstration : formation du phénanthrène en partant du stilbène, $\begin{matrix} C^6H^5-CH \\ \| \\ C^6H^5-CH \end{matrix}$, par exemple, formation qui correspond entièrement à celle du diphényle en partant du benzène) ; l'acide diphénique étant un acide diortho-diphényldicarboxylique, le phénanthrène est par conséquent un dérivé diortho et possède la constitution suivante (*Schultz*, A. **196**, 1 ; **203**, 95 ; Bull. soc. chim. **1881**, **1**, 393) :

$$\begin{matrix} C^6H^4-CH \\ | \qquad \| \\ C^6H^4-CH \end{matrix} \quad = \quad \begin{matrix} & & HC & & CH & & \\ & HC & C & & & C & CH \\ HC & & & & & & & CH \\ & HC & CH & C & C & HC & CH \end{matrix}$$

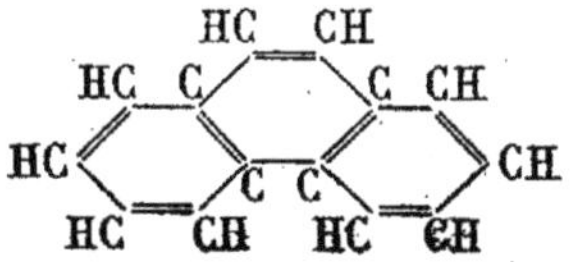

Les deux groupes CH forment donc un *nouvel anneau hexagonal* avec les atomes de carbone des noyaux benzéniques du diphényle avec lesquels ils sont liés : de sorte que le phénanthrène, comme l'anthracène, peut aussi être considéré comme résultant de la soudure de trois noyaux benzéniques ou d'un noyau naphtalique et d'un noyau benzénique.

Du phénanthrène dérivent des produits de *substitution* et *d'addition* (un tétrahydrure, par exemple), des composés nitrés, amidés, sulfonés, des dérivés cyanés, des acides carboxyliques et des dérivés hydroxylés. Le **phénanthrol** est un oxyphénanthrène, la **phénanthrènehydroquinone**, $C^{14}H^8(OH)^2$, est un dioxyphénanthrène qui se transforme par oxydation en phénanthrènequinone, composé qu'on obtient aussi directement par l'action de l'acide chromique sur le carbure.

Phénanthrènequinone, $\begin{matrix} C^6H^4-CO \\ | \quad\quad | \\ C^6H^4-CO \end{matrix}$ (aiguilles orangées, fusibles à 200°, distillant sans décomposition) ; ce composé possède le *caractère d'une dicétone*, il réagit avec l'hydroxylamine, avec le sulfite de sodium, etc., mais il est réduit par l'acide sulfureux en donnant l'hydroquinone correspondante. La phénanthrènequinone est incolore et n'est pas entraînée par la vapeur d'eau, elle donne une coloration vert bleu quand on l'ajoute à un mélange d'acide acétique, d'acide sulfurique et de toluène contenant du thiotolène ; si on dilue la masse avec de l'eau, puis qu'on batte à l'éther, ce solvant se colore en violet (réaction de *Laubenheimer*, (B. **17**, 1338 ; Bull. soc. chim. **1885, 2**, 541).

C. Carbures plus complexes.

Fluoranthène, $C^{15}H^{10}$, **pyrène**, $C^{16}H^{10}$, **chrysène**, $C^{18}H^{12}$, **rétène**, $C^{18}H^{18}$, **picène**, $C^{22}H^{14}$; ces carbures ont été tirés de la partie du goudron de houille bouillant au-dessus de 360°. Le phénanthrène, le pyrène et le fluoranthène sont aussi contenus dans le Stuppfett, produit de distillation du minerai de mercure d'Idria.

Feuillets blancs, distillant sans décomposition, qui, par oxydation, peuvent être transformés en cétones correspondantes.

Constitution :

$$\begin{matrix} C^6H^4\diagdown \\ | \quad \diagup CH \diagdown \\ \quad\quad\quad\quad CH \\ C^6H^4\diagdown CH \diagup\!\!\diagup \end{matrix} \qquad \begin{matrix} C^6H^4-CH \\ | \quad\quad \| \\ C^{10}H^6-CH \end{matrix} \qquad \begin{matrix} \quad\quad C^6H^4-CH \\ CH^3\diagdown \;| \quad\quad \| \\ C^3H^7\diagup C^6H^2-CH \end{matrix} \qquad \begin{matrix} C^{10}H^6-CH \\ | \quad\quad \| \\ C^{10}H^6-CH \end{matrix}$$

fluoranthène. chrysène. rétène. picène.

Constitution du pyrène : *Bamberger*, A. **240**, 147 : du chrysène : B. **26**, 1745 ; B. s. c. **1893, 2**, 1078 ; du picène : A. **284**, 52 ; B. s. c. **1895, 2**, 816.

Perhydrorétène, $C^{18}H^{32}$, existe à l'état naturel, il constitue la *fichtelite*.

XXXII. Groupe de l'indigo (groupe de l'indol).

L'**indigo**, $C^{16}H^{10}Az^2O^2$, est une matière colorante bleue connue depuis des siècles qu'on extrait de diverses plantes (Indigofera tinctoria, Isatis tinctoria), et qui possède une très grande importance, surtout pour la teinture du coton. L'indigo commercial contient, outre l'indigo bleu (indigotine), différentes substances : les gommes d'indigo, le brun et le rouge d'indigo, qu'on peut en extraire par des solvants appropriés. Les plantes à indigo ne le contiennent pas à l'état libre, mais bien sous forme d'un glucoside, l'**indican**, qui l'abandonne sous l'action des acides étendus ou sous l'influence de l'air en présence d'eau.

L'indigo se présente sous forme d'une poudre bleu foncé douée d'un reflet cuivré ; quand il est sublimé, il forme des prismes rouge de cuivre ; il est insoluble dans la plupart des dissolvants usuels, dans les acides étendus et dans les alcalis ; il se dissout dans l'aniline chaude avec une coloration bleue, dans la paraffine en donnant une solution rouge et peut cristalliser dans ces deux solvants. La vapeur d'indigo est rouge foncé, sa densité confirme la formule $C^{16}H^{10}Az^2O^2$ donnée à ce composé ; l'indigo, traité par les réducteurs : sulfate ferreux alcalis ou chaux, glucose et soude, hydrosulfite de soude, etc. est transformé en **indigo blanc**, $C^{16}H^{12}Az^2O^2$, poudre blanche cristalline, soluble dans l'alcool et l'éther, se dissolvant dans les alcalis comme un phénol en donnant une solution (cuve d'indigo) qui s'oxyde énergiquement au contact de l'oxygène de l'air en abandonnant la matière colorante sous forme de pellicules bleues.

L'acide sulfurique concentré ou fumant dissout à chaud l'indigo en le transformant en **acides mono et disulfoniques** : le premier, l'acide « phénicique », est difficilement soluble dans l'eau, le second est facilement soluble, son sel de sodium constitue le *Carmin d'indigo* du commerce.

L'indigo, oxydé par l'acide nitrique, donne de l'isatine ; distillé avec la potasse, il donne de l'aniline ; fondu avec cette base, il fournit de l'indoxyle ; chauffé avec de l'oxyde de manganèse et de la potasse, il se transforme en acide anthranilique (p. 393).

Obtention *synthétique* de l'indigo (*Baeyer* et ses élèves, B. **14**, 1741 ; **15**, 775, 2093, 2856 ; **16**, 1704, 2188, etc. ; Bull. soc. chim. **1882**, **1**, 219 ; **1883**, **1**, 301, 606 ; **1883**, **2**, 565 ; **1884**, **2**, 478).

1. En partant du chlorure d'isatine (V. ce mot).

2. Au moyen de l'acide *o-nitrophénylpropiolique*, en chauffant ce composé avec du glucose en solution alcaline, par exemple :

$$2C^6H^4(AzO^2)C{\equiv}C.CO^2H + 4H = C^{16}H^{10}Az^2O^2 + 2CO^2 + 2H^2O.$$

3. En traitant par l'acide sulfurique l'o-dinitrodiphényldiacétylène, $C^6H^4(AzO^2)-C{\equiv}C-C{\equiv}C-C^6H^4(AzO^2)$, et en réduisant le produit formé dans la réaction.

4. Par l'action des alcalis étendus sur une solution d'*o-nitrobenzaldéhyde* (p. 379) dans l'*acétone* :

$$2C^6H^4(AzO^2)COH + 2C^3H^6O = C^{16}H^{10}Az^2O^2 + 2C^2H^4O^2 + 2H^2O.$$

Dans cette réaction, il se forme, comme produit intermédiaire, le composé :

$$C^6H^4(AzO^2)-CH(OH)-CH^2-CO-CH^3.$$

5. Par oxydation de l'acide indoxylique et de l'*indoxyle* (V. ci-dessous).

6. Synthèse de *Flimm* (B. **23**, 57 ; Bull. soc. chim. **1890**, **2**, 130) : fusion de la monobromacétanilide, $C^6H^5-AzH.CO.CH^2Br$, avec les alcalis.

7. Synthèse d'*Heumann* (B. **23**, 3043 ; Bull. soc. chim. **1891**, **1**, 342 ; B. **24**, 2087 ; Bull. soc. chim. **1892**, **2**, 387). On chauffe avec de la soude caustique la phénylglycine, $C^6H^5—AzH—CH^2—CO^2H$ (aniline et acide acétique monochloré, v. B. **25**, 2029 ; Bull. soc. chim. **1892**, **2**, 1202) ou son dérivé carboxylé (analogue de l'acide anthranilique), on dissout dans l'eau, puis on oxyde à l'air la solution alcaline du leucodérivé (indoxyle ou acide indoxylique) qui a pris naissance dans la réaction.

L'indoxyle, par exemple, se forme de la manière suivante :

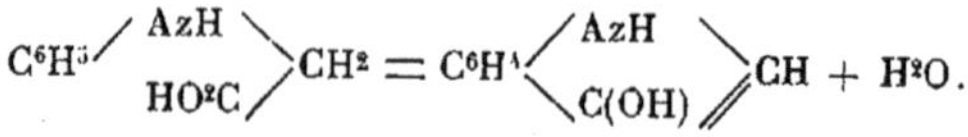

$$C^6H^5\langle{}^{AzH}_{HO^2C}\rangle CH^2 = C^6H^4\langle{}^{AzH}_{C(OH)}\rangle CH + H^2O.$$

On peut obtenir d'une manière analogue des homologues de l'indigo ; l'action de l'acide sulfurique fortement fumant sur la phénylglycine conduit aux dérivés sulfonés du colorant.

L'indigo possède très vraisemblablement la *constitution* suivante :

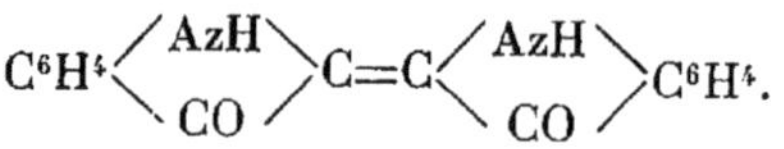

$$C^6H^4\langle{}^{AzH}_{CO}\rangle C{=}C\langle{}^{AzH}_{CO}\rangle C^6H^4.$$

L'indirubine (indigopurpurine), isomère rouge de l'indigo, existe dans l'indigo commercial et a été obtenu synthétiquement.

Parmi les dérivés substitués de l'indigo, on a préparé l'indigo dichloré, dibromé, tétrachloré, diéthylé, le tolyl et le xylylindigo, etc., et, en outre, un acide indigodicarboxylique (v. par exemple : B. **12**, 458).

Dérivés de l'indigo :

$C^8H^5AzO^2$	isatine (V. ci-dessous)	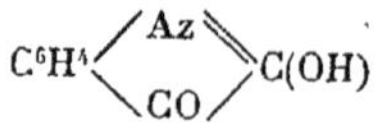 $C^6H^4\langle{}^{Az}_{CO}\rangle C(OH)$
$C^8H^7AzO^2$	dioxindol (p. 450)	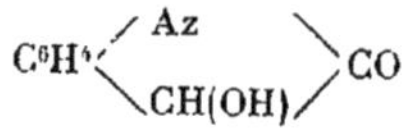 $C^6H^4\langle{}^{Az}_{CH(OH)}\rangle CO$
C^8H^7AzO	oxindol (p. 450)	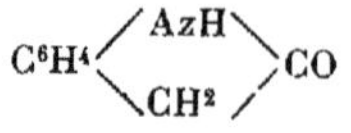 $C^6H^4\langle{}^{AzH}_{CH^2}\rangle CO$
	indoxyle	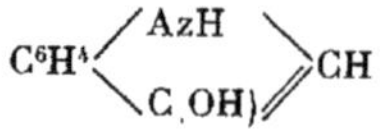 $C^6H^4\langle{}^{AzH}_{C(OH)}\rangle CH$
C^8H^7Az	indol (p. 451)	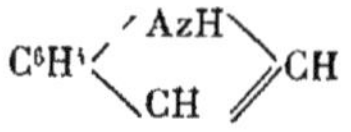 $C^6H^4\langle{}^{AzH}_{CH}\rangle CH$
$C^8H^6Az(CO^2H)$	ac. indolcarboxylique (β. p. ex).	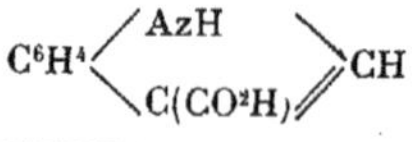 $C^6H^4\langle{}^{AzH}_{C(CO^2H)}\rangle CH$
$C^8H^6(CH^3)Az$	scatol. et isomères.	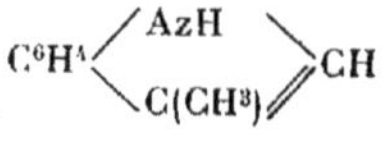 $C^6H^4\langle{}^{AzH}_{C(CH^3)}\rangle CH$

1. **L'isatine**, $C^8H^4\left\langle\begin{matrix}Az\\CO\end{matrix}\right\rangle C(OH)$, s'obtient facilement en oxydant l'indigo au moyen de l'acide nitrique (*Erdmann* et *Laurent* 1841, v. aussi : B. **17**, 976) ; on peut aussi la préparer par oxydation du dioxindol, de l'oxindol (indirectement) et de l'indoxyle (*Baeyer*) ou en chauffant avec les alcalis l'acide o-nitrophénylpropiolique. Prismes monocliniques rouge jaunâtre peu solubles dans l'eau froide, se dissolvant aisément dans l'eau chaude et dans l'alcool en donnant une solution rouge brun ; l'isatine se dissout dans une lessive de potasse en donnant d'abord une liqueur violette qui contient le composé $C^8H^4AzO.OK$ qui, par élévation de température, se transforme en *isatate* de potassium, $C^6H^4(AzH^2)-CO-COOK$ (p. 401) ; l'isatine est la lactime de l'acide isatique (elle a aussi été considérée comme la lactame de cet acide, v. B. **23**, 253).

Synthèse : en partant de l'acide o-nitrobenzoylformique, v. p. 401. Réaction avec le thiophène, v. p. 287. On connaît des dérivés chlorés, bromés, nitrés de l'isatine ; traitée par l'ammoniaque, l'isatine échange, en tant que cétone, O contre AzH en donnant l'**imesatine**, $C^8H^5AzO(AzH)''$. L'action de l'hydroxylamine la transforme en **isatoxime**, $C^6H^4\left\langle\begin{matrix}Az\\C(:Az.OH)\end{matrix}\right\rangle C.OH$, aiguilles jaunes qu'on obtient aussi par l'action de l'acide nitreux sur l'oxindol. La **méthylisatine** homologue de l'isatine, peut être obtenue en partant de p-toluidine+acide acétique dichloré, il se forme d'abord dans la réaction un dérivé tolylé de la **méthylimesatine** (B. **18**, 190 ; B. s. c. **1886**, **1**, 586). L'isatine, oxydée par l'acide chromique, fournit l'acide **isatoïque**, $C^8H^5AzO^3$, qui n'est autre que l'acide anthranilecarbonique, $C^6H^4\left\langle\begin{matrix}CO\\ |\\ Az-CO^2H\end{matrix}\right.$ (p. 394).

L'isatine donne un éther méthylique, la **méthylisatine**, $C^6H^4\left\langle\begin{matrix}Az\\CO\end{matrix}\right\rangle C.O.CH^3$, cristaux rouge-sang qu'on obtient au moyen du dérivé argentique de l'isatine (poudre rouge) et de l'iodure de méthyle ; ce composé se dissout dans les alcalis en donnant de l'acide isatique et de l'alcool méthylique (rupture de la liaison lactimique et saponification de l'ester méthylique formé), réaction d'où découle la formule de constitution de l'isatine donnée ci-dessus.

Un isomère du composé précédent, la **méthylpseudoisatine**, dérive d'un isomère inconnu de l'isatine, la pseudoisatine, $C^6H^4\left\langle\begin{matrix}AzH\\CO\end{matrix}\right\rangle CO$, *lactame* de l'acide amidobenzoylformique ; on l'obtient, par exemple, en traitant le méthylindol (V. ci-dessous) d'abord par l'hypobromite de soude, puis ensuite par la potasse alcoolique, elle possède la formule $C^6H^4\left\langle\begin{matrix}Az(CH^3)\\CO\end{matrix}\right\rangle CO$ (B. **17**, 559 ; B. s. c. **1885**, **1**, 511) car elle se dissout dans les alcalis en donnant aussitôt de l'acide **méthylisatique**, $C^6H^4(AzH.CH^3)-CO-CO^2H$.

Chlorure d'isatine, $C^6H^4\left\langle\begin{matrix}Az\\CO\end{matrix}\right\rangle C.Cl$; s'obtient par l'action du pentachlorure de phosphore sur l'isatine. Aiguilles brunes solubles dans l'alcool et dans l'éther avec une coloration bleue. Ce composé, traité par l'acide iodhydrique ou par la poudre de zinc et l'acide acétique, se transforme en indigo (synthèse de ce composé, *Baeyer*) :

$$2C^8H^4AzOCl + 4H = C^{16}H^{10}Az^2O^2 + 2HCl.$$

2. **Dioxindol**, $C^6H^4\left\langle\begin{matrix}AzH\\CH(OH)\end{matrix}\right\rangle CO$, anhydride intérieur d'un acide instable à l'état libre : l'acide o-amidophénylglycolique (V. p. 400) ; on l'obtient par réduction de l'isatine au moyen de la poudre de zinc et de l'acide chlorhydrique. Prismes incolores, facilement solubles, fondant à 180°, s'oxydant facilement en donnant de l'isatine et possédant à la fois des propriétés basiques et des propriétés acides.

3. **Oxindol**, $C^6H^4\left\langle\begin{matrix}AzH\\CH^2\end{matrix}\right\rangle CO$, lactame de l'acide o-amidophénylacétique ; on l'obtient par réduction de l'acide o-nitrophénylacétique et, en outre, en réduisant le dioxindol par l'étain et l'acide chlorhydrique. Aiguilles incolores, P. F. 120°, s'oxydant facilement en donnant du dioxindol et possédant, par conséquent, de faibles propriétés réductrices.

L'oxindol est à la fois acide et base, il se dissout dans les alcalis comme dans les acides ; traité par l'eau de baryte à haute température, il se transforme en o-amidophénylacétate de baryum (B. **16**, 1704 ; B. s. c. **1883**, **2**, 565) ; il peut échanger son hydrogène amidique contre les groupes éthyle, acétyle, nitroso, etc.

4. **Indoxyle**, $C^6H^4\left\langle\begin{matrix}AzH\\C(OH)\end{matrix}\right\rangle CH$, isomère de l'oxindol, peut être obtenu soit en partant de l'acide indoxylique par perte d'acide carbonique, soit au moyen de la phénylglycine (d'après la synthèse de la p. 448), soit par l'action de la potasse en fusion sur l'indigo ; il est contenu dans l'urine des herbivores à l'état d'ester sulfurique, $C^8H^6Az.O.SO^3K$, indoxylsulfate de potassium (*Indican animal*). Huile ne s'entraînant pas à la vapeur d'eau, se dissolvant assez facilement dans l'eau en donnant une solution douée d'une fluorescence jaune.

L'indoxyle se dissout dans l'acide chlorhydrique concentré avec une coloration rouge, il est très instable et goudronne facilement, il s'oxyde en solution alcaline au contact de l'air et en solution chlorhydrique par addition de Fe^2Cl^6 en se transformant dans les deux cas en indigo.

L'indoxyle donne un dérivé **nitrosé**, $C^6H^4\left\langle\begin{matrix}Az(AzO)\\C(OH)\end{matrix}\right\rangle CH$, possédant le caractère des nitrosamines, il contient donc un groupe *imide* ; comme il renferme en outre un *hydroxyle* alcoolique puisqu'il fournit un acide indoxylsufurique, sa *constitution* est de ce fait déterminée.

L'indoxylsulfate de potassium (v. ci-dessus), feuillets brillants, se prépare synthétiquement en chauffant l'indoxyle avec du pyrosulfate de potassium, $K^2S^2O^7$; chauffé avec les acides, il subit la décomposition inverse.

L'échange de l'H (alcoolique) de l'indoxyle contre C^2H^5 conduit à **l'éthylindoxyle** ; on connaît aussi des dérivés du **pseudoindoxyle** hypothétique, $C^6H^4\left\langle\begin{matrix}AzH\\CO\end{matrix}\right\rangle CH^2$, certains d'entre eux peuvent être transformés en dérivés de l'indigo (diéthylindigo).

Acide indoxylique, $C^6H^4\left\langle\begin{matrix}AzH\\C(OH)\end{matrix}\right\rangle C-CO^2H$, dérivé carboxylé de l'indoxyle, cristaux blancs que le chlorure ferrique transforme en indigo et qui, fondus, se décomposent en indoxyle et acide carbonique ; cet acide s'obtient aussi soit en chauffant prudemment l'acide phénylglycinecarbonique avec de la soude caustique, soit par l'action de la soude en fusion sur l'ester **éthylindoxylique** (prismes épais, P. F. 120°) qu'on obtient, par exemple, en réduisant l'ester éthyl-o-nitrophénylpropiolique par le sulfure d'ammonium.

La substance mère du groupe indigotique tout entier est l'**indol**, $C^6H^4\left\langle\begin{matrix}AzH\\CH\end{matrix}\right\rangle CH$ (*Baeyer*, 1868), composé qu'on obtient : par distillation de l'oxindol avec la poudre de zinc ; en chauffant l'acide o-nitrocinnamique avec de la potasse et de la limaille de fer ; en chauffant l'o-diamidostilbène qui perd de l'aniline dans la réaction (B. **28**, 1411 ; Bull. soc. chim. **1895**, **2**, 1154) ; par l'action de l'alcoolate de sodium sur le chlorure de cinnaményle-o-amidé (acide o-nitrocinnamique + acide hypochloreux — CO^2) :

$$C^6H^4\left\langle\begin{matrix}AzH^2\\CH{=}CH.Cl\end{matrix}\right. + NaOC^2H^5 = C^6H^4\left\langle\begin{matrix}AzH\\CH\end{matrix}\right\rangle CH + NaCl + C^2H^5OH\ ;$$

l'indol s'obtient encore en partant de *l'albumine* soit par la digestion pancréatique, soit, à côté de scatol, par fusion avec la potasse ; en faisant passer à travers un tube chauffé au rouge la vapeur de certaines anilines substituées, la diéthyl-o-toluidine, par exemple, etc. Feuillets blancs et brillants, fusibles à 52°, facilement entraînables à la vapeur d'eau, d'une odeur particulière rappelant celle des matières fécales. L'indol est très faiblement basique ; il colore en rouge cerise un copeau de sapin humecté d'acide chlorhydrique ; traité par l'acide nitreux, il fournit un précipité rouge partiellement formé de *nitrosoindol* $[C^8H^6Az(AzO)]^2$ (réactions sensibles, v. aussi B. **22**, 1976 ; Bull. soc. chim. **1890**, **1**, 654) ; l'acétylation le transforme en *acétylindol* ; ces derniers faits prouvent que l'indol contient un groupe *imide*.

Constitution. La molécule de l'indol se présente comme résultant de la soudure d'un noyau *pyrrolique* et d'un noyau *benzénique*, ces deux noyaux possédant deux atomes de carbone en ortho communs :

$$\begin{matrix} (az)\,AzH & & CH & \\ (\alpha)\ CH & C & & CH \\ (\beta)\ CH & C & & CH \\ & & CH & \end{matrix} \quad = \quad \text{indol} \quad = \quad C^6H^4\left\langle\begin{matrix}AzH\\CH\end{matrix}\right\rangle CH.$$

On peut déduire de l'indol un grand nombre de *dérivés* par des substitutions qui peuvent porter soit sur l'hydrogène imidique, soit sur les atomes d'hydrogène désignés par les lettres α et β, soit enfin sur ceux du noyau benzénique ; ces dérivés peuvent être préparés *synthétiquement* en condensant, par exemple, des *hydrazines* aromatiques primaires ou secondaires avec l'acide *pyruvique* ou avec certains composés *cétoniques* ou *aldéhydiques*, puis en traitant les hydrazones ainsi obtenues par l'acide chlorhydrique étendu ou le chlorure de zinc (*E. Fischer*, A. **236**, 116 ; **242**, 372 ; Bull. soc. chim. **1887**, **1**, 609 ;

1889, 1, 670 ; l'acétone phénylhydrazone donne dans ces conditions l'α-méthylindol, $C^6H^4\left\langle\begin{matrix}AzH\\CH\end{matrix}\right\rangle C-CH^3$; la propylaldéhyde phénylhydrazone fournit le scatol) ; l'α-phénylindol s'obtient en partant du bromure de phénacyle et de l'aniline, B. **25,** 2860 ; Bull. soc. chim. **1892, 2,** 1355.

Le **scatol**, β-*méthylindol*, $C^6H^4\left\langle\begin{matrix}AzH\\C(CH^3)\end{matrix}\right\rangle CH$, est contenu dans les fèces, il se forme aussi à côté d'indol dans la putréfaction ou dans la fusion alcaline de l'*albumine*. Feuillets blancs, P. F. 95°, d'une forte odeur de matières fécales. Le scatol n'est pas coloré en rouge par l'acide nitreux, il peut fixer deux atomes d'hydrogène en donnant un composé hydrogéné.

Az-méthylindol, $C^6H^4\left\langle\begin{matrix}Az(CH^3)\\CH\end{matrix}\right\rangle CH$, huile bouillant à 239° ; s'obtient sous forme de son dérivé carboxylé au moyen de la phénylméthylhydrazine et de l'acide pyruvique.

Acides indolcarboniques, $C^8H^6Az(CO^2H)$; ces acides peuvent être préparés synthétiquement : l'acide β, par exemple, se forme à côté d'acide α d'après la méthode de *Kolbe*, en traitant l'indol par le sodium et l'acide carbonique.

L'acide **scatolcarbonique**, $C^9H^8Az(CO^2H)$, homologue du précédent, prend naissance dans la putréfaction des matières albuminoïdes ; l'acide **scatolacétique**, $C^9H^8Az(CH^2.CO^2H)$, se forme dans les mêmes conditions.

Transformation des dérivés de l'indol en dérivés de la quinoléine : B. **20,** 2199, 2608 ; **21,** 1940 ; **23,** 2302, 2628 ; **25,** R. 111 ; Bull. soc. chim. **1888, 1,** 371, 647 ; **1889, 1,** 72 ; **1891, 1,** 817 ; **1891, 2,** 63.

Appendice. Groupe de la coumarone, groupe de l'indazol, thiophtène.

De même que le furane et le thiophène se rattachent au pyrrol, il existe des composés analogues à l'indol qui contiennent de l'*oxygène* ou du *soufre* à la place du groupe *imide*.

La **coumarone**, $C^6H^4\left\langle\begin{matrix}O\\CH\end{matrix}\right\rangle CH$, est un composé qui présente de fortes analogies avec les carbures benzèniques, spécialement avec le pseudocumène ; elle accompagne ces carbures dans le goudron de houille et peut en être isolée au moyen de sa combinaison avec l'acide picrique. Liquide, P. E. 170-171°, de caractère très indifférent, se résinifiant cependant au contact des acides minéraux en se colorant en rouge ; sa vapeur, mélangée à la vapeur de benzène donne du phénanthrène en passant dans un tube chauffé au rouge, mélangée à la vapeur de naphtaline, elle fournit du chrysène. V. B. **23,** 78 ; **25,** 2409 ; B. s. c. **1890, 1,** 959 ; **1892, 2.** 1181. Synthèse : B. **26,** 2968 ; B. s. c. **1894, 2,** 361. Composés analogues, v. B. **19,** 1290, 1432, 1617, 1667, 2927 ; Bull. soc. chim. **1886, 2,** 706, 707 ; **1887, 1.** 269, 726, 905.

Il existe en outre des composés qu'on peut considérer comme dérivant des indols par substitution d'un *atome d'azote à la place d'un atome de carbone du noyau*, ce sont les *indazols* ; ainsi, à l'indol, C^9H^7Az, correspond l'**indazol**, $C^8H^6Az^2$, ($C^6H^4\left\langle\begin{matrix}Az\\\cdot\\CH\end{matrix}\right\rangle AzH$ ou $C^6H^4\left\langle\begin{matrix}AzH\\CH\end{matrix}\right\rangle Az$), qu'on peut préparer indirectement en partant de la p-nitro-o-toluidine par transformation en diazoïque, décomposition de celui-ci à l'ébullition en présence d'acide acétique, puis élimination du groupe nitro (B. **23,** 3635 ; **24,** 2370 ; **25,** 3149 ; **26,** 216, 2349, etc ; Bull. soc. chim. **1891, 1,** 210 ; **2,** 992 ; **1893, 2,** 303 ; **1893, 2,** 629 ; **1894, 2,** 72).

Thiophtène, $C^6H^4S^2$, huile bouillant à 225° qu'on obtient en chauffant l'acide citrique avec du trisulfure de phosphore ; le thiophtène est avec le thiophène dans le même rapport que la naphtaline avec le benzène, il contient par conséquent deux noyaux thiophéniques soudés par deux atomes de carbone en ortho (B. **19**, 2444 ; **26**, 2808 ; B. s. c. **1887**, **1**, 729 ; **1894**, **2**, 279).

Dérivés pyridiques, alcaloïdes et corps analogues.

Les composés dont il a été question jusqu'ici sont tous des dérivés des carbures benzéniques : benzène, C^6H^6, naphtaline, $C^{10}H^8$, anthracène, $C^{14}H^{10}$, etc. ; à côté d'eux, viennent se ranger quelques groupes de composés *azotés* très importants qui dérivent de substances basiques :
la *pyridine*, C^5H^5Az, la *quinoléine*, C^9H^7Az, l'*acridine*, $C^{13}H^9Az$, etc. de la *même manière* que les dérivés du benzène se déduisent de ce carbure, c'est-à-dire par substitution à l'hydrogène des halogènes ou des groupes AzO^2, AzH^2, SO^3H. OH, CH^3, CO^2H, etc.

Ces bases présentent, dans leurs compositions, une différence de C^4H^2 de l'une à l'autre, différence qui est identique à celle qu'offrent les carbures ci-dessus, aussi peuvent-elles être envisagées comme dérivant de ces carbures par échange de CH contre Az :

$$C^6H^6 - CH + Az = C^5H^5Az.$$

De même que la naphtaline et l'anthracène sont des dérivés benzéniques, la quinoléine et l'acridine sont, d'une part, des dérivés benzéniques et, d'autre part, des dérivés de la *pyridine*, aussi cette *base* est-elle le *point de départ* de toute cette classe de composés.

La pyridine se rapproche beaucoup du benzène par un grand nombre de ses propriétés :

1. Comme le benzène, en effet, cette base possède une très grande *stabilité*, elle se distingue même de ce carbure par une *indifférence* plus accentuée vis-à-vis de l'acide sulfurique, de l'acide nitrique et des halogènes : l'acide sulfurique n'agit par sulfonation qu'à très haute température, les nitropyridines ne sont pas encore connues, pas plus que les pyridines iodées ; les dérivés chlorés et bromés de cette base ne sont connus qu'en nombre restreint. L'action de l'acide nitrique, de l'acide chromique ou du permanganate de potassium n'altère ni la pyridine, ni ses acides carboxylés.

2. Les *propriétés des dérivés* de la pyridine sont en général complètement semblables à celles des dérivés benzéniques, ses homologues (ainsi que la quinoléine, etc.) se transforment par oxydation en acides pyridinecarbo-

niques, ces acides, distillés avec la chaux, sont ramenés à la pyridine (comme l'acide benzoïque est ramené au benzène).

3. Les *relations d'isomérie* des dérivés pyridiques sont entièrement comparables à celles des dérivés benzéniques, le nombre des monosubstitués de la pyridine est égal à 3 comme celui des dérivés disubstitués du benzène, le nombre des dérivés pyridiques disubstitués à substituants identiques est égal à celui des dérivés benzéniques C^6H^3XXX', c'est-à-dire égal à 6, etc.

4. Ces bases se comportent vis-à-vis des agents de réduction tout à fait comme des carbures benzéniques : la pyridine fournit l'hexahydropyridine (pipéridine), $C^5H^{11}Az$, tout comme le benzène donne l'hexahydrobenzène, la fixation d'hydrogène s'effectue même plus facilement ; la quinoléine se transforme facilement en tétrahydroquinoléine, $C^9H^{11}Az$, et l'acridine fournit aisément une dihydroacridine, $C^{13}H^{11}Az$, analogue du dihydroanthracène. Dans ces composés d'addition, comme dans ceux de la série benzénique, la possibilité d'une introduction ultérieure d'hydrogène n'est point exclue en même temps qu'ils conservent d'autre part une tendance au retour aux bases d'origine.

Leur *constitution* est par conséquent très *voisine* de celle des carbures benzéniques (V. p. 458 et p. 468).

Contrairement aux carbures benzéniques qui sont des composés neutres, la pyridine et les corps homologues sont des *bases puissantes*, d'une odeur généralement pénétrante, distillant ou se sublimant sans décomposition ; la pyridine est facilement soluble dans l'eau, la quinoléine peu soluble, elles donnent toutes deux avec les acides chlorhydrique et sulfurique des sels qui, pour la plupart, se dissolvent aisément ; avec l'acide chromique, elles fournissent des sels difficilement solubles et souvent caractéristiques, elles forment avec le chlorure de platine, le chlorure d'or, le chlorure mercurique, des sels doubles dont la solubilité est généralement faible, etc.

Ce sont des bases tertiaires, elles ne peuvent par conséquent ni s'acétyler, ni se diazoter, etc. ; elles se combinent à l'iodure de méthyle en donnant des composés quaternaires.

La pyridine et la quinoléine, comme beaucoup de leurs isomères, sont contenues dans le *goudron de houille* (qui renferme aussi de l'acridine) et dans l'*huile d'os* (huile animale de Dippel), elles peuvent en être séparées au moyen des acides bien que, généralement, elles ne puissent être obtenues chimiquement pures par des fractionnements répétés effectués sur le produit brut obtenu en partant de ce point de départ ; pour leur préparation à l'état de pureté, on est souvent forcé de s'adresser aux méthodes synthétiques.

Les bases pyridiques et quinoléiques se forment aussi dans la distillation avec la potasse caustique, etc., de la plupart des alcaloïdes existant dans la nature : la quinine, la cinchonine, la strychnine, par exemple ; leurs acides carboxylés s'obtiennent par oxydation de ces alcaloïdes, ces composés sont donc pour la plupart des dérivés pyridiques.

Les alcaloïdes sont des bases végétales exerçant pour la plupart sur l'organisme une action très intense, vénéneuse ou thérapeutique, elles sont d'une grande importance au point de vue médicinal ; une partie d'entre elles seront traitées avec les dérivés pyridiques et quinoléiques, les autres, dont les rapports avec la pyridine et la quinoléine sont plus complexes ou encore peu connus, feront l'objet d'un chapitre spécial (v. chapitre XXXV).

Certains alcaloïdes, comme la caféine et la choline, appartiennent d'ailleurs à d'autres classes de composés.

On a pris l'habitude dans ces derniers temps de réserver la dénomination d'alcaloïdes aux bases végétales qui dérivent de la pyridine.

Tableau
de quelques dérivés pyridiques et quinoléiques

Pyridine	C^5H^5Az	*Quinoléine*	C^9H^7Az
Pyridines chlorées, etc.	C^5H^4AzCl	Quinoléines chlorées, etc.	C^9H^6AzCl
		Amidoquinoléines. . . .	$C^9H^6Az(AzH^2)$
Ac. pyridinesulfoniques	$C^5H^4Az(SO^3H)$	Ac. quinoléinesulfoniques	$C^9H^6Az(SO^3H)$
Oxypyridines (3)	$C^5H^4Az(OH)$	*Oxyquinoléines*.	$C^9H^6Az(OH)$
Méthylpyridines. . . . . (picolines) (3)	$C^5H^4Az(CH^3)$	*Méthylquinoléines* . . . . (quinaldine, etc.)	$C^9H^6Az(CH^3)$
Diméthylpyridines . . . (lutidines)	$C^5H^3Az(CH^3)^2$	Diméthylquinoléines . .	$C^9H^5Az(CH^3)^2$
Triméthylpyridines . . .	$C^5H^2Az(CH^3)^3$	Triméthylquinoléines,	$C^9H^4Az(CH^3)^3$
Propylpyridines.	$C^5H^4Az(C^3H^7)$	etc.	
Ac.pyr.-carboxyliques (3).	$C^5H^4Az(CO^2H)$	*Ac. quinoléinecarb.* . . .	$C^9H^6Az(CO^2H)$
Ac. pyr.-dicarboxyl. (6).	$C^5H^3Az(CO^2H)^2$	Ac. quinoléinedicarb . .	$C^9H^5Az(CO^2H)^2$
Ac. picolinecarboxyl . .	$C^5H^3Az(CH^3)(CO^2H)$	Ac. quinaldinecarb . . .	$C^9H^5Az(CH^3)(CO^2H)$
Dipyridine	$C^{10}H^{10}Az^2$	Diquinoléine	$C^{18}H^{14}Az^2$
Dipyridyle	$C^5H^4Az-C^5H^4Az$	Diquinolyline.	$C^9H^6Az-C^9H^6Az$
Phénylpyridines	$C^5H^4Az(C^6H^5)$	Phénylquinoléines . . .	$C^9H^6Az(C^6H^5)$
Piperidine	$C^5H^{11}Az$	*Tétrahydroquinoléine* . .	$C^9H^{11}Az$

XXXIII. Groupe pyridique, $C^nH^{2n-5}Az$ (1)

Le groupe pyridique comprend la pyridine elle-même, ses homologues, ses acides carboxylés et les dérivés analogues.

Les homologues de la pyridine extraits du goudron de houille ou de l'huile animale sont désignés sous les noms de *picoline* (C^6H^7Az), de *lutidine* (C^7), de *collidine* (C^8), de *parvoline* (C^9), de *corindine* (C^{10}) etc. ; les fractions qui, d'après l'analyse empirique, correspondent à ces formules ne sont pas des individus chimiques, mais sont au contraire des mélanges de bases isomères et quelquefois de bases homologues.

De la même manière que les homologues du benzène se différencient du benzène lui-même, les homologues de la pyridine se distinguent de celle-ci par leur aptitude à se transformer en acides pyridinecarboxyliques par oxydation :

$$C^5H^3Az(CH^3)(C^2H^5) \text{ donne } C^5H^3Az(CO^2H)^2.$$

Formation. 1. Les bases pyridiques se forment par *distillation* sèche d'un grand nombre de substances organiques azotées, aussi sont-elles contenues dans le goudron de houille, dans l'huile d'os, dans les produits de distillation des schistes bitumineux, etc.

2. La distillation de la *cinchonine* avec la potasse fournit de la lutidine à côté d'autres dérivés.

3. La pyridine s'obtient, en partant de ses *homologues*, par transformation de ceux-ci en acides carboxyliques par oxydation, et retour de ces acides à la base par élimination d'acide carbonique.

3a La *quinoléine*, oxydée, se transforme en acide quinoléique, $C^5H^3Az(CO^2H)^2$; cet acide, en perdant de l'acide carbonique, donne de la quinoléine.

4. La distillation de l'*acroléineammoniaque* (p. 125) donne de la β-méthylpyridine ; en partant de la crotonaldéhydeammoniaque ou de l'aldéhydeammoniaque (p. 125), on obtient, d'une manière analogue, de la collidine (*Baeyer*, A. **155**, 283, 297).

4a La glycérine, chauffée soit avec du phosphate d'ammoniaque, soit avec de l'acétamide et de l'anhydride phosphorique, donne de la β-méthylpyridine.

5. L'aldéhydine, $C^8H^{11}Az$, s'obtient en chauffant le chlorure ou le bromure d'éthylidène avec de l'ammoniaque alcoolique.

(1) V. *Buchka* : Chemie des Pyridins, Braunschweig, Vieweg.

6. L'ester *acétylacétique*, chauffé avec de l'*aldéhydeammoniaque*, donne « l'ester *dihydrocollidinedicarboxylique* » :

$$2C^6H^{10}O^3 + CH^3.CHO + AzH^3 = C^5Az\,H^2(CH^3)^3(CO^2R)^2 + 3H^2O\ ;$$

ce composé n'est autre qu'un ester triméthylpyridinedicarboxylique dihydrogéné ; sous l'influence de l'acide nitreux, il perd ses deux atomes d'hydrogène d'addition en donnant l'ester *collidinedicarboxylique*, $C^5Az(CH^3)^3(CO^2R)^2$, qui, par saponification et perte d'acide carbonique, fournit la *collidine* (*méthode synthétique importante*, *Hantzsch*, A. **215**, 1, etc.).

Si, au lieu d'aldéhydeammoniaque, on emploie les composés ammoniés d'autres aldéhydes, on obtient des bases analogues répondant à la formule :

$$C^5H^2Az(CH^3)^2(CnH^{2n+1}).$$

On peut aussi, dans cette réaction remplacer une molécule d'ester acétylacétique par une molécule d'aldéhyde, par exemple :

$$C^6H^{10}O^3 + 2CH^3.CHO + AzH^3 = C^5H^2(H^2)Az(CH^3)^2\,CO^2R + 3H^2O\ :$$

on obtient ainsi l'ester monocarboxylique de la diméthyl-,etc.,-dihydropyridine ; on peut en outre substituer à l'ester acétylacétique d'autres esters d'acides-cétones β ainsi que des β-dicétones (B. **24**, 1662 ; B. s. c. **1891**, **2**, 954, voir en outre B. **26**, 2734 ; B. s. c. **1894**, 2, 326).

7. Les 1,5-*dicétones*, traitées par l'hydroxylamine, donnent de la pyridine avec élimination de trois molécules d'eau ; traitées par l'ammoniaque, elles perdent deux molécules d'eau en donnant des dérivés dihydropyridiques (A. **281**, 33 ; B. s. c. **1895**, **2**, 168).

8. Le dérivé potassé du *pyrrol*, C^4H^4AzK, chauffé avec du chloroforme, donne de la pyridine chlorée ; chauffé avec du chlorure de méthylène, il fournit de la pyridine.

9. Le chlorhydrate de *pentaméthylènediamine*, $C^5H^{10}(AzH^2)^2$, chauffé rapidement, se transforme en *pipéridine* (*Ladenburg*, B. **18**, 2956, 3100 ; B. s. c. **1886**, **2**, 161, 221) :

$$C^5H^{10}(AzH^2)^2,HCl = C^5H^{11}Az + AzH^4Cl\ ;$$

cette base peut être transformée en pyridine en la chauffant avec de l'acide sulfurique concentré à 300° (*Kœnigs*) ou en traitant sa solution acétique par l'acétate d'argent à 180° :

$$C^5H^{11}Az - 6H = C^5H^5Az.$$

10. Le chlorhydrate de *pipéridine* se forme en outre nettement quand on chauffe une solution aqueuse d'amylamine ε-chlorée (p. 183, *Gabriel*, B **25**, 421 ; B. s. c. **1892**, **2**, 1067), on l'obtient aussi par l'action du zinc et de l'acide chlorhydrique sur l'amidovaléraldéhyde (v. ce mot).

11. La butylméthylcétone-δ-bromée, $CH^2Br-(CH^2)^3-CO-CH^3$, traitée par l'ammoniaque, se transforme en une *tétrahydropicoline* probablement identique à l'α-pipécoléine (v. p. 463) (*Lipp*. A. **289**, 173).

12. Les amides de l'acide citrique (la monamide, $C^6H^7O^6(AzH^2)$, par exemple), chauffées avec de l'acide sulfurique, donnent de l'acide citrazinique (dioxypyridine-γ-carboxylique) (*Hofmann*) : l'acide acétonedi-carbonique donne de la trioxypyridine (B. **19**, 2694).

13. Un grand nombre de composés du groupe *pyrone* (p. 464) sont transformés en dérivés pyridiques par l'action de l'ammoniaque (v. A. **285**, 35 ; B. s. c. **1895**, **2**, 1011).

14. Les *homologues* de la pyridine prennent naissance par l'action des iodures alcooliques sur cette base à 300° (*Ladenburg*), réaction identique à celle qui fournit la toluidine en partant de méthylaniline.

Constitution. La constitution de la pipéridine et celle de la pyridine sont exprimées par les formules suivantes (*Körner*, 1869) :

$$\begin{array}{ccc} \begin{array}{c} H^2 \\ C \\ H^2C \diagup \diagdown H^2C \\ \mid \quad\quad \mid \\ H^2C \diagdown \diagup H^2C \\ Az \\ H \end{array} & \text{et} & \begin{array}{c} H \\ C \\ HC \diagup \!\!\diagdown\!\!\diagdown CH \\ \| \quad\quad \mid \\ HC \diagdown \diagup\!\!\diagup CH \\ Az \end{array} \quad (I)\,; \end{array}$$

pipéridine. pyridine.

celle de la *pipéridine* découle de sa formation au moyen de la pentaméthylènediamine (V. ci-dessus mode de formation 9) :

$$CH^2\begin{cases} CH^2-CH^2-AzH^2 \\ CH^2-CH^2-AzH^2 \end{cases} = CH^2\begin{cases} CH^2-CH^2 \\ CH^2-CH^2 \end{cases}AzH + AzH^3\,;$$

Cette base est donc constituée par un *noyau hexagonal* comprenant *cinq groupes méthylène* et *un groupe imide*, elle est complètement analogue à l'hexaméthylène, on peut par conséquent la considérer comme la *pentaméthylèneimine*.

En dehors de cette synthèse, l'étude des produits de scission que peut fournir la pipéridine vient encore à l'appui de cette formule de constitution, en effet, 1) quand on traite son dérivé benzoylé par le permanganate, on obtient de l'acide valérianique (B. **24**, 3687 ; B. s. c. **1892**, **2**, 1030) ; 2) l'action de l'eau oxygénée la transforme en δ-aminovaléraldéhyde, puis en acide glutarique et ammoniaque (B. **26**, 2991 ; B. s. c. **1894**, **2**, 380).

La constitution de la *pyridine* découle :

1. Des étroites relations qu'elle possède avec la pipéridine.

2. De la formation de l'acide pyridinedicarboxylique en partant de la quinoléine (V. ci-dessus) :

$$C^9H^7Az + 9O = C^5H^3Az(CO^2H)^2 + H^2O + 2CO^2,$$

et des faits qui démontrent la constitution de ce dernier composé.

3. De l'accord complet qui existe entre les rapports d'isomérie observés et la théorie (V. ci-dessous) ;

4. De la transformation de l'éthylpyridine en éthylbenzène, laquelle s'effectue en chauffant la pyridine avec de l'iodure d'éthyle (Ann. **247**, 14).

La formation de l'ester collidinedicarboxylique (p. 457) a lieu d'après cela de la manière suivante (B. **18**, 1744 ; Bull. soc. chim. **1886**, **2**, 166, v. B. **28**, R. 1002) :

$$\begin{array}{ccc} & CH^3 & \\ & | & \\ & OCH & \\ COOR\text{—}CH^2 & & H^2C\text{—}COOR \\ | & & | \\ CH^3\text{—}CO & & OC\text{—}CH^3 \\ & AzH^3 & \end{array} = \begin{array}{ccc} & CH^3 & \\ & | & \\ & C & \\ CO^2R\text{—}C & \diagup\!\!\!\!\diagup \quad \diagdown & C\text{—}CO^2R \\ | & & \| \\ CH^3\text{—}C & \diagdown\!\!\!\!\diagdown \quad \diagup & C\text{—}CH^3 \\ & Az & \end{array} + 3H^2O + H^2.$$

On connaît chaque fois *trois dérivés monosubstitués isomères de la pyridine*, ce qui s'accorde avec le fait qu'on peut considérer cette base comme une sorte de benzène monosubstitué dans lequel CH serait remplacé par Az ; les dérivés monosubstitués de la pyridine sont donc comparables aux dérivés bisubstitués du benzène et leur nombre est par conséquent égal à trois ; on les désigne, d'après le schéma suivant de la pyridine, par les lettres α, β et γ :

$$\begin{array}{ccc} & \gamma & \\ \beta_1 & & \beta \\ \alpha' & & \alpha \\ & Az & \end{array} \qquad \text{(II)}$$

Pour *définir la place* qu'occupe un groupe donné, on cherche à le remplacer par un groupe carboxyle ; si on obtient ainsi de l'acide picolique (V. plus loin), le groupe considéré est fixé en α ; si on obtient de l'acide nicotique, sa place sera β ; si, enfin, on arrive à l'acide isonicotique, il affectera la place γ ; dans ces acides, en effet, les places α, β ou γ du carboxyle ont été précisées par des démonstrations particulières. (Monatsh. f. Chemie **1**, 800 ; **4**, 436, 453, 595 ; B. **17**, 1518 ; **18**, 2967 ; **19**, 2432 : Bull. soc. chim. **1885**, **2**, 242 ; **1887**, **1**, 73 ; **1886**, **2**, 860).

Les *bisubstitués* de la pyridine à substituants identiques peuvent exister sous *six formes isomères*, les six acides pyridinedicarboxyliques par exemple sont en effet connus ($\alpha\alpha'$-, $\alpha\beta$-, $\alpha\gamma$-, $\alpha\beta'$, $\beta\gamma$- et $\beta\beta'$-, v. p. 462).

Formules particulières de la pyridine. Le schéma de la pyridine ci-dessus (II) a sur le schéma I l'avantage de n'exprimer que l'idée d'une liaison annulaire des cinq atomes de carbone et de l'atome d'azote sans préjuger le mode de liaison des quatrièmes affinités des atomes de carbone et de la troisième affinité de l'azote (il est analogue au schéma hexagonal du benzène).

En outre de la formule de *Koerner*, on considère souvent une autre formule semblable à la formule benzénique de *Dewar* et qui comporte à côté de deux doubles liaisons entre les atomes de carbone α et β, α' et β', une liaison para entre l'azote et l'atome de carbone en γ (*Riedel*, *Bernthsen* ; v. *Kékulé*, Lehrbuch der org. Ch. de *V. Richter*, 1896, II, 519) ; récemment, on a aussi adopté pour la pyridine l'existence de liaisons centrales (trois liaisons para) identiques à celles de la formule benzénique de *Claus* (v. p. 302 ; B. **24**, 3151 ; Bull. soc. chim. **1892**, **2**, 145).

Il est à remarquer que la picoline, C^6H^7Az, et l'aniline, $C^6H^5AzH^2$, sont isomères ; cette isomérie se répète pour les homologues de ces composés.

Pyridine.

La **pyridine**, C^5H^5Az (*Anderson*, 1851), s'obtient en partant du goudron de houille ; on la prépare à l'état de pureté en chauffant ses acides carboxylés avec de la chaux ; elle est contenue dans l'ammoniaque du commerce. Liquide incolore, miscible à l'eau, d'une odeur intense et caractéristique, bouillant à 115°. La pyridine donne un ferrocyanate difficilement soluble qui peut servir à sa purification, elle est employée contre l'asthme et sert en outre à la dénaturation de l'alcool ; quand on ajoute du sodium à sa solution alcoolique chaude, elle fixe de l'hydrogène en donnant de la pipéridine (B. **17**, 513 ; Bull. soc. chim. **1885, 1**, 293. *Ladenburg*, v. p. 463).

La pyridine, chauffée fortement avec de l'acide iodhydrique, se transforme en pentane normal.

Les *iodures d'ammonium* de la forme C^5H^5Az,CH^3I, chauffés avec de la potasse, développent une odeur piquante et caractéristique due à la formation de dihydroalcoylpyridines (**dihydrométhylpyridine**, $C^5H^4.H^2.Az(CH^3)$, dans le cas précédent) (*Hofmann*, B. **14**, 1497 ; Bull. soc. chim. **1882, 1**, 66) ; cette réaction peut servir à *caractériser* les bases pyridiques ; si l'on opère en milieu oxydant, on obtient des pyridines alcoylées (V. ci-dessous).

La pyridine, traitée par le sodium métallique, se polymérise en donnant de la **dipyridine**, $C^{10}H^{10}Az^2$ (huile bouillant à 286-290°), il se forme en même temps un composé correspondant au diphényle (p. 409) : le **γ-dipyridile**, $C^5H^4Az—C^5H^4Az = C^{10}H^8Az^2$ (longues aiguilles fondant à 114°) ; ces deux composés donnent par oxydation de l'acide isonicotique. Le **m dipyridile** isomère a aussi été préparé, il s'oxyde en donnant de l'acide nicotique.

La pyridine ne peut être *nitrée* (contrairement à certains de ses dérivés), elle peut être *bromée* et *sulfonée* ; dans ce dernier cas, elle donne l'acide **β-pyridinesulfonique**, $C^5H^4Az(SO^3H)$, qu'on peut transformer en **pyridine β-cyanée**, $C^5H^4Az.CAz$, par l'action du cyanure de potassium ou en **β-oxypyridine** par fusion alcaline.

Les trois **oxypyridines**, les **pyridones**, (α, β, γ), α : P. F. 107° ; β : P. E. 124° ; γ : P. F. 148°), se préparent surtout en enlevant de l'acide carbonique aux acides oxypyridinecarboxyliques ; elles possèdent le caractère *phénolique*, le chlorure ferrique leur communique des colorations rouges ou jaunâtres ; comme pour la phloroglucine, on doit considérer, chez ces composés, une forme *secondaire* en plus de la forme *tertiaire*, cette dernière rappelant les lactames alors que l'autre tient des lactimes (p. 394) ; ainsi, tandis que l'α-oxypyridine libre est un phénol vrai (B. **28**, 1624 ; Bull. soc. chim. **1896, 2**, 350), la γ-oxypyridine paraît répondre moins à la formule phénolique $C^2H^2 \begin{matrix} \diagup C(OH) \diagdown \\ \diagdown \; Az \; \diagup \end{matrix} C^2H^2$ qu'à la formule pyridonique $C^2H^2 \begin{matrix} \diagup CO \diagdown \\ \diagdown AzH \diagup \end{matrix} C^2H^2$ qui correspond à une *cétodihydropyridine* ; on a préparé les deux dérivés méthylés qui dérivent de ces formes différentes par échange de H (de OH ou de AzH) contre CH^3, ils portent le nom de **méthoxypyridine** et de **méthylpyridone** (M. f. Ch. **6**, 307, 320 ; B. **24**, 3144 ; Bull. soc. chim **1892, 2**, 145).

Trioxypyridine, $C^5H^5AzO^3$. La condensation de l'ester acétonedicarbonique et de l'ammoniaque fournit la **glutazine**, $C^5H^6Az^2O^3$ (aiguilles incolores, solubles dans les alcalis), que l'acide chlorhydrique à l'ébullition transforme en ammoniaque et en trioxypyridine, prismes ou aiguilles microscopiques de couleur jaunâtre (constitution : B. **20**, 2655 ; Bull. soc. chim. **1888**, **1**, 175, v. B. **19**, 2694).

Amidopyridines, etc : B. **27**, 1317 ; Bull. soc. chim. **1895**, **2**, 187 ; **288**, 253.

Homologues de la pyridine (v. *Ladenburg*, A. **247**, 1).

Méthylpyridines, $C^5H^4Az(CH^3)$, **picolines**. Les picolines sont toutes trois contenues dans l'huile animale et dans le goudron de houille. Le dérivé β se forme en partant de l'acroléineammoniaque (p. 125) ; en chauffant la strychnine avec de la chaux et enfin, comme produit secondaire, dans la distillation du chlorhydrate de triméthylènediamine. Ces bases sont des liquides d'odeur pénétrante et désagréable, elles ressemblent beaucoup à la pyridine et donnent par oxydation des acides α. β ou γ pyridinecarboxyliques.

α : P. E. 129° ; β : P. E 142° ; γ : P. E. 142-144°.

Les **éthylpyridines**, $C^5H^4Az(C^2H^5)$, sont connues ; le dérivé α, P. E. 148°, s'obtient dans la destruction de la tropine.

L'étude des **propyl-** et **isopropylpyridines** a été approfondie à cause de leurs rapports étroits avec la coniine. Préparation, v. p. 458, 14. La **conyrine**. $C^8H^{11}Az$ (liq. P. E. 166-168°), qu'on obtient en chauffant la coniine, $C^8H^{17}Az$, avec de la poudre de zinc et qui reproduit ce composé sous l'action de l'acide iodhydrique, n'est autre que de l'α-normalpropylpyridine.

α-allylpyridine, $C^5H^4Az(C^3H^5)$, P. E. 189-190°, s'obtient en chauffant l'α-picoline avec de l'aldéhyde :

$$C^5H^4Az - CH^3 + OHC.CH^3 = C^5H^4Az.CH = CH - CH^3 + H^2O\ ;$$

elle se transforme par réduction en coniine inactive.

Diméthylpyridines, $C^5H^3Az(CH^3)^2$, **lutidines** ; on a signalé la présence de trois lutidines dans le goudron de houille et dans l'huile d'os. Formation synthétique, v. p. 457. Lutidine α-γ : P. E. 157° ; α-α' : P. E. 142-143° ; β-β' : P. E. 169-170°.

Collidines, $C^8H^{11}Az$ (isomères des propylpyridines) ; existent dans l'huile d'os ; obtenues par l'action de la potasse sur la cinchonine. La collidine α-α'-γ, qui prend naissance par l'action de l'aldéhydeammoniaque sur l'ester acétylacétique, bout à 171-172°. L'**aldéhydine** (v. p. 456) est la β'-éthyl-α-méthylpyridine (B. **21**, 294 ; B. s. c. **1888**, **1**, 1017).

Les α- et β- **phénylpyridines**, $C^5H^4Az(C^6H^5)$, sont analogues au diphényle, v. M. f. Ch. **4**, 456, 473.

Dérivés carboxylés de la pyridine (v. *Weber* A. **241**, 1 ; B. s. c. **1888**, **1**, 1018).

Tous les acides carboxylés de la pyridine possibles théoriquement ont été préparés.

Acides **pyridinemonocarboxyliques**, $C^5H^4Az(CO^2H)$; ces acides prennent naissance par oxydation de tous les dérivés pyridiques qui ne contiennent qu'une seule chaîne latérale d'atomes de carbone, en oxydant par conséquent les méthyl-, éthyl-, phényl- etc. -pyridines ; on les obtient aussi en enlevant un groupe carboxyle aux acides pyridinedicarboxyliques (comme on forme l'acide benzoïque en partant de l'acide phtalique) ; dans cette réaction, celui des deux groupes carboxyle qui est d'abord éliminé est celui placé le plus près de l'atome d'azote. L'acide nicotique peut aussi être obtenu en oxydant la nicotine. Ces acides possèdent en même temps les propriétés d'un acide et le caractère basique de la pyridine, ils sont donc comparables au glycocolle, ils donnent des sels avec l'acide chlorhydrique, par exemple, des sels doubles avec le chlorure mercurique, le chlorure de platine, etc. ; mais ils peuvent, en tant qu'acides, former aussi des sels ; parmi ces derniers, les sels de cuivre peuvent souvent être employés à leur séparation.

Constitution : *Skraup* et *Cobenzl*, Monasth. f. Ch. **4**, 436.

acide α = acide **picolique**, P. F. 135°, aiguilles ;
» β = acide **nicotique**, P. F. 231°, » ;
» γ = acide **isonicotique**, P. F. 309° (en tube), aiguilles.

Ces trois acides, ainsi que l'acide β-γ dicarboxylique, chauffés en solution fortement alcaline avec de l'amalgame de sodium, perdent de l'ammoniaque en se transformant en oxyacides bibasiques saturés de la série grasse (*Weidel*, M. f. Ch. **11**, 501).

Les acides pyridine mono- et dicarboxyliques qui ont un groupe carboxyle en α donnent une coloration jaune rougeâtre avec le chlorure ferrique (*Skraup*).

Points de fusion des acides *pyridinedicarboxyliques*, $C^5H^3Az(CO^2H)^2$:

α-β- = acide **quinoléique**,	env. 190°	α-β'- = acide *isocinchoméronique*	236°
α-γ- = acide **lutidique**,	235°	β-β'- = acide *dinicotique*	323°
α-α'- = acide *dipicolique*,	226°	β-γ- = acide *cinchoméronique*	249°.

L'acide *quinoléique* (prismes courts et brillants) est l'analogue de l'acide phtalique, on l'obtient en oxydant la quinoléine comme on forme ce dernier en partant de la naphtaline ; les acides cincho et isocinchoméronique résultent de l'oxydation de la cinchonine et de la quinine ; le mode de formation de l'acide quinoléique conduit à lui attribuer la constitution α-β-.

On a de même obtenu les acides *pyridinetricarboxyliques*, $C^5H^2Az(CO^2H^3)$, en oxydant la quinine, la cinchonine (acide **carbocinchoméronique**), la berbérine (acide **berbéronique**), etc.

L'acide **pyridinepentacarboxylique** (obtenu en partant de l'acide collidinedicarboxylique) ne possède plus aucunes propriétés basiques, il perd facilement de l'acide carbonique.

Les acides *oxypyridinecarboxyliques* s'obtiennent par l'action de l'ammoniaque sur certains acides végétaux, particulièrement sur les acides carboxylés des dérivés du pyrone ; l'acide coumalique, par exemple, qu'on prépare en partant de l'acide malique, est transformé par cette base en acide α-**oxy**-β-**nicotique**, $C^5H^3Az(OH)(CO^2H)$, cristaux incolores fusibles à 303° ; l'acide γ-**oxydipicolique**, $C^5H^2Az(OH)(CO^2H)^2$, se forme d'une manière analogue par l'action de l'ammoniaque sur l'acide chélidonique (p. 464).

Des phénomènes semblables doivent avoir lieu dans la formation des alcaloïdes en partant des acides végétaux (comparer aussi la synthèse de la pipéridine au moyen de l'aminovaléraldéhydde).

Acide **citrazinique**, = α-α dioxyisonicotique : v. p. 458 ; cet acide a été signalé dans le suc des raves avariées.

Dérivés hydrogénés de la pyridine.

La théorie prévoit l'existence de di, de tétra et d'hexahydropyridines ; ces bases portent le nom général de « *pipéridines* », telles sont : les pipécolines, $C^5H^{10}Az(CH^3)$, les lupétidines, $C^5H^9Az(CH^3)^2$, les copellidines, $C^5H^8AzCH^3)^3$; les dérivés tétrahydroxylés portent le nom de « *pipéridéïnes* ».

Dihydrométhylpyridine, v. p. 460.

Acide dihydrocollidinedicarboxylique, v. p. 457.

Tétrahydropyridine, *pipéridéïne*, synthèse : B. **25**, 2782.

α-pipécoléïne, $C^6H^{11}Az$; s'obtient en partant de la pipéridine (B. **20**, 1645) et aussi synthétiquement (? v. p. 457, 11) ; sur la modification active, v. B. **29**, 43 ; B. s. c. **1896**, **2**, 883.

α-oxéthyl-az-méthyltétrahydropyridine ($CH^3—AzC^5H^7—CH^2—CH^2OH$) ; s'obtient par l'action de la formaldéhyde sur l'α-pipécoléine, elle est isomère avec la tropine dont elle diffère d'ailleurs entièrement.

Pipéridine, $C^5H^{11}Az$ (*Wertheim, Rochleder*, 1850).

Cette base, combinée à l'acide pipérique, $C^{12}H^{10}O^4$ (p. 404), forme le **pipérin**, $C^{17}H^{19}AzO^3 = C^5H^{10}Az-C^{12}H^9O^3$, pipérylpipéridine, alcaloïde du poivre noir (prismes, P. F. 129°) ; elle peut être obtenue par l'action de la potasse sur ce composé.

Formation au moyen de la pyridine et de la pentaméthylènediamine, v. p. 460 et p. 458.

La pipéridine est un liquide incolore, facilement soluble dans l'eau et dans l'alcool, bouillant à 106°, d'une odeur poivrée particulière ; elle possède de fortes propriétés basiques et forme des sels cristallisés ; son hydrogène imidique peut être remplacé par des radicaux alcooliques ou des radicaux acides. La vapeur de pipéridine, mélangée à la vapeur d'un alcool gras et dirigée sur la poudre de zinc, donne naissance à des homologues de la pipéridine (éthylpipéridine, par exemple).

La pipéridine est transformée par H^2O^2 en aminovaléraldéhyde, elle peut aussi être obtenue inversement en partant de ce composé, v. p. 205.

La pipéridine, en tant que base secondaire, fournit d'abord par *méthylation* l'az-**méthylpipéridine** tertiaire, $C^5H^{10}Az(CH^3)$, qui peut se combiner à nouveau à l'iodure de méthyle pour donner un iodure d'ammonium. L'hydrate de cet ammonium ne subit pas par distillation la décomposition inverse, mais bien *une rupture du noyau* avec formation de *diméthylpipéridine*, $CH^2{=}CH.CH^2.CH^2.CH^2.Az(CH^3)^2$ (A. **279**, 344 ; Bull. soc. chim. **1895**, **2**, 132) ; ce composé, traité à nouveau par l'iodure de méthyle, donne aussi un iodure d'ammonium qui, par distillation, *abandonne de l'azote* à l'état de triméthylamine en donnant un carbure : le pipérylène, C^5H^8 (p. 56). *Hofmann*, B. **14**, 660 ; Bull. soc. chim. **1881**, **2**, 459, v. en outre : B. **16**, 2058 ; Bull. soc. chim. **1884**, **1**, 138. A. **264**, 310 ; Bull. soc. chim. **1892**, **2**, 513.

Coniine, *α-normalpropylpipéridine droite*, $C^8H^{17}Az = C^5H^{10}Az\ (C^3H^7)$, principe vénéneux de la ciguë (Conium maculatum). Liquide incolore, d'odeur stupéfiante, bouillant à 168°, un peu soluble dans l'eau, déviant à droite. L'acide iodhydrique à haute température réduit cette base en donnant de l'octane normal ; oxydée par l'acide nitrique, elle donne de l'acide butyrique, par le permanganate de potasse, elle fournit de l'acide picolique (démonstration de la place α).

Elle a été obtenue synthétiquement par *Ladenburg* en réduisant l'α-allypyridine au moyen du sodium en solution alcoolique (B. **19**, 2578; Bull. soc. chim. **1887**, **1**, 352) :

$$C^5H^4Az(C^3H^5) + 8H = C^5H^{10}Az(C^3H^7).$$

On obtient d'abord l'α-normalpropylpipéridine inactive, mais la cristallisation du tartrate de cette base permet le dédoublement en coniine (coniine droite) et en **coniine gauche**, extrêmement voisine de la première. Les relations qui existent entre ces deux bases et entre elles deux et la modification inactive sont les mêmes que celles existant entre l'acide tartrique a et g et l'acide racémique (V. B. **19**, 2578 ; Bull. soc. chim. **1887**, **1**, 352 ; B. **27**, 3062 ; Bull. soc. chim. **1895**, **2**, 431). Les autres α-alcoylpipéridines présentent des relations analogues (A. **247**, 64, 80).

La coniine se comporte comme la pipéridine vis-à-vis d'une action énergique de l'iodure de méthyle (V. ce mot), le produit final est le conylène, C^8H^{14} (p. 56).

Nicotine, $C^{10}H^{14}Az^2 = C^{10}H^8(H^6)Az^2$, base puissante et bivalente qui constitue le principe vénéneux du tabac. Liquide huileux d'odeur stupéfiante facilement soluble dans l'eau, l'alcool et l'éther, distillant sans décomposition dans un courant de gaz hydrogène, brunissant rapidement à l'air. P. E. environ 250°.

La nicotine est transformée par le permanganate en acide nicotique, elle est donc un dérivé β-pyridique ; on l'envisageait autrefois comme l'hexahydrodipyridile, mais, suivant *Pinner* (B. **26**, 292 ; **27**, 1053 ; Bull. soc. chim. **1893**, **2**, 653 ; **1895**. **2**, 336), elle paraît être une *pyridil-az-méthylpyrrolidine*, $C^5H^4Az\text{-}C^4H^7(AzCH^3)$, la méthylpyrrolidine étant liée à un atome de carbone β de la pyridine.

Sur la *tropine* et l'*ecgonine*, dérivés plus complexes de la pyridine, v. groupe de l'atropine.

Appendice : **pyrone** ; **pyrazine** ; **pyrimidine** ; **morpholine**, etc.

pyrone	pyrazine	pyrimidine	morpholine
CO	Az	H C	O
HC / \ CH	HC // \ CH	HC // \ CH	H^2C / \ CH^2
‖ ‖	| ‖	| ‖	| |
HC \ / CH	HC \\ / CH	Az \\ / Az	H^2C \ / CH^2
O	Az	C H	Az H

1. Le **pyrone**, *pyrocomane*, $C^5H^4O^2$, composé de fonction neutre (P. F. 32° ; P. E. environ 212°), et son isomère de position la **coumaline**, *α-pyrone*, $C^5H^4O^2$ (CO et O voisins dans le noyau ; une δ lactone, par conséquent), sont les substances mères des acides **comanique** et **coumalique**, $C^5H^3O^2(CO^2H)$, **chelidonique**, $C^5H^2O^2(CO^2H)^2$, **méconique**, $C^5HO^2(OH)(CO^2H)^2$, de l'acide **pyroméconique**, $C^5H^3O^2(OH)$, etc.

L'acide *chelidonique* est contenu dans la chélidoine, il peut être transformé par perte d'acide carbonique en acide comanique et en pyrone. L'acide *méconique* existe dans l'opium, il se transforme par perte d'acide carbonique en acide *pyroméconique*. L'acide *coumalique* s'obtient en partant de l'acide malique (v. p. 224) ; ces composés, traités par l'ammoniaque, échangent un atome d'oxygène contre de l'azote en donnant des dérivés de la pyridine (v. par exemple B. **17**, 2384 ; B. s. c. **1885**, **2**, 492. — Synthèses, v. par exemple B. **20**, 154 ; **24**, 111, Ref. 575 ; Bull. soc. chim. **1887**, **2**, 155 ; **1892**, **2**, 243. A. **257**, 253 ; **262**, 89 ; **273**, 164 ; B. s. c. **1891**, **1**, 611 ; **1892**, **2**, 140 ; **1893**, **2**, 964).

2. **Pyrazine**, *aldine*, $C^4H^4Az^2$; cristaux incolores, de caractère basique, fusibles à 47°, bouillant à 118° (J. pr. Ch. **51**, 449) ; cette base est la substance-mère des *cétines*, parmi lesquelles on peut citer : la **cétine** = *diméthylpyrazine*, $C^4H^2(CH^3)^2Az^2$, qu'on obtient par réduction de l'isonitrosoacétone et par condensation de l'aminoacétone (p. 136 ; B. **19**, 2524 ; **21**, 19 ; Bull. soc. chim. **1887**, **1**, 573 ; **1888**, **1**, 1038).

La fixation de six atomes d'hydrogène transforme la pyrazine en « **pipérazine** », composé identique à la diéthylènediamine qui, à cause de son action dissolvante sur l'acide urique, est employé contre la goutte et la gravelle ; son homologue, la **diméthylpipérazine** (tartrate = *Licétol*), possède la même propriété.

3. **Pyridazine**, *o-pyrazine*, $C^4H^4Az^2$; la constitution de ce composé est analogue à celle de la pyrazine mais ses atomes d'azote sont en positions ortho ; liquide limpide bouillant à 208°, d'une faible odeur de pyridine (B. **28**, 454 ; B. s. c. **1896**, **2**, 455).

4. **Pyrimidine**, *miazine* ; cette base inconnue est la substance mère des **cyanométhines**, produits de polymérisation des cyanures, et aussi d'une série de composés qu'on obtient par l'action de l'ester acétylacétique sur les amidines ; l'alloxane (p. 263) dérive aussi de la pyrimidine ; voir *E. v. Meyer*, J. pr. Ch. **39**, 188, 262 ; *Pinner*, B. **18**, 759, 2845 ; **23**, 3820 ; **26**, 2122 ; Bull. soc. chim., **1886**, **1**, 778, 852 ; **1892**, **2**, 999 ; **1894**, **2**, 502.

5. Les **tricyanures** paraissent dériver d'un noyau hexagonal analogue à celui de la pyrimidine mais comprenant trois atomes d'azote symétriquement répartis ; parmi ces composés, on peut citer la *cyaphénine*, $(C^3Az^3)(C^6H^5)^3$, qu'on obtient par l'action du cyanure de phényle sur le chlorure de benzoyle et le sel ammoniac en présence de Al^2Cl^6 (B. **25**, 2263 ; B. s. c. **1892**, **2**, 1250 ; v. aussi dérivés cyanés).

6. **Morpholine**, C^4H^9AzO. La **méthylmorpholine**, $(CH^3)Az\left\langle\begin{matrix}CH^2.CH^2\\CH^2.CH^2\end{matrix}\right\rangle O$, dérivé méthylé de cette base, s'obtient au moyen de la *dioxéthylamine*, $AzH\left\langle\begin{matrix}CH^2.CH^2.OH\\CH^2.CH^2.OH\end{matrix}\right.$ (p. 182), en méthylant d'abord ce composé, puis en chauffant le dérivé méthylé avec l'acide chlorhydrique et enfin avec les alcalis (déshydratation indirecte). Base liquide, bouillant à 117°, de propriétés chimiques et physiques proches de celles de la méthylpipéridine (*Knorr*, B. **22**, 2081 ; B. s. c. **1890**, **1**, 845). Rapports de ce composé avec la morphine : v. ce mot et B. **27**, 1144 ; B. s. c. **1894**, **2**, 1098.

XXXIV. Groupe de la quinoléine ; groupe de l'acridine ; azines.

A. Groupe de la quinoléine, $C^nH^{2n-11}Az$.

Le groupe de la quinoléine comprend la quinoléine, ses produits substitués, ses homologues, ses acides carboxylés, etc. ; tous ces composés se rapprochent beaucoup des composés correspondants du groupe pyridique. V. le tab. p. 455.

La quinoléine est avec la pyridine dans le même rapport que la naphtaline avec la benzine (V. plus loin, constitution).

Formation. 1. Par *distillation* sèche de composés organiques azotés (elle est contenue, par conséquent, dans le goudron de houille et le goudron de lignite), et en partant des alcaloïdes (V. p. 455) : la cinchonine, chauffée avec de la potasse, donne de la *quinoléine* (*Gerhardt* 1842) ; la quinine fournit, dans les mêmes conditions, de la *méthoxyquinoléine* (p. 470).

2. La *quinoléine* prend naissance quand on chauffe l'*aniline* avec de la *glycérine* et de l'acide sulfurique en présence de nitrobenzène (*Skraup*, B. **14**, 1002 ; M. f. Ch. **1**, 316 ; **2**, 141) :

$$\underset{\text{aniline}}{C^6H^4\left\langle\begin{matrix}H\\AzH^2\end{matrix}\right.} + \underset{\text{glycérine}}{\begin{matrix}CH^2(OH)-CH(OH)\\ \cdot \\ CH^2(OH)\end{matrix}} + O = C^6H^4\left\langle\begin{matrix}CH=CH\\ \cdot \\ Az=CH\end{matrix}\right. + 4H^2O.$$

Le nitrobenzène ne joue ici que le rôle d'oxydant, il peut être remplacé par de l'acide arsénique, par exemple ; on doit admettre, dans cette réaction, la formation intermédiaire d'acroléine qui s'unit à l'aniline en donnant d'abord l'acroléine-aniline, $C^6H^5.Az=CH-CH=CH^2$. Les homologues et les analogues de l'aniline, soumis à ce traitement, conduisent à des homologues et à des analogues de la quinoléine ; les naphtylamines donnent les naphtoquinoléines (V. plus loin).

3. La quinoléine prend naissance par déshydratation de l'*aldéhyde cinnamique o-amidé* (*Baeyer* et *Drewsen*, B. **16**, 2207 ; Bull. soc. chim. **1884**, **2**, 382) :

$$C^6H^4\left\langle\begin{matrix}CH=CH-CHO\\ \\ AzH^2\end{matrix}\right. = C^6H^4\left\langle\begin{matrix}CH=CH\\ | \\ Az=CH\end{matrix}\right. + H^2O.$$

L'acide cinnamique o-amidé fournit d'une manière analogue le carbostyrile, α-oxyquinoléine (*Baeyer*) :

$$C^6H^4\left\langle\begin{matrix}CH=CH\\ \quad\quad | \\ AzH^2CO.OH\end{matrix}\right. = C^6H^4\left\langle\begin{matrix}CH=CH\\ | \\ Az=C(OH)\end{matrix}\right. + H^2O.$$

Une synthèse de la quinoléine assez analogue à cette dernière et intéressante au point de vue historique est celle qui réside dans l'action du pentachlorure de phosphore sur l'*hydrocarbostyrile* (p. 395), suivie de la réduction au moyen de l'acide iodhydrique de la quinoléine dichlorée, $C^9H^5AzCl^2$, ainsi formée (*Baeyer*, B. **12**, 1320).

4. L'*aniline*, chauffée avec de l'*aldéhyde* (ou de la *paraldéhyde*) et de l'acide *chlorhydrique*, donne de l'*α-méthylquinoléine* (quinaldine) (*Doebner* et *v. Miller*) :

$$C^6H^5.AzH^2 + 2C^2H^4O + O = C^{10}H^9Az + 3H^2O.$$

Il se forme, en même temps, comme produit intermédiaire, l'éthylidèneaniline, premier terme de l'action de l'aldéhyde sur l'aniline (v. B. **24**, 1720 ; **25**, 2072 ; Bull. soc. chim. **1891**, **2**, 968 ; **1892**, **2**, 1211) :

$$C^6H^4\left\langle\begin{matrix}H\\Az\,\vdots\,H^2\end{matrix}\right. + \begin{matrix}OCH-CH^3\\ O\,\vdots\,CH-CH^3\end{matrix} + O = \underset{\text{quinaldine.}}{C^6H^4\left\langle\begin{matrix}CH=CH\\ | \\ Az=C(CH^3)\end{matrix}\right.} + 3H^2O.$$

On peut ici, comme au § 2, employer au lieu de l'aniline les amines aromatiques primaires les plus diverses et remplacer de même la paraldéhyde par d'autres aldéhydes (B. **18**, 3361 ; B. s. c. **1886**, **2**, 441) ou même par des cétones (v. par exemple B. **19**, 1394 ; Bull. soc. chim. **1886**, **2**, 459).

5. L'*aniline* et l'ester *acétylacétique* réagissent (au-dessus de 110°) en donnant l'*acétylacétanilide*, $CH^3-CO-CH^2-CO.AzH.C^6H^5$, composé qui, par déshydratation, donne la γ-méthyl-α-oxyquinoléine (« méthylcarbostyrile » ou « α-oxy-γ-lépidine ») (*Knorr*, A. **236**, 75 ; B. s. c. **1887**, **1**, 633) :

$$C^6H^5\diagdown\begin{matrix} CH^3 \\ | \\ OC-CH^2 \\ \cdot \\ AzH-CO \end{matrix} = C^6H^4\begin{matrix}\diagup \\ \diagdown\end{matrix}\begin{matrix} CH^3 \\ | \\ C=CH \\ | \\ Az=C(OH) \end{matrix} + H^2O.$$

acétylacétanilide — γ-méthylcarbostyrile

La réaction de l'aniline sur l'ester acétylacétique peut aussi (au-dessous de 100°) avoir lieu de telle sorte qu'il y ait formation d'ester *β-phénylamidocrotonique*, $C^6H^5-AzH-C(CH^3)=CH-CO^2C^2H^5$; ce composé, chauffé, donne de la *γ-oxyquinaldine* (*Conrad-Limpach*, B. **20**, 944 ; B. s. c. **1887**, **2**, 320) :

$$C^6H^5\diagdown\begin{matrix} OC^2H^5 \\ \cdot \\ CO-CH \\ | \\ AzH-C-CH^3 \end{matrix} = C^6H^4\begin{matrix}\diagup \\ \diagdown\end{matrix}\begin{matrix} C(OH)=CH \\ | \\ Az=C-CH^3 \end{matrix} + C^2H^6O.$$

Au lieu de condenser l'aniline avec l'ester acétylacétique, on peut aussi la condenser avec des β-dicétones ou des β-cétonealdéhydes ainsi qu'avec des mélanges de cétones et d'aldéhydes ou des mélanges de cétones susceptibles, en se condensant entre elles, de donner des β-dicétones ou des β-cétonealdéhydes (p. 207 ; *C. Beyer*, B. **20**, 1767 ; B. s. c. **1887**, **2**, 813) ; l'acétylacétone, par exemple, fournit l'*α-γ-diméthylquinoléine* :

$$C^6H^5\diagdown AzH^2 + \begin{matrix} CH^3 \\ \cdot \\ CO-CH^2 \\ \cdot \\ CO-CH^3 \end{matrix} = C^6H^4\begin{matrix}\diagup \\ \diagdown\end{matrix}\begin{matrix} CH^3 \\ \cdot \\ C=CH \\ | \\ Az=C-CH^3 \end{matrix} + 2H^2O.$$

Ces réactions sont très voisines de la synthèse 4.

6. L'*o amidobenzaldéhyde* peut se condenser avec des *aldéhydes* et des *cétones* sous l'influence d'une lessive de soude étendue en donnant des dérivés quinoléiques (*Friedländer*, B. **15**, 2574 ; B. s. c. **1883**, **1**, 237, B. **16**, 1833 ; B. s. c. **1884**, **1**, 205. B. **25**, 1752 ; Bull. soc. chim. **1892**, **2**, 1233) :

$$C^6H^4\begin{matrix}\diagup CHO \\ \diagdown AzH^2\end{matrix} + \begin{matrix} CH^2-R \\ | \\ CO-R' \end{matrix} = C^6H^4\begin{matrix}\diagup \\ \diagdown\end{matrix}\begin{matrix} CH=C-R \\ | \\ Az=C-R' \end{matrix} + 2H^2O.$$

Avec l'aldéhyde, on obtient la quinoléine ; avec l'acétone, la quinaldine.

L'acétophénone, l'ester acétylacétique, l'ester malonique, les dicétones réagissent avec l'o-amidobenzaldéhyde qu'on peut aussi remplacer par l'acide anthranilique.

7. La quinoléine prend naissance en faisant passer l'allylaniline sur de l'oxyde de plomb chauffé (*Koenigs*).

8. On l'obtient aussi, au moyen de l'acridine, en transformant ce composé par oxydation en acide acridique, $C^9H^5Az(CO^2H)^2$, dont on élimine ensuite les groupes carboxyle.

9. L'action de l'iodure de méthyle, etc., sur l'indol conduit à ses dérivés de la dihydroquinoléine (*E. Fischer* et *Steche*, A. **242**, 348 ; B. s. c. **1889**, **1**, 667) qui, inversement, peuvent être scindés en indol et en iodure de méthyle.

10. Autres synthèses : B. **18**, 1460, 2632, 2975 ; **27**. R. 628 ; Bull. soc. chim. **1886**, **1**, 776 ; **2**, 172, 390.

Constitution. Les modes de formation ci-dessus et surtout les synthèses 3 et 6 démontrent que la quinoléine est un *dérivé bisubstitué ortho du benzène* et qu'elle contient son atome d'azote directement lié au noyau benzénique ; ils prouvent aussi que les trois atomes de carbone entrant dans la molécule forment avec cet atome d'azote et deux des atomes de carbone du noyau benzénique *un nouvel anneau hexagonal, un anneau pyridique*, ce qui découle aussi de ce fait que l'oxydation de la quinoléine conduit à l'acide pyridinedicarboxylique (*Hoogewerff* et *Van Dorp*) :

$$C^6H^4\left\langle\begin{matrix}CH=CH\\ \cdot \\ Az=CH\end{matrix}\right. + 9O = \begin{matrix}CO^2H-C-CH=CH\\ \ddot{} \quad\quad\quad \cdot\\ CO^2H-C-Az=CH\end{matrix} + 2CO^2 + H^2O.$$

quinoléine — acide quinoléique

On est donc conduit, pour ce composé, à la formule de constitution suivante :

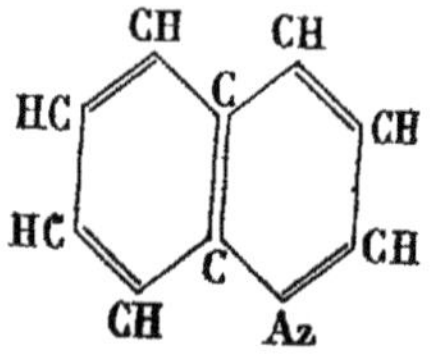

CH CH / HC C CH / HC C CH / CH Az — ou — a γ / p β / m α / o Az ;

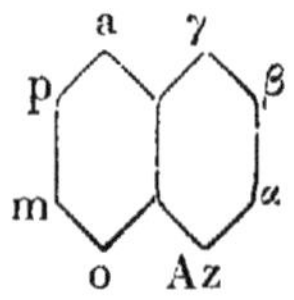

cette seconde formule possède sur la première l'avantage de ne point dépendre des hypothèses formées sur le mode de liaison de quatrièmes affinités des atomes de carbone et de la troisième affinité de l'atome d'azote, car on peut admettre aussi, pour la formule de la quinoléine, un mode de liaison correspondant à celui de la formule benzénique de *Claus* (p. 302, v. aussi p. 359).

La constitution de la quinoléine est complètement *analogue* à celle de la *naphtaline*, elle en dérive par échange de CH contre Az ; cette base peut aussi être considérée comme résultant *de la condensation d'un noyau pyridique et d'un noyau benzénique.*

Dans l'*oxydation* des dérivés de la quinoléine, le noyau benzénique apparaît comme généralement moins stable que le noyau pyridique, ce qui ressort déjà de l'exemple de la quinoléine elle-même dont l'oxydation, qui fournit de l'acide pyridinecarboxylique, provoque la destruction du noyau benzénique (p. 462) ; l'oxydation de l'α-méthylquinoléine conduit cependant à l'acide o-amidobenzoïque acétylé :

$$C^6H^4\left\langle\begin{matrix}CH=CH\\ \cdot\\ Az=C.CH^3\end{matrix}\right. + 5O = C^6H^4\left\langle\begin{matrix}CO.OH\\ AzH-CO.CH^3\end{matrix}\right. + CO^2.$$

Loi d'oxydation des dérivés quinoléiques : *W. v. Miller*, B. **23**, 2352 ; B. s. c. **1891**, **2**, 106. B. **24**, 1900 ; B. s. c. **1891**, **2**, 969. M. f. Ch. XII, 304.

Le noyau pyridique de la quinoléine peut être plus facilement *hydrogéné* que le noyau benzénique ; la transformation de cette base en tétrahydroquinoléine se fait aisément, par l'action de l'étain et de l'acide chlorhydrique, par exemple, mais la réduction ultérieure, qui peut aller jusqu'à la décahydroquinoléine, s'effectue avec difficulté.

Les trois atomes d'hydrogène du noyau pyridique sont désignés en partant de l'atome d'azote par les lettres α, β et γ, les quatre atomes d'hydrogène du noyau benzénique étant affectés des lettres o, m, p et a (ana) ; les premiers sont aussi désignés par les symboles Py -1, -2, -3, les autres par B -1, -2, -3, -4 (*Baeyer*, B. **17**, 960) : comme aucun des atomes d'hydrogène de la quinoléine ne possède de symétrique par rapport à l'azote, il peut exister théoriquement *sept dérivés monosubstitués* de la quinoléine : on a préparé, en effet, sept acides quinoléinemonocarboxyliques.

La *place des substituants* d'un composé peut se déduire : a) de la nature des produits qu'il fournit par oxydation [ex. : un acide B-quinoléine carboxylique (c'est-à-dire possédant son carboxyle lié au noyau benzénique) donnera par oxydation de l'acide pyridinedicarboxylique ; un acide Py-quinoléinecarboxylique (carboxyle lié au noyau pyridique) donnera au contraire un acide pyridinetricarboxylique] ; b) de sa formation synthétique : la méthylquinoléine qu'on obtient par la réaction de *Skraup* en partant de l'o-toluidine (v. plus haut, 2) doit être un composé B-1 :

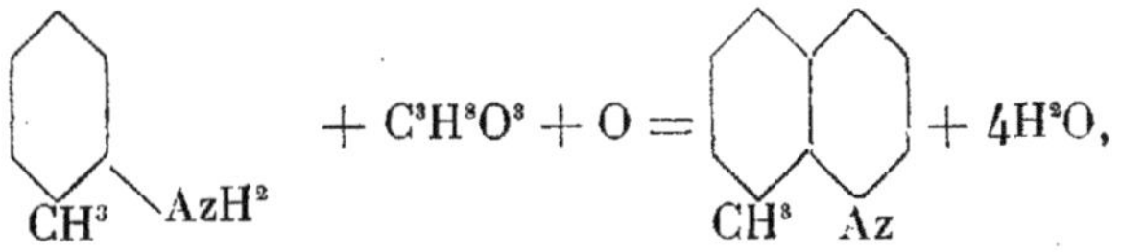

$$C_6H_3(CH^3)(AzH^2) + C^3H^8O^3 + O = C_9H_6(CH^3)Az + 4H^2O,$$

tandis que la m-toluidine fournira, au contraire, un composé B-2 ou un composé B-4, et la p-toluidine une B-3-méthylquinoléine (toluquinoléine).

Quinoléine.

Quinoléine, *leucoline*, C^9H^7Az (*Runge*, 1834). Existe dans le stuppfett d'Idria. Liquide incolore, très réfringent, d'une odeur forte particulière et caractéristique, P. E. 236° ; cette base est monovalente, elle donne un *bichromate* peu soluble, $(C^9H^7Az)^2Cr^2O^7H^2$ (aiguilles rouge jaunâtre), et possède des propriétés fébrifuges.

Sur les bases des quinoléineammoniums quaternaires, v. *Roser*, A. **282**, 373.

L'hydrogène naissant transforme la quinoléine en **dihydroquinoléine**, C^9H^9Az (P. F. 161°), puis en **tétrahydroquinoléine**, $C^9H^{11}Az, C^6H^4\langle{}^{CH^2-CH^2}_{AzH-CH^2}$ (liq. P.E. 245°) ; ces bases donnent des nitrosamines et peuvent être alcoylées, elles sont donc secondaires ; le dérivé tétrahydrogéné possède une action fébrifuge plus intense que celle de la substance-mère, surtout sous forme de son dérivé méthylé : la **Kairoline** (B. **16**, 739 ; B. s. c. **1883**, **2**, 457).

Décahydroquinoléine, $C^9H^7Az.H^{10}$; s'obtient par une hydrogénation plus profonde de la quinoléine. Cristaux, P. F. 48°, P. E. 204°, d'une odeur stupéfiante rappelant celle de la coniine. B. **27**, 1458 ; B. s. c. **1895**, **2**, 192.

La quinoléine, chauffée avec du sodium, donne une **diquinolyline**, $C^9H^6Az.C^9H^6Az$ (feuillets ou aiguilles), analogue du diphényle et du dipyridyle ; de plus, la quinoléine peut se polymériser en donnant de la **diquinoléine** $(C^9H^7Az)^2$, aiguilles jaunes.

On peut, au moyen de la réaction de *Skraup*, par exemple, préparer des *dérivés halogénés* de la quinoléine ainsi que des *nitroquinoléines* ; ces dernières fournissent par réduction des *amidoquinoléines*, $C^9H^6Az(AzH^2)$. Les acides *quinoléinesulfoniques*, chauffés avec du cyanure de potassium, donnent des *quinoléines cyanées*.

Les **oxyquinoléines** s'obtiennent soit par fusion des acides quinoléinesulfoniques, soit en soumettant les amidophénols à la réaction de *Skraup* ; dans ce dernier cas, leur hydroxyle est contenu dans le noyau benzénique.

P.-méthoxyquinoléine, *quinanisol*, $C^9H^6Az(O.CH^3)$, anisol de la série quinoléique, très semblable à la quinoléine : il se forme en partant de la quinine : v. p. 466 ; on l'obtient d'après *Skraup* en partant de la p.-anisidine ; son dérivé tétrahydrogéné, la **thalline**, $C^9H^{10}Az(OCH^3)$, est un fébrifuge de même que l'**analgène** (o-éthoxy-α-benzoylamidoquinoléine).

Carbostyrile, *α-oxyquinoléine*. $C^6H^4(C^3H^2Az.OH)$ (v. p. 466, synthèse n° 3). Aiguilles blanches se dissolvant dans les alcalis en donnant une solution que précipite l'acide carbonique. P. F. 198-199° ; la constitution de ce composé découle de sa synthèse.

Homologues de la quinoléine, quinoléines condensées.

Quinaldine, *α-méthylquinoléine*, $C^{10}H^9Az$; contenue dans le goudron de houille ; liquide incolore, d'odeur analogue à celle de la quinoléine, bouillant à 246° ; suivant la nature de l'oxydant employé, l'oxydation de ce composé conduit soit à un dérivé benzénique, soit à un dérivé quinoléique (v. p. 468).

L'hydrogène du groupe méthyle de la quinaldine est doué d'une grande mobilité ; cette base réagit avec l'anhydride phtalique en donnant un beau colorant jaune : le **Jaune de quinoléine**, $C^{10}H^7Az(CO)^2C^6H^4$ (B. **16**, 2602) ; traitée en présence de quinoléine par les agents alcoylants puis par la potasse, elle fournit des matières colorantes bleues instables, les **Cyanines**.

La **γ-lépidine**, *γ-méthylquinoléine*, cincholépidine, $C^9H^6Az(CH^3)$, et la **p-méthoxylépidine**, $C^9H^5Az(CH^3)(OCH^3)$, sont des produits de scission l'une de la cinchonine et l'autre de la quinine.

Les méthylquinoléines sont isomères avec les naphtylamines. — Les *homologues* de la quinoléine extraits du goudron ou de l'huile animale sont désignés sous le nom de **lépidine** (**iridoline**), $C^{10}H^9Az$, **cryptidine**, $C^{11}H^{11}Az$, etc. ; les alcaloïdes du quinquina fournissent comme produits de destruction des dérivés de la γ- ou Py-3- **phénylquinoléine**, $C^6H^4\left\langle\begin{array}{l}C(C^6H^5) = CH \\ \quad\quad\quad\quad\quad\; \cdot \\ Az \quad\quad\quad = CH\end{array}\right.$, B. **27**, 907, 3035.

La **flavaniline**, $C^{16}H^{14}Az^2$, belle matière colorante jaune qu'on obtient en chauffant l'acétanilide avec le chlorure de zinc, est une α-amidophényl-γ-méthylquinoléine (B. **15**, 1500).

Naphtoquinoléine, $C^{13}H^9Az$. Les deux naphtylamines, soumises à la réaction de *Skraup*, se transforment en naphtoquinoléines, bases solides qui dérivent du phénanthrène par échange de CH contre Az ; elles sont isomères avec l'acridine (p. 472).

Anthraquinoléine, $C^{17}H^{13}Az$. Feuillets incolores qu'on obtient d'une manière analogue en partant de l'anthramine ; cette base est la substance-mère du bleu d'alizarine, $C^{17}H^9AzO^4$ (p. 444).

Acides quinoléinecarboxyliques.

On désigne sous le nom d'acides *quinoléinebenzocarboxyliques* les acides qui contiennent leurs groupes carboxyliques dans le noyau benzénique.

L'acide **cinchoninique**, $C^9H^6Az(CO^2H)$ (aiguilles ou prismes, P. F. 254°), qu'on obtient en oxydant la cinchonine au moyen du permanganate est l'acide γ-quinoléinecarboxylique ; de cet acide dérive l'acide **quininique**, $C^9H^5Az(\overset{p}{OCH^3})\overset{\gamma}{CO^2H}$, prismes jaunâtres, fusibles à 280°, qu'on obtient en oxydant la quinine par l'acide chromique.

L'acide α-β-**quinoléinedicarboxylique**, acide *acridique*, s'obtient en oxydant l'acridine.

Bases analogues à la quinoléine,

Isoquinoléine, C^9H^7Az (P. F. 23° ; P. E. 240°), signalée dans le goudron de houille à côté de la quinoléine, on la prépare synthétiquement, en partant de la benzylaminoaldéhyde, $C^6H^5—CH^2—AzH—CHO$ (B. **26**, 764 ; B. s. c. **1893**, **2**, 909), etc. ; comme elle fournit, par oxydation, d'une part de l'acide cinchoméronique (β-γ-Py-dicarboxylique) et d'autre part de l'acide phtalique, elle possède la constitution [formule développée : deux hexagones accolés, Az] . La synthèse de ce composé au moyen de la β-naphtoquinone (B. 25, 1138, 1493 ; **27**, 198 ; Bull. soc. chim. **1892**, **2**, 834, 1177 ; **1894**, **2**, 562) est particulièrement intéressante en ce qu'elle montre les rapports étroits qui existent entre les différents systèmes annulaires (V. en outre B. **19**, 2354 ; **21**, 2299 ; 25, 733 ; **27**, 1954 ; B. s. c. **1886**, **2**, 862 ; **1889**, **1**, 144 ; **1892**, **2**, 1152 ; **1895**, **2**, 60).

Comme dérivés complexes de l'isoquinoléine, on peut citer la narcotine (p. 481) et l'**hydrastine**, $C^{21}H^{21}AzO^6$, alcaloïde de la racine d'*Hydrastis canadensis* dont l'action est analogue à celle de l'ergot de seigle et dont le produit de destruction par oxydation, l'**hydrastinine**, $C^{11}H^{11}AzO^2+H^2O$, a été aussi obtenu synthétiquement sous forme de son dérivé hzdrogèné (A. **286**, 1 ; **249**, 172, etc.).

On connaît aussi des bases *analogues* à la quinoléine qui contiennent un nouvel Az à la place d'un CH et, par conséquent, deux atomes d'azote, elles correspondent à la formule $C^6H^4(C^2H^2Az^2)$ ou à des formules qui s'y rattachent ; tels sont les dérivés de la *cinnoléine*, de la *quinazoline*, de la *quinoxaline* et de la *phtalazine* (B. **16**, 677 ; **17**, 318, 724 ; **19**, 1604 ; **20**, R 255, 630 ; **21**, R 571 ; **22**, 2683 ; **26**, 521 ; Bull. soc. chim. **1884**, **1**, 467 ; **1885**, **1**, 289 ; **2**, 537 ; **1887**, **1**, 254 ; **2**, 157 ; **1890**, **1**, 942 ; **1893**, **2**, 899).

Quinoxaline, *quinazine*, $C^6H^4\left<\begin{matrix}Az{=}CH\\ \cdot\\ Az{=}CH\end{matrix}\right.$, s'obtient par l'action du glyoxal sur l'o-phénylènediamine ; les o-diamines s'unissent d'une manière analogue aux acides aldéhydes, aux dicétones, aux acides cétones, etc. qui contiennent deux groupes carboxyle voisins (v. B. **25**, 604, 2416 ; **24**, 1870 ; B. s. c, **1892**, **2**, 802, 1270, 394, v. en outre, phénazine). La quinoxaline est un chromogène.

B. Groupe de l'acridine, $C^nH^{2n-17}Az$.

Acridine, $C^{13}H^9Az$ (*Graebe* et *Caro*). Base tertiaire qui cristallise et se sublime en aiguilles incolores, fusibles à 110° ; elle est contenue dans l'anthracène brut du goudron de houille ainsi que dans la diphénylamine brute ; l'action fortement irritante qu'elle exerce sur l'épiderme et sur les muqueuses et la fluorescence bleue que présentent les solutions étendues de ses sels sont caractéristiques.

On l'obtient synthétiquement en chauffant la diphénylamine avec de l'acide formique ou du chloroforme et aussi par l'action du chlorure de zinc sur la formyldiphénylamine, $(C^6H^5)^2Az.CHO$ (v. *Bernthsen*, A. **224**, 1) :

$$C^6H^5\diagdown\overset{CHO}{\underset{Az}{\cdot}}\diagup C^6H^5 = C^6H^4\langle\overset{CH}{\underset{Az}{\cdot}}\rangle C^6H^4 + H^2O ;$$

on l'obtient encore en chauffant l'o-amidodiphénylméthane avec de l'oxyde de plomb (B. **26**, 3086 ; B. s. c. **1894**, **2**, 556) et, par voie pyrogénée, en partant de l'o-tolylaniline (B. **25**, 1733 ; B. s. c. **1892**, **2**, 1140) ; l'oxydation la transforme en acide α-β-quinoléine-dicarboxylique, elle se présente par conséquent comme de l'anthracène dont le groupe central CH serait remplacé par Az.

Hydroacridine, $C^{13}H^{11}Az$, analogue du dihydroanthracène ; s'obtient facilement par réduction de l'acridine à laquelle elle peut être facilement ramenée par oxydation ; aiguilles blanches ne possédant aucunes propriétés basiques.

L'acridone, $C^6H^4\langle\overset{CO}{\underset{AzH}{}}\rangle C^6H^4$, est la cétone qui correspond à l'hydroacridine, elle a été préparée synthétiquement (A. **276**, 35 ; B. s. c. **1894**, **2**, 1077. B. **27**, 3483 ; B. s. c. **1895**, **2**, 466, etc.) ; aiguilles jaunes dont la solution alcoolique est douée d'une fluorescence bleue.

La **méthyl**, la **butyl**, la **phénylacridine**, $C^6H^4\langle\overset{C(R)}{\underset{Az}{\cdot}}\rangle C^6H^4$; les acides **acridine-carboxyliques**, les **naphtacridines** (acridines contenant $C^{10}H^6$ au lieu de C^6H^4) ont été préparées synthétiquement par des procédés analogues.

Diamidodiméthylacridine, *Jaune d'acridine*, $C^{13}H^5(CH^3)^2Az(AzH^2)^2$; matière colorante basique jaune qu'on obtient par condensation de la formaldéhyde avec la m-toluylènediamine, élimination d'ammoniaque du composé formé et oxydation de la leucobase ainsi obtenue.

Chrysaniline, *Phosphine* ; cette belle matière colorante jaune n'est autre que la *diamidophénylacridine*, $C^{19}H^{11}Az(AzH^2)^2$, car son dérivé diazoïque, chauffé avec l'alcool, donne de la phénylacridine.

Comme l'*anthracène*, l'*acridine* est un *chromogène* (p. 26).

Appendice : Groupe de l'oxyde de diphénylèneméthane.

A l'hydroacridine, $C^6H^4\langle\overset{CH^2}{\underset{AzH}{}}\rangle C^6H^4$, correspond un composé oxygéné : l'**oxyde**

de diphénylèneméthane, $C^6H^4 \langle {CH^2 \atop O} \rangle C^6H^4$ (feuillets, P. F. 98°,5), qui peut être préparé soit synthétiquement, soit en distillant l'euxanthone sur la poudre de zinc ; ce composé est, d'une part, la substance-mère de la xanthone (p. 416) et de l'euxanthone qui en dérive et, d'autre part, la base des fluorescéines et des rhodamines ; son dérivé **diamidététraméthylé**, qu'on obtient par déshydratation intramoléculaire (formation d'un anneau) du tétraméthyldiamidodioxydiphénylméthane préparé par condensation de la formaldéhyde et du diméthylmétamidophénol, n'est autre que le leucodérivé de la **formorhodamine** *Pyronine*, $C^{17}H^{19}Az^2OCl$, qu'il fournit par oxydation, cette oxydation provoquant la formation d'une liaison quinonique :

$$H^2 \langle {C^6H^3 — Az(CH^3)^2 \atop C^6H^3 — Az(CH^3)^2} \rangle O \qquad HC \langle {C^6H^3 — Az(CH^3)^2 \atop C^6H^3 = Az(CH^3)^2Cl.} \rangle O$$

leucodérivé — chlorhydrate de formorhodamine

De ce composé dérivent en outre les rhodamines succiniques et phtaliques (p. 426) ainsi que le fluorane (p. 426) et les dérivés de ce composé : fluorescéine, etc.

C. Azines, oxazines, thiazines.

Dans l'anthracène et dans l'hydroanthracène, les deux restes benzéniques sont reliés par deux groupes (CH) ou deux groupes (CH^2), dans l'acridine, ils sont reliés d'une manière analogue par un groupe (CH) et un atome d'azote, dans l'hydroacridine, par un groupe CH^2 et un groupe (AzH), ces deux groupes étant toujours placés en ortho ; cette liaison de deux restes benzéniques peut aussi être réalisée par deux atomes d'azote ou deux groupes imide :

$$C^6H^4 \langle {Az \atop Az} \rangle C^6H^4 ; \qquad C^6H^4 \langle {AzH \atop AzH} \rangle C^6H^4 ;$$

(I) phénazine — (II) hydrophénazine

ainsi que par un groupe imide et un atome d'oxygène ou un atome de soufre :

$$C^6H^4 \langle {AzH \atop O} \rangle C^6H^4 ; \qquad C^6H^4 \langle {AzH \atop S} \rangle C^6H^4 .$$

(III) phénoxazine — (IV) phénothiazine (thiodiphénylamine).

Dans ces composés, les restes benzéniques peuvent encore être remplacés par des restes naphtaliques, avec formation de :

$$C^{10}H^6 \langle {Az \atop Az} \rangle C^{10}H^6 ; \qquad C^{10}H^6 \langle {AzH \atop O} \rangle C^6H^4, \text{ par exemple, etc.}$$

naphtazine — naphtophénoxazine

Les composés II, III et IV qui sont du type de l'hydroanthracène se transforment en leucodérivés de matières colorantes par l'entrée, en para par rapport à l'azote, de groupes amido (libres ou alcoylés), de groupes hydroxyle, ou de groupes amido et de groupes hydroxyle ; les colorants eux-mêmes s'obtiennent alors par oxydation ($-H^2$) de ces leucobases, de telle sorte que les colorants qui dérivent de II, par exemple, peuvent aussi être considérés comme des amido- (ou des oxy-)-phénazines ; ainsi, les eurhodines (composés monoamidés), le Rouge de toluylène et ses analogues (composés diamidés), les safranines et les indulines dérivent de la phénazine et de l'hydrophénazine, le Bleu de Nil dérive de la naphtophénoxazine, les thionines dérivent de la phénothiazine.

1. Azines.

Phénazine, *azophénylène*, $C^{12}H^8Az^2$; s'obtient par distillation de l'azobenzoate de baryum, en faisant passer l'aniline à travers un tube chauffé au rouge, et enfin par oxydation de son dérivé hydrogéné (V. ci-dessous).

Longues aiguilles jaune clair, fusibles à 171°, très facilement sublimables, peu solubles dans l'alcool froid, facilement solubles dans l'éther, se dissolvant dans l'acide sulfurique concentré avec une couleur rouge ; leur solution alcoolique est précipitée en vert par le chlorure d'étain. La phénazine, réduite par le sulfure d'ammonium, se transforme en un composé incolore, l'**hydrophénazine**, $C^6H^4\langle{AzH \atop AzH}\rangle C^6H^4$, feuillets facilement oxydables qu'on obtient synthétiquement en chauffant la pyrocatéchine et l'o-phénylènediamine (B. **19**, 2206 ; B. s. c. **1887**, **1**, 637) :

$$C^6H^4\langle{OH \atop OH} + {AzH^2 \atop AzH^2}\rangle C^6H^4 = C^6H^4\langle{AzH \atop AzH}\rangle C^6H^4 + 2H^2O.$$

Comme le montre la formule $C^6H^4\langle{Az \atop Az}\rangle C^6H^4$, la phénazine peut aussi être envisagée comme dérivant de l'orthobenzoquinone, $C^6H^4\langle{O \atop O}$, composé inconnu dans lequel les deux atomes d'oxygène seraient liés à deux atomes de carbone voisins du noyau (V. quinone, p. 371). La phénazine est aussi en relations étroites avec la quinoxaline (p. 471).

Naphtophénazine, $C^{10}H^6<Az^2>C^6H^4$; s'obtient par l'action des acides sur les colorants azoïques dérivés de la phényl-β-naphtylamine (B. **20** 571 ; Bull. soc. chim. **1887**, **1**, 975) ; cristaux jaune citron, aisément sublimables.

Naphtotolazine, $C^{10}H^6<Az^2>C^6H^3(CH^3)$.

Naphtazines, $C^{20}H^{12}Az^2$; sur les divers isomères, v. A. **237**, 327 ; **272**, 307 ; B. s. c. **1893**, **2**, 1013. B. **26**, 183 ; B. s. c. **1893**, **2**, 458.

Eurhodine, *Amidonaphtotolazine*, $H^2Az.C^{10}H^5<Az^2>C^6H^3(CH^3)$; s'obtient en chauffant l'α-naphtylamine avec l'o-amidoazotoluène en solution dans le phénol. Cristaux jaune d'or solubles en rouge dans l'acide chlorhydrique étendu et se dissolvant dans l'éther avec une fluorescence vert jaune (B. **19**. 444 ; **21**. 2418 ; **24**. 1337 ; B. s. c. **1887**, **1**, 276 ; **1889**, **1**, 660 ; **1891**, **2**. 320) : chauffée avec un acide, l'eurhodine se transforme en **eurhodol**, $HO.C^{10}H^5<Az^2>C^6H^3(CH^3)$ (cristaux jaunes), composé basique en même temps que phénolique (V. par exemple B. **24**, 1337 ; B. s. c. **1891**, **2**, 320).

Phényleurhodine, $C^6H^5AzH.C^{10}H^5<Az^2>C^6H^3(CH^3)$; s'obtient en chauffant l'eurhodine avec de l'aniline et du chlorhydrate d'aniline.

o-Diamidophénazine, $C^{12}H^6Az^2(AzH^2)^2$; s'obtient à l'état de chlorhydrate (aiguilles rouges) en oxydant l'o-phénylènediamine au moyen du chlorure ferrique (B. **22**, 355 ; B. s. c. **1889**, **1**, 813) ; un isomère hétéronucléaire de ce composé, analogue au rouge de toluylène (V. plus bas), se prépare en partant d'un mélange de méta- et de paraphénylènediamine (B. 23, 1852 ; B. s. c., **1891**, **1**, 40).

Rouge de toluylène, $C^{15}H^{16}Az^4$ (*Witt*). La p-amidodiméthylaniline, oxydée à froid en présence de m-toluylènediamine, se transforme en un corps d'un beau bleu : *le Bleu de toluylène* ; ce composé, qui est une indamine (V. p. 374), traité par l'eau à l'ébullition se transforme en rouge de toluylène :

$$(CH^3)^2Az{-}C^6H^4\begin{matrix}\diagup AzH^2\\ \diagdown AzH^2\end{matrix} + C^6H^3(CH^3)(AzH^2) + 3O$$

amidodiméthylaniline — toluylènediamine

$$= (CH^3)^2Az.C^6H^3\begin{matrix}\diagup Az \diagdown \\ \cdot \\ \diagdown Az \diagup\end{matrix}C^6H^2(CH^3).AzH^2 + 3H^2O.$$

Rouge de toluylène

On peut, de la même manière, préparer des composés analogues ; le Rouge de toluylène *le plus simple* [contenant AzH^2 au lieu de $Az(CH^3)^2$] s'obtient au moyen de la p-phénylènediamine et de la m-toluylènediamine, il se transforme par diazotation en **méthylphénazine**, $C^6H^4{<}Az^2{>}C^6H^3(CH^3)$.

Sur les **tri** et **tétramidophénazines**, v. B. 22, 3039 : B. s. c. **1890**, **2**, 324.

Eurhodines alcoylées, rosindulines, safranines, indulines.

β-méthyleurhodine, $HAz{=}C^{10}H^5\begin{matrix}\diagup Az \diagdown \\ \diagdown Az(CH^3) \diagup\end{matrix}C^6H^3(CH^3)$; cette eurhodine, qui est dite « alcoylée à l'azote azinique », s'obtient en chauffant l'α-naphtylamine (en solution phénolique) avec des colorants azoïques de la forme $R{-}Az{=}Az{-}C^6H^3(CH^3){-}AzH.CH^3$ (obtenus au moyen de la méthyl-p-toluidine). Le *chlorhydrate* de cette base teint le coton tanné en un beau rouge jaunâtre.

α-phényl-β-méthyleurhodine, $C^6H^5.Az{=}C^{10}H^5\begin{matrix}\diagup Az \diagdown \\ \diagdown Az(CH^3) \diagup\end{matrix}C^6H^3(CH^3)$, de constitution analogue à celle de la précédente, s'obtient en traitant la phényleurhodine (V. ci-dessus) par CH^3I, elle fournit des dérivés sulfonés teignant en rouge.

Rosinduline, $HAz{=}C^{10}H^5\begin{matrix}\diagup Az \diagdown \\ \diagdown Az(C^6H^5) \diagup\end{matrix}C^6H^4$, s'obtient à côté de phénylrosinduline en chauffant prudemment en milieu alcoolique la **benzène-azo-α-naphtylamine** avec de l'aniline et du chlorhydrate d'aniline ; elle donne des acides sulfonés teignant en rouge jaunâtre.

Phénylrosinduline, $C^{28}H^{19}Az^3$; ce composé est, comme l'α-phényl-β-méthyleurhodine analogue, un colorant basique rouge, il se transforme par sulfonation en une matière colorante rouge orseille d'une grande valeur : l'*Azocarmin* (*O. Schraube* ; v. *O. Fischer* et *Hepp*, B. **23**, 838 ; B. s. c. **1890**, **2**, 426. A. **256** ; **262** ; **266** ; **272**, 306 ; B. s. c. **1890**, **2**, 588 ; **1892**, **2**, 41 ; **1893**, **2**, 377, 1013.

Amido-β-méthyleurhodine, $HAz{=}C^{10}H^5\begin{matrix}\diagup Az \diagdown \\ \diagdown Az(CH^3) \diagup\end{matrix}C^6H^2(CH^3).AzH^2$, colorant basique rouge très semblable aux safranines dont la préparation est analogue à celle de la β-méthyleurhodine.

Safranines. On désigne sous le nom de safranines, au sens le plus étroit du mot, les colorants obtenus en oxydant un mélange des sels d'une molécule de *p-diamine* (phénylènediamine, etc.), d'une molécule d'une *amine primaire* et d'une molécule d'une seconde *monamine* (possédant la place para libre).

Les safranines cristallisent en beaux cristaux verts à éclat métallique, facilement solubles dans l'eau, teignant en nuances allant du rouge jaunâtre au rouge et au violet ; les alcalis ne précipitent pas leurs solutions étendues ; elles se dissolvent en vert dans l'acide sulfurique concentré, cette solution, étendue graduellement, devient d'abord bleue, puis violette et finalement rouge. La réduction des safranines conduit aux leucodérivés correspondants.

Ces leucobases dérivent de la *phényldihydrophénazine*, $C^6H^4\left\langle\begin{matrix}AzH\\Az\,C^6H^5\end{matrix}\right\rangle C^6H^4$, composé encore inconnu, par l'entrée de deux groupes amido placés tous deux en position para par rapport au groupe imide ; les colorants, eux, contiennent, à l'état de chlorhydrates, une molécule d'HCl en plus et deux atomes d'hydrogène en moins que leurs leucobases, de telle sorte que la phénosafranine, par exemple, doit posséder vraisemblablement la formule de constitution suivante (I) (« *formule symétrique* » *A. Bernthsen*, B. **19**, 2693 ; B. s. c. **1887**, **1**, 434) :

$$\text{(I)}\quad ClH.AzH{=}C^6H^3\left\langle\begin{matrix}Az\\Az\\C^6H^5\end{matrix}\right\rangle C^6H^3.AzH^2 \qquad \text{(II)}\quad H^2Az{-}C^6H^3\left\langle\begin{matrix}Az\\Az\\H^5C^6\ \ Cl\end{matrix}\right\rangle C^6H^3.AzH^2.$$

D'après cette formule (I), les colorants contiennent une « liaison *paraquinonique* », ce qui explique qu'ils ne renferment qu'un seul groupe amido diazotable ; on a aussi proposé, pour ces composés, la formule (II) qui comporte une liaison *orthoquinonique* (comparer à la formule orthoquinonique de la phénazine, p. 474) et un « groupe azonium » $\equiv Az(C^6H^5)Cl$, v. par exemple, B. **19**, 2604, 2690, 2212, 3017, 3121 ; **28**, 270, 1579 ; **29**. 361, 1870, etc. ; Bull. soc. chim. **1887**, **1**, 703, 434, 466, 467, 433 ; **1895**, **2**, 762, 1224 ; **1896**, **2**, 887, etc.

Phénosafranine, $C^{18}H^{15}Az^4Cl$, s'obtient en partant de $C^6H^4(AzH^2)^2 + 2C^6H^5AzH^2$; la **safranine T** du commerce, $C^{20}H^{19}AzH^4Cl$, est un de ses homologues.

Tolusafranine, $C^{21}H^{21}Az^4Cl$, s'obtient d'une manière analogue au moyen de $C^6H^3.CH^3(AzH^2)^2$ 1, 2, 4 et de deux molécules de $C^6H^4(CH^3)AzH^2$. V. B. **16**, 472 ; B. s. c. **1883**, **2**, 329, etc.

Les safranines, diazotées et copulées avec le β-naphtol en solution alcaline, donnent des **safranine-azo-naphtols**, $C^{20}H^{16}Az^3.Az{=}Az{-}C^{10}H^6.OH$, par exemple ; ces composés se combinent à une molécule d'HCl en donnant des sels solubles qui sont des colorants bleus d'une grande valeur (« **Indoïne** »).

Aposafranine, $C^{18}H^{14}Az^3Cl$, colorant rouge qu'on obtient en partant de la phénosafranine par substitution de H à AzH^2 suivant Griess ; la soude étendue et chaude le transforme en

Benzèneindone, $C^{18}H^{12}Az^2O$, *aposafranone*, feuillets métalliques qui, chauffés avec la poudre de zinc, donnent de la phénazine, et qui, traités par l'aniline, fournissent le benzèneinduline (V. ci-dessous).

Mauvéïne, phénylsafranine, *Rosolane*, $C^{21}H^{20}(C^6H^5)Az^4Cl$; ce composé fut la première couleur d'aniline préparée industriellement (*Perkin* 1856, action de l'acide sulfurique et du chromate de potasse sur l'aniline brute).

Le **Rouge de Magdala**, $C^{30}H^{21}Az^4Cl$, est une safranine de la série naphtalique.

Indazine, $(CH^3)^2Az-C^6H^3\langle\begin{smallmatrix} Az \\ Az(C^6H^5) \end{smallmatrix}\rangle C^6H^3{=}Az.C^6H^5$, colorant basique bleu qu'on prépare en condensant la nitrosodiméthylaniline avec la diphényl-m phénylènediamine (A. **262**, 263 ; Bull. soc. chim. **1892**, 2, 41).

Les **indulines** et les **nigrosines** sont des colorants dont la nuance varie du rouge violet au bleu et au noir, et qu'on obtient, entre autres modes de préparation, en chauffant l'amidoazobenzène ou l'azobenzène avec des chlorhydrates d'anilines diverses (« cuite d'induline ») ; ils peuvent être employés soit tels quels en solution dans l'alcool, soit sous forme de leurs dérivés sulfonés solubles dans l'eau.

Dans leur préparation, il se forme, comme produits intermédiaires, des paraquinoneaniles telles que l'**azophénine**, par exemple, dianilidoquinonedianile (p. 375, B. **21**, 676 ; B. s. c. **1888**, **2**, 327 ; *Witt*. B. **20**, 2659) ; les composés azoïques introduits donnent des paradiamines par réduction en réagissant en même temps comme oxydants (*O. Fischer, Hepp*, B. **25**, 2731 ; B. s. c. **1892**, **2**, 1354, v. aussi p. 383).

La **benzèneinduline**, $C^{24}H^{18}Az^4$, *anilidoaposafranine*, P. F. 125°, est l'induline la plus simple, elle se forme, en faible quantité, dans la cuite d'induline effectuée à la plus basse température possible (v. ci-dessus), on l'obtient aussi en chauffant l'aposafranine avec de l'aniline ; elle donne des sels violet rouge, solubles dans l'eau.

De cette induline dérivent, par l'entrée ultérieure dans sa molécule de groupes phényle et de groupes amide phénylés, les indulines plus complexes et plus bleues telles que la **phénylinduline**, $C^{30}H^{22}Az^4$, l'**amidophénylinduline**, $C^{30}H^{23}Az^5$, l'**induline à l'alcool**, $C^{36}H^{27}Az^5$ (?) etc., dont les dérivés sulfonés constituent des matières colorantes commerciales, le « Bleu solide », par exemple.

La benzèneinduline, chauffée avec une solution alcoolique de baryte, donne de la benzèneindone (V. plus haut) ; les indulines sont donc des dérivés de la phénazine, la benzèneinduline possédant la formule de constitution (*Kehrmann*) :

$$\begin{matrix} C^6H^5.AzH(5) \\ HAz(4) \end{matrix} \rangle C^6H^2 \langle \begin{matrix} (1)Az \\ (2)Az(C^6H^5) \end{matrix} \rangle C^6H^4 \;;$$

v. B. **26**, 1655 ; B. s. c. **1893**, **2**, 1083. A. **272**, 306 ; B. s. c. **1893**, **2**, 1013. B. **28**, 1709, 2283 ; B. s. c. **1895**, **2**, 1328.

Noir d'aniline ($C^{30}H^{27}Az^5$?) ; s'obtient en partant de l'aniline par l'action du chlorate de potasse en présence de sels de cuivre ou de vanadium, etc. ; on le produit d'ordinaire directement sur la fibre ; préparé à l'état libre, il constitue une poudre foncée, amorphe, insoluble dans la plupart des dissolvants.

2. Oxazines.

Phénoxazine, $C^6H^4\langle\begin{smallmatrix} AzH \\ O \end{smallmatrix}\rangle C^6H^4$, feuillets sublimables qu'on obtient en chauffant la pyrocatéchine avec l'o-amidophénol.

Bleu de Nil, $HAz{=}C^{10}H^5\langle\begin{smallmatrix} Az \\ O \end{smallmatrix}\rangle C^6H^3-Az(C^2H^5)^2$, HCl ; magnifique colorant basique bleu verdâtre qu'on obtient en transformant le diéthyl-m-amidophénol en son dérivé nitrosé qu'on chauffe ensuite avec l'α-naphtylamine ; la leucobase de ce composé est une diamidonaphtophénoxazine diéthylée.

Gallocyanine, $C^{15}H^{13}Az^2O^5Cl$, colorant bleu violet teignant sur mordants à la façon de l'alizarine et qu'on obtient par l'action de la nitrosodiméthylaniline sur l'acide gallique.

3. Thiazines (thionines).

Phénothiazine, $C^6H^4\langle{}^{AzH}_{S}\rangle C^6H^4$, **thiodiphénylamine**, v. p. 338 ; ce composé, nitré puis réduit, se transforme en **diamidothiodiphénylamine**, **leucothionine**, $C^{12}H^7AzS(AzH^2)^2$, leucobase de la thionine, $C^{12}H^9Az^3S$, laquelle s'en différencie par deux atomes d'hydrogène en moins ; le chlorhydrate de la **thionine** constitue le **Violet de Lauth**.

Bleu de méthylène (*Caro*, 1876), $Az\langle{}^{C^6H^3—Az(CH^3)^2}_{C^6H^3=Az(CH^3)^2Cl}\rangle S$, $= C^{16}H^{18}Az^3SCl$, matière colorante bleue très importante, surtout pour la teinture du coton ; on l'obtient soit par l'action du chlorure ferrique sur l'amidodiméthylaniline en présence d'hydrogène sulfuré, soit en oxydant cette base en présence d'acide hyposulfureux, ce qui donne lieu à la formation d'acide **amidodiméthylanilinethiosulfonique**, $C^6H^3(Az[CH^3]^2)(AzH^2)(S.SO^3H)$; ce composé oxydé en présence de diméthylaniline fournit l'indamine correspondante qu'on chauffe enfin avec du chlorure de zinc, v. *Bernthsen*, A. **230**, 73 ; **251**, 1 ; Monit. scient. Quesn. **1891**, 1037, 1154.

XXXV. Alcaloïdes de constitution complexe ou inconnue.

Les alcaloïdes existant dans la nature sont tantôt des corps non oxygénés, liquides et distillant sans décomposition, tantôt des substances contenant de l'oxygène, généralement solides et cristallisables, ne pouvant être volatilisées sans décomposition (la strychnine est volatile dans le vide) ; ils sont précipités par certains réactifs tels que le tannin, l'acide phosphomolybdique, le chlorure de platine, l'iodure double de mercure et de potassium, etc. ; un grand nombre d'entre eux donnent des réactions colorées très marquées avec l'acide nitrique, le chlorure de chaux ou l'acide sulfurique concentré.

A. Alcaloïdes de la coca et alcaloïdes des solanées.

Les alcaloïdes importants appartenant à ces classes sont : la *cocaïne*, principe actif des feuilles de coca (Erythroxylon coca), remarquable par son action calmante (B. **27**, 1870 ; B. s. c. **1895**, **2**, 347), l'*atropine*, l'*hyos-*

ciamine et l'*hyoscine*, bases extraites de l'Atropa belladonna, du Datura stramonium et de l'Hyosciamus niger et qui provoquent toutes trois la dilatation de la pupille ; ces quatre alcaloïdes paraissent tous renfermer une *combinaison* particulière et peu stable d'un *noyau pipéridique et d'un noyau hexahydrobenzénique* dans laquelle les deux systèmes ont quatre atomes de carbone communs (*Merling*, 1891) :

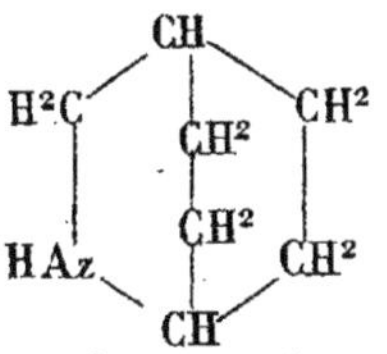

substance mère hypothétique. 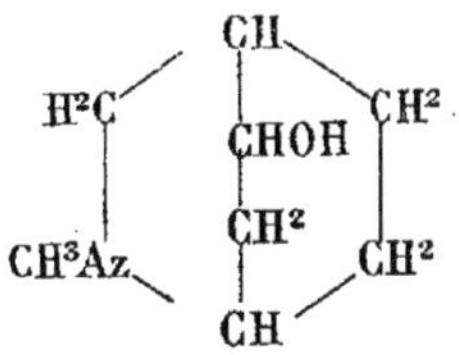 — tropine. 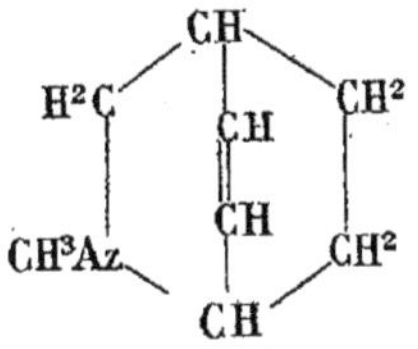 — tropidine.

Ces formules expliquent en particulier la formation par scission de produits de différente nature : quand le noyau hexahydrobenzénique se rompt, il se forme des dérivés hydropyridiques ; quand c'est le noyau pipéridique, on obtient des dérivés benzéniques hydrogénés (v. plus loin et B. **24**, 3108 ; **25**, 1391 ; Bull. soc. chim. **1892**, **2**, 161, 1158) ; la formule de la tropine s'appuie en outre sur la belle synthèse de ce composé en partant de la dihydrobenzyldiméthylamine (B. **26**, R. 731 ; B. A. 69090), et sur ses propriétés optiques, B. **26**, 1400 ; B. s. c. **1894**, **2**, 197, v. aussi B. **28**, 2277 ; B. s. c. **1896**, **2**, 566.

Les composés ci-dessus furent autrefois envisagés comme dérivant d'une tétrahydropyridine à longues chaînes latérales : la tropine, par exemple, étant considérée comme l'α-oxéthyl-az-méthyltétrahydropyridine, v. B. **26**, 1065 ; mais ce dernier composé a été obtenu synthétiquement (v. p. 463), il diffère entièrement de la tropine (*Lipp*, B. **25**, 2197 ; B. s. c. **1892**, **2**, 1261, Ann. **289**, 181).

Tropine, $C^8H^{15}AzO$, tables, P. F. 62°, P. E. 220° ; s'obtient par scission de l'atropine au moyen de l'eau de baryte ; la tropine est une base tertiaire en même temps qu'un alcool secondaire ; oxydée par l'acide chromique, elle donne d'abord une cétone, la **tropinone**, $C^8H^{13}AzO$ (B. **29**, 393 ; B. s. c. **1896**, **2**, 1192), puis, avec scission du noyau hexaméthylénique, l'acide *tropinique*, $C^5H^8Az(CH^3)(CO^2H)^2$, dérivé dicarboxylé d'une pipéridine méthylée à l'azote ; l'acide chlorhydrique concentré transforme la tropine en tropidine.

Tropidine, $C^8H^{13}Az$, base huileuse bouillant à 162°, qu'on obtient aussi en partant de l'anhydroecgonine par perte d'acide carbonique ; la base d'ammonium quaternaire correspondante se décompose facilement avec rupture d'un noyau en méthylamine et en *tropilidène*, C^7H^8, composé qui fut autrefois envisagé comme un carbure incomplet de la série grasse mais qui paraît vraisemblablement posséder la constitution d'un p-méthylènedihydrobenzène dans lequel deux atomes de carbone en para seraient reliés transversalement par un groupe CH^2 (v. terpènes ; *Einhorn*, *Willstätter* ; A. **280**, 120 ; B. s. c. **1895**, **2**, 399).

Ecgonine, $C^9H^{15}AzO^3 = C^8H^{14}AzO.COOH$, prismes blancs déviant à gauche ; l'ecgonine est un dérivé carboxylé de la tropine (*Einhorn*) et par conséquent un oxyacide ; en tant qu'alcool, elle fournit un ester benzoïque et elle peut en même temps, comme acide, donner un ester méthylique : le composé ainsi obtenu n'est autre que la cocaïne (V. ci-après).

L'**anhydroecgonine**, $C^9H^{13}AzO^2$, est avec l'ecgonine dans le même rapport que la tropidine avec la tropine, elle donne par scission de l'anneau des produits analogues à ceux que fournit la tropidine (V. plus haut) : l'acide *p-méthylènedihydrobenzoïque*, par exemple ; en traitant son dibromure par le carbonate de soude, on provoque une scission du noyau pyridique avec formation de dihydrobenzaldéhyde et de méthylamine (*Einhorn*, B **26**, 451 ; B. s. c. **1893**, 2, 807).

La **cocaïne**, $C^{17}H^{21}AzO^{4}$, P. F. 98°, dévie à gauche, son chlorhydrate forme des prismes blancs.

La cocaïne est décomposée par l'acide chlorhydrique en acide benzoïque, ecgonine (v. plus haut) et alcool méthylique ; inversement, on l'obtient en partant de l'ecgonine par benzoylation puis méthylation de la benzoylecgonine formée ; on peut, de la même manière, préparer des homologues de la cocaïne.

Plusieurs des composés de ce groupe existent sous diverses modifications optiquement actives : B. **23**, 979 ; **25**, 927 ; B. s. c. **1892**, **2**, 1156.

Atropine, $C^{17}H^{23}AzO^{3}$, prismes incolores, inodores, de saveur très amère, que l'eau de baryte scinde enacide tropique et en tropine, $C^{8}H^{15}AzO$ (p. 479) ; l'atropine est donc l'ester tropique de la tropine, on l'obtient d'ailleurs en chauffant un mélange des solutions chlorhydriques étendues de ses composants.

En employant les acides tropiques actifs d ou g, on obtient l'*atropine déviant à droite* ou l'*atropine déviant à gauche* ; si on remplace cet acide par un acide homologue, on forme des bases homologues, les « *tropéines* » : ainsi, l'acide phénylglycolique fournit l'**homatropine**, $C^{16}H^{21}AzO^{3}$, composé qui possède sur la pupille une action identique à celle de l'atropine bien que de moindre durée (*Ladenburg*, Ann. **217**, 82 ; B. s. c. **1883**, **2**, 91).

L'**hyosciamine**, aiguilles ou tables fusibles à 109°, est un isomère de l'atropine, elle est très semblable à cette base et peut y être facilement ramenée, par l'action de la potasse alcoolique, par exemple (*Will*, B. **21**, 1725, 2777 ; B. s. c. **1888**, **2**, 683), ses composants paraissent être l'acide tropique g et la tropine g, elle est donc *stéréoisomère* avec l'atropine (B. **22**, 2590 ; B. s. c. **1890**, **1**, 939).

L'**hyoscine**, $C^{17}H^{21}AzO^{4}$, P. F. 55°, est scindée par l'eau de baryte en acide tropique et en une base analogue à la tropine (A. **271**, 110 ; B. s. c. **1893**, **2**, 561).

B. Bases de l'opium.

L'opium (Papaver somniferum) contient les alcaloïdes suivants :

1. **Morphine**, $C^{17}H^{19}AzO^{3} = C^{17}H^{17}AzO(OH)^{2}$, petits prismes de saveur amère ($+H^{2}O$) ; agent *narcotique* important ; la morphine est une base monovalente et tertiaire.

Distillée avec la poudre de zinc, elle fournit principalement du phénanthrène ; elle paraît être en même temps un dérivé de la morpholine (p. 465). Constitution : *Knorr* ; *Skraup*, v. B. **27**, 1144 ; **29**, 65 ; Bull. soc. chim. **1894**, **2**, 1098 ; **1896**, **2**, 1203.

2. **Codéine**, méthylmorphine, $C^{18}H^{21}AzO^{3}$, s'obtient aussi par méthylation de la morphine.

3. **Thébaïne**, $C^{19}H^{21}AzO^{3}$. 4. **Narcéine**, $C^{23}H^{29}AzO^{9}$ (A. **286**, 248).

5. **Papavérine**, $C^{21}H^{21}AzO^4$. 6. **Berbérine**, $C^{20}H^{17}AzO^{4}$; ces deux alcaloïdes dérivent de l'isoquinoléine, const : M. f. Ch. **9** ; B. **24** R. 157.

7. **Narcotine**, $C^{22}H^{23}AzO^7$, prismes brillants ; se scinde par hydratation en **méconine**, $C^{10}H^{10}O^4$, anhydride de l'acide méconinique, contenu aussi dans l'opium (p. 408), et en **cotarnine**, $C^{12}H^{13}AzO^3$ (prismes + H^2O), composé que le brome transforme en pyridine dibromée et qui, comme la papavérine, est un dérivé de la benzyl-isoquinoléine. Constitution : *Roser*, A. **254,** 351, 356 ; Bull. soc. chim. **1890**, **2**, 444.

C. Alcaloïdes du quinquina.

L'écorce de quinquina contient les alcaloïdes suivants :

1. **Quinine**, $C^{20}H^{24}Az^2O^2 + 3H^2O$. Prismes ou aiguilles soyeuses fusibles à 177° ; la quinine est une base bivalente de saveur très amère et de réaction fortement alcaline dont le sulfate et le chlorhydrate sont l'objet d'un emploi considérable comme *agents fébrifuges* ; les sels de cette base sont caractérisés par la magnifique *fluorescence bleue* qu'ils possèdent en solution étendue.

La quinine est une diamine deux fois tertiaire, elle contient en outre, d'après ses réactions, un groupe hydroxyle et un groupe méthoxyle et paraît être constituée par l'union de deux groupes différents, suivant la formule :

$$(CH^3O).C^9H^5Az - C^{10}H^5(OH)Az.$$

Le premier de ces systèmes représente une p-méthoxyquinoléine, composé qu'on peut, d'ailleurs, obtenir par l'action de la potasse fondue sur la quinine ; le second, qu'on appelle « seconde moitié » de la molécule de la quinine, donne, comme produit de scission, tantôt un dérivé pyridique (la fusion alcaline fournit de la β-éthylpyridine), tantôt des dérivés benzéniques exempts d'azote (l'action successive du perchlorure de phosphore, de la potasse et de l'acide bromhydrique conduit avec dégagement d'ammoniaque à un corps phénolique. $C^{10}H^{12}OH$) : ce second système dérive vraisemblablement d'un noyau pipéridique à deux chaînes latérales constituées l'une par un groupe vinyle, l'autre par un groupe éthylol, le noyau benzénique ne se formerait donc que lors de la scission.

L'oxydation de la quinine donne de l'acide **quininique**, $C^9H^5Az(OCH^3)CO^2H$ (p. 471), celle de la « seconde moitié » fournit du **méroquinène**, $C^9H^{15}AzO^2$ (Constit : v. B. **28**, 3150 ; B. s. c. **1896**, **2**, 980), qui s'oxyde ultérieurement en donnant de l'acide **cincholoiponique**, $C^6H^{11}Az(CO^2H)^2$. La quinine, chauffée avec de l'acide chlorhydrique, perd un groupe méthyle en donnant **l'apoquinine**, $C^{19}H^{20}Az^2(OH)^2$, v. B. **14**, 1852 ; B. s. c. **1882**, **1**. 84 ; A. **204**, 90 ; *Skraup*, M. f. Ch. **10**, 220 ; *Königs* et *Comstock*, B. **25**, 1539 ; **26**, 713 ; **28**, 1986 ; **29**, 372 ; Bull. soc. chim. **1893**, **2**, 170, 938 ; **1896**, **2**, 575, 1071.

2. **Cinchonine**, $C^{19}H^{22}Az^2O = C^{19}H^{21}(OH)Az^2$, prismes ou aiguilles sublimables, de couleur blanche, doués d'une action fébrifuge plus faible que celle de la quinine ; la cinchonine dérive de la quinine par substitution de H à OCH^3, elle fournit par oxydation de l'acide cinchoninique (p. 471), et de la quinoléine par fusion alcaline. Const : B. **27**, 1187 ; **28**, 1063 ; B. s. c. **1894**, **2**, 1335 ; **1895**, **2**, 1522.

3. La **conchinine**, $C^{20}H^{24}Az^2O^2$, et 4) la **cinchonidine**, $C^{19}H^{22}Az^2O^2$, alcaloïdes isomères : le premier de la quinine et le second de la cinchonine, sont doués d'une action fébrifuge plus faible que celle de ces composés.

D. Bases des strychnées.

La noix vomique (Strychnos nux vomica, etc.) renferme deux alcaloïdes :

1. la **strychnine**, $C^{21}H^{22}Az^2O^2$, et 2) la **brucine**, $C^{23}H^{26}Az^2O^4$; le premier (prismes quadrangulaires) est caractérisé par son action extraordinairement vénéneuse (il occasionne des douleurs tétaniques) ; la fusion alcaline le transforme en quinoléine et en indol, la distillation avec la chaux le ramène à la β-picoline (A. **264** ; **268**, 229 ; B. s. c. **1893**, **2**, 462. B **26**, 333 ; B. s. c. **1893**, **2**, 758). La brucine (prismes) donne par fusion alcaline des homologues de la pyridine.

E. Alcaloïdes divers.

Vératrine, $C^{32}H^{42}AzO^9$, alcaloïde du Veratrum album.

Sinapine, $C^{16}H^{23}AzO^5$; cet alcaloïde, contenu dans la graine de moutarde, dérive à la fois de la choline et de l'acide gallique, ce n'est donc point un dérivé pyridique.

Spartéine, $C^{15}H^{26}Az^2$ (du Spartium scoparium).

Ptomaïnes (alcaloïdes des cadavres), v. p. 500.

XXXVI. Terpènes et camphres.

V. *M. Scholtz* : Die terpene. Stuttgart 1896.

Indications bibliographiques : v. *Berthelot-Riban*, Ann. chim. phys. [5] **6**, 1 (1875) et plus récemment : *Wallach*, B. **24**, 1525 ; B. s. c. **1891**, **2**, 880. A. **268** et suiv. ; **289**, 337 ; *Baeyer*, B. **26** et suiv. ; **29**. 3, 1923 ; Bull. soc. chim. **1896**, **2**, 1177, 1975.

Un grand nombre de plantes contiennent, principalement dans leurs fleurs ou dans leurs fruits, des substances huileuses auxquelles elles doivent leur odeur particulière ou leur arome ; ces principes, qui peuvent être extraits par divers procédés, la distillation à la vapeur d'eau par exemple, portent le nom d'*huiles essentielles* ; ils étaient autrefois réunis en une classe particulière, on sait maintenant qu'ils sont formés tantôt par des composés complètement hétérogènes (l'essence d'amandes amères = benzaldéhyde ; l'essence du cumin = cymène et aldéhyde cuminique), tantôt par un mélange de ces composés avec des carbures de formule $C^{10}H^{6}$, les *terpènes*, que d'autres huiles essentielles contiennent d'ailleurs d'une façon prépondérante ou presque exclusive ; ainsi, l'essence de thym contient un terpène, le « thymène », du cymène et du thymol ; l'essence de térébenthine, les essences de citron, d'orange, etc., renferment essentiellement des carbures terpèniques.

D'autres huiles essentielles renferment des composés oxygènés voisins des terpènes, les *camphres*, substances que caractérise leur odeur particulière et qui possèdent en général la formule $C^{10}H^{16}O$ ou $C^{10}H^{18}O$; plusieurs d'entre eux : le géraniol. le linalol, le citral et le citronellal, ont déjà été décrits (p. 85 et 131) comme camphres *oléfiniques* bien qu'ils se rapprochent, sous certains rapports, des camphres proprement dits.

Les **terpènes**, à côté desquels se rangent aussi quelques produits récemment obtenus par synthèse, sont contenus particulièrement dans les conifères (pinus, picea, abies, etc.), puis dans les fruits du citronnier et de ses analogues, etc. ; les produits extraits de ces végétaux, et désignés suivant leur origine : *essence de térébenthine*, *citrène* (de l'essence de citron), *hespéridène* (de l'essence d'orange), *thymène* (du thym), *carvène* (de l'essence de cumin), *eucalyptène*, *olibène*, etc., ont généralement des points d'ébullition presque identiques (entre 160 et 190° ; P. F. v. tab.) ; ils ne sont point des individus chimiques définis, mais bien des mélanges de substances isomères ; la séparation de ces substances par la distillation fractionnée (toutes sont liquides, sauf le camphène) est à peine réalisable, on peut au contraire, avec succès, les caractériser chimiquement en les transformant en dérivés cristallisés au moyen desquels on peut quelquefois les préparer à l'état de pureté chimique. Depuis 1884, les méthodes relatives à cette séparation ont été particulièrement développées par *O. Wallach* (Liebig's Annalen) ; elles ont rendu possible la *classification* suivante (V. plus loin) :

		P. F.	P. E.	Bromures (p. 485) P. F.	Chlorhydrates (p. 485) P. F.
Groupe I (*Groupe terpanique*) V. p. 489.	limonène	liq.	175°	Br^4 : 104°	+ 2HCl : 50° (forme trans.)
	dipentène	«		Br^4 : 125°	
	sylvestrène	«	176°	Br^4 : 135°	+ 2HCl : 72°
	terpinolène	«	env. 185°	Br^4 : 118°	[+ 2HCl : 50°]
	terpinène	«	180°		
Groupe II (*Groupe camphanique*) V. p. 492.	pinène	liq.	160°	Br^2 : 170°	+ HCl : 125°
	camphène	50°	161°	—	+HCl : se décomp.
	fenchène	liq.	env. 151°	Br^2	

Hydroterpènes. $C^{10}H^{18}$; cette classe comprend quelques carbures de formation synthétique comme le dihydrodipentène obtenu en partant du dipentène, le menthène et le carvomenthène préparés en partant du menthol et du carvol (V. ces mots)

En dehors des terpènes, $C^{10}H^{16}$, il existe aussi des *hémiterpènes*, C^5H^8, des *sesquiterpènes*, $C^{15}H^{24}$, et des *polyterpènes* $(C^{10}H^{16})x$, qui forment un troisième groupe de composés.

Les **camphres** sont des substances dérivant des hydroterpènes qui, contrairement aux terpènes, sont généralement solides et d'une fonction chimique voisine des fonctions alcoolique et cétonique ; à cette classe appartiennent :

1er groupe (*Groupe terpanique*) (V. p. 491) :		2° *Groupe du camphre ordinaire.*	
menthol	$C^{10}H^{20}O$	borneol	$C^{10}H^{18}O$
carvomenthol	$C^{10}H^{20}O$	camphre	$C^{10}H^{16}O$
terpineol	$C^{10}H^{18}O$	fenchone	$C^{10}H^{16}O$
terpine	$C^{10}H^{20}O^2$		
menthone	$C^{10}H^{18}O$		

Synthèses. 1. L'*ester succinique* peut d'abord être transformé en ester dicétohexaméthylènedicarbonique (p. 307) puis, de là, par une réaction plus complexe, en un carbure $C^{10}H^{16}$ possédant entièrement le caractère terpénique et qui, d'après sa synthèse, répond à la constitution d'un dihydrocymène. Voir plus loin, et *Baeyer*, B. **26**, 233 ; B. s. c. **1893**, 2, 591.

2. Le carvol, $C^{10}H^{14}O$, composé cétonique contenu dans l'essence de cumin et qui se transforme aisément en un dérivé benzénique, le carvacrol, et en cymène, donne par réduction et déshydratation du terpinène, $C^{10}H^{16}$, et, par l'action de l'hydroxylamine, du nitrosolimonène (p. 490).

3. Le linalol, $C^{10}H^{18}O$, alcool aliphatique décrit p. 85, donne par déshydratation du *terpinène* à côté de *dipentène*, $C^{10}H^{16}$: cette formation est d'un intérêt tout particulier (*Semmler* ; v. J. pr. Ch. **45**, 596).

4. Un composé obtenu synthétiquement, le m-isopropylméthylcétocyclohexène, $C^{10}H^{16}O$, possède, dans ses propriétés chimiques, une grande analogie avec certains camphres (A. **281**, 45 ; B. s. c. **1895**, 2, 168).

A. Propriétés des terpènes.

1. Les terpènes sont *facilement oxydables*, ils s'oxydent fréquemment au contact de l'oxygène de l'air ; l'acide nitrique concentré les attaque violemment et conduit généralement à des résines, les agents oxydants à action modérée, au contraire, les transforment souvent en *dérivés benzéniques* ; ainsi, l'essence de térébenthine, $C^{10}H^{16}$, chauffée avec de l'iode, donne directement l'isopropyl-p-méthylbenzène (cymène), tandis qu'elle fournit, comme tous les dérivés p-dialcoylés du benzène, de l'acide téréphtalique par une oxydation énergique, etc. L'oxydation peut aussi agir dans un autre sens : ainsi, l'acide nitrique étendu transforme le pinène en un acide aliphatique : l'acide terpénylique, etc.

Action du bichromate de potassium et de l'acide sulfurique (A. **250**, 325 ; Bull. soc. chim. **1890**, **1**, 155), v. B. **27**, 3493 ; B. s. c. **1895**, 2, 1058. — D'autres terpènes permettent le passage à l'o-xylène (V. cantharène) et, par une réaction plus complexe, au m-xylène (V. cinéol).

2. Les terpènes présentent toute une série de *réactions d'addition*, un

certain nombre d'entre eux, ceux du **groupe camphanique** (V. p. 492), ne peuvent fixer que deux atomes monovalents, d'autres, qui appartiennent au **groupe terpanique** (p. 489) peuvent en fixer quatre.

a) Le *brome* conduit à des *dibromures* ou, pour les carbures du groupe terpanique, à des *tétrabromures*, $C^{10}H^{16}Br^4$, composés souvent caractéristiques.

b) Les terpènes fixent l'*acide chlorhydriques :* ceux du groupe camphanique donnent des *monochlorhydrates*, $C^{10}H^{16}HCl$; ceux du groupe terpanique, des *dichlorhydrates*, $C^{10}H^{16}.2HCl$; les acides bromhydrique et iodhydrique réagissent d'une manière analogue.

c) Les terpènes, traités par le *chlorure de nitrosyle* (*Tilden*), ou par le nitrite d'éthyle l'acide acétique et l'acide chlorhydrique (*Wallach*), se transforment en *nitrosochlorures* de la forme $C^{10}H^{16}(AzO)Cl$, composés solides, fusibles aux environs de 100° (souvent caractérisés par leur coloration bleue, v. terpénol, p. 492), et qui, traités par des bases organiques comme la benzylamine, l'aniline, la pipéridine, etc., se transforment en composés bien caractérisés, les *nitrolamines*, $C^{10}H^{16}(AzO)AzHR)$ (*Wallach*) ; certains nitrosochlorures perdent en outre facilement de l'acide chlorhydrique en donnant des *dérivés nitrosés*, $C^{10}H^{15}AzO$.

d) Quelques terpènes, le terpinène et le phellandrène, par exemple, s'unissent à l'*acide nitreux* en donnant des composés solides, les *nitrosites*, $C^{10}H^{16}(AzO)(AzO^2)$.

3. Un grand nombre de terpènes se transforment aisément en produits polymères.

4. La plupart d'entre eux possèdent une tendance très marquée à se transposer dans certaines conditions, sous l'influence des acides, par exemple, en donnant des *formes isomères plus stables*.

5. Les terpènes, dissous dans l'alcool ou dans l'anhydride acétique, donne des réactions colorées avec l'acide sulfurique concentré (colorations bleues ou rouges), v. B. **27**, 3489 ; B. s. c. **1895**, **2**, 1058.

Propriétés optiques. La plupart des terpènes existent sous une modification déviant à *droite* et sous une modification déviant à *gauche* d'une égale quantité ; le mélange en parties égales de ces deux composés conduit généralement à une modification inactive qui conserve les propriétés chimiques de ses composants ; cependant, l'union du limonène droit et du limonène gauche conduit à un composé racémique particulier, le dipentène inactif, dont les dérivés sont essentiellement différents des dérivés correspondants de ses composants sous le rapport des points de fusion, de la solubilité, etc. (V. acides tartriques actifs et acide racémique).

7. *Passage des terpènes aux camphres*. L'addition d'une ou de deux molécules d'HCl aux terpènes $C^{10}H^{16}$ conduit à des chlorhydrates qui échangent facilement leur halogène contre le groupe hydroxyle en se transformant en composés appartenant au groupe des camphres ; ainsi, le dipentène $C^{10}H^{16}$ donne un dichlorhydrate, $C^{10}H^{18}Cl^2$, qui se transforme déjà, par simple contact avec l'alcool, en terpine, $C^{10}H^{18}(OH)^2$ (V. ce mot).

8. *Transformation des terpènes en composés aliphatiques* d'un nombre égal d'atomes de carbone, v. A. **278**, 302 ; B. s. c. **1894**, **2**, 1077.

B. **Propriétés des camphres**.

Les camphres présentent tantôt le caractère cétonique, tantôt le caractère d'un alcool mono ou bivalent ; la constitution des plus simples est comprise entre $C^{10}H^{14}O$ et $C^{10}H^{20}O$; pendant que ceux qui répondent à cette dernière formule jouissent des propriétés des composés saturés, les autres présentent la plus grande partie des propriétés des substances incomplètes et sont par conséquent facilement oxydables, susceptibles d'addition, etc.

Les camphres cétoniques donnent des oximes qui peuvent être transformées par le sodium et l'alcool en bases susceptibles de fournir des dérivés cristallisés (B. **27**. 3486 ; B. s. c. **1895**. **2**, 1058) ; chauffés avec le formiate d'ammoniaque, ces mêmes camphres donnent aussi des bases douées de propriétés caractéristiques (B. **20**, 104 ; B. s. c **1887**, **1**, 616) : le camphre $C^{10}H^{16}O$, par exemple, donne la bornylamine, $C^{10}H^{17}AzH^2$, v. B. **24**, 3993 ; B. s. c. **1892**, **2**, 818 ; en outre, les composés que forment ces camphres cétoniques avec la semicarbazide ou l'amidoguanidine peuvent souvent être employés pour leur identification (B. **27**, 1918 ; B. s. c. **1894**, **2**, 1234).

Les camphres cétoniques, réduits par le sodium se transforment en camphres alcooliques (*Berthelot*), et ils peuvent être obtenus à nouveau au moyen de ceux-ci par l'action du bichromate et de l'acide sulfurique.

Passage des camphres aux terpènes. Le groupe hydroxyle des camphres alcooliques peut être remplacé par le chlore au moyen de l'acide chlorhydrique ou du perchlorure de phosphore ; les chlorures ainsi obtenus, traités par la potasse alcoolique, perdent de l'acide chlorhydrique en donnant des terpènes ; ainsi, le bornéol, $C^{10}H^{18}O$, donne le chlorure de bornyle, $C^{10}H^{17}Cl$, qui fournit le camphène, $C^{10}H^{16}$.

Constitution. On envisageait autrefois les terpènes de formule moléculaire $C^{10}H^{16}$ comme étant simplement les dihydrocymènes, et on considérait aussi les camphres comme étant les cétones ou les alcools correspondants au dihydrocymène.

La formation du cymène par l'action de l'iode sur le pinène et par l'action de l'anhydride phosphorique sur le camphre paraissait venir à l'appui de cette manière de voir, mais ces réactions sont de nature plus complexe et les conclusions qui en furent tirées n'étaient point légitimes.

Il est en ce moment peu de ces composés dont on connaisse la composition exacte, celle du camphre et celle du pinène, en particulier, sont encore douteuses ; on peut, jusqu'à présent, déduire des propriétés de ces composés et de leurs synthèses les données suivantes :

1. *Les terpènes sont des carbures incomplets*, ce qui découle des réactions 2, 3 et 4, de leur facile oxydabilité et de leurs propriétés spectrométriques (p. 31).

2. Les terpènes renferment une *chaîne fermée*.

La paraffine qui correspond aux terpènes, $C^{10}H^{16}$, le décane, $C^{10}H^{22}$, possédant six atomes d'hydrogène de plus que ces composés, ceux-ci devraient pouvoir fixer six atomes monovalents pour donner des composés saturés ; mais, comme ces composés saturés (les tétrabromures, par exemple), sont déjà obtenus par fixation de deux ou de quatre atomes monovalents, on est conduit à admettre la présence d'une chaîne fermée dans ces carbures, conclusion à laquelle on arrive aussi par l'étude de leurs propriétés spectrométriques.

3. Ce système annulaire est *hexagonal*.

La plupart des terpènes sont aisément transformés, particulièrement par les agents oxydants, en dérivés benzéniques, spécialement en cymène, $C^{10}H^{14}$; les *plus simples* d'entre eux (et par conséquent aussi certains camphres qui en sont très voisins) doivent, d'après cela, être envisagés comme des *dérivés benzéniques partiellement hydrogénés* (p. 302 et 316), et spécialement comme des *dihydrocymènes*, $C^{10}H^{16}$.

Cette manière de voir est confirmée par les synthèses 1, 2 et 3 (V. plus haut), en particulier par celle du terpinène et du dipentène en partant du linalol, réaction qui possède une importance particulière par ce fait que le citral, $C^{10}H^{16}O$ (p. 131), qui, en tant qu'aldéhyde, contient deux atomes d'hydrogène en moins que l'alcool correspondant le linalol, se transforme en cymène par déshydratation, par une réaction tout à fait parallèle à la précédente (*Semmler*).

On doit envisager comme des dihydrocymènes les terpènes pouvant fixer quatre atomes monovalents et contenant par conséquent deux liaisons éthyléniques (1er groupe, v. tableau, p. 483).

Baeyer propose de rassembler ces terpènes sous la dénomination de *groupe terpanique*, l'hexahydrocymène, $C^{10}H^{20}$, étant désigné sous le nom de *terpane* pendant que (conformément à la nomenclature internationale) le tétrahydrocymène, $C^{10}H^{18}$, prend le nom de *terpène* (proprement dit) et le dihydrocymène, $C^{10}H^{16}$, celui de *terpadiène* (B. **27**, 436 ; B. s. c. **1894**, **2**, 817).

Comme les acides dihydrophtaliques, les dihydrocymènes contenant deux liaisons éthyléniques dans le noyau benzénique peuvent exister, d'après la position relative de leurs doubles liaisons, sous différentes formes isomères ; on doit d'ailleurs prévoir des terpadiènes contenant une ou deux liaisons éthyléniques dans la chaîne latérale (mode de désignation, v. p. 302 et B. **27**, 437 ; B. s. c. **1894**, 2, 817). Exemples (on peut, en ne tenant pas compte de l'isomérie provenant des carbones asymétriques ni de l'isomérie cis-trans, prévoir l'existence de quatorze terpadiènes) :

7 C; 1, 2, 3, 4, 5, 6; C.C.C 10 8 9 — Numérotage

I	II	III	IV	V
CH^3	CH^3	H CH^3	CH^3	CH^3
H^2 H	H H	H H^2	H^2 H	H^2 H
H H^2	H H^2	H H	H^2 H^2	H^2 H^2
C^3H^7	H C^3H^7	C^3H^7	$CH^3.C.CH^3$	H; $CH^3.C{=}CH^2$

Parmi ces diverses formules, la quatrième doit appartenir au terpinolène (Δ 1,4 (8)-terpadiène, *Baeyer*, B. **27**, 450 : B. s. c. **1894**, **2**, 817) tandis que la cinquième vient tout récemment d'être attribuée au limonène (*G. Wagner*, B. **27**, 1653 ; B. s. c. **1895**, **2**, 583, 735). Les fixations relatives de ces constitutions s'étayent essentiellement sur celles du menthol et du menthène (v. plus loin).

4. Les terpènes $C^{10}H^{16}$ appartenant au deuxième groupe (*groupe camphanique*, v. p. 485) ne peuvent fixer directement que deux atomes monovalents, ils ne contiennent donc qu'*une seule* liaison éthylénique ; ce groupe comprend, en particulier, le pinène et le camphène.

Le camphène doit vraisemblablement dériver d'un système annulaire identique à celui du camphre (p. 494. B. **26**, 3056 ; B. s. c. **1894**, **2**, 565) ; les recherches sur la constitution du pinène sont encore peu avancées (B. **28**, 1344 ; **29**, 13, 1924 ; Bull. soc. chim. **1895**, **2**, 1388 ; **1896**, **2**, 1177, 1975).

5. Les camphres se divisent d'une manière analogue en deux groupes principaux correspondant au groupe terpanique et au groupe camphanique.

Le groupe terpanique contient, en particulier, le *menthol*, $C^{10}H^{20}O$; comme ce composé fournit par réduction l'hexahydrocymène ([N.o] « terpane »), il se présente comme étant un dérivé hydroxylé de ce carbure, un « terpanol », il est de plus alcool secondaire et fournit par oxydation la cétone correspondante, la menthone (« *terpanone* »); son groupe hydroxyle doit donc être situé en ortho par rapport soit à C^3H^7, soit à CH^3, mais comme le carvol, $C^{10}H^{14}O$, isomère du carvacrol, $C^6H^3(\underset{1}{CH^3})(\underset{4}{C^3H^7})(\underset{2}{OH})$ (const., v. p. 367), donne par réduction un terpanol, le « carvomenthol », différent du menthol et contenant son OH en 2, il s'ensuit que l'OH du menthol doit affecter la place (3) (*Baeyer*, B. **26**, 820 ; B. s. c. **1893**, 2, 927). Ces deux terpanols donnent par déshydratation deux « *terpènes* » [N.o.] différents, le menthène et le carvomenthène, ce qui, d'accord avec les autres faits, démontre aussi leur constitution :

menthone	menthol	menthène
HCH³	HCH³	HCH³
H² H²	H² H²	H² H²
H² O	H² .H OH	H² H²
HC³H⁷	HC³H⁷	C³H⁷
menthone $C^{10}H^{18}O$	menthol $C^{10}H^{20}O$	menthène $C^{10}H^{18}$

carvomenthone	carvomenthol	carvomenthène
HCH³	HCH³	CH³
H² O	H² .OH ·H	H² H
H² H²	H² H²	H² H²
HC³H⁷	HC³H⁷	HC³H⁷
carvomenthone $C^{10}H^{18}O$	carvomenthol $C^{10}H^{20}O$	carvomenthène $C^{10}H^{18}$

Le terpineol (p. 492) étant un terpanol tertiaire (OH en 1, en 4 ou en 8), on arrive par un raisonnement analogue à lui attribuer la formule d'un Δ 1-terpène-8-ol, v. B. **26**, 2268; B. s. c. **1894**, **2**, 628 ; la théorie prévoit l'existence de sept terpanols isomères de position; la terpine (p. 492), qui est un alcool secondaire, se range aussi dans ce groupe. Un grand nombre de ces substances existent en outre sous diverses modifications causées par l'isomérie optique ou la cis-trans-isomérie.

6. La constitution des composés d'un deuxième groupe de camphres, de ceux du *groupe du camphre ordinaire*, est beaucoup plus discutée.

La formule présentée autrefois par *Kekulé*, laquelle considérait le camphre comme un cétotétrahydrocymène, s'est complètement effacée devant deux autres formules qui sont maintenant en discussion, celle de *Bredt* (I, v. plus loin et B. **26**, 3046 ; B. s. c. **1894**, **2**, 565) et celle de *Tiemann* (II, v. plus loin et B. **28**, 1079 ; **29**, 119 ; B. s. c. **1895**, **2**, 929. A. **292**, 55) :

(I) *Bredt*	(II) *Tiemann*	ac. camphorique
CH	CH	CH
H²C CH²	(CH³)²C CH²	CH² CO²H
CH³.C.CH³	CH²	CH³.C.CH³
H²C CO	(CH³)HC CO	CH² CO²H
C	CH	C
CH³		CH³
		$C^{10}H^{16}O^4$

Le raisonnement s'appuie sur les faits suivants :

L'oxydation du camphre par l'acide nitrique ne conduit pas à des dérivés benzéniques, mais bien à de l'acide camphorique, acide bibasique que l'acide chromique transforme en acide triméthylsuccinique (*Königs*, B. **26**, 2337 : Bull. soc. chim. **1894**, **2**, 607) ; le squelette de carbone de ce composé doit donc déjà être contenu dans le camphre ; d'autre part, le camphre distillé sur l'anhydride phosphorique subit une déshydratation en donnant du cymène, c'est-à-dire un dérivé benzénique. Les deux formules ci-dessus cherchent à expliquer ces scissions soit en concevant le camphre comme formé par la combinaison de deux cyclopentanes possédant trois membres annulaires communs, soit en l'envisageant comme dérivé d'un p-méthylènedihydrobenzène (mésométhylènedihydrobenzène), c'est-à-dire d'un dihydrobenzène contenant deux atomes de carbone en para reliés par un CH^2 transversal : le camphre se présente alors comme un analogue de l'acide p-méthylènedihydrobenzoïque (p. 395) et du tropilidène (p. 479). (A. **280**, 120 ; B. s. c. **1995**, **2**, 399). La formule de l'acide camphorique donnée ci-dessus se déduit de la formule I par rupture du noyau hexaméthylénique sous l'influence de l'oxydation.

7. Le bornéol est l'alcool qui correspond au camphre ; tout comme on obtient le menthène en partant du menthol, on obtient le camphre en partant du bornéol, on doit donc admettre que ce composé renferme aussi le système annulaire du camphre.

8. *Sur les rapports existant entre la constitution et les propriétés optiques*, v. *Brühl*, B. **21**, 145, 457 ; **25**, 151 ; B. s. c. **1888**, **2**, 681 ; **1892**, **2**, 1114, etc.

9. Sur le passage des dérivés camphaniques : 1) aux dérivés terpaniques. v., par exemple, B. **26**, 3057 ; B. s. c. **1894**, **2**, 565 ; 2) aux m-xylènes hydrogénés, v. B. **26**, 3053 ; B. s. c. **1894**, **2**, 565.

Description des terpènes et des camphres.

I. Groupe terpanique.

a. Carbures.

1. **Dipentène** (Δ 1, 8 (9)-terpadiène ?) *limonène* inactif (racémique ?), *cinène*, $C^{10}H^{16}$; contenu à côté du cineol dans l'essence de Semen contra, etc. ; on l'obtient soit en chauffant plusieurs heures à 250-270° le pinène, le camphène, le limonène, etc. (transformation isomérique), soit en enlevant deux molécules d'acide chlorhydrique à son propre dichlorhydrate (v. plus loin) ; il se forme en outre par l'action de l'acide sulfurique étendu d'alcool sur le pinène, par déshydratation de l'hydrate de terpine et du terpineol (V. plus loin), par polymérisation de l'isoprène, dans la distillation du caoutchouc (à côté d'isoprène), etc. Liquide d'une odeur agréable de citron, bouillant à 175-176°, optiquement inactif ; il est plus stable que le pinène et s'isomérise par l'action des acides en donnant du terpinène ; son nitrosochlorure (inactif) peut, en perdant de l'acide chlorhydrique, donner du **nitrosodipentène** (carvoxime inactive) fusible à 93°. *Const.* : B. **28**, 2145 ; B. s. c. **1896**, **2**, 471.

Dichlorhydrate de dipentène (1-4 dichloroterpane), $C^{10}H^{18}Cl^2$; s'obtient, sous deux modifications cis-trans (P. F. 50° et 25° env.), par fixation d'acide chlorhydrique sur le dipentène, le limonène, etc., ainsi qu'en partant du pinène humide qui se transforme d'abord en dipentène dans la réaction.

Tétrabromure de dipentène, $C^{10}H^{16}Br^4$, P. F. 125°, s'obtient par l'action du brome : 1° sur le dipentène (par addition) ; 2° sur le tribromure de terpineol (par substitution).

Limonène droit, *hespéridène, citrène, carvène ;* l'essence d'écorce d'oranges (ol. cort. aurant.) ne contient presque exclusivement que ce composé qui forme aussi la partie principale des essences d'aneth, de cumin, d'Erigerone canadense, etc. ; l'essence de citron le contient uni au pinène ; il bout à 175° et donne un tétrabromure, $C^{10}H^{16}Br^4$, déviant à droite et fusible à 104°, il est très facilement ramené au dipentène inactif.

Limonène gauche ; contenu à côté du pinène gauche dans l'essence d'aiguilles de sapin ; son *tétrabromure*, qui fond également à 104°, est avec le tétrabromure du limonène droit dans le même rapport que l'acide tartrique gauche avec l'acide tartrique droit ; ils se combinent entre eux pour donner le tétrabromure de dipentène fusible à 125° qui correspond alors à l'acide tartrique inactif (V. ci-dessus).

Les limonènes droit et gauche donnent des nitrosochlorures de pouvoir rotatoire correspondant qui peuvent perdre de l'acide chlorhydrique en donnant des *nitrosolimonènes* d et g, $C^{10}H^{15}AzO$, identiques aux *carvoximes* (p. 491).

2. **Terpinolène** (Δ 1.4 (8)-terpadiène), $C^{10}H^{16}$, P. E. 185° ; s'obtient par déshydratation du terpineol auquel il peut de nouveau être ramené, il donne un dibromure fusible à 70°. *Baeyer*, B. **27**, 448.

3. **Sylvestrène** ; dévie à droite et bout à 176°, il est le principal composant des essences de térébenthine de Suède et de Russie ; le mélange chromique le détruit déjà à froid ; traité par l'anhydride acétique et l'acide sulfurique concentré, il donne une magnifique coloration bleue ; son dichlorhydrate, isomère du dichlorhydrate de dipentène, fond à 72° et dévie à droite ; le **carvestrène**, $C^{10}H^{16}$, obtenu synthétiquement en partant de la carone, est vraisemblablement la modification inactive du sylvestrène (B. **27**, 3490 ; B. s. c. **1895**, **2**, 1058).

Les deux carbures suivants, le terpinène et le phellandrène, se distinguent des terpènes précédents par la faculté qu'ils possèdent de fixer l'acide nitreux.

4. **Terpinène**, $C^{10}H^{16}$; s'obtient par déshydratation du terpineol, vraisemblablement avec transposition ; contrairement aux autres térébenthines, il est déjà détruit à froid par le mélange chromique ; il donne un nitrosite solide fusible à 155° et se rapproche du dihydrocymène dans beaucoup de ses propriétés.

Dihydrocymène synthétique, P. E. 174° environ, préparé au moyen de l'ester succinylsuccinique (synthèse I) : ce composé possède entièrement les caractères des terpènes, son odeur est voisine de la leur, il se résinifie à l'air, décolore instantanément le permanganate et fixe du brome par addition. Constitution, B. **27**, 453 ; Bull. soc. chim. **1894**, **2**, 817.

Phellandrène ; le phellandrène droit est contenu dans l'essence de fenouil sauvage (Phellandrium), le phellandrène gauche, dans l'essence d'Eucalyptus amygdalina.

Les composés suivants doivent être envisagés comme des *dérivés dihydrogénés* de ces terpadiènes, ils répondent au « N. o. » de « terpènes ».

Menthène, $C^{10}H^{18}$, P. E. 167° ; s'obtient au moyen du menthol en transformant ce composé en bromure auquel on enlève ensuite HBr.

Carvomenthène, $C^{10}H^{18}$, P. F. 175° ; isomère du menthène, s'obtient par le même procédé que celui-ci en partant du carvol ; ces deux carbures sont des tétrahydrocymènes (Constitution, v. p. 488 et 489).

Dihydrodipentène ; obtenu au moyen du diiodhydrate de dipentène, il ressemble extrêmement au carvomenthène (B. **26**, 825 ; Bull. soc. chim. **1893**, **2**, 927).

Comme *homologue inférieur des terpènes*, on peut citer le **cantharène**, C^8H^{12}, obtenu par l'action du pentasulfure de phosphore sur la cantharidine ; ce composé bout à 135°, possède une odeur voisine de celle des terpènes et se résinifie à l'air ; l'oxydation le transforme en acide orthotoluylique et en acide phtalique, il répond donc très vraisemblablement à la formule d'un o-dihydroxylène.

b. *Alcools et cétones.*

1. **Menthol** (3-terpanol), *camphre de menthe*, $C^{10}H^{19}.OH$; masse cristalline, P. F. 42° ; P. E. 213° ; ce composé, qui est un alcool secondaire saturé, est le principal constituant de l'essence de menthe poivrée (Mentha piperita) ; chauffé avec du sulfate de cuivre, il se transforme nettement en cymène, il donne du menthène par déshydratation (v. plus haut) et fournit par réduction de l'hexahydrocymène ; l'oxydation de ce composé par le permanganate conduit à l'acide β-méthyladipique, il est employé comme antiseptique et comme anesthésique.

Menthone (3-terpanone), $C^{10}H^{18}O$, quatre isomères stéréochimiques possibles (A. **289**, 363) ; obtenue par oxydation du menthol, alcool secondaire dont elle est la cétone ; peut être nettement transformée en thymol, dérivé benzénique ; liquide bouillant à 207°, d'une fine odeur de menthe poivrée, existant sous deux modifications optiques différentes (*Beckmann*, A. **250**, 322 ; Bull. soc. chim. **1890**, **1**, 155). Constitution, p. 488 et B. **26**, 824 ; Bull. soc. chim. **1893**, **2**, 927.

2. **Carvomenthol** (2-terpanol), tétrahydrocarvéol, $C^{10}H^{20}O$, s'obtient par réduction du dihydrocarvéol.

Carvomenthone (2-terpanone), tétrahydrocarvol, $C^{10}H^{18}O$; cette substance est la cétone qui correspond à l'alcool secondaire qu'est le carvomenthol (V. p. 488 et B. **26**, 824 ; Bull. soc. chim. **1893**, **2**, 927).

Dihydrocarvéol, $C^{10}H^{18}O$, alcool non saturé ; s'obtient par réduction du carvol et se transforme nettement en terpinène quand on le chauffe avec de l'acide sulfurique étendu (B. **24**, 3991 : Bull. soc. chim. **1892**, **2**, 813) ; par oxydation, il fournit une cétone non saturée, le dihydrocarvol, $C^{10}H^{16}O$.

Carone, $C^{10}H^{16}O$: ce composé, qu'on obtient en partant du dihydrocarvol, ne paraît point appartenir directement aux terpénones, car il est stable vis-à-vis du permanganate ; il fixe cependant l'acide bromhydrique (Constitution : B. **29**, 6 ; Bull. soc. chim. **1896**, **2**, 1177).

Carvol (terpadiène-2-one), *carvone*, $C^{10}H^{14}O$; ce composé, principal constituant de l'essence de cumin (du Castum carvi) et point de départ pour la préparation des substances ci-dessus, se transforme, quand on le chauffe avec l'acide phosphorique vitreux, en son isomère : le carvacrol (p. 367 ; B. **19**, 12 ; Bull. soc. chim. **1886**, **2**, 116), dont il se différencie en ce qu'il possède le caractère cétonique, propriété d'où découle en substance sa constitution. Sur la place des doubles liaisons dans ce composé, v. *Tiemann*, *Semmler*, B. **28**, 2145 ; Bull. soc. chim. **1896**, **2**, 471. Le carvol, traité par l'hydroxylamine, se transforme en **carvoxime**, composé identique au nitrosolimonène et qui, comme le carvol lui-même, existe sous trois modifications de propriétés optiques différentes.

3. **Terpinéol** (Δ-1-terpène-8-ol), $C^{10}H^{18}O$, P. F. 35°, P. E. 217°; contenu dans les huiles essentielles, s'obtient par déshydratation de la terpine, une nouvelle déshydratation le transforme en dipentène, en terpinolène et en terpinène; traité par l'acide sulfurique, il fournit du cinéol (B. **27**, 1652, **28**, 1775; Bull. soc. chim. **1895**, **2**, 583, 735 ; **1896**, **2**, 408).

4. Un autre **terpénol**, le Δ 4 (8)-terpène-1-ol, fusible à 70°, donne, comme le tétraméthyléthylène (p. 52), un nitrosochlorure bleu et solide; sa double liaison est située par conséquent entre deux atomes de carbone tertiaires, c'est-à-dire en position 4 (8).

5. **Terpine** (1-8-terpanediol), $C^{10}H^{18}(OH)^2$, aiguilles fusibles à 105°, possédant le caractère d'un glycol ; on l'obtient déjà à froid par l'action de l'alcool aqueux sur le dichlorhydrate de dipentène qui n'est autre que son ester chlorhydrique, elle se forme en outre par l'action de l'alcool et de l'acide nitrique sur le pinène. La terpine cristallise avec une molécule d'eau de cristallisation (« *hydrate de terpine* », fusible à 117°) ; par déshydratation, elle fournit d'abord du terpinéol et du terpénol, puis ensuite (par ébullition avec les acides étendus), elle donne, suivant les conditions, du dipentène, du terpinène ou du terpinolène comme produit principal.

Outre cette forme (forme cis) (p. 21) de la terpine, il existe encore une forme trans de ce composé, fusible à 157° et qu'on a obtenue en partant du transdibromhydrate de dipentène.

Cinéol, *eucalyptol*, $C^{10}H^{18}O$, P. F. — 1°, P. E. 176° ; dérivé terpénique très répandu dans la nature, principal constituant de l'essence de Semen contra ; on l'obtient soit en partant de la terpine cis dont il doit être considéré comme l'anhydride, soit par l'action de l'acide sulfurique sur le pinène ; il se transforme facilement en dipentène.

Une action énergique de l'acide chlorhydrique sur ce composé conduit au dichlorhydrate de dipentène ; par oxydation, il fournit de l'acide **cinéolique**, $C^{10}H^{16}O^5$, produit bien cristallisé, fusible à 196°, qui, traité par l'anhydride acétique, se transforme en **anhydride cinéolique**, $C^{10}H^{14}O^4$; cet anhydride, chauffé, perd de l'oxyde de carbone et de l'acide carbonique en donnant une *cétone*, la *méthylhexylènecétone*, $C^8H^{14}O$, qui paraît posséder une chaîne de carbone ouverte, bout à 173-174° et possède une odeur pénétrante voisine de celle de l'acétate d'amyle ; cette cétone, chauffée avec du chlorure de zinc, fournit du m-hydroxylène, $C^8H^{10}.H^2$ (A. **258**, 319 ; **271**, 20 ; Bull. soc. chim. **1891**, **1** 898 ; **1893**, **2**, 551).

II. Groupe camphanique.

a. *Carbures.*

1. **Pinène**, $C^{10}H^{16}$. Le pinène est le constituant principal *des essences de térébenthine* d'Allemagne et d'Amérique, des essences de fenouil et de sauge, de l'essence d'Eucalyptus globulus, etc. ; il est contenu, à côté du sylvestrène et du dipentène, dans les essences de térébenthine de Suède et de Russie.

L'*essence de térébenthine* s'obtient par distillation à la vapeur d'eau de la térébenthine, suc résineux des conifères, le résidu de la distillation constituant la *colophane* ; cette essence est un liquide incolore très réfringent, d'odeur caractéristique, presque insoluble dans l'eau, facilement soluble dans l'alcool et dans l'éther, bouillant à 158-161° (D = 0,86-0,89) ; elle dissout les résines, le caoutchouc, etc. (aussi l'emploie-t-on pour la préparation des laques et des couleurs à l'huile), elle est un solvant du soufre et du phosphore ; elle absorbe l'oxygène de l'air en se résinifiant et en donnant lieu à la formation d'ozone et de faibles quantités d'acide formique, de cymène, etc. ; l'acide nitrique étendu la transforme en acides téréphtalique, terpénylique, $C^8H^{12}O^4$, etc. ; le permanganate en milieu acide conduit à l'acide pinonique, $C^{10}H^{16}O^3$ (B. **29**, 326 ; Bull. soc. chim. **1896**, **2**, 1320). L'essence de térébenthine, chauffée avec de l'iode, réagit violemment en donnant du cymène ; chauffée avec de l'acide iodhydrique, elle fournit $C^{10}H^{18}$ et $C^{10}H^{20}$; elle est douée de propriétés antiseptiques, c'est un puissant modificateur des sécrétions ; sur sa transformation en terpine, v. p. 492.

Les essences de térébenthine française, allemande et l'essence de Venise dévient à gauche, l'essence d'Australie dévie à droite, ces différences doivent être rapportées aux quantités variables de pinène droit et de pinène gauche qu'elles renferment suivant leur provenance.

Le *pinène inactif* (P. E. 155° ; d = 0,86) s'obtient à l'état de pureté en chauffant le nitrosochlorure de pinène avec l'aniline (départ de AzOCl).

Chlorhydrate de pinène, $C^{10}H^{17}Cl$, P. F. 125°, « camphre artificiel », masse cristalline, solide et blanche, d'odeur analogue à celle du camphre, insoluble dans l'eau, facilement soluble dans l'alcool ; si on enlève de l'acide chlorhydrique à ce composé, en le traitant par les alcalis, l'aniline, etc., on obtient du camphène (*Berthelot*).

Le chlorhydrate du pinène ne peut plus fixer de l'acide chlorhydrique, ce carbure ne contient donc qu'*une seule* double liaison.

Le monoiodhydrate du pinène donne le même produit de réduction que l'iodure de bornyle (p. 494) : on obtient dans les deux cas du dihydrocamphène.

Nitrosochlorure de pinène, $C^{10}H^{16}AzOCl$; s'obtient à côté du cymène et du pinol (V. ce mot) par l'action du nitrite d'éthyle, de l'acide acétique et de l'acide chlorhydrique sur le pinène ; cristaux fusibles à 103° qui, chauffés avec l'aniline, sont ramenés au pinène inactif pur ; la potasse alcoolique transforme au contraire ce nitrosochlorure en **nitrosopinène** qui, par réduction, donne de la **pinylamine**, $C^{10}H^{15}AzH^2$.

2 **Camphène**, $C^{10}H^{16}$; s'obtient en traitant par la potasse alcoolique le chlorhydrate de pinène ou le chlorure de bornyle, $C^{10}H^{17}Cl$ (v. plus loin), il existe sous les trois modifications d, g et i ; masse cristalline solide, fusible à 50° environ, d'odeur rappelant celle du camphre et celle de l'essence de térébenthine ; ce carbure est plus stable que le pinène, il se transforme en camphre par oxydation (*Berthelot*).

Le camphène ne contient également qu'une seule double liaison, il forme un produit d'addition (instable) avec une seule molécule d'acide chlorhydrique ; avec le brome, il donne un produit monosubstitué, mais ne donne point de tétrabromure.

Le dérivé dihydrogéné du camphène, le **dihydrocamphène**, peut être obtenu soit en partant de l'iodure de bornyle, soit au moyen du monoiodhydrate du pinène.

3. **Fenchène**, $C^{10}H^6$; s'obtient en partant de la fenchone, comme le camphène en partant du camphre ; il se rapproche beaucoup du camphène, mais il est liquide.

b. *Alcools et cétones.*

1. **Bornéol**, *camphre de Bornéo*, $C^{10}H^{17}OH$; existe à l'état naturel dans le Dryobalanops camphora ; on l'obtient aussi par l'action de l'hydrogène naissant sur le camphre : $C^{10}H^{16}O + 2H = C^{10}H^{18}O$; feuillets hexagonaux, P. F. 208° ; P. E. 212°, ressemblant beaucoup au camphre ordinaire ; l'oxydation le transforme d'abord en camphre.

Le bornéol possède les caractères d'un *alcool secondaire*, il peut donc former des esters, etc. : le pentachlorure de phosphore le transforme en un chlorure, le **chlorure de bornyle**, $C^{10}H^{17}Cl$, P. F. 148°, isomère du chlorhydrate de pinène (V. camphène) ; il peut aussi donner l'**iodure de bornyle**, $C^{10}H^{17}I$, la **bornylamine**, v. p. 485.

Le bornéol possède les propriétés d'un composé saturé, il forme cependant des produits d'addition instables avec le brome et les acides halogénés.

Camphre du Japon, *camphre ordinaire*, $C^{10}H^{16}O$; s'obtient par distillation à la vapeur d'eau du bois de camphrier (Laurus Camphora), on l'obtient artificiellement par oxydation du camphène. Prismes incolores, brillants et translucides, aisément sublimables, d'odeur caractéristique, P. F. 175°, P. E. 204°, D = 0,985 ; en solution alcoolique, il dévie à droite ; son pouvoir rotatoire diffère avec sa provenance. Distillé avec l'anhydride phosphorique, il se transforme en *cymène*, la même transformation a lieu, mais moins nettement, en présence de chlorure de zinc :

$$C^{10}H^{16}O = C^{10}H^{14} + H^2O.$$

Comme l'essence de térébenthine donne du cymène quand on la chauffe avec l'iode, le camphre, dans les mêmes conditions, fournit du carvacrol = oxycymène (p. 367) ; l'acide nitrique l'oxyde en donnant d'abord de l'acide **camphorique**, $C^8H^{14}(CO^2H)^2$, acide bibasique existant sous six modifications, quatre actives et deux inactives, puis de l'acide **camphoronique**, $C^9H^{14}O^6$ (acide triméthylcarballylique asymétrique), etc., cet acide donne par distillation sèche les acides triméthylsuccinique, isobutyrique, carbonique, de l'eau et du charbon (B. **26**, 3047, **27**, 2092 ; Bull. soc. chim. **1894**, **2**, 565 ; **1895**, **2**, 592).

Le camphre, traité par l'hydroxylamine, donne de la **camphoroxime**, $C^{10}H^{16}(AzOH)$, traité par le nitrite d'amyle et le sodium, il fournit de l'**isonitrosocamphre**, $C^{10}H^{14}O(Az.OH)$ [A. **274**, 71], il contient donc un groupe $CH^2.CO$.

La camphoroxime peut, en perdant de l'eau se transformer en **cyanure**, $C^9H^{15}.CAz$, qui, par saponification, donne de l'acide **campholénique**, $C^9H^{15}.CO^2H$ (B. **26**, 3053 ; B. s. c. **1894**, **2**, 565), et par réduction de la **camphylamine**, $C^9H^{15}(CH^2.AzH^2)$, B. **21**, 1125).

Le camphre traité par le pentachlorure de phosphore donne deux **dichlorures**, $C^{10}H^{16}Cl^2$; on connaît aussi des camphres **chloré**, **bromé**, **nitré**, **amidé**, du **camphre éthylé**, etc.

2. **Fenchone**, $C^{10}H^{16}O$; la fenchone-d est contenue dans certaines essences de fenouil, la fenchone-g dans l'essence de thuya ; ce composé est une cétone analogue au camphre qui, comme celui-ci, peut être ramenée à un terpène (V. ce mot), mais elle ne donne pas de composé correspondant à l'acide camphorique et les agents déshydratants ne la transforment point en cymène ordinaire, mais bien en m-isopropylbenzène.

3. **Pinol**, *sobrérone*, $C^{10}H^{16}O$, P. F. 184°; s'obtient soit en partant du dibromure de terpinéol par perte d'acide bromhydrique, soit comme produit secondaire dans la préparation du nitrosochlorure de pinène ; l'odeur de ce composé est analogue à celle du cinéol ; comme ce dernier, il paraît être un oxyde (B. **27**, 1647) ; par oxydation, il fournit de l'acide terpénylique et un peu d'acide térébinique.

4. **Thuyone**, *tanacétone*, $C^{10}H^{16}O$. 5. **Pulégone**, $C^{10}H^{16}O$; ces composés sont des cétones non saturées contenues la première dans les essences de thuya et de tanaisie, la seconde dans celle de Mentha pulegium.

III. Hémi-, sesqui-, polyterpènes et analogues.

La constitution empirique des terpènes convient aussi à une série de composés de poids moléculaires différents qui sont analogues aux terpènes proprement dits par leurs propriétés chimiques, tels sont les *hémiterpènes*, C^5H^8, l'**isoprène** (p. 56), par exemple, composés qui se transforment en terpènes (dipentène, par exemple) par polymérisation ; les *sesquiterpènes*, $(C^5H^8)^3$: **cédrène, cardinène, caryophyllène, clovène** $= C^{15}H^{24}$, P. E. 250-260°, et les *polyterpènes* $(C^5H^8)x$: **colophène**, $C^{20}H^{32}$, P. E. au-dessus de 300°, **caoutchouc**, $(C^{10}H^{16})x$.

Le **caoutchouc** est le suc laiteux durci de diverses euphorbiacées et apocynées tropicales, principalement du Siphonia cautshu, du Ficus elastica, etc. ; à l'état de pureté, il constitue une masse amorphe et blanche, on le purifie par dissolution dans le chloroforme et précipitation par l'alcool. Distillation du caoutchouc, v. dipentène. Il absorbe l'oxygène de l'air ; traité par le soufre, il est « *vulcanisé* ». La **gutta-percha** (de l'Isonandra gutta) est analogue au caoutchouc, elle s'en distingue en ce qu'elle contient de l'oxygène.

L'**irène**, $C^{13}H^{18}$, substance odorante végétale, et son isomère l'**ionène**, obtenu synthétiquement (B. **26**, 2707 ; Mon. sc. Ques. **1894**, 5), sont deux carbures voisins des terpènes, bien que de constitution différente ; à ces composés correspondent des cétones complexes : l'**irone**, $C^{13}H^{20}O$, principe odorant de la racine d'iris et son isomère synthétique, l'**ionone**, qui possèdent toutes deux l'arome de la violette et sont dans des rapports identiques avec les deux carbures ci-dessus, l'irène et l'ionène (B. **26**, 2705 ; Mon. sc. Ques. **1894**, 5).

XXXVII. Résines ; glucosides ; composés végétaux
(de constitution inconnue).

A. Résines.

Un grand nombre de substances organiques, surtout les terpènes, possèdent la propriété de « se *résinifier* » par oxydation à l'air ou sous l'influence d'agents chimiques, en donnant des substances possédant une grande analogie avec les *résines naturelles* ; celles-ci sont des masses amorphes et cassantes, d'éclat généralement vitreux, insolubles dans l'eau et dans les acides, se dissolvant au contraire dans l'alcool, l'éther et l'essence de térébenthine ; elles sont très répandues dans la nature, souvent à l'état de dissolution dans les terpènes ou les huiles essentielles (« baumes »), dont on peut les débarrasser par distillation à la vapeur d'eau.

Les résines se dissolvent dans les *alcalis* en donnant des composés analogues aux savons (savons de résine), dont la solution aqueuse est reprécipitée par les acides ; elles doivent donc être constituées généralement par un mélange d'acides complexes, les « *acides de résine* ».

On a isolé de la colophane, résidu de la distillation de la térébenthine, v. p. 492, un acide défini, l'acide **abiétique**, $C^{19}H^{28}O^2$, feuillets fusibles à 165°, solubles dans l'alcool chaud. Le galipot, résine du Pinus maritima, fournit de même un acide cristallisé très semblable au précédent, l'acide **pimarique**, $C^{20}H^{30}O^2$ (P. F. 148°).

L'analogie de ces résines avec les composés *aromatiques* découle de leur passage aux carbures aromatiques par distillation sur la poudre de zinc et de la formation de dioxy et de trioxybenzènes par la fusion de ces résines avec les alcalis.

Parmi ces substances, on peut citer la **colophane** (V. ci-dessus), la **gomme-laque** (résine de certains ficus indiens), et l'**ambre**, résine fossile qui, en plus des acides de résine et d'une huile volatile, renferme en outre de l'acide succinique. Les résines sont employées dans la préparation des laques, des vernis, etc.

B. Glucosides.

On désigne sous le nom de glucosides une série de composés d'origine végétale qui sont scindés par les alcalis ou les acides (ainsi que par les enzymes) d'une manière telle qu'il se forme dans la scission un *glucose* (généralement le sucre de raisin), en même temps qu'un alcool, un phénol ou une aldéhyde ; ce sont donc en quelque sorte des *dérivés éthérés* des *matières sucrées correspondantes*.

Les glucosides s'obtiennent synthétiquement, conformément à ces faits, en partant des hydrates de carbone et des alcools (ou de la phloroglucine, par exemple), par déshydratation sous l'influence de l'acide chlorhydrique : ainsi, le glucose et l'alcool méthylique donnent le *méthylglucoside*, $C^6H^{11}O^6.CH^3$. P. F. 165° ; B. **28**, 1145 ; Bull. soc. chim. **1896**, **2**, 475, v. B. **18**, 3481 ; Bull. soc. chim. **1886**, **2**, 609.

Amygdaline, $C^{20}H^{27}AzO^{11}$ (p. 378), prismes incolores, fusibles à 200°, facilement solubles dans l'eau. L'amygdaline est contenue dans les amandes amères, dans les feuilles de laurier cerise, dans les noyaux de pêches, de cerises et d'autres amygdalacées ; elle est scindée par saponification ou sous l'influence d'une enzyme contenue dans les amandes amères : l'émulsine (p. 279), en aldéhyde benzoïque, dextrose et acide cyanhydrique.

Salicine, $C^{13}H^{18}O^7$; contenue dans les salicynées, se scinde en saligénine (p. 398) et en glucose. **Hélicine**, $C^{13}H^{16}O^7 + H^2O$; s'obtient par l'action de l'acide nitreux sur la salicine, elle se scinde en aldéhyde salicylique et en glucose et peut être préparée synthétiquement en partant de ces composés.

Populine, *benzoylsalicine*, $C^{20}H^{22}O^8 + 2H^2O$; contenue dans quelques saules et quelques peupliers, peut être obtenue artificiellement par l'action du chlorure de benzoyle sur la salicine.

L'**arbutine**, $C^{12}H^{16}O^7$, et la **méthylarbutine**, $C^{13}H^{18}O^7$, sont contenues dans les feuilles de busserolle, etc. ; elles se scindent en glucose d'une part et en hydroquinone ou en méthyl-hydroquinone d'autre part ; l'arbutine est employée en thérapeutique.

Hespéridine, $C^{22}H^{26}O^{12}$ (contenue dans les oranges vertes, etc.) ; se scinde en glucose, phloroglucine et acide hespéritique (isomère de l'acide férulique, p. 404).

Iridine, $C^{24}H^{26}O^{13}$, glucoside de la racine d'iris (Iris florentina) ; se scinde en glucose droit et en irigénine, B, **26**, 2038 ; Mon. scient. Ques. **1893**, 909.

Phloridzine, $C^{21}H^{24}O^{10}$, contenue dans l'écorce de la racine des arbres fruitiers ; prismes minces, se scindant en glucose et en **phlorétine**, $C^{15}H^{14}O^5$ (constitution, B. **28**, 1393 ; Bull. soc. chim. **1896**, **2**, 369), laquelle donne à son tour de l'acide phlorétique, $C^9H^{10}O^3$, et de la phloroglucine ; ces deux composés, absorbés par les animaux, occasionnent chez eux de la glucosurie.

Esculine, $C^{15}H^{16}O^9$; contenue dans l'écorce des marrons d'Inde ; prismes ; les acides la scindent en glucose et en esculétine (p. 404).

Saponine, $C^{32}H^{52}O^{17}$; extraite de la saponaire.

Digitonine, $C^{27}H^{46}O^{14}$, **digitaline**, $C^{29}H^{46}O^{12}$, **digitaléine** ; ces trois glucosides sont contenus dans la digitaline du commerce à côté de la *digitoxine* qui en est, au point de vue pharmacologique, l'élément le plus important (v. B. **24**, 339 ; **25**, R. 680 ; **26**, R. 686 ; B. s. c. **1891**, **8**, 588).

Quercitrine, $C^{21}H^{22}O^{12} + 2H^2O$, colorant jaune extrait du Quercus tinctoria, des fleurs de châtaignier, etc. ; aiguilles jaunes scindées par les acides en rhamnose et en quercetine, $C^{15}H^{10}O^7 + 2H^2O$, poudre jaune (Const. B. **28**, R. 293).

Coniférine ($C^{16}H^{22}O^8 + 2H^2O$; glucoside contenu dans le suc cambial des conifères, se scinde en glucose et en alcool coniférylique (p. 381) ; il sert à la préparation de la vanilline qu'il fournit par oxydation.

Acide **myronique**, $C^{10}H^{19}O^{10}AzS^2$; contenu à l'état de sel de potassium, $C^{10}H^{18}KO^{10}AzS^2$ (aiguilles brillantes), dans les graines de moutarde noire : il est scindé par l'eau de baryte ou par la *myrosine*, enzyme contenue elle aussi dans ces graines, en glucose, sulfate acide de potassium, et isosulfocyanure d'allyle (p. 246).

Acide **rubérythrique**, v. p. 443.

C. Matières d'origine végétale de constitution inconnue.

Aloïne, $C^{17}H^{18}O^7$ (de l'aloès) ; fines aiguilles exerçant une action purgative très intense ; l'aloïne est un dérivé anthracénique.

Cantharidine, $C^{10}H^{12}O^4$ (des mouches cantharides); feuillets sublimables, exerçant sur la peau une action vésicante.

Picrotoxine, $C^{30}H^{34}O^{13}$ (des coques du Levant).

Santonine, $C^{15}H^{18}O^3$, contenue dans les graines de Semen contra, dérive de la naphtaline (B. **16**, 2686; **27**, 530; Bull. soc. chim. **1884**, **2**, 883).

Matières colorantes naturelles de constitution inconnue :

Brasiline, $C^{16}H^{14}O^5$, coloran trouge des bois de Brésil et de Fernambouc; aiguilles brillantes et incolores (à l'état libre) : paraît dériver de la résorcine (B. **27**, 524; B. s. c. **1894**, **2**, 656).

Curcumine, $C^{14}H^{14}O^4$ (?), colorant jaune extrait du curcuma que les alcalis colorent en rouge brun (papier de curcuma).

Hématoxyline, $C^{16}H^{14}O^6$; matière colorante du campêche ; prismes jaunâtres solubles en violet bleu dans les alcalis.

Acide **carminique**, $C^{17}H^{18}O^{10}$, principe coloré de la cochenille (Coccus cacti), masse amorphe rouge que les acides scindent en un sucre et en **carmin**, ($C^{11}H^{12}O^7$, masse pourpre à reflets verts. L'acide carminique dérive de l'acide phtalique (B. **18**, 3180; **27**, 2979; B. s. c. **1886**, **2**, 429; **1895**, **2**, 139).

Harmine, $C^{13}H^{12}Az^2O$; **harmaline**, $C^{13}H^{14}Az^2O$; principes colorants du Peganum harmala (B. **18**, 400 ; B. s. c. **1886**, **1**, 692).

Chlorophylle, matière colorante verte des plantes ; elle contient du fer (?); mélangée à l'amidon, à la cire, etc., elle constitue les grains de chlorophylle des cellules ; sa nature chimique n'est point encore connue d'une manière exacte.

Tournesol, matière colorante bleue analogue à l'orcéine (p. 369) qu'on obtient en partant du Rocella tinctoria et d'autres lichens ; elle est colorée en rouge par les acides et en bleu par les alcalis (indicateur usuel).

XXXVIII. Matières albuminoïdes ; chimie animale.

On n'a pas eu l'intention, dans ce chapitre, de donner une description détaillée des substances, contenues dans l'organisme animal et non encore mentionnées jusqu'ici, qui sont intéressantes au point de vue de la chimie animale et de la chimie physiologique ; ces substances, en effet. sont en grande partie beaucoup moins bien connues dans leurs relations chimiques que dans leurs propriétés physiologiques.

On mentionnera seulement dans ces quelques pages les albumines, les albuminoïdes, composés qu'on réunit souvent sous la désignation de matières protéiques, et différents corps qui prennent naissance lors de l'assimilation et de la désassimilation.

A. Albumines.

Les albumines constituent la partie la plus essentielle de l'organisme, elles sont contenues dans le protoplasma et dans tous les liquides concourant à la nutrition du corps ; en solution, elles sont actives et dévient à gauche ; elles ne diffusent pas à travers le papier parchemin (substances colloïdes), sont généralement précipitées par élévation de température ainsi que par les acides minéraux forts, par un grand nombre de sels métalliques (sulfate de cuivre, acétate de plomb, chlorure mercurique), par l'alcool, le tannin, l'acide acétique, par une faible quantité de ferrocyanure de potassium, etc. Les albumines sont colorées en jaune par ébullition avec l'acide nitrique (réaction de la xanthoprotéine) ; chauffées avec une solution de nitrate mercurique contenant de l'acide nitreux (réactif de *Millon*), elles se colorent en rouge ; leur solution, traitée par une lessive de soude en présence d'une très faible quantité de sulfate de cuivre prend une teinte qui peut varier du rouge au violet.

Les albumines se combinent aussi bien avec les acides qu'avec les alcalis (acidalbumines et albuminates alcalins).

Elles sont difficiles à obtenir à l'état de pureté, cependant un certain nombre d'entre elles ont été préparées à l'état pur ; elles ne cristallisent point à l'exception de l'albumine qui existe à l'état naturel dans les graines de chanvre, de ricin et de citrouille (B. **15**, 953) et de l'albumine d'œufs qui a été récemment obtenue à l'état cristallin (B. **24**, R. 469 ; **25**, R. 173).

Les différentes albumines diffèrent peu au point de vue de la **composition centésimale** :

C 52,7 à 54.5 %, H 6,9 à 7,3 %, Az 15,4 à 16,5 %,
O, 20,9 à 23,5 %, S 0,8 à 2,0 %

On ne peut, quant à présent, ériger une formule en partant de ces nombres.

Chose digne de remarque, l'albumine *contient du soufre* dont on ignore d'ailleurs le mode de fixation ; ce corps s'élimine déjà partiellement quand on chauffe l'albumine avec les alcalis étendus de telle sorte qu'en la chauffant avec une solution alcaline d'oxyde de plomb, il se précipite du sulfure de plomb (démonstration de l'existence du soufre dans l'albumine).

Les préparations d'albumine contiennent généralement une proportion de cendres souvent très considérable (sels inorganiques) ; on n'a point encore fixé la proportion dans laquelle ces sels entrent comme constituants de ces matières ; toutefois, l'« albumine sans cendres » possède des propriétés essentiellement différentes de celles de l'albumine ordinaire (B. 25, 204).

La manière dont se comportent les matières albuminoïdes quand on les scinde par les acides (surtout en présence de $ZnCl^2$), ou par l'eau de baryte donne une indication sur leur **constitution** ; outre de l'ammoniaque et de l'acide carbonique, on obtient principalement, dans cette scission, des acides amidés appartenant tant à la série grasse [*glycocolle*, *leucine*, *acide aspartique*, *acide glutamique*, « leucéine » $[C^4H^7AzO^2)^x]$ (B. **19**, Ref. 30 ; C. R. **1885**, **2**, 1267), « lysine », $C^6H^{14}Az^2O^2$ (qui n'est autre vraisemblablement que l'acide diamidocaproïque, B. **28**, 3189 ; Bull. soc. chim. **1896**, **2**, 1324), qu'à la série aromatique (acide *phénylamidopropionique* et *tyrosine*).

Une hypothèse digne d'être mentionnée est celle qui envisage l'albumine comme étant essentiellement un produit de condensation de l'aldéhyde aspartique, $C^4H^7AzO^2$ (leucéine) (*Löw*).

La putréfaction de l'albumine conduit, en plus des acides amidés, des acides aromatiques et des acides gras (l'acide butyrique, par exemple) qui prennent naissance, à de l'*indol*, du *scatol* et du *crésol* ; on a aussi démontré l'existence, dans ces produits de putréfaction, de bases analogues aux alcaloïdes, les *ptomaïnes*, dont certaines sont vénéneuses, « alcaloïdes des cadavres » ou toxines [neurine et pentaméthylènediamine (= « cadavérine », B. **19**, 2585 ; Bull. soc. chim. **1887, 1**, 654), v. p. 184. Classification des ptomaïnes : *Brieger*, Archiv. f. patholog. Anatomie, **115**, 483.

Les albumines, soumises à 30-40° à l'action du suc gastrique (*pepsine*) ou de l'enzyme du pancréas (*trypsine*), subissent une transformation ; avec la pepsine, il se forme d'abord de l'**anti**-et de l'**hémialbumose** qui se transforment toutes deux en **peptones** ; avec la trypsine, les deux albumoses qui se forment également au début subissent une transformation différente, l'antialbumose donne de la peptone, tandis que l'hémialbumose, au contraire, peut subir une scission ultérieure en leucine, tyrosine, acide aspartique et acide glutamique (V. plus haut et *Kühne*, B. **17**, Ref. 79). Les **peptones** sont facilement solubles dans l'eau, diffusent rapidement à travers le parchemin végétal, ne sont point coagulées par la chaleur et ne sont plus précipitées par la plupart des réactifs qui précipitent l'albumine : le sulfate d'ammonium, en particulier, ne les précipite pas. Les albumoses sont encore précipitées par le sulfate d'ammonium.

Le passage de l'albumine aux albumoses et de celles-ci aux peptones est accompagné d'une augmentation de l'aptitude à fixer l'acide chlorhydrique (de la teneur en HCl des sels résultants) et d'une diminution correspondante du poids moléculaire qui s'abaisse jusqu'à 200-250 environ (*Paal*, B. **27**, 1827 ; Bull. soc. chim. **1895, 2**, 267).

L'action des sels de fer solubles sur l'albumine d'œufs et sur la peptone conduit à des **ferroalbuminates** ou à des **ferropeptonates** employés comme préparations ferriques pour l'usage interne sous le nom de *liquor ferri albuminati* ou *peptonati*.

Division des albumines proprement dites :

I. *Albumines coagulables*.

A. *Albumines* ; solubles dans l'eau, non précipitées par le chlorure de sodium, se coagulant à 70-75° ; cette classe comprend : l'**albumine d'œufs** (blanc des œufs d'oiseaux) ; la **sérumalbumine** (principal composant de tous les liquides concourant à la nutrition, du sang, du chyle, etc. ; **phytoalbumine** des plantes.

B. *Globulines* : insolubles dans l'eau, solubles dans l'eau salée étendue, précipitables par un excès de sel ; coagulables par la chaleur (fibrinogène à 56°, les autres à 70-75°) ; cette classe renferme : la globuline (du cristallin de l'œil) ; le **fibrinogène** ou *métaglobuline* (du sang, du chyle, etc.) ; la **paraglobuline** du sang ; la **phytoglobuline** des plantes. La **vitelline** (du jaune d'œuf) est analogue à ces composés, mais elle n'est pas précipitée par le chlorure de sodium.

II. *Albumines coagulées*, insolubles dans l'eau.

A. *Albumines coagulées* ; **fibrine** (constituant essentiel du sang en mouvement, se sépare sitôt que le sang est sorti de l'organisme) ; **myosine** (du plasma des muscles) ; **phytomiosine**, albumine coagulée du gluten ; ces deux dernières substances se dissolvent dans l'eau salée à 10 o/o et se coagulent dans cette solution à 56-57°.

B. *Coagulats* ; **syntonine**, *acidalbumine*, insoluble dans l'eau salée, facilement soluble dans les acides étendus et les alcalis, précipitée par neutralisation, imprécipitable par la chaleur.

C. **Albuminates alcalins**, solubles dans les alcalis en donnant une solution précipitable par les acides, insolubles dans l'eau pure ou salée.

On doit peut-être ranger dans cette classe la **légumine** des plantes.

III. *Albumines complexes* (*nucléoalbumines*).

A. **Caséine**. contenue exclusivement dans le lait; insoluble dans l'eau pure ou salée, facilement soluble dans l'acide chlorhydrique étendu ou dans une solution de carbonate de potassium, ne se précipite pas à l'ébullition; elle est, dans le lait, solubilisée par addition d'alcali et reprécipitée par les acides, elle se coagule par addition de présure (estomac de veau) en donnant le fromage (difficilement soluble); par digestion, elle laisse de la nucléine.

La scission de la caséine par l'acide chlorhydrique conduit à la lysine, etc. (p. 499).

B. **Nucléoalbumines** (v. ci-dessous : nucléines).

C. **Hémoglobines**. L'hémoglobine est la matière colorante des globules rouges du sang, elle donne par scission de l'albumine et de l'hématine (V. ci-dessous). L'hémoglobine fixe très facilement l'oxygène (dans le poumon, par exemple) en donnant de l'**oxyhémoglobine**, qui reperd son oxygène dans l'organisme comme d'ailleurs dans le vide ou sous l'influence des réducteurs; elle se combine à l'oxyde de carbone en donnant un composé d'addition qui, comme les deux précédents, possède un spectre d'absorption caractéristique et peut être obtenu à froid à l'état cristallin. — **Hémine** ($C^{32}H^{30}Az^{4}FeO^{3},HCl$?), s'obtient sous forme de cristaux rouge brun microscopiques par l'action de l'acide acétique et d'un peu de chlorure de sodium sur l'oxyhémoglobine (réaction sensible du sang); traitée par les alcalis, elle donne de l'**hématine**. ($C^{32}H^{32}Az^{4}FeO^{4}$?), produit foncé contenant 8 o/o de fer qu'on obtient aussi par décomposition spontanée de l'hémoglobine.

Nucléines. Les nucléines forment une partie importante des noyaux cellulaires, des globules de pus, par exemple, des globules blancs du sang, etc.; masses blanches insolubles dans l'eau et dans les acides minéraux étendus, facilement solubles dans les alcalis, contenant de l'acide phosphorique sous la forme d'esters. Quelques nucléines, les nucléo-albumines, se décomposent par l'ébullition avec l'eau ou les acides étendus en donnant de l'albumine, de l'acide phosphorique et une *base nucléique* comme l'adénine, l'hypoxanthine, la guanine ou la xanthine (v. B. **26**, 2753; Bull. soc. chim. **1894**, **2**, 462); certaines nucléines ne contiennent pas de soufre, d'autres en renferment (nucléo-albumines), ces dernières donnent par scission de la tyrosine.

Le produit de coagulation de l'albumine d'œufs par l'acide métaphosphorique est semblable à la nucléine.

B. Albuminoïdes.

Les albuminoïdes doivent être considérés comme les dérivés les plus voisins des albumines, avec lesquelles ils sont d'ailleurs en rapports étroits ; ils sont généralement organisés et sont d'importants constituants des tissus ; certains d'entre eux sont transformés en gélatine par ébullition avec l'eau ; ils donnent de l'huile animale (p. 456) par distillation. Cette classe renferme :

1. **Glutine, colle d'os** (gélatine à l'état de pureté) ; s'obtient en chauffant avec l'eau les cartilages osseux (gélatine), les tissus conjonctifs, la corne de cerf, le pied de veau, etc. (*substances collagènes*).

Contrairement à l'albumine, la glutine n'est point précipitée de sa solution aqueuse par l'acide nitrique ou le ferrocyanure de potassium, ses solutions aqueuses sont précipitées par le tannin qui se combine aux substances collagènes de l'organisme en donnant des composés insolubles dans l'eau (tannage de la peau, cuir). Sur les sels de glutinepeptone, v. B. **25**, 1202 ; Bull. soc. chim. **1892**, **2**, 1051.

La scission de la gélatine par l'ébullition avec les acides conduit au glycocolle et à la leucine, mais ne donne pas de tyrosine.

2. **Mucine**, contenue dans les sécrétions muqueuses, etc., ne renferme pas de soufre.

3. **Kératine**, constituant de l'épiderme, des ongles, des cheveux, elle contient du soufre et n'est pas attaquée par la pepsine.

4. **Elastine**, forme les tendons élastiques de l'organisme, ne contient pas de soufre et donne de la leucine avec l'acide sulfurique.

5. Les *enzymes* (*ferments inorganisés*) décrits p. 279, diastase, ptyaline, pepsine, trypsine, etc., appartiennent à cette classe.

6. La **chitine**, principal constituant de l'enveloppe des animaux articulés, de la carapace de l'écrevisse, par exemple, se distingue de la kératine par son insolubilité dans les alcalis ; par ébullition avec les acides, elle donne une glucosamine, dérivé ammoniacal d'un hydrate de carbone (p. 272) ; B. **27**, 241, **27**, 120 ; Bull. soc. chim. **1885**, **1**, 278 ; **1894**, **2**, 530.

C. Composés qui prennent naissance dans l'assimilation et la désassimilation.

1. *Acides de la bile.* La bile contient les sels de sodium des acides **glycocholique**, $C^{26}H^{43}AzO^{6}$, et **taurocholique**, $C^{26}H^{45}AzSO^{7}$, qui sont tous deux décomposés par les alcalis avec formation, d'une part, d'**acide cholique**, $C^{24}H^{40}O^{5}$, $= C^{21}H^{32}(OH)(CO^{2}H)(CH^{2}OH)^{2}$, et, d'autre part, de glycocolle ou de taurine.

2. La bile contient différentes matières colorantes : la **bilirubine**, la **biliverdine**, la **bilifuscine**, etc. ; ces substances paraissent être en rapports simples avec la matière colorante du sang. (Formule de la bilirubine : $C^{32}H^{36}Az^{4}O^{6}$, v. B. **17**. 2267 ; Bull. soc. chim. **1886**, **1**, 90).

3. **Cholestérines**, $C^{26}H^{43}.OH.(C^{27}H^{44}O\ ?)$; existent sous des formes nombreuses ; feuillets graisseux et nacrés bouillant sans décomposition qui sont contenus dans le sang, dans la bile, dans la substance nerveuse et dans les graisses végétales ; ces composés sont des alcools monovalents.

4. **Lanoline**, *suint*, esters de cholestérine et d'acides gras ; cette substance est l'objet d'un emploi important comme graisse à onguents, elle se différencie des autres graisses en ce qu'elle est absorbée par la peau et qu'on peut y incorporer de l'eau.

5. **Cérébrine**, $C^{17}H^{33}AzO^{3}$; principal constituant de la matière cérébrale.

6. **Lécithine**, $C^{42}H^{84}AzO^{9}P$, constituant caractéristique de la substance nerveuse, de la cervelle, du jaune d'œuf, etc. ; masse cristalline d'aspect ci-

reux, soluble dans l'alcool et dans l'éther, se gonflant avec l'eau en donnant un liquide opalescent. La lécithine se décompose par saponification en donnant de la choline, de l'acide phosphoglycérique, de l'acide oléique et de l'acide palmitique; on doit donc la considérer comme une glycérine qui contiendrait des restes d'acides palmitique, oléique et phosphorique substitués chaque fois à un atome d'hydrogène, le reste phosphorique formant de son côté avec la choline une combinaison analogue aux esters.

INDEX ALPHABÉTIQUE.

Les chiffres en caractères gras indiquent l'article principal.

A

C

D

E

H

J

K

L

N

O

P

Q

U

V

W

X

Z

LAVAL. — IMPRIMERIE L. BARNÉOUD ET Cie.

www.ingramcontent.com/pod-product-compliance
Ingram Content Group UK Ltd.
Pitfield, Milton Keynes, MK11 3LW, UK
UKHW021839190726
13855UKWH00001B/61